中国现代小卫星技术发展研究论文集（2017年）

中国宇航学会先进小卫星技术与应用专业委员会　组织编写

中国宇航出版社
·北京·

图书在版编目（CIP）数据

中国现代小卫星技术发展研究论文集．2017 年 / 中国宇航学会先进小卫星技术与应用专业委员会组织编写．-- 北京 ：中国宇航出版社，2018.2

ISBN 978－7－5159－1449－7

Ⅰ．①中… Ⅱ．①中… Ⅲ．①小型卫星-文集 Ⅳ．①V474.1－53

中国版本图书馆 CIP 数据核字（2018）第 010317 号

责任编辑　赵宏颖　　　**封面设计**　宇星文化

出　版
发　行　中国宇航出版社

社　址　北京市阜成路 8 号　　**邮　编**　100830
（010）60286808　　（010）68768548

网　址　www.caphbook.com

经　销　新华书店

发行部　（010）60286888　　（010）68371900
（010）60286887　　（010）60286804（传真）

零售店　读者服务部
（010）68371105

承　印　北京画中画印刷有限公司

版　次　2018 年 2 月第 1 版
2018 年 2 月第 1 次印刷

规　格　880×1230

开　本　1/16

印　张　32　　**彩　插**　2

字　数　733 千字

书　号　ISBN 978－7－5159－1449－7

定　价　258.00 元

《中国现代小卫星技术发展研究论文集（2017 年）》

编 委 会

《中国现代小卫星技术发展研究论文集（2017 年）》

编 辑 部

序

2017年，随着我国“一带一路”倡议、“中国制造2025”、军民融合深度发展等战略的实施，面对国家创新驱动发展战略要求，空间事业持续担负着推动国民经济发展、提升民生生活质量、保卫国家安全的“富国强军”的历史使命。今年我国卫星发射数量剧增，同时带动科学技术的进步，牵引如信息、计算机、电子学、光学、移动通信、互联网等技术飞快发展，小卫星占空间事业的“半边天”，因其小，而且快、好、省的优点，往往成为空间技术的先行者与探索者，其发展带来的新模式、新设计和新方法具有广泛的引领作用，为我国经济社会转型和可持续发展提供了有力支撑。

我国小卫星技术发展顺应增强活力、促进产业转型升级的历史潮流，依托社会资源优势开展原始创新、集成创新、协同创新，提升了产业价值。我们看到：卫星的功能密集度得到了很大提高，采用商用器件使得成本降低、星座和编队飞行的应用使得观测局部地区变成连续观测更大区域、一箭多星的发射等等空间技术，都得到了在轨应用。随着技术创新成果不断浮现，必将带动新一轮卫星技术的更新换代。小卫星引领的商业航天、太空经济的时代已经到来，我们要在技术上筑牢基础，凝聚核心竞争力，迎接未来挑战。

本论文集汇集了来自国内部委、企业、科研院所、高校等从事小卫星工作的40余家单位的76篇论文，其中有关注基础研究的文章，有保持批判性思维的文章，有新技术研发的文章，有服务国家战略惠及民生的卫星应用以及深化研究的文章，这些文章一定程度上代表了国内现代小卫星技术领域的研发水平，具有较高的理论和应用价值。希望通过本论文集的出版发行为从事小卫星工作的工程技术人员、专家学者提供借鉴和参考，增进相互之间的学习和交流，不断提升研发能力，积极推动小卫星技术和应用在我国的发展，扩大我国小卫星的影响力。

相信，在未来小卫星技术发展的过程中，以创新性的应用为牵引，以坚实的独创性技术为基础，通过革新技术能力支持国家创新体系、完成我国各项宇航任务，能为民富国强做出更大的贡献。

中国空间技术研究院 王希季

2017年9月

前　言

2017年7月，中国宇航学会先进小卫星技术与应用专业委员会正式成立，并召开了第一届学术交流会暨第四届小卫星技术交流会。航天东方红卫星有限公司作为挂靠单位主持举办了此次大会，为全国广大的小卫星领域专业人员提供一个专门的学术和技术交流平台，汇集了来自国家部委、工业部门、科研院所、高等院校等从事小卫星技术研究的专业人士参会交流。这本论文集的出版是此次交流会的重要成果，共收录优秀论文76篇，凝聚了作者的智慧，展示了国内在现代小卫星技术领域的科技创新能力和科研水平。

这本论文集的内容丰富详实，高度契合了“引领小卫星技术发展，注入创新活力”的会议主题，涉及当下小卫星技术发展的诸多方面，包括：总体技术、平台各分系统技术、有效载荷及应用、测试与试验、项目管理以及对未来技术发展的宏观探讨和展望等，其中有许多创新思维值得借鉴，有许多深度研究具有较高的参考价值，希望这本论文集成为专业从事小卫星技术研究人士的不可多得的良师益友，能够为促进小卫星技术的创新和持续发展发挥作用。

本次大会的成功举办以及论文集的汇集成册，得到了来自全国40余家单位的参与和支持，在本书的整理、编辑、校对和出版过程中，作者付出了宝贵的时间和精力，中国宇航学会领导、小卫星专委会委员、本书编委会以及科技委领导和专家的大力支持使得论文集顺利出版，在此我代表东方红公司一并表示感谢！

面对小卫星技术发展日新月异、创新成果异彩纷呈的大好局面，东方红公司致力于发挥小卫星技术发展领军人的作用，在中国宇航学会先进小卫星技术与应用专业委员会搭建的技术交流园地上，团结更多关注小卫星技术创新的单位和同仁参与进来，努力打造一个开放、融合的小卫星创新生态圈，为推动我国小卫星技术与应用创新发展作出应有的贡献！

航天东方红卫星有限公司

总经理

2017年9月

目 录

第一部分 研究与设计

第二部分　有效载荷与应用

第三部分 发展探讨

第四部分 测试与试验

第五部分 管理实践

第一部分　研究与设计

空间站舱内飞行器导航技术与自主交会算法研究

尤政[1]　师帅[1,2]　李九人[2]　赵开春[1]　张高飞[1]

1. 清华大学精仪系，北京　100084

2. 航天员科研训练中心，北京　100094

摘　要　舱内飞行器是指在空间站等大型航天器内飞行，可完成一定功能的微纳航天器。本文针对舱内飞行器的导航需求，结合其应用特点提出了视觉导航与惯性导航融合的方案，进行了系统模型构建和仿真分析，验证了算法有效性。进一步，对舱内飞行器开展自主交会实验的方法进行了研究，进行了轨迹设计、算法构建与仿真分析，为我国开展舱内飞行器的研究和实验打下理论基础。

关键词　舱内飞行器；舱内导航；自主交会算法

1　引言

空间自主交会及编队飞行[1]控制技术在未来航天器在轨服务[4]、空间攻防[5]等领域具有重大应用价值。随着我国空间站工程[6]正稳步推进，即将建成大型近地轨道空间站平台，为空间站舱内飞行试验提供了必要条件。舱内飞行器是指在空间站等大型航天器内飞行，可完成一定功能的微纳航天器。将空间站舱内飞行器作为平台开展自主交会及编队飞行技术试验，具有成本低、风险小、持续时间长、可重复使用等显著优势，因而是开展未来关键技术验证与算法研究的理想手段。此外，通过对舱内飞行器平台升级，可将其改造为在空间站内部智能机器人，提供环境巡视、监测和预警等服务。

总的来讲，舱内飞行器的具体优势包括：

1）舱内飞行器平台处于真实微重力环境[7]，为自主交会及编队飞行相关算法测试提供了理想试验环境；

2）空间站舱段为舱内飞行器提供安全可靠的飞行试验环境，利于简化舱内飞行器的设计，降低研制成本；

3）舱内飞行器试验过程中能够获得航天员的配合，进行高难度飞行试验；

4）采用模块化设计[8]理念，飞行器平台可重复使用，功能可拓展重构，系统可更新升级。

美国最早开展了舱内飞行器的概念研究、样机研制与在轨试验。2006 年，3 颗由 MIT 研制的同步位置保持、连通与再定向试验卫星（SPHERES）被送入国际空间站，并开展了多项在轨试验。SPHERES 不仅完成了其设计任务，为微重力环境下的自主交会及编队飞行开发了成熟的算法[9]，还在随后的功能拓展实验中，开展了环境监视、微流体实验、智能机器人升级等一系列具有趣味性、科普性和研究性的工作[10-11]。

另外一个典型的舱内飞行器研究的代表是 NASA Ames 研究中心研制的 PSA（Personal satellite assistant)[12]。作为一种小型智能的舱内飞行器，PSA 被设计为能够在航天器内执行自主检测诊断任务，可用于国际空间站上的在轨自主导航系统[13]。PSA 项目后来演化为 Astrobee 舱内机器人的研究，这是 HET2（人类探索远程机器人 2）项目中的一部分。Astrobee 被设计用于执行各种舱内服务任务，包括搭载外部载荷，作为移动传感器实施环境监测，进行自由飞行实验等[14]。

目前，我国在微纳卫星研制方面取得了举世瞩目的成绩，近年来成功开展了长征 6 号“一箭二十星”任务，并参与了 ESA 的 QB50 计划。在基于高性能 COTS 器件和新型微系统部/组件的纳皮型卫星研制方面，国内已经具备较好的基础。在微纳航天器部/组件研究方面，也具备了坚实的基础。借鉴美国 SPHERES 卫星的成功先例，我国应尽快开展空间站舱内试验飞行器技术与系统概念研究，突破重点难点技术，开展地面仿真实验，为开展空间站舱内飞行器试验奠定基础，促进我国航天技术的发展。

舱内飞行器研制需攻克的主要关键技术包括模块化设计、动力学建模与补偿、自主导航与姿轨控技术等。其中，精确的飞行器位置、速度和姿态等状态信息，是实现算法验证与在轨服务的前提和基础。本文针对舱内飞行器的功能需求进行了导航方案设计与算法构建，在此基础上，完成了舱内自主交会技术的理论建模、算法设计与仿真验证。实验结果表明，所提出的导航与交会控制方法可以满足舱内飞行器的性能要求。

2 飞行器舱内导航技术

为了使舱内飞行器具备主动获取信息的能力，并提高飞行器的位置和姿态测量精度，可以采用基于机器视觉与惯性器件组合的方法来实现自主导航。

由于空间站舱内的环境已知且稳定，可将舱内环境进行线下的事先学习，提取出环境特征，建立导航信标库。当飞行器在舱内运行时，利用视觉成像模型，通过特征匹配，可获得当前观察到图像与导航信标库的对应关系，进而可以解算出视觉系统外参数，即实现载体的位置和姿态确定。当一个多视场系统对环境中的标志点成像时，其成像方程由下式给出

$$Z_{ck}\begin{bmatrix}u_k\\v_k\\1\end{bmatrix}=\boldsymbol{M}_k\begin{bmatrix}\boldsymbol{C}_b^k & \boldsymbol{0}\\ \boldsymbol{0}^{\mathrm{T}} & 1\end{bmatrix}\begin{bmatrix}\boldsymbol{C}_w^b & \boldsymbol{r}_{bw}^b-\boldsymbol{r}_{bk}^b\\ \boldsymbol{0}^{\mathrm{T}} & 1\end{bmatrix}\begin{bmatrix}X_{Wi}\\Y_{Wi}\\Z_{Wi}\\1\end{bmatrix} \tag{1}$$

其中，$(u_k,\ v_k)$ 为特征点像素，$\boldsymbol{M}_k$ 为摄像机 k 的内参数，k 代表摄像机编号，$(X_w,\ Y_w,\ Z_w)$ 为标志点三维坐标，其余量为系统外参数。利用足够的标志点及其像（即图像上的特征点，下同）的对应关系，可以求解外参数，即载体的位姿。具体求解过程可采用基于空间变换关系搜索的方法[17]，或者基于图理论和特征量匹配对应关系两条途径[18]。

本文在经典的 ICP 方法的基础上进行扩展，结合成像模型与信标图库，实现粗略初值估计下的精确匹配与求解。通过最近点迭代，寻找置信度最高的对应关系，从而通过最近点迭代实现模式匹配，并进行位姿估计，得到式（1）的优化解，如图 1 所示。视觉姿态位置测量方法稳定性好，不存在累积误差问题，独立性好，具有良好的抗电磁干扰能力，适用于短距离条件。为了弥补视觉导航计算量大、刷新率低的不足，利用惯性导航与视觉融合，可显著改善系统性能。融合方案如图 2 所示，利用 EKF 作为滤波器，系统状态量设置为运动参数和 IMU 漂移

$$\boldsymbol{X}=[\delta\boldsymbol{\psi}^{\mathrm{T}}\quad \delta\boldsymbol{v}^{\mathrm{T}}\quad \delta\boldsymbol{r}^{\mathrm{T}}\quad \boldsymbol{b}_g^{\mathrm{T}}\quad \boldsymbol{b}_a^{\mathrm{T}}]^{\mathrm{T}} \tag{2}$$

其中，$\delta\boldsymbol{\psi}$，$\delta\boldsymbol{v}$，$\delta\boldsymbol{r}$ 分别为飞行器姿态、速度和位置误差；$\boldsymbol{b}_g$ 和 $\boldsymbol{b}_a$ 分别为陀螺和加速度计常值漂移。状态方程为世界系下惯性导航误差模型

$$\begin{cases}\delta\dot{\boldsymbol{\psi}}=-\boldsymbol{\omega}_{iw}^w\times\dot{\boldsymbol{\psi}}+C_b^w\boldsymbol{b}_g\\ \delta\dot{\boldsymbol{v}}=-C_b^w\boldsymbol{f}^b\times\dot{\boldsymbol{\psi}}-2\,\boldsymbol{\omega}_{iw}^w\times\delta\boldsymbol{v}+C_b^w\boldsymbol{b}_a\\ \delta\dot{\boldsymbol{r}}=\delta\boldsymbol{v}\\ \dot{\boldsymbol{b}}_g=0\\ \dot{\boldsymbol{b}}_a=0\end{cases} \tag{3}$$

其中，$\boldsymbol{f}^b$ 为加速度计输出，C_b^w 为从本体系到世界系（定义于舱段内）的转移矩阵，$\boldsymbol{\omega}_{iw}^w$ 为世界系相对于惯性系的角速率在世界系下的表示。

观测模型基于相对运动参数差进行建立。假设空间站姿态稳定，且舱内飞行器的轨道根数与空间站接近，可忽略与空间站相对位姿变化对运动参数差的影响。设 k 时刻的测量量，即相对于 $k-1$ 时刻的姿态增量（四元数表示，取矢部）和位置增量分别为 $\boldsymbol{z}_q$、$\boldsymbol{z}_r$， 则有

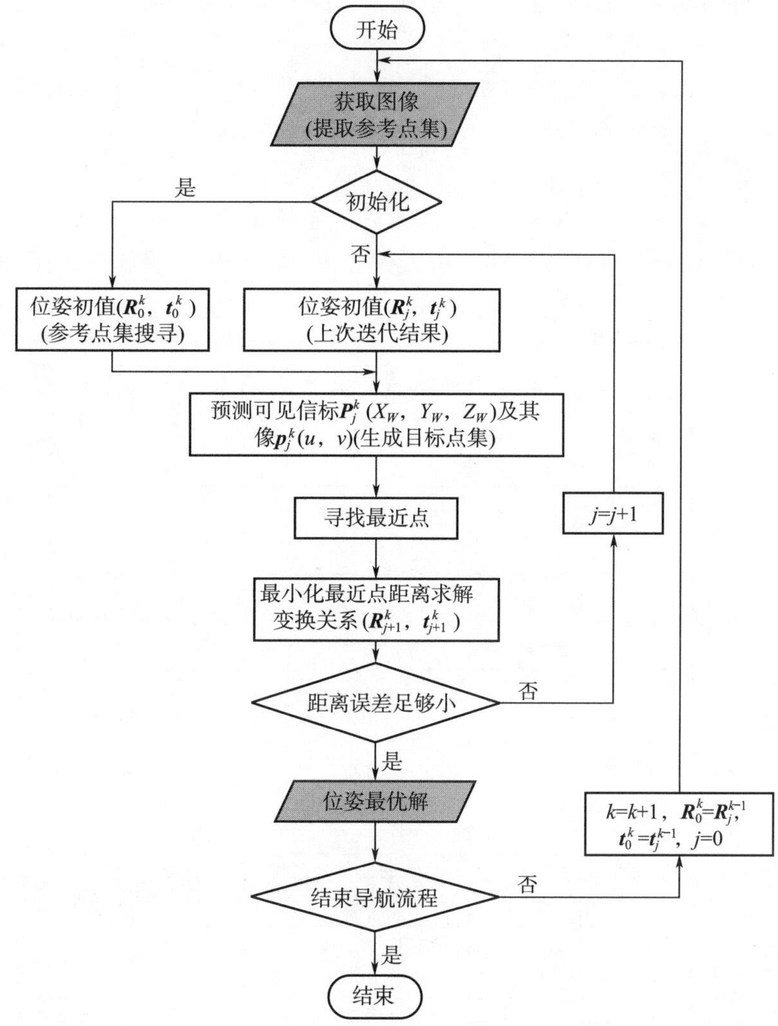

图 1　基于最近点迭代的舱内视觉相对导航方法流程

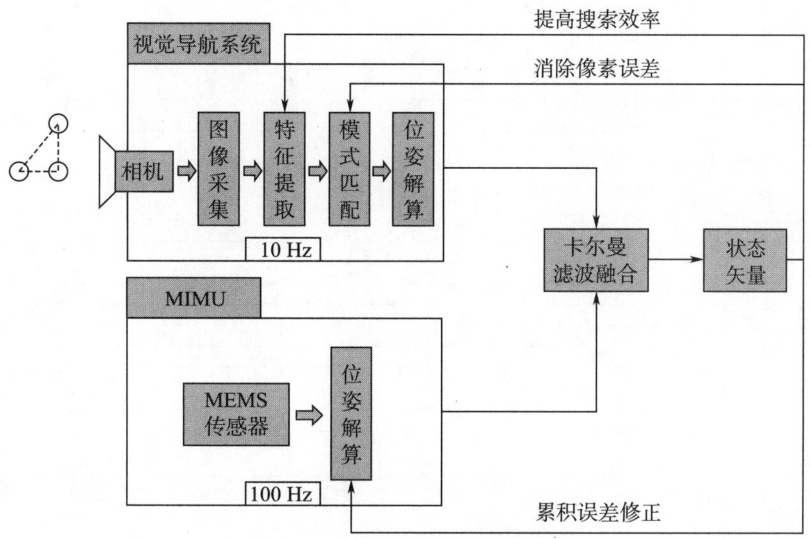

图 2　微惯性测量与视觉导航融合示意图

$$
\begin{aligned}
z_q &\doteq \frac{1}{2}(\delta \boldsymbol{\psi}_{I,k} - \delta \boldsymbol{\psi}_{V,k}) \\
z_r &\doteq \boldsymbol{q}_{w,k-1}^{b} \delta r_k + \Delta \boldsymbol{r}_{bw}^{b}
\end{aligned}
\tag{4}
$$

其中，下标 I 和 V 分别代表惯性导航与视觉导航相应量，则观测方程为

$$z(k)=\boldsymbol{H}\cdot\boldsymbol{X}(k)+\boldsymbol{V}_k=\begin{bmatrix}\frac{1}{2}\boldsymbol{I}_{3\times3} & \boldsymbol{0}_{3\times3} & \boldsymbol{0}_{3\times3} & \boldsymbol{0}_{3\times6}\\ \boldsymbol{0}_{3\times3} & \boldsymbol{0}_{3\times3} & q_{w,k-1}^{b} & \boldsymbol{0}_{3\times6}\end{bmatrix} \tag{5}$$

采用数值仿真进行模型和算法的验证，其中加速度计、陀螺常值漂移分别为 $10^{-4}g$ 与 1°/h，摄像机分辨率为 1 280 pixel×1 024 pixel，视场角 60°。视觉系统与 IMU 采样频率分别为 5 Hz 和 100 Hz。特征点像素坐标测量值考虑算法误差和系统标定误差，设为 3 pixel。仿真结果如图 3 所示。

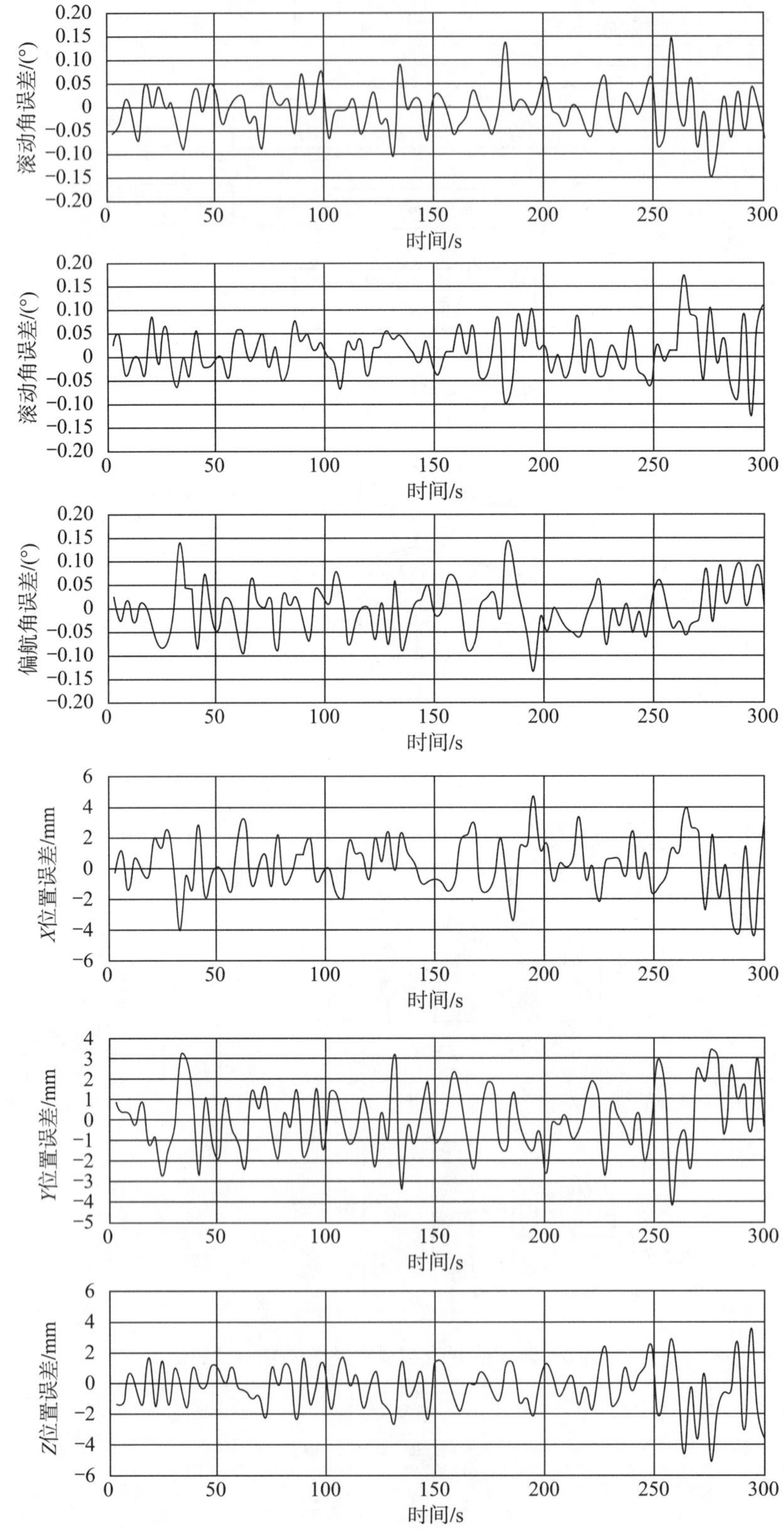

图 3　视觉导航仿真结果

仿真结果表明，3 轴姿态角精度在 0.07°（1σ）以内，三轴位置精度在 2.1 mm（1σ）以内，从而证明本文提出的方法满足舱内飞行器导航的性能需求。

3 舱内飞行器自主交会控制方法

3.1 参考轨迹设计

假定目标飞行器对接机构处于其体坐标系 x_{bt} 轴的正方向上，为保证逼近轨迹的安全性，可设逼近过程的参考轨迹始终处于目标飞行器体坐标系的 x_{bt} 轴上，且舱内飞行器采用指数减速方式对目标飞行器实施逼近，任意时刻的两飞行器的相对速率与相对距离满足如下关系

$$\dot{\rho} = a\rho + v_{\rho T} \tag{6}$$

其中，a 为指数减速系数，$v_{\rho T}$ 为终端时刻相对速率。则任意时刻两飞行器的相对距离为

$$\rho = \rho_0 \mathrm{e}^{at} + \frac{v_{\rho T}}{a}(\mathrm{e}^{at} - 1) \tag{7}$$

所以，舱内飞行器在目标飞行器体坐标系中的相对参考位置 ρ^B 为

$$\boldsymbol{\rho}^B = [\rho \quad 0 \quad 0]^{\mathrm{T}} \tag{8}$$

3.2 控制器设计

对于舱内飞行器自主交会轨道控制，其动力学模型采用飞行器的相对轨道动力学模型，可得到如下形式的非线性轨道相对轨道动力学方程

$$\ddot{\boldsymbol{\rho}} = \boldsymbol{O}_1\boldsymbol{\rho} + \boldsymbol{O}_2\dot{\boldsymbol{\rho}} + \boldsymbol{g}(\boldsymbol{\rho}) + \boldsymbol{f}_d + \boldsymbol{F}_c/m_c \tag{9}$$

其中

$$\boldsymbol{O}_1 = \begin{bmatrix} \dot{\theta}^2 & 0 & \ddot{\theta} \\ 0 & 0 & 0 \\ -\ddot{\theta} & 0 & \dot{\theta}^2 \end{bmatrix},\ \boldsymbol{O}_2 = \begin{bmatrix} 0 & 0 & 2\dot{\theta} \\ 0 & 0 & 0 \\ -2\dot{\theta} & 0 & 0 \end{bmatrix},\ \boldsymbol{g}(\boldsymbol{\rho}) = \begin{bmatrix} -\mu x/r_c^3 \\ -\mu y/r_c^3 \\ -\mu/r_t^2 + \mu(r_t - z)/r_c^3 \end{bmatrix}$$

设舱内飞行器在自主交会过程中的标称相对位置为 $\boldsymbol{\rho}_d(t)$，而飞行器在 t 时刻相对位置的导航估计值分别为 $\boldsymbol{\rho}(t)$，则飞行器 t 时刻控制器输入的相对位置偏差 $\boldsymbol{e}_\rho(t)$ 及其变化率 $\dot{\boldsymbol{e}}_\rho(t)$ 为

$$\boldsymbol{e}_\rho(t) = \boldsymbol{\rho}(t) - \boldsymbol{\rho}_d(t) \tag{10}$$

$$\dot{\boldsymbol{e}}_\rho(t) = \dot{\boldsymbol{\rho}}(t) - \dot{\boldsymbol{\rho}}_d(t) \tag{11}$$

所以，根据当前的相对位置及其变化率偏差，飞行器轨道控制量 $\boldsymbol{F}_c(t)$ 的表达式为

$$\boldsymbol{F}_c(t) = \boldsymbol{F}[\boldsymbol{e}_\rho(t), \dot{\boldsymbol{e}}_\rho(t)] \tag{12}$$

所以，式（12）是飞行器自主交会轨道控制的一般表达式。

PID 控制具有简单实用和鲁棒性好等优良特性，至今仍然在工业过程控制和航空航天控制等领域被广泛使用。PID 控制器可以分为连续形式和离散形式两种，对于连续形式的 PID 控制器，其表达式为

$$U(t) = K_P e(t) + K_I \int_0^t e(t)\,\mathrm{d}t + K_D \frac{\mathrm{d}e(t)}{\mathrm{d}t} \tag{13}$$

其中，$e(t) = x(t) - x_d(t)$ 为系统状态偏差；$U(t)$ 为控制输出；K_P 为比例系数；K_I 为积分系数；K_D 为微分系数。而对于离散形式的 PID 控制器，其表达式为

$$U(k) = K_P e(k) + K_I \sum_{i=1}^{k} e(i) + K_D \Delta e(k) \tag{14}$$

在进行PID控制器设计时，对 K_P 、K_I 和 K_D 三个系数进行设计和选取非常关键。其中，K_P 体现系统状态当前偏差大小对控制输出量的影响；K_I 体现系统状态历史偏差情况对控制输出量的影响；K_D 体现系统状态当前偏差变化率对控制输出量的影响。

3.3 仿真验证

设初始时刻空间站舱内的被动飞行器的轨道根数为 $a_0=6\ 771\ 137\mathrm{m}$，$e_0=0.0$，$i_0=42.78°$，$\Omega_0=120°$，$\omega_0=60°$，$f_0=30°$，主动飞行器相对于被动飞行器的相对位置和相对速度分别为

$$\boldsymbol{R}_{\mathrm{rel}}=[2.0\quad 0.0\quad 0.0]^{\mathrm{T}}$$

$$\boldsymbol{V}_{\mathrm{rel}}=[0.0\quad 0.0\quad 0.0]^{\mathrm{T}}$$

主动飞行器在初始时刻位于被动飞行器后方2 m停泊点。采用指数减速方式进行交会逼近，设式（6）中的指数减速系数为 $a=-0.07$，终端时刻相对速率为 $v_{\rho T}=-0.01\ \mathrm{m/s}$。飞行器初始质量为5 kg，三个控制方向的发动机推力大小均为0.12 N。迹向、径向、法向的PID控制参数取值如表1所示。

表1 自主交会PID控制参数

PID控制参数	迹向	径向	法向
K_P	0.3	0.2	0.2
K_I	0.02	0.05	0.05
K_D	0.01	0.002	0.002

根据上述参数，对舱内飞行器自主交会过程进行仿真。由于主动飞行器初始时刻位于停泊点，处于相对保持状态。因此，在交会启动时开始在迹向连续控制加速，当位置和速度达到标称值后，则按照指数减速规律完成后续逼近控制。自主交会过程轨道面内的相对运动轨迹见图4，交会过程的相对状态变化规律见图5，交会过程相对运动轨迹比较平滑，径向位置误差的最大振荡幅度小于0.035 m。

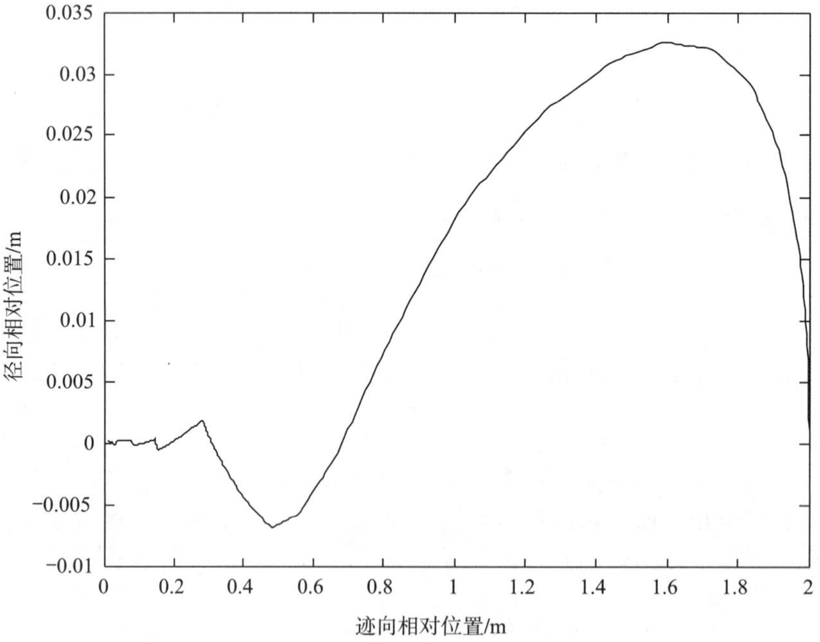

图4 自主交会轨道面内相对运动轨迹

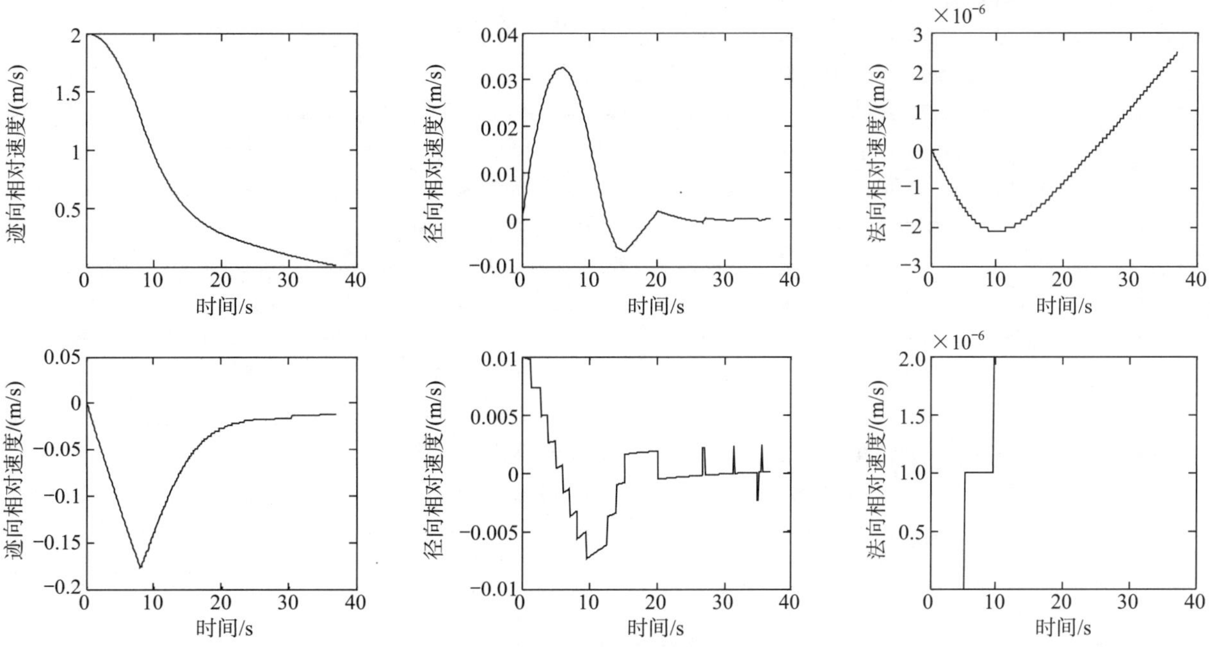

图 5　自主交会相对运动状态随时间变化情况

4　结束语

当前，我国在基于高性能 COTS 器件和新型微系统部/组件的纳皮型卫星研制方面，已经具备较好的基础，但面向舱内试验和服务的舱内飞行器研究和设计还处于萌芽阶段。开展舱内飞行器总体设计、样机研制与关键技术攻关，将巩固微纳卫星平台技术，验证交会、编队等关键技术，并有望为空间站提供在轨服务。本文对飞行器舱内导航与自主交会控制技术进行了研究，基于舱内飞行的环境特点和性能需求，提出了视觉与惯性导航融合的方法，在此基础上，开展了舱内交会飞行轨迹设计与控制算法研究，并通过数值仿真对上述算法进行了验证。结果表明，导航算法符合舱内飞行的精度要求，控制方法有效，可达到预期指标。未来工作将着眼于地面半实物仿真，进一步优化算法，并进行 GNC 分系统的样机研制。

参考文献

[1] McCamish, S. B., et al., Flight Testing of Multiple-Spacecraft Control on SPHERES During Close-Proximity Operations. 2009. 46 (6): pp. 1202-1213.

[2] 林来兴．四十年空间交会对接技术的发展．航天器工程，2007 (04)：70-77.

[3] 庞征．空间交会对接技术概览 [J]．国际太空，2011，09：2-11.

[4] 崔乃刚，王平，郭继峰，等．空间在轨服务技术发展综述 [J]．宇航学报，2007，04：805-811.

[5] 林来兴．国外微小卫星在空间攻防中的应用研究 [J]．装备指挥技术学院学报，2006，06：47-49.

[6] 高铭，赵光恒，顾逸东．我国空间站的空间科学与应用任务 [J]．中国科学院院刊，2015，06：721-732.

[7] 杨彪，胡添元．空间站微重力环境研究与分析 [J]．载人航天，2014，02：178-183.

[8] 马尚君，刘更，吴立言，等．航天器结构的模块化设计方法综述．机械科学与技术，2011 (06)：960-967.

[9] Kong E M, Saenz-Otero A, Nolet S, et al. SPHERES as Formation Flight Algorithm Development and Validation Testbed: Current Progress and Beyond [J]. 2004.

[10] Miller D, Saenz-Otero A, Wertz J, et al. SPHERES: a testbed for long duration satellite formation flying in micro-gravity conditions [C] //Proceedings of the AAS/AIAA Space Flight Mechanics Meeting, Clearwater, FL, Paper No. AAS 00-110. 2000.

[11] Saenz-Otero A, Miller D W. SPHERES: a platform for formation-flight research [C] //Optics & Photonics 2005. International So-

ciety for Optics and Photonics, 2005: 58990O - 58990O - 11.

[12] Dorais G A, Gawdiak Y. The personal satellite assistant: an internal spacecraft autonomous mobile monitor [C] //Aerospace Conference, 2003. Proceedings. 2003 IEEE. IEEE, 2003, 1: 1 - 348.

[13] Bradshaw J M, Sierhuis M, Gawdiak Y, et al. Adjustable autonomy and teamwork for the personal satellite assistant [C] //Proceedings of the IJCAI - 01 Workshop on Autonomy, Delegation, and Control: Interacting with Autonomous Agents. 2001.

[14] Yoo J, Park I W, To V, et al. Avionics and perching systems of free - flying robots for the International Space Station [C] //Systems Engineering (ISSE), 2015 IEEE International Symposium on. IEEE, 2015: 198 - 201.

[15] Park I W, Smith T, Wong S W, et al. Developing a 3 - DOF compliant perching arm for a free - flying robot on the International Space Station [C] //Proc. IEEE Conf. on Robotics and Automation. 2015.

[16] Smith T, Barlow J, Bualat M, et al. Astrobee: A New Platform for Free - Flying Robotics on the International Space Station [J]. 2016.

[17] Besl, Paul J. ; N. D. McKay. A Method for Registration of 3 - D Shapes [J] . IEEE Trans. on Pattern Analysis and Machine Intelligence. Los Alamitos, CA, USA: IEEE Computer Society. 14 (2): 239 - 256.

[18] Xiao R, Yang J, Fan J, et al. Shape context and projection geometry constrained vasculature matching for 3D reconstruction of coronary artery [J] . Neurocomputing, 2016, 195: 65 - 73.

Navigation Method and Autonomous Control Algorithm of the Inboard Spacecraft of the Space Station

YOU Zheng[1] SHI Shuai[1,2] LI Jiuren[2] ZHAO Kaichun[1] ZHANG Gaofei[1]

1. Department of Precision Instrument, Tsinghua University, Beijing 100084

2. Astronaut Center of China, Beijing 100094

Abstract Inboard spacecraft (IS) refers to micro/nano spacecraft operating inside the space station cabin which perform certain tasks. A scheme of vision navigation and inertial navigation fusion is put forward according to the navigation requirement and application characteristics of the IS. The system model and simulation analysis are carried out to verify the effectiveness of the algorithm. Experimental methods for autonomous rendezvous demonstration based on the IS are studied, and the orbit design, algorithm building and simulation analysis is conducted. This work aims at laying a theoretical foundation for the development and experiment of the Chinese IS.

Key words Inboard spacecraft; Navigation inside cabin; Autonomous control algorithm

作 者 简 介

尤政，男，就职于清华大学，从事机械电子工程（微纳技术及其空间应用）专业，电子邮箱：yz－dpi@mail. tsinghua. edu. cn。

遥感卫星效能及指标体系研究

白照广[1]　陆春玲[1]　邸国栋[1]　高涵[2]　尹欢[1]　刘勇[3]　喻文勇[4]

1. 航天东方红卫星有限公司，北京　100094

2. 中国空间技术研究院研究生院，北京　100094

3. 中国空间技术研究院总体部，北京　100094

4. 中国资源卫星应用中心，北京　100094

摘　要　我国卫星技术经过近50年的发展历程，目前普遍可实现超寿命运行，追求高效能应用，提高卫星的使用效能无疑成为新的技术发展目标。本文立足遥感卫星工程大系统和卫星全寿命周期，提出了工程系统总体效能概念及其初步指标体系

关键词　遥感卫星；效能；指标体系

1　效能概念

我国卫星技术经过近50年的发展历程，从20世纪70年代开始的技术试验卫星研究，到90年代进行的应用卫星研制，其后又经历十年左右的高可靠性设计和十年左右的高稳定设计追求。目前卫星普遍可实现超寿命运行，追求高效能应用，提高卫星的使用效能无疑成为新的技术发展目标。

效能最基本的解释是达到系统目标的程度，或达到任务要求的程度，也可简单理解为效率和能力。国军标GJB 451A—2005可靠性维修性保障性术语定义系统效能的内涵包括可用性、战备完好性、可信性、固有能力、任务可靠性。系统效能及其内涵的定义如下。

系统效能：是系统在规定条件下满足给定定量特征和服务要求的能力。它是系统可用性、可信性及固有能力的综合反映。

可用性：是产品在任一随机时刻需要和开始执行任务时，处于可使用状态的程度。可用性的概念度量亦称可用度。产品在任务开始时的状态取决于战备完好性有关的系统可靠性及维修性参数的综合影响，但不包括任务时间。

战备完好性：军事单位接到作战命令时，实施其作战计划的能力。它是在编制实力、产品可用性、保障性等的函数。

可信性：产品在任务开始时可用性给定的情况下，在规定的任务剖面中的任一随机时刻，能够使用且能完成规定功能的能力。

固有能力：产品在给定的内在条件下，满足给定指标特性要求的自身能力。如杀伤威力、射程等。

可靠性：产品在规定的条件下和规定的时间内，完成规定功能的能力。

任务可靠性：产品在规定的任务剖面中完成规定功能的能力。

基本可靠性：产品在规定的条件下，无故障的持续时间或概率。基本可靠性反映产品对维修人力的要求。确定基本可靠性参数时应统计产品的所有寿命单元和所有的故障。

2 卫星系统效能分析

2.1 国外研究情况

效能理论是随着武器及航空与航天系统技术的发展而逐渐成熟起来的科学技术，是系统研究的主要领域，其涉及多学科交叉和优化设计。最早提出相关研究的是美国和苏联。1940 年苏联专家 BC Ttyiaueb 所著《空中射击》标志着射击效能理论的诞生。20 世纪 60 年代初美苏相继成立了专门的效能分析机构，现代武器效能理论分析基础初步形成。其后随着航天技术的应用，更扩展了效能分析的内涵，但一些分析方法与武器系统基本一致。苏联一直非常重视总体效能，如各部件不一定是最先进的，但航空、航天器系统性能却在世界上是一流水平。目前国外专家主要把研究焦点集中在如何获取和开发信息优势以提高作战效能上，特别是关注作战结果的信息获取与判读。美国已将效能评估模型应用于各种军事装备各个研究的分析评估。如美国防部下属兰德公司 2001 年建立了针对 C^4ISR 系统作战效能评估的模型与方法体系，并推广应用到建设 21 世纪的各兵种研究中。2003 年完成了联合全球定位系统作战效能试验（Global combat support system，GCSS）等。

在遥感卫星方面，R Claire 等的 Improving Satellite Surveillance through Optimal Assignmenl of Assets 研究了单星、8 星、16 星三种小卫星星座设计方案的对地观测能力，结果表明，通过优化调度，可以用 8 星星座来实现原定 16 星星座同样的任务，大量节省了研制成本。

2.2 国内研究情况

我国的效能研究从 20 世纪 80 年代开始，1993 年航空工业出版社出版了《作战飞机效能评估》，军事科学出版社出版了《军事运筹学》。卫星工程系统效能国内外研究多集中在单纯卫星或群卫星使用效能研究上。如 2001 年陈浩光的论文“军用卫星系统效能评估的基本原则与方法研究”和 2003 年北航冯书兴的“卫星系统综合效能分析研究”从卫星应用角度提出了信息支援保障的卫星系统综合效能评估指标体系，并应用层次分析方法建立了效能分析的多属性综合评价模型与方法，其内容主要涉及卫星功能与可用性等。

2007 年，航天五院李仲夏等的“航天器离轨技术效能对比研究报告”；国防科大安雪滢等的“基于模糊理论的卫星效能评估仿真研究”；宋鹏涛等的“军用卫星星座效能评估指标体系研究”；李昊等的“基于 ABMS 的多卫星系统效能评估”；2008 年装备技术学院尹江丽等的“军用卫星通信系统效能评估指标体系研究”；空军工程大学董成喜等的“利用粗糙集理论评估卫星导航卫星系统效能”；2011 年马满好等的“常规导弹精确打击中卫星应用效能评价”；航天恒星齐昕浒等的“基于动态能量平衡的成像卫星任务规划方法研究”；2013 年中科院光电院项磊等的“基于层次分析法与模糊理论的卫星效能评估”都对卫星效能领域进行了研究，提出了各自关注领域的卫星效能研究方法。2015 年许相莉等的“基于‘四域’的卫星通信系统效能评估指标体系”借鉴中心作战理论中的物理域、信息域、认知域、社会域等域结构划分理念，构建了卫星通信系统的效能评估指标体系。

2.3 国内外研究情况总结

总结国内外卫星效能分析领域现状，具有如下特点：

1）效能分析理论首先诞生于武器系统，其后应用于航空航天工程系统中；

2）国外航空航天系统应用效能已经从理论进入系统研制的评价中，我国仍处于理论研究阶段；

3）我国卫星系统效能分析与评估主要以军事卫星为主，特别是针对卫星星座及体系等的综合效能分析；

4）效能分析在航天的应用主要是综合效能评估体系，未见从卫星发射开始的工程系统支持的卫星效能提升策略研究。

面对军、民应用的新要求，航天技术的发展模式必须从单纯强调卫星的高性能、高指标，转变为重视卫星的在轨使用效果，注重卫星使用过程中和工程大系统的有效衔接，即从研制“满足技术指标的卫星”转变为“满足使用需求的卫星”，从“能用”转变为“好用、易用”的发展模式。

3 遥感卫星效能指标体系研究

3.1 准则

1）系统性：工程系统一体化统筹设计。面向系统最终应用效果涉及的各个工程系统的能力来综合考虑效能。对遥感卫星来讲，不仅仅是遥感卫星自身，还要包含发射入轨的运载系统、对射向/运载落区及进而影响运载入轨能力的发射场系统、卫星测控的地面测控系统、卫星运行管理的运管系统、遥感数据接收与处理的地面系统，最终才到应用系统。

2）层次性：紧紧围绕应用高效目标，确定效能体现主要方式，协调分析、研究、确定卫星系统指标能力，进而确定效能与卫星及工程系统指标的关系，为效能评估提供理论依据，为应用提供信息支持。

3）可测性：将各系统效能用技术指标体现、量化，并实现有效关联，形成可评估的效能指标体系。

4）全周期：全周期是从系统投入运行开始、直到任务期结束时刻考虑效能问题。投入运行开始是指工程系统进入工作程序、不可回返的时刻。任务期结束应是指卫星不再提供遥感数据的时刻，对需要寿命试验的不在此范围内。遥感卫星工程系统投入运行的开始应该从运载起飞发射时刻算起，任务期结束自然是从卫星不再按用户要求进行成像任务时刻。其整个过程需要面对工程实际问题开展分析，方能真实体现工程系统效能。

3.2 遥感卫星效能指标体系

立足遥感卫星工程大系统和卫星全寿命周期，明确工程系统总体效能概念及其分类，建立工程系统效能评估指标体系。

按照层次划分策略，可分为四层，第一层是目标层，即“基于工程系统能力的卫星总体效能”；第二层是构成总体效能的能力指标层，遥感卫星效能能力指标层概括成以下几个方面：

1）基于卫星稳定运行、长寿命保证效能指标体系；

2）基于数传传输时间效能指标体系；

3）基于遥感成像面积效能指标体系；

4）基于遥感目标数效能指标体系；

5）基于应急任务快速响应效能指标体系

第三层是效能指标层，描述效能实现能力所直接拥有的性能度量指标集合，每种能力的效能度量应从该集合中选出。

第四层是设计参数，不但包括星上有效载荷参数和任务工作模式，也包含支持卫星任务运行的各类技术参数，特别要关注卫星参数的实现往往取决于其他工程系统的支持，如故障处理离不开地面测控系统的支持。卫星入轨能力主要由运载火箭决定等。

4 效能评估模型

建立效能评估模型，结合评估属性值和评估模型进行定量计算，得出评估结果。以遥感卫星为例，初步效能评估模型见图 1。

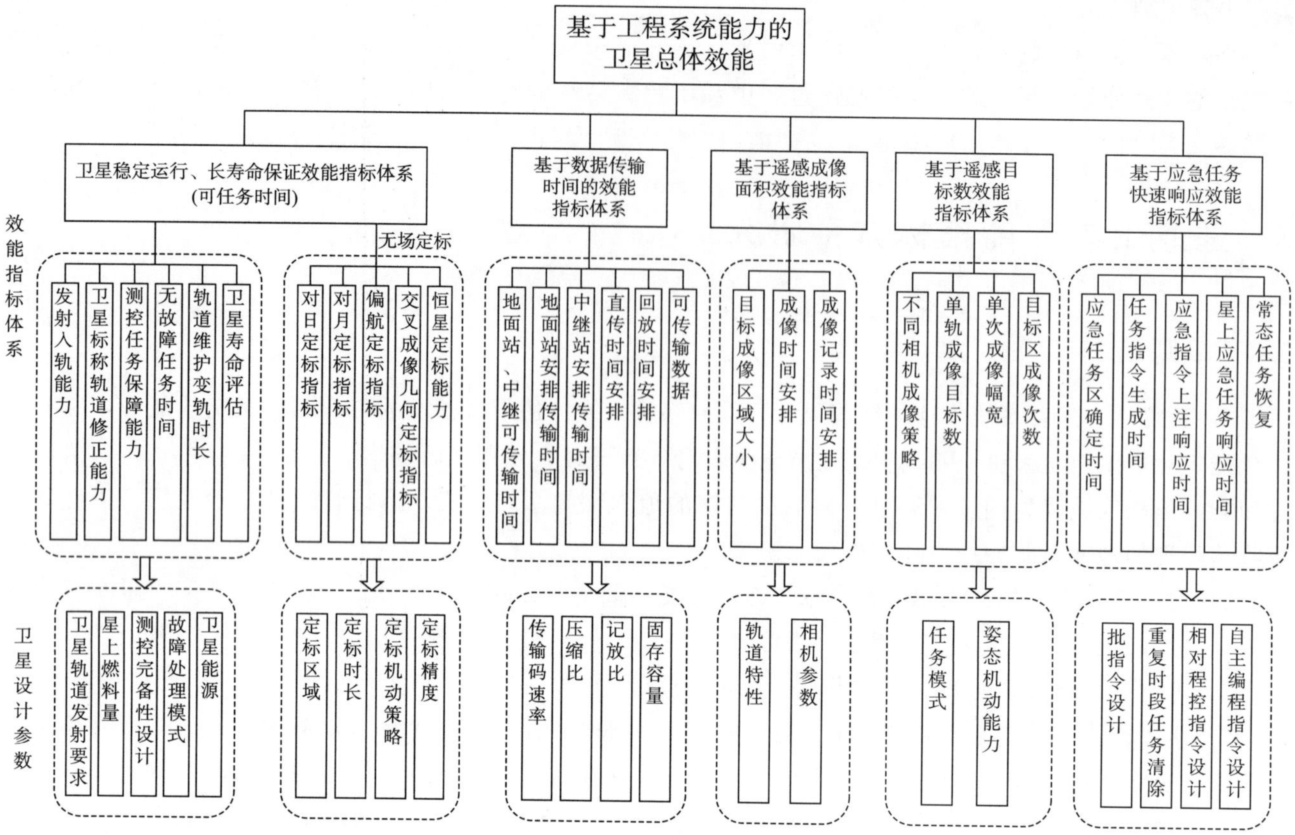

图 1　遥感卫星效能指标初步体系

$$\lambda=\rho_{面积}\left[\frac{n_{实际}}{n_{最大能力}}\right]_{面积}+\rho_{传输时间}\left[\frac{n_{实际}}{n_{最大能力}}\right]_{时间}+\rho_{目标数量}\left[\frac{n_{实际}}{n_{最大能力}}\right]_{目标}+$$

$$\rho_{快响}\left[\frac{n_{实际}}{n_{最大能力}}\right]_{快响}+\rho_{稳定运行时间}\left[\frac{n_{实际}}{n_{最大能力}}\right]_{稳定运行时间}$$

其中 $\rho_{面积}$ 、$\rho_{传输时间}$ 、$\rho_{目标数量}$ 、$\rho_{快响}$ 、$\rho_{稳定运行时间}$ 为各指标在效能评估中的权重，并且有

$$\rho_{面积}+\rho_{传输时间}+\rho_{目标数量}+\rho_{快响}+\rho_{稳定运行时间}=1$$

$\left[\frac{n_{实际}}{n_{最大能力}}\right]_{面积}$ 中，$n_{实际}$ 为实际面积指标，$n_{最大能力}$ 为设计最大能力，显然 $\left[\frac{n_{实际}}{n_{最大能力}}\right]_{面积}$ 为实际面积覆盖效率。

最大能力体现卫星极端工作能力，依据三、四层性能指标与卫星设计参数进行逐级演算。其中第四层次参数可为多个第三层次能力指标利用，如轨道参数可为传输时间、成像面积等多个效能指标利用。

5　结束语

随着我国航天技术的进步，我国遥感卫星从针对研制要求开展研制，进入到面向应用效益开展研制的新里程。卫星效能的提升需要卫星设计的保证，更需要工程各大系统的支持，需要设计参数的保证，也需要使用性能的保证。卫星效能分析可为提高遥感卫星效益提供重要依据，因此深化、细化遥感卫星效能研究对进一步提高我国卫星设计技术水平具有重要的意义。

参 考 文 献

［1］ R Claire et al，Improving Satellite Surveillance through Optimal Assignmenl of Assets.

［2］ 陈浩光．军用卫星系统效能评估的基本原则与方法研究.

[3] 冯书兴．卫星系统综合效能分析研究．
[4] 李仲夏，等．航天器离轨技术效能对比研究报告．
[5] 安雪滢，等．基于模糊理论的卫星效能评估仿真研究．
[6] 宋鹏涛，等．军用卫星星座效能评估指标体系研究．
[7] 李昊，等．基于 ABMS 的多卫星系统效能评估．
[8] 尹江丽，等．军用卫星通信系统效能评估指标体系研究．
[9] 董成喜，等．利用粗糙集理论评估卫星导航卫星系统效能．
[10] 马满好，等．常规导弹精确打击中卫星应用效能评价．
[11] 齐昕浒，等．基于动态能量平衡的成像卫星任务规划方法研究．
[12] 项磊，等．基于层次分析法与模糊理论的卫星效能评估．
[13] 许相莉，等．基于‘四域’的卫星通信系统效能评估指标体系．

Research on the Efficiency and Index System of Remote Rensing Satellite

BAI Zhaoguang[1] LU Chunling[1] DI Guodong[1] GAO Han[2] YIN Huan[1] LIU Yong[3] YU Wenyong[4]
1. DFH satellite CO., LTD, Beijing 100094
2. China Academy of Space Technology, Beijing 100094
3. Institute of Spacecraft System Engineering, China Academy of Space Technology, Beijing 100094
4. China Centre for Resources Satellite Data and Application, Beijing 100094

Abstract Nearly fifty years' development of satellite technology in China, at present, most satellites can exceed their design lifetime. The pursuit of efficient applications and the improvement of satellite performance undoubtedly have become a new technology development goal. Based on the remote sensing satellite engineering system and life cycle, the concept of overall efficiency and index system are put forward.

Key words Remote sensing satellite; Efficiency; Index system

基于模态对传递特性影响的卫星结构动力学特性优化

崔玉福　冯振伟　杨新峰　秦江

航天东方红卫星有限公司，北京　100094

摘　要　随着光学遥感卫星分辨率的不断提高，微振动已经成为影响高分辨率遥感卫星成像质量的关键因素之一，但是微振动在卫星结构中的传递特性还没有研究清楚。本文通过分析微振动传递特性与卫星模态参数之间的关系，并结合系统集成模型找出影响微振动传递的关键环节，进而从整星频率分配，卫星构型布局等方面给出优化卫星结构动力学特性的建议，可为后续卫星结构设计提供参考。

关键词　微振动；传递特性；模态；动力学特性

1　引言

随着航天技术的发展，以亚米级遥感卫星为代表的高精度航天器在对地观测、激光通信和深空探测等领域的应用越来越多，精度也越来越高，微振动已经成为影响高精度航天器成像质量等性能的关键因素之一。从微振动对成像质量影响的全链路看，解决微振动对成像质量影响问题的方法主要从 4 个方面入手：微振动源；结构传递；敏感载荷；图像处理[1]。目前比较简单可靠的方法是分析微振动在整星结构中的传递特性，找出影响微振动传递特性的关键环节，进而通过优化结构材料尺寸、安装隔振器等方式减小传递到敏感载荷处的微振动。

当前在卫星微振动的研究中开展了很多仿真分析和地面微振动试验，也进行了一些在轨微振动测量，获得了很多仿真和试验数据[2]，但还有很多传递特性规律没有研究清楚，例如模态参数与传递特性的理论研究，整星、扰振源、敏感载荷的频率是否优化配置，微振动在星体结构中衰减、放大的原因；局部结构材料、尺寸对传递特性的影响等。因此，本文以某亚米级遥感卫星制冷机微振动为背景，推导了传递特性与模态频率、模态振型等模态参数之间的关系，并结合系统集成分析模型研究了整星模态及局部模态对传递特性的影响，找出影响微振动传递的关键环节，给出整星频率分配、局部材料尺寸优化等优化结构动力学特性的建议，充分发挥结构对微振动的衰减作用。

2　传递特性分析

对于具有 n 个节点、每个节点具有 6 个自由度的卫星，其系统动力学方程可写为

$$[\boldsymbol{M}]\{\ddot{\boldsymbol{x}}\}+[\boldsymbol{C}]\{\dot{\boldsymbol{x}}\}+[\boldsymbol{K}]\{\boldsymbol{x}\}=\{\boldsymbol{F}(t)\} \tag{1}$$

式中　$[\boldsymbol{M}]$、$[\boldsymbol{C}]$ 和 $[\boldsymbol{K}]$ ——分别为结构的质量矩阵、阻尼矩阵和刚度矩阵，维数均为 $6n\times 6n$，且阻尼矩阵可解耦；

$F(t)$——$6n$ 维力输入列向量；

$\{\ddot{\boldsymbol{x}}\}$ 、$\{\dot{\boldsymbol{x}}\}$ 、$\{\boldsymbol{x}\}$ ——分别为 $6n$ 维节点加速度、速度和位移列向量。

当系统作无阻尼自由振动时，其动力学模型为

$$[\boldsymbol{M}]\{\ddot{\boldsymbol{x}}\}+[\boldsymbol{K}]\{\boldsymbol{x}\}=\{0\} \tag{2}$$

由于微振动振幅很小，结构在平衡位置附近做微小振动，可设上述方程组的解为

$$\{\boldsymbol{x}\}=\{\boldsymbol{\Phi}\}\sin(\omega t+\alpha) \tag{3}$$

将式（3）代入式（2），即可得到用于求解结构固有频率和模态振型的齐次方程组

$$([\boldsymbol{K}]-\omega^2[\boldsymbol{M}])\{\boldsymbol{\Phi}\}=0 \tag{4}$$

求解式（4）可得卫星的固有频率 ω_i 和模态振型 $\{\boldsymbol{\Phi}_i\}$ ，将模态振型按质量归一进行正则化，并依次排列成模态振型矩阵 $[\boldsymbol{\Phi}]$，模态振型矩阵 $[\boldsymbol{\Phi}]$ 满足

$$[\boldsymbol{\Phi}]^{\mathrm{T}}[\boldsymbol{M}][\boldsymbol{\Phi}]=[\bar{\boldsymbol{M}}]=[\boldsymbol{I}] \tag{5}$$

$$[\boldsymbol{\Phi}]^{\mathrm{T}}[\boldsymbol{K}][\boldsymbol{\Phi}]=[\bar{\boldsymbol{K}}] \tag{6}$$

式中　$[\bar{\boldsymbol{M}}]$、$[\bar{\boldsymbol{K}}]$——分别为广义质量矩阵和广义刚度矩阵，均为对角矩阵。

为了研究模态对传递特性的影响，用 $\{\boldsymbol{x}\}=[\boldsymbol{\Phi}]\{\boldsymbol{\eta}\}$ 对系统动力学方程（1）进行模态坐标变换

$$[\boldsymbol{M}][\boldsymbol{\Phi}]\{\ddot{\boldsymbol{\eta}}\}+[\boldsymbol{C}][\boldsymbol{\Phi}]\{\dot{\boldsymbol{\eta}}\}+[\boldsymbol{K}][\boldsymbol{\Phi}]\{\boldsymbol{\eta}\}=\{\boldsymbol{F}(t)\} \tag{7}$$

两边同乘 $[\boldsymbol{\Phi}]^{\mathrm{T}}$ 得

$$[\boldsymbol{\Phi}]^{\mathrm{T}}[\boldsymbol{M}][\boldsymbol{\Phi}]\{\ddot{\boldsymbol{\eta}}\}+[\boldsymbol{\Phi}]^{\mathrm{T}}[\boldsymbol{C}][\boldsymbol{\Phi}]\{\dot{\boldsymbol{\eta}}\}+[\boldsymbol{\Phi}]^{\mathrm{T}}[\boldsymbol{K}][\boldsymbol{\Phi}]\{\boldsymbol{\eta}\}=[\boldsymbol{\Phi}]^{\mathrm{T}}\{\boldsymbol{F}(t)\} \tag{8}$$

即

$$\{\ddot{\boldsymbol{\eta}}\}+[\bar{\boldsymbol{C}}]\{\dot{\boldsymbol{\eta}}\}+[\bar{\boldsymbol{K}}]\{\boldsymbol{\eta}\}=[\boldsymbol{\Phi}]^{\mathrm{T}}\{\boldsymbol{F}(t)\} \tag{9}$$

则可将原来耦合的系统动力学方程变为相互独立的运动方程

$$\ddot{\boldsymbol{\eta}}_i+\boldsymbol{c}_i\dot{\boldsymbol{\eta}}_i+\boldsymbol{k}_i\boldsymbol{\eta}_i=[\boldsymbol{\Phi}_i]^{\mathrm{T}}\{\boldsymbol{F}(t)\} \tag{10}$$

假设系统仅在 p 自由度上作用有正弦激励 $F_0\sin\omega t$ ，则上式可写为

$$\ddot{\eta}_i+c_i\dot{\eta}_i+k_i\eta_i=\Phi_{pi}F_0\sin\omega t \tag{11}$$

式（11）为标准的强迫振动下单自由度系统的动力学方程[3]，根据单自由度强迫振动的解的形式可得式（11）的稳态解为

$$\eta_i=\frac{\Phi_{pi}F_0}{\sqrt{m_i^2(\omega_i^2-\omega^2)^2+(c_i\omega)^2}}\sin(\omega t-\varphi) \tag{12}$$

其中 $\varphi=\arctan\dfrac{c_i\omega}{m_i(\omega_i^2-\omega^2)}$ ，然后将模态坐标转换回物理坐标

$$\{\boldsymbol{x}\}=[\boldsymbol{\Phi}]\{\boldsymbol{\eta}\}=\sum_{i=1}^{6n}\eta_i\{\boldsymbol{\Phi}_i\}=\sum_{i=1}^{6n}\frac{\Phi_{pi}F_0}{\sqrt{m_i^2(\omega_i^2-\omega^2)^2+(c_i\omega)^2}}\{\Phi_i\}\sin(\omega t-\varphi) \tag{13}$$

则系统 q 自由度的响应为

$$\{\boldsymbol{x}\}_q=([\boldsymbol{\Phi}]\{\boldsymbol{\eta}\})_q=\sum_{i=1}^{6n}\eta_i\Phi_{qi}=\sum_{i=1}^{6n}\frac{\Phi_{pi}\Phi_{qi}F_0}{\sqrt{m_i^2(\omega_i^2-\omega^2)^2+(c_i\omega)^2}}\sin(\omega t-\varphi) \tag{14}$$

由式（14）可以看出：

1）卫星结构上的传递特性与激励力、结构的固有频率和模态阻尼以及输入自由度和输出自由度的模态振型有关；

2）一般认为，结构的模态阻尼较小，因而在当激励频率与模态频率未发生耦合时，弹性力起主要作用，即激励频率与模态频率的相对差值对传递特性起主要作用，因此，在进行频率分配时，应尽量将扰振频率与整星及敏感设备频率尽可能分开；

3）当激励频率与模态频率发生耦合时，阻尼力起主要作用，如果扰振力频带较宽，无法将之与模态频率隔开，则可考虑附加阻尼结构提供结构固有阻尼的方式，提高结构的抗振性和稳定性；

4）输入和输出自由度的模态振型对传递特性也有重要影响，如果 $\Phi_{qi}=0$，即输出节点位于某一模态的振型节点，则此模态对此自由度响应的贡献恒为0。

需要说明的是，前面讨论的是单频的正弦激励作用下系统的响应问题，对于一般的周期激励，可以将其展开为傅里叶级数的形式，依次作用在卫星结构上，求出各谐波引起的结构稳态强迫运动的解。一般认为卫星结构是线性的，根据线性系统的叠加原理，将各谐波强迫振动的解叠加即可得到一般周期激励的解[4]。

3 整星模态对传递特性的影响分析及优化

某遥感卫星红外相机与高分相机安装在载荷底板上，制冷机激励到高分相机传递路径为：红外相机制冷机→红外相机焦面→载荷板红外相机安装点→载荷板高分相机安装点→高分相机主镜法兰→高分相机次镜三杆根部→高分相机次镜。制冷机扰振载荷如图 1 所示，其微振动载荷在频域上峰值均为活塞运动频率 54Hz 及其整数倍频。

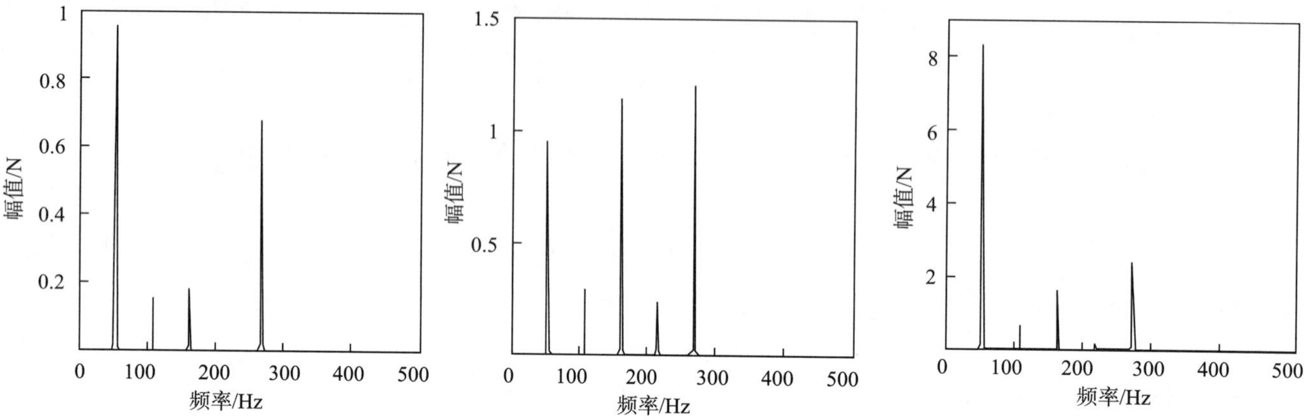

(a)制冷机扰振力F_x频域曲线　(b)制冷机扰振力F_y频域曲线　(c)制冷机扰振力F_z频域曲线

图 1　某型号制冷机微振动测试结果

由于光学系统自身对偏航轴（z 向）位移不敏感，这里只分析 x 和 y 向响应[5]。在制冷机到高分相机传递路径上选取四个关键节点分析微振动传递特性，如图 2 所示，红外相机安装点，高分相机安装点及高分相机主镜、次镜传递函数在 22 Hz、24 Hz 及 69 Hz 附近都有明显的峰值，这三个频率正是整星三个方向一阶固有频率。制冷机主要激励频率 54 Hz、108 Hz 未与整星固有频率耦合，传递比较小，说明该星的频率分配基本合理。另外注意到 162 Hz 激励频率在红外相机安装点、高分相机安装点及高分相机主镜处传递比都较小，而高分相机次镜处传递比显著增大，出现这种现象可能与高分相机结构有关，将在下节进一步讨论。

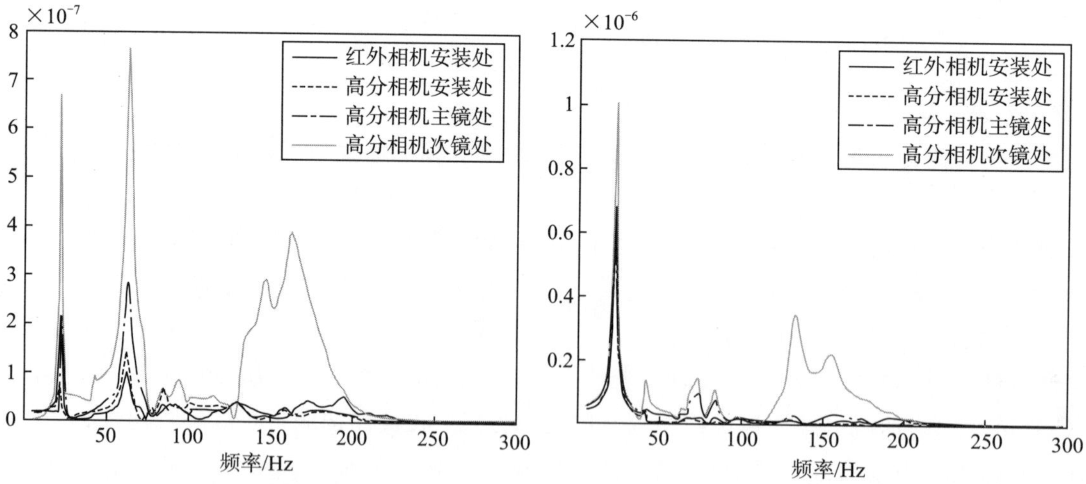

(a) x向频响曲线　(b) y向频响曲线

图 2　制冷机到高分相机次镜传递路径上关键节点处频响曲线

3.1 整星模态对传递特性的影响分析

图 3 给出了制冷机扰振力作用下次镜处位移频域分布，可以看出，制冷机微振动传递到高分相机次镜后，54 Hz 及 162 Hz 为主要的扰振频率，从图 2 的传递特性曲线也可以看出，这两个频率处的传递比较大，而 108 Hz 及 200 Hz 以上的高频分量的传递比较小，因而传递到高分相机后其幅值较小。为了便于分析整星模态对传递特性的影响，提取次镜 x 向及 y 向 54 Hz 分量，如图 4 所示。

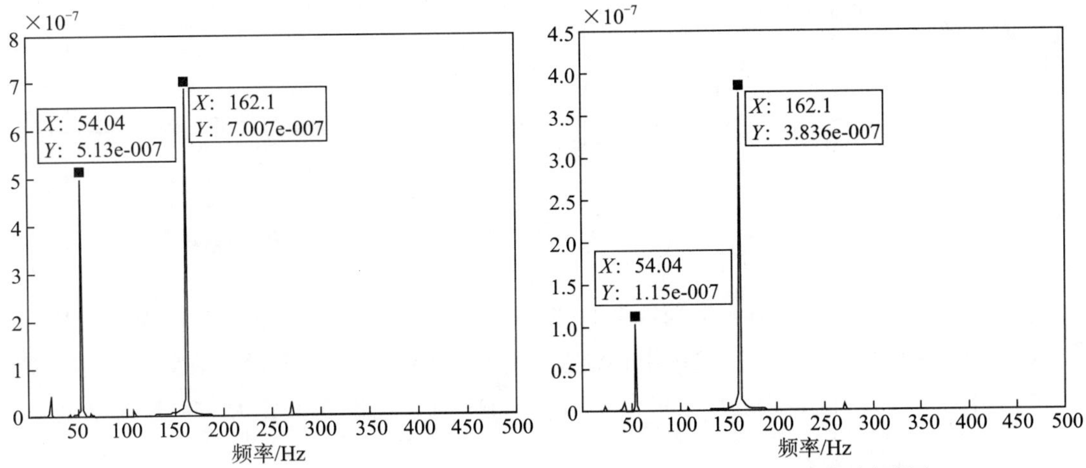

(a)次镜处x向位移频谱图　　(b)次镜处y向位移频谱图

图 3　制冷机扰振力作用下次镜处位移频谱图

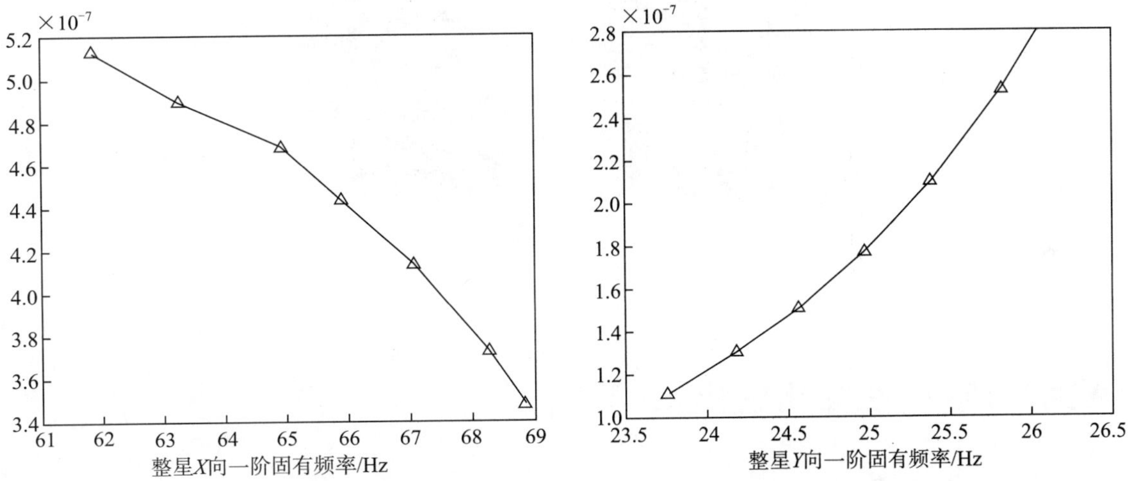

(a)次镜x向54Hz响应随模态频率的变化图　　(b)次镜y向54Hz响应随模态频率的变化图

图 4　次镜 54 Hz 响应随整星模态的变化

从图 4 可以看出，随着整星 X 向一阶频率的增大，次镜处 X 向 54 Hz 响应呈减小趋势，结合图 2 可知，随着 X 向一阶固有频率的增大，54 Hz 处的传递比逐渐减小，因而在相同的微振动源激励下，次镜处 54 Hz 响应也不断减小；Y 向 54 Hz 响应呈放大趋势，同样是受整星模态的影响，Y 向固有频率小于 54 Hz，其不断增大，54 Hz 的传递比就增大，Y 向 54 Hz 也相应地增大。

3.2 局部模态对传递特性的影响分析

从图 2 可以看出，次镜处传递函数在 162 Hz 附近有明显的放大，而红外相机安装点、高分相机安装点乃至高分相机主镜处则没有相应的变化，整星的微振动试验也表明了这一点。为了分析次镜处 162 Hz 处放大的原因，对高分相机主镜到高分相机次镜处的传递特性进行进一步的分析，图 5 是高分相机主镜到高分相机次镜传递路径上关键节点的传递特性。

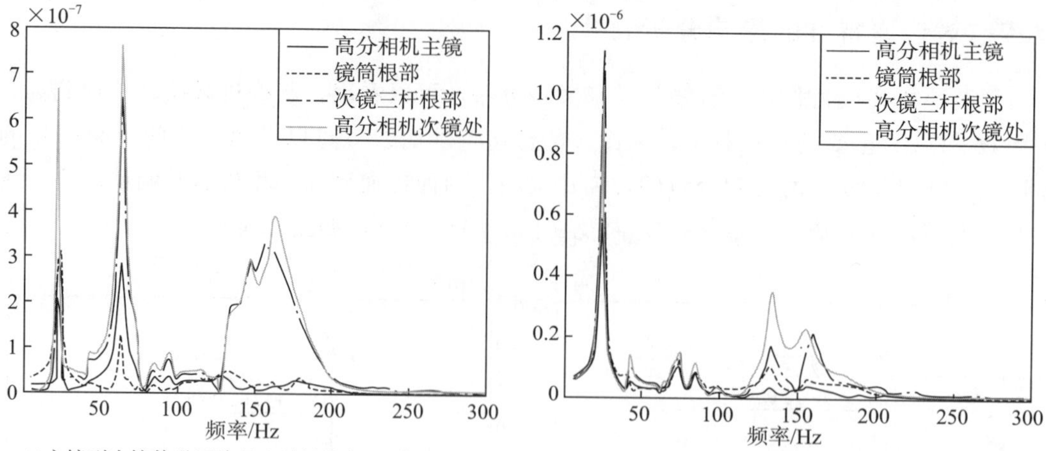

(a)主镜到次镜传递了路径上关键节点x向传递特性　　(b)主镜到次镜传递了路径上关键节点y向传递特性

图 5　高分相机主镜到高分相机次镜传递路径上关键节点的传递特性

从图 5 可以看出，微振动传递至主镜和镜筒根部时，在 162 Hz 处没有放大，而次镜三杆根部及次镜处在 162 Hz 都有明显的放大，说明 162 Hz 微振动在镜筒的传递过程中与镜筒固有频率发生了耦合，引起了放大。图 6 给出了 162 Hz 的结构变形，可以看出 162 Hz 时，镜筒变形较大，引起次镜处 162Hz 处响应的放大。

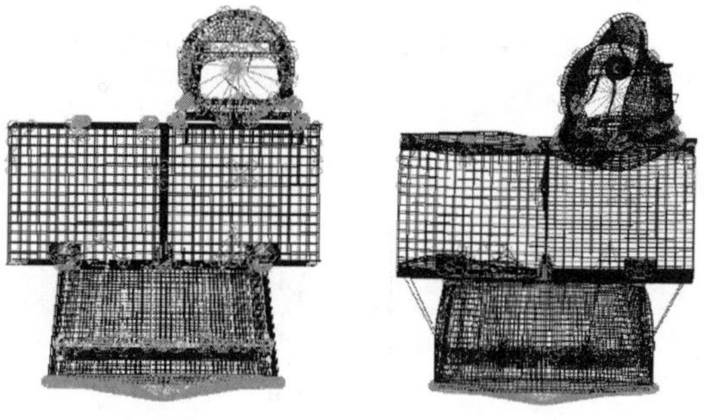

变形前　　变形后

图 6　162 Hz 的结构变形

4　结构动力学特性优化的建议

4.1　优化整星频率分配

结合图 2 所示的频率传递特性可以看出：扰振源频率避开了整星基频，该星的整星频率分配比较合理，除 162 Hz 外，制冷机主要扰振频率没有明显放大。

1）在 x 向一阶固有频率±10 Hz 范围内，微振动传递比较大，因此在扰振源激励为 54 Hz 及倍频不变的情况下，x 向一阶固有频率应尽量设计在 64 Hz 以上。

2）在 y 向和 z 向一阶固有频率±7 Hz 范围内，微振动传递比较大，因此，在当前的整星频率下，扰振源频率可设计时，其频率应满足

$$\begin{cases} 31\ \text{Hz} < x < 52\ \text{Hz} \\ 72\ \text{Hz} < x < 96\ \text{Hz} \end{cases} \tag{15}$$

其中 96 Hz 为 x 向二阶固有频率，即当前的整星频率不变时，制冷机扰振基频设计为 36～48 Hz 时，传递到高分相机次镜处的制冷机激励较小，对高分相机成像质量的影响较小。

4.2 优化关键结构的频率传递特性

如前所述，162 Hz 处的放大主要是由于与高分相机镜筒的固有频率发生耦合导致的。为此，增大镜筒材料的弹性模量，分析镜筒刚度对传递特性的影响。图 7 给出了镜筒材料改变前后次镜处传递特性的变化，可以看出：增大镜筒刚度后，次镜处 162 Hz 放大得到有效的抑制，尤其是 x 向，162 Hz 分量减小近 80%。

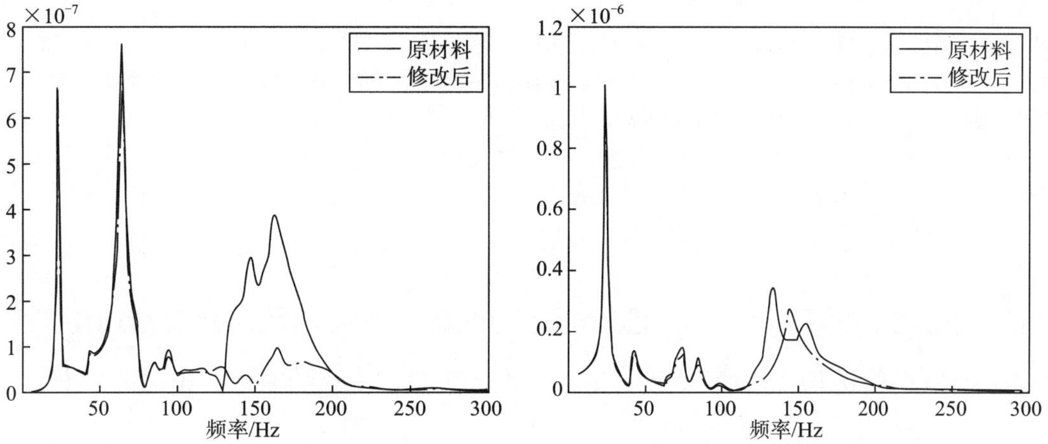

(a)优化前后次镜处x向传递特性 (b)优化前后次镜处y向传递特性

图 7 镜筒材料改变前后次镜处传递特性的变化

制冷机实际激励作用下，镜筒材料改变前后次镜处频域响应如图 8 所示。增大镜筒刚度后，在制冷机扰振力作用下，次镜处 x 向和 y 向 162 Hz 响应都减小了 66%以上，时域均方根值也都减小了 50%左右，说明通过增大镜筒刚度可以显著改善次镜处 x 向和 y 向的微振动环境，提高成像质量。

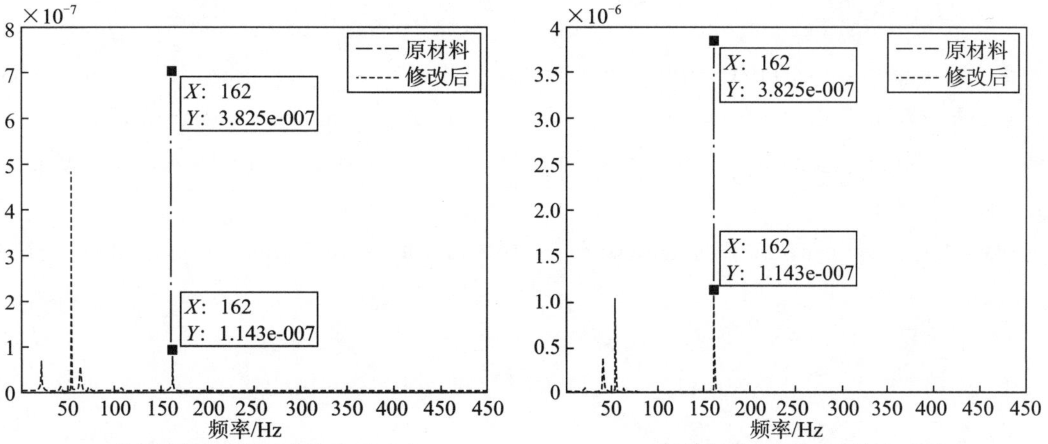

(a)镜筒材料改变前后次镜处x向响应 (b)镜筒材料改变前后次镜处y向响应

图 8 镜筒材料改变前后次镜处响应对比

5 结束语

本文从理论上推导了传递特性与模态频率、模态振型等模态参数之间的关系，讨论了不同条件下优化传递特性的措施，并结合系统集成模型分析了整星模态及局部模态对传递特性的影响，找出了影响微振动传递特性的关键环节。主要结论如下：

1）扰振源频率与整星固有频率未发生明显耦合，整星频率分配基本合理，在扰振源激励为 54 Hz 及倍频不变的情况下，x 向一阶固有频率应尽量设计在 64 Hz 以上；

2）在当前的整星频率分配情况下，制冷机扰振基频设计为 36～48 Hz 时，制冷机基频及倍频的传递比较小，对高分相机成像质量的影响较小；

3）162 Hz 在星体结构传递中明显放大，主要是与高分相机镜筒结构的固有频率耦合引起的，改善镜筒的刚度可显著减小传递到次镜处的微振动。

参 考 文 献

[1] 庞世伟，杨雷，曲广吉．高精度航天器微振动建模与评估技术新进展［J］．强度与环境，2009，26（6）：528-534.

[2] 杨新峰，白照广，杨栋，李艳辉．动量轮诱导的卫星地面微振动特性研究以及在轨仿真分析［J］．装备环境工程，2015，12（3）：15-21.

[3] 吴成军．工程振动与控制［M］．西安，西安交通大学出版社，2008.

[4] 朱石坚，楼京俊，等．振动理论与隔振技术［M］．北京，国防工业出版社，2008.

[5] 刘涌，胡永力．动量轮微振动扰振频谱对三反同轴相机的影响［J］．航天返回与遥感，2014，10（5）：31-37.

Optimal Design of Dynamic Characteristic of Satellite Structure Based on Influence Analysis of Modal Parameter to Transmission Property

CUI Yufu　FENG Zhenwei　YANG Xinfeng　QIN Jiang

Dong Fang Hong Satellite Co. Ltd，Beijing　100094

Abstract　With the development of remote sensing satellite technologies，micro-vibration has been a critical factor for the image quality of high-resolution remote sensing satellites. However，the transmission property of micro-vibration in the satellite structure has not been well explained. In this paper，the relationship between transmission property and modal parameter will be studied to figure out the key link influencing the transmission of micro-vibration，combined with system integrated FEM model. So some suggestions can be offered on the frequency assignment of whole satellite，configuration and layout and so on to optimize to dynamic characteristic of satellite structure and can provide reference to subsequent design of satellite structure.

Key words　Micro-vibration；Transmission property；Modal parameter；Dynamic characteristic

作 者 简 介

崔玉福，男，1970 年生，研究员，硕士研究生导师，工学博士；研究方向为卫星总体设计，历任型号副总设计师、项目执行总监、总设计师；获得国家科技进步二等奖 3 项、国防科技进步一等奖 3 项，发表文章近 20 篇。电子邮箱：13801035133@139.com。

面向灾害应用的高性能遥感微纳卫星一体化技术研究*

傅丹膺[1]　周宇[1]　李洋[1]　刘佳[1]　黄长宁[2]　杨生胜[3]　易忠[4]　刘思远[1]
牟研娜[2]　薛玉雄[3]　彭吉龙[4]　吴澌扬[1]　王鹏[1]　张晓敏[1]

1. 航天东方红卫星有限公司，北京　100094
2. 北京空间机电研究所，北京　100094
3. 兰州空间技术物理研究所，兰州　730000
4. 北京卫星环境工程研究所，北京　100094

摘　要　本文面向“四高一低”（即高时空分辨率、高覆盖性、高智能化、高灵活度应用、低成本）遥感应用，开展高性能遥感微纳卫星平台载荷一体化技术进行研究。重点围绕微纳卫星平台与载荷间的信息、能源、机电三方面的一体化关键总体技术，采用平台载荷信息流一体化处理、能源流有效动态管理、高性能标准化微纳型核心功能单元以及多功能结构板来实现高功能集成。研究部署了高分辨率光学遥感载荷单元和空间环境探测微传感器技术，以及高精度在轨遥感参数标定技术，为灾害监测直接提供及时有效的高定位精度遥感图像数据。面向批量化、低成本、货架式产品建造，提出了设计建造和集成测试标准规范。

关键词　微纳卫星；灾害监测；平台载荷一体化

1　引言

近年来微纳卫星技术发展迅速，尤其在对地观测领域，高性能微卫星系统项目层出不穷，其高功能密度、高技术性能和短开发周期受到了广泛关注。这些新出现的竞争者，应用了大量的COTS产品和信息技术，并且将互联网思维和卫星应用结合起来，面向用户的需求，提出便捷的服务理念。

微纳卫星的一个巨大优势就是能够实现大规模星座化运行，而这种集群化的效应将会带来数据获取、数据处理和数据应用等方面思维和技术的探索和创新，即空间大数据的获取和以用户为中心的数据及时服务。

本文介绍了开展微纳卫星一体化技术研究的主要技术路线，以及四个主要研究问题：微纳卫星一体化总体技术与批量化低成本建造标准规范、标准化微纳型高分辨率遥感载荷单元及遥感参数高精度在轨标定技术、空间环境探测微传感器技术以及便捷应用支撑技术。

2　背景与讨论

近年来，微纳卫星特别是50 kg以下的遥感微纳卫星发展极具活力。继Skysat－1（小于100 kg）实现1 m级高分辨率成像和高清视频数据获取后，越来越多的开发者提出了自己的遥感微纳卫星任务，典型如Blacksky的Pathfinder－1（50 kg）和Satellogic的Nusat－1/2（35 kg）分别实现了1 m分辨率的光学遥感图像数据获取。而这些公司的目标，都是计划发射大量的微纳卫星来组成星座。值得一提的是Planet Lab公司，其已经发射了超过200颗5 kg左右的立方体卫星，并且能够保持数十颗量级在轨运行，持续获取3～5 m分辨率的图像数据并推向应用。众多微纳卫星的飞行和应用表明，微纳卫星已经从实验

* 基金项目：国家重点研发计划（2016YFB0501300，2016YFB0501301）

室走向应用，特别是在大规模星座实现多尺度全球覆盖并具有一定定量化性能的遥感应用。

灾害监测是一种典型的卫星遥感应用，对于灾害及灾害链发生发展过程动态监测以及多灾并发形势下的机动快速多点监测，对多尺度遥感数据的实时获取提出了较高的要求，即高时间分辨率和高空间分辨率同时实现，而且对卫星数据获取到用户使用的便捷性也提出了较高的要求。空间环境探测则是又一典型应用，高时空分辨率采样可实现以往不能满足的多尺度全球覆盖和异常区短时间重访，为应用和科学研究提供大量的数据。

部署具有“四高一低”（即高时空分辨率、高覆盖性、高智能化、高灵活度应用、低成本）高性能特点的上百颗20kg量级的微纳星座是满足上述应用需求的技术途径之一。而大规模星座化运行的新模式和新系统也会带来新的技术和运行问题：一是如何在资源受限的微纳卫星上既考虑低成本又达到较高性能指标，二是如何适应批量化的建造要求，三是如何达到大规模卫星在轨的便捷应用。

3 解决方案

本项目的研究在总体上采取“双路并行，集成验证”的思路开展研究，一路是从遥感需求量化到系统一体化分析设计的“自上而下”过程，另一路是从功能单元和传感器微型化创新设计和构建到技术指标验证的“自下而上”过程。

面向遥感的平台载荷一体化设计在实践上从三个层面展开，如图1所示。系统架构层，重点考虑信息流能源流一体化架构、基于高性能计算单元的软件支撑架构、星地一体化智能应用架构以及微纳卫星标准化体系架构。技术层，包括标准化的微纳遥感载荷单元、多源信息流一体化处理、动态能源调整、高精度姿态控制、高精度在轨几何参数标定、在轨遥感数据深度处理、空间环境探测微传感器技术等。验证层，重点是一体化集成验证、几何参数标定验证以及星地一体智能简易应用验证。

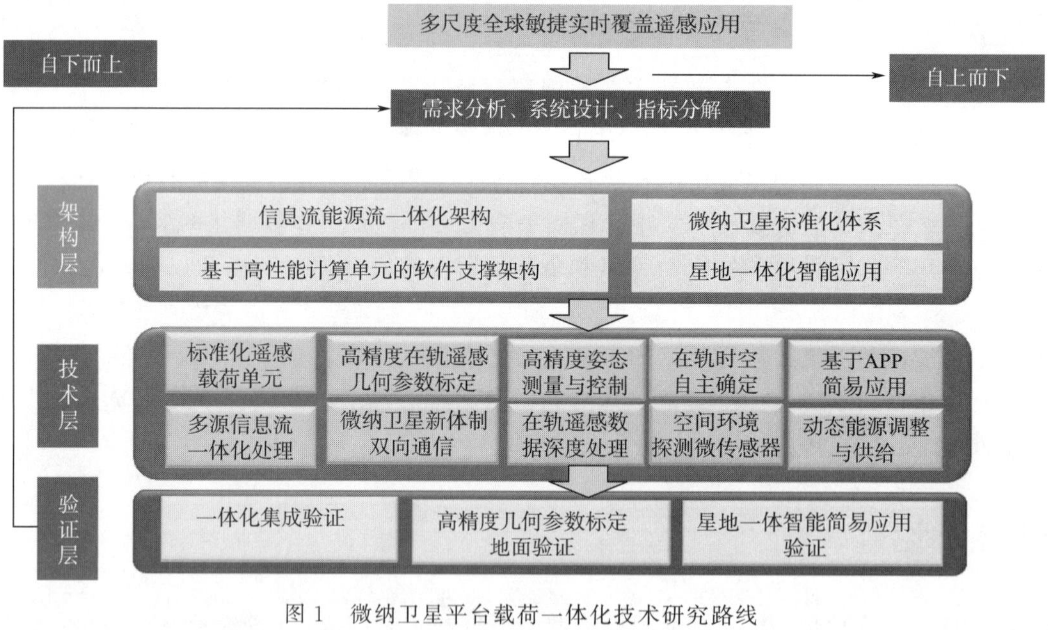

图1　微纳卫星平台载荷一体化技术研究路线

3.1 微纳卫星系统一体化技术与批量化低成本设计标准

以信息流一体化和能源流一体化架构支撑及服务微纳卫星载荷及微传感器有效工作，并实现标准化接口与配置。研究采用异构备份的解决方案来满足微纳卫星平台与载荷信息流一体化处理的需求，利用集成化的处理芯片实现卫星平台与载荷的高可靠管理与控制，包括遥测遥控、星务管理、姿态测量与控制等，利用商业高性能数据处理单元，实现遥感图像和探测数据的在轨实时处理，并能够对处理芯片的管理功能备份，实现平台与载荷的管理与控制。研究适用于微纳卫星的双母线供电体制和能源管理单元，同时解决长期负载供电及短期大功率载荷供电的问题，满足不同任务需求。采用标准化高集成度微纳型姿态测量和控制单元实现整星三轴稳定零动量控制。采用多功能结构板实现机电一体化设计，将平台与载荷多种核心功能单元进行集成。图 2 为微纳卫星信息流一体化示意图。

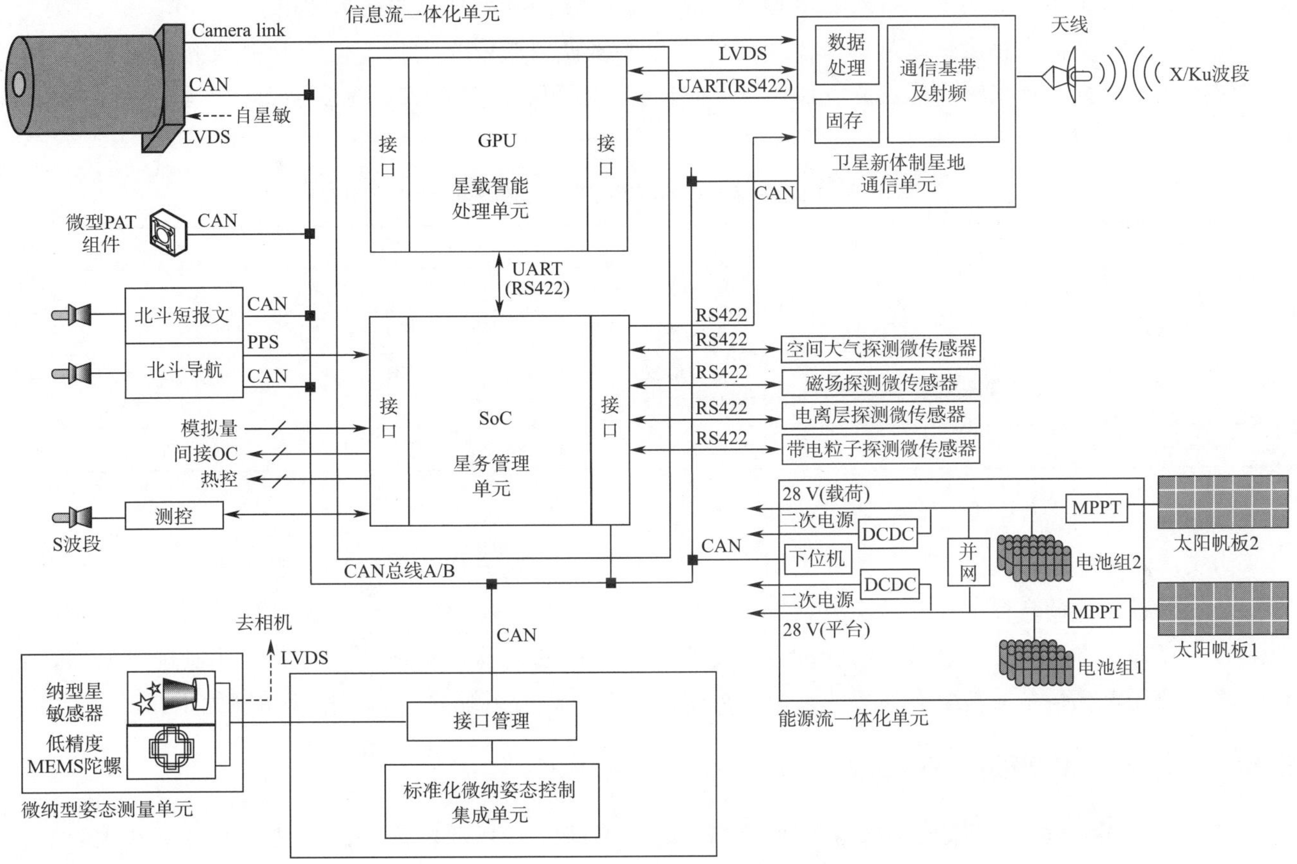

图 2　微纳卫星信息流一体化示意图

面向低成本批量化的部署问题，开展标准化技术体制研究，通过架构破壁，软硬件集成整合达到规则透明和资源共享。重点包括软件架构、硬件架构、研制流程、计划流程，形成系统级、产品级标准和产品保证规范。图 3 为微纳卫星标准化体系架构示意图。

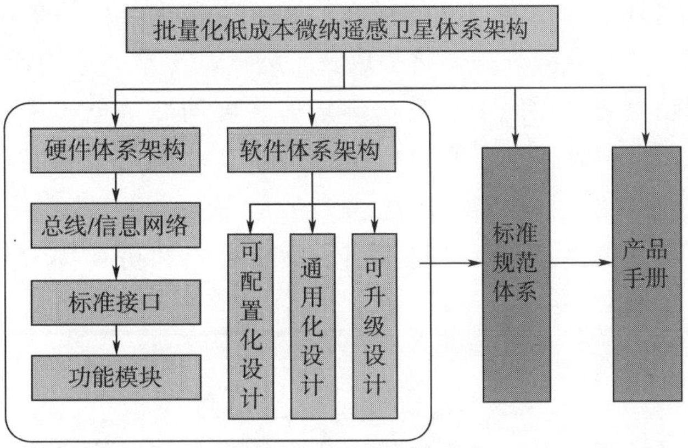

图 3　微纳卫星标准化体系架构示意图

3.2 标准化微纳型高分辨率遥感载荷单元及遥感参数高精度在轨标定技术

重点开发实现 2 m@500 km 的高分辨率多模式成像载荷单元。根据成像分辨率、系统体积和质量等要求，开展低成本设计，采用商业面阵 CMOS 器件和基于干涉滤光的面阵全色/多光谱技术，并采用适宜微纳卫星的一体化结构形式及反射式光学系统实现 6 kg 量级的微纳型光学遥感相机。

在构建微纳型标准化遥感载荷单元体系方面，开展超轻型成像光谱仪、傅里叶变换光谱偏振一体化成像仪以及轻小型光谱视频成像仪的设计，以面向环境、资源、海洋、灾害等多尺度多手段应用，如表 1 所示。

表 1　适用于 20 kg 量级卫星的标准化微纳型遥感载荷单元型谱

载荷	指标
可见光相机	分辨率 2 m，幅宽 8 km，谱段范围 0.4～0.9 μm
超轻型成像光谱仪	分辨率 50 m，幅宽 60 km，谱段范围 0.4～0.9 μm，谱段数 100
傅里叶变换光谱偏振一体化成像仪	分辨率 20 m，幅宽 80 km，谱段范围 0.45～0.9 μm，光谱分辨率 20 μm，偏振分辨率 80 nm
轻小型光谱视频成像仪	分辨率 50 m，幅宽 100 km，谱段范围 0.4～0.7 μm，光谱分辨率 5 nm

为实现定量化图像在轨获取与便捷应用，开展微纳卫星在轨成像几何参数标定技术研究。结合理论计算开展遥感参数的自标定和互标定方案设计，自标定方法基于遥感载荷单元的光学系统及自准直的测角原理，互标定方法基于光路共用的自准直标定方法以及遥感载荷对星成像互标定，并通过数据耦合处理，将实现在轨载荷单元与姿态参数的互标定精度优于 2″，载荷系统的内部自标定精度优于 0.2″。

3.3 空间环境探测微传感器技术

空间环境探测微传感器能够实现对空间大气、带电粒子、磁场和电离层的探测，通过星座化的部署和运行，能够获取大量的探测数据。一方面可以为空间环境研究和空间天气监测预警提供数据支持，支撑大气、地磁场等精确模型的建立以及电离层天气预警模式的输入，另一方面可以为微纳卫星星座本身提供空间环境的安全预警。

在微型带电粒子传感器设计方面，采用 ΔE－E 方法[1]实现空间带电粒子能量和通量测量。通过微结构设计及加工，并采用高集成度芯片，完成带电粒子传感器微小型化、低功耗设计及研制。

在微型空间大气传感器设计方面，采用气体吸附原理，实现大气密度的实时测量。采用先进的集成电路技术和微加工技术，完成传感器阵列一体化集成及封装。基于空间应用需求开展数据反演方法研究。

电离层微传感器技术利用电离层中原子氧夜气辉辐射强度同峰值电子密度的关系，通过探测氧原子夜气辉辐射强度，反演电离层峰值电子密度和总电子含量 TEC。通过光机结构的轻量化和工业级探测器的抗振防护设计，实现光机、电路、探测器一体化。

磁场探测微传感器通过微纳卫星平台磁环境分析、数据处理和仿真技术实现在低磁控或无磁控微纳卫星平台上对磁场的无伸杆探测。

3.4 便捷应用支撑技术

百颗级遥感微纳卫星高灵活度、高智能化的星座化在轨运行和便捷应用，还需要针对以下关键技术开展研究。

基于商业级高性能计算单元的星上信息处理软件支撑架构技术，实现操作系统标准化，将星上各个功能单机承担的平台/载荷多种计算任务映射到“虚拟计算架构”上，构造 API 及其管理架构，支持高性能计算与高智能化任务扩展与调整。

微纳卫星新体制星地双向通信技术，支持高灵活度应用和低成本，在轨任务可重构，可基于商业技术改造，面向灾害监测更为灵活多样的接收用户。

基于商业器件的星上遥感数据深度处理技术，支持高智能化、高灵活度应用，实现针对用户的定制性服务，能够迅速实现部分灾害信息的快速处理。

微纳卫星自主时空信息确定技术，将功能相互补充的惯性传感器集成到同一微型化单元上，支持百颗级微纳卫星自主短期天基测控，高时空、高覆盖观测，提高抵御风险能力。

基于 APP 的星地一体简易应用技术，支持高灵活度应用、低成本，手持设备操控卫星、简易任务上注与接收核心数据，能够对灾害监测评估提供第一时间的便捷信息服务。

4 结束语

本文提出了实现 20 kg 级微纳卫星平台载荷一体化的技术途径，通过信息流一体化和能源流一体化架构实现整星智能有效管理，通过标准化微纳核心功能单元实现对载荷应用的高性能支持，通过标准化微纳型高分辨率遥感载荷单元及遥感参数高精度在轨标定技术实现高分辨率定量化遥感数据获取，通过高集成度的标准化微传感器实现空间环境数据的获取，通过多种便捷应用实现智能化服务。

本项目研究和相关的在轨验证将为百颗规模微纳卫星编队组网运行模式奠定技术基础。而这种新模式将带来卫星数据应用的创新，促进卫星应用的大众化、服务化，广泛应用于自然地球和社会地球的数字化监测。

参考文献

[1] Jean K. 5 Earth - imaging start - ups coming to a sky near you. http：//ieeexplore. ieee. org/ielx7/6/ 6776273/06776288. pdf（2016）.

[2] Lv Yong，Feng Qibo，Liu Lishuang，et al. Six - degree - of - freedom measurement method based on multiple collimated beams [J] . Infrared and Laser Engineering，43，3597 - 3602（2014）.

[3] Pázmándi T. ，Deme S，Láng E. Space dosimetry with the application of a 3D silicon detector telescope：response function and inverse algorithm，Radiat. Prot. Dosimetry ，120：401 - 404（2006）.

Research on Integration Technology of High Performance Micro - nano Remote Sensing Satellite for Disaster Monitoring

FU Danying[1] ZHOU Yu[1] LI Yang[1] LIU Jia[1] HUANG Changning[2] YANG Shengsheng[3] YI Zhong[4] LIU Siyuan[1] MU Yanna[2] XUE Yuxiong[3] PENG Jilong[4] WU Siyang[1] WANG Peng[1] ZHANG Xiaomin[1]

1. DFH Satellite Co. , Ltd，Beijing 100094

2. Beijing Institute of Space Mechanics & Electricity，Beijing 100094

3. Lanzhou Institute of Physics，Lanzhou 730000

4. Beijing Institute of Spacecraft Environment Engineering，Beijing 100094

Abstract The integration technology on micro - nano satellite for high performance remote sensing of H4L (high resolution，high coverage，high intelligence，high applicable flexibility and low cost) is discussed. The integration of information，energy and mechatronics in platform and payload is the key problem to be researched. A breakthrough in the platform and payload information flow processing，the energy flow efficient and dynamic management, the micro - nano functional units and the multi - functional structure slabs are adopted to achieve higher level integration and functionality. The high definition micro remote sensing payload unit and sensors for space environment detection is introduced. The high precision on - orbit calibration of remote sensing geometric parameters is studied in order to provide EO image data with high position precision directly and timely for disaster monitoring application. For the aims of batch producing, low cost and shelf products, the design standards and specifications for micro - nano remote sensing satellite are proposed.

Key words Micro - Nano Satellite; Disaster Monitoring; Integration Technology

作 者 简 介

傅丹膺，男，研究员，就职于航天东方红卫星有限公司，从事卫星系统设计工作，电子邮箱：fudy6541@sina.com。

微小卫星在分布式星载雷达中的应用

党红杏　解虎

中国空间技术研究院西安分院，西安　710071

摘　要　应用星载雷达实施对地观测或对空间目标进行探测时，要求雷达作用距离大、距离与角度分辨率高，相应地要求雷达功率和孔径尺寸大。以空中目标探测为例，雷达功率高达上万瓦、天线面积上百平方米，目前现有的技术实现难度大。分布式雷达通过“结构分离、功能分解、载荷搭载、任务统一指挥调控及星上数据实时处理”，化整为零、分散部署，应用至微小卫星，获得较高效费比。同时微小卫星分布式雷达系统还具有构型可重构、生存能力强、质量轻、成本低、可快速发射、搭载发射等优点，也成为微小卫星载荷的发展方向之一。

关键词　分布式；星载雷达；微小卫星；协同工作；效费比

1　引言

Heimiller 等最早将分布式体制应用于雷达系统，他们通过多个小型雷达单元或阵元的相参合成，实现了一种监视与跟踪目标的雷达体制。星载雷达由于作用距离远，对系统的天线和功率要求较高，假如采用单星体制，则天线的规模及功率难以在轨实现。天基分布式小卫星雷达载荷有效地解决大规模天线的在轨展开及单星质量大等难题。

分布式小卫星概念不是简单地将一颗卫星上的雷达有效载荷分成几个部分，装备到不同的小卫星上，而是每颗小卫星都是完整的、相对独立的，具有一定的功能的雷达。当然，小卫星之间的独立性是相对的，它们之间同时还是相互联系、相互制约的。一方面每颗小卫星都有自己的结构、供电系统、中央电子系统、姿态控制，并且都能够自主控制和操作；另一方面，它们之间还要通过星间链路维持连续的，通过轨道构成和简单的、低费用的推动装置来保持和调整编队构形。通过多个小卫星雷达的构型保持、相互通信、时空频同步、误差补偿以及超稀疏分布式阵列信号处理等技术使多星相参联合工作，实现甚至超越大卫星的监视能力。

从体制上来说，分布式系统抛开了机载雷达对天基雷达的理念束缚，不再采用天线与处理器的集中模式，更加适合于星载雷达的特点，即单个载荷的体积、质量、功率较小，易于发射且成本低。此外，多个小卫星之间的构型可以变化，实现多种功能，而且单个载荷的失效对整个系统的影响较小，显著提高了系统的可靠性。因此，分布式小卫星技术是未来天基雷达的主要发展趋势之一。

2　国内外研究现状

国外对分布式小卫星雷达的研制工作主要有两种思路[1]：一个是美国空军实验室开展的 TechSat21 计划；另一个是欧洲国家在研的分布式干涉 SAR 系统，代表系统有 ICW（Interfere—metric cartwheel）、IPD（Inteffemmetriependulum）以及 ICP（Interfer－ometric carpe）。

分布式微小卫星系统的研制最早是在美国开始的。1995 年，美国空军空间技术小组发起了对分布式小卫星完成空间任务的技术挑战和优势的探索。1997 年美国空军实验室明确了分布式小卫星的空间任务，并于 1998 年提出了 TechSat21 计划，主要用于研究分布式小卫星系统中的各个技术难点。TechSat21 计划采用空基雷达作为有效载荷，可以实时地提供 GMTI 和 SAR 数据，进行雷达成像。为了支持

TechSat21 计划，美国空军联合了 10 所大学花费了两年多时间设计和组装小卫星，着重探索分布式小卫星在编队飞行、星间通信、姿态控制以及微型传感器和推进器等方面的低消耗设备的研制。

国内关于分布式星载雷达的研究主要以理论为主。国防科技大学、北京航空航天大学、清华大学、西安电子科技大学[2-6]等高校对分布式体制在星载雷达中的应用进行了大量研究，对分布式小卫星簇雷达信号处理的一些基本问题，包括空间去模糊、噪声增益、误差估计和校正，并同时对分布式星载雷达的 GMTI 和 SAR 展开了研究，在动目标检测方面指出分布式星载雷达给后续的信号处理带来了混合基线、近场、宽带等一系列问题，提出基于非同时采样的空时自适应处理，可以解决近场、方位去相关等问题。在合成孔径雷达方面，指出分布式星载雷达可以同时获得高分辨率和大测绘带，并对存在误差的环境下抑制多普勒模糊信号处理方法进行了研究，同时利用小卫星接收数据的空时特点研究了小卫星阵列误差的校正算法。

国内多家研究机构已经对分布式星载雷达信号处理进行了大量的研究，取得了显著的成果。虽然地基分布式雷达技术已经有了长足的发展，但是分布式星载雷达才刚刚起步，面临着更加复杂的系统设计、信号处理等方面的挑战，例如分布式星载雷达的栅瓣问题，地杂波模型以及杂波抑制问题，实时实现的快速算法问题等。

3 分布式微小卫星的应用及其特点

分布式体制在星载雷达领域的应用主要分为两大类：星载合成孔径雷达和星载预警雷达。目前星载分布式雷达的研究以分布式 SAR 系统为主，对于分布式星载预警雷达的相关研究及文献较少。因此本文主要研究分布式体制在星载预警雷达领域的应用。

目前星载预警雷达主要有两种发展方向：大天线卫星预警和分布式小卫星预警。然而天基大天线面临大型天线在轨展开、大热耗卫星系统热控以及大天线姿态控制技术等难题，以目前的技术手段来看，实现难度较大。为了满足对星载雷达对空中动目标检测的性能要求，提高雷达的等效天线孔径，多个分布式小卫星协同工作的模式是未来星载预警的主要发展方向之一。图 1 为多星协同工作示意图。

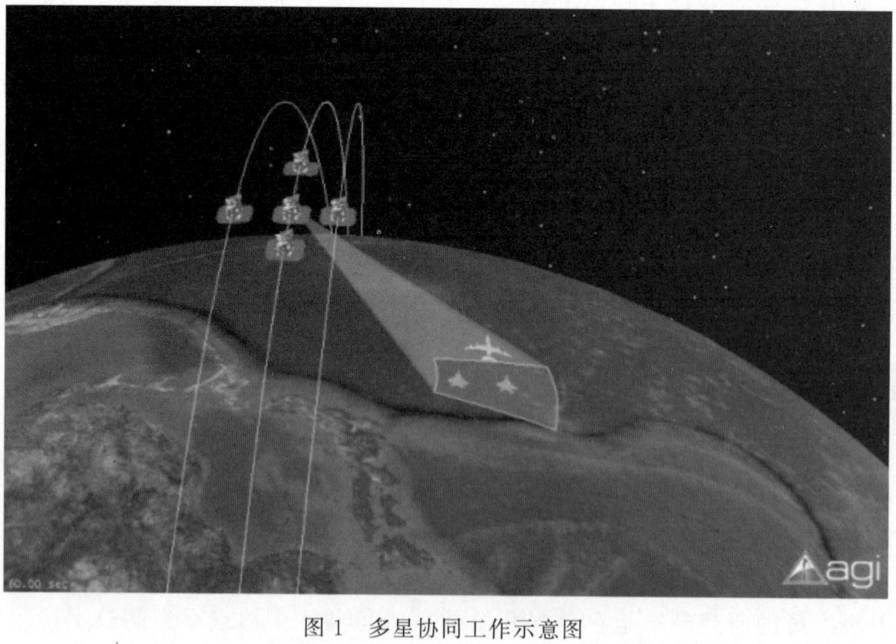

图 1　多星协同工作示意图

确定预警雷达性能的核心是功率孔径积，不论采用分布式还是集中式，最终所采用的功率孔径积是相同的。那么采用多少颗小卫星及每个小卫星多重来实现预警所需的功率孔径积是一个多学科联合优化问题，目前的研究尚不深入。但是从小卫星定义来看，要求单个小卫星的质量不超过 100 kg 为宜。假设要实现对 1 000 km 外 1 m^2 目标的有效检测，每个小卫星的天线为 10 m^2，那么小卫星的个数在 8～20 个。根据卫星平台、雷达载荷的特点，这里对分布式小卫星预警雷达的特点进行梳理，具体如下。

3.1 多星构型可变

分布式星载预警雷达要求小卫星簇按照一定的空间编队构形协同工作，根据任务需求，可以过构型进行调整，实现不同的功能，例如两维可变基线可以实现不同方向的角度高分辨。此外，可以根据应用不同，改变卫星数目。和平时期可以面向民用，一般对探测距离、目标 RCS 以及分辨率等技术指标要求较低，较少的小卫星就可以满足要求。战争时期，可以通过快速发射、搭载发射等手段，提高小卫星数目，提升星簇能力，满足军事应用的远距离，弱小、高速目标的探测预警需求。另一方面，该系统通过调整卫星姿态，还可以实现对空间目标的搜索、监视、预警，为天基攻防提供技术支持。

3.2 生存能力强

生存能力是战略预警雷达的关键性能之一，分布式小卫星系统通过将几个质量轻，成本低的小卫星有机的结合实现单个大型卫星的功能。由于每个小卫星的功能相同，单个小卫星的损坏仅影响系统的性能，但是系统依然能够继续工作，而且损坏小卫星可以通过快速发射、搭载发射等种途径迅速补充，极大地降低了补充成本。同时单个小卫星质量、体积、功率都较小，给敌方反预警系统的捕获、追踪、打击带来极大挑战，提高了系统的生成能力。

3.3 模块化、标准化设计

模块标准化的趋势是随着计算机与电信系统的发展趋势而形成的，通过使用标准接口替代为每个项目设计这些基础元件，其成本和复杂性都有所降低。模块化、标准化是小卫星快速响应的基本要求，是降低研制成本的关键。模块成功使用后，就可进行较少的测试，还可消除一些多余的试验，试验涉及组件、模块、箱设备、系统以及整个飞行器生产线，可以大幅缩短研制周期。

4 分布式微小卫星雷达系统关键技术梳理

分布式微小卫星雷达系统要求小卫星群按照一定的空间编队构形协同工作，每个小卫星装载一部阵列天线，多个小卫星阵列单元雷达按一定方式进行布局（单元雷达间距较小，通常百米量级），并通过控制处理系统进行联合探测，实现信号级相参合成，从而提高探测威力、测量精度和识别能力，这就使得实现分布式小卫星系统还面临着很多技术挑战。图 2 给出了实现分布式小卫星预警雷达系统尚需解决的关键技术。

4.1 系统设计

分布式微小卫星预警雷达是一个复杂系统，顶层体系和应用模式直接制约系统能力，而且卫星系统技战术指标也受到星、地、目标等各个环节的影响。因此需要根据任务需求以及技术的可实现性，确定雷达系统平台的功能和性能要求，通过迭代论证确定系统方案。系统方案设计的难点包括：1）效费比分析：对小卫星的质量、功率、性能、成本等重要指标进行优化分析，是一个多学科优化问题；2）子星数目：根据预警的需求给出小卫星数目，并分析子星数目与性能、成本、构型设计、通信、同步等多个指标之间的关系；3）误差分析及补偿：多个小卫星协同工作必然面临同步的问题，如何对固定误差进行测量和补偿对于系统系能至关重要；4）模式设计：分布式小卫星雷达具有多种功能，如何合理的设计不同的模式以满足不同的需求是系统设计的重要组成部分。

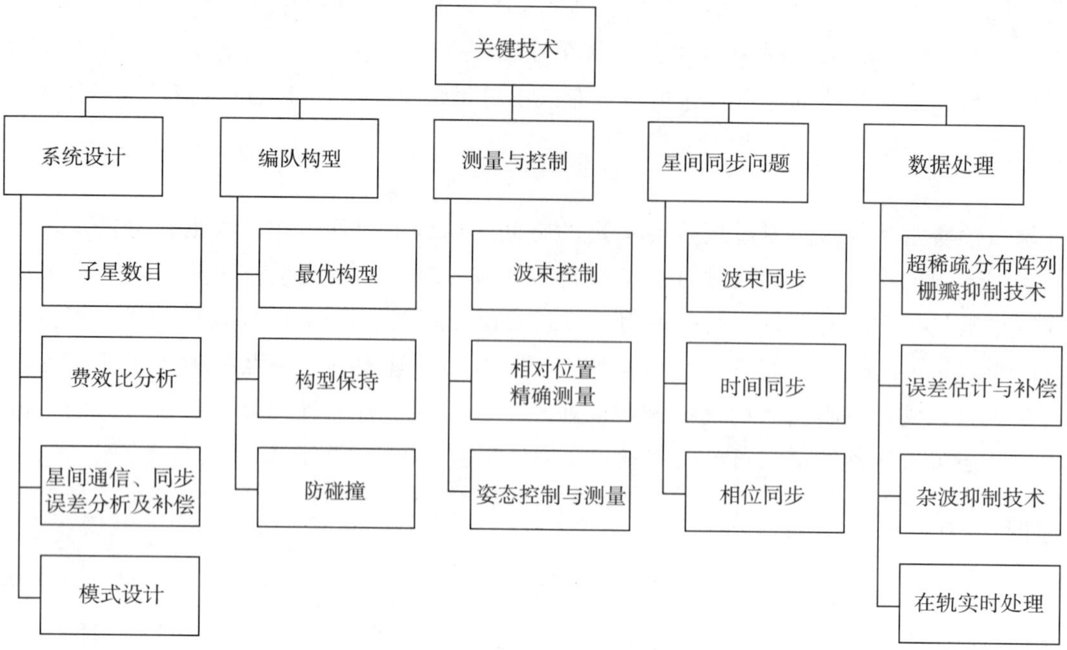

图 2　分布式系统主要关键技术

4.2　空间编队构形

小卫星群按照一定的空间构形编队飞行，由于在空间不可能提供较大的推动力，因此必须寻求消耗燃料最小的最佳构形，并且要提供能够保持这种构形的方法。同时两维基线直接影响分布式小卫星三维测高测向精度、空间分辨率、改善因子以及动目标的最小可检测速度，因此基线设计也是一个至关重要的问题。因此，如何在构型保持和载荷需求之间进行优化是分布式系统面临的难点之一。

4.3　星间同步

分布式小卫星通过分布式阵列天线实现波束形成，以此解决星载预警所面临的功率孔径积问题，同时，也引入了分布式面临的时空频同步问题，由于各天线发射、接收信号的时间、频率以及空间同步会影响到系统的相干性，超出一定的误差范围会导致波束形成的失效，从而导致系统功能的丧失，尤其是在系统工作时，扫描跟踪的波束宽度较窄，这对于各天线波束指向的一致性及覆盖的重叠度提出了较高的要求，也对卫星的姿态控制精度以及天线波束扫描的精度提出较高要求。时空频同步是小卫星协同工作的基本要素，是制约分布式系统的关键技术之一。

4.4　测量与控制

分布式小卫星协同工作的实现需要小卫星波束对地面同一区域的覆盖达到一定的重叠率，这就要求具有足够高的姿态控制技术。同时分布式小卫星的数据处理要求提供足够高精度的基线信息，这需要很高的卫星位置测量精度。另外，电离层引起的传播时延对数据处理的影响很大，因此必须具有高精度的时延测量技术。

4.5　数据处理

数据处理技术是面向用户的最后一环，因此也非常重要。除了要对单颗小卫星的回波数据进行空时联合处理外，分布式小卫星的数据处理主要包括：超稀疏分布阵列栅瓣抑制技术、误差估计与补偿、地海杂波抑制技术、在轨实时处理技术等。图 3 为分布式协同工作信号处理示意图。

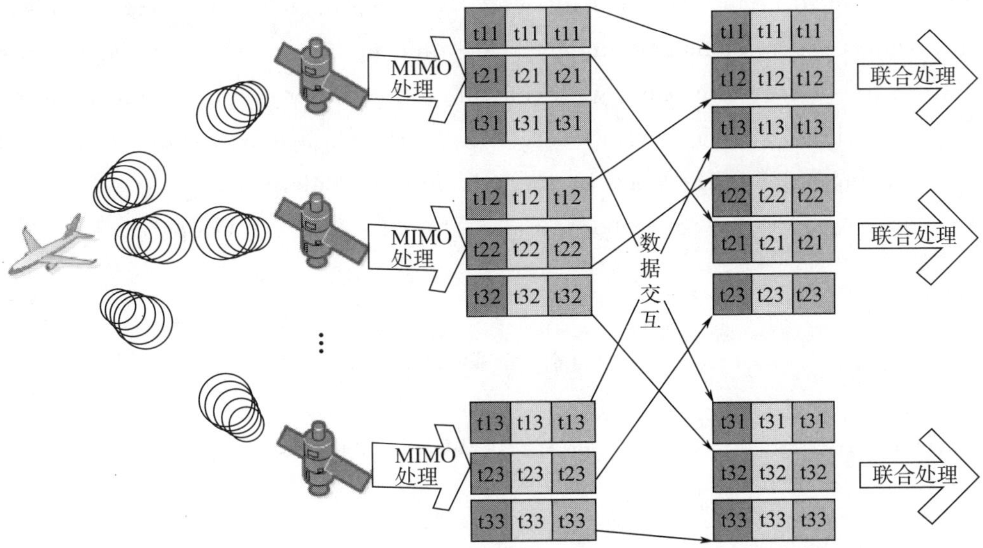

图 3 分布式协同工作信号处理示意图

5 分布式星载雷达发展设想

分布式微小卫星预警雷达系统利用多颗小卫星之间的协同工作，能够提供广域空海目标搜索与预警、地面运动目标检测，并可同时实现大测绘带、高分辨率 SAR 成像等。目前该系统具有多发多收和单发多收两种工作模式。分布式小卫星系统的实现在编队构形、协同工作、测量精度以及数据处理等方面还面临着一系列的技术挑战。为了很好地实现分布式小卫星预警雷达，未来的研究工作将重点在超稀疏阵列天线孔径综合技术、空间编队构形设计、稀疏孔径信号处理技术以及有效载荷小型化等方面展开。

参 考 文 献

[1] 周荫清，徐华平，陈杰．分布式小卫星合成孔径雷达研究进展 [J]．电子学报，2003，12 (31)．
[2] 陶海红，黎薇萍，洪伟，廖桂生．分布式卫星多发射波形地面运动目标检测系统研究 [J]．电子学报，2009，12 (37)．
[3] 保峥．对于分布式小卫星群天基雷达信号处理一些基本问题的思考 [C]．2003.
[4] 王彤，葆铮，廖桂生，邢孟道．分布式小卫星雷达平台沿航向排列研究 [J]．宇航学报，2005，5 (26)．
[5] 鲁耀兵，张履谦，周荫清，高红卫．分布式阵列相参合成雷达技术研究 [J]．系统工程与电子技术，2013，8 (35)．
[6] 李真芳．分布式小卫星 SAR - InSAR - GMTI 的处理方法 [D]．西安电子科技大学博士学位论文，2006.

The Application of Small Satellites in the Distributed Spaceborne Radar

DANG Hongxing XIE Hu
China Academy of Space Technology，Xi' an Branch，Xi' an 710100

Abstract To search the potential targets of a large area or detect targets in the space，the requirement of range resolution，angel resolution and maximum detection range for spaceborne radar is very high，which imply a huge average power and long antenna aperture. In the case of the detection of airplane，the corresponding radar power and antenna aperture is about 10 000 W and several hundred square meters respectively, which is hard to be implemented for now. By using detached deployment, disassemble functions, payload carrying, the missions unifying and real－time signal processing; the distributed space radar can obtain a better ratio of cost to capability. Meanwhile, the ability to quick launch and reconstruct the formation of small satellites, strong survival capacity in battlefields, light weight, low cost make the distributed space very competitive in the space borne early warning radar filed.

Key words Distributed radar; Spaceborne radar; Small satellites; Cooperative work; the Ratio of cost to capability.

作者简介

党红杏，女，研究员，中国空间技术研究院西安分院，从事星载雷达系统设计、信号处理等研究，电子邮箱：danghongxx@163. com。

一种基于 ADS－B 报文时间的天基对空目标定位方法

曾巍　刘航　张勇　王森

航天东方红卫星有限公司，北京　100094

摘　要　广播式自动相关监视 ADS－B（Automatic Dependent Surveillance－Broadcast）技术受到我国航空管理系统的关注。ADS－B 技术的欺骗也成为航空运输和国土防空的新威胁。为此，本文提出了一种基于 ADS－B 报文时间的天基对空目标定位方法。利用本方法对空中目标的定位与 ADS－B 报文中位置信息的比对结果，实现对 ADS－B 欺骗目标的识别和定位。该方法利用空中目标发送 ADS－B 报文时间与各星接收到 ADS－B 报文的时间之差，计算出目标到各星的距离，据此完成对空中目标的定位。

关键词　ADS－B；空中目标；反欺骗；多星定位

1　引言

广播式自动相关监视 ADS－B（Automatic Dependent Surveillance－Broadcast）技术越来越受到我国航空管理系统的关注[1-3]。针对 ADS－B 系统的欺骗也同时成为航空运输管理和国土防空的新威胁。目前已经有一些基于地面站的针对 ADS－B 欺骗的识别方法[4-6]。由于陆基监测的范围有限，对于 ADS－B 的广域监视和海洋监视就显得力不从心。随着卫星技术的发展，天基侦收 ADS－B 信号得以实现，并且天基监视 ADS－B目标具备全球、全天候的特点，特别是偏远不发达地区、极地以及远洋地区[7]。由于 ADS－B 报文中包含了报文发送的时刻，而 ADS－B 报文接收端能够记录下接收到 ADS－B 报文的时间，由此可以计算出 ADS－B 报文发送端到接收端的距离[4-5]。天基 ADS－B 目标定位可以分为单星定位与多星定位。单星定位采用测向加测距，与目标距离越远定位精度越差，轨道高度越高定位精度越差。受此影响，单星测向定位的高精度定位区域较小。双星定位采用定位时频差，但是空中目标有一定的飞行速度，会增大测频误差，并且双星时频差定位存在定位模糊的问题。三星系统通过测量三星到目标的距离实现对目标的定位，虽然对 ADS－B 目标存在两个定位，但是可以通过空中目标与卫星相对位置关系来剔除虚假定位。

针对 ADS－B 系统的报文特点，本文提出了一种基于 ADS－B 报文时间的天基对空目标定位方法。该方法利用对空中目标的定位与 ADS－B 报文中位置信息的比对结果，实现对 ADS－B 欺骗目标的识别和定位，利用空中目标发送 ADS－B 报文时间与三星接收到 ADS－B 报文的时间之差，得出空中目标与三星的距离，据此完成对空中目标的定位。

2　定位原理

ADS－B 系统在生成空中目标的位置信息和速度信息时会加入报文生成的 UTC（协调世界时）时刻 T_0。卫星接收到 ADS－B 的广播报文的 UTC 时刻为 $t_i\,(i=1,\ 2,\ 3)$。计算 T_0 与 t_i 之差再乘以光速 c，可得到空中目标与卫星的距离。

$$r_i = c\,(t_i - T_0) = c\,\Delta t_i \tag{1}$$

式中　$r_i\,(i=1,\ 2,\ 3)$ ——空中目标到卫星的距离；

Δt_i ——卫星与目标的时间差。

在地固坐标系统中，假设三颗卫星和空中目标的大地直角坐标分别为：卫星 1$(x_1,\ y_1,\ z_1)$、卫星 2$(x_2,\ y_2,\ z_2)$、卫星 3$(x_3,\ y_3,\ z_3)$、空中目标 $T(x,\ y,\ z)$，目标到各卫星的距离方程如下

$$r_i = \sqrt{(x - x_i)^2 + (y - y_i)^2 + (z - z_i)^2} \tag{2}$$

其中，$i = 1$，2，3。因此，三星测距定位体制对空中目标的定位方程组如下

$$\begin{cases} r_1 = c\Delta t_1 \\ r_2 = c\Delta t_2 \\ r_3 = c\Delta t_3 \end{cases} \tag{3}$$

3 定位解算

三星测距定位体制是利用 3 个球面在空中相交点来对空中目标定位。其方程组是一个非线性方程组，可以采用解析和数值的方法进行解算。

3.1 解析解算

将公式（2）中卫星 3 到空中目标 T 的距离方程分别与其他 2 颗卫星到空中目标 T 的距离方程相减，可得

$$\begin{cases} (x_3 - x_1)x + (y_3 - y_1)y = m_1 - (z_3 - z_1)z \\ (x_3 - x_2)x + (y_3 - y_2)y = m_2 - (z_3 - z_2)z \end{cases} \tag{4}$$

其中

$$\begin{cases} m_1 = r_1^2 - r_3^2 - (x_1^2 + y_1^2 + z_1^2) + (x_3^2 + y_3^2 + z_3^2) \\ m_2 = r_2^2 - r_3^2 - (x_2^2 + y_2^2 + z_2^2) + (x_3^2 + y_3^2 + z_3^2) \end{cases}$$

从公式（4）可知，x、y 的表达式是 z 的线性函数，解算出 x、y 的表达式如下

$$\begin{cases} x = pz + qb \\ y = uz + vd \end{cases} \tag{5}$$

其中 $A = \begin{pmatrix} y_3 - y_2 & y_3 - y_1 \\ x_3 - x_2 & y_3 - y_2 \end{pmatrix}$，$|A|$ 为 A 的行列式。

$$\begin{cases} p = \dfrac{1}{|A|}[(y_3 - y_2)(z_1 - z_3) + (y_1 - y_3)(z_2 - z_3)] \\ q = \dfrac{1}{|A|}[m_1(y_3 - y_2) + m_2(y_1 - y_3)] \\ u = \dfrac{1}{|A|}[(x_2 - x_3)(z_1 - z_3) + (x_3 - x_1)(z_2 - z_3)] \\ v = \dfrac{1}{|A|}[m_1(x_2 - x_3) + m_2(x_3 - x_1)] \end{cases}$$

将公式（5）代入卫星 3 到空中目标的距离方程中，整理可得关于 z 的一元二次方程

$$\begin{aligned} &(1 + p^2 + u^2)z^2 + 2(pq - px_3 + uv - uy_3 - z_3)z + \\ &(x_3^2 + y_3^2 + z_3^2) + q^2 + v^2 - 2(qx_3 + vy_3) + r_3^2 = 0 \end{aligned} \tag{6}$$

解算公式（6）即可得到两个 z，代入公式（5）可以得到空中目标的两个解。空中目标的两个解是以 3 个球面相交所得的两个交点。而这两个交点是关于 3 颗卫星所在平面对称的。因此，空中目标的真实位置应位于卫星与地球之间，可以从两个解中剔除虚假目标。

3.2 数值解算

针对三星测距定位方程组，采用牛顿迭代数值解算方法。将公式（3）改写为

$$\begin{cases} f_1 = r_0 - c\Delta t_0 \\ f_2 = r_1 - c\Delta t_1 \\ f_3 = r_2 - c\Delta t_2 \end{cases} \tag{7}$$

令 $F(x, y, z)=[f_1 \quad f_2 \quad f_3]^T$，得到

$$F'(x,y,z)=\begin{bmatrix} \frac{df_1}{dx} & \frac{df_1}{dy} & \frac{df_1}{dz} \\ \frac{df_2}{dx} & \frac{df_2}{dy} & \frac{df_2}{dz} \\ \frac{df_3}{dx} & \frac{df_3}{dy} & \frac{df_3}{dz} \end{bmatrix}=\begin{bmatrix} \frac{x-x_1}{r_1} & \frac{y-y_1}{r_1} & \frac{z-z_1}{r_1} \\ \frac{x-x_2}{r_2} & \frac{y-y_2}{r_2} & \frac{z-z_2}{r_2} \\ \frac{x-x_3}{r_3} & \frac{y-y_3}{r_3} & \frac{z-z_3}{r_3} \end{bmatrix} \tag{8}$$

牛顿迭代数值解算法需要空中目标的初始位置。考虑到空中目标位于卫星与地球之间，将其中任一颗卫星与地心连线与目标距该卫星的等距离球面的交点作为迭代方程的初始位置，其位置为

$$[x^{(0)},y^{(0)},z^{(0)}]^T=[x_i,y_i,z_i]^T\left(1-\frac{c\Delta t_i}{\sqrt{x_i^2+y_i^2+z_i^2}}\right) \tag{9}$$

其中，牛顿迭代法的迭代计算方式如下

$$(x^{(k)},y^{(k)},z^{(k)})^T=(x^{(k-1)},y^{(k-1)},z^{(k-1)})^T-[F'_1(x^{(0)},y^{(0)},z^{(0)})]-1F_1(x^{(k-1)},y^{(k-1)},z^{(k-1)}) \tag{10}$$

$(x^{(k)}, y^{(k)}, z^{(k)})$ 为第 k 次迭代结果，当迭代结果 $(x^{(k)}, y^{(k)}, z^{(k)})$ 满足条件 $\sqrt{(x^{(k)}-x^{(k-1)})^2+(y^{(k)}-y^{(k-1)})^2+(z^{(k)}-z^{(k-1)})^2}<\varepsilon$ 时，则三星测距定位方程组迭代结果收敛，迭代计算结束，$(x^{(k)}, y^{(k)}, z^{(k)})$ 即为三星测距定位方程组的解。

4 定位精度仿真

三星测距定位体制的定位精度的影响因素最终均反映到了卫星的位置误差和距离测量误差。考虑到 GPS 授时的时间精度误差和对 ADS-B 报文到达时间测量的误差[9-10]，距离时间的测量误差为 100 ns，测距误差即为 30 m。卫星的定位误差为 10 m。采用蒙特卡洛方法对三星测距定位体制进行误差分析。通过定位误差的统计获取总体定位误差、切线定位误差和高程定位误差，如图 1 所示。

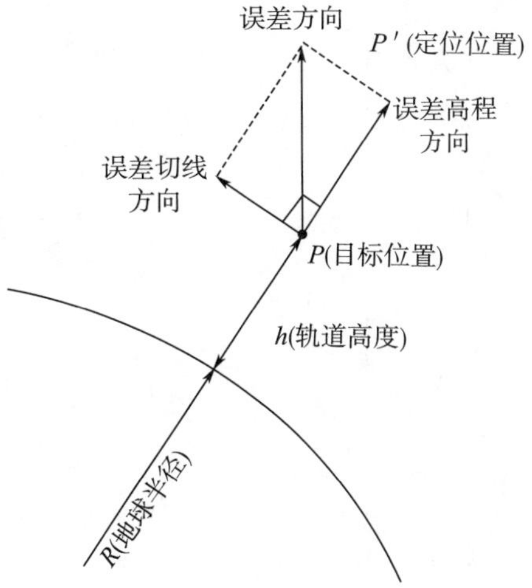

图 1　定位误差示意图

总体误差是目标位置与定位位置的距离，其计算公式如下

$$GDOP=\sqrt{\frac{\sum_{i=1}^{N}(x_i-x)^2+(y_i-y)^2+(z_i-z)^2}{N}} \tag{11}$$

式中　x_i，y_i，z_i ——解算出的目标位置；

x，y，z ——目标真实位置。

高程误差是目标位置与定位位置的距离在地球径向上的投影距离，其计算公式如下

$$GDOP_{高程}=\sqrt{\frac{\sum_{i=1}^{N}((x_i-x)\cdot x_i+(y_i-y)\cdot y_i+(z_i-z)\cdot z_i)^2}{N\cdot(x^2+y^2+z^2)}} \tag{12}$$

切线误差是目标位置与定位位置的距离在垂直于地球径向上的投影距离，其计算公式如下

$$GDOP_{切线}=\sqrt{GDOP^2-GDOP_{高程}^2} \tag{13}$$

为便于仿真分析，将三颗星放置于直角坐标系的 $+Z$ 方向上。卫星高度为 400 km，空中目标高度为 10 km。卫星站地址误差按照正态分布，其均方差为 10 m；距离测量误差按照正态分布，其均方差为 30 m。三星的站地址误差和距离测量误差均为独立不相关。设置三星构型为正三角形，相邻两星间距为 100 km。在直角坐标系中，目标位置分布在 x，$y\in[-1\ 000，1\ 000]$，$z=\sqrt{R^2-x^2-y^2}$ 的范围内，目标点取样按照 50 km 间隔，对各点分别采用解析方法和数值方法进行 200 次定位解算，并统计定位精度结果。三星测距定位体制的解析解算与数值解算的定位精度如图 2 所示。

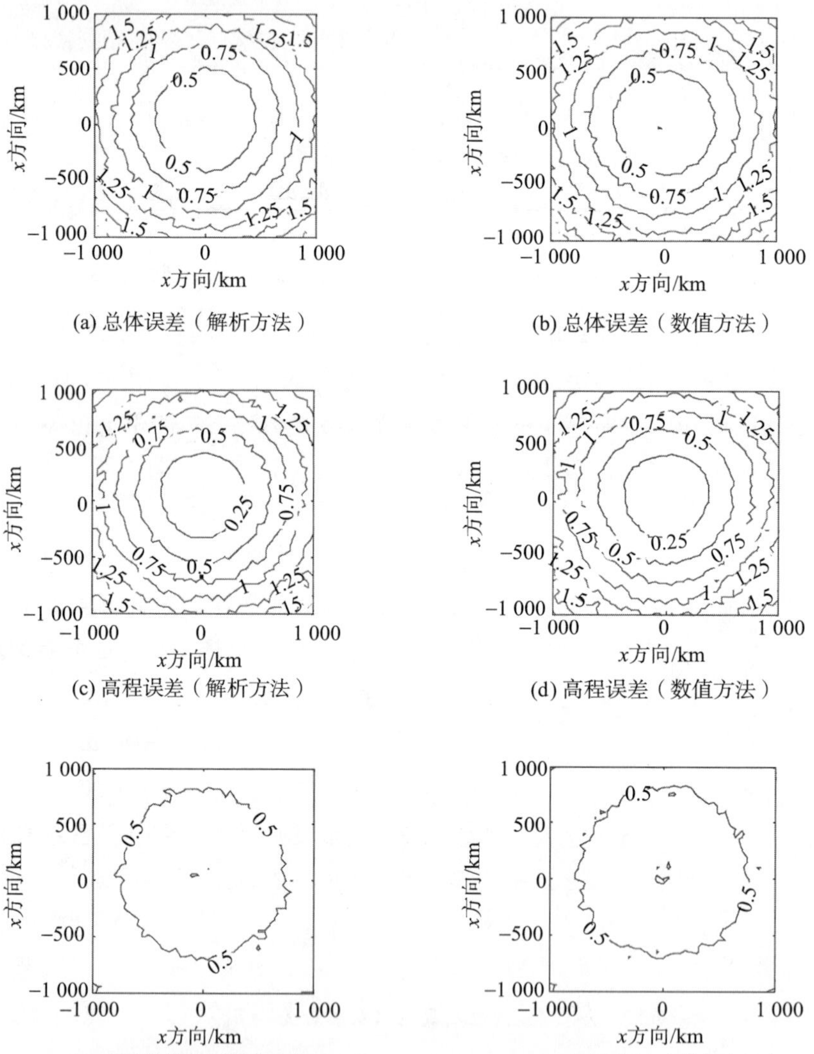

(a) 总体误差（解析方法）　(b) 总体误差（数值方法）

(c) 高程误差（解析方法）　(d) 高程误差（数值方法）

(e) 水平误差（解析方法）　(f) 水平误差（数值方法）

图 2　解析解算与数值解算定位结果比较

由图 2 可知，两种定位解算方法的定位精度基本相同，验证了三星定位体制解算的正确性。从仿真的 GDOP 结果看，三星星座的星下点定位精度高，距离星下点越远定位精度越差。在定位区域中，水平误差的定位精度变化较小，高程误差的定位精度变化较大。为进一步研究定位精度与轨道及车辆误差之间的关系，对表 1 中的条件进行了定位仿真统计。

表 1 仿真条件

试验条件序号	轨道高度/km	星间距/km	卫星定位误差/m	测距误差/m	目标高度/km
1	400	100	10	30	10
2	500	100	10	30	10
3	600	100	10	30	10
4	800	100	10	30	10
5	400	70	10	30	10
6	400	100	10	15	10
7	400	100	10	30	20

根据表 1 的条件，在星下点 2 000 km 范围内统计总体误差、高程误差和切线误差的平均值、最小值和最大值，具体仿真结果见表 2。

表 2 仿真结果

试验条件序号	总体误差/km			高程误差/km			切线误差/km		
	平均	最小	最大	平均	最小	最大	平均	最小	最大
1	0.98	0.25	2.11	0.82	0.02	1.98	0.51	0.25	0.80
2	0.92	0.31	1.90	0.72	0.02	1.73	0.56	0.31	0.83
3	0.90	0.37	1.85	0.66	0.02	1.64	0.60	0.37	0.86
4	0.92	0.48	1.69	0.58	0.02	1.39	0.70	0.48	0.96
5	1.39	0.34	3.11	1.16	0.02	2.92	0.73	0.34	1.09
6	0.57	0.14	1.25	0.48	0.01	1.18	0.30	0.14	0.46
7	0.99	0.24	2.26	0.84	0.02	2.14	0.51	0.24	0.78

由表 2 的仿真结果可知：

1）测距误差和星间距对定位精度影响较大；

2）轨道高度在 400～800 km 范围内对定位精度的影响不明显；

3）空中目标高度对定位精度的影响不明显；

4）星间距对定位精度影响较大；

5）高程误差的变化范围较大，切线误差变化范围较小，且在平均定位能力上切线定位精度要优于高程定位精度。

通过对高程误差和切线误差的误差范围的比较，三星测距体制对空中目标的水平位置在总体上判断更准确，而目标的高程定位精度呈现距离星下点距离越近越准确的趋势。根据这一特点，对空中目标的识别主要依据水平定位信息，高程信息作为辅助判断依据，从而实现对 ADS - B 空中目标的识别。

5 结束语

本文针对 ADS - B 报文的特点，利用空中目标 ADS - B 信号到达卫星的时间计算目标到卫星的距离，提出了一种基于三星测距定位体制，实现了对空中目标的定位，解决 ADS - B 欺骗干扰的问题，扩展了对 ADS - B 信号全天候、全球监视的能力。通过两种不同定位解算方法结果的比较，验证了三星测距定位体制的正确性。本文给出的两种定位解算方法各有利弊，解析解算计算量小，但在输入的误差参数较大时容易出现虚数解。数值解算计算量大，但是对输入参数的误差范围适应性强。此外，本文对不同轨道条件下对定位精度进行了仿真，通过对定位精度的分析，给出了识别空中目标的方法。该技术特别是在远洋识别军民目标、敌我目标有着积极的意义。后续将重点研究影响空中目标定位的误差因素的修正与评估。

参 考 文 献

[1] 王利．ADS－B在空中交通管制中的发展应用探析［J］．科技传播，2014，(10).
[2] 王绍翰．ADS－B原理解析及其在空中交通管制中的应用研究［J］．科技创新与应用，2014，(14).
[3] 邱志豪．浅谈ADS－B技术及国内外应用情况［J］．科教导刊，2012，(24).
[4] 颜可壹．吕泽均，时宏伟，等．基于TDOA/TSOA的ADS－B系统防欺骗技术［J］．计算机应用研究，2015，32 (8).
[5] 刘逸，倪育德，方姝，等．基于TDOA/TSOA的ADS－B虚假信号检测技术研究［J］．现代导航，2015，(2).
[6] 林琳，刘志勇，周跃飞，等．基于测向天线的ADS－B信息校验技术研究［J］．微型机与应用，2014，(8).
[7] 陈利虎，陈小前，赵勇．星载ADS－B接收系统及其应用［J］．卫星应用，2016，(3).
[8] 郭福成，樊昀，周一宇，等．空间电子侦察定位原理［M］．国防工业出版社，2012，1：2－7.
[9] 邓克群．GPS精密授时方法研究［D］．桂林电子科技大学，2014，50－55.
[10] 颜可壹，吕泽均，时宏伟．一种改进的FastICA＋ADSB＋1090＋ES信号分离技术［J］．计算机与现代化，2014，(11).

A Location Method for the Aerial Target Based on the Time of the ADS－B's Message

ZENG Wei　LIU Hang　ZHANG Yong　WANG Miao
DFH Satellite Co.，Ltd.，Beijing　100094

Abstract　Automatic dependent surveillance－broadcast (ADS－B) technology has gotten widely focus by the aviation management of our country. Meanwhile, ADS－B's cheating technology has been a new threat to the aviation transport and the national air defense. Therefore, the paper proposes a location method for the aerial target based on the time of the ADS－B's message. The ADS－B's cheating target must be identified by the location difference from the location by using this method to the location in the ADS－B's message. This method makes use of the time difference between the moment which is contained of the ADS－B's message and the moment at which each satellite receives the ADS－B's message, and calculates the distance from the target to each satellite, and locates the aerial target.

Key words　ADS－B; Aerial target; Anti－cheating; Multi－satellites location

作 者 简 介

曾魏，男，高级工程师，从事小卫星有效载荷总体设计工作，电子邮箱：zengwei_1982@sina.com。

基于多次频率差测量的单星无源定位性能分析

郑泽星　王韶波　刘航　刘洋　杜国明
航天东方红卫星有限公司，北京　100094

摘　要　面向天基平台对辐射源频率真值的不可获取性，改进了基于多次相对频率差测量的单通道辐射源定位数学模型，对定位原理进行了分析，得出了定位误差表达式。按照轨道因素、测量因素和基线因素进行了基于MATLAB及STK模拟场景下的定位性能联合仿真，给出了定位性能仿真结果，分析了定位因素影响，确定了基线选取的原则。

关键词　多次频率差测量；单星；无源定位

1　引言

星载无源定位技术在军用、民用领域具有广阔的应用前景。常用的定位方法包括单星定位技术和多星定位技术[1]，其中单星定位技术又包含多通道测向定位技术[2]和单通道测频定位技术[3]，单通道测频定位基于多次测量实现定位，其优点是系统简单成本低，不需要多星及多通道之间的配合与同步，可应用在对实时性要求不高的目标探测、干扰源定位、数据采集终端定位及广域搜救等多个领域。

国内外对单星测频定位技术进行了多年的研究，对基于多普勒频率测量误差的定位原理、定位性能进行了分析[3-5]。在无源接收中，非合作辐射源频率真值具有不可获取性，对此改进了基于频率差测量的单星单通道辐射源定位模型，其定位原理及系统特性不依赖于频率真值的获取，推导得出了定位误差表达式，针对轨道因素、测量因素和基线因素的影响进行了基于MATLAB及STK模拟场景下的定位性能联合仿真，给出了定位性能仿真结果，明确了定位因素影响及基线选取原则。

2　定位原理

卫星在轨运行过程中，相对于地面辐射源存在相对运动，导致辐射源信号到达卫星时存在一定的多普勒频移。

$$f_i = f_0 + f_{di} = f_0 + \frac{v_i}{\lambda}$$

式中　λ——波长；

f_i——第 i 次测量的频率值；

f_0——辐射源频率；

f_{di}——第 i 次测量的多普勒频率。

对于非合作辐射源，无法获取其真实频率 f_0，但可以通过多次高精度测量获取较为准确的多普勒频率差，每两次测量可以等效为一次双星频差测量。

$$\Delta f_{ij} = f_i - f_j = f_{di} - f_{dj}$$

在地心坐标系下建立目标场景，目标辐射源位于 T 处，其坐标矢量记为 $\boldsymbol{T} = [x, y, z]^{\mathrm{T}}$；卫星第 i 次测量时位置和速度分别为 $\boldsymbol{s}_i = [x_i, y_i, z_i]^{\mathrm{T}}$ 和 $\boldsymbol{v}_i = [v_{xi}, v_{yi}, v_{zi}]^{\mathrm{T}}$。图1为定位原理图。

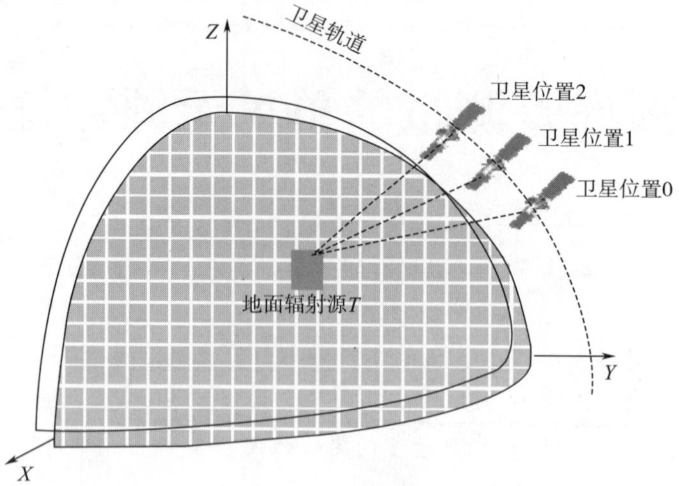

图 1　定位原理图

对于静止目标，通过 i、j、m 三次参数测量，可以得到两个多普勒频差测量结果，结合目标位置球面方程，即可解算得到目标位置（x，y，z）。

$$\begin{cases}\lambda \cdot \Delta f_{dim} = \dfrac{(x-x_i)\cdot v_{ix} + (y-y_i)\cdot v_{iy} + (z-z_i)\cdot v_{iz}}{\sqrt{(x-x_1)^2+(y-y_1)^2+(z-z_1)^2}} - \dfrac{(x-x_m)\cdot v_{mx} + (y-y_m)\cdot v_{my} + (z-z_m)\cdot v_{mz}}{\sqrt{(x-x_m)^2+(y-y_m)^2+(z-z_m)^2}} \\ \lambda \cdot \Delta f_{djm} = \dfrac{(x-x_j)\cdot v_{jx} + (y-y_j)\cdot v_{jy} + (z-z_j)\cdot v_{jz}}{\sqrt{(x-x_j)^2+(y-y_j)^2+(z-z_j)^2}} - \dfrac{(x-x_m)\cdot v_{mx} + (y-y_m)\cdot v_{my} + (z-z_m)\cdot v_{mz}}{\sqrt{(x-x_m)^2+(y-y_m)^2+(z-z_m)^2}} \\ H = \sqrt{x^2+y^2+z^2} - R\end{cases}$$

3　定位误差及影响因素

将上式简写为如下形式

$$\begin{cases}\lambda \times \Delta f_{\mathrm{dim}} = g_i(x,y,z) - g_m(x,y,z) \\ \lambda \times \Delta f_{\mathrm{djm}} = g_j(x,y,z) - g_m(x,y,z) \\ H = h(x,y,z) - R\end{cases}$$

两边取微分可得

$$\mathrm{d}f = H\mathrm{d}X + H_0\mathrm{d}X_i + H_1\mathrm{d}V_i + H_2\mathrm{d}X_j + H_3\mathrm{d}V_j - H_4\mathrm{d}X_m - H_5\mathrm{d}V_m$$

其中，$\mathrm{d}\boldsymbol{f}=[\lambda\cdot \mathrm{d}f_{\mathrm{dim}},\ \lambda\cdot \mathrm{d}f_{\mathrm{djm}},\ \mathrm{d}H]^{\mathrm{T}}$，$\mathrm{d}\boldsymbol{X}=[\mathrm{d}x,\ \mathrm{d}y,\ \mathrm{d}z]^{\mathrm{T}}$，$\mathrm{d}\boldsymbol{X}_0=[\mathrm{d}x_m,\ \mathrm{d}y_m,\ \mathrm{d}z_m]^{\mathrm{T}}$，$\mathrm{d}\boldsymbol{X}_i=[\mathrm{d}x_i,\ \mathrm{d}y_i,\ \mathrm{d}z_i]^{\mathrm{T}}$，$\mathrm{d}\boldsymbol{X}_j=[\mathrm{d}x_j,\ \mathrm{d}y_j,\ \mathrm{d}z_j]^{\mathrm{T}}$，$\mathrm{d}\boldsymbol{V}_m=[\mathrm{d}v_{xm},\ \mathrm{d}v_{ym},\ \mathrm{d}v_{zm}]^{\mathrm{T}}$，$\mathrm{d}\boldsymbol{V}_i=[\mathrm{d}v_{xi},\ \mathrm{d}v_{yi},\ \mathrm{d}v_{zi}]^{\mathrm{T}}$，$\mathrm{d}\boldsymbol{V}_j=[\mathrm{d}v_{xj},\ \mathrm{d}v_{yj},\ \mathrm{d}v_{zj}]^{\mathrm{T}}$，分别为辐射源相对频率差测量误差、辐射源高度误差、位置测量误差和速度测量误差。

考虑到参数多次测量由同一系统实现，因此多次获得的位置、速度测量误差之间可以分解为绝对测量误差和相对测量误差两部分，由此可得

$$\mathrm{d}X_i = \mathrm{d}X_m + \mathrm{d}X'_i,\ \mathrm{d}X_j = \mathrm{d}X_m + \mathrm{d}X'_j$$
$$\mathrm{d}V_i = \mathrm{d}V_m + \mathrm{d}V'_i,\ \mathrm{d}V_j = \mathrm{d}V_m + \mathrm{d}V'_j$$

则

$$\mathrm{d}X = H^{-1}(\mathrm{d}f - H_0\mathrm{d}X'_i - H_1\mathrm{d}V'_i - H_2\mathrm{d}X'_j - H_3\mathrm{d}V'_j + H'_4\mathrm{d}X_m + H'_5\mathrm{d}V_m)$$

定位误差协方差为

$$\begin{aligned}P_{\mathrm{dx}} &= E[\mathrm{d}X\cdot \mathrm{d}X^{\mathrm{T}}] \\ &= E[H^{-1}(\mathrm{d}f - H_0\mathrm{d}X'_i - H_1\mathrm{d}V'_i - H_2\mathrm{d}X'_j - H_3\mathrm{d}V'_j + H'_4\mathrm{d}X_m + H'_5\mathrm{d}V_m)\cdot \\ &\quad (\mathrm{d}f - H_0\mathrm{d}X'_i - H_1\mathrm{d}V'_i - H_2\mathrm{d}X'_j - H_3\mathrm{d}V'_j + H'_4\mathrm{d}X_m + H'_5\mathrm{d}V_m)(H^{-1})^{\mathrm{T}}]\end{aligned}$$

假设平台位置测量误差、速度测量误差及参数测量误差之间互不相关；同一个参数分解后的绝对测量误差和相对测量误差互不相关。则协方差化简为

$$P_{dx}=H^{-1}\{E[df\cdot df^{T}]+H_{0}E[dX'_{i}\cdot dX'^{T}_{i}]H_{0}^{T}+H_{1}E[dV'_{i}\cdot dV'^{T}_{i}]H_{1}^{T}+H_{2}E[dX'_{j}\cdot dX'^{T}_{j}]H_{2}^{T}+H_{3}E[dV'_{j}\cdot dV'^{T}_{j}]H_{3}^{T}+H'_{4}E[dX_{m}\cdot dX_{m}^{T}]H'^{T}_{4}+H'_{5}E[dV_{m}\cdot dV_{m}^{T}]H'^{T}_{5}\}(H^{-1})^{T}$$

多普勒频率差定位的几何稀释因子 $GDOP$ 为

$$GDOP=\mathrm{trace}(P_{dx})$$

4　影响因素及性能仿真

根据分析，将影响定位的因素分为轨道因素、测量因素和基线因素三类，见图 2。

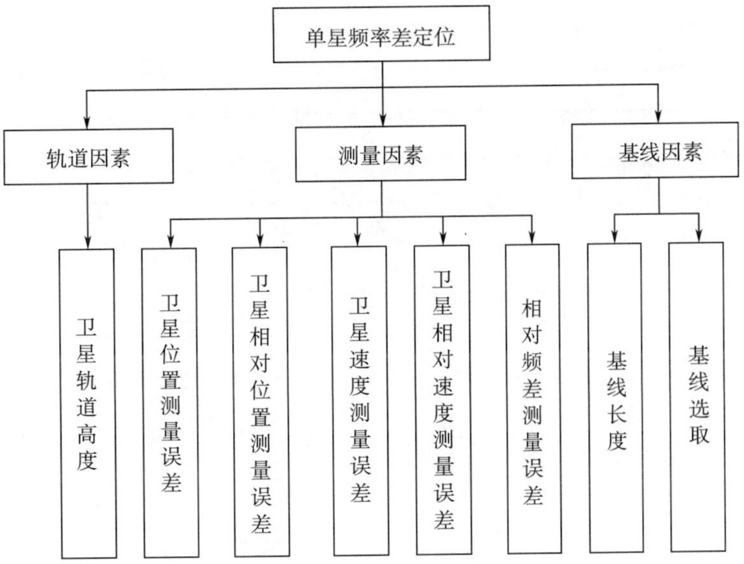

图 2　定位影响因素

基于 STK 建立仿真场景并进行 Matlab 性能仿真，轨道倾角选取 45°。基本参数选取如下：相邻两次测量间隔为 20 s，卫星绝对位置测量误差 20 m，相对位置测量误差 10 m，卫星速度测量误差 0.2 m/s，卫星相对速度测量误差 0.1 m/s，频率差测量误差 2.5 Hz/GHz，卫星轨道高度 600 km，辐射源高程误差 1 000 m。仿真场景及基本参数下的定位性能见图 3，可见基于频率差测量的单星无源定位技术，其有效定位区域为飞行方向左右侧分布的两个区域。

1）卫星轨道高度影响。在基本参数基础上，改变轨道高度为 2 000 km。从结果可以看出，在其他因素不变的情况下，2 000 km 轨道相对于 600 km 轨道定位性能退化明显，可见基于频率差测量的单星定位更适合于轨道高度在数百千米的卫星。

2）参数测量精度影响。在基本参数基础上，分别改变卫星的绝对位置测量精度、相对位置测量精度、绝对速度测量精度、相对速度测量精度和相对频差测量精度。从结果可以看出，绝对位置测量精度、绝对速度测量精度和相对位置测量精度，对定位精度影响不明显；相对速度测量精度对定位精度影响明显，在系统设计中要求相对速度测量精度优于 1 m/s；频差测量误差对定位精度影响明显，1 Hz/GHz 的相对频差测量精度可以获得较好的定位精度（见图 4）。

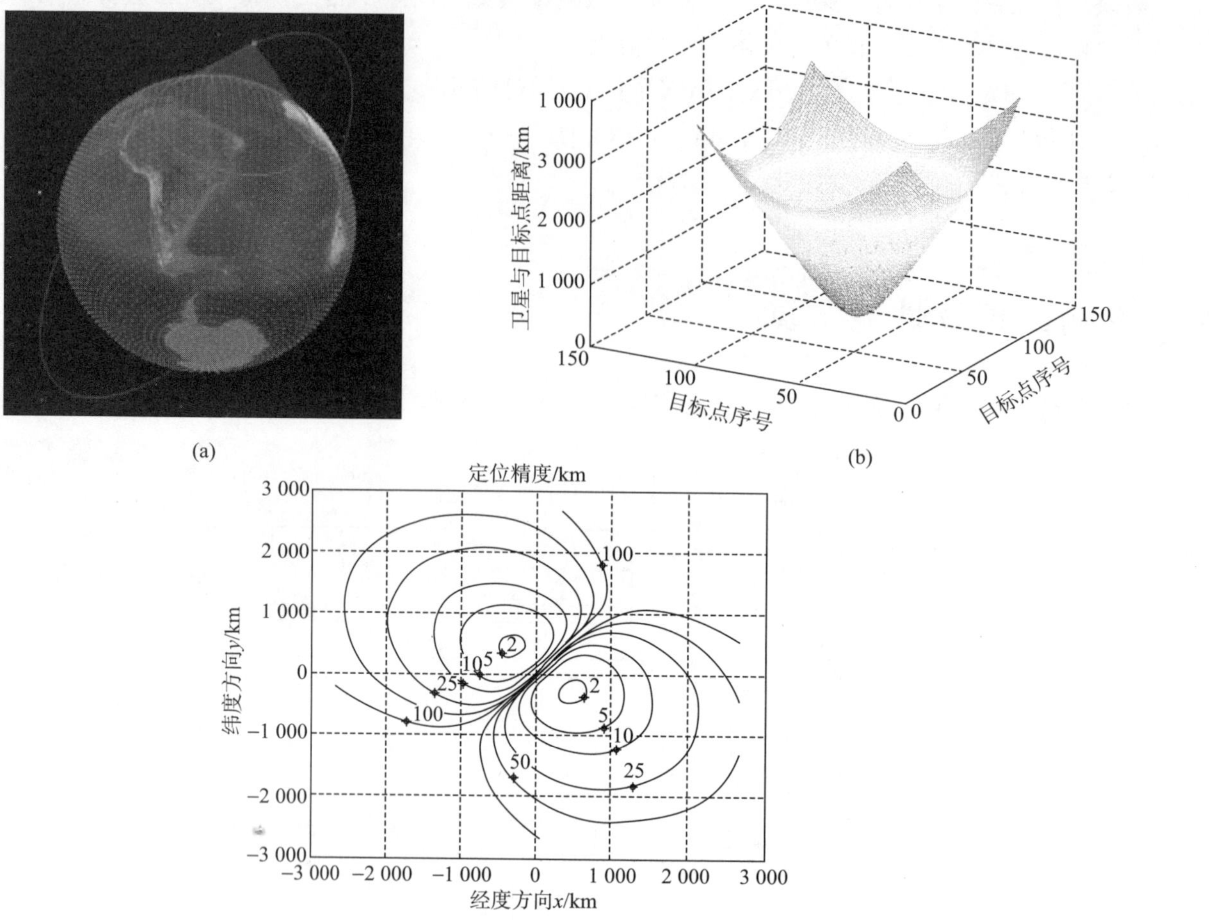

(a) (b) (c)

图 3　仿真场景及目标定位图

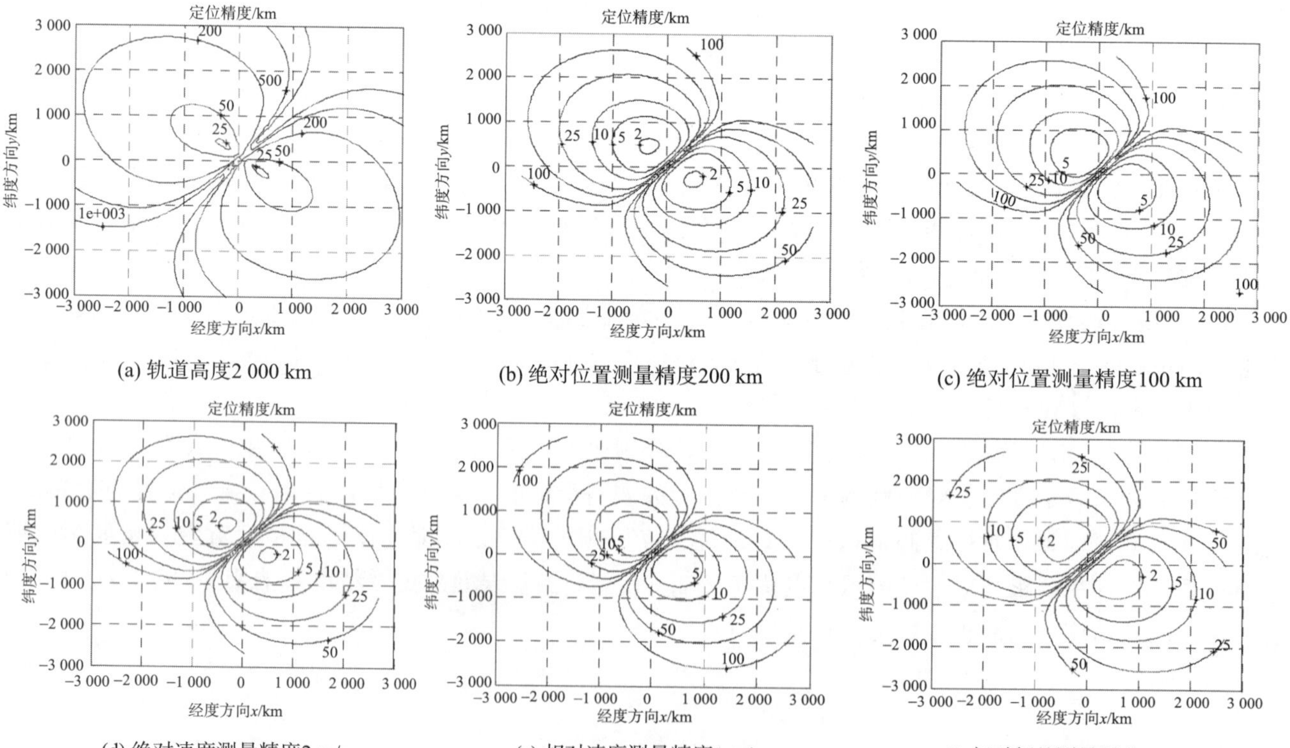

(a) 轨道高度2 000 km　(b) 绝对位置测量精度200 km　(c) 绝对位置测量精度100 km

(d) 绝对速度测量精度2 m/s　(e) 相对速度测量精度1 m/s　(f) 相对频差测量误差1 Hz/GHz

图 4　轨道高度及参数测量对定位性能的影响

3）测量基线影响。卫星在 i、j 和 m 三点各进行 1 次频率测量，可以获得 2 个独立的频差值。改变多次测量的时间间隔可以改变基线长度，选取不同的测量点可以获得不同的空间基线，进行定位仿真得到 *GDOP* 如图所示。为了定量比较，选取有效定位区域进行统计，如图 5（a）所示。

改变相邻两次测量的间隔，可见定位性能对测量时间间隔即基线长度敏感，测量间隔越大，定位精度越高，如图 5（b）所示；在总测量时间一定的情况下，改变前两次测量的间隔，可见三次测量间隔越均匀，定位精度越高，如图 5（c）所示；基于 0、1、2 三个测量点，选取 0－1，0－2 两条基线和选取 0－1，1－2 两条基线进行性能仿真，可见选取 0－1，1－2 基线时定位精度更优，如图 5（b）和（c）。

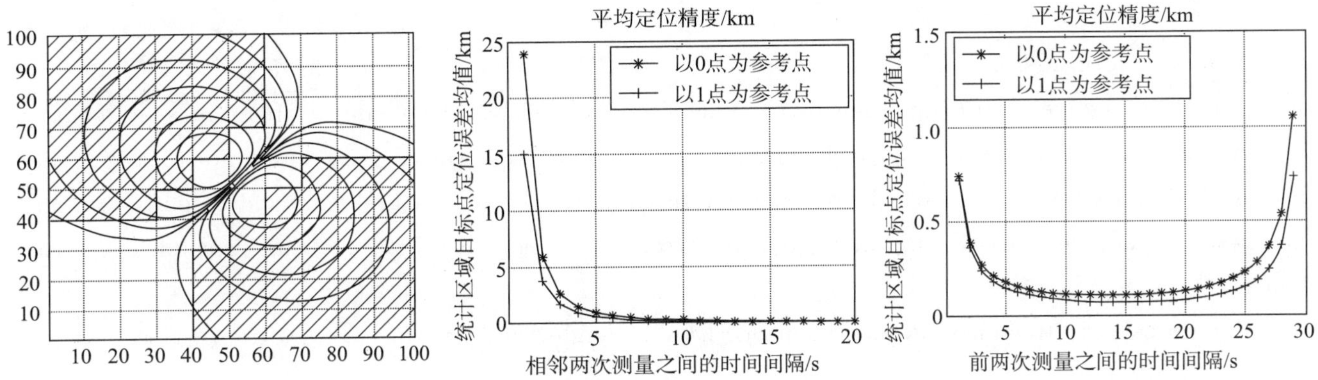

(a) 定位精度统计区域　　(b) 测量时间间隔影响　　(c) 测量间隔均匀性的影响

图 5　测量基线对定位影响

5　结束语

基于频率差测量的单星无源定位有效定位区域为飞行方向左右侧分布的两个区域，定位性能受轨道高度、相对速度测量精度、相对频差测量精度、测量时间间隔长度及均匀性影响较大。基于频率差测量的单星无源定位一般适应于高度在几百千米的轨道，要求多次测量之间的卫星相对速度测量精度达到 m/s 级，相对频差测量精度在 1 Hz/GHz 量级；在基线选取上，需要测量时间间隔尽量长且两条基线长度尽量均匀。

基于频率差测量的单星无源定位技术通过分时测量，等效于实现虚拟多星编队的双基线频差定位体制，对于静止或慢速运动、频率固定且有一定持续时间的辐射源具有良好的适应能力，但对高速机动、频率稳定度较低、跳频以及短促发辐射源适应性较差，需采用单星瞬时测向或者基于多星时频差体制的瞬时定位技术。

参考文献

［1］郭福成．空间电子侦察定位原理［M］．国防工业出版社，2012.

［2］张紫龙．基于干涉仪测向的电子侦察卫星单星定位精度分析［J］．火力与指挥控制，2016，41.

［3］陆安南．单星测频无源定位法［J］．通信学报，2004，25.

［4］郑冲．单星定向技术研究［J］．空间科学学报，2006，26.

［5］李杨．基于概率的单星测频无源定位算法［J］．电子信息对抗技术，2007，3.

Analysisof Single Satellite Passive Location Performance Based on Multi - times Measurements of FDOA

ZHENG Zexing WANG Shaobo LIU Hang LIU Yang DU Guoming
DFH Satellite CO. LTD. , Compound 104, Youyi Road, Haidian District, Beijing 100094

Abstract Considering real frequency of emitter is unobtainable for spaceborn receiver, an improved single satellite passive location mathematical model is presented based on multi - times measurement of FDOA. Location principles are analyzed and error expressions are obtained. Joint simulations using MATLAB and STK are carried out, which analyze the inflluence of orbits, measurements and baseline. Simulation results are gaven, based on which Location error factors and baseline selecting principles are confirmed.

Key words Multi - times Measurement of FDOA; Single Satellite; Passive Location

作 者 简 介

郑泽星，男，高级工程师，就职于航天东方红卫星有限公司，从事卫星总体设计工作，电子邮箱：zexzheng@126.com。

基于弹性的分布式空间系统体系效能评估研究

张勇　王韶波　刘航　张旭　李延东
航天东方红卫星有限公司，北京　100094

摘　要　目前的空间系统基本上是以单一的、大型的、集中式的体系结构为主，未来将发展除此之外的多种系统体系结构，美国已经明确向弹性与分散空间系统体系结构转型。不同的空间系统体系结构对系统的效能会产生很大影响，针对不同体系结构的系统效能评估是一个重要的问题。研究了弹性与分散空间系统的概念和内容，分析了系统弹性属性，给出了基于不同威胁类别和威胁场景的系统弹性的计算方法，提出了基于系统弹性的空间系统体系效能评估方法，最后给出了应用和计算实例。为针对弹性与分散空间系统的体系研究提供理论基础，也可用于指导未来空间系统的体系结构设计，增强空间系统的整体弹性。

关键词　空间系统；弹性；分散；威胁；效能评估

1　引言

2013 年 8 月 21 日，美国空军航天司令部发布了《弹性与分散空间系统体系结构》（Resiliency and Disaggregated Space Architectures）白皮书，系统阐述了美国未来航天系统建设的发展思路，提出了推进美国军事航天计划的新架构。白皮书认为，保持美国太空优势需要具有抗毁性和经济可承受性的能力，美国应考虑向小卫星、分布式或分散的空间体系结构发展，转变当前以大型空间系统为主的发展模式，通过多种方式将原有卫星系统的功能分散到若干功能更单一、规模更小、成本更低、数量更多的卫星平台上，组成综合体系来提供所需能力，使敌方的攻击更加困难，从而提高空间系统整体的弹性，即系统的抗毁能力和生存能力。

面对美国向弹性与分散空间系统体系转型的趋势，需要紧跟美国在转型方面的规划论证和具体实施的进展情况，开展弹性与分散空间系统的理论研究和体系仿真，重点关注空间系统的整体抗毁能力，分析研究系统弹性的评价指标与评价体系，注重对抗环境下的系统体系效能的研究。本文研究和分析了弹性与分散空间系统的概念和内容、空间系统的多种典型的分散方法，研究了系统弹性的内涵和属性，结合不同的威胁类型和威胁场景给出了系统弹性的量化计算方法，最后提出了基于系统弹性属性的空间系统体系效能的评估方法。

2　弹性与分散空间系统

空间系统的弹性是指空间系统的某一体系架构在面对系统故障、环境挑战或敌方攻击行动时能够继续提供所需能力的能力[1]。弹性是由海、陆、空、天、网多域能力组成，围绕威胁慑止、体系强健、系统重构和能力恢复等途径开展。弹性的思想是将重点从关键系统防护向关键能力保证转变，目的是确保军事航天系统能够在可接受风险下遂行指定任务。

分散式空间系统体系架构是提高系统弹性的一种战略。空间分散指的是将天基使命任务、功能或传感器，分散到那些部署于一个或多个轨道平面、平台、宿主载具或多域的多个系统之上[1]。通过将空间能力分散到多个平台或系统之上，提高了系统任务的生存能力，增加了敌方攻击潜在目标的数量和多样性，使其决策计算算法变得复杂，增加了其成功攻击的不确定性。分散是利用信息和网络技术将物理分散的系统连接成为一个高度集成、天地一体的综合体系。分散这一概念要求分布式的体系结构，即使其中一颗卫星遭遇危险或者空间单个节点失效，也不会造成整个空间系统能力的失效。

目前五种典型的分散形式有[1]：

1）分解（fractionation）：由多个以无线方式相互作用的模块提供单一系统的功能。具体说，分解是将一个系统分化成多个以无线方式相互作用的模块，提供原有单一型系统的能力。

2）功能分散（functional disaggregation）：将一颗卫星上的多个载荷或多项任务分散到多个卫星上。功能分散是将以前一个系统上的多个传感器或截然不同的子任务分散到多个独立的平台上。

3）有效载荷搭载（hosted payload）：将有效载荷和任务搭载在其他卫星上。

4）多轨道分散（multi - orbit disaggregation）：利用多个轨道平面来提高弹性，增加敌对方确定目标的难度。

5）多域分散（multi - domain disaggregation）：将能力分散于海、陆、空、天、网等多域，相互冗余和备份。它将利用不仅是空间域的系统。

3 系统弹性的属性和计算

3.1 系统弹性的内涵和属性

根据空间系统弹性的定义，弹性应该包括规避能力、鲁棒性、恢复能力和重构能力这四种系统属性[3]：

1）规避能力，指系统针对潜在或直接的威胁采取反制、机动或者隐蔽等措施和手段来降低威胁所造成的破坏和后果，是用来衡量系统可以完全规避威胁的能力；

2）鲁棒性，指能够增强和维持系统的生存能力所采取的设计等方面的系统属性，是系统在规避威胁失败后仍然保留的系统能力；

3）恢复能力，指系统在遭受攻击后通过预置程序或者其他操作来恢复系统能力的能力或者恢复程度以及在多长时间内能能够快速恢复；

4）重构能力，指通过替换或重建系统失效部分来重构或完全恢复达到最初系统能力的能力。

图 1 为系统弹性的内涵和属性。

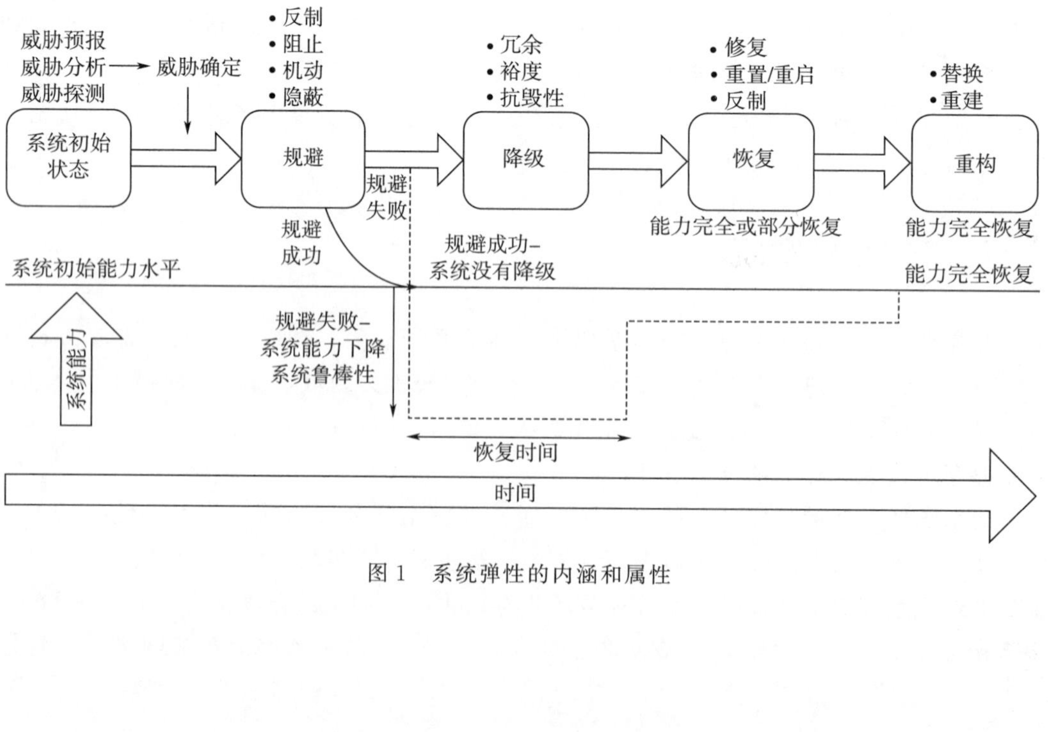

图 1　系统弹性的内涵和属性

空间系统弹性应该在基于特定的威胁场景下来衡量。威胁可以广义的定义为导致系统能力或者功能下降或损失的动作、行为或条件，可以是不利的外部环境或条件，比如天气、自然灾害和空间辐射等，也可以是恶意的敌对行动，比如针对卫星系统或者地面控制系统的物理攻击、电子干扰和激光武器等。空间系统在遭受威胁时，首先应采取措施尽可能的规避威胁；当威胁规避失败时，系统功能和能力受到损害会下降，系统能力的下降程度与系统的鲁棒性有关；系统采取各种恢复措施在一定的时间内可以完全或者部分恢复系统功能和能力；必要时，可以采取重构或者替换的措施来完全重构和恢复系统功能和能力。

3.2 系统弹性的量化计算

将系统弹性定义为包含 4 个弹性属性的概率统计值的函数，即系统弹性是系统规避能力 R_{AV} 、鲁棒性 R_{RO} 、恢复能力 R_{AV} 和重构能力 R_{RC} 的函数。根据不同的威胁场景和威胁类别定义，系统的弹性可以分为面对单一威胁时的系统弹性，面对多个威胁时的累积系统弹性以及基于威胁概率的系统弹性[3]。

3.2.1 面对单一威胁的系统弹性

在面对单一威胁时的系统弹性可以表示为

$$R = R_{AV} + (1 - R_{AV})R_{RO} + (1 - R_{AV})(1 - R_{RO})R_{RV} + (1 - R_{AV})(1 - R_{RO})(1 - R_{RV})R_{RC}$$

上述公式中，R_{AV} 表示系统面对某一单一威胁时可以规避的概率，$(1 - R_{AV})$ 就表示系统面对该威胁时无法规避的概率；$(1 - R_{AV})R_{RO}$ 表示系统在面对该威胁规避失败后系统仍然保留的能力，保留的能力的程度与系统的鲁棒性有关，$(1 - R_{AV})(1 - R_{RO})$ 表示系统未成功规避该威胁时丧失的能力；$(1 - R_{AV})(1 - R_{RO})R_{AV}$ 表示系统未能成功规避该威胁时丧失的能力部分中可恢复的能力，$(1 - R_{AV})(1 - R_{RO})(1 - R_{RV})$ 表示系统未能成功规避该威胁时丧失的能力部分中未能恢复的能力，$(1 - R_{AV})(1 - R_{RO})(1 - R_{RV})R_{RC}$ 表示系统未能成功规避该威胁时丧失的能力部分中需要通过重建或者重构、替换才能恢复到最初系统能力的能力。

通过举例说明上述定义的系统弹性的计算，假设某功能的卫星系统在面对某一威胁时能够成功规避该威胁的概率为 70%，则系统仍有 30%的概率会受到威胁；在威胁规避失败后系统仍然能够保留 60%的系统能力，即系统的鲁棒性为 60%；假设在可接受的时间内系统可以自主的恢复 30%的能力，即恢复程度为 30%；剩余的不可自主恢复的能力部分中，只能通过发射新卫星来替换现有卫星等方式来重构或完全恢复到系统初始能力，考虑到时间效率，将该值假设为 10%。则通过上述公式即可计算得到该卫星系统在面对定义的单一威胁时的系统弹性为 0.924 4。

3.2.2 面对多个威胁的累积系统弹性

在实际应用中，针对系统的威胁场景其实是包含多个相关或不相关的威胁的。多个威胁对系统弹性的影响是累加的，需要在前述针对单个威胁的系统弹性分析计算的基础上进一步提出针对多个威胁的系统弹性的评价计算方法。面对多个威胁时的系统弹性可以表示为

$$R_S = R_1 - \sum_{n=1}^{N}(1 - R_n)$$

式中 R_1——系统在单独面对第一个威胁时的系统弹性；

R_n——系统在单独面对第 n 个威胁时的系统弹性；

N——单一威胁的数量；

R_1、R_n——可以按照前述系统面对单一威胁时的系统弹性公式进行计算得到；

R_S——系统在面对多个威胁时累积的系统弹性。

从公式中可以看出，多个威胁对于系统弹性的影响是不断累积的，随着系统面对的单一威胁的数量的增多，系统弹性是在不断降低的。

3.2.3 基于威胁概率的系统弹性

前述的在面对单一威胁或多个威胁时累积的系统弹性的分析计算中并没有考虑在某种具体应用场景

中每种威胁发生的概率，即在系统弹性计算公式中没有将不同威胁不同的发生概率所占的权重计算进去。对前述系统面对多个威胁时的累积弹性的计算公式做进一步改进，定义在面对威胁时的整个体系的系统弹性为

$$R_{FS}=1-\sum_{n=1}^{N}(1-R_n)P_n$$

式中 R_n ——系统在单独面对第 n 个威胁时的系统弹性；

P_n ——第 n 个威胁发生的概率；

R_{FS} ——基于威胁概率的系统弹性。

4 基于弹性的系统效能评估方法

基于系统弹性的空间系统体系效能评估方法如下：

1）根据空间系统的任务需求，设计满足任务要求的几种空间系统体系结构，或者针对现有的空间系统体系结构，建立不同的结构模型；

2）分析确定针对该空间系统的有效的威胁类别，定义包含单个威胁或多个威胁的具体威胁场景；

3）确定不同的空间系统体系结构在面对不同的威胁场景和威胁类别时的系统弹性属性，即确定在面对某一威胁时空间系统的规避能力、鲁棒性、恢复能力和重构能力这四个能力因素的指标组成和权值分布，然后计算每种体系结构在定义的威胁场景下的系统弹性；

4）比较不同空间系统体系结构的系统弹性，最终确定该空间系统在面对不同威胁时的最优的体系结构。进一步衡量不同威胁对系统的威胁程度，分别确定系统的规避能力、鲁棒性、恢复能力和重构能力对系统弹性的贡献度，从而可以采取针对性的措施，提高整个空间系统的弹性，即系统的生存能力和抗毁能力。图 2 为基于系统弹性的空间系统体系效能评估方法。

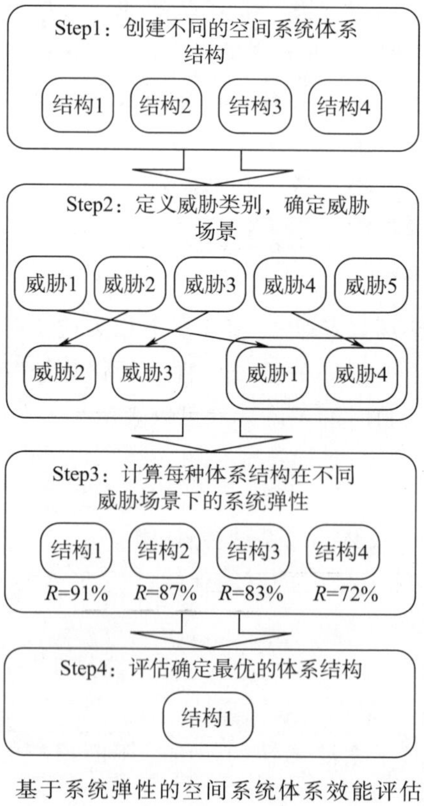

图 2　基于系统弹性的空间系统体系效能评估方法

5 实例计算

通过实例计算说明基于系统弹性属性的空间系统效能评估方法。假设某空间系统具有两种系统结构A、B，经分析后确定针对该空间系统的某一威胁场景中存在三种威胁A、B、C，三种威胁发生的概率不同。由于两种空间系统体系结构的不同，其在遭遇三种不同威胁时的系统规避能力、鲁棒性、恢复能力和重构能力属性也不同，具体的弹性属性的取值需要根据空间系统的具体结构和威胁类型共同研究确定，假设在该例中两种结构的空间系统在遭遇三种威胁时的各个弹性属性的取值分别如表1所示。通过计算可以得到两种系统结构在分别遭遇三种单一威胁时的系统弹性，三种威胁累积作用后的系统弹性以及考虑到威胁发生概率的系统弹性。通过系统弹性的量化比较，可以确定该空间系统在面对定义的三种威胁时采用结构A比采用结构B具有更高的系统弹性。

表1　系统弹性计算实例

空间系统体系结构		结构A			结构B		
威胁定义	威胁	威胁A	威胁B	威胁C	威胁A	威胁B	威胁C
	威胁概率 P_n	0.75	0.3	0.01	0.75	0.3	0.01
系统弹性属性	规避能力 R_{AV}	0.1	0.5	0	0.15	0.45	0
	鲁棒性 R_{RO}	0.25	0.8	0	0.2	0.7	0
	恢复能力 R_{RV}	0.9	0.75	0.9	0.8	0.8	0.8
	重构能力 R_{RC}	0	0.3	0.1	0.1	0.35	0.15
系统弹性	弹性（单一威胁）R	0.9325	0.9825	0.9100	0.8776	0.9785	0.8300
	累积弹性（多威胁）R_S	0.9325	0.9150	0.8250	0.8776	0.8561	0.6861
	系统弹性 R_{FS}	0.9494	0.9441	0.9432	0.9082	0.9018	0.9001

6 结束语

针对不同空间系统体系结构的系统效能评估是一个重要的问题。本文研究了弹性与分散空间系统的概念和内容，分析了系统弹性的内涵和属性，给出了基于不同威胁类别和威胁场景的系统弹性的计算方法，提出了基于系统弹性的空间系统体系效能评估方法，最后给出了计算实例。后续将进一步研究不同弹性与分散空间系统体系结构的规避能力、鲁棒性、恢复能力和重构能力的指标组成、权值分布，从而确定在面对不同的威胁类别和威胁场景时不同系统体系架构的4个能力因素的具体取值，同时增加系统成本和经济可承受性的评价指标，最终选取出具有最优系统效能的空间系统体系结构。基于系统弹性的空间系统体系效能评估的研究，对于指导未来空间系统的体系结构设计，增强空间系统的整体弹性，具有重要的意义。

参考文献

[1] U.S. Air Force Space Command. Resiliency and disaggregated space architectures [EB/OL]. [2013-8-30].

[2] Ellen Pawlikowski, Doug Loverro, Tom Cristler. Space: Disruptive challenges, new opportunities, and new strategies [J]. Strategic Studies Quarterly Spring, 2012 (1): 27-54.

[3] Boeing. Measures of Resilience for Space Systems [EB/OL]. [2013-8-14].

[4] Northrop Grumman Aerospace Systems. Space Resiliency: Definition, measurement and application [EB/OL]. [2013-7-25].

[5] David W. Thompson. Towards More Affordable and Resilient Space Systems [EB/OL]. 2011 U.S. Strategic Command Cyber and Space Symposium, [2011-11-16].

［6］ 梁巍．美国弹性与分散空间体系转型分析．北京空间科学信息研究所，2014.8.
［7］ 周黎妮，朱启超，舒宇．基于能力分析的空间对抗装备体系效能评估方法［J］．世界科技研究与发展，2013.8，35（4）：491－494.
［8］ 梁金登，李东旭．空间武器系统效能分析研究［J］．火力与指挥控制，2009.5，34（5）：47－50.

Study on System Effectiveness Evaluation of Disaggregated Space Architectures Based on System Resilience Property

ZHANG Yong　WANG Shaobo　LIU Hang　ZHANG Xu　LI Yandong
DFH Satellite CO.，LTD，Beijing　100094

Abstract　The current space system is basically a single large－scaled concentrated architecture; however various space system architectures will be developed in the future. The United States has clearly proposed a transition to resiliency and disaggregated space architectures. Different space system architectures will have a significant impact on the system effectiveness. System effectiveness evaluation of different architectures is an important issue. In the paper，firstly the concept and content of the resiliency and disaggregated space architectures are studied，the resilience properties of the system are analyzed，then the method of calculating the system resilience against specific threats and threat scenarios is given，method of evaluating the effectiveness of space system based on system resilience properties is proposed，finally the application and calculation examples are given. This provides a theoretical basis for the study of the resiliency and disaggregated space architectures，and can also be used to guide the future space system architecture design，finally enhanced the overall resilience of the space system

Key words　Space Architectures；Resiliency；Disaggregated；Threat；Effectiveness Evaluation

作者简介

张勇，男，工程师，就职于航天东方红卫星有限公司，研究方向为卫星有效载荷总体技术，电子邮箱：zhangyong_dfh@163.com。

低轨 SAR 多普勒特性分析及偏航导引控制研究

袁勤　许永生　李春　孙华苗

深圳航天东方红海特卫星有限公司，深圳　518054

摘　要　多普勒中心频率是星载合成孔径雷达（SAR）数据处理中的关键参数之一，直接影响 SAR 的方位向性能和成像精度。该文通过分析低轨 SAR 多普勒特性，根据多普勒中心频率的计算和全零多普勒中心的条件，推导出近圆轨道偏航导引方法。卫星平台通过设计前馈控制系统来补偿多普勒频移，并对补偿效果进行分析。仿真结果表明，采用前馈控制能够保证姿态控制精度，从而显著降低了多普勒中心频率，提高了 SAR 成像精度。

关键词　低轨 SAR；多普勒中心频率；偏航导引；姿态控制

1　引言

星载合成孔径雷达（Synthetic Aperture Radar，SAR）具有全天时、全天候成像与监测的能力，因此应用广泛。SAR 是一种工作在微波波段的主动遥感器，其多普勒中心频率是 SAR 数据处理中的一个最关键的参数，与卫星和地面目标间的相对运动有关。对于 X 波段的 SAR，它的多普勒中心频率受到地球自转的影响，会偏离零频，如果不对其进行校正，在方位压缩时会产生较大误差，方位模糊度增加，输出图像发生位置偏移，影响图像质量[1]。为了降低地面成像处理的压力，可以对卫星施加运动补偿，采用偏航导引控制技术来减小多普勒中心频率。目前偏航导引控制技术已在 ERS－1、RADARSAR－2、德国的 TerraSAR－X、日本的 ALOS 等卫星上得到了应用。

本文通过分析星载 SAR 的多普勒特性，从多普勒中心频率的原始表达式出发，得到多普勒中心频率与轨道根数以及 SAR 天线指向参数的关系，从而求出适合星上实时计算的偏航导引角的简洁表达式。然后针对卫星的偏航导引控制设计控制系统，最后仿真分析了控制精度和多普勒中心频率补偿效果。

2　星载 SAR 多普勒中心频率特性分析

地球惯性坐标系下的星地几何关系如图 1 所示。图中，$\boldsymbol{R}_s$ 和 $\boldsymbol{R}_t$ 分别为卫星、目标对地心的位置矢量，$\boldsymbol{V}_s$ 和 $\boldsymbol{V}_t$ 分别为卫星、目标的速度矢量，$\boldsymbol{R}_{st}$ 为卫星相对目标的距离矢量。

星载 SAR 天线的指向性参数决定了目标区位置。在卫星本体坐标系中，波束中心指向可以通过视角和方位角确定。不存在偏航、俯仰和翻滚时，卫星轨道坐标系与卫星本体坐标系重合。卫星轨道坐标系以卫星质心为坐标原点，X 轴位于卫星轨道平面内且与卫星速度方向一致，Y 轴指向卫星轨道平面负法线方向，Z 轴满足右手定则。$\boldsymbol{u}_t$ 、$\boldsymbol{u}_p$ 、$\boldsymbol{u}_r$ 分别为 X、Y、Z 轴的单位向量。对于圆轨道，卫星本体坐标系下的空间几何关系如图 2 所示，其中 ψ_0 为卫星天线的方位角，θ_0 为卫星天线的视角（天线右视时 ψ_0 和 θ_0 为正）。

系统的多普勒中心频率 f_{dc} 由卫星与目标间的距离所决定，其表达式[1-2]为

$$f_{dc}=-\frac{2}{\lambda}\dot{R}_{st} \tag{1}$$

式中　λ ——信号波长；

$\dot{R}_{st}$ ——斜距 R_{st} 的一阶导数。

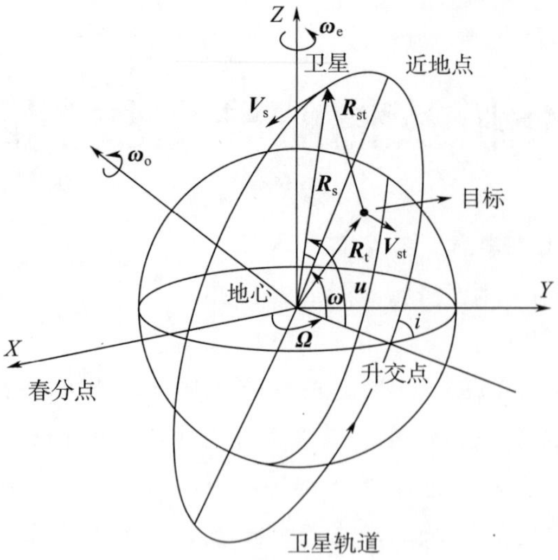

图 1　地球惯性坐标系下的空间几何关系

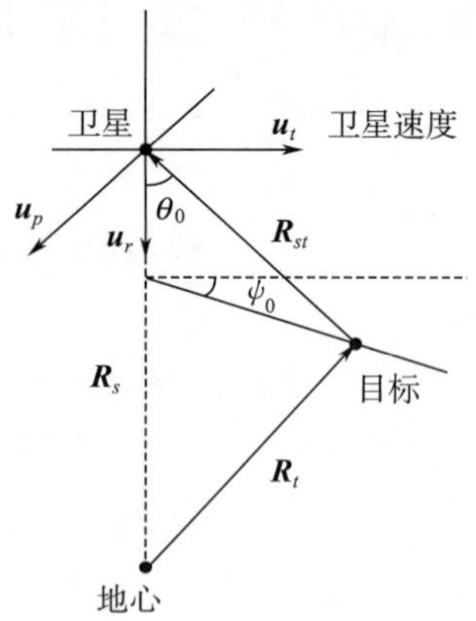

图 2　卫星本体坐标系下的空间几何关系

可推导得

$$f_{dc}=-\frac{2}{\lambda}\dot{R}_{st}=-\frac{2\dot{\boldsymbol{R}}_{st}\boldsymbol{R}_{st}}{\lambda\boldsymbol{R}_{st}}=-\frac{2\boldsymbol{V}_{st}\boldsymbol{R}_{st}}{\lambda\boldsymbol{R}_{st}}=-\frac{2}{\lambda\boldsymbol{R}_{st}}(\boldsymbol{V}_s-\boldsymbol{V}_t)\boldsymbol{R}_{st} \tag{2}$$

其中，$\boldsymbol{V}_t=\boldsymbol{\omega}_e\times\boldsymbol{R}_t$，$\boldsymbol{\omega}_e$ 为地球自转角速度矢量。则有

$$\begin{aligned}f_{dc}&=-\frac{2}{\lambda R_{st}}[\boldsymbol{V}_s\cdot\boldsymbol{R}_{st}-(\boldsymbol{\omega}_e\times\boldsymbol{R}_t)\cdot(\boldsymbol{R}_s-\boldsymbol{R}_t)]\\&=-\frac{2}{\lambda R_{st}}[\boldsymbol{V}_s\cdot\boldsymbol{R}_{st}-(\boldsymbol{\omega}_e\times\boldsymbol{R}_t)\cdot\boldsymbol{R}_s+(\boldsymbol{\omega}_e\times\boldsymbol{R}_t)\cdot\boldsymbol{R}_t]\\&=-\frac{2}{\lambda R_{st}}[\boldsymbol{V}_s\cdot\boldsymbol{R}_{st}+\boldsymbol{\omega}_e\cdot(\boldsymbol{R}_s\times\boldsymbol{R}_t)]\end{aligned} \tag{3}$$

但是式（3）在很多情况下并不便于直接使用。因为在一般情况下，卫星的运动通常由轨道根数进行描述比较方便，而目标区域的位置则由卫星天线的指向进行描述比较方便。因此需要对式（3）进行转换。

根据图 2，在轨道系中 $\boldsymbol{R}_{st}$、$\boldsymbol{R}_s$ 和 $\boldsymbol{V}_s$ 可表示为

$$\begin{aligned}&\boldsymbol{R}_{st}=R_{st}(-\sin\theta_0\cos\psi_0\boldsymbol{u}_t-\sin\theta_0\sin\psi_0\boldsymbol{u}_p-\cos\theta_0\boldsymbol{u}_r)\\&\boldsymbol{R}_s=-R_s\boldsymbol{u}_r\\&\boldsymbol{V}_s=V_s\boldsymbol{u}_t\end{aligned} \tag{4}$$

根据惯性系与轨道系之间的转换关系得到 $\boldsymbol{\omega}_e$ 在轨道系下的分量

$$\boldsymbol{\omega}_e=\omega_e(\sin i\cos u\cdot\boldsymbol{u}_t-\cos i\cdot\boldsymbol{u}_p-\sin i\sin u\cdot\boldsymbol{u}_r) \tag{5}$$

式中　i ——卫星轨道倾角；

　　u ——纬度幅角。

至此，利用式（3）～式（5），可推导出 f_{dc} 和轨道根数以及 SAR 天线指向角之间的计算关系式，整理后得

$$f_{dc}=-\frac{2}{\lambda}[-V_s\sin\theta_0\cos\psi_0+\omega_eR_s\sin\theta_0(\sin\psi_0\sin i\cos u+\cos\psi_0\cos i)] \tag{6}$$

理论上讲，式（6）为圆轨道多普勒中心频率的精确计算公式。

3　偏航导引角分析

令式（6）中多普勒中心频率 $f_{dc}=0$，可解得

$$\tan\psi_0=\frac{V_s-R_s\omega_e\cos i}{R_s\omega_e\cos u\sin i}=\frac{R_s\omega_o-R_s\omega_e\cos i}{R_s\omega_e\cos u\sin i}=\frac{\omega_o/\omega_e-\cos i}{\cos u\sin i} \tag{7}$$

式中　ω_o——卫星轨道角速度。

设偏航导引角为 ψ_{yc} ，星载 SAR 系统处于正侧视时，有

$$\begin{aligned}\psi_0&=\psi_{yc}+\frac{\pi}{2}(\text{正右视})\\ \psi_0&=\psi_{yc}-\frac{\pi}{2}(\text{正左视})\end{aligned} \tag{8}$$

则有

$$\begin{aligned}\tan\psi_0&=\tan\left(\frac{\pi}{2}+\psi_{yc}\right)(\text{正右视})\\ \tan\psi_0&=\tan\left(-\frac{\pi}{2}+\psi_{yc}\right)(\text{正左视})\end{aligned} \tag{9}$$

利用式（7）和式（8），可推导出偏航导引角的计算公式

$$\psi_{yc}=\arctan\left(\frac{-\cos u\sin i}{\omega_o/\omega_e-\cos i}\right) \tag{10}$$

利用式（10）计算偏航导引角，计算量较小，适合星上实时计算。

假设卫星运行在轨道高度为 530 km、降交点地方时为 06：30AM 的太阳同步轨道，偏航导引角随星下点纬度的变化曲线和偏航导引角随纬度幅角的变化曲线分别如图 3 和图 4 所示。由图可知，卫星升轨时，偏航导引角≤0；卫星降轨时，偏航导引角≥0。

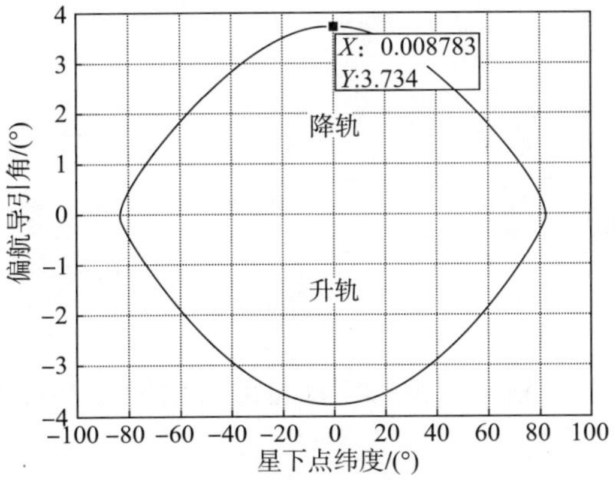

图 3　偏航导引角随星下点纬度的变化曲线

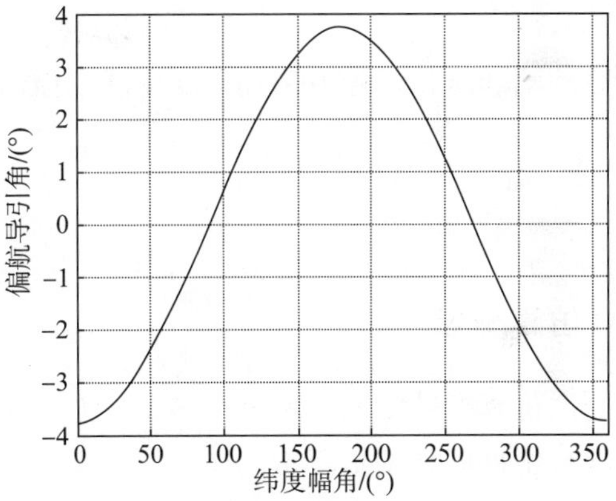

图 4　偏航导引角随纬度幅角变化曲线

4　控制系统设计与仿真分析

4.1　控制系统设计

卫星的纬度幅角 $u=u_0+\omega_o t$ ，代入式（10）并对其进行求导得到偏航导引角速度计算公式如下

$$\dot{\psi}_{yc}=\frac{-\omega_o}{1+\left(\frac{-\cos u\sin i}{\omega_o/\omega_e-\cos i}\right)^2}\cdot\left(\frac{-\sin i}{\omega_o/\omega_e-\cos i}\right)\sin u \tag{11}$$

令 $A=\frac{-\sin i}{\omega_o/\omega_e-\cos i}$ ，低轨卫星的 A 值很小，略去二阶小项，式（11）可简化为

$$\dot{\psi}_{yc}=-A\omega_o\sin u \tag{12}$$

偏航导引角加速度为

$$\ddot{\psi}_{yc} = -A\omega_o \cos u \tag{13}$$

设 φ 、θ 、ψ 分别为滚动角、俯仰角和偏航角，在正常对地定向姿态下，SAR 天线进行条带或扫描成像，要求三轴姿态角 $\varphi \to 0, \theta \to 0, \psi \to \psi_{yc}$ ，滚动轴和俯仰轴姿态控制回路如图 5 所示，偏航轴姿态控制回路如图 6 所示。

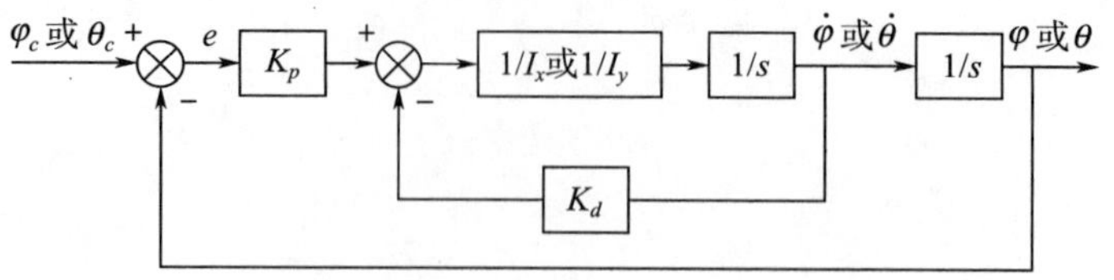

图 5　滚动轴和俯仰轴姿态控制回路

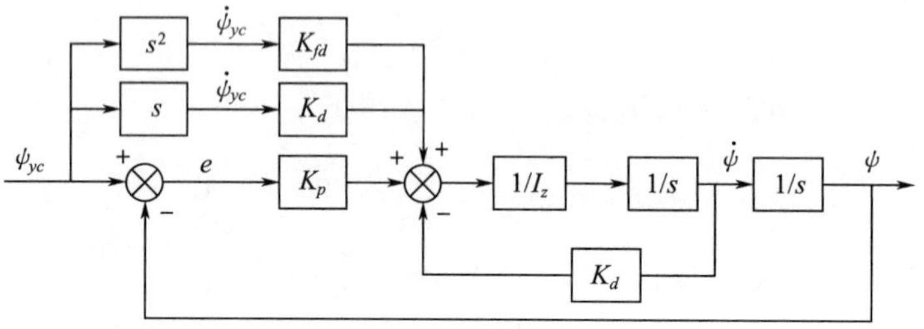

图 6　偏航轴姿态控制回路

为了减小系统稳定误差，偏航轴控制采用带前馈补偿的 PD 控制，控制律如下

$$T_{cz} = K_{pz}(\psi_{yc} - \psi) + K_{dz}(\dot{\psi}_{yc} - \dot{\psi}) + K_{fdz}\ddot{\psi}_{yc} \tag{14}$$

滚动轴和俯仰轴控制采用 PD 控制，控制律如下

$$\begin{aligned} T_{cx} &= -K_{px}\varphi - K_{dx}\dot{\varphi} \\ T_{cy} &= -K_{py}\theta - K_{dy}\dot{\theta} \end{aligned} \tag{15}$$

4.2　仿真分析

选取仿真参数如表 1 所示的 SAR 卫星作为仿真模型，该卫星采用整星零动量的三轴轮控方式[3]，整星控制系统框图如图 7 所示。

表 1　仿真参数

参数类型	参数	数值
轨道参数	轨道类型	太阳同步轨道
	轨道高度	530 km
	轨道倾角	97.44°
卫星参数	转动惯量	[100，0，0；0，500，0；0，0，500] kg·m²
	敏感器定姿精度	0.005°
SAR 参数	视角	30°（正右视）
	频率	X 波段，9.65 GHz
	波长	0.031 m

在 Matlab/Simulink 下开展仿真校验。稳定后卫星三轴姿态角、姿态误差、三轴姿态角速度曲线如图 8～图 10 所示。仿真表明，卫星可完成偏航导引角和角速度控制，扣除标称偏航导引角后，卫星姿态控制误差优于 0.01°，稳定度优于 0.005°/s，为 SAR 卫星实现高分辨率成像提供了稳定运行平台。

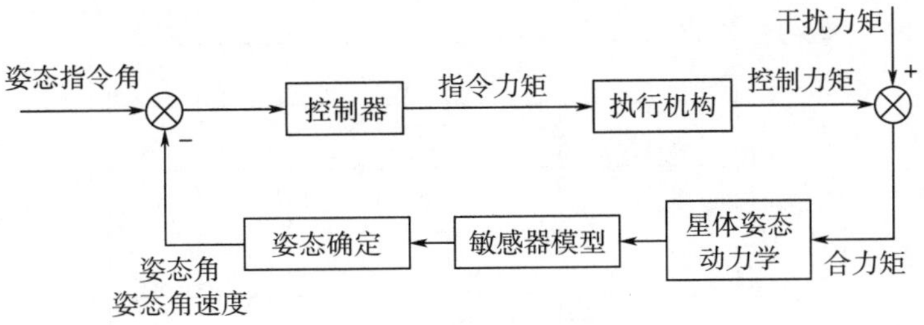

图 7　控制系统框图

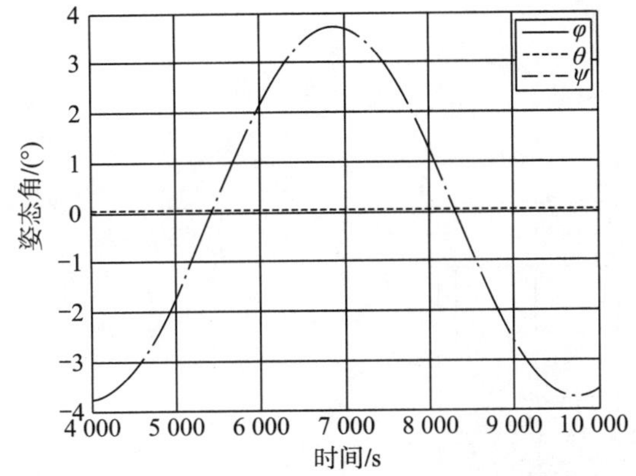

图 8　三轴姿态角曲线

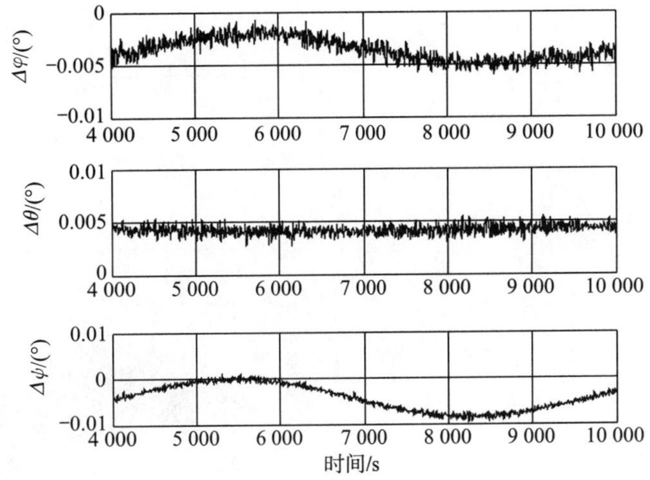

图 9　姿态误差

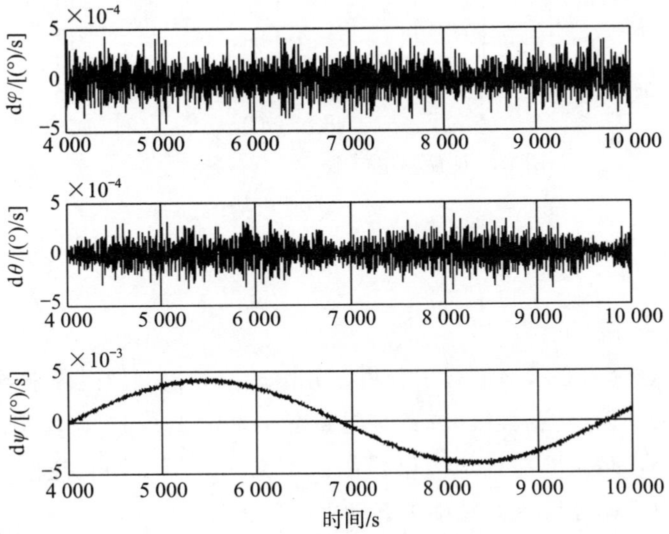

图 10　姿态角速度曲线

5　多普勒中心频率补偿效果分析

没有施加偏航导引控制时，卫星全轨道上多普勒中心频率变化情况如图 11 所示，多普勒中心频率绝对值在赤道上达到最大值，约为 16 kHz。施加偏航导引控制后，卫星多普勒中心频率变化情况如图 12 所示，绝对值最大不超过 70 Hz。仿真结果表明，偏航导引控制有效地降低了多普勒中心频率，使 SAR 卫星的成像性能得到大幅改善。偏航导引后，多普勒中心频率还有部分残余，这主要是由姿态控制误差、轨道确定误差等因素引起的。

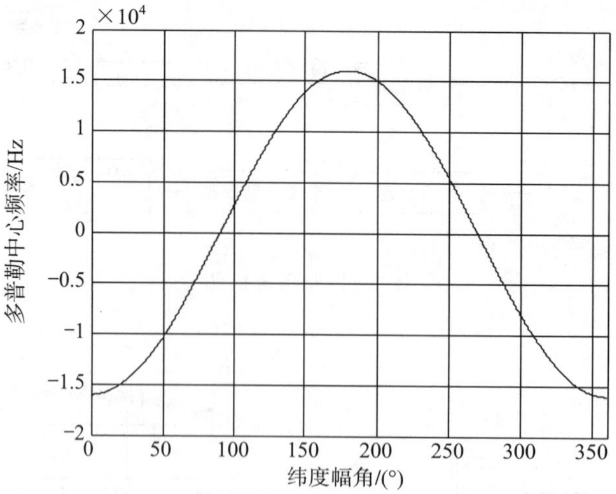

图 11 未偏航导引多普勒中心频率变化

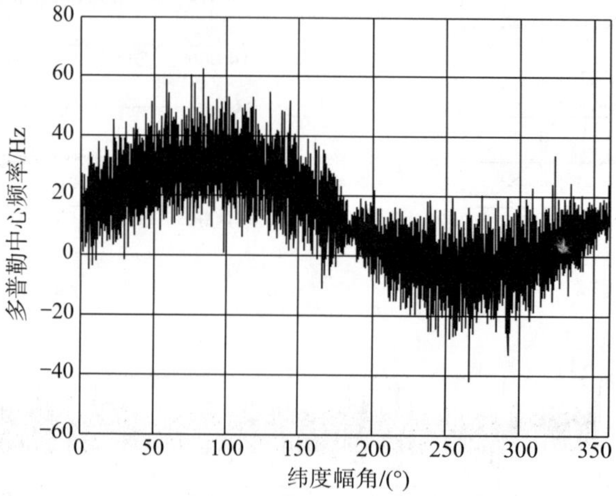

图 12 偏航导引后多普勒中心频率变化

6 结束语

本文对星载SAR的多普勒中心频率进行了分析，并由此推导出圆轨道偏航导引规律。针对SAR卫星的偏航导引需求设计带前馈补偿的控制器，仿真实现姿态误差优于0.01°，稳定度优于0.005°/s，使全轨道多普勒中心频率大幅减小，最大不超过70 Hz量级。本文只分析了圆轨道的偏航导引规律，对于椭圆轨道，需进行二维姿态导引控制才能有效减小多普勒中心频率残余。

参考文献

[1] 魏钟铨，陈元藻，王贞松，等．合成孔径雷达卫星［M］．北京：科学出版社，2001.

[2] RANEY R K. Doppler properties of radar in circular orbits［J］. International Journal of Remote Sensing，1986，(7)：1153－1162.

[3] 屠善澄，陈义庆，严拱添，等．卫星姿态动力学与控制［M］．北京：中国宇航出版社，1999.

Doppler Property Analysis and Yaw Steering Control for LEO SAR

YUAN Qin　XU Yongsheng　Li Chun　Sun Huamiao

Shenzhen Aerospace Dongfanghong HIT Satellite Ltd. , Nanshan District, Shenzhen　518054

Abstract　As one of the key parameters in the spaceborne Synthetic Aperture Radar (SAR) data processing, Doppler centroid frequency influences the azimuth performance and imaging accuracy of SAR directly. In this paper, the Doppler property is analyzed, then circular orbit yaw steering is analytically obtained, according to the calculating of Doppler centroid frequency and the requirement of total zero Doppler centroid. To compensate Doppler shift of SAR, a front back controller is designed. And then the compensation effect is analyzed. Simulation results validate that the front back control could ensure the accuracy of attitude control, which significantly decrease the Doppler centroid frequency to raise imaging precision.

Key words　LEO SAR; Doppler centroid frequency; Yaw steering; Attitude control

作者简介

袁勤，女，工程师，就职于深圳航天东方红海特卫星有限公司，研究方向为航天器动力学与控制，电子邮箱：yuanqin_szdfh@163.com。

基于GNSS导航信息的轨道拟平根确定方法研究

廖祥　何民　许永生　张帝
深圳航天东方红海特卫星有限公司，深圳　518054

摘　要　轨道平根是表征卫星运动规律的重要参数，目前常通过拟合观测量获得。随着在轨卫星数量的逐渐增加，地面运控负担变得沉重，卫星自主测定轨技术凸显价值。针对面向微纳卫星自主任务规划的轨道确定需求，本文提出一种新的基于GNSS导航信息的轨道拟平根确定方法，并仿真分析算法的确定精度及稳定性。仿真结果表明，方法可有效确定卫星轨道拟平根，满足自主任务规划对卫星轨道确定的需求。

关键词　GNSS；拟平根；轨道确定；自主定轨

1　引言

轨道平根是表征卫星运动规律的重要参数，广泛应用于卫星轨道预报与任务规划，目前常通过拟合长时间的观测量获得。随着在轨卫星数量的逐渐增加，长时间的观测和大量的数据处理需求使得地面运控负担变得沉重，卫星自主测定轨技术凸显价值。针对面向微纳卫星自主任务规划的轨道确定需求，本文提出一种新的基于GNSS导航信息的数值平均拟平根确定方法，并仿真分析算法的确定精度及稳定性。

2　平均轨道根数定义

卫星轨道常用轨道六根数进行定义，轨道根数分为瞬时轨道根数（瞬根）和平均轨道根数（平根）。瞬根为卫星某一具体历元的轨道根数，表征卫星的瞬时轨道位置信息；平根则消除了瞬根中的周期项和长期项，表征卫星轨道长期变化规律。

拟平均轨道根数（拟平根）是一种只消除了短周期项的平均轨道根数，由于短周期项的周期为卫星轨道节点周期，故拟平根可通过对一轨的瞬根进行平均获得，可表示为

$$\bar{a} = [a(t)] \triangleq \frac{1}{T}\int_0^T a(t)\,\mathrm{d}t = a(t) - a_{\text{short}}(t) \tag{1}$$

目前绝大多数地球观测卫星被设计为运行在近圆轨道上，其轨道适合采用一类无奇点根数进行描述，一类无奇点根数使用偏心率分量（e_x，e_y）替代了偏心率和近地点幅角，使用纬度幅角 u 替换了平近点角[1]，可表示为

$$\alpha = [a, e_x, e_y, i, \Omega, u] = [a, e\cos\omega, e\sin\omega, i, \Omega, \omega + M] \tag{2}$$

3　拟平根确定方法

GNSS实时导航技术给卫星轨道确定提供了新思路，Eberhard Gill等人[2]率先在BIRD任务中实现了基于GPS导航信息和TLE预报的卫星自主导航技术验证，获得了单点位置精度优于6 m（1σ）、30 min预报位置精度优于65m的效果；仲惟超等人[3]结合SR－UKF滤波算法开发了基于GNSS导航信息的高精度拟平根在轨估计技术；Toru Yamamoto等人[4]将基于GPS导航信息的拟平根确定技术用于ALOS－2单星干涉轨控任务中，取得了良好的轨控效果。

虽然前人在基于 GNSS 导航信息的轨道确定方面取得了实质性研究成果，但由于技术状态不可获取、建模复杂或确定的轨道根数不完整等因素而无法应用于工程实践。本文提出的拟平根确定方法采用基于 GNSS 导航信息的数值平均算法，算法简单易懂且物理意义直观，理论基础源于将瞬时轨道根数作平均化处理以消除摄动力引起的短周期项，从而获得升交点或降交点时刻包含长周期项和长期项的拟平根。

3.1 时间与坐标系统

3.1.1 时间系统

GNSS 导航信息为整秒输出，历元信息基于偏置的原子时（TAI），GPS 历元秒与世界协调时 UTC 历元秒之间的关系为

$$T_{\mathrm{GPS}} = T_{\mathrm{UTC}} + \Delta AT - 19 \tag{3}$$

式中，ΔAT 为闰秒。最近一次闰秒发生在 2017 年 1 月 1 日，$\Delta AT = 37\mathrm{s}$。

3.1.2 坐标系统

GNSS 导航信息提供 GNSS 历元秒对应的卫星状态矢量 PVW，基于 WGS84，属于地球固连坐标系。GPS 导航信息需转化到惯性系下进行处理，现有文献中一般认为这一惯性系是瞬时真赤道地心坐标系（TOD）。WGS84 至 TOD 的转化需借助 GCRF 加以实现，由于过程复杂，具体过程参见参考文献[5]中的内容。

3.2 GNSS 导航信息处理

3.2.1 数据有效性判读

基于 GNSS 导航信息的轨道确定技术需要连续性良好的 GNSS 接收数据，因而在对 GNSS 导航信息进行处理之前必须实施数据有效性判读。判读 GPS 导航信息的有效性要求前 6 个数据点之间的间隔小于 2 s，实际应用中，需开发更为全面的判读功能，如判读 GNSS 接收机状态、GNSS 卫星可见数量等信息。

3.2.2 轨道参数的转化

GNSS 导航信息从 WGS84 转化至 TOD 后，需进一步转化为瞬根，以便进行后续数据处理。已知卫星 TOD 坐标系下某一历元时刻的状态矢量 $\boldsymbol{PVT} = (\boldsymbol{r}, \boldsymbol{v})_T = (X_T, Y_T, Z_T, VX_T, VY_T, VZ_T)$，按下式计算瞬根

$$\begin{gathered}
a = \frac{h^2}{(\mu - \mu e^2)} \\
e_x = e\cos\omega \\
e_y = e\sin\omega \\
i = \arccos\left(\frac{h_z}{h}\right) \\
\Omega = \arctan\left(-\frac{h_x}{h_y}\right) \\
u = \arctan\left(\frac{Z_T \sin i}{(Y_T \sin(\Omega) + X_T \cos(\Omega))}\right)
\end{gathered} \tag{4}$$

式中

$$
\begin{aligned}
&\boldsymbol{h}=\boldsymbol{r}_T \times \boldsymbol{v}_T=[h_x, h_y, h_z]^{\mathrm{T}} \\
&\boldsymbol{e}=\frac{\boldsymbol{v}_T \times \boldsymbol{h}}{\mu}-\frac{\boldsymbol{r}_T}{r}=[e_1, e_2, e_3]^{\mathrm{T}} \\
&h=|\boldsymbol{h}|=\sqrt{h_x^2+h_y^2, h_z^2} \\
&e=|\boldsymbol{e}|=\sqrt{e_1^2+e_2^2+e_3^2} \\
&\omega=\arctan\left(\frac{e_z \sin i}{(e_y \sin\Omega+e_x \cos\Omega)}\right)
\end{aligned} \tag{5}
$$

3.2.3　插值确定交点

卫星轨道半长轴拟平根的确定通过精确测量轨道节点周期实现，本文选择升交点赤经作为节点周期的计量点，利用GNSS导航位置信息的 Z_W 分量确定升交点所处区间，随后采用插值进一步确定升交点历元及状态矢量 $\boldsymbol{AN}_j=(et, a, e_x, e_y, i, \Omega, u)$ 。为保证插值精度，使用三次样条插值，三次样条至少需要保证4个有效数据点，本文使用6个数据点进行插值。

$$
\begin{aligned}
&\mathrm{if}(Z_W(k) \geqslant \mathbf{0} \quad \& \quad Z_W(k-1) \leqslant \mathbf{0}) \\
&AN \in (Z_W(k-1), Z_W(k)) \\
&AN=ipl(\boldsymbol{PVW}(k-5:k))
\end{aligned}
$$

3.3　拟平根的确定

两次获取升交点数据 AN_j 和 AN_{j-1} 后，即可对介于其间的瞬根作数值平均得到拟平根。具体计算流程如下所示。

1）利用连续两次升交点处的历元计算节点周期

$$T_j=et_{ANj}-et_{ANj-1}$$

2）利用连续两次升交点间的GNSS导航信息计算偏心率矢量、倾角及纬度幅角平根

$$\Lambda_n=\Lambda_{n-1}+\frac{1}{2}(\eta_n+\eta_{n-1})(t_n-t_{n-1})\ (\eta: e_x, e_y, i, u)$$

$$\bar{\eta}_j=\frac{\Lambda_n}{T_j}(\eta: \bar{e}_x, \bar{e}_y, \bar{i}, \bar{u}) \tag{7}$$

3）根据节点周期求解半长轴平根，求解过程需解非线性方程

$$T_j=2\pi\sqrt{\frac{\bar{a}^3}{\mu}}\left\{1-\frac{3J_2R_e^2}{2\bar{a}^2}(3-4\sin^2\bar{i})\right\} \tag{8}$$

4）根据升交点赤经瞬根计算升交点赤经拟平根，升交点赤经拟平根近似等于升交点赤经瞬根，近似迹向误差小于10 m

$$\bar{\Omega} \approx \Omega_{ANj} \tag{9}$$

需要特别注意的是，纬度幅角的平均不能直接处理，须转化为二维单位矢量后作平均，再把平均后的结果转回角度值

$$\bar{u}=a\tan2\left(\sum_{i=1}^{n}\sin u_i, \sum_{i=1}^{n}\cos u_i\right) \tag{10}$$

4　仿真验证

4.1　卫星本体参数及动力学模型

选择微纳卫星作为仿真对象，轨道类型为高度约500 km的近圆轨道，动力学模型考虑高阶非球形引力、大气阻力以及三体摄动。表1为卫星本体参数及动力学模型。

表 1　卫星本体参数及动力学模型

项目	符号	数值/模型	单位
卫星质量	m	10	kg
迎风面积	A	0.105	m^2
阻力系数	C_d	2.2	无量纲
引力模型	—	EGM2008（70×70）	—
坐标转换	—	EOP - All - v1.1	—
大气模型	—	NRLMSISE 2000	—
太阳/地磁流量	—	Space Weather - All - v1.2	—
三体摄动	—	太阳、月球	—

4.2　GNSS 接收机误差模型

为更为真实地仿真验证方法的可靠性，需充分考虑测量数据的误差源。当前微纳卫星通用 GNSS 接收机导航信息位置误差优于 10 m (3σ)，速度误差优于 0.05 m/s (3σ)，钟差优于 10 ns，仿真中人为注入此误差数据。

4.3　仿真结果分析

基于 GNSS 导航信息的拟平根精度采用对比预报后的状态矢量进行评估，预报时间为 1 天，预报方法为考虑 $J_2 \sim J_6$ 以及 J_2^2 的 Eckstein - Hechler 模型[6]。基于 GNSS 导航信息的拟平根稳定性主要受 GNSS 导航数据连续性影响，本文分别以 1 s、2 s、4 s、8 s 间隔展开仿真。

表 2 给出了仿真结果，表中数据表明：

1）拟平根预报一天后的状态矢量精度随 GNSS 导航数据间隔的增加而降低；

2）拟平根在预报一天后的状态矢量精度较为理想，尤其是时间间隔小于 4 s 的导航数据，位置误差小于 10 km，速度误差小于 6 m/s，满足微纳卫星自主任务规划的轨道确定需求，应用价值可观；

3）基于 GNSS 导航数据获取高精度的拟平根需要时间间隔小且连续性良好的 GNSS 导航数据。

表 2　拟平根预报精度统计

精度		GNSS 导航数据			
		1 s 间隔	2 s 间隔	4 s 间隔	8 s 间隔
位置误差/km	X	0.315	1.116	4.895	10.212
	Y	0.763	1.556	4.243	9.989
	Z	0.827	1.814	6.563	12.318
	R	1.168	2.638	9.222	18.863
速度误差/（m/s）	V_X	0.221	1.175	2.269	4.168
	V_Y	0.877	1.633	3.599	6.542
	V_Z	0.515	1.069	4.222	6.185
	V	1.041	2.278	5.994	9.921

5　结束语

针对面向微纳卫星自主任务规划的轨道确定需求，本文提出一种新的基于 GNSS 导航信息的轨道拟平根确定方法，并仿真分析算法的确定精度及稳定性。仿真结果表明，方法可有效确定卫星轨道拟平根，满足自主任务规划对卫星轨道确定的应用需求。

参 考 文 献

[1] Liu J J F, Alford R L. A Semi - Analytic Theory for the Motion of a Close - Earth Artificial Satellite with Drag [C]. AIAA Aerospace Sciences Meeting, 1979, 1.

[2] Eberhard Gill, Oliver Montenbruck. Spaceborne Autonomous Navigation for the BIRD Satellite Mission [J]. ESA Workshop on On - Board Autonomy, ESTEC, Noordwijk, The Netherlands, 17 - 19 October 2001.

[3] Toru Yamamoto, Yoshihisa Arikawa, Yasushi Ueda, Hiroyuki Itoh. Autonomous Precision Orbit Control Considering Observation Planning: ALOS - 2 Flight Results [J]. Journal of Guidance, Control, and Dynamics. Vol. 39, No. 6, June 2016.

[4] 孙兆伟，仲惟超，张世杰，林思雨．基于滤波算法的拟平均轨道根数自主实时确定方法 [J]．宇航学报，2013，34 (9)：1231 - 1238.

[5] Vallado D. A; Fundamentals of Astrodynamics and Applications; McGraw - Hill, New York; 3rd edition, 2007.

[6] M. C. Eckstein, F. Hechler, A reliable derivation of the perturbations due to any zonal and tesseral harmonics of the geopotential for nearly - circular satellite orbits, ESRO SR - 13 - 1970, ESA, Darmstadt, Germany, 1970.

Research of Quasi - mean Orbital Elements Determination Method Based on GNNS Navigation Information

LIAO Xiang HE Min XU Yongsheng ZHANG Di

Shenzhen Aerospace Dongfanghong HIT Satellite Ltd., Shenzhen 518054

Abstract Mean orbital elements significantly indicated the law of satellite motion, currently, obtained through fitting observation data on the ground. With the growing up of satellite population, autonomous orbit determination technic regards and power as potential values due to heavy ground management burden. Aiming at the requirements of autonomous mission planning for microsatellites, a new method for extracting quasi - mean orbital elements from GNSS navigation information is proposed in this paper. Then, its precession and stability of the algorithm analysed with simulation. Finally, the simulation results prove that the proposed method is effective and has a high accuracy, which could satisfy the needs of autonomous mission planning.

Key words GNSS; Quasi - mean Orbital Elements; Orbit Deteemination; Autonomous orbit determination

作 者 简 介

廖祥，男，工程师，就职于深圳航天东方红海特卫星有限公司，主要从事微小卫星轨道设计与任务仿真工作，电子邮箱：liaoxiang_szdfh@163.com。

基于单像素相机的无成像导航星敏感器

杨然　阚宝玺　李明飞　霍娟　董鹏　王鹏程

北京航天控制仪器研究所，北京　100094

摘　要　本文介绍一种基于单像素相机的无成像导航星敏感器。利用单像素相机原理，测量矩阵通过对星图的先验知识来训练产生，同时将各星图训练系数作为新的星图识别系数库保存。单像素星敏器工作时，利用高速空间光调制器DMD实现测量矩阵，将单像素探测器测量的信号直接作为识别信号，该识别信号与新生成的星图识别系数库数据进行相关运算，找出相关系数最大数据作为导航星图使用。该单像素星敏感器可兼顾探测动态范围大、灵敏高、探测速度快和产生数据少等特点，与导航算法相结合后，具有进一步提升现有星敏感器导航性能的潜力。

关键词　单像素相机；星敏感器；空间光调制器

1　引言

星敏感器作为一种高精度的姿态敏感测量仪器，通过对天球上不同位置的恒星拍照，再通过各种算法来计算确定卫星姿态，提供飞行器或其他需要定位的仪器相对于惯性坐标系的三轴姿态。相较于其他几种常用的传感器，星敏感器具有精度高、质量轻、功耗低、无漂移和工作方式多等优点。

目前，星敏感器的发展已经经历了早期星敏感器、非自主CCD星敏感器和自主星敏感器三个阶段[1-2]。

早期的星敏感器使用析像管作为探测器件[3-4]，这种构造装置较为简单，多采用扫描跟踪式，只能跟踪较亮的恒星，输出角距信息，且体积功耗大、结构复杂，只能短时间工作。1974年，美国喷气推进实验室（JPL）开始研制开发第二代星敏感器——非自主CCD星敏感器[5-6]，较第一阶段的星敏感器，CCD星敏感器具有高分辨率、抗辐射性、几何光学线性强等优势，但其相对视场小，虽然单星测量精度高，但是，单星识别和姿态计算太过复杂，同时星敏感器的质量和体积也比较大；到20世纪90年代，为了满足航天器件的严格要求，基于光学、精密机械、电子学及计算机技术的大幅度提高，第二代CCD星敏感器开始出现，即自主星敏感器阶段[2,7]，该星敏感器具有视场大、星表小等优势，并兼具自主导航的功能。

现有星敏感器均通过光学镜头聚焦成像天区，由相机（现多为CCD相机）拍摄星图[8]，再将所得部分天区星图与导航星库作比较，计算得出飞行器或其他仪器当前姿态。其中，星点识别精度与相机的灵敏度密切相关，若相机灵敏度高，即可探测更弱星等恒星，获得天球星图信息越多，但与导航星库比对所花费时间就很多，计算量急剧增大，数据刷新率下降。另一方面，相机灵敏度低的时候，虽然需要扫描更大区域获得所需导航恒星数目，但用于比对的星图简单明了，确定方位的计算量小，数据刷新率快。因此，星敏感器的设计中，如何寻求到二者的平衡点很关键，一般由实际应用环境确定对相机灵敏度的需求。

本文提出的一种基于单像素相机原理的无成像导航星敏感器，是基于空间光调制器和单光子探测设备的一种新型的星敏感器。其中，空间光调制器首先将各星图的分布作为测量矩阵的训练系数，再利用单光子探测设备的高灵敏度，将其探测所得信号作为识别信号，与星图识别系统库数据进行相关运算，与信号相关系数最大的数据即所需数据，对应的星图即相应的导航星图。本文提出的新型星敏感器具有动态范围大、灵敏度高、探测速度快和数据量少等特点，可作为新型星敏感器的一个可能的研究方向。

2 单像素相机

本文介绍的单像素星敏感器，以量子成像中的关联成像作为理论基础，关联成像包括快速成像和目标识别，图 1 即为快速成像和目标识别方案设计。图像识别方法有三种技术路线：先成像后识别，无成像直接识别和快速成像。其中关联成像可实现无成像直接识别，其核心技术为小数量目标成像及识别技术。本文介绍的单像素星敏感器就是利用了这一技术，具体将在后文进行描述。

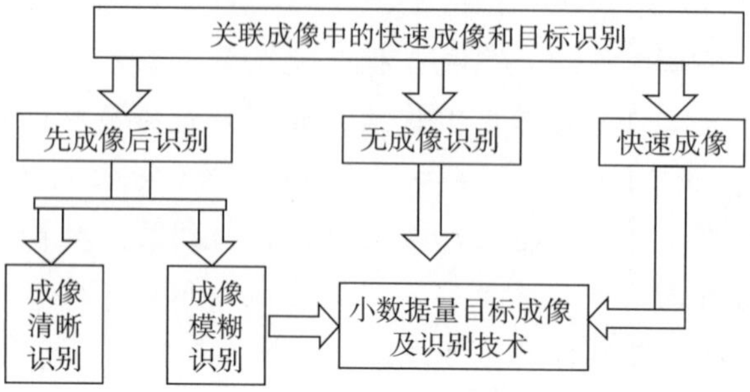

图 1 快速成像和目标识别方案设计

2.1 单像素相机原理

在快速成像算法中，基于压缩感知关联成像的算法具有一定的优势。其从关联成像光路上说一般基于计算关联成像模型，从成像算法来说，基于压缩感知模型，包括稀疏信号先验、RIP 测量矩阵设计，l_0 或 l_1 范数最优化求解等。

如图 2 所示，这是计算关联成像的基本光路图，其中 DMD 为空间光调制器，其中存储了一组预制矩阵，该矩阵将用于调制光源，使之符合压缩感知中测量矩阵的要求，之后用该调制光照射物体，后端用桶测量器收集数据，并存放到计算机上。该过程对应于压缩感知中测量矩阵对目标信号的测量，得到目标信号在该测量基下的投影，之后用某最优化算法处理该稀疏值，使之重构出原物体信号。在基于光纤稀疏阵预置光源的关联成像系统中，预置的调制矩阵由光纤稀疏阵阵型及各光纤所调制的位相决定，基本过程与基于空间光调制器的系统一致。

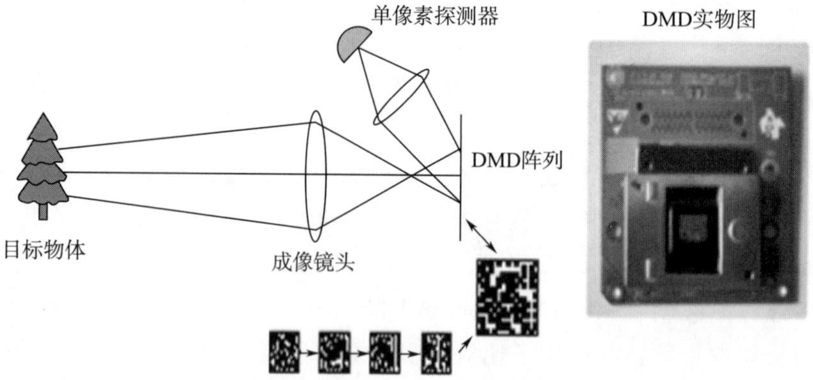

图 2 单像素相机及 DMD

压缩感知关联成像算法全流程如图 3 所示，最开始要设计一组随机测量基，分别为 α_1，α_2，…，α_n，该基一般来说为高斯随机基，这组矩阵预先存放在 DMD 中，用于调制激光。最终测量过程可以化为一个线性方程组 $\mathbf{A}x=y$ 。其中 $\mathbf{A}=(\alpha_1, \alpha_2, \cdots, \alpha_n)$ 为测量矩阵，x 为未知的物体信号，y 为桶测量器得到的测量值，实际上就是 x 在测量基 $\mathbf{A}$ 下的投影。之后的问题就是如何同 y 中求解出 x，或得到 x 的一个估计 x'，该问题也就转化为一个稀疏先验下的最优化求解问题。

这样的重构算法很多，零阶范数最小用贪婪算法，如 MP，OMP；一阶范数最小用凸优化算法，如：GPSR，BP。

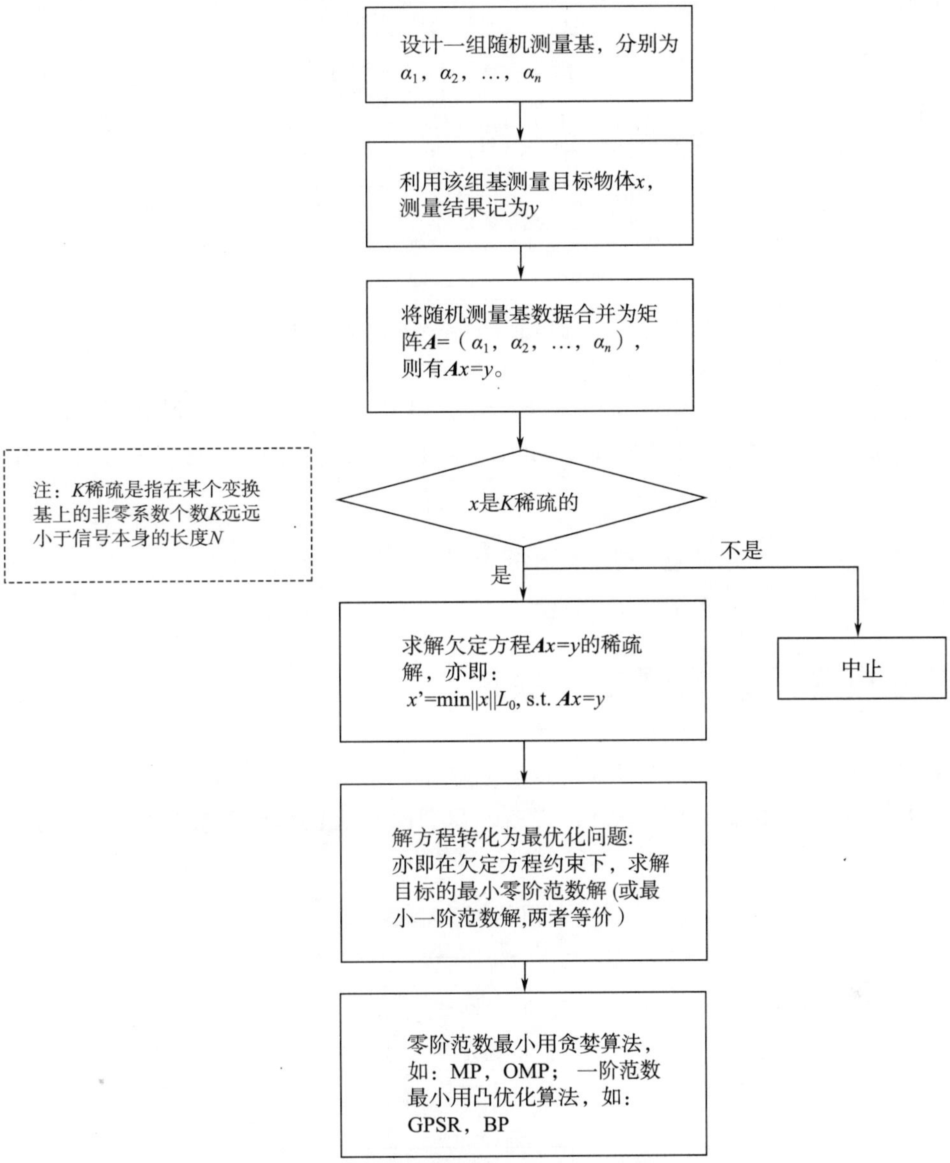

图 3　压缩感知关联成像算法流程图

2.2　无成像目标识别

图 3 中的算法可用于单像素成像，对未知目标的探测，需将测量矩阵与单像素探测器所得信号进行关联运算，恢复或重建目标图像 x 。但对于已知目标进行识别的应用中，上述过程可简化，直接将未知目标的特征参数与标准数据库比对，无需对 x 进行求解即可得到目标信息。单个目标向量生成的流程图如图 4 所示。

按上述原理，可以训练得到目标库构成向量矩阵 $\boldsymbol{D}$ ，其中矩阵的每一行代表一个特定目标的变换系数，目标库共有 $\boldsymbol{m}$ 个待识别目标

$$\boldsymbol{D}=\begin{bmatrix} y_{11} & \cdots & y_{1n} \\ \vdots & \ddots & \vdots \\ y_{m1} & \cdots & y_{mn} \end{bmatrix}$$

按上述方法即可建立已知目标的特征数据库 D_i ，特征数据库中的所有数据都是对已知物体直接进行

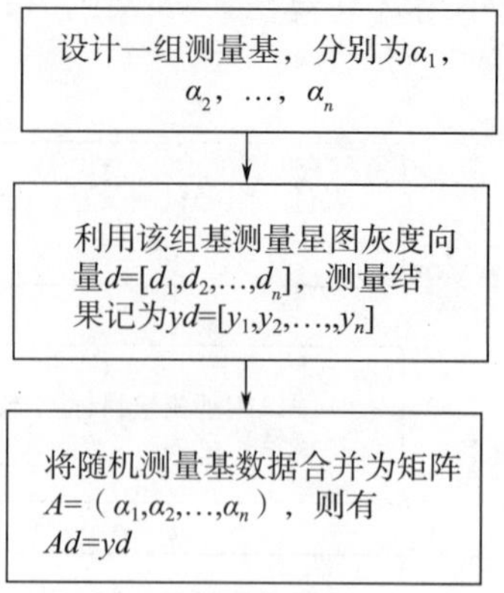

图 4　训练单个目标向量的流程图

随机变换（离散余弦变换、傅里叶变换和小波变换等）得到的。有了未知目标的特征参数和标准特征数据库，便可不进行成像便得到目标识别。未知目标的单像素探测测量值 y 被直接用于和标准特征数据 D_i 中的每组数据进行最小二乘求解：

$$d(A,B)=\sqrt{(y_{mi}-D_i)^2} \quad (i=1,2,\cdots,n)$$

当 d 取最小值时，对应的数据即为待识别目标。

3　单像素无成像星敏感器工作原理

基于上述理论分析，本文提出的单像素星敏感器基本组成如图 5 所示，包括：遮光罩、光学望远镜、空间光调制器、单光子探测设备、电子学读出设备、星载时频装置和星载数据处理设备。

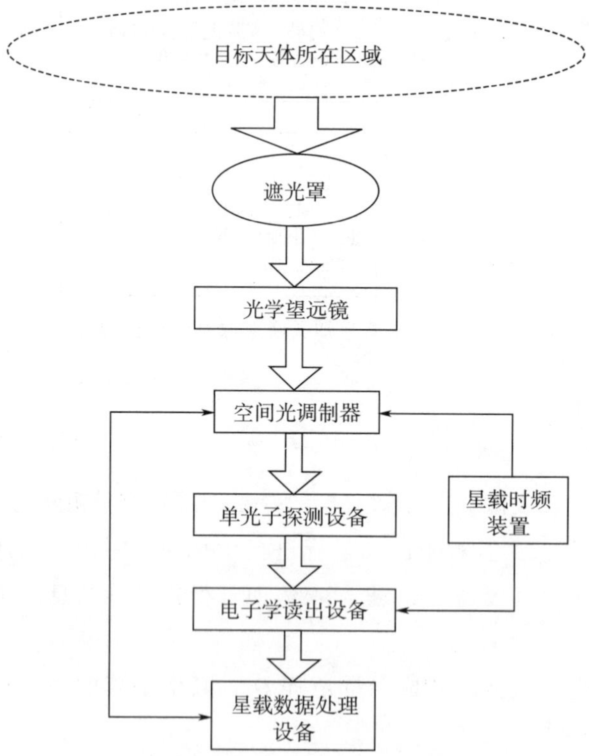

图 5　单像素星敏感器基本组成框图

其中遮光罩安装在光学望远镜前，用于遮挡来自非目标星体（例如，太阳、月亮、地球）的杂散光，以大幅降低进入光学望远镜的噪声。光学望远镜用于汇聚来自目标星体的光线，它由光学透镜组和机械支架组成，其具体结构设计可根据实际情况进行调整。

星载时频装置为空间光调制器和电子学读出设备提供绝对时间标准，同时对空间光调制器和电子学读出设备进行时间同步；星载时频装置包括星载原子钟、GPS 接收机和时间同步设备，其中，星载原子钟和 GPS 接收机用于为空间光调制器和电子学读出设备提供绝对时间标准，时间同步设备用于对空间光调制器和电子学读出设备进行时间同步。具体地，时间同步设备可以采用时间同步控制电路来实现。

空间光调制器包括微镜阵列和控制器，微镜阵列置于光学望远镜的光学焦平面上，使得目标星空通过光学望远镜成像于微镜阵列上；通常，空间光调制器的微镜阵列会配置驱动电路和冷却装置，用于使微镜阵列能够实时地获得光学望远镜汇聚得到的图像。控制器通过从星载数据处理设备调用不同的调制矩阵对微镜阵列进行调制，微镜阵列将调制后的光学信号反射到单光子探测设备上。这里的调制矩阵是根据星图中星球分布来进行设计。单光子探测设备接收微镜阵列调制后的光学信号，并将该调制后的光学信号经光电转换为电信号送入电子学读出设备，由电子学读出设备读出该电信号。电子学读出设备还对单光子探测设备所得的电信号进行降噪预处理，记录该电信号的到达时间；同时，星载时频装置分别对空间光调制器调用的每一个调制矩阵的输入时间和记录的电信号打上相同标签。

星载数据处理设备中预先存储好大量数据矩阵作为空间光调制器的调制矩阵，矩阵的矩阵元个数与微镜阵列的像元数相等；矩阵中数据项分布需参照原有星图模型中的星球分布，在数据处理设备中仅保存这些调制矩阵，将其中系数项作为星图训练系数，组成新的星图识别系数库保存。

单像素星敏感器工作时，控制器通过从星载数据处理设备调用训练矩阵库中矩阵对空间光调制器的微镜阵列进行调制，之后将单光子探测设备输出的基强度信号的电压值与星载星图识别系数库数据进行强度关联计算，找出与标准数据库中数据相关系数最大的数据作为导航星图使用。根据该数据在总星图数据中的位置信息，可不经成像得出目标星体在星空中的位置信息，经过姿态计算，即可得到载有该单像素星敏感器的卫星的姿态位置信息，传输给该卫星的控制系统，以调整该卫星的姿态。

4 结束语

单像素星敏感器，基于空间光调制器和单光子探测设备对目标星空计算成像。即可实现粗精度，快速扫描星空成像，又由于单光子探测设备的高灵敏度，对目标星空精确成像，实现星敏感器的高精度测量。同时，这种在星敏感器设计中利用全新光学设计的手段，提出了一种新的星敏感器设计理念，该单像素星敏感器可兼顾探测动态范围大、灵敏高、探测速度快和产生数据少等特点，与导航算法相结合后，具有进一步提升现有星敏感器导航性能的潜力。

参考文献

[1] Ju G, Junkins J L. Overview of star tracker technology and its trends in research and development [J]. Advances in the Astronautical Sciences, 2003, 115: 461-477.

[2] Eisenman A R, Liebe C C. Advancing State-of-the-Art in Second Generation Star Trackers [C]. Proceedings of the 1998 IEEE Aerospace Conference, Snowmass at Aspen, CO, USA, 1998: 111-118.

[3] Huffman K M. Designing Star Trackers to Meet Micro-satellite Requirements [D]. Illinois: Massachusetts Institute of Technology, 2006.

[4] Observatory U S N. Celestial augmentation of inertial navigation systems: a robust navigation alternative [R]. Washington: SPAWAR System Center, 2000.

[5] Salomon P M, Goss W C. A microprocessor-controlled CCD star tracker [C]. AIAA 14th Aerospace Sciences Meeting, AIAA 76-116, 1976.

[6] Salomon P M. Charge-Coupled Device (CCD) trackers for high-accuracy guidance applications [J]. Optical Engineering, 1981, 20 (1): 135-142.

[7] Eisenman A R, Liebe C C, Joergensen J L. The new generation of autonomous star trackers [C]. Proc. SPIE, 3221, 1997:

524－535.

［8］游鹏程，桑文华，严小军，廖波勇．浅谈小型化星敏感器图像传感器的选型及其灵敏度提高方法［J］．导航与控制，2016，（1）：75－79.

Non－imaging Star Sensor Based on Single Pixel Camera

YANG Ran　KAN Baoxi　LI Feiming　HUO Juan　DONG Peng　WANG Pengcheng

Beijing Institute of Aerospace Control Device，Beijing　100094

Abstract　In this paper，a non－imaging star sensor based on single pixel camera is introduced. Based on single pixel camera principle，the measurement matrices are trained by a priori knowledge of the star maps，and the training coefficients of each star map are saved as a new star identification coefficient. By using high speed spatial light modulator (DMD)，the sensor gets the measurement matrix as identification signal. Then，the maximum correlation coefficients of this signal and star maps in the database，can be used as the navigation star map. The star sensor in this paper with advantages of large dynamic range，high sensitivity ，detecting speed and less data，would improve navigation performance.

Key words　Single pixel camera；Star sensor；Spatial light modulator

作者简介

杨然，女，高级工程师，就职于北京航天控制仪器研究所，研究方向为光量子探测，电子邮箱：mf_li@sina.cn。

基于桁架式卫星构型的可逆锁紧辐射热控机构设计

陈琦　孙日思　刘剑　唐心春　韩飞　李春

深圳航天东方红海特卫星有限公司，深圳　518054

摘　要　为优化卫星承力，在卫星中心舱±Z 舱板外分别生长了±Z 桁架舱，两桁架舱远离中心舱端分别安装对地板和背地板。在适应卫星构型的同时，为控制中心舱±Z 舱板的温度，利用可逆锁紧机构和压紧释放机构使得对地板和背地板可重复处于平行或垂直于±Z 舱板两种状态。中心舱±Z 舱板设计为散热面，具有高红外发射率和低太阳光吸收率。对地板和背地板对着中心舱的一侧可设计为低发射率状态，另一侧可包覆多层隔热组件，也可在该侧贴装电池片，增加卫星能源。当±Z 舱板的温度较低时，要求+Z对地板和－Z 背地板平行于±Z 舱板；反之，则处于垂直状态。

关键词　可逆锁紧；平行、垂直状态；发射率

1　引言

卫星微小型化要求各功能模块的高度集成，各个器件可以做得很小，如大功率微波集成电路、高通量处理器和激光二极管等，但热流密度却非常高，使得热耗/表面积比增大，导致在局部地方出现高温，这就要求热控必须解决高热流密度尤其是局部高热流密度的散热问题[1]。另一方面，微小卫星质量轻，表面积/体积比增大，随日照与阴影热流的变化，卫星表面及内部设备温度变化大。另外，微小卫星一年四季任何时刻均有可能发射，卫星在不同的热环境轨道运行时，接受的轨道平均空间外热流变化大，因此需要微小卫星具有良好的热环境适应性[2]。

为解决局部高温和热环境适应性问题，可采用热控涂层、导热填充材料、热管、辐射器等控制措施。其中辐射式主动热控机构利用驱动器带动动作部件，调节辐射散热能力，从而控制温度。这类热控装置通常采用闭环式控制，由温度敏感器、控制器和执行机构三部分组成，被控对象的温度信息可以反馈到控制器，与预先设定值进行比较，然后根据需要命令执行机构动作，实现温度的自动控制[3]。这类热控装置比较复杂，必然增加热控系统的质量，有些还要耗电，但其能实现更严苛的温度保证，故在航天器上应用较广。目前航天器上已经有应用的辐射热控机构有热控百叶窗、热控旋转盘、智能型可反复展开式辐射器和静电开关辐射器等。微型化、轻量化、智能化是辐射热控机构的发展趋势[4]。同其他辐射热控机构一样，本文设计的可逆锁紧辐射热控机构也是以改变散热表面受遮挡程度调节散热辐射能力的主动热控机构，具有结构简单、辐射换热控制效果明显等优点。

2　机构方案

卫星由中心舱和两个桁架结构组成，中心舱采用骨架和蜂窝板结构，桁架两端安装+Z 对地板和－Z 背地板。桁架安装于±Z 侧板外侧，+Z 对地板和－Z 背地板由蜂窝板组成。设备主要安装在中心舱的内部和外壁，两块太阳电池阵固定于+Z 和－Z 桁架舱的－Y 方向。在中心舱－Z 舱板上安装有热耗较大的设备，由于－Z 舱板－Z 侧有桁架舱，通过在－Z 舱板开散热面来实现给大热耗设备散热的效果并不是特别理想。为有效控制大热耗设备的温度，同时尽量适应卫星本身的结构设计，本文基于桁架式卫星构型设计了一种可逆锁紧辐射热控机构。该热控机构充分利用卫星本身结构，将－Z 背地板设计成可运动状态，而－Z 桁架舱的太阳电池阵板通过可逆锁紧机构与－Z 背地板连接，作为－Z 背地板运动的支撑板。

在 $-Z$ 背地板和桁架互相搭接的地方装有压紧释放机构，通过可逆锁紧机构和压紧释放机构的配合，使得 $-Z$ 背地板可重复处于平行或垂直于 $-Z$ 舱板的状态。如图 1 所示。可逆锁紧机构具有可重复的锁定、释放功能，当要改变 $-Z$ 背地板状态时，锁紧机构解锁，释放盖板 $-Z$ 背地板运动到目标位置后，进行锁定。可逆锁紧机构需具有高刚性、高可靠性、轻质量等特性。

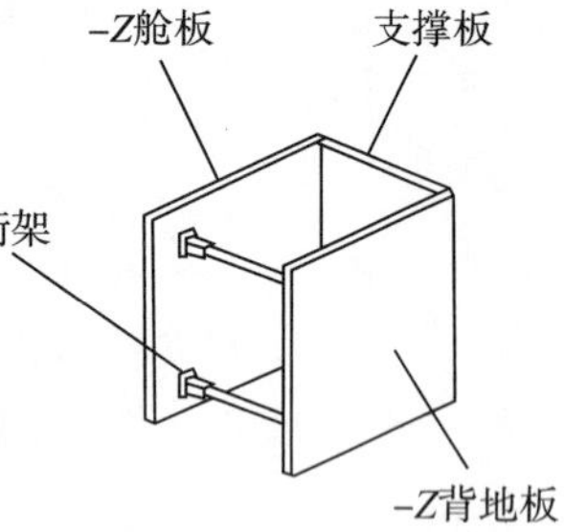

（a）-Z背地板平行于舱板

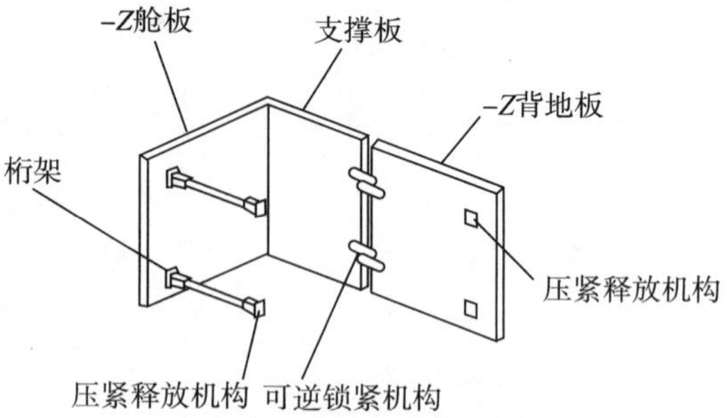

（b）-Z背地板垂直于舱板

图 1　逆锁紧辐射热控机构结构

本文中，设计 $-Z$ 舱板 $-Z$ 侧喷白漆，具有高红外发射率和低太阳光吸收率。支撑板为太阳电池阵板，$-Y$ 面布有太阳电池片，$+Y$ 面发黑，具有高红外发射率和高太阳光吸收率。$-Z$ 背地板 $+Z$ 侧喷白漆，具有高红外发射率和低太阳光吸收率，$-Z$ 侧包覆多层，具有较好的隔热效果。

同理，也可将 $+Z$ 桁架舱设计成可逆锁紧辐射热控机构，$+Z$ 舱板、$+Z$ 对地板、$+Z$ 桁架舱的太阳电池阵板设计类似 $-Z$ 舱板、$-Z$ 背地板、$-Z$ 桁架舱的太阳电池阵板。

3　热分析

根据可逆锁紧辐射热控机构的工作原理，分析 $-Z$ 舱板—背地板—宇宙深空之间的辐射换热。在背地板平行和垂直 $-Z$ 舱板状态下，卫星 $-Z$ 舱板与背地板、宇宙深空之间的辐射换热角系数不同，从而相同温度的 $-Z$ 舱板向背地板、宇宙深空的热辐射能不同。根据角系数定义，微元表面 dA_1 对空间某一微元表面 dA_2 的角系数计算公式为[3]

$$F_{dA_1 dA_2} = \frac{\cos\varphi_1 \cos\varphi_2}{\pi l^2} dA_2 \tag{1}$$

式中　φ_1 —— dA_1 法线与 dA_1、dA_2 连线的夹角；

φ_2 —— dA_2 法线与 dA_1、dA_2 连线的夹角；

l —— dA_1、dA_2 连线长度。

本文中，$-Z$ 舱板尺寸为 591 mm×522 mm，背地板尺寸为 550 mm×565 mm，太阳电池阵板 550 mm×390 mm，桁架长度为 353 mm。利用公式（1）积分计算得到，在背地板平行 $-Z$ 舱板状态下，$-Z$ 舱板对背地板、深空的角系数分别为 0.321，0.361；在背地板垂直 $-Z$ 舱板状态下，$-Z$ 舱板对背地板、深空的角系数分别为 0.052、0.620。

利用 Sinda Fluint 软件，在背地板平行、垂直 $-Z$ 舱板两种状态下分别进行卫星高温工况热分析，两种状态下卫星部分设备温度变化情况如表 1 所示，其中设备 1、2、3 均安装于 $-Z$ 舱板上，设备 4 安装于 $-X$ 板，但其与 $-Z$ 舱板热辐射关系密切，设备 5 安装于 $+Z$ 舱板。根据表 1 结果，当背地板由平行 $-Z$ 舱板变为垂直 $-Z$ 舱板时，$-Z$ 舱板上的设备普遍降温达 9～10 ℃，其他舱板上的设备也有 4～6 ℃的温变。说明通过控制背地板平行或垂直 $-Z$ 舱板状态来调节舱内设备温度的目标可行，即可逆锁紧辐射热控机构的设计有效。

表 1　不同状态下设备温度

	平行状态	垂直状态	安装位置
设备 1	42	33	$-Z$ 舱板
设备 2	16	6	$-Z$ 舱板
设备 3	16	6.5	$-Z$ 舱板
设备 4	20	14	$-X$ 舱板
设备 5	20	16	$+Z$ 舱板

4　讨论

前面针对某桁架式卫星进行了可逆锁紧辐射热控机构的设计及影响分析。对一般的卫星，可逆锁紧辐射热控机构需在航天器舱板的外侧增加桁架舱，桁架舱由支撑板（如前文$-Z$ 电池阵板）、桁架、可运动盖板（如前文$-Z$ 背地板）组成，利用可逆锁紧机构和压紧释放机构使得与舱板相对的可运动盖板可重复处于平行或垂直于目标舱板两种状态。控温目标舱板（如前文$-Z$ 舱板）设计为散热面，具有高红外发射率和低太阳光吸收率，支撑板两侧辐射特性设计可多样化，具体和该板与太阳、地球的指向关系有关；可运动盖板对着控温目标舱板的一侧装有压紧释放机构，可设计为低发射率状态，另一侧可包覆多层隔热组件；或可运动盖板对着控温目标舱板的一侧设计包覆多层隔热组件，另一侧状态则不用严格要求。如当可运动盖板运动到垂直于控温目标舱板时，背离控温目标舱板的一侧对日，则可在该侧贴装电池片，增加卫星能源。当控温目标舱板的温度较低时，要求可运动盖板处于平行于目标舱板状态；当控温目标舱板的温度较高时，要求可运动盖板处于垂直于目标舱板状态。

另外，目前设计的可逆锁紧辐射热控机构为开环控制，当可逆锁紧机构的可靠性足够高时，也可将可逆锁紧辐射热控机构设计成闭环控制。在控温目标舱板上设置温度传感器，计算机系统获取温度传感器测量的温度值，比较测量温度与目标控温区间，根据温度反馈结果决策可逆锁紧机构工作，实现盖板状态的自动控制。

参 考 文 献

[1] Casani E K, Wilson B W. The new millennium program technology development the 21st century [C]. AIAA 34th aerospace science meeting and exhibit, Reno NV January 15-18, 1996.

[2] 丁延卫．尤政．现代微小卫星及其热控制．光学精密工程，2004，12（3）：23-26.

[3] 闵桂荣．卫星热控制技术．北京：宇航出版社，1991.

[4] 潘增富．微小卫星热控关键技术研究．航天器工程，2007，16（2）：16-21.

The Design of a Reversible Locking Radiating Thermal Controlling Mechanism Based on Truss Cabin

CHEN Qi　SUN Risi　LIU Jian　TANG Xinchun　HAN Fei　LI Chun

Shenzhen Aerospace Dongfanghong HIT Satellite Ltd., Shenzhen　518054

Abstract　To optimize force performance, we design two truss cabins on the $\pm Z$ side of the central cabin, and assemble the two truss cabins with a panel orients the earth and a panel deviates the earth respectively. In order to control the temperature of $\pm Z$ panels, we use reversible locking mechanism and compressing－releasing mechanism to make the panel orients the earth and the panel deviates the earth be parallel with or be vertical to $\pm Z$ panels time and again. $\pm Z$ panels of central cabin are designed as radiating surfaces, with high infrared emissivity and low solar absorptivity. The surfaces of the panel orients the earth and the panel deviates the earth which face the central cabin have low infrared emissivity, the other surfaces may be covered with thermal insulation material or solar cells. When the temperatures of $\pm Z$ panels are low, the panel orients the earth and the panel deviates the earth should be parallel with $\pm Z$ panels, otherwise, they should be vertical to $\pm Z$ panels.

Key words Reversible locking; Parallel or vertical; Emissivity

作 者 简 介

陈琦，女，工程师，就职于深圳航天东方红海特卫星有限公司，从事热控专业，电子邮箱：beiweitiaowang@163.com。

基于栈回溯的星载计算机在轨异常复位定位技术

阳军军　寇义民　刘宽俊　李春
深圳航天东方红海特卫星有限公司，深圳　518054

摘　要　星载计算机在轨偶发性异常复位是航天器软件常见问题之一。发生此类问题时，由于异常现场难以保存复现，处理器进入异常处理分支的原因不明，导致地面问题排查很难开展。本文将针对该问题开展研究，提出一种基于栈回溯的异常辅助定位技术。该技术的实现基于民用ARM处理器，利用栈帧数据结构和异常处理代码将故障异常时的函数调用场景保存为可下卸的内存数据包，可有效辅助软件在轨问题定位，缩短归零时间。

关键词　栈回溯；星载计算机；异常复位；地面归零

1　引言

星载计算机因其应用环境特殊，当因为软件异常而发生在轨复位时，传统的地面软件排错措施如软件或者硬件调试器等均无法介入。同时，微小卫星载机因资源与处理器性能限制，无法在异常发生后及时地将大量的异常现场数据如调用栈等全部保存，导致星载机异常复位后异常现场数据丢失，异常现场难以复现，异常排查定位无法开展，问题归零往往耗费大量的时间与精力。因而解决星载计算机在轨异常复位难以排查定位问题的关键在于，如何在异常发生后快速地从异常现场提取出异常的关键信息并保存，以备复位后异常现场的复现及问题的定位。

随着微小卫星，特别是低成本微小卫星的发展以及微电子技术的飞速提高，高性能、低成本的民用ARM处理器通过有效的抗辐射及容错处理后被逐步应用到了星载计算机中[1-2]。本文即针对民用ARM处理器，通过分析其调用栈结构，研究了基于栈回溯方法的异常现场的关键信息获取及异常复位定位的技术。通过该技术可快速定位软件问题，缩短问题归零的时间。

2　栈回溯原理

2.1　栈帧结构分析

ARM处理器的函数调用过程中涉及PC（R15）、LR（R14）、SP（R13）三个寄存器内容，其中PC中保存被调函数的起始地址，LR中保存调用函数的返回地址，SP中保存函数调用栈的起始地址，因而如果能在每次函数调用将这三个寄存器的值保存起来，则可以实现调用关系的追溯[3-4]。

函数调用过程中栈空间一般用于参数传递、返回地址及CPU寄存器组的保存、临时变量存放，可见栈中只保存了函数的返回地址，但是没有被调函数的起始地址，无法直接从中获取全面的函数的调用链。为了更全面地反映函数间的调用关系，同时便于栈中内容分析，GCC编译器生成的代码以一种特殊的结构组织栈空间，即函数调用时在被调用函数的起始位置首先将函数调用涉及的寄存器PC、LR、IP、FP（R11）压入栈内保存，并使用寄存器FP作为指针指示每次函数调用栈的起始位置（SP寄存器的值），这种栈结构称作栈帧。这样每次函数调用都形成一个统一结构的栈帧，如图1所示，图中PC［n］、LR［n］、IP［n］、FP［n］表示第n层函数调用栈中保存的寄存器内容，FP表示当前FP寄存器的值。

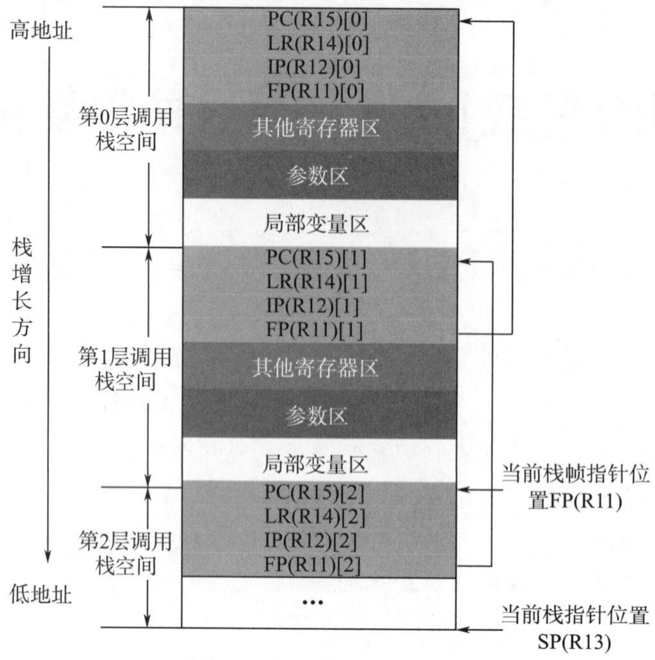

图 1　ARM 处理器栈帧的组织结构

通过分析可知道栈帧的组织形式类似一个单向链表，以当前 FP 寄存器内容为表头，每个栈帧可以看作一个节点，栈帧中保存的函数调用前 FP 寄存器的内容则是指向下一个节点的指针，每个栈帧节点依次连接形成单向链表。每个栈帧节点中有效的调用关系内容主要包括：被调函数的起始地址（PC 寄存器中内容），调用函数的返回地址（LR 寄存器中内容），栈回溯主要是为获取者每层函数调用这两个寄存器保存的值。

2.2　栈回溯实现

分析栈帧中每个栈帧节点内容关系可以得出，对于第 n 层调用，栈帧中保存的寄存器内容有如下关系：

1）PC [n] ＝ *（FP [n+1] －4）；

2）LR [n] ＝*（FP [n+1] －8）；

3）FP [n] ＝*（FP [n+1] －16）。

可见每层调用的寄存器存储位置都是与在下层调用保存的 FP 寄存器内容有关，这样递推到最后一层调用时，该层调用的寄存器存储的位置则是直接由当前的 FP 寄存器给出，因而栈回溯必须当从前 FP 寄存器中保存的地址开始，一层一层的利用上述的寄存器存储位置关系，取出函数调用时保存的 PC、LR、FP 寄存器值。栈回溯流程如图 2 所示，一般使用循环或者递归实现栈回溯过程，因而回溯过程必须设定最大回溯深度，并判断所取出的 FP 栈帧地址值是否合法，否则容易因栈数据被破坏在回溯的过程中进入死循环或者其他异常。

直接由栈回溯可以得到每个调用过程保存的 PC 寄存器与 LR 寄存器内容，但是这两个寄存器内容与调用链中的实际被调函数入口地址、函数调用地址不完全一致，无法直接用来表示调用链。根据分析 GCC 编译生成的汇编代码，可得到保存到栈中的 PC、LR 寄存器值与实际被调函数入口地址、函数调用地址关系如下：

1）被调函数入口地址：FuncAddr [n] ＝ PC [n] －12；

2）函数调用地址：CallAdrr [n] ＝ LR [n] －4。

栈回溯结果根据以上关系修正后的结果可表示为如图 3 所示的调用链，图中每个节点表示通过栈回溯并修正后得到的函数调用信息。

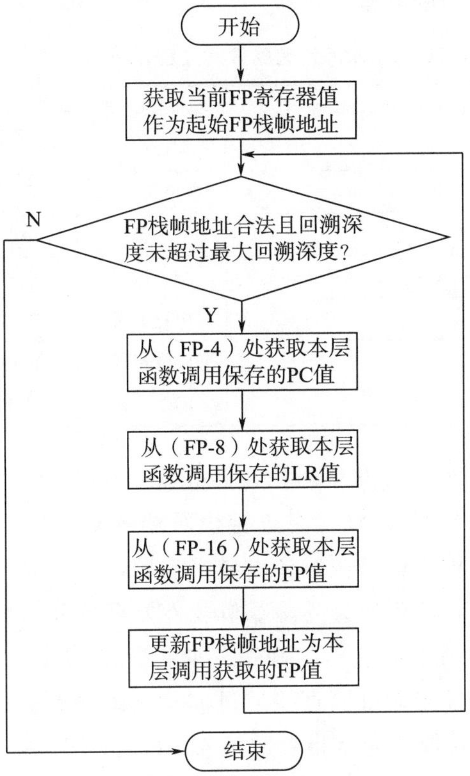

图 2　栈回溯流程图

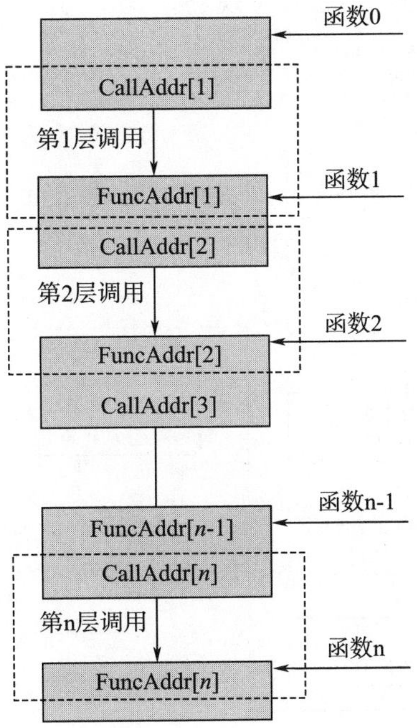

图 3　栈回溯得到的函数调用链示意图

3　异常复位定位技术研究

ARM 处理器支持 7 种异常类型，如表 1 所示，其中未定义指令异常、指令预取中止异常、数据中止异常 3 种可能导致处理器异常复位。每种异常产生时 ARM 处理器都会自动将异常指令的下一条指令地址保存到 LR 寄存器，将程序状态寄存器 CPSR 值保存到 SPSR 寄存器中，设置 CPSR 寄存器的模式位为当前异常模式，最后进入异常向量指向的异常处理程序[5-7]。

表1　ARM处理器异常类型及触发条件

向量地址	异常名称	处理器模式	异常触发条件
0x00000000	复位异常（Reset）	管理模式	处理器复位电平有效或处理器上电
0x00000004	未定义指令异常（Undefine Instruction）	未定义模式	处理器遇到不能执行的指令
0x00000008	软件中断（SWI）	管理模式	软中断指令
0x0000000C	指令预取中止异常（Prefetch Abort）	中止模式	处理器预取指令地址不存在或无访问权限
0x00000010	数据中止（Data Abort）	中止模式	处理器数据访问地址不存在或者无权限
0x00000018	外部中断（IRQ）	IRQ模式	外部中断信号
0x00000020	快速外部中断（IRQ）	FIQ模式	外部中断信号

为实现异常复位定位，首先获取异常发生时的现场信息，如异常指令地址、异常类型、异常发生时的CPU寄存器组内容等，然后根据异常现场信息进行栈回溯获取异常分支进入的调用链信息，最终根据这些信息对照软件反汇编代码及源程序就可快速还原异常现场，定位异常复位问题。

异常复位定位流程如图4所示，流程中分为星载机软件处理分部与地面处理部分。星载机软件处理部分主要获取现场信息与异常分支的调用链信息：首先获取异常的类型，因为后续现场信息获取与异常类型有关，每种异常都有不同向量地址因而可以直接通过向量地址判断异常类型。异常指令地址（异常点）可以通过LR寄存器中保存的内容获取，异常指令地址与LR寄存器中内容的关系如表2所示；异常发生时CPU寄存器内容，则可以直接从CPU寄存器及其备份中获取；用异常发生时FP寄存器的值作为起始栈帧指针进行栈回溯；最后将异常现场信息与调用链信息保存。地面处理部分：通过分析星载机下传的异常现场信息，对照反汇编代码及源码，还原异常现场，定位问题。

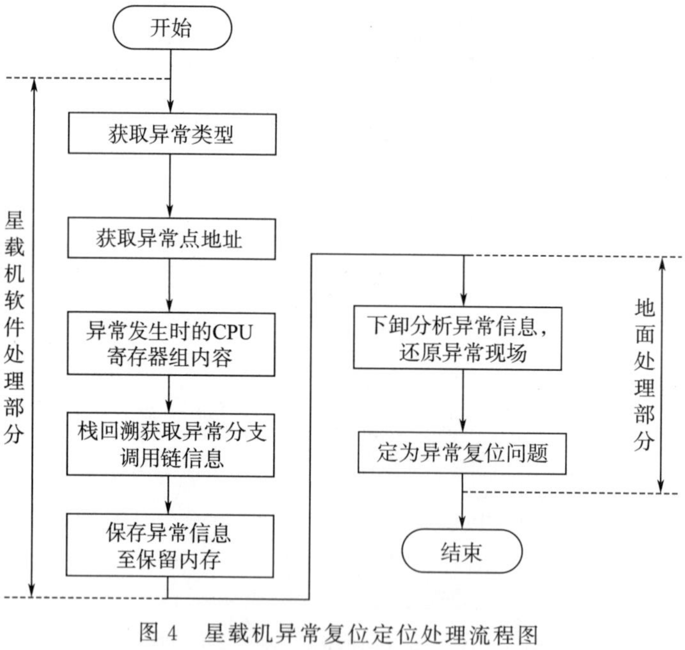

图4　星载机异常复位定位处理流程图

表2　异常指令地址与LR寄存器保存内容的关系

异常类型	异常指令地址与LR寄存器保存内容关系
未定义指令异常	异常指令地址ExcAddr = LR−4
指令预取中止异常	异常指令地址ExcAddr = LR−4
数据中止异常	异常指令地址ExcAddr = LR−8

由于星载机应用环境问题，星载机在发生软件异常后并不能像传统地面计算机一样通过输出通道直

接将异常信息显示出来，星载机发生异常复位时卫星可能正处于境外，地面人员甚至都不知道星载机发生了异常复位。针对这种情况，设计星载机软件在发生异常后将获取的异常现场信息，并按表 3 所示格式保存到热启动不丢失的保留内存区，地面人员在发现星载机异常复位后可通过内存下卸获取数据，并按表 3 中格式解析即得到异常现场信息。

表 3　异常信息保存数据格式

位置偏移（字节）	数据名称	长度（字节）
0	异常类型	4
4	异常点地址	4
8	异常时 CPU 寄存器组	68
76	调用链层数	4
80	CallAddr [1]	4
84	FuncAddr [1]	4
88	CallAddr [2]	4
92	FuncAddr [2]	4
…	……	…
(n−1) *8+80	CallAddr [n]	4
(n−1) *8+84	FuncAddr [n]	4

4　实验

为了验证本文提出的星载机异常复位定位技术的可行性及有效性，针对基于 ARM 处理器的地面测试星载机进行了软件异常定位实验。实验时向正常运行的星载机软件中上注一个含有错误的指令码的软件模块，该软件模块执行后产生未定义指令异常，在异常处理程序中获取异常现场及异常分支调用链信息并保存到保留内存区。星载机因软件异常发生复位，复位后通过内存下卸获取上次软件异常保留的异常信息，异常信息解析后结果表 4 所示。

表 4　实验星载机产生的异常信息解析后的结果

序号	数据名称	数据值	序号	数据名称	数据值
1	异常类型	0x00000004	14	FP (R11)	0X041d73fc
2	异常点地址	0x03fffffe	15	IP (R12)	0X041d73f8
3	R0	0x00000000	16	SP (R13)	0X041d71d8
4	R1	0x04400001	17	LR (R14)	0x0401a0e0
5	R2	0x00000000	18	PC (R15)	0x03fffffe
6	R3	0x043e7c00	19	CPSR	0X60000033
7	R4	0x04400032	20	调用链层数	3
8	R5	0x00000041	21	CallAddr [1]	0x040578c8
9	R6	0x043e7cad	22	FuncAddr [1]	0x04024d40
10	R7	0x0413f978	23	CallAddr [2]	0x04024d78
11	R8	0x0413f970	24	FuncAddr [2]	0x04019e44
12	R9	0x00000000	25	CallAddr [3]	0x0401a0e0
13	R10	0x04400000	26	FuncAddr [3]	0x03fffffe

通过对照反汇编代码分析实验获得的异常数据，可以很快定位异常在源代码中的位置，且定位结果与异常模块中设定异常的位置一致，证明了该技术可行且有效。

5 结束语

星载计算机在轨偶发性异常复位是航天器软件常见问题之一，本文研究了基于栈回溯方法的异常复位定位技术，辅助地面快速定位软件问题，对于提高问题归零的效率有一定的意义。同时本文研究的异常复位定位技术，虽然是针对ARM处理器的星载机，但是方法具有一定的通用性，其他处理器的星载机经过一定的修正亦可适用。

参考文献

[1] 王新升，孙汉旭，徐国栋，等．基于ARM处理器的星载计算机系统研究［J］．北京邮电大学学报，2005，28（04）：23-26.

[2] 高泽军．多用途ARM计算机的航天应用研究［D］．中国科学院大学，2016.

[3] 朱剑锋，缪万胜，康介祥．基于堆栈回溯的异常处理［J］．计算机工程与设计，2014，35（12）：4176-4179.

[4] 杨东．ARM嵌入式系统异常调试的研究和实现［D］．上海交通大学，2009.

[5] 何先波，李志蜀，唐宁九，等．通信领域中嵌入式软件异常处理模块分析与实现［J］．计算机工程，2007，33（09）：69-71.

[6] 刘尚军，张志兵，赵敏，等．ARM嵌入式技术原理与应用［M］．北京：北京航空航天大学出版社，2007.

[7] 项涛，黄保垒．一种基于ARM处理器的异常处理设计与实现［J］．电子科技，2014，27（07）：113-116.

On-board Computer Software Abnormal Locating Technique Based on Stack Backtrace

YANG Junjun　KOU Yimin　LIU Kuanjun　LI Chun

Shenzhen Aerospace Dongfanghong HIT Satellite LTD，Shenzhen　518054

Abstract　The accidental reset of on-board computer is a commonly encountered failure mode for spacecrafts. And its reason is often difficult to locate for one can hardly recover the scene when the CPU runs into abnormal branches. In this work we try to fix this problem by implementing stack-back-trace technique. The technique is applied on commercial ARM processors，and it utilizes stack frame data structures to recover the chain of function calls，which is stored in memory buffer and can be downloaded for debugging on ground. The technique is proved to be useful and can greatly reduce the time spent on abnormal locating.

Key words　Stack backtrace；On-board computer；Accidental reset；Abnormal locating

作者简介

阳军军，男，软件工程师，就职于深圳航天东方红海特卫星有限公司，从事软件专业，电子邮箱：yangjuju1990@163.com。

考虑地球椭率的敏捷光学遥感卫星偏流角计算模型

陈雄姿　谢松　王抒雁

航天东方红卫星有限公司，北京　100094

摘　要　TDICCD 相机成像时为保证图像品质，要求对偏流角进行控制，偏流角计算的准确度会直接影响偏流角控制的精度。本文在考虑地球椭率的情况下建立了敏捷光学遥感卫星以任意姿态角对地观测成像时的偏流角计算模型，并对模型进行了仿真计算。结果表明，对于近地敏捷遥感卫星，当卫星滚动俯仰姿态均为 30°时，将地球视为理想球体和考虑地球椭率影响两种情况下偏流角的计算存在最大可达 0.07°的计算误差。因此，使用本文提供的敏捷卫星偏流角计算模型可以更好地满足目前高分辨率对地观测卫星的任务需求。

关键词　敏捷卫星；TDICCD 相机；偏流角；地球椭率

1　引言

光学遥感卫星上的空间相机对地面目标摄影时，由于地球本身自转，使得目标点和相机之间会存在相对运动，即产生相机像移。像移会导致图像模糊，影响成像质量，因此必须对像移进行补偿，而偏流角是像移补偿过程中需要考虑的一个重要因素[1-2]。偏流角是像移补偿系统移动方向和像移速度方向之间的夹角。对于当前广泛应用的 TDICCD 光学遥感卫星，偏流角是 TDICCD 列方向和像移速度方向的夹角。通过适当的方式（如卫星姿态偏航控制）旋转像平面，使得像移补偿系统移动方向和像移速度方向重合的过程称为偏航角控制。

偏流角计算的准确度直接关系到偏流角控制的精度，进而影响卫星的成像质量。敏捷卫星可绕滚动轴、俯仰轴或者滚动-俯仰双轴进行姿态机动以改变成像姿态，姿态机动将使得像面的空间方位发生变化，偏流角也将随着改变。文献［3］和文献［4］给出了仅有滚动姿态机动或者仅有俯仰姿态机动的偏流角计算模型；文献［5］和文献［6］给出了敏捷卫星任意姿态角机动后的偏流角计算方法，但是它们都假设地球为一个理想的球体，没有考虑地球椭率对计算结果的影响，在卫星以大角度姿态成像时，这些方法计算的偏流角与实际值可能会存在较大的偏差，另外，它们求解过程中包含了大量三角函数运算，不适合星上使用。

针对敏捷光学遥感卫星高质量成像的需求，本文考虑地球椭率的影响，推导了任意姿态角机动后偏流角的精确计算模型，并与未考虑地球椭率的情况进行仿真对比。

2　敏捷卫星偏流角计算模型

2.1　敏捷遥感卫星成像几何模型

根据敏捷光学遥感卫星成像原理，可以建立如图 1 所示的成像几何模型：卫星的轨道坐标系为 $S-X_oY_oZ_o$，S 为卫星的质心，Z_o 轴指向地心，X_o 轴指向飞行方向，Y_o 由右手定则确定，星下点为 S'，地面摄影点为 P。本文假设卫星本体坐标系与相机坐标系重合，卫星本体坐标系初始时刻与轨道坐标系重合，选用 1－2－3 欧拉角转序，成像时卫星的滚动角为 φ，俯仰角为 θ 角，偏航角为 ϕ。其中，偏航角并不会影响相机光轴的指向，其值等于需要求解的偏流角，在计算过程中假设其为 0。

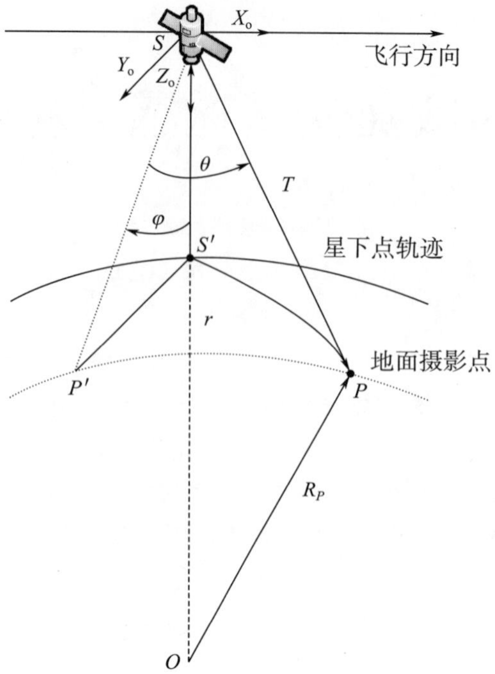

图 1　敏捷光学遥感卫星成像几何模型示意图

2.2　相机光轴惯性空间单位矢量计算

相机光轴指向在赤道惯性坐标系的单位向量为

$$\boldsymbol{\sigma} = \boldsymbol{A}_{oi}^{\mathrm{T}} \boldsymbol{A}_{bo}^{\mathrm{T}} \boldsymbol{\sigma}_0 \tag{1}$$

式中　$\boldsymbol{\sigma}_0$——相机光轴指向在相机坐标系的单位矢量；

$\boldsymbol{A}_{oi}$ 是惯性坐标系相对于卫星轨道坐标系的转换矩阵。

$$\boldsymbol{A}_{oi} = [\boldsymbol{x}_o \quad \boldsymbol{y}_o \quad \boldsymbol{z}_o]^{\mathrm{T}} \tag{2}$$

$\boldsymbol{x}_o = \boldsymbol{y}_o \times \boldsymbol{z}_o$ ，$\boldsymbol{y}_o = \dfrac{\boldsymbol{v} \times \boldsymbol{r}}{|\boldsymbol{v} \times \boldsymbol{r}|}$ ，$\boldsymbol{z}_o = -\dfrac{\boldsymbol{r}}{r}$ ，r 为卫星位置矢量 $\boldsymbol{r}$ 的长度。

$\boldsymbol{A}_{bo}$ 是卫星本体坐标系相对于轨道坐标系的转换矩阵

$$\boldsymbol{A}_{\mathrm{bo}} = \boldsymbol{A}_{\mathrm{y}}(\theta)\,\boldsymbol{A}_{\mathrm{x}}(\varphi) = \begin{bmatrix} \cos\theta & \sin\theta\sin\varphi & -\sin\theta\cos\varphi \\ 0 & \cos\varphi & \sin\varphi \\ \sin\theta & -\cos\theta\sin\varphi & \cos\theta\cos\varphi \end{bmatrix} \tag{3}$$

2.3　地心到摄影点惯性空间矢量计算

令下标 x ，y ，z 表示矢量在赤道惯性坐标轴的分量，考虑到地球的椭率，摄影点 P 的坐标 P_x ，P_y ，P_z 满足椭球面公式：

$$\frac{P_x^2 + P_y^2}{a_{\mathrm{e}}^2} + \frac{P_z^2}{b_{\mathrm{e}}^2} = 1 \tag{4}$$

式中　$a_{\mathrm{e}} = 6\ 378.145\ \mathrm{km}$ ，$b_{\mathrm{e}} = 6\ 356.76\ \mathrm{km}$ ，分别为地球的赤道半径和极半径。

如图 1 所示，在赤道惯性坐标系下，卫星的位置矢量为 $\boldsymbol{r}$ ，卫星指向摄影点的矢量为 $\boldsymbol{T}$ ，其长度为 T 。基于前面得到的相机光轴单位矢量 $\boldsymbol{\sigma}$ ，则有 $\boldsymbol{T} = T\boldsymbol{\sigma}$ ；地心到摄影点矢量为 $\boldsymbol{R}_P$ ，它与 $\boldsymbol{r}$ 、$\boldsymbol{T}$ 之间满足关系：$\boldsymbol{R}_P = \boldsymbol{r} + \boldsymbol{T}$ 。因此，式（4）椭球面公式可展开为

$$\frac{(T\sigma_x + r_x)^2 + (T\sigma_y + r_y)^2}{a_{\mathrm{e}}^2} + \frac{(T\sigma_z + r_z)^2}{b_{\mathrm{e}}^2} = 1 \tag{5}$$

求解该方程可得

$$T = \frac{-B - \sqrt{B^2 - AC}}{A}$$

其中，$A = 1 + d\sigma_z^2$，$B = \boldsymbol{r} \cdot \boldsymbol{\sigma} + dr_z\sigma_z$，$C = r^2 + dr_z^2 - a_e^2$，$d = (a_e^2 - b_e^2)/b_e^2$。

因此，赤道惯性坐标系下地心到摄影点 P 的矢量为

$$\boldsymbol{R}_P = \boldsymbol{r} + T\boldsymbol{\sigma} \tag{6}$$

2.4 偏流角计算模型

根据相对速度等于绝对速度减去牵连速度，对于一般情况，在卫星本体坐标系中摄影点 P 相对于相机像平面的速度为

$$\boldsymbol{v}_b = \boldsymbol{A}_{bo}\,[((\boldsymbol{\omega}_e)_o - (\boldsymbol{\omega}_n)_o) \times (\boldsymbol{R}_P)_o - (\boldsymbol{v}_r)_o] \tag{7}$$

式中 $\boldsymbol{A}_{bo}$ ——卫星相对于轨道坐标系的姿态矩阵；

$\boldsymbol{\omega}_e$ ——地球的自转角速度矢量；

$\boldsymbol{\omega}_n$ ——卫星的轨道角速度矢量；

$\boldsymbol{v}_r$ ——卫星绝对速度的径向分量。

$$(\boldsymbol{\omega}_e)_o = \boldsymbol{A}_{oi}\ [0\quad 0\quad \omega_e]^{\mathrm{T}}$$
$$(\boldsymbol{\omega}_n)_o = [0\quad -\omega_n\quad 0]^{\mathrm{T}}$$
$$(\boldsymbol{v}_r)_o = [0\quad 0\quad -v_r]^{\mathrm{T}}$$

式中 $\omega_e = 7.292\,115\,8e^{-5}$ rad/s，$\omega_n = \frac{\sqrt{\mu a(1-e^2)}}{r^2}$，$v_r = \sqrt{\frac{\mu}{a(1-e^2)}}e\sin f$，这里 $\mu = 398\,600.44$ 是地心引力系数，a 为轨道半长轴，e 为轨道偏心率，r 为卫星位置矢量 $\boldsymbol{r}$ 的长度，f 是真近点角。

因此，摄影点 P 的偏流角为

$$\Phi_P = \arctan\left(\frac{\boldsymbol{v}_{by}}{\boldsymbol{v}_{bx}}\right) \tag{8}$$

3 仿真分析

由上一节的分析可知，敏捷卫星偏流角的大小与卫星的位置参数和姿态参数相关。为了将本文偏流角计算模型与不考虑地球椭率的计算模型进行对比，使用同一组轨道数据设置多种滚动角和俯仰角的组合进行仿真。TDICCD 遥感卫星一般采用太阳同步轨道，选取的仿真参数为：轨道高度为 700 km，轨道倾角 98.196°，当卫星的纬度幅角 $u=0$ 时卫星处于升轨段地球赤道上空。当不考虑地球椭率时，地球为理想球体，此时可令式（5）中地球半径均采用平均半径，即 $a_e = b_e = 6\,371.138$ km。

仿真结果图 2 和图 3 所示。图 2 给出了 4 种滚动俯仰姿态角组合：（30°，30°）、（30°，−30°）、（−30°，30°）和（−30°，−30°）条件下考虑地球椭率和不考虑地球椭率两种情况的偏流角计算结果。图 3 给出了 4 种姿态条件下各时刻偏流角计算偏差。由图可知：在滚动角和俯仰角大小均为 30°时，不考虑地球椭率影响的偏流角计算结果与实际考虑地球椭率的计算结果最大偏差可达 0.069°，这个误差足以对高分辨率对地观测卫星的成像质量产生影响。并且随着轨道高度的增加，以及姿态角的增大，这个误差还将持续变大。可见，在敏捷卫星偏流角计算过程中考虑地球椭率的影响是非常有必要的。

4 结束语

本文提出了一种考虑地球椭率的敏捷光学遥感卫星偏流角计算模型。仿真结果表明，当卫星滚动俯仰姿态均为 30°时，将地球视为理想球体和考虑地球椭率影响两种情况下偏流角的计算存在最大可达 0.07°的计算误差。因此，使用本文提供的敏捷卫星偏流角计算模型可以更好地满足高分辨率对地观测卫星的任务需求。

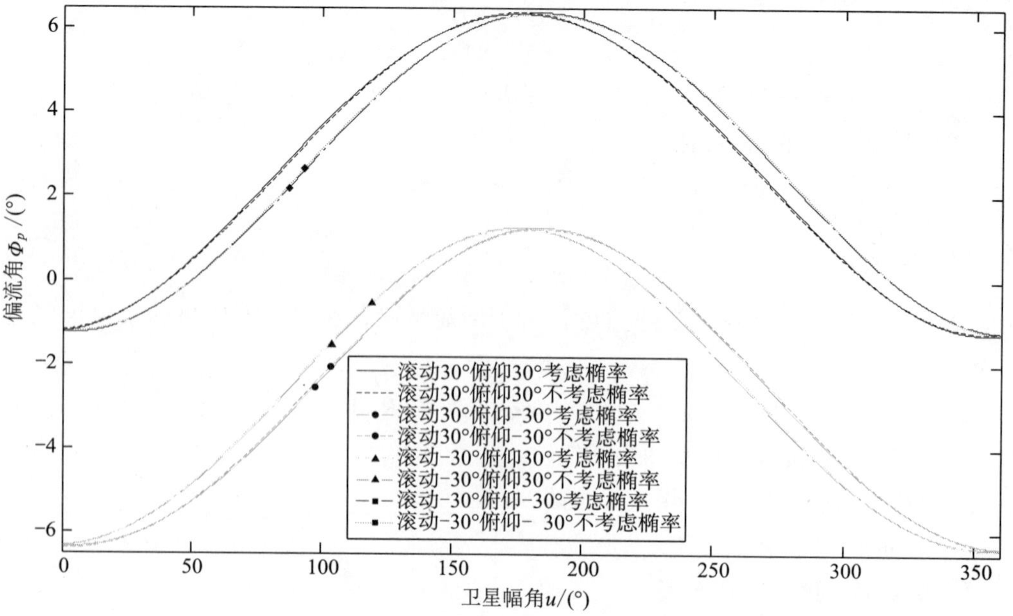

图2　考虑地球椭率与不考虑地球椭率两种情况下偏流角结果比较

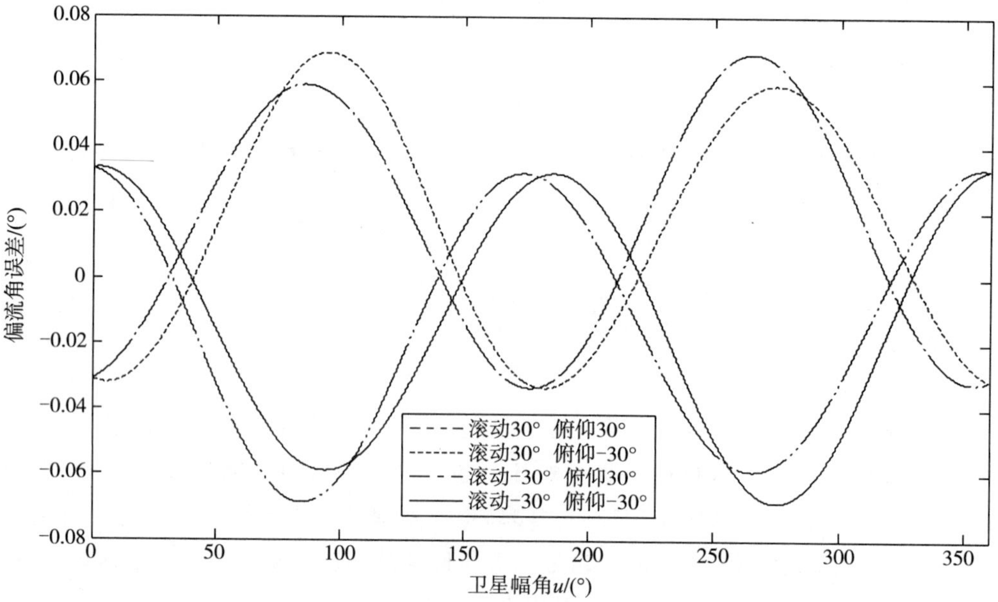

图3　考虑地球椭率与不考虑地球椭率两种情况下偏流角误差

参考文献

[1] 李友一．空间相机中的偏流角控制［J］．光学精密工程，2002，10（4）：402-406.

[2] 樊超，李英才，易宏伟．空间相机中的偏流角分析［J］．红外与激光工程，2006，35（增刊）：216-220.

[3] 袁孝康．星载TDICCD推扫相机的偏流角计算与补偿［J］．上海航天，2006，23（6）：10-13.

[4] 陈绍龙．侧摆摄影偏流角和速高比的计算模型［J］．航天器工程，2010，19（1）：36-40.

[5] 景泉．敏捷卫星偏流角计算模型研究［J］．航天器工程，2012，21（4）：16-20.

[6] 黄敏，葛玉君，杨芳，等．敏捷卫星姿态对像移速度与偏流角的影响［J］．航天器工程，2015，24（3）：34-39.

Drift Angle Computation Model Considering the Earth Eccentricity for Agile Optical Remote Sensing Satellites

CHEN Xiongzi XIE Song WANG Shuyan
DFH Satellite Co., Ltd., Beijing 100094

Abstract Drift control is necessary in the process of TDICCD camera imaging to ensure the image quality, and the accuracy of drift angle computation directly affects the precision of drift angle control. A more accurate drift angle computation model, which considers the influence of earth eccentricity, is developed for agile optical remote sensing satellites. Furthermore, the corresponding simulations are completed. The simulation results demonstrate that the computation error of drift angle will achieve a maximum value of 0.1 deg between the situation of considering the earth eccentricity and the situation of assuming the earth is an ideal sphere for low earth orbit agile satellites with a big attitude angle. Thus, the drift angle model presented in this paper is capable of satisfying the control requirements of high precision agile earth observation satellites.

Key words Agile satellite; TDICCD camera; Drift angle; the Earth eccentricity

作者简介

陈雄姿，男，工程师，就职于航天东方红卫星有限公司，研究方向为小卫星姿轨控技术与任务规划技术，电子邮箱：cxzbuaa@163.com。

立方体卫星纯磁姿态控制系统研究和设计

孙华苗[1,2]　李立涛[1]　魏巍[1,2]　薛力军[1]　丁强强[1,2]　李春[1,2]

1. 深圳航天东方红海特卫星有限公司，深圳　518064

2. 微小卫星控制系统仿真与测试工程实验室，深圳　518064

摘　要　立方体卫星由于功能扩展性好、易组网、搭载灵活等特点具有巨大的商业应用潜力。文章针对2U的立方体卫星，设计了纯磁姿态控制系统，包括被动磁控方法、磁力线跟踪主动磁控方法和基于磁强计的角速度估计算法。纯磁姿态控制系统质量轻功耗低，简单易行，特别适用于星上资源有限的立方体卫星。通过数学仿真和KT－1B卫星在轨运行情况分析验证了纯磁姿态控制的有效性。

关键词　立方体卫星；姿态控制；磁控

1　引言

立方体卫星从概念产生至今已有十多年时间，其技术已获得飞速发展并得到了实际应用[1]。国外已经建立了以鸽群星座为代表的立方体遥感卫星星座，并已经投入商业应用。国内有西北工业大学的翱翔1号[2]，南京理工大学等单位对立方体卫星进行了相关研究[3]。业内普遍认为由立方体卫星组成的星座具有巨大的应用潜力，是发展商业航天的重要切入点。然而立方体卫星由于体积和功耗的限制导致平台姿轨控能力受到制约，使用质量轻、功耗低的纯磁姿态控制方法是一种有效的解决途径。本文针对2U的立方体卫星，设计了被动磁控和磁力线跟踪的主动磁控方法，给出了基于磁强计的角速度估计算法，通过数学仿真和在轨运行情况分析验证了纯磁姿态控制有效性。

2　纯磁姿态控制系统设计

纯磁控方法是指卫星姿态控制系统除磁强计、磁力矩器或磁性材料外不使用其他姿态测量部件和执行机构。对于指向精度要求不高的科学试验卫星而言，纯磁控方法是较优的选择。

2.1　被动磁控方法

被动磁控姿态控制系统没有运动部件，也无需外部能源和额外的敏感器和执行机构。被动磁控硬件由一个永磁体和两个软磁材料制成的磁棒组成。永磁体其磁偶极子方向沿着卫星本体系 Z 轴，软磁材料根据外界磁场环境发生磁化和退磁，其安装于星体 XOY 面内，与永磁体磁矩垂直[4]。星上磁性材料产生的磁场与地球磁场相互作用达到降低卫星角速度、星体指向控制的功能。

星体在空间受到的磁力矩为

$$\boldsymbol{M}_b=\boldsymbol{B}_b\times\boldsymbol{H}_E \tag{1}$$

式中　$\boldsymbol{M}_b$ ——磁力矩；

$\boldsymbol{B}_b$ ——本体磁性材料产生的磁通密度；

$\boldsymbol{B}_b=[B_xV_x\quad B_yV_y\quad B_zV_z]^{\mathrm{T}}$，$V_i(i=x,\ y,\ z)$ ——磁性材料的体积；

$\boldsymbol{B}_E$ ——地磁场在卫星本体系的表示；

$\boldsymbol{H}_E$ ——与地球磁场相关量 $\boldsymbol{H}_E=\dfrac{\boldsymbol{B}_E}{\mu_0}$；

μ_0——真空磁导率。

软磁材料产生的感应磁场强度为

$$\text{当}\ \dot{H}_i \geqslant 0\ \text{时,}\ \dot{B}_i = \frac{2B_m}{H_r \pi}\left(\frac{(H_i + H_c)\cos\left(\frac{\pi B_i}{2B_m}\right) - H_r \sin\left(\frac{\pi B_i}{2B_m}\right)}{2H_c}\right)^2 \dot{H}_i, i = x, y \tag{2}$$

$$\text{当}\ \dot{H}^i < 0\ \text{时,}\ \dot{B}_i = \frac{2B_m}{H_r \pi}\left(\frac{(H_c - H_i)\cos\left(\frac{\pi B_i}{2B_m}\right) + H_r \sin\left(\frac{\pi B_i}{2B_m}\right)}{2H_c}\right)^2 \dot{H}_i, i = x, y \tag{3}$$

式中 B_m——软磁材料饱和时产生的磁场值；

H_c——软磁材料的矫顽力；

H_r——软磁材料的剩磁。

2.2 磁力线跟踪的主动磁控方法

主动磁控方法配置一个三轴磁力矩器，一套三轴磁强计，星载计算机为控制器。控制律为 Z 轴偏置的 Bdot 算法，如公式（4）所示。纯磁控方法质量功耗低，通常质量不超过 300 g，长期功耗在 0.2～0.3 W 左右，峰值功耗增量不超过 1 W，减轻了能源压力。能够阻尼立方体卫星较大的分离角速度的同时使卫星的 Z_b 轴跟踪磁力线，对于轨道光照条件较好的卫星而言可以使太阳电池阵充分受照。

$$\begin{cases} M_x = -k_1 \dot{B}_x \\ M_y = -k_2 \dot{B}_y \\ M_z = -k_3 \dot{B}_z + M_{bias} \end{cases} \tag{4}$$

2.3 磁场差分角速度估计方法

由于纯磁控方法无陀螺，因此需要利用磁强计对星体角速度进行估计。姿态相对于惯性坐标系的角速度记为 ω，t 时刻卫星本体系相对惯性系的姿态矩阵和地磁场在本体系的分量分别记为 $\boldsymbol{A}_k$、$\boldsymbol{B}_{b\_k}$；$t+\Delta t$ 时刻记为 $\boldsymbol{A}_{k+1}$、$\boldsymbol{B}_{b\_k+1}$。

$$\boldsymbol{B}_{b\_k} = \boldsymbol{A}_k \boldsymbol{B}_{i\_k} \tag{5}$$

$$\boldsymbol{B}_{b\_k+1} = \boldsymbol{A}_{k+1} \boldsymbol{B}_{i\_k+1} \approx \boldsymbol{A}_{k+1} \boldsymbol{B}_{i\_k} \tag{6}$$

因为 $A_{k+1} = A' A_k$，$\boldsymbol{A}' = \boldsymbol{I} - \tilde{\boldsymbol{\omega}}_k \Delta t$

$$\boldsymbol{B}_{b\_k+1} = (\boldsymbol{A}_k - \tilde{\boldsymbol{\omega}}_k \boldsymbol{A}_k \Delta t)\boldsymbol{B}_{i\_k} = \boldsymbol{B}_{b\_k} - \tilde{\boldsymbol{\omega}}_k \boldsymbol{B}_{b\_k} \Delta t \tag{7}$$

若令 $\Delta t = 1$

$$\tilde{\boldsymbol{B}}_{b\_k} \boldsymbol{\omega}_k = \boldsymbol{B}_{b\_k+1} - \boldsymbol{B}_{b\_k} \tag{8}$$

记 $\Delta \boldsymbol{B} = \boldsymbol{B}_{b\_k+1} - \boldsymbol{B}_{b\_k}$，若令

$$\boldsymbol{\omega}_k = \frac{(\boldsymbol{B}_{b\_k+1} - \boldsymbol{B}_{b\_k}) \times \boldsymbol{B}_{b\_k}}{|\boldsymbol{B}_{b\_k}|^2} = \frac{\Delta \boldsymbol{B} \times \boldsymbol{B}_{b\_k}}{|\boldsymbol{B}_{b\_k}|^2} \tag{9}$$

则式（8）等号左边可改写为 $\tilde{\boldsymbol{B}}_{b\_k}\omega_k = \tilde{\boldsymbol{B}}_{b\_k} \frac{\Delta \boldsymbol{B} \times \boldsymbol{B}_{b\_k}}{|\boldsymbol{B}_{b\_k}|^2} = \Delta \boldsymbol{B} - \frac{\Delta \boldsymbol{B} \cdot \boldsymbol{B}_{b\_k}}{|\boldsymbol{B}_{b\_k}|^2} \boldsymbol{B}_{b\_k}$，当 $\Delta \boldsymbol{B}$ 与 $\boldsymbol{B}_{b\_k}$ 接近垂直时，$\frac{\Delta \boldsymbol{B} \cdot \boldsymbol{B}_{b\_k}}{|\boldsymbol{B}_{b\_k}|^2} \boldsymbol{B}_{b\_k}$ 接近于 0，因此可以用式（9）作为角速度的近似估值。

3 仿真分析

在 MATLAB 环境下对上述方法进行仿真分析。立方体卫星运行在轨道高度为 520 km 太阳同步晨昏

轨道，立方体卫星质量为 2.7 kg，转动惯量设为

$$\begin{bmatrix} 0.029 & 0.00174 & -0.00174 \\ 0.00174 & 0.029 & -0.00174 \\ -0.00174 & -0.00174 & 0.0059 \end{bmatrix} \mathrm{kg \cdot m^2}$$

3.1 被动磁控方法

分离角速度设为（3 −3 3）[（°）/s]，$B_z = 1.28$ T，$B_m = 0.73$ T，$V_z = 3.01 \times 10^{-6}$ m^3，$V_x = V_y = 7.15 \times 10^{-8}$ m^3。图 1（a）和（b）为软磁材料的磁感应强度与外磁场强度的曲线；图 1（c）和（d）为角速度和 Z_b 轴指向曲线。结果表明，被动磁控方法能够降低滚动和俯仰轴的角速度，最终在偏航轴有残余角速度使星体绕偏航轴旋转，偏航轴跟踪磁力线的精度优于 20°。

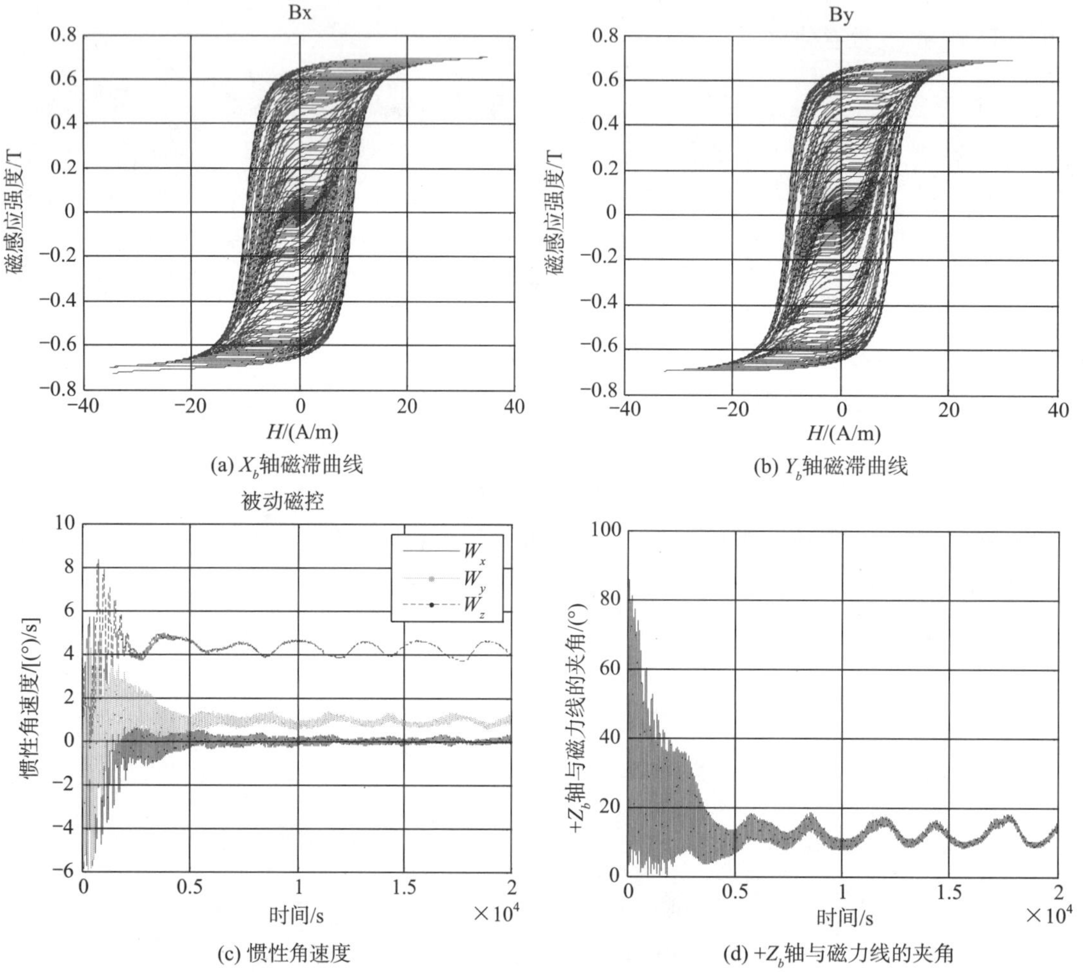

图 1 被动磁控方法仿真结果

3.2 磁力线跟踪主动磁控方法

分离角速度设为（0.5，0.5，0.5）[（°）/s]。磁力矩器最大磁矩为（0.2 0.2 0.3）Am^2，三轴磁强计测量精度优于 200 nT，噪声优于 50 nT（1σ）。仿真结果如图 2 所示。结果表明：主动磁控方法能够降低滚动和俯仰轴的角速度，最终在偏航轴有残余角速度使星体绕偏航轴旋转，偏航轴跟踪磁力线的精度优于 10°。

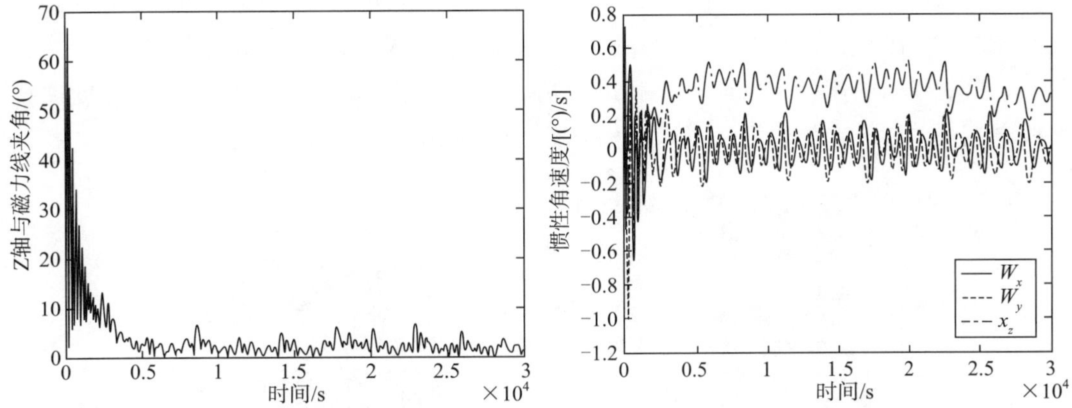

(b) Z轴与磁力线的夹角　　　(b) 惯性角速度

图 2　磁力线跟踪主动磁控方法仿真曲线

3.3　磁强计差分角速度估计

仿真使用的磁强计测量范围－60 000～60 000 nT，测量精度优于 200 nT，随机噪声优于 50 nT (1σ)。使用磁强计估计角速度效果如下图所示，证明该方法能够反映星上运动情况，但估计精度不高，约 1°/s 左右。对于无其他手段获得角速度的卫星，使用该方法可以对星体运动情况进行判断，尤其在应急安全时十分重要。

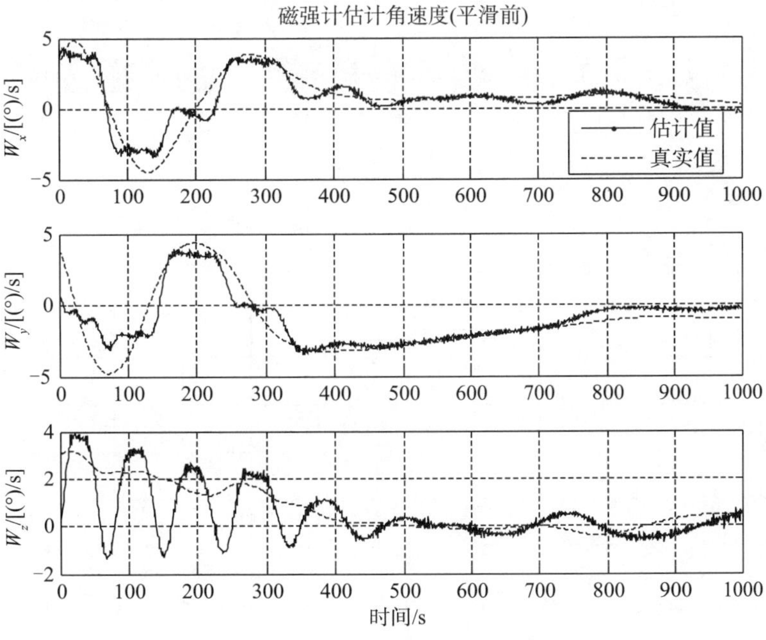

图 3　磁强计估计角速度仿真曲线

4　在轨验证情况

开拓-1B（KT-1B，又称 DCBB）卫星是深圳东方红开发的国内首颗符合 CUBESAT 标准[1]的 2U 的立方体卫星，其主要任务是完成立方星太阳风探测、空间成像及星地数传技术。2015 年 9 月 20 日随着长征 6 号火箭搭载，进入轨道高度为 524 km，倾角为 97.47 °的太阳同步晨昏轨道。考虑到开拓-1 B 星是从主星分离，被动磁控方法会影响主星的磁强计测量和剩磁，因此选用了主动磁控方法。开拓-1 B 星控制组件只有一个三轴磁强计和一套三轴磁力矩器，在轨姿态控制效果如图 4、图 5 和图 6 所示。

在轨数据表明本体磁场分量 Z_b 轴最大，Y_b 轴次之，$+Z_b$ 轴与磁场的夹角约 150°。由于整星剩磁主要分布在 $-Y_b$ 轴和 $-Z_b$ 轴，在轨修改了控制参数，使 $-Z_b$ 轴跟踪磁力线，然而由于磁棒能力限制无法完全抵消剩磁影响，造成指向精度较差。此外，利用遥测下传的磁强计数据，对卫星的角速度进行了离线估计，结合太阳电池片的输出定性验证了卫星的角速度估计的正确性。

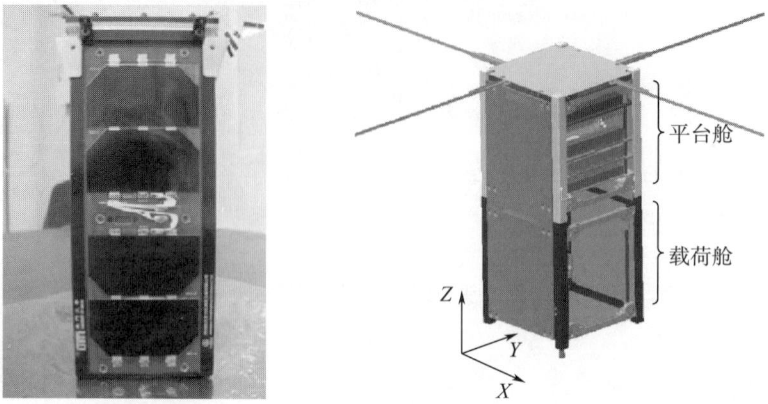

图 4　开拓-1 B 星构型

(a) 三轴磁强计　(b) 三轴磁力矩器Z 轴　(c) 三轴磁力矩器 X/Y 轴

图 5　磁强计与磁力矩器

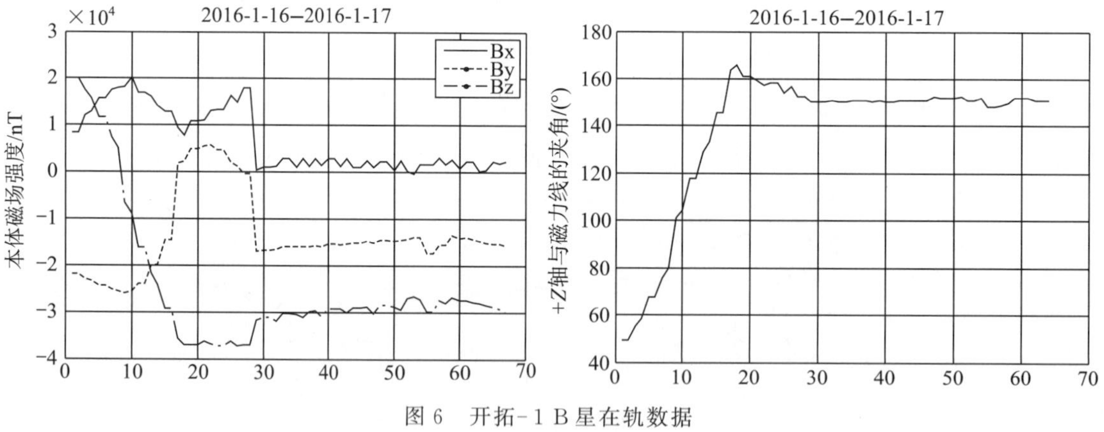

图 6　开拓-1 B 星在轨数据

5　结束语

本文对立方体卫星纯磁控方法进行了设计，包括被动磁控方法、主动磁控方法和磁强计角速度估计算法，通过仿真数据和 KT-1B 立方体卫星应用主动磁控方法的在轨运行情况，有效地验证了本文所提出的纯磁控姿态控制系统方法的有效性。经研究在轨数据发现，立方体卫星的剩磁是其姿态控制干扰的主要来源，由于立方体卫星剩磁较小，不易准确测量，因此有必要研究剩磁在轨估计和补偿的方法。

由于国内缺少低成本、小型化的产品，导致立方体卫星的性能和应用受到限制。随着小型化部组件逐步走向工程应用，将会推动高性能立方体卫星的蓬勃发展。

参 考 文 献

[1] 林来兴. 立方体星的技术发展和应用前景 [J]. 航天器工程，2013，22 (3)：90-98.

[2] 袁少钦. 基于国产 CPU 的立方星星载计算机系统设计 [J]. 计算机工程，2014，40 (6)：16-19.

[3] 陆正亮. 低轨立方体卫星姿态控制研究 [J]. 南京理工大学学报，2015，39 (2)：127-132.

[4] G. Park ，S. Seagraves. Dynamic Model of a Passive Magnetic Attitude Control System for the RAX Nanosatellite. 2-5 August 2010 Toronto Ontario Canada AIAA Guidance，Navigation and Control Conference.

[5] 章仁为. 卫星轨道姿态动力学与控制 [M]. 北京：北京航空航天大学出版社，1998.

Study and Design of Fully Magnetic Attitude Control System for CubeSat

SUN Huamiao[1,2] LI Litao[1] WEI Wei[1,2] XUE Lijun[1] DING Qiangqiang[1,2] LI Chun[1,2]

1. Shenzhen Aerospace Dongfanghong Hit Satellite Ltd，Shenzhen 518064

2. Simulation and Test Engineering Laboratory for Mini Satellite Control System，Shenzhen 518064

Abstract Cubesat have the characteristic of easily to expand the function，form a constellation，and having more chance to launch. They have great potential for commercial application. A fully magnetic attitude control system was designed for a 2U cubesat in this paper，which included passive magnetic control method，magnetic field tracking active magnetic control method and rate estimated algorithm using a lactometer. The proposed method had low power consume，low weight and simple to achieve，especially fit for cubesat. Simulation and on orbit data of KT-1B cubesat showed the validity of the proposed method.

Key words Cubesat；Attitude control；Magnetic control

作 者 简 介

孙华苗，女，高级工程师，就职于深圳航天东方红海特卫星有限公司，主要研究方向为微小卫星姿轨控技术、多传感器信息融合技术，电子邮箱：sunhm33@163.com。

基于平台-载荷分离式结构微小卫星的UHF/VHF天线布局电磁仿真研究

汤明杰[1]　莫乾坤[2]

1. 西安微电子技术研究所，西安　710065

2. 南京理工大学机械工程学院，南京　210094

摘　要　相比于传统立方星，平台-载荷分离式微小卫星具有平台通用性强、载荷更换灵活的特点。然而，由于星体对天线辐射的遮挡，这种卫星结构对测控天线的合理布局提出挑战。本文以频段分别为UHF和VHF的两副偶极子天线为例，通过改变天线间距及天线仰角，比较三维远场增益方向图和天线间隔离度，使得天线全向辐射尽可能均匀且相互弱耦合，从而满足星地链路电平预算要求。HFSS电磁仿真结果表明，在UHF/VHF天线对角对称布局下，增加天线间距有助于提高隔离度，其值低于－20 dB，调整天线仰角有助于增大全向最低增益，其值高于－8.5 dB。

关键词　微小卫星；平台载荷分离；天线增益；天线隔离度

1　引言

近年来，随着低轨道空间探测及对地观测任务需求的不断增长，越来越多的高校及研究机构利用微小卫星研制发射成本低、周期短等优势开展低成本航天器近地轨道技术验证研究[1-3]。

2008年8月，德国快眼公司发射了由5颗多光谱小卫星组成的商业遥感星座RapidEye，轨道高度630 km，对地分辨率为6.5 m[4]；2014年1月，美国行星实验室公司部署了由28颗3U立方星构成的星座Flock－1，轨道高度400 km，空间分辨率达到3～5 m[5]。

不同于立方星通过扩展模块单元满足任务需求，日本研制了500 kg级先进对地观测卫星ASNARO[6-7]，如图1所示，其采用小型科学卫星标准公用平台，并可更换搭载4种有效载荷，如光学遥感器、合成孔径雷达等。ASNARO卫星测控和数传分别使用S波段天线和X波段天线，由于体积较小，故分布于载荷前端两侧。

参考日本卫星的发展思路，本文提出一种50 kg级平台-载荷分离式结构微小卫星，如图2所示，整星尺寸约300 mm×300 mm×550 mm，平台和载荷具有明显的区分界面，电池阵采用体装式和展开式帆板设计。以光学相机载荷为例，凸出的遮光罩部分和不同的帆板展开角度构成卫星独特的非对称结构。

通常微小卫星利用超高频/甚高频（Ultra High Frequency/Very High Frequency，UHF/VHF）业余无线电频段进行测控[8]。图2中，UHF/VHF测控天线放置于平台对地面，而该星的非对称结构对测控天线的全向辐射会产生一定程度的遮挡，导致方向图畸变。因此，本文利用三维电磁场仿真软件HFSS，通过改变天线相对安装面的俯仰角度和天线座间距，使得UHF/VHF天线各自增益方向图分布均匀即抬高全向最低增益，且相互间弱耦合，从而满足星地通信链路电平预算要求。

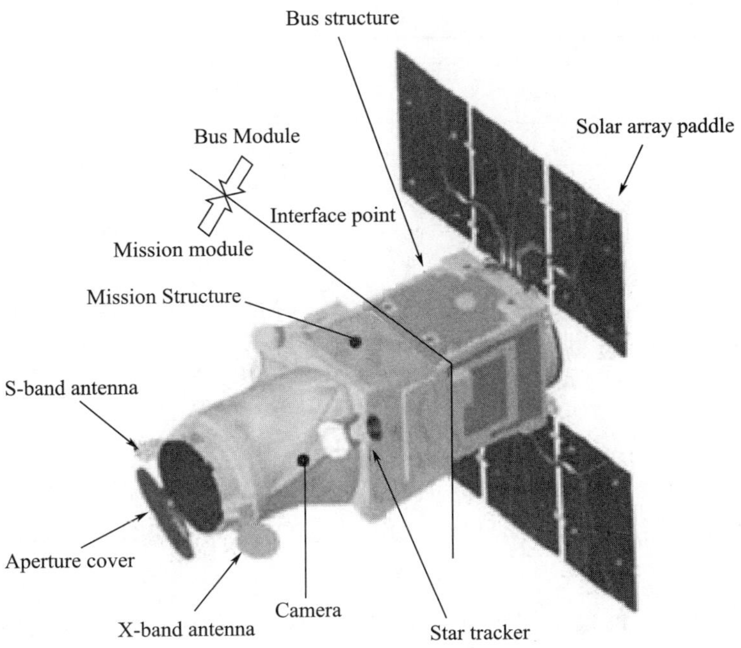

图 1　ASNARO 卫星示意图

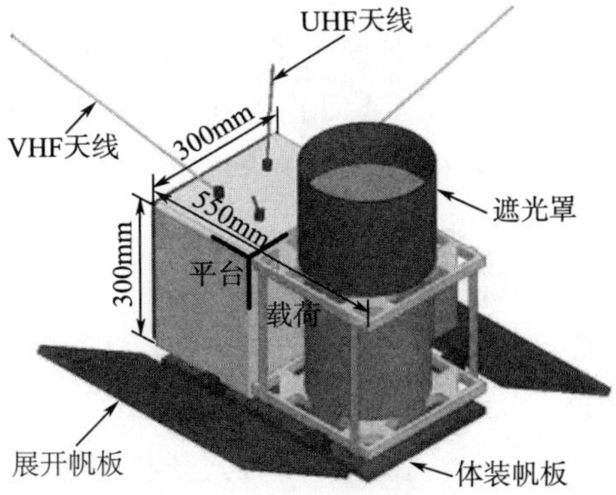

图 2　平台-载荷分离式结构微小卫星示意图

2　仿真原理及方法

2.1　星地测控链路电平评估

空间链路的电平预算如表 1 所示，VHF 上行、UHF 下行，星上收发信号均为线极化偶极子天线，地面收发信号均为圆极化八木天线，电平预算主要包括 3 方面：发射端总功率、空间传输损耗和接收端灵敏度[9-10]。为保证 3 dB 以上的链路预算余量，星上 VHF 接收天线全向最低增益至少为－15.8 dB，星上 UHF 发射天线全向最低增益至少为－8.5 dB；此外，为保证星上无线电收发系统间不产生电磁耦合干扰，UHF/VHF 天线间的隔离度应低于－20 dB。

表 1　UHF/VHF 星地链路电平预算

参数	VHF 上行	UHF 下行
发射机功率/dBm	48	27
发射天线增益/dBi	14.3	≥－8.5
馈线损耗/dB	3.7	1
发射端 EIRP/ dBm	58.6	17.5
发射频率 f/MHz	145	435
轨道高度/km	500	
自由空间损耗/dB	140.3	149.3
大气吸收损耗/dB	1	
天线指向损耗/dB	0.5	
极化损耗/dB	3	
接收天线增益/ dBi	≥－15.8	18.9
接收端等效噪声温度 T/K	1 820	800
载噪比（C/N_o）/dB	64	52.2
码速率 R_b/（bit/s），调制方式	4 800，AFSK	9 600，BFSK
能量谱密度（E_b/N_o）/dB	27.2	12.4

续表

参数	VHF 上行	UHF 下行
接收门限值（E_b/N_o）/dB	24.2	9.4
链路余量/dB	≥3 dB	≥3 dB

2.2 UHF/VHF 天线仿真模型设置

UHF/VHF 偶极子天线均是由两个 1/4 波长振子组成，中心频率分别为 435 MHz 和 145 MHz，与射频网络的连接关系如图 3 所示，采用 SMA 接口及 50 Ω 同轴电缆馈电，巴伦为平衡不平衡转换器。偶极子的电流分布可由下式给出[11]

$$I(z)=I_0\sin[k(L/2-|z|)],\ |z|<L/2$$

式中相位常数 $k=2\pi/\lambda$，$L=\lambda/2$。可见，两臂对应部分电流方向相同，辐射场彼此增强；而在传输线部分电流方向相反，辐射场几乎抵消。因此，两振子馈电端口处的电流关系为：幅度相同，相位相差 180°。

HFSS 集总端口[12]方式建模仅需利用振子馈电处的幅度和相位信息，从而略去巴伦等具体馈电结构，使参数化天线模型能够灵活变化角度方位。UHF/VHF 天线整体采用斜对角对称布局，如图 4 所示，坐标系原点处于天线对称中心，天线远场增益分布和隔离度主要受天线座间距 d 和天线仰角 α 、β 影响，因此，仿真参数 d 设置为 50 mm、100 mm、150 mm，α 、β 各自均设置为 5°、25°、45°、65°、85°。

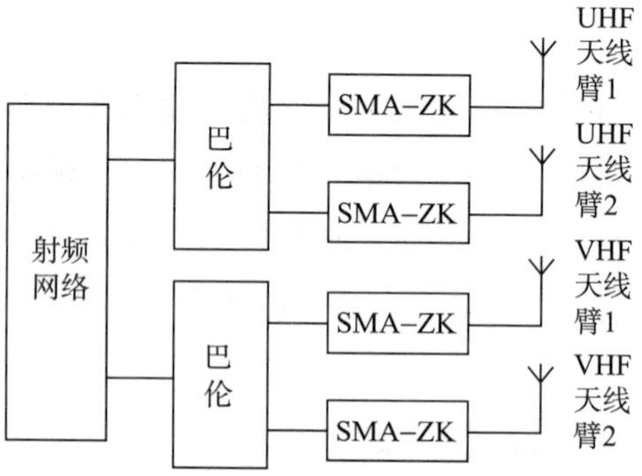

图 3 天线与射频网络连接示意图

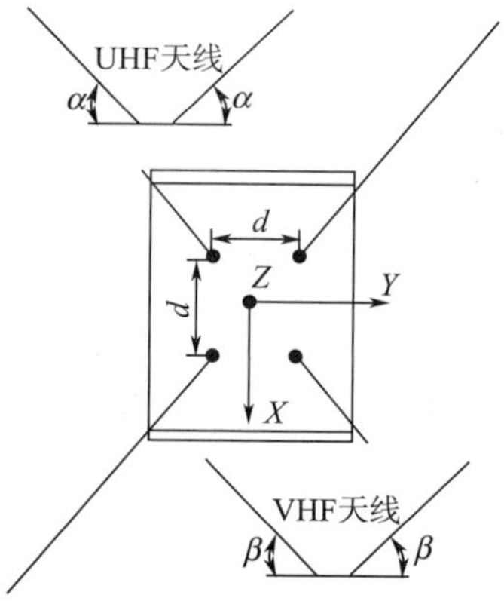

图 4 HFSS 仿真参数设置

3 仿真结果分析

3.1 天线座间距 d 及天线仰角 α 、β 对 3D 增益分布影响分析

在保持 UHF/VHF 天线各自仰角 α 、β 均为 5°条件下，远场增益随天线座间距变化如图 5 所示。可见，辐射增益受星体遮挡而出现较大畸变，且 UHF 更为明显；在 d=50～150 mm 变化时，UHF 天线全向最低增益随间距增大而显著减小，并始终低于−11 dB，而 VHF 几乎不受影响，最低增益保持在−10 dB 左右。

在保持天线座间距 d=100 mm 条件下，远场增益随仰角的变化如图 6 所示，其中一仰角保持 5°不变。可见，UHF/VHF 天线全向最低增益均随仰角的增加而先增大后减小，最佳仰角均在 45°附近，此时对应的最低增益分别为−7.9 dB 和−5.6 dB。

相比于 VHF 天线，UHF 波长短且与星体尺寸相当，故绕射性较弱，最低增益受间距和仰角的变化较为敏感，可通过优化仰角来有效增加全向辐射均匀性，使之满足下行链路电平预算要求。

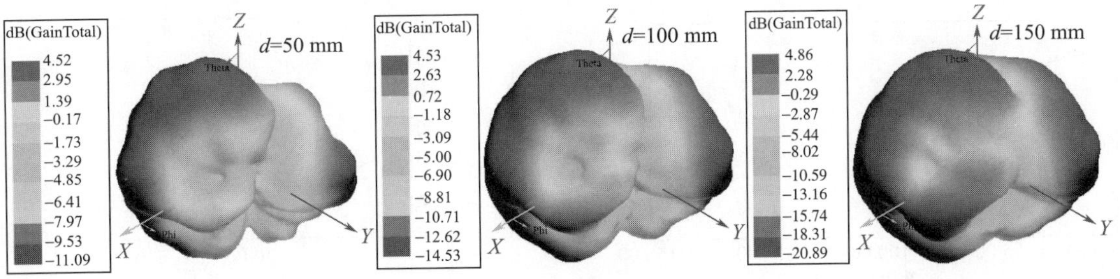

(a) UHF天线远场增益随参数d的变化

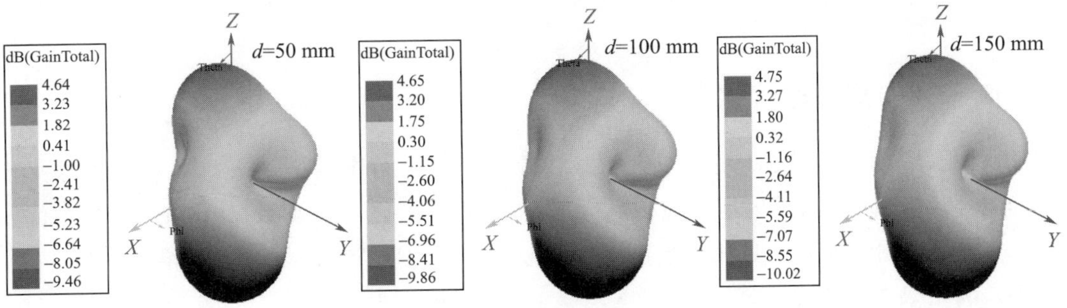

(b) VHF天线远场增益随参数d的变化

图 5　参数 d 对 UHF/VHF 天线远场增益的影响（见彩插）

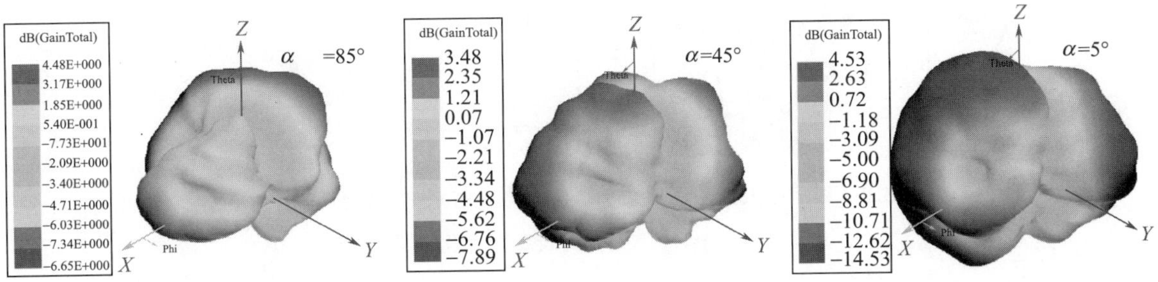

(a) UHF天线远场增益参数α的变化(此时β=5°)

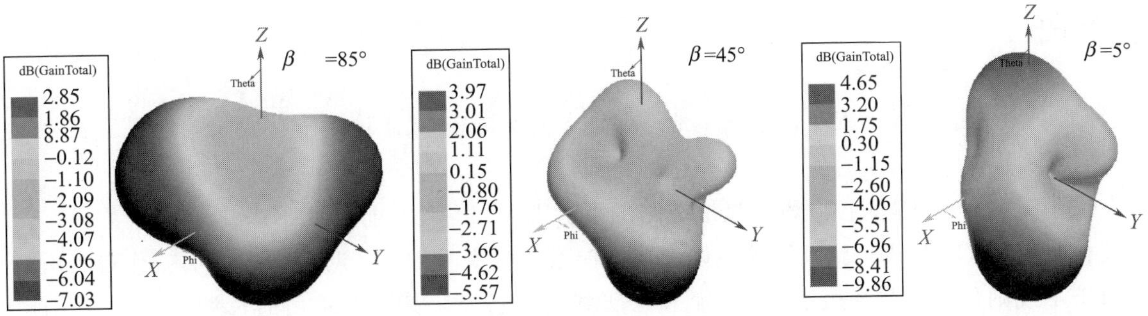

(b) VHF天线远场增益参数β的变化(此时α=5°)

图 6　参数 α 、β 对 UHF/VHF 天线远场增益的影响（见彩插）

3.2　天线座间距 d 及天线仰角 α 、β 对 UHF/VHF 隔离度影响分析

由于 VHF 上行、UHF 下行，且实际应用带宽较窄（<100 kHz），天线隔离度主要观察中心频率 435 MHz 下的 SUV 参数。天线对角垂直布局有助于减小耦合。图 7 是仰角 5°下隔离度随间距变化的曲线，显然，距离越大 SUV 越小，值低于−20 dB。图 8 是间距 100 mm 下隔离度随仰角的变化，其中一仰角保持 5°不变。可见，较低仰角下的 SUV 较小，值低于−20 dB。

天线隔离度主要与方向增益及空间距离有关，由于测控天线均为全向天线，提高隔离度主要依靠增加 UHF/VHF 振子间的距离。

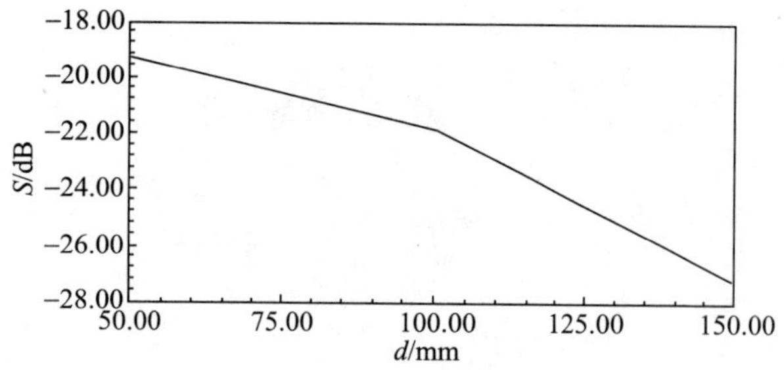

图 7　天线隔离度随间距的变化

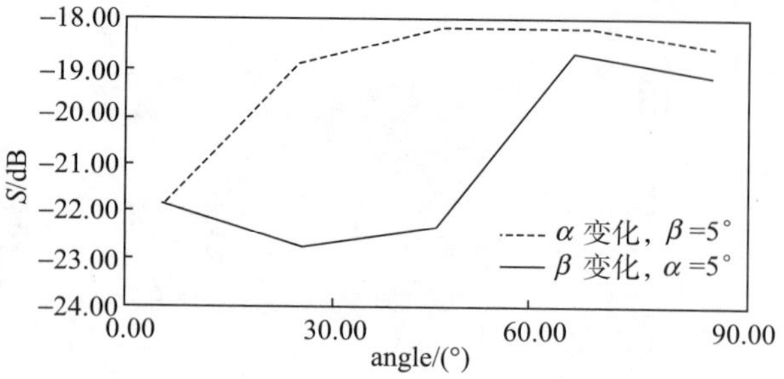

图 8 天线隔离度随仰角的变化

3.3　UHF/VHF 天线布局参数优化

综合以上仿真规律，间距参数 d 对于增大增益和提高隔离度的作用相矛盾，仰角参数可调和该矛盾，使天线方向增益和隔离度同时满足星地测控链路预算。经参数优化，在 $d=150\text{mm}$、$\alpha=45°$、$\beta=45°$时，UHF/VHF 远场增益如图 9 所示，UHF 全向最低增益－8.11 dB，VHF 全向最低增益－6.2 dB，天线间隔离度－22 dB，满足表 2 的电平要求。

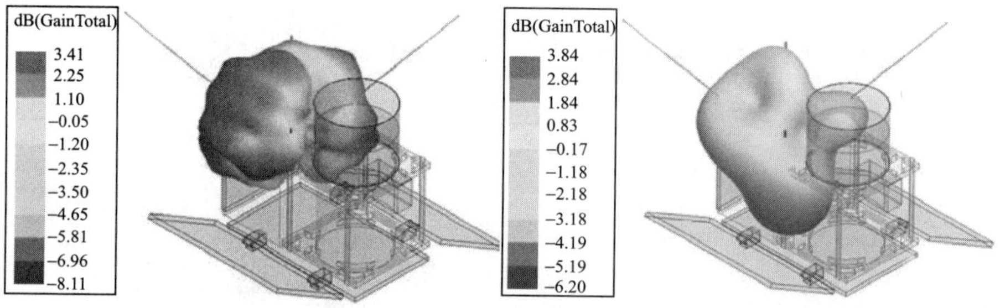

(a) UHF天线全向增益　　(b) VHF天线全向增益

图 9　UHF/VHF 天线参数优化结果

4　结束语

本文针对非对称结构微小卫星，根据星地链路的预算要求，仿真并优化半波长偶极子天线布局参数，得到以下结论：

1）在通用 UHF/VHF 测控频段，星地链路的下行电平裕量比上行的几乎小一半；

2）波长较短的 UHF 线极化天线受星体遮挡方向增益畸变较大，且对布局参数的变化较为敏感；

3）对于不规则包络形状的微小卫星，偶极子天线的增益及隔离度要求可通过调整天线座间距及天线仰角实现。

参 考 文 献

[1] Shin Y, Yoon S, Seo Y, et al. Radiation effect for a CubeSat in show transition from the Earth to the Moon [J]. Advance in Space Research, 2015, 55 (7): 1792-1798.

[2] Spangelo S, Longmier B. Optimization of cubesat system-level design and propulsion systems for earthescape missions [J]. Journal of Spacecraft and Rockets, 2015, 52 (4): 1009-1020.

[3] Song Y-J, Ho J, Kim B-Y. Preliminary analysis of delta-v requirements for a lunar cubsat impactor with deployment altitude variations [J]. Journal of Astronomy and Space Science, 2015, 32 (3): 257-268.

[4] Enrico S, Harald K, Cody A, et al. The RapidEye constellation and its data products [C]. 33th IEEE Aerospace Conference. Mon-

tana, USA: IEEE, 2012: 1 - 9.

[5] Boshuizen C, Mason J, Klupar P, et al. Result from the planet labs flock constellation [C]. 28th Annual AIAA/USU Conference. Boshuizen, USA: AIAA, 2014: 1 - 8.

[6] OGAWA K. Development of the ASNARO, an Advanced Space System [J]. NEC Technical Journal, 2011, 6 (1): 36 - 40.

[7] 王存恩，肖武平．日本先进对地观测卫星平台概述 [J]．国际太空，2012，(7)：22 - 27.

[8] 徐璐，陈金树．微纳卫星测控通信统一系统的研究与实现 [J]．微计算机信息，2007，23 (2 - 3)：96 - 98.

[9] 于小康，张翔，莫乾坤，等．VHF/UHF 立方星地面站系统设计及应用 [J]．南京理工大学学报，2016，40 (2)：177 - 183.

[10] 陈利虎，陈小前，刘鹏飞．适用微纳卫星的便携测控站设计 [J]．飞行器测控学报，2015，34 (1)：16 - 23.

[11] 康行健．天线原理设计 [M]．北京：北京理工大学出版社，1993.

[12] 谢拥军，刘莹，李磊．HFSS 原理与工程应用 [M]．科学出版社．2009.

Electromagnetic Simulation of UHF/VHF Antenna Layout Based on Separated Platform - Load Micro Satellite

TANG Mingjie[1]　MO Qiankun[2]

1. Xi'an Microelectronics Technology Research Institute, Xi'an　710065

2. School of Mechanical Engineering, Nanjing University of Science and Technology, Nanjing　210094

Abstract　Compared to traditional cube satellites, the micro satellite with separation of platform and load has features of highly versatile platform and very flexible load replacement. However, this kind satellite poses a challenge to the rational layout of antennas due to the satellite shielding to antenna radiation. Here, with two dipole antennas, UHF and VHF respectively, for example, for the purpose of uniformly omnidirectional radiation and weakly coupled to each other, the antenna layout is optimized by changing of the antenna base spacing and pitch angle, and comparison of the three - dimensional far field gain pattern and antenna isolation. HFSS electromagnetic simulation results show that, in the diagonal symmetry layout of UHF/VHF antennas, increasing antenna spacing helps to increase isolation, which is lower than −20 dB, and adjusting antenna elevation helps to increase the omnidirectional minimum gain, which is higer than −8.5 dB.

Key words　Micro satellite; Platform - load separation; Antenna gain; Antenna isolation

作者简介

汤明杰，男，助理工程师，就职于西安微电子技术研究所，从事微小卫星天线设计研究，电子邮箱：tangmingjie0@sina.com。

弱鲁棒性异构式小卫星热设计

魏然　江海　范庆梅
北京空间飞行器总体设计部空间热控技术北京市重点实验室，北京　100094

摘　要　航天器的热鲁棒性与航天器的时间常数相关。对于确定的航天器，影响其时间常数的主要因素为航天器的热量总变值。对于异构型航天器，恶劣边界条件以及异构造成的黑腔效应将放大轨道外热流对时间常数的影响。本文针对异构型小卫星时间常数的影响因素进行了研究，给出了恶劣边界条件管理与设计包络获取的方法，归结了热量总变值对航天器的时间常数的影响，并结合天拓3号的热设计实例进行了相应分析，给出了可接受的热鲁棒性航天器对应的时间常数范围。

关键词　鲁棒性；时间常数；异构式；热设计

1　引言

微小卫星（100 kg 以下）具有质量轻、体积小，功耗小、技术扩展性强、投资小、周期短的特点，近年来各国都对微小卫星的发展投入了极大的热情[1]。由于微小卫星具有高热流密度和低热惯性的特点，热控将面临新的挑战，传统的热控技术已不能满足微小卫星的热控要求，热控技术已成为制约微小卫星发展的一个关键技术之一[2]。

2　航天器温度变化原因

航天器的温度变化可以表示为

$$(C_p \cdot M)\frac{\Delta T}{\mathrm{d}T} = \Delta Q(t) - \overline{\varepsilon A T^4} \tag{1}$$

式中　ΔT ——航天器的温度变化；

$\Delta Q(t)$ ——航天器随时间的能量变化；

C_p ——航天器的热容；

M ——航天器的质量。

$\overline{\varepsilon A T^4} = \sum_i \varepsilon_i A_i T_i^4$ 表示航天器各散热面辐射热量总和，ε 为发射率，A 为散热面面积，T 为散热面温度。公式（1）表征了航天器温度变化的原因，然而该公式难以直接解析，故根据文献［3］，可定义时间常数如下

$$\tau = \frac{MC_p}{4A\varepsilon\sigma T_0^3} = \frac{MC_p T_0}{4Q_0} \tag{2}$$

其中 T_0 表示初始平均温度。时间常数用来表征航天器温度变化的剧烈程度，在温度控制上可表征为航天器的热鲁棒性，其值与航天器在热平衡试验工况中的平衡时间相当。从公式（2）可以看出，航天器的温度变化程度与航天器的质量、热容、初始温度成正比关系，与轨道平均总热量 Q_0 成反比关系。

对于设计定型的航天器，其质量、热容是航天器的固有特性。在假定航天器初始温度在 290K 附近的情况下，τ 仅与 Q_0 成反比关系。

在一定时间内，ΔQ_0 的构成可以表示为

$$\Delta Q_0(t) = \Delta Q_{\mathrm{rad}}(t) = \Delta Q_{\mathrm{elec}}(t) - \Delta Q_{\mathrm{out}}(t) \tag{3}$$

式中 $\Delta Q_{rad}(t)$——通过辐射引起的能量变化；

$\Delta Q_{elec}(t)$——因电子元件净剩余热耗引起的能量变化；

$\Delta Q_{out}(t)$——散热面辐射出的总热量变化。

对于辐射引起的最大能量变化，可以表示为

$$\Delta T_{rad-MAX}=\frac{\Delta Q_{rad-MAX}}{C_P \cdot M}=\frac{\sum_i(\alpha_i A_i S+\varepsilon_i A_i E)}{C_P \cdot M} \tag{4}$$

式中 α——各散热面的太阳吸收率；

ε——各散热面的红外发射率；

A——各散热面面积；

S——各散热面受到的周期平均太阳辐照与天体返照之和；

E——各散热面受到的周期平均地球红外。

S 与 E 是根据航天器的轨道确定的，对于固定轨道的航天器，S 与 E 的周期平均量是恒定值，此时辐射引起的最大能量变化由散热面的设计决定，在确定了航天器散热面的热控涂层属性之后，仅与散热面面积和位置相关。

对于因电子元件净剩余热耗引起的能量变化，可以表示为

$$\Delta T_{elec-MAX}=\Delta T_{elec-MAX}/(C_P \cdot M) \tag{5}$$

公式（5）说明航天器电子元件的热量经过排散之后，剩余的热量将导致航天器温度上升。

对于散热面辐射出的总热量变化，可以表示为

$$\Delta Q_{out}(t)=\overline{\varepsilon A T^4} \tag{6}$$

公式（6）说明对于温度维持在 290 K 附件的航天器，通过散热面辐射出的总热量变化仅与散热面面积与位置相关。

综上，轨道固定且外热流周期平均的航天器温度变化与散热面的面积及位置、电子元件的净剩余热耗相关。对于结构复杂的航天器，恶劣边界条件以及异构造成的黑腔效应将放大轨道外热流对温度的影响。

3 异构式小卫星热特性

相对于常规构型的小卫星，异构式小卫星有如下特点。

无舱板结构：无舱板机构的航天器导致大部分电子设备裸露在外，直接受到空间辐射的影响。在此种情况下，所有设备表面均作为散热面，航天器散热面面积急剧增大，根据公式（4）的结论，航天器温度变化量将急剧加大。

凹陷表面构型：对于特殊结构的航天器，凹陷表面结构会产生“黑腔效应”，即空间辐射通过入射口进入腔体后，在腔体内部随机反射，绝大部分能量被腔体吸收，仅有极少部分能量通过入射口排散。“黑腔效应”会导致相对于平面或凸面而言更多的热流吸收，从而导致局部过热现象。此种情况下，“黑腔效应”部分的结构可类比于吸收率极大的散热面，根据公式（4）的结论，将加大航天器温度变化。

体装太阳电池阵：体装太阳电池阵一般与航天器内部结构隔热安装，然而由于结构强度、安装位置等因素导致体装太阳电池阵与航天器内部结构之间依然存在不可忽略的热交换。太阳电池阵除受空间辐射的影响产生较大的温度波动外，因航天器工作模式的不同，其自身分流模式的发热量也不同，加剧了温度波动。在此种情况下，不但需要将体装太阳电池阵按照增大的航天器表比面积散热面处理，还需要将其按照热耗剧烈变化的电子设备处理，根据公式（4）和（5）的结论，体装太阳电池阵势必会加剧航天器的温度变化。

4　异构式小卫星热设计

异构式小卫星的热设计，主要设计目标是通过怎大增加时间常数，提高小卫星的热鲁棒性。考虑到设计定型的航天器，τ 仅与 Q_0 成反比关系，减小 ΔQ_0 可以有效增大时间常数。根据公式（4）和（5），减小当量散热面面积以及电子元件净剩余热耗是有效增大时间常数的热控设计手段。

对于无舱板结构小卫星，为降低空间辐射对电子设备的影响，应使用多层隔热组件（MLI）搭建卫星蒙皮结构，将绝大部分电子设备包覆进蒙皮结构。通过多层隔热组件蒙皮结构的设计，形成空间热辐射屏蔽，从而降低小卫星的散热面的表面积。

对于卫星结构设计形成的凹陷表面，需通过多层隔热组件卫星蒙皮结构的设计，将凹陷表面平滑处理，以降低“黑腔效应”引起的局部吸收热流过大的影响，等同于降低小卫星的散热面的表面积。对于上述多层蒙皮结构的设计，也应注意尽量避免形成凹陷表面。

对于体装太阳电池阵，受限于产品本身的使用环境以及工作特性，既无法降低太阳电池片布置区域的空间热辐射波动，也无法减小因整星工作模式导致的分流模式产生的热耗。为降低体装太阳电池阵对星上其他电子设备的影响，可采取的手段主要为降低非太阳电池片布置区域的吸收热辐射，以及采用绝热设计，降低太阳电池阵与星体结构的传导与辐射热交换，达到降低小卫星的散热面的表面积，减小电子设备的净剩余热耗的目的。

5　典型异构式小卫星热设计实例

5.1　天拓3号卫星热设计方案

天拓3号主卫星采用基于单板纳星结构扩展而成的六面体结构，属于典型的异构式小卫星。整星由两块厚度为98 mm的天向及地向星体、周边体装太阳能电池板、对天对地天线等构成。卫星质量约24.5±0.5 kg，包络尺寸为398 mm×398 mm×560 mm。卫星星体表面设备主要包括4块体装式太阳电池阵。卫星设计散热面面积为0.3 m^2 涂层吸收/发射率为0.6/0.65。

天拓3号为太阳同步轨道卫星。其最大工作模式下功耗36.89 W，最小工作模式下功耗为14.14 W。

天拓3号卫星热源密度较小，变化大，外热流变化剧烈，装备有体装太阳电池阵，无典型舱板构型，星体结构之间存在典型的黑腔结构。将天拓3号的轨道参数以及卫星构型设计数据代入公式（2）计算，卫星的时间常数约为11 000 s，基本与卫星热平衡试验中的平衡时间相当。对比常规相同轨道的卫星（卫星质量约1 000 kg，热耗约500 W，散热面约3 m^2，涂层吸收/发射率为0.25/0.8），时间常数经过公式（2）计算约为80 000 s，天拓3号的时间常数较小，热鲁棒性较差。

针对天拓3号的热特性，结合异构式小卫星的设计原则，天拓3号采取了如下的热设计措施，用以提高时间常数，提高卫星的热鲁棒性。

天拓3号主承力结构并不是常见的蜂窝板构型，而是采用镂空及加强筋结构的铝板，其形状复杂，表面形成众多孔洞以及凹陷结构，导致电子设备易受空间热辐射的影响，且凹陷结构也易导致黑腔效应。热设计中使用多层隔热组件搭接至主承力结构上，形成平滑的多层蒙皮结构，并将电子设备包覆进蒙皮结构中，减少电子设备所受的空间辐射影响。此多层布置于太阳电池阵与星体主承力结构之间，有效降低了太阳电池阵与星体结构的热辐射。

星上的天向端盖组件、地向端盖组件与主承力结构之间存在一定空腔结构，直接构成了星体的黑腔。从此处入射的空间热辐射由于黑腔效应的原因将导致局部的热流吸收增大，影响星内电子设备的热鲁棒性。故此上述多层蒙皮结构除包覆星体主承力结构侧面之外，还需向天向星体和地向星体方向延伸，将黑腔结构包覆在多层蒙皮之内，形成光滑蒙皮结构表层，从而屏蔽黑腔结构引入的热流吸收。

根据卫星轨道外热流分析，体装太阳电池阵受到的空间热辐射在光照段与阴影段差异极大，因此太阳电池阵的温度变化剧烈。体装太阳电池阵与星体主结构之间除上述使用多层隔热组件进行隔热，降低辐射导致的热流交换外，还需使用低导热率的隔热垫及隔热螺套，减小因导热产生的热流交换。

天拓 3 号整星表面积约 1.2 m^2，未设计多层蒙皮结构前整星散热面面积约为整星表面积，设计多层蒙皮结构后，整星散热面面积缩小为 0.3 m^2，时间常数从 2 000 左右增加至 8 000 左右；通过低导热率的隔热垫及隔热螺套，时间常数从 8 000 左右增加至 11 000 左右。通过热设计，天拓 3 号的时间常数增长了约 5.5 倍，热鲁棒性得到明显增强。

5.2 天拓 3 号卫星热平衡试验结果

天拓 3 号卫星于 2015 年 4 月进行了热平衡试验，试验结果表明，热设计可以保证天拓 3 号卫星温度处于较好的水平，热设计合理（表 1)。

表 1 热平衡试验卫星部分设备温度表（单位:℃）

测点名称	工况描述			温度指标
	低温工况	高温工况	高温慢旋工况	
母板（靠近微波网络）	−2.4	9.7	12.7	−20～55
姿控板（姿控板内弯角处）	2.5	11.7	15.7	−20～55
母板（背面，+*X*、+*Y* 拐弯处）	−0.1	10.1	16	−20～55
−*Y* 模拟太阳敏侧壁	−1.6（−2.8）	9.7（10.7）	14.5（15.8）	−20～50
姿控板（背面，+*X*+*Y* 角）	1.6	11.1	16.7	−20～55
OBC 温度	6.7（8.9）	16（16.1）	21.2（21.8）	−20～55
姿控计算机温度	9.6（11.0）	17.8（16.8）	22.8（21.8）	−20～55
电池组温度	3（2.1）	13（11.9）	18（18.5）	−5～45

注：括号内为数值分析结果。

低温工况中，设备温度在−3 ℃～10 ℃；高温工况中，设备温度在 10 ℃～18 ℃；高温慢旋工况中，设备温度在 12 ℃～22 ℃。同一工况中，设备温差不超过 15 ℃，不同工况下，设备最大温差为 25 ℃。根据上文推算，整星时间常数在 10 000 s 左右时，热鲁棒性在可接受范围之内。

数值分析结果与试验结果接近，证明热设计的数值分析结果可信。对比相同工况下，卫星无多层蒙皮设计及无隔热设计，数值分析结果表明设备温差接近 85 ℃，不同工况下，设备最大温差接近 90 ℃。时间常数在 2 000 左右时，卫星的热鲁棒性极差。

6 结束语

1）时间常数体现了航天器的热鲁棒性。通过减小散热面面积以及电子元件净剩余热耗等热设计手段，提高航天器的时间常数，可有效增加航天器的热鲁棒性。

2）根据天拓 3 号的数值分析结果和试验数据，时间常数 $\tau \geqslant 10\ 000$ s 的航天器，热鲁棒性在可接受范围之内。

参 考 文 献

[1] 朱鲁青．微小卫星平台技术情报研究 [J]．空间情报技术研究，2005.
[2] 潘增富．微小卫星热控关键技术研究 [J]．航天器工程，2007.
[3] Justus, C. G., Simple Thermal Environment Model (STEM) User's Guide [R], October 2001 Marshall Space Flight Center.
[4] 易桦．无姿态控制微小卫星热设计方法 [C]．2011 年小卫星技术交流会论文集．

Small Sat Thermal Design with Unmoral Construction and Low Robustness

WEI Ran　JIANG Hai　FAN Qingmei

Beijing Institute of Spacecraft System Engineering, Beijing Key Laboratory of Space Thermal Control Technology, Beijing　100094

Abstract　Aerospace craft thermal design is depended on time constant. To a certain aerospace craft, time constant is basing on total change value of thermal. Unmoral conformation aerospace craft has wicked boundary condition and hohlraum radiation phenomenon which will magnify influence caused by orbit heat flow to time constant. This paper pay attention to influencing factor of micro－satellite time constant, the design boundary and management of wicked boundary condition and influence to time constant caused by total change value of thermal. At last this paper shows a thermal design example of some sat, and shows the acceptable range of time constant.

Key words　Robustness; Time Constant; Unmoral Construction; Thermal Design

作 者 简 介

魏然，男，工程师，就职于北京空间飞行器总体设计部，从事航天器热控设计专业，电子邮箱：rainywei21@163.com。

星外小相机热设计与热分析

宁东坡　黎明　徐志明　辛强
航天东方红卫星有限公司，北京　100094

摘　要　卫星平台的小相机是星外监控太阳翼及数传天线工作的设备，其温度指标苛刻，而且由于体积较小，容易被遮挡，受到的太阳辐射和其他设备的辐射热流较为复杂。本文使用 Thermal Desktop 对小相机进行了热分析和热设计，建立了三台小相机的热模型和整星边界。首先分析了无热控措施下三台小相机的实际工作温度变化规律，根据其温度水平和变化情况选择合适的主动或被动的热控措施进行热设计，最后计算热控实施后小相机的在轨温度状态。计算结果表明热设计后三台小相机温度波动减小，温度均能满足指标要求。

关键词　小相机；热设计；Thermal Desktop

1　引言

随着小卫星技术的发展，对小卫星的工作可靠性[1]要求越来越高，通过星外小相机可以直接通过图像来监测小卫星星箭分离、太阳翼展开和数传天线展开等工作状态。然而为了监测这些星外设备的工作状态，小相机须安装在卫星外表面。太空复杂恶劣的空间环境极大地影响了星外设备[2-4]的正常工作，因此必须对其进行专门的热分析与设计[5-6]，采用适当的热控措施，保证其工作在要求的－15℃～＋50℃温度范围内。

为了对星外小相机进行热设计，以星外小相机为研究对象，建立了星外小相机的精细模型和整星模型边界，计算了在无热控措施下在轨的温度状态，然后根据其温度水平和变化情况选择合适的主动或被动热控措施。最后通过计算来验证对星外小相机热设计的有效性。

2　星外小相机

星外小相机由三台小相机组成，分别监测卫星两个太阳翼以及天线的工作状态。小相机质量和体积小，整体热容较小。三台小相机结构相同，其中在监测天线工作的小相机上安装有闪光灯，热耗稍大。小相机安装在支架上，然后支架安装在舱板上。太阳翼监测小相机机背有热耗，数传天线小相机除了机背，闪光灯也有热耗产生。小相机模型如图 1 所示，不同位置的小相机支架形状不同。

图 1　小相机模型

星外小相机用来监测太阳翼和数传天线工作状态。在星箭分离阶段，数传天线小相机会开启来监测星箭分离工作，太阳翼展开时刻，两台太阳翼小相机也会开启，实时将太阳翼的展开状态下传至地面。天线展开时，数传天线小相机会再次开启，观测天线展开过程。在其他时刻，星外小相机会根据命令执行成像任务工作。因此星外小相机工作模式较为复杂，其开启后瞬时热耗较大，而由于其本身热容小，会导致温度波动较大，而且小相机因为体积较小，容易受到卫星本体遮挡，造成外热流和辐射环境变化较大。针对小相机的热特性与工作模式特点，在热分析与热设计过程中，需准确地建立与整星的相对位置和方向放系，并建立较为精细的几何模型，计算多种热控状态和工况[7]的极端模式下的温度，最后根据计算结果按最大包络优选热控设计方案。

3 热分析

Thermal Desktop 是基于 AutoCAD 软件环境，也可使用已有几何或者 FEM 模型，进行热分析与热设计的专业软件。在本文小相机热分析与设计中，采用热阻网络法，使用 Thermal Desktop、Sinda/Fluint 软件进行在轨热分析。

根据小相机的三维模型和整星模型，建立了星外小相机的热分析模型，小相机模型如图 2 所示。由于小相机是分析对象，对其进行了精细化建模。整星模型作为热边界，只按照其外形尺寸建立起了模型，没有建立星内设备。

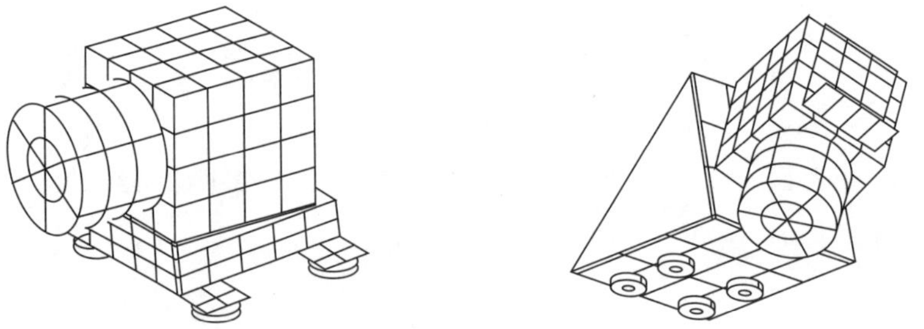

图 2　小相机热模型

在本文计算中，以星外小相机为研究对象，对其进行详细的计算和分析，需要给出其他设备和整星的温度边界条件，才能求解。小相机的安装舱板，存在着导热和辐射关系，根据整星的热分析结果给出其温度变化上下限，然后根据工况来选择温度。其他存在辐射的舱板给定其整星热设计结果的热控状态。载荷相机根据相机热设计结果给定其精确控温的温度边界，表面根据热设计结果给定热控状态。

在计算中设定了低温工况和高温工况的工作状态与环境参数，见表 1。

表 1　热分析工况设置表

工况	飞行姿态	监测单元工作状态	边界条件
低温工况	正常飞行	三台监测单元均不工作	涂层寿命初期； 最小 Beta 角； 太阳常数 1 322 W/m^2； 地球反照率 0.30； 地球红外热流：230 W/m^2
高温工况	正常飞行	三台可视化监测单元同时在日下点开机，工作时间 5min，数传天线监测单元闪光灯长亮	涂层寿命末期； 最大 Beta 角； 太阳常数 1 414 W/m^2； 地球反照率 0.35； 地球红外热流：250 W/m^2

对小相机进行热设计时，需首先考察无热控措施下在轨的温度状态，暴露出问题，然后根据其温度水平和变化情况有针对性地选择合适的主动或被动热控措施。小相机无热控措施状态为表面完全裸露，

表面为黑色阳极化处理，无主动控温措施，与舱板减震隔热安装。分别计算其高温和低温工况下的温度变化情况。表 2 给出了不同工况温度变化范围。

表 2　无热控措施下各小相机温度范围

	部位	低温工况/℃		高温工况/℃	
		Min	Max	Min	Max
+Y 太阳翼小相机	机背	−18.5	−6.8	−2.8	+13.5
	镜头	−19.2	−7.2	−3.8	+11.5
−Y 太阳翼小相机	机背	−3.5	+10.2	+9.3	+26.9
	镜头	−4.0	+13.4	+8.8	+30.4
数传天线可视化监测单元	机背	−10.0	+13.5	+8.8	+36.0
	镜头	−9.5	+12.6	+9.0	+34.0
	闪光灯板	−10.0	+13.2	+8.0	+42.4

图 3 和图 4 给出了在低高温工况下三台小相机温度变化曲线。

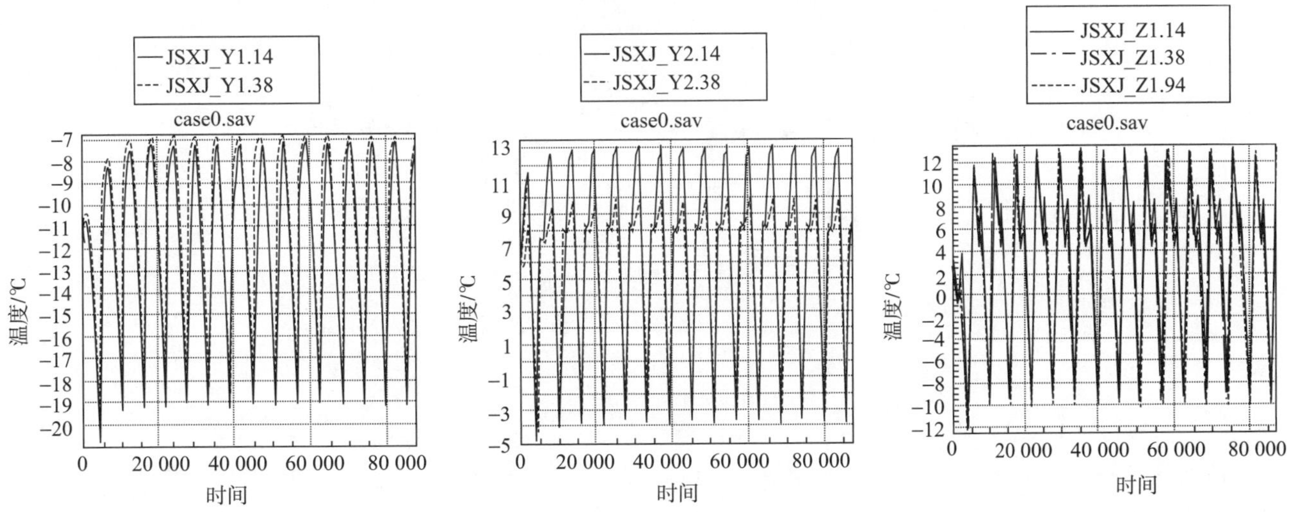

(a) +*Y*太阳翼小相机温度曲线　(b) −*Y*太阳翼小相机温度曲线　(c) 数传天线小相机温度曲线

图 3　低温工况小相机温度变化曲线

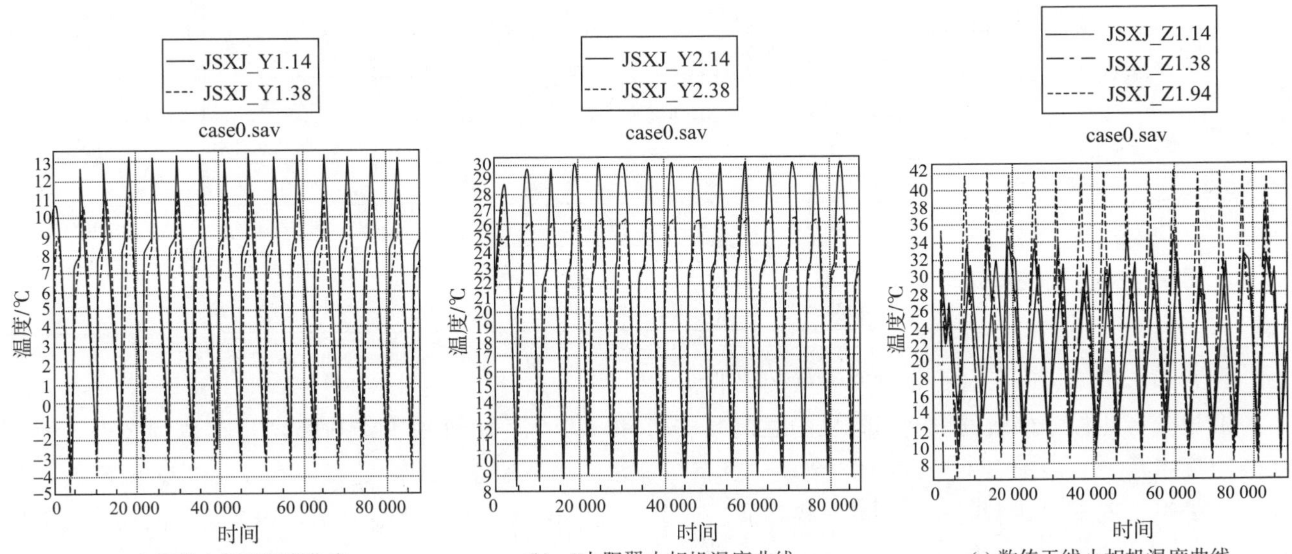

(a) +*Y*太阳翼小相机温度曲线　(b) −*Y*太阳翼小相机温度曲线　(c) 数传天线小相机温度曲线

图 4　高温工况小相机温度变化曲线

经过计算，对照三台小相机的温度变化情况可以看出低温工况下三台小相机都处于较低的温度范围内，＋Y 侧小相机温度已经比温度指标下限低于 10 ℃，数传天线小相机距离温度下限仅有 5 ℃，余量太小。高温工况下数传天线小相机温度高达 42.4 ℃，接近温度上限。高低温工况下：均存在温度波动较大的情况，剧烈的温度变化可能导致小相机失焦，甚至因镜片热应力而破裂等情形。

通过上面的分析可以看出，小相机在舱外面对复杂的外热流环境，在不采取任何热控措施，其面临温度超标及温度波动范围过大等问题，严重影响其工作性能，甚至会失效，因此必须对其进行热控设计，保证其工作在要求范围之内。

4 热设计与计算验证

根据上文温度计算仿真与分析结果，针对小相机暴露出来的问题进行针对性热设计。相机机背上插有电缆的面（表面黑色阳极化处理）作为散热面，镜头入光口也作为散热面。机背其他面（包括支架、闪光灯安装板）包覆上多层材料用来隔热，数传天线小相机闪光灯安装板背面包覆多层。在上文分析中机背与镜头温差较大，影响小相机的工作性能，利用星务提供的加热回路资源，在镜头上粘贴加热片，采用闭环控温方式来减小镜头温度波动。热控措施如图 5 所示。

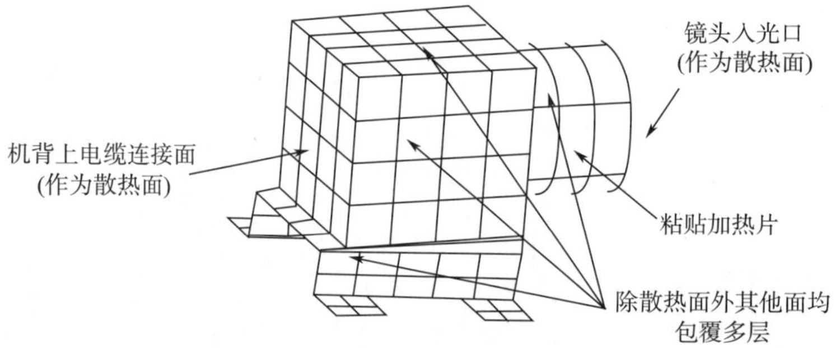

图 5　小相机热控措施

针对热设计后的小相机在轨温度变化使用 Thermal Desktop 进行了热分析，表 3 给出了小相机在高低温工况下的温度范围。

表 3　热设计后各可视化监测单元温度范围

		低温工况/℃		高温工况/℃	
		Min	Max	Min	Max
＋Y 太阳翼小相机	机背	−5.5	−1.1	＋18.9	＋26.7
	镜头	−5.1	−2.0	＋18.4	＋25.0
−Y 太阳翼小相机	机背	−5.3	−3.8	＋20.3	＋25.0
	镜头	−5.1	−2.8	＋20.0	＋26.7
数传天线小相机	机背	−5.1	＋1.2	＋22.5	＋33.3
	镜头	−5.0	＋1.3	＋22.5	＋31.5
	闪光灯板	−5.3	＋1.2	＋22.2	＋40.4

图 6 和图 7 给出了三台小相机的温度变化曲线。

通过分析热控实施后的三台小相机的温度数据可知，各个小相机均工作在温度指标范围之内，而且距离温度指标上下限都有 10 ℃以上的余量。机背与镜头的温差变小，最大温差不大于 2 ℃。温度波动减小，高低温工况下单轨温度波动幅度大幅降低。低温工况下单轨温度波动幅度小于 6.5 ℃，高温工况下机背和镜头的单轨温度波动幅度小于 10.8 ℃。

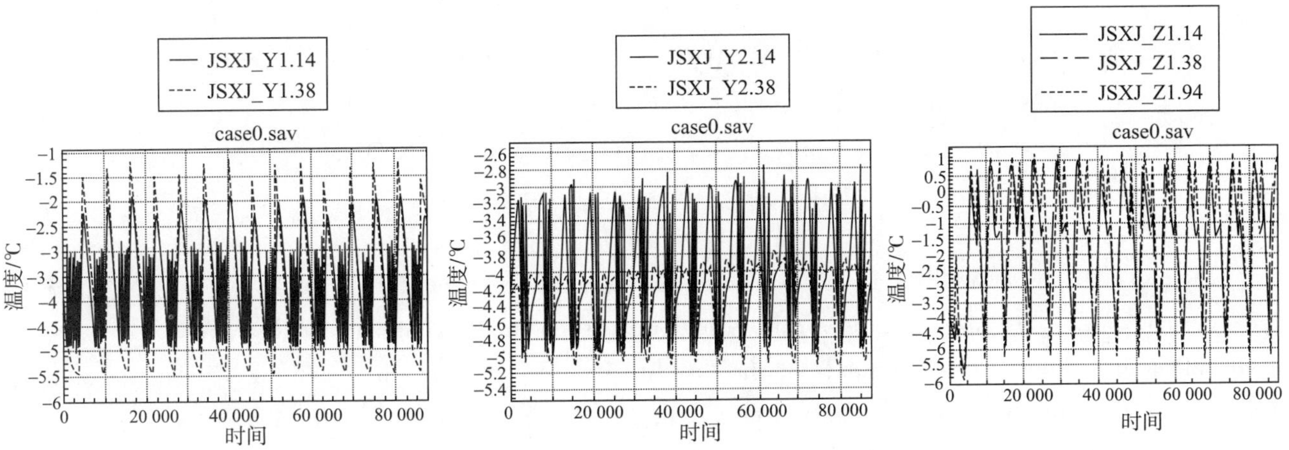

图 6　低温工况小相机温度变化曲线

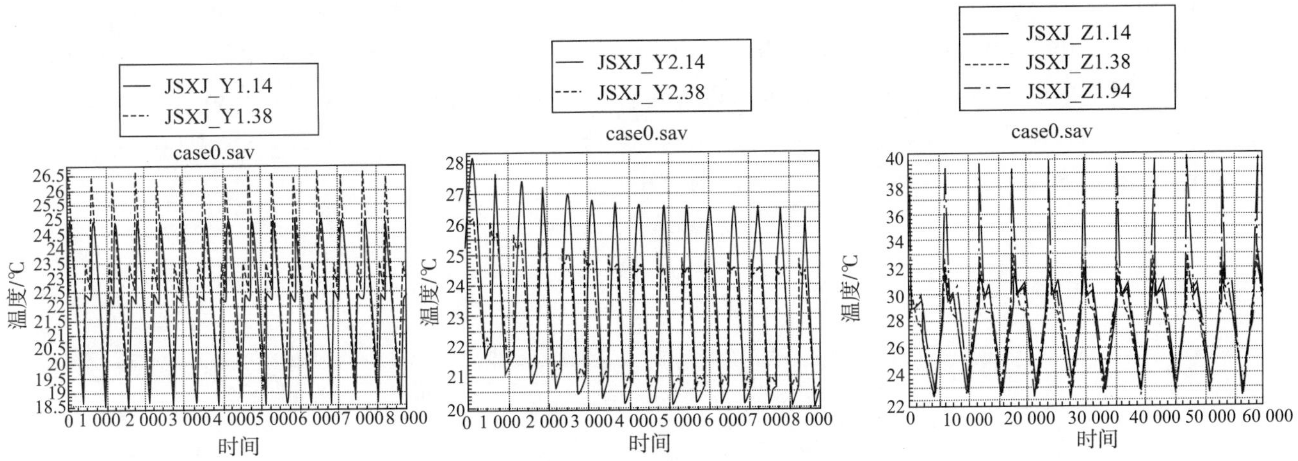

图 7　高温工况小相机温度变化曲线

5　结束语

为了保证星外小相机工作在温度指标范围内，对其进行了热分析与热设计。首先建立了小相机的精细热模型，然后建立了整星边界模型，并且赋予了边界条件。对无热控措施下的小相机温度场进行分析，发现小相机温度超出温度指标要求，并且温度波动过大。然后通过包覆多层、设置散热面、闭环加热控温的手段对小相机进行了热设计，并且对热设计后的小相机在轨温度进行了计算分析，结果表明针对小相机的热设计措施能够保证其满足温度指标要求。

参 考 文 献

[1] 潘增富．微小卫星热控关键技术研究 [J]．航天器工程，2008，16 (2)：16－21.

[2] 孔林．快速响应空间小卫星热控系统设计及关键技术 [J]．红外与激光工程，2014，43 (S1)：130－138.

[3] 潘维，赵欣．小卫星全被动热设计及其验证技术 [J]．航天器工程，2014，23 (4)：46－51.

[4] 刘颖，范永青，徐金涛．光纤陀螺组合的热设计及分析 [J]．红外与激光工程，2015，44 (12)：3750－3754.

[5] 陈荣利，耿利寅，马臻，等．空间相机的热分析和热设计 [J]．光子学报，2006，35 (1)：154－157.

[6] 钱婧，饶鹏，夏晖．小型空间相机的被动热控设计 [J]．科学技术与工程，2013 (8)：2150－2154.

[7] 韩冬，吴清文，陈立恒，等．空间相机热设计中的极端工况确定 [J]．光学技术，2009 (6)：843－846.

Thermal Design and Analysis for Exposed Small Cameras

NING Dongpo　LI Ming　XU ZhiMing　XIN Qiang
DFH Satellite Co. Ltd，Beijing　100094

Abstract　Exposed small cameras are used to monitor the working state of solar panels and data transfer antenna，but the requirement of working temperature for small cameras is strict，and the cameras are easily blocked by the other equipments of the satellite because of their small volumes，then the radiation from the sun and other equipments is complex. Thermal Desktop is used for the thermal analysis and design of exposed small cameras in this research，and building the thermal models of three small cameras and the satellite that is the thermal boundary in the calculation. First，the temperature variation regularity of three small cameras without thermal control，then initiative and passive thermal control method are used to control the temperature of small cameras according to the calculation. In the last，Thermal Desktop is used to calculate the temperature state of small cameras with thermal control，the result shows that the temperature fluctuations are declined，and the temperatures of three small cameras meet the requirements.

Key words　Small cameras；Thermal design；Thermal Desktop

作者简介

宁东坡，男，助理工程师，就职于航天东方红卫星有限公司，研究方向为总体热设计与热分析，电子邮箱：ningdongpo@163.com。

一体化大功率星敏感器组件高精高稳温度控制设计方法

孙鹏　赵欣　刘伟　江海

北京空间飞行器总体设计部空间热控技术北京市重点实验室，北京　100094

摘　要　小型 APS 星敏感器由于采用一体化结构，单机热耗集中且在不开启致冷器时高达 8 W。为了提高星敏感器姿态的测量精度，必须考虑复杂外热流变化情况下星敏感器组件高精度高稳定性的温度控制方法。本文以太阳同步轨道卫星为例，针对 20±1 ℃高稳定度的控温要求，对 3 颗一体化 APS 星敏感器集中布局的情况进行了全新热控设计，从控制热扰动源波动、控制热量传递路径、高精度温度控制参数选择和热应力消除等方面分析并采取了有效的措施，最终达到了星敏感器温度波动在 1 ℃以内的效果。

关键词　一体化星敏感器；高精高温；热设计

1　引言

星敏感器是卫星控制分系统重要的姿态测量部件，随着技术的发展，小型一体化 APS 星敏感器应用越来越多。相对于分体式 APS 星敏感器，一体化 APS 星敏感器单机热耗集中且在不开启致冷器时高达 8 W，在开启致冷器后热耗将达到 12.1 W；而分体式 APS 星敏感器在不开启致冷器时热耗仅为 1 W 左右。一体化 APS 星敏感器其在轨工作时热环境较恶劣，温度变化会导致星敏感器的测量精度降低，为保证星敏感器在轨可靠工作，需保证星敏感器具有良好的热稳定性，进而提高对星敏感器的温度控制要求。星敏感器的热设计方面必须考虑复杂外热流变化情况下星敏感器组件高精度高稳定性的温度控制方法。

本文以太阳同步轨道卫星为例，针对 20±1 ℃高稳定度的控温要求，对 3 颗一体化 APS 星敏感器集中布局的情况进行了全新热控设计，从控制热扰动源波动、控制热量传递路径、高精度温度控制参数选择和热应力消除等方面分析并采取了有效的措施。

2　星敏感器组成及布局

一体化 APS 星敏感器主要由星敏感器结构、光学系统、遮光罩、致冷器、电路等组成，其外形示意图和在星上的安装位置如图 1 所示。3 台一体化 APS 星敏感器通过 1 个一体化支架安装在整星 $-Z$ 侧。

单台星敏感器不开致冷器时工作状态热耗为 8 W；致冷器开启后，星敏感器工作状态总热耗 12.1 W。星敏感器组热耗集中（不开致冷器 8 W×3＝24 W，开启致冷器 12 W×3＝36 W），且温度要求极为苛刻，星敏感器法兰接口温度（图 2 斜线部分对于热控措施侧）要求在整个寿命期间控制在 20±1 ℃。

3　星敏感器组件热设计方案

3 台星敏感器采取的热控措施相同，主要包括开设独立的散热面、设置控温回路，具体措施如图 3 所示。

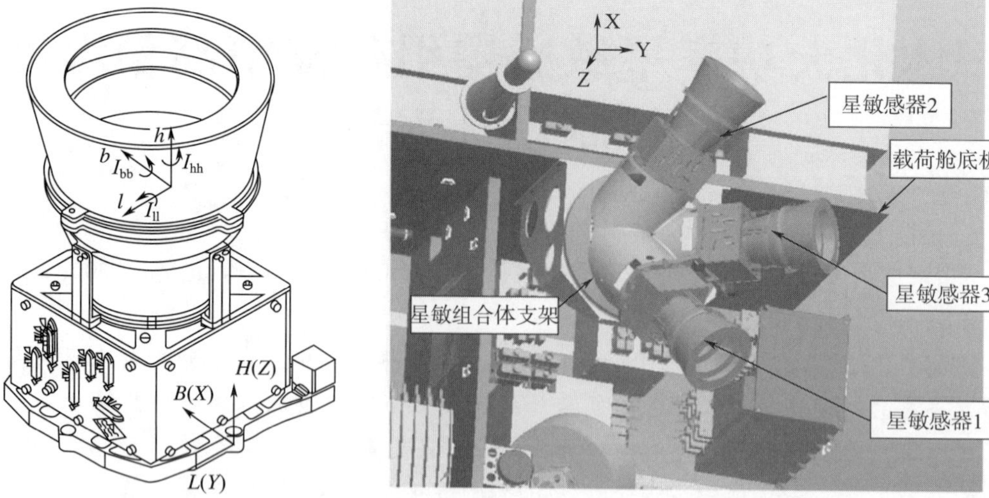

图1 星敏感器构型及布局示意

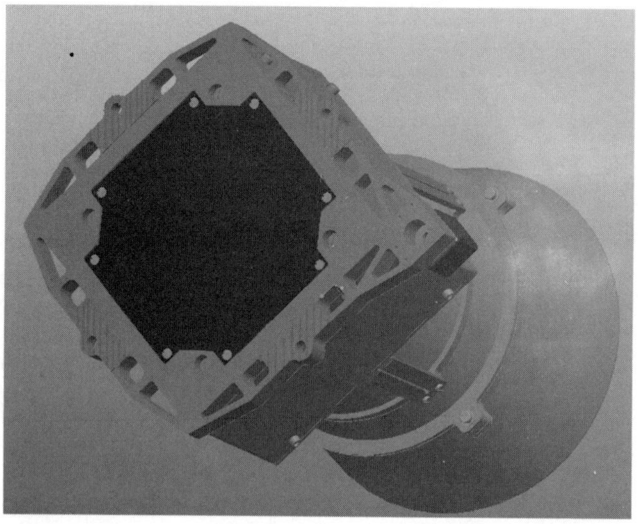

图2 星敏感器安装法兰接口（斜线部分）

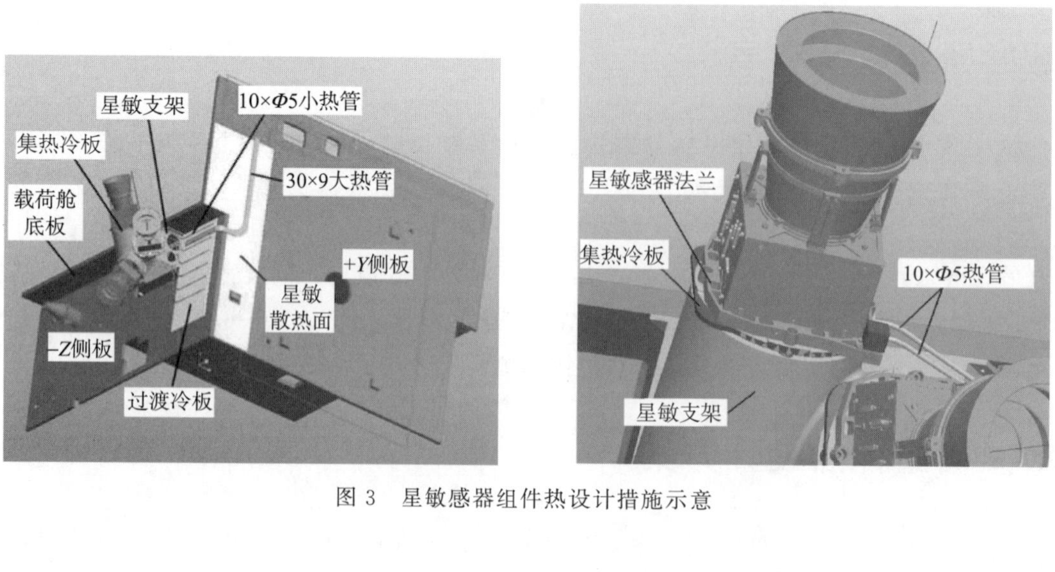

图3 星敏感器组件热设计措施示意

3.1 热扰动源波动控制

由于星敏感器组位于整星 $-Z$ 侧，外热流在一个轨道周期内变化可从 0 变化到 1 300 W/m² （图 4），波动较大。星敏感器组热耗较大且热耗集中，致冷器开启后热耗可从 8.5 W 增加到 11.8 W （图 5），星敏感器法兰安装脚附近接口温度要求整个寿命期间内控制在 20±1 ℃，对温度波动及稳定度要求较高，星敏感器热控设计需针对外热流峰值和星敏感器热耗最大极端工况设计，且需同时满足卫星正常飞行和姿态机动飞行姿态，热控资源消耗较大。

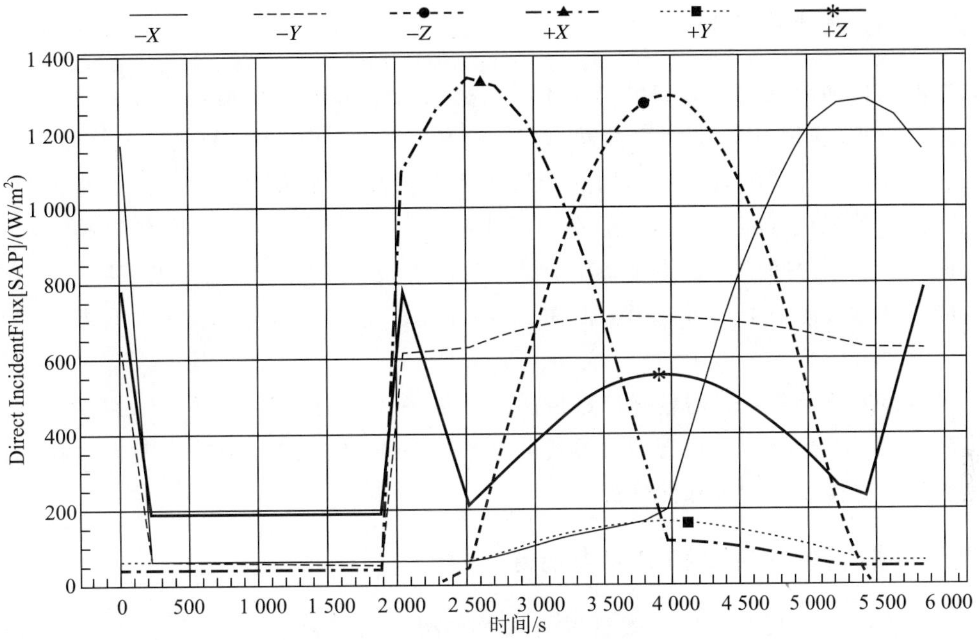

图 4　高温工况卫星各面到达外热流图（W/m²）

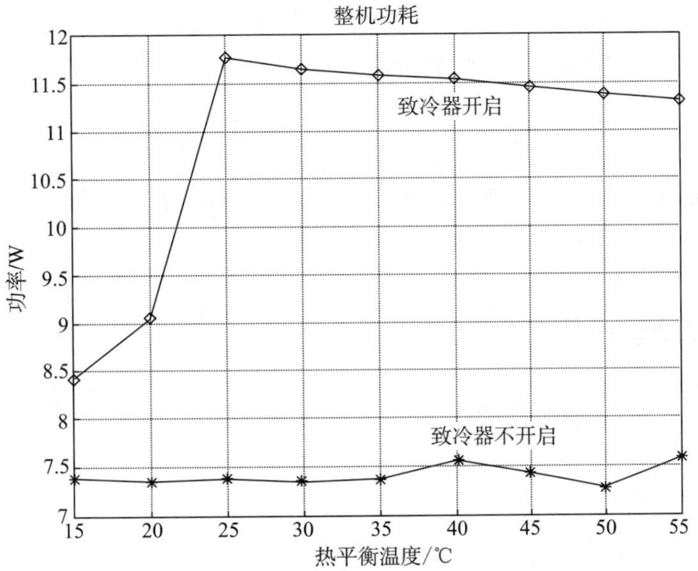

图 5　星敏感器开启致冷器后热耗

为有效抑制热扰动源的波动，采用如下的措施：

1）首先使用多层隔热组件尽量减少星敏感器本体（进光口除外）的吸收外热流，减少其热扰动源的总量；

2）对于星敏感器进光口的吸收外热流，通过星敏感器遮光罩设计逐层消弱，并通过星敏感器遮光罩与本体隔热手段，降低对星敏感器本体的影响；

3）通过构建快速有效的传热通道，将传递到星敏感器本体的残余热扰动源快速排散，可保证星敏感器本体具有极高的温度稳定度；

4）在星敏感器安装脚附近布置补偿加热回路，以抑制星敏感器外热流突降情况下造成的温度波动。

从图4还可以得到，整星的＋Y面波动较小，可选做星敏感器的独立散热面，以有效抑制高达1 300 W/m^{2}的外热流扰动。由于星敏感器位于整星－Z面，需设计合理的传热路径将热量传导至整星＋Y面。此外，合理的传热路径亦可将星敏感器开启致冷器后的热耗扰动传导至散热面。

3.2 热量传递路径设计及控制

为将星敏感器热扰动源波动的疏散出去，在星敏感器安装脚下设计集热冷板，将外热流波动和星敏感器自身热耗波动收集起来。通过设计三维热管将热量传递到位于整星＋Y侧的散热面。

由于单根热管的传热能力随着长度的增加而较小，单根热管无法满足长距离热量的传递，且热量传递为三维立体路径，单根热管需要多次弯扭才能实现热量的传递，为保证热量传递路径的有效性和可靠性，在集热冷板与散热面之间的热量传递路径中设计过渡冷板，单颗星敏感器先使用2根10×Φ5的三维小热管将热量传导至过渡冷板上，再使用1根30×Φ9的大热管将热量从过渡冷板传导至星敏感器独立散热面。

由于整个热量传递路径复杂，需精确计算传递路径每一环节的热阻，其中星敏感器与集热冷板热管、小热管与集热冷板的接触热阻、小热管与过渡冷板热管在热量传递路径中较为关键，在热设计过程中需合理设计传热热阻，并做相应的敏感性分析。

3.3 高精度温度控制参数选择和热应力消除

星敏感器在总装环境下装配，且星敏感器与法兰、法兰与热控措施之间由于总装固定会引入应力。故星敏感器在轨温度控制水平与总装条件一致，可最大程度降低由于温度差异引起的热应力，保证星敏感器有较高的指向稳定度，且星敏感器接口在轨温度水平控制在20±1 ℃。

考虑到星敏感器本体和星敏感器支架上采用散热面等手段会加大局部的热应力，故星敏感器热设计中将散热面选择远离星敏感器本体的外挂侧板上，并通过两类弯曲热管进行应力释放，从而达到最小化在轨热应力的效果。

为保证星敏感器接口温度在寿命期间内控制在20±1 ℃，在热设计中选用精度为±0.1 ℃的热敏电阻进行控温，并选用控温精度为12 bit的热控仪进行温度控制。同时在热仿真分析软件中进行相应设置，软件控制周期在5 s左右，以对热设计方案进行等效仿真分析。

4 星敏感器热仿真分析

4.1 计算模型及网格划分

使用THERMAL DESKTOP热分析软件求解热网络模型，边界条件为空间环境温度4 K。为了考虑整星舱板外表面对星敏感器的遮挡和红外辐射影响以及星内设备对星敏感器的辐射影响，将星敏感器放入在整星热分析计算模型中一起考虑，所有计算网络节点约4 423个，热分析网络模型如图6所示。

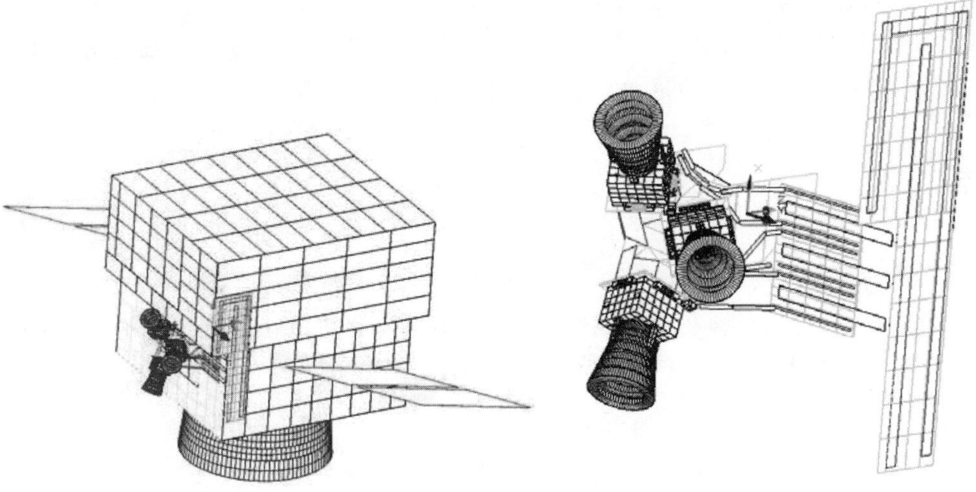

图 6　星敏感器热分析网路模型

4.2　热仿真分析结果分析

根据任务需求，综合考虑在轨姿态机动、整星工作模式等因素，在整星热分析模型中单独对星敏感器设计工况进行分析，在轨正常工作时极端高低温计算结果如表 1 所示。图 7 和图 8 还分别显示了高温工况下星敏感器组件的温度和法兰温度。

表 1　一体化星敏感器在轨极端工况下计算温度（℃）

工况	星敏感器 1 集热冷板		星敏感器 2 集热冷板		星敏感器 3 集热冷板		最大温差
	最小值	最大值	最小值	最大值	最小值	最大值	
低温	19.52	20.31	19.29	20.22	19.38	20.25	0.93
全捕	19.62	20.44	19.18	20.20	19.49	20.44	1.02
高温	19.50	20.34	19.60	20.40	19.44	20.34	0.90

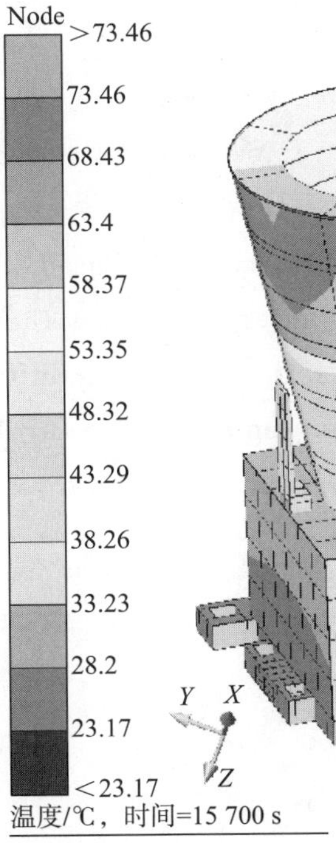

图 7　高温工况星敏感器组件温度（见彩插）

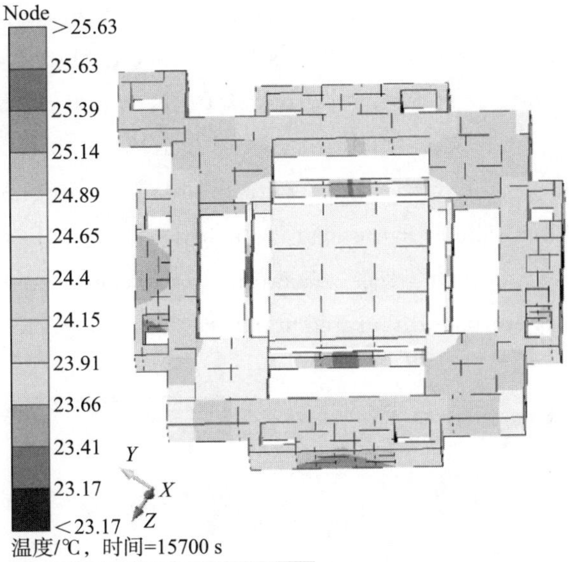

图 8　高温工况星敏感器法兰温度（见彩插）

在三轴稳定对地定向飞行姿态下，由于星敏感器散热面不受照，外热流波动对集热冷板的温度影响较小。低温工况和高温工况的冷板温度差别不大，高温工况比低温工况略有增加。低温工况和高温工况最大温度分别为0.93℃和0.90℃，满足20±1℃的指标要求。

5 结束语

本文以太阳同步轨道卫星为例，针对20±1 ℃高稳定度的控温要求，对3颗一体化APS星敏感器集中布局的情况进行了全新热控设计。从控制热扰动源波动、控制热量传递路径和高精度温度控制参数选择和热应力消除等方面分析并采取了有效的措施，最终达到了星敏感器温度波动在1 ℃以内的效果。

参考文献

[1] 杨昌鹏，赵欣，辛强．倾斜轨道星敏感器热控设计及在轨分析 [J]．航天器工程，2013，22 (6)：59-64.

[2] 江帆，王忠素，陈立恒，等．星敏感器组件的热设计 [J]．红外与激光工程，2014，43 (11)：3740-3745.

[3] 孙宏海．小型星敏感器的设计与实现 [J]．仪器仪表学报，2012，33 (8)：261-265.

[4] 刘海波，谭吉春，沈本剑．星敏感器光学系统的热/结构/光分析 [J]．宇航学报，2010，31 (3)：875-878.

[5] 顾燕萍，付鑫，李鹏，等．GEO高精度星敏感器精密控温技术研究及试验验证 [J]．上海航天，2016，33 (3)：875-878.

[6] 关奉伟．太阳同步轨道星敏感器热设计典型工况确定 [J]．激光与红外，2015，12.

High Precision and High Stability Temperature Control Design Method of Integrated High Heat Dissipation Star Sensor Group

SUN Peng　ZHAO Xin　LIU Wei　JIANG Hai

Beijing Institute of Spacecraft System Engineering, Beijing Key Laboratory of Space Thermal Control Technology, Beijing　100094

Abstract　As the composition of the mini-type APS star sensor is integrated, the heat dissipation of the unit is concentrated and can reach to 8W during the cooler is off. In order to improve the attitude determination precision of the star sensor, a high precision and high stability temperature control design method of the star sensor group with the complicated external heat flux should be considered. Based on the sun-synchronous satellite and the 20±1℃ high stability temperature control requirement, a new thermal design method of the three centralized layout integrated APS star sensors is done in this paper. An efficient method is taken for the heat disturbance source, heat transfer path, high precision temperature control parameter and heat stress relaxation. The result shows that the temperature fluctuation is less than 1℃.

Key words　Integrated star sensor; High precision and high stability; Thermal design

作者简介

孙鹏，男，工程师，从事航天器热控设计工作，电子邮箱：sunpeng_501@126.com。

一种光SAR共视小卫星方案

姜秀鹏　王崇羽　姚芳　段晓

航天东方红卫星有限公司，北京　100094

摘　要　文章提出了一种光SAR共视综合成像小卫星方案，即光学载荷和SAR载荷共同安装于同一卫星平台上，可共同指向目标同时开机成像，获得地面目标在相同时刻的不同类型的图像。方案充分发挥光学图像的直观易读的优势和SAR图像的全天时全天候优势，具有对同一目标的多手段同时观测能力，有利于进行目标图像的对比分析和多信源数据融合，可以更好地支持目标的识别确认，提高对目标的多维感知能力。

关键词　光学载荷；SAR载荷；共视；小卫星

1　引言

经过几十年的发展，国内外对地遥感卫星在技术和应用上均得到了巨大进步，观测目标及观测范围不断扩展，空间分辨率、时间分辨率及光谱分辨率等性能不断提升，在国民经济、社会发展和国家安全中发挥着重要作用。

目前，对地遥感卫星的有效载荷主要以光学载荷和微波载荷为主，并且采用单一有效载荷的卫星占比较大。光学载荷主要包括可见光、多光谱、红外等相机载荷，以可见光相机载荷为主流；微波载荷主要包括合成孔径雷达（SAR）、辐射计、散射计等载荷，以SAR载荷为主流。可见光相机载荷的优点是图像直观、易于解译，图像层次丰富，能获取目标细节信息、可准确识别确认目标；缺点是夜间、不良气候条件下（如多云、雨雾）无法获取有效图像。SAR载荷的优点是可全天时、全天候成像，利用其穿透性可揭露伪装，缺点是图像不直观，图像目标细节信息少，星下点难以成像。从目前在轨遥感卫星的应用情况来看，单一载荷在满足应用需求方面总是存在着一些不足，如果能够把不同载荷的数据进行融合，则可以优势互补，有效发挥不同载荷的效能，一些综合型遥感卫星也应运而生。因此，数据融合是对地遥感卫星未来应用的一个重要方向。

本文提出了一种光SAR共视综合遥感卫星，即光学载荷和SAR载荷共同安装于同一卫星平台上，可共同指向目标同时开机成像，获得地面目标同时相异源异类图像，充分发挥光学图像的直观易读的优势和SAR图像的全天时全天候优势，具有对同一目标的多手段同时观测能力，有利于进行目标图像的对比分析和多信源数据融合[1]，可以更好地支持目标的识别确认，提高对目标的多维感知能力。

2　综合型遥感卫星的发展现状

为了满足遥感信息应用领域对遥感信息获取技术高空间分辨率、高时间分辨率、高光谱分辨率、宽刈幅、全天时和全天候功能的需要，多种遥感器组合的卫星遥感技术正成为世界航天遥感技术领域的一个发展热点。

世界上已经发射的多功能综合遥感卫星已有一定的数量，以环境卫星（ENVISAT）、先进地球观测卫星（ADEOS）、先进陆地观测卫星（ALOS）等卫星为典型代表，均属集多种不同性质和类型的遥感器于单一卫星平台上，完成多种观测功能的遥感系统。

2002年2月发射升空的欧洲环境卫星重约8 200 kg，装载了10台遥感器，代表了20世纪末和本世纪初世界航天遥感领域的先进技术水平。10台遥感器协调工作，共同完成对大气、海洋和陆地的全球综合观测任务。10台遥感器分别为：先进合成孔径雷达（ASAR）、雷达高度计（RA－2）、微波辐射计（MWR）、先进沿轨迹扫描辐射计（AATSR）、中分辨率成像光谱仪（MERIS）、掩星式全球臭氧监测仪（GOMOS）、扫描成像大气吸收光谱仪（SCIAMACHY）、被动式大气探测密歇尔松干涉仪（MIPAS）、卫星激光测距（LRR）、多普勒测轨和无线电定位卫星集成系统（DORIS）。环境卫星能监测诸如海平面高度、海洋重力场、海面浪场、风场、流场、潮汐、温度场和海冰等海洋动力环境以及海洋水色环境和海岸带，测量大气化学成分、恒星光谱、大气臭氧层和温室效应，并能显示气体以及气溶胶浓度分布。此外，环境卫星上的合成孔径雷达、中分辨率成像光谱仪和沿轨迹扫描辐射计等，既能用于海洋和冰盖探测，还能用于陆地遥感，如植被、土地、地质、水灾及水文参数测量[2]。图1为ENVISAT构型图。

图1 ENVISAT构型图

日本2002年12月发射的先进地球观测卫星（ADEOS－2）[3]重约3 500 kg，星上安装了5个遥感仪器：先进的微波扫描辐射计（AMSR）、全球成像仪（GLI）、改进型大气边缘光谱仪（ILAS－Ⅱ）、海风散射计（Seawinds）、地面反射光观测装置（Polder），主要用于海洋与大气环境要素探测。图2为ADEOS－2构型图。

图2 ADEOS－2构型图

日本2006年1月发射的先进陆地观测卫星（ALOS）重约3 850 kg，星上安装了3个遥感仪器：用于数字高程制图的全色立体测绘仪（PRISM）、能准确地观测土地覆盖的高性能可见光与近红外辐射计（AVNIR－2）、适合于全天时全天候观测的相阵型 L 波段合成孔径雷达（PALSAR），用于制图、区域观测、灾害监测和资源调查[4-5]。图 3 为 ALOS 构型图。

图 3　ALOS 构型图

可以看出，目前国际上采用多种载荷的卫星多数为大卫星，系统规模庞大，研制费用较高。同时，星上的各个有效载荷是为完成不同的探测目的而设计，在轨也基本上为各自独立工作。尚未有光 SAR 共视型的卫星在轨运行。

3　方案构想

要获得地面目标的同时相异源异类数据，可以采用将不同的载荷安装于不同的卫星上共同对目标进行观测[6]，还可以采用将不同的载荷安装于同一个卫星平台上同时观测目标。两种方案比较，前者需要多颗卫星组网或编队运行，系统的规模较大，而后者仅用一颗卫星即可实现应用目标。从系统的效费比来看，后者方案较优，因此，优选后者，并以后者为目标开展方案设计。

卫星的轨道宜选择太阳同步轨道，降交点地方时的选择可根据卫星的工作模式、供电方式、光照条件进行综合考虑，如整星采用“平时对日定向、工作时载荷对目标指向”的工作模式，载荷由蓄电池供电，则降交点地方时的选择空间较大，本方案选择 8：30AM～9：30AM，这样即能够保证星上能源供应，又可以保证光学载荷成像时地面有较好的光照条件。由于 SAR 和光学载荷均需要侧视成像，斜距较远，轨道高度不宜选择太高，以确保 SAR 载荷的功率和光学载荷的分辨率能够达到要求。

载荷设备的规模决定着整星的规模。目前的 SAR 载荷主要分为集中馈电的反射面天线体制和有源相控阵天线体制[7-10]，由于所设计的卫星为小卫星，在 SAR 载荷的体制选择方面，由于相控阵体制雷达的系统设备量大，小卫星平台难以满足其质量承载要求，因此，SAR 载荷选择适宜小卫星安装的抛物面天线，采用集中馈电体制。随着空间技术的发展和进步，设备的集成化、小型化技术得到了进一步提升，星载相机的质量和体积规模均进一步缩减，以某高分辨率的可见光相机为例，其质量不超过 20 kg，功耗不超过 25 W，体积不超过 Φ400 mm×500 mm，非常适合在小卫星平台上安装，1～2 m 分辨率也能够满足绝大多数应用需求。图 4 为相机结构图。

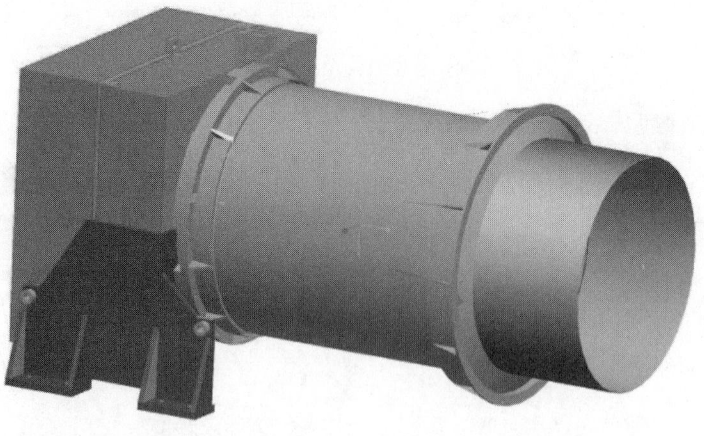

图 4　相机结构图

要实现光 SAR 载荷共视，需要首先解决卫星的构型设计问题。无论是采用相控阵天线体制还是采用抛物面天线集中式馈电体制，均存在着由于大尺寸天线遮挡视场而给相机的安装带来困难的问题，因此，需要选择合适的 SAR 载荷体制以及构型设计方案。在构型设计上，卫星的 SAR 载荷采用构架式可展开天线，根据天线的特点，宜安装于侧面或顶面，本方案采用顶面安装，该方案已经在国内某卫星型号上得到成功应用[11]。相机安装于侧面，相机与 SAR 载荷均通过电机驱动改变侧视角，实现两种载荷的共同指向，如图 5 所示。

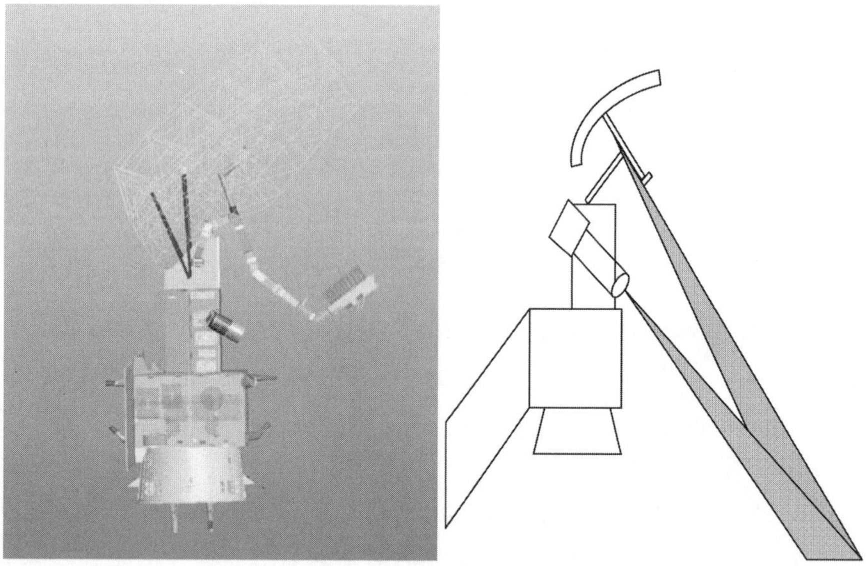

图 5　整星构型图

该方案实现了同时获取目标地区的 SAR 图像和光学图像，利于进行比对及数据融合，如图 6 所示；在某一种载荷不具备工作条件下，可以由另一种载荷工作，实现了功能的备份，确保了遥感图像的连续可获得性；通过整星的偏航姿态机动（偏航 180°），可以实现左右双侧视，提高了卫星的成像范围；另外，相机还具有星下点成像的能力，可以弥补 SAR 载荷星下点成像能力的不足。

4　卫星指标

方案所实现的卫星主要性能指标如下：

(a) SAR图像　　(b) 光学图像

图 6　SAR 图像和光学图像对比

1）光学分辨率：1～2 m；

2）光学成像幅宽：10～20 km；

3）SAR 工作频段：X；

4）SAR 分辨率：0.5 m（聚束）/2 m（条带）/8 m（扫描）；

5）SAR 成像幅宽：10～20km（聚束、条带）/40～80 km（扫描）；

6）侧视范围：20～45°，缺省值：35°；

7）侧视方向：左右双侧视；

8）整星质量：700 kg；

9）卫星轨道高度：450～500 km。

10）轨道类型：太阳同步轨道，降交点地方时：9：00AM；

11）具有星上载荷数据实时处理及实时下传功能。

5　结束语

目前卫星遥感载荷主要包括光学和微波两种载荷，其优缺点共存，如何扬长避短、优化配置是航天遥感科学发展的关键，如能够获得各类手段对各类目标的同时相观测数据，对于支撑开展目标特性分析、数据处理算法设计、目标识别与确认等基础研究工作有着重要的意义。有鉴于此，本文提出了一种光SAR 共视的小卫星方案，技术可实现性强，规模小，效费比高，可用单一卫星获得目标同时相的光学和SAR 图像，具有一定的新颖性，可为卫星遥感领域开辟出一个新的研究和发展方向。

参考文献

[1] 张永华，温显斌．联合高分辨率光学和 SAR 数据的城市区域矩形建筑物检测与高度估计［J］．红外与毫米波学报，2016，35（2）：160－165.

[2] 魏雯．多种遥感器组合的卫星遥感技术［J］．中国航天，2006，（4）：34－37.

[3] 小舟．日本的“先进陆地观测卫星”［J］．国际太空，2006，（2）：7－9.

[4] 李延梅，高峰．日本先进的陆地观测卫星（ALOS）［J］．遥感技术与应用，2001，16（4）：86－91.

[5] 高国龙．日本先进陆地观测卫星 ALOS 简介［J］．红外，2004，（6）：43－46.

[6] 陈平，廖微，何义，戴健，王峰．成像卫星对区域目标协同观测问题研究［J］．电子设计工程，2012，20（19）：148－150.

[7] 赵志伟，金丽花．国外 SAR 卫星总体技术发展现状及启示［J］．航天器工程，2010，19（4）：86－91.

[8] 刘小平．小卫星合成孔径雷达技术探究［J］．电子测试，2014，(4)：3-5.
[9] 刘菁．合成孔径雷达的现状与发展趋势［J］．探测与定位，2010，12 (4)：41-46.
[10] 盛磊，葛家龙．快速响应星载SAR载荷技术研究［J］．雷达科学与技术，2012，10 (5)：471-475.
[11] 郑士昆，冀有志，崔兆云，方永刚，周丽萍．环境一号C星SAR天线设计与分析［J］．雷达学报，2014，3 (3)：266-273.

A Proposal of Small Satellite with Common View by Optical and SAR Payload

JIANG Xiupeng WANG Chongyu YAO Fang DUAN Xiao
DFH Satellite Co. Ltd., Beijing 100094

Abstract This paper presents a small satellite scheme with commonview by optical and SAR payloads, namely optical payload and SAR payload are installed in the same satellite platform, which can simultaneously point to the same target and obtain the different types of images at the same time. This scheme can achieve the advantages of optical image's intuitive and easy-to-read property and SAR image's all-weather and all-time property, and has the multi-means simultaneous observation capability for the same target, which is conducive to comparative analysis and multi-source data combination of the target images, and can better support the target confirmation and improve the multi-dimensional perception ability.

Key words Optical payload; SAR payload; Common view; Small satellite

作 者 简 介

姜秀鹏，男，高级工程师，工作于航天东方红卫星有限公司，研究方向为航天器总体设计，电子邮箱：jxp99@163.com。

小卫星测控链路预算中距离参数的推导与仿真

韩孟飞　高阳　何钐　宁金枝

航天东方红卫星有限公司，北京　100094

摘　要　小卫星总体设计中，在确定测控分系统技术指标时，往往以测控信道链路预算结果作为重要参考。在评估其中的自由空间损耗大小时，需获得不同测控链路下的空间传输距离值。针对小卫星两种常用测控链路的 3 个距离参数，本文结合轨道理论和立体几何知识，通过定量推导获得了各距离参数的理论解析式。结合 STK 仿真结果，定量分析了理论式的距离计算误差。分析结果表明，由该距离误差所带来的信道链路计算误差在 0.01 dB 以下，这验证了理论公式的有效性。采用本文推导的公式，能更为直接地获得各距离参数值，且便于以软件编程方式实现距离计算，因此具有一定的工程应用和参考价值。

关键词　小卫星；测控信道链路预算；距离参数；理论式推导

1　引言

小卫星总体设计中，在确定测控分系统的技术指标要求时，往往以测控信道链路预算结果作为重要参考[1]。自由空间传输损耗是进行信道链路预算时需考虑的一个关键因素，对其进行准确估值非常重要。自由空间传输损耗大小取决于工作频率和空间传输距离[2-3]，测控系统的工作频率一般可准确获知，因此空间传输距离参数的计算准确度，就决定了自由空间传输损耗的计算准确度。对于绕地小卫星，最常见的两种测控信道类型，分别是星地（地基）测控和中继（天基）测控[4]。上述两种测控信道涉及的空间传输距离有 3 种，即小卫星与地面站间的最大作用距离，中继星与小卫星间的最大作用距离，中继星与地面站间的距离。

上述 3 种距离参数的取值，随小卫星轨道高度、地面站等参数选取的不同而变化较大。通过 STK 仿真工具进行建模计算，可得到相当准确的距离值[5]，但一方面这需要建立尽可能真实的 STK 场景，因此对建模准确性要求较高[6]；另一方面，每获得一个距离结果，都需要重新修改 STK 参数设置并仿真计算，当距离参数较多时仿真过程无比烦琐、耗时。此外，卫星测控信道的链路计算普遍以 Excel 计算表格或程序软件的形式实现[7-8]，因此推导能够定量计算空间传输距离参数的理论解析式显得尤为必要。

本文将根据上述两类信道情况下低轨应用小卫星、中继卫星和地面站三者之间的实际位置相对关系，以及它们各自天线的波束指向特性，分别建立起相应的立体几何数学模型。在将地球看作理想球体前提下，结合轨道理论和立体几何知识，分别定量推导出上述 3 种空间传输距离参数的解析计算式。最后将根据本文理论公式算得的距离值，与 STK 仿真得到的距离值进行对比分析，以验证本文理论推导结果的准确性。

2　测控信道链路预算

为了预先评估卫星测控链路（卫星-地面站，卫星-中继星-地面站）的实际工作性能，以便更好地指导卫星测控分系统的性能指标设计，往往需要结合地面站和卫星的性能指标，对测控信道的链路增益余量进行事先计算分析。一般认为，当信道链路增益余量高于某个值（比如 3 dB）时，链路余量较为充足。

在计算链路余量时，涉及诸如地面站发射机性能、卫星接收机性能等很多因素，此外还要考虑卫星信号在空间传输时的种种损耗和衰减。其中，自由空间传输损失所占比重最大。自由空间传输损失的理论计算公式为（单位：dB）[2]

$$L_{spu} = 20 \times \log\left(\frac{4\pi r f_0}{c}\right) \tag{1}$$

该公式适用于地面站到低轨卫星、中继星到低轨卫星、中继星到中继站等不同路径的空间电磁波信号传输。由式（1）可见，自由空间损失 L_{spu} 取决于工作频率 f_0 和空间传输距离 r。在 f_0 一般准确知道前提下，r 的计算精度往往决定了 L_{spu} 的估算准确性，乃至决定了整个链路预算结果的可信度。因此既准确又简便地计算出距离参数值 r 有其重要的工程价值。

现代小卫星通常采用两种测控方式：地基测控（地面站与小卫星间直接建立测控链路）和天基测控（地面站与小卫星间通过中继星中转建立测控链路），一般以前者为主份，后者为备份。与之相对应，在进行信道链路预算时，涉及 3 种距离参数，即小卫星与地面站间的最大作用距离 r_1、中继星与地面站之间的距离 r_2、中继星与小卫星间的最大作用距离 r_3。

3 空间传输距离公式的理论推导

下面对前述 3 种空间传输距离参数的理论计算公式分别进行推导。

3.1 星地测控最远作用距离

星地测控中的最远作用距离，是指小卫星飞至地面站测控天线覆盖范围边缘时，地面站与小卫星之间的瞬时距离。

如图 1 所示，O 点为地心，B 点为地面站所处位置，设地面站天线最小仰角为 θ，此时卫星处于天线指向的延长线与卫星轨道的交点 A 处，h_1 为小卫星平均轨道高度，R 为地球半径，r_1 为待求的未知距离参数。

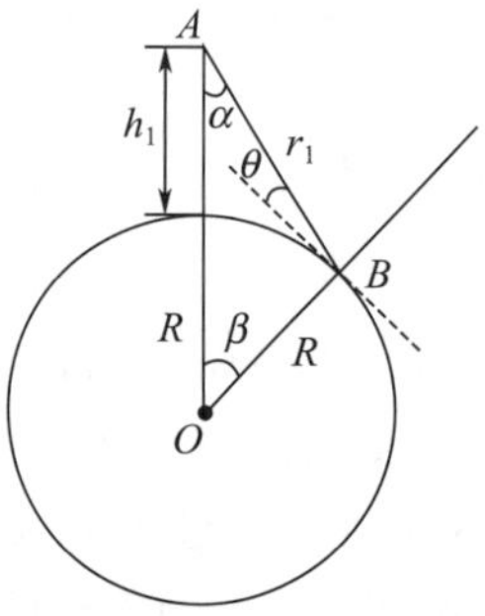

图 1　小卫星飞至地面站天线可见范围边缘时的位置关系图

在图 1 的 $\triangle AOB$ 中，根据正弦定理，可得

$$\frac{R + h_1}{\sin\left(\frac{\pi}{2} + \theta\right)} = \frac{R}{\sin\alpha} \tag{2}$$

根据式（2），可解得卫星对地的半张角 α 为

$$\alpha = \arcsin\left(\frac{R}{R + h_1}\cos\theta\right) \tag{3}$$

同样在 $\triangle AOB$ 中，根据正弦定理可得

$$\frac{R}{\sin\alpha} = \frac{r_1}{\sin\beta} = \frac{r_1}{\sin\left(\pi - \frac{\pi}{2} - \theta - \alpha\right)} = \frac{r_1}{\cos(\theta + \alpha)} \tag{4}$$

根据式（4），可解得星地间最大作用距离 r_1 为

$$r_1=\frac{\cos(\theta+\alpha)}{\sin\alpha}\cdot R \tag{5}$$

将 α 值、地面站天线最小仰角 θ 值及地球平均半径 R 代入式中，最终可算得星地间的最大作用距离值 r_1。

需要指出的是，在 $\triangle AOB$ 中从另一个角度采用正弦定理

$$\frac{R+h_1}{\sin\left(\frac{\pi}{2}+\theta\right)}=\frac{r_1}{\sin\beta}=\frac{r_1}{\sin\left(\pi-\frac{\pi}{2}-\theta-\alpha\right)}=\frac{r_1}{\cos(\theta+\alpha)} \tag{6}$$

可解得星地间最大作用距离 r_1 的另外一种表达形式

$$r_1=\frac{\cos(\theta+\alpha)}{\cos\theta}\cdot(R+h_1) \tag{7}$$

不难验证，根据式（5）或式（7）算得的 r_1 完全相同。由式（7）可见，地面站天线最小仰角 θ 值越小，星地间最大作用距离值 r_1 越大。

3.2 中继星到地面站的作用距离

在不考虑中继卫星轨道存在扰动情况下，可认为中继卫星与地球保持相对静止，即中继卫星和某固定地面站的距离为定值。本文下面的推导将基于该假设。

当地面站与某中继卫星互相可见时，其几何相对关系如图 2 所示。其中，O 为地球质心，A 点为中继卫星在其轨道所处位置，B 点为中继卫星的星下点，C 为某地面站所处位置。h_2 为中继卫星平均轨道高度，R 为地球半径，θ 为中继卫星、地球质心、地面站三点构成的夹角。r_2 为待求的未知距离参数。

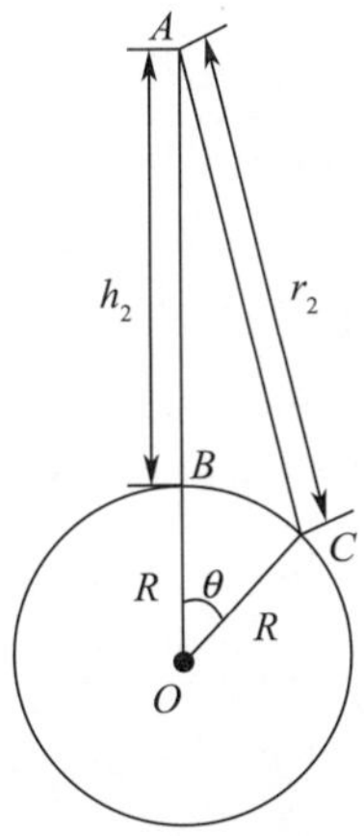

图 2　中继卫星与地面站相对位置关系示意图

根据立体几何理论，通过烦琐推导可知，有如下等式成立

$$\cos\theta=\cos\Delta\theta_1\cdot\cos\Delta\theta_2 \tag{8}$$

其中 $\Delta\theta_1$、$\Delta\theta_2$ 分别为中继卫星星下点与地面站各自所处纬度、经度之差。即：假设地面站的纬度、经度分别为（φ_1，φ_2），中继星星下点的纬度、经度分别为（0，ψ_2）。则有

$$\Delta\theta_1=|\varphi_1| \qquad \Delta\theta_2=|\psi_2-\varphi_2| \tag{9}$$

在图 2 的 $\triangle AOC$ 中，根据余弦定理，可得

$$r_2^2=(R+h_2)^2+R^2-2\cdot R\cdot(R+h_2)\cdot\cos\theta \tag{10}$$

故该地面站与中继卫星之间的距离为

$$r_2=\sqrt{(R+h_2)^2+R^2-2\cdot R\cdot(R+h_2)\cdot\cos\theta} \tag{11}$$

当选取的地面站不同时，式中夹角 θ 值也不同，因此计算所得的 r_2 值也不同。一般来说，θ 越大，r_2 值越大。

3.3 中继星到低轨小卫星的最远作用距离

中继星与低轨小卫星之间的距离，随着小卫星、中继星之间相对位置的变化而变化。这里所考虑的最远距离，是指中继星与小卫星两者处于可见状态时所能相距的最远距离。两者的可见情况，取决于小卫星轨道高度、小卫星中继接收和发射天线的波束宽度等因素。

图 3 是中继卫星与某低轨小卫星之间相对几何关系的示意图。

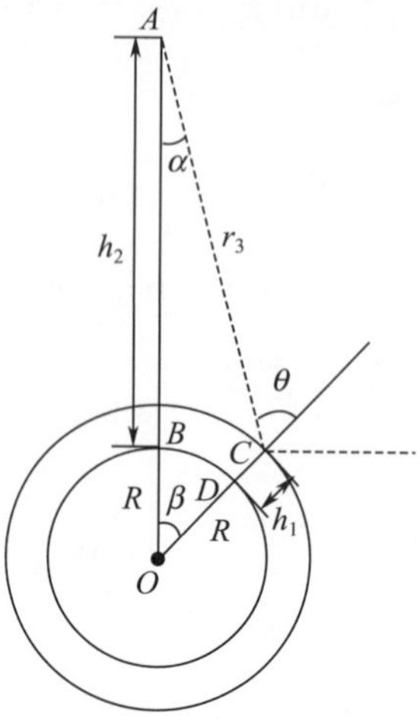

图 3　中继卫星与低轨小卫星之间相对位置关系示意图

图 3 中内圆为地球表面，外圆为低轨小卫星运行轨道，O 为地球质心，A 为中继星所处位置，B 为中继星星下点，C 为小卫星在其轨道所处位置，D 为小卫星星下点。小卫星轨道高度为 h_1，中继星轨道高度为 h_2，θ 为小卫星中继天线波束的半锥角。此时，中继星处于小卫星的天线波束覆盖边缘，认为两者之间具有最大距离 r_3。

在 $\triangle AOC$ 中，根据正弦定理，有如下等式成立

$$\frac{R+h_2}{\sin(\pi-\theta)}=\frac{R+h_1}{\sin\alpha} \tag{12}$$

根据式（12），可解得角度 α 为（单位：弧度）

$$\alpha=\arcsin\left(\frac{R+h_1}{R+h_2}\cdot\sin\theta\right) \tag{13}$$

故可得 β 为

$$\beta=\theta-\alpha \tag{14}$$

在 $\triangle AOC$ 中，根据正弦定理，有如下等式

$$\frac{R+h_2}{\sin(\pi-\theta)}=\frac{r_3}{\sin\beta} \tag{15}$$

根据式（15），可解得

$$r_3=\frac{\sin\beta}{\sin\theta}\cdot(R+h_2) \tag{16}$$

将 h_2、R、β、θ 代入式（16），可得中继星与低轨小卫星的最大作用距离 r_3。

4　STK 仿真验证

STK 是美国 AGI 公司开发的一款在航天工业领域处于领先地位的系统仿真和分析软件，其建模平台具有良好的通用性和准确度，在时域、空域的专业分析方面精度极高，且具有强大的数据分析、图形支持和数据输出功能[5]。下面通过在 STK 环境下建立仿真模型，得到本文中 3 种距离参数的仿真值，然后

与理论计算值进行比较，以验证本文距离参数公式的正确性。

4.1 星地最大作用距离计算公式的仿真验证

由式（7）可知，低轨小卫星与地面站间的最大作用距离 r_1，与小卫星平均轨道高度 h_1 和地面站天线最小可见仰角 θ 等两个参数有关。

这里仿真如下两组数据：1）设置 θ 为固定值 5°，h_1 取从 350 km 到 1 050 km 步进 100 km 的 8 个值，此情况下仿真得到 8 个 r_1 值；2）设置 h_1 为固定值 600 km，θ 取从 1°～15°步进为 2°的 8 个值，此情况下仿真得到 8 个 r_1 值。根据上述两组仿真数据，分别绘制出 r_1 随 h_1、θ 的变化曲线，并与根据式算得的理论值曲线对比，如图 4 所示。

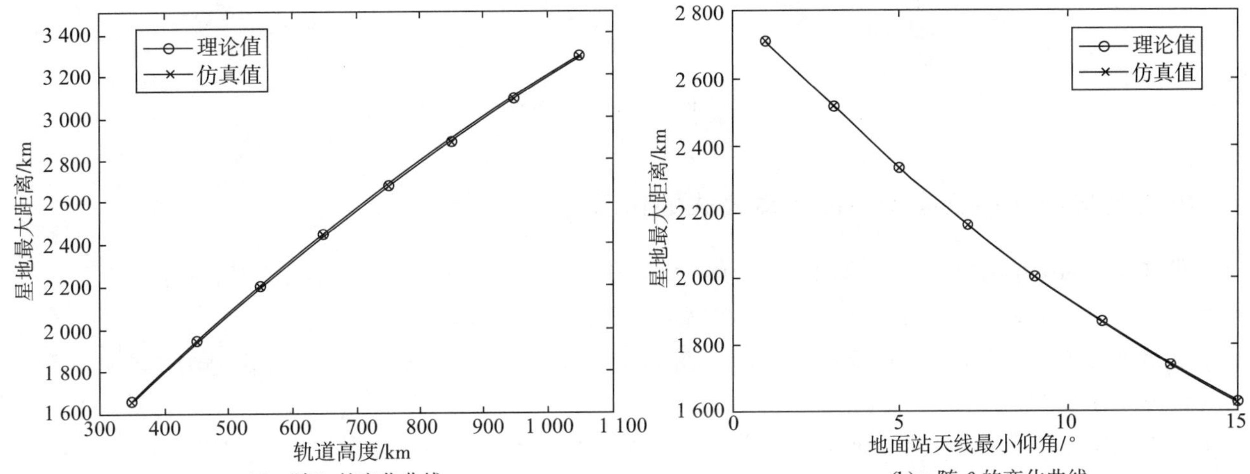

(a)r_1 随 h_1 的变化曲线　　(b)r_1 随 θ 的变化曲线

图 4　星地最大作用距离变化曲线

由图 4 可知，两种情况下，理论值与 STK 仿真值均吻合较好（相对误差在 10^{-3} 以下），这验证了本文理论推导公式的正确性。另一方面，从图中曲线还可以看出，r_1 随 h_1 的增加而单调增加，随 θ 的增加而单调减小。

4.2 中继星与地面站间距离计算公式的仿真验证

由前式可知，中继星与地面站间的距离 r_2，与中继星经度、地面站经、纬度有关（R 、h_2 在这里看成常量）。

这里仿真如下两种情况：1）中继星 1（假设其位置为 50°E）与任意选定的 8 个地面站之间的距离值；2）中继星 2（假设其位置为 150°E）与任意选定的 8 个地面站之间的距离值。假设选定的 8 个地面站位置数据如表 1 所示。

表 1　本文选定的地面站位置数据

地面站	站 1	站 2	站 3	站 4	站 5	站 6	站 7	站 8
纬度	45°N	45°N	40°N	40°N	30°N	30°N	25°N	25°N
经度	85°E	120°E	78°E	100°E	90°E	120°E	100°E	115°E

在上述两种情况下，分别绘制出 r_2 随中继星和地面站不同的变化曲线，并与根据前式算得的理论值曲线对比，分别如图 5（a）、图 5（b）所示。由图 5（a）、图 5（b）可知，当中继星、地面站位置分别变化时，r_2 理论计算值与 STK 仿真值均吻合较好（相对误差在 10^{-4} 以下），这验证了本文理论推导公式的正确性。另外，从图 5 还可以看出，r_2 随中继星、地面站位置取值不同时大小变化剧烈。

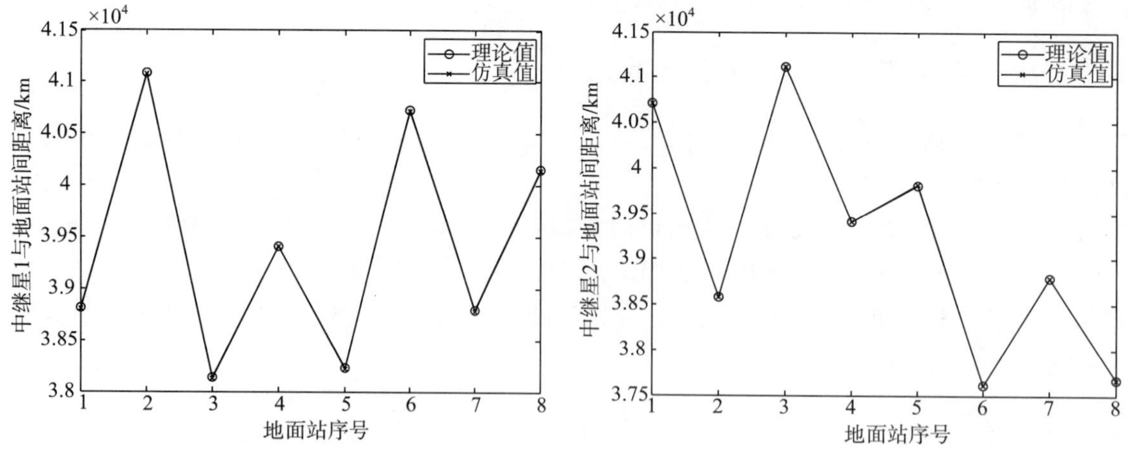

(a) 中继星1　　(b) 中继星2

图 5　中继星与不同地面站之间距离的变化曲线

4.3　中继星与低轨小卫星间距离计算公式的仿真验证

由式（10）可知，中继星与低轨小卫星的最大作用距离 r_3，与小卫星平均轨道高度 h_1、小卫星中继天线波束半锥角 θ 等两个参数有关（R 、h_2 在这里看成常量）。

这里仿真如下两种情况：1）设置 θ 为固定值 60°，h_1 取从 350 km 到 1 050 km 步进为 100 km 的 8 个值，此情况下仿真得到 8 个 r_3 值；2）设置 h_1 为固定值 600 km，θ 取从 35°到 70°步进为 5°的 8 个值，此情况下仿真得到 8 个 r_3 值。根据上述两组数据，分别绘制出 r_3 随 h_1、θ 的变化曲线，并与根据式算得的理论值曲线对比，分别如图 6 所示。

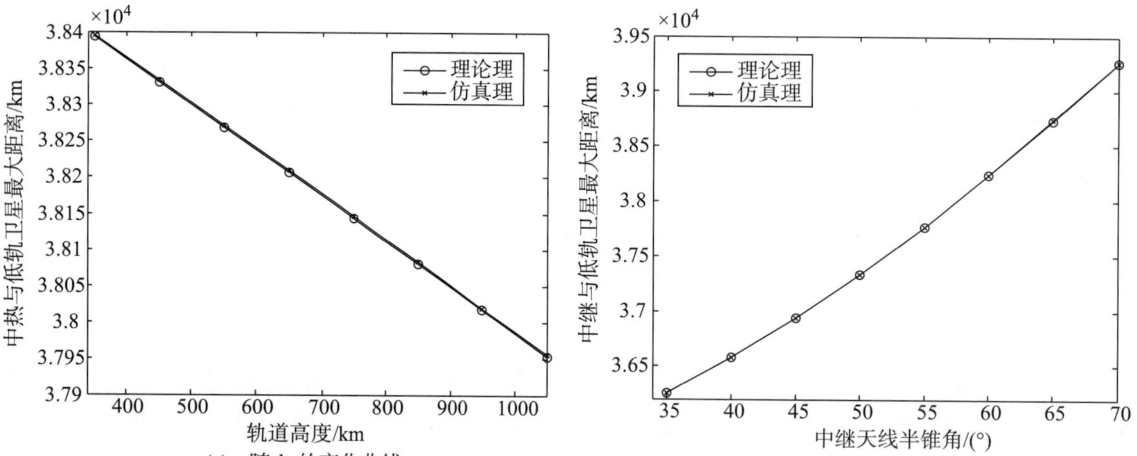

(a) r_3随 h_1 的变化曲线　　(b) r_3随 θ 的变化曲线

图 6　中继星与低轨小卫星间最大作用距离变化曲线

由图 6 可知，当 h_1、θ 分别变化时，两种情况下 r_3 理论计算值与 STK 仿真值均吻合较好（相对误差在 10^{-5} 以下），这验证了本文理论推导公式的准确性。此外，从图中还可以看出，r_1 随 h_1 的增加而单调减小，r_1 随 θ 的增加而单调增加。

5　结束语

在小卫星常用的两种测控信道情况下，本文根据低轨小卫星、中继卫星、地面站之间的空间位置相对关系，以及它们各自天线的波束覆盖特性，分别建立了相应的立体几何数学模型。在将地球看作理想球体前提下，结合轨道理论，定量推导出了 3 种常用距离参数的解析计算式。将根据上述公式得到的结果，与STK仿真结果进行了对比。结果表明，两者相对误差最大不超过10^{-3}，该误差是由于理论建模时将地球模型简化为理想球体而带来的。该距离计算误差给信道链路预算造成的误差不超过0.01 dB，这对于小卫星信道链路增益余量结果是可以接受和忽略的。STK仿真结果验证了本文推导公式的正确性。

采用本文推导的计算公式，能更为直接简便地获得小卫星信道链路预算时所需的常见距离输入参数，且便于以软件编程的方式实现距离计算，因此具有一定的工程应用和参考价值。

参考文献

[1] 徐福祥，林华宝，陈宜元．卫星工程概论（上）[M]．北京：中国宇航出版社，2003.
[2] 陈宜元，孙泽洲，李曰能，等．卫星无线电测控技术（上）[M]．北京：中国宇航出版社，2007.
[3] 付卫东．卫星通信链路预算和干扰分析 [C]．全国电磁兼容学术会议（EMC'08）论文集，2008.
[4] 刘嘉兴．飞行器测控通信工程 [M]．北京：国防工业出版社，2010.
[5] 丁溯泉，张波，刘世勇．STK在航天任务仿真分析中的应用 [M]．北京：国防工业出版社，2011.
[6] 李琪，李红宝，周奇．一种利用STK进行星地动态通信链路的分析方法 [C] //2011年小卫星技术交流会论文集．北京：航天东方红卫星有限公司，2011.
[7] 孟晖．卫星通信系统链路预算软件研制 [D]．西安：西安电子科技大学，2007.
[8] 朱校通，郝建强．高轨卫星通信系统链路预算软件设计 [J]．通信技术，2013，46（7）：25－27.

Derivation and Simulation of Distance Parameters in TT&C Linkage Budget of Small Satellite

HAN Mengfei　GAO Yang　HE Shan　NING Jinzhi
DFH Satellite Co. Ltd，Beijing　100094

Abstract　In the overall design of small satellites，linkage budget results are of great importance for determining the technical requirements of TT&C subsystem. The signal transfer distance in different TT&C links should be acquired when evaluating signal energy attenuation in free space. Analytic formulas of the three distance parameters of two kinds of common TT&C link are deduced respectively based on orbit theory and solid geometry model. The computational error of the formulas is analyzed by comparing with the STK simulation results. The linkage budget computational errors induced by using the formulas are no bigger than 0.01dB，thus the validity of formulas is verified. By using the deduced distance formulas，it's convenient to acquire distance parameters directly，or to realize distance computation via software，thus the engineer application and reference value of the formulas is revealed.

Key words　Small satellite；Linkage budget of TT&C；Distance parameters；Formula derivation

作者简介

韩孟飞，男，工学博士/工程师，从事小卫星测控分系统总体设计和方案论证、卫星测控新技术和新体制研究等相关工作。

基于星载GNSS的空间信息网络时间同步研究

马洋　王韶波　赵黎晔　蒙薇　李文霁

航天东方红卫星有限公司，北京　100094

摘　要　通信、导航、遥感等一体化空间信息网络已成为天基信息网络必然的发展趋势。时间同步作为其中一项核心的关键技术，其同步精度将制约整个空间信息网络的性能。本文对基于星载GNSS技术的相对定位和时间同步技术展开了深入研究和分析，结果表明基于星载GNSS的星座实时时间同步精度可优于50 ns，且有潜力达到5 ns甚至更高，事后处理的时间同步精度可以达到0.1 ns，可以满足各类空间信息网络节点的时间同步精度需求。

关键词　GNSS；空间信息网络；时间同步

1　引言

随着小卫星/微小卫星应用技术的不断发展，由几十颗甚至数百颗体积小、质量轻、成本较低的小卫星/微小卫星构成的编队/星座小卫星受到广泛重视，在通信、遥感、导航和电子侦察等领域起到越来越重要的作用。空间信息网络是以空间平台（如地球同步轨道卫星或中、低轨道卫星、飞艇气球和有人或无人驾驶飞机等）为载体，实时获取、传输和处理空间信息的网络系统。空间信息网络通过组网互联，实时采集、传输和处理海量数据，实现卫星遥感、卫星导航和卫星通信的一体化集成应用与协同服务。

目前空间信息网络中导航、通信、遥感一体化发展已经逐渐走上历史的舞台。2016年6月，铱星公司宣布，铱星公司与Satellite公司共同研发了一种新型的基于铱星系统的STL系统，该系统将使用廉价的芯片为地球任意位置的用户提供比GPS更不易受攻击的精确位置、导航和授时服务（2009年公布的指标为：在J/S为70 dB的干扰环境下，在2 min以内实现厘米级精密定位），可作为GPS备份或增强GPS信号，并宣布年底即将发射的铱星二代系统也具备此项能力，与此同时铱星二代还将携带遥感载荷，使其真正成为通导遥一体的星座系统，实现导航、通信、遥感一体化发展。

2015年6月，武汉大学李德仁院士、龚健雅院士，北京航空航天大学张军院士和清华大学陆建华教授联合发表论文《论我国空间信息网络的构建》，文中明确提到我国空间信息网络要遥感、导航和通信一体化发展的思想，指出低轨卫星在未来卫星通信、导航领域以及空间信息网络中的重要作用[1]。

空间信息网络是面向组成系统的各个节点协同工作的。各节点必须依据同步的时间进行动作才能完成空间任务。协同的匹配程度与网络时间同步的精度密切相关，比如通信、导航、数据时间标记（如重力卫星）等。

时间同步应用已经十分广泛，各种授时系统、时间传递系统、时间统一系统和导航卫星系统等都需要进行时间同步。以导航卫星系统为例，时间同步是导航卫星系统运行的基础，导航系统中精确距离测量实际上是精确时间的测量。在导航卫星系统中，空间段、地面运控段以及用户之间都需要进行时间同步。

导航卫星一般采用性能良好的原子频标，其时间同步是相对于高稳定度、高准确度的系统时钟而言的，实际上包含两个层面的内容：一是物理同步，二是数学同步，通常所说的时间同步技术大多指数学同步，本文将对数学同步展开分析和研究。针对LEO星座的时间同步，由于成本约束，无法携带高精度原子钟，对数学同步方法的要求就更高。GNSS技术由于具有成本低、精度高、设备轻便、全天候连续观测等优点，得到越来越广泛的应用，目前，星载 GNSS 设备几乎已经成为 LEO 卫星的标配，本文将对基于星载 GNSS 技术的相对定位和时间同步技术展开研究和分析，为空间信息网络系统的论证提供重要支撑。

2 基于星载 GNSS 技术的实时同步精度分析

（1）单星绝对授时

全球导航卫星系统（Global Navigation Satellite System，GNSS）时间同步法采用星座或编队内的卫星节点都与导航卫星系统校准的方式，即以导航卫星系统为基准，星座或编队内的卫星节点分别接收导航卫星系统信号，求解出当前卫星星时与 GNSS 系统的时间偏差，并利用该时间偏差进行校时。校时后使得各卫星节点与 GNSS 系统的时间差在一定范围内，从而保证各卫星节点的时间差在指标范围内。GNSS 时间同步法的同步精度主要取决于 GNSS 解算精度，解算精度取决于导航卫星星历和时钟误差、电离层延迟等多方面的因素。本课题将分析 GNSS 实时绝对时间同步的精度。下面以双频 GPS 为例，对基于星载 GNSS 的绝对时间同步方案进行精度分析。

基于星载 GPS 的实时定轨和时间同步过程中，由于 LEO 飞行高度约为 1 450 km，其不受对流层延迟的影响，主要的误差源为广播星历和钟差误差、电离层误差，其他误差影响均在 1 m 以下，基本可以忽略。而目前 GPS 广播星历精度约为 1 m（1σ），钟差精度约为 5 ns（1σ，约等价于 1.5 m），测距精度 P 码伪距约为 0.3 m，相位约为 3 mm 精度，基于此精度的测距数据和星历钟差数据，采用消电离层组合观测数据（消除电离层一阶项的影响），理论上可以获得 3 m（1σ）左右的 LEO 定轨精度，其对应的时间同步精度为 10 ns。

考虑到 48 颗卫星携带的星载 GPS 是相互独立的，48 台星载 GPS 接收机的实时定轨精度均为 10 ns（1σ），且 t_1、t_2、…、t_{48} 均服从正态分布～（0，102）。根据时间同步精度指标，星座同步误差差异最大的两个时间基准之差，即 $3\sigma_{\Delta t}=10\times\sqrt{2}\times 3=43$ ns 。即在 99.7%的情况下，基于星载 GPS 的时间同步误差均小于 43 ns。

（2）双星相对授时

基于星载 GNSS 技术进行相对时频同步时，任意两颗卫星之间的时间同步精度是相当的，这里以两颗相邻的卫星（以 A、B 为例）为例提出初步的解决途径：卫星 A 通过星间链路将 GNSS 观测数据和初始位置信息实时传输给相邻的卫星 B，卫星 B 利用自己接收的 GNSS 观测数据和卫星 A 的 GNSS 观测数据和位置信息，进行实时差分定位，解算出精密相对距离，从而实现精密相对测距和时频同步。

基于星载 GNSS 的实时定轨和时间同步过程中，由于 LEO 飞行高度约几百千米，其不受对流层延迟的影响，主要的误差源为星历误差、时钟误差、电离层误差、接收机钟差、接收机硬件延迟、接收天线相位中心误差等（可标定和改正到毫米至厘米量级），其他误差影响均在毫米以下，基本可以忽略。而目前 GPS 广播星历精度约为 2 m（1σ），钟差精度约为 8 ns（1σ，约等价于 2.4 m），P 码伪距约测距精度为 0.3 mm，相位测距精度约为 3 mm 精度。

两颗 LEO 卫星（r1、r2）对两颗导航卫星（s1）的星载 GPS 消电离层组合相位观测方程如下：

$$L_{r1,3}^{s1}=\rho_{r1}^{s1}+\delta Orb^{s1}+C\delta t^{s1}+C\delta t_{r1}+d_{r1}+\lambda_3 N_{r1}^{s1}+\varepsilon_{r1}^{s1}$$

$$L_{r2,3}^{s1}=\rho_{r2}^{s1}+\delta Orb^{s1}+C\delta t^{s1}+C\delta t_{r2}+d_{r2}+\lambda_3 N_{r2}^{s1}+\varepsilon_{r2}^{s1}$$

式中 $L_{r1,3}^{s1}$，$L_{r2,3}^{s1}$ ——LEO 卫星消电离层相位观测值；

ρ_{r1}^{s1} ——s 卫星到 LEO 卫星的几何距离；

δOrb^{s1}、δt^{s1} ——卫星 $s1$ 的轨道误差和时钟误差；

c ——光的速度；

δt_{r1}、d_{r1} ——低轨卫星接收机钟差和相位硬件延迟；

N_{r1}^{s1} ——消电离层组合模糊度参数；

ε ——多路径效应和观测噪声的组合项。

基于3 mm精度的测距数据和星历钟差数据，采用消电离层组合相位观测数据（消除电离层一阶项的影响），通过站间差分可以消除掉所有与卫星有关的误差（包括导航卫星轨道和时钟误差），详见下式

$$\Delta L_{r1r2,3}^{s1} = \Delta\rho_{r1r2}^{s1} + c\delta t_{r1r2} + d_{r1r2} + \lambda_3 N_{r1r2}^{s1} + \varepsilon_{r1r2}^{s1}$$

式中 $\Delta L_{r1r2,3}^{s1}$ ——站间差分观测数据；

$\Delta\rho_{r1r2}^{s1}$ ——卫星 $s1$ 到两颗LEO的站间距离差，包括两颗LEO的位置信息；

δt_{r1r2} ——两台接收机的相时钟差；

d_{r1r2} ——两台接收机的相位硬件延迟差分项；

N_{r1r2}^{s1} ——两台接收机的站间差分模糊度项。

解算时，位置信息、相对钟差和模糊度参数一块解算，对时钟相对测量造成影响的只有硬件延迟差分项，考虑到此项参数为常数，可以将其与同为常数的模糊度参数进行合并求解，不影响相对钟差的解算。

由此可见，残余的误差大概在厘米级，则相对基线距离解算精度可以达到0.1 m，对应的相对时钟精度约为0.333 ns（1σ）。

考虑到需要对全网进行时间同步，这里以48星极轨星座为例，对基于星间链路的时间同步链路跳数进行了详细分析，将全天分为40个时刻，48颗星分别作为基准星，共进行1 920次计算，其中最大链路数为6的有115次，为7的有418次，为8的有480次，为9的有383次，为10的有302次，为11的有222次。

表1 基于星间链路的时间同步链路跳数统计

最大链路	6	7	8	9	10	11
次数	115	418	480	383	302	222

40个时刻中，每个时刻都有最大链路为6跳的情况，这为全天候任意时刻基于星间链路实现星座的时间同步提供了较好的条件，但是，考虑到如果选择6条链路，40个时刻中，要在9颗卫星间不停地切换以作为基准星。如果固定一颗卫星，最小平均链路数为7.125条，此时19、24和28号卫星均可选，选其一作为基准进行同步时，最大链路数为6～8条链路，此时要满足最大8条链路的同步精度。根据误差传播定律可知，8次链路之后，时间同步误差为

$$3\sigma_{\Delta t} = 3 \times \sqrt{8} \times 333 \approx 2\ 800\ \text{ps}$$

即在99.7%的情况下，基于星载GNSS的时间同步误差均小于2.8 ns，且有着较大的提升空间。

目前基于GRACE相对定位的数据处理精度已经达到毫米级（优于0.1 ns）[2]，PRISMA项目也已经验证分米级（10厘米，约0.33 ns）的短基线实时相对定位和时间同步精度[3]，这也充分证实了上述分析的合理性和可行性。

3 基于GNSS实测数据的高精度时间同步精度分析

为了深层次挖掘基于星载GNSS技术的精密定轨和时间同步精度，以充分发挥空间信息网络系统中各类卫星的优势，本节主要采用事后精密处理的策略，探讨基于GNSS技术的高精度时间同步方法。本文采用文献［4－5］介绍的精密单点定位与简化动力学定轨相结合的方法、策略和模型等，分别对GRACE－A/B卫星进行了精密定轨分析，通过与JPL精密轨道（标称精度2 cm）和精密基线比较，从绝对定轨和相对定位两个方面，展示了星载GNSS技术的时间同步潜力。图1～图3是2012年初一周数据的处理结果。

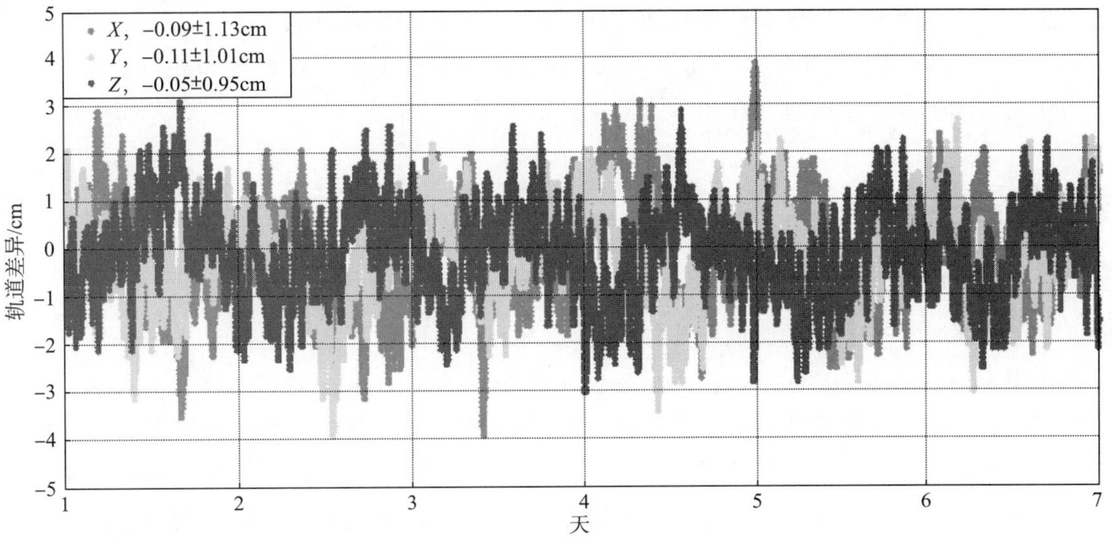

图 1　GRACE－A 定轨结果与 JPL 精密轨道的差异

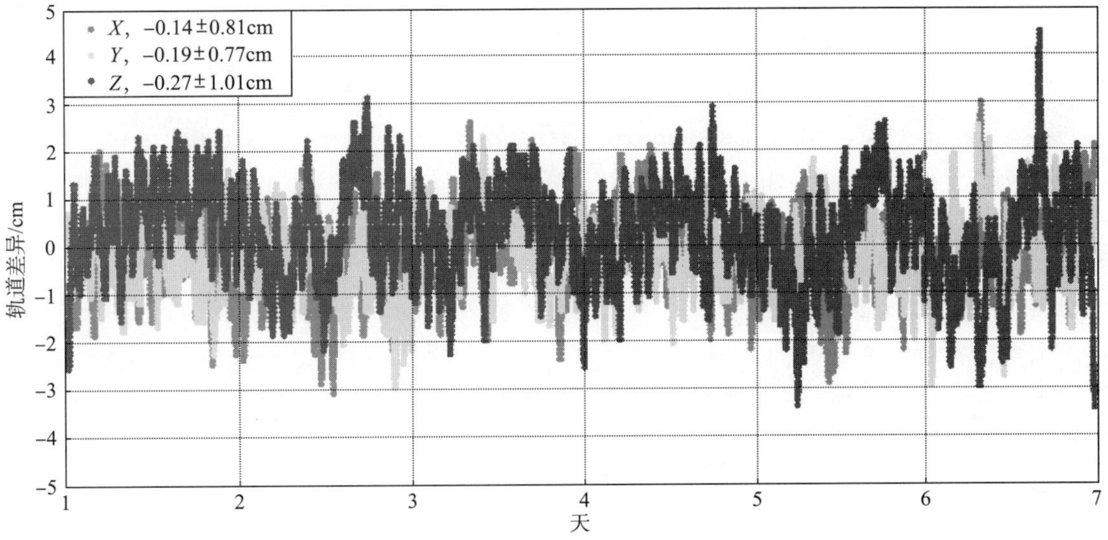

图 2　GRACE－B 定轨结果与 JPL 精密轨道的差异

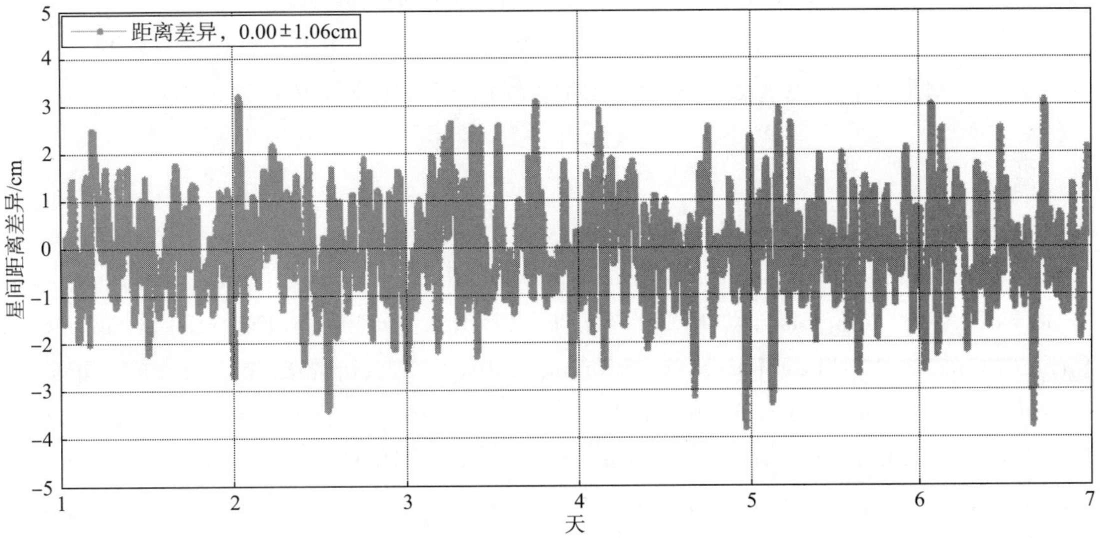

图 3　GRACE－A/B 基线与 JPL 精密轨道基线的差异

由上图可以看出，绝对定轨精度可以达到 2 cm 以内（时间同步精度约 0.07 ns），相对基线测量精度也可以达到 2 cm（时间同步精度约 0.07 ns），基于此方法得到的绝对定位精度和相对定位精度相当，可以为很多高精度时间同步需求的对地观测系统提供技术支撑。

4 结论及建议

卫星星座/网络的正常运行和应用依赖于在轨卫星之间以及星地时钟的精确同步。本文的分析及研究结果表明：基于星载 GNSS 技术的时间同步技术能够满足空间信息网络时间同步精度的需求。该时间同步方法可直接用于构建空间信息网络，空间信息网络由不同轨道的多种类型卫星有机地组成，是一体化的天基信息获取、传输与分发系统，由于其轨道运行和组网特征，在统一基准时间和基准坐标下实现所有网络卫星与地面指挥应用系统之间的时间同步，是网络运行的基础。低轨卫星时间同步基准建立后可为低轨卫星星座测控、低轨卫星通信、低轨导航增强、重力以及侦察卫星数据时间标记等提供重要保障，可提供监测目标的高精度时间\位置\速度信息，用于授时\频率传递\大地测量\天体测量以及深空探测等众多应用研究。

参 考 文 献

[1] 李德仁，沈欣，龚健雅，张军，陆建华．论我国空间信息网络的构建［J］．武汉大学学报：信息科学版，2015，40（6）：711－715.

[2] 秦显平，杨元喜．星载 GPS 的毫米级编队卫星相对定位［J］．宇航学版，2010，31（2）：369－372.

[3] J.－S. Ardaens，S. D'Amico，O. Montenbruck. Final Commissioning of the PRISMA GPS Navigation System［C］．22nd International Symposium on Spaceflight Dynamics. 2011.

[4] 马洋，欧吉坤，袁运斌，霍星亮，丁文武．导航卫星天线相位中心变化估计及对 LEO 精密定轨影响［J］．武汉大学学报：信息科学版，2015，40（7）：894－900.

[5] 马洋，欧吉坤，袁运斌．JASON－2 天线相位中心变化估计及 1 厘米精密轨道确定［J］．大地测量与地球动力学，2015，35（2）：186－189.

Research on GNSS－based Time Synchronization for Space Information Network

MA Yang　WANG Shaobo　ZHAO Liye　MENG Wei　LI Wenji

DFH Satellite Co. Ltd.，Beijing　100094

Abstract　The combined Space Information Network with communication satellites，navigation－augmentation satellites and remote sensing satellites has been the development trend of the space－based information network. As the key issue，the accuracy of the time synchronization affects the performance of space information network. The relative－positioning and time synchronization technique based on GNSS is studied here，and the results that the method can provide the accuracy of better than 50ns，and have the potential of 5ns. The results from processing the real data from GRACE－A/B shows that the method can reach the accuracy of 0.1ns，and it can meet the demand of all kinds of satellites from the combined Space Information Network.

Key words　GNSS；Time synchronization；Space Information Network

作者简介

马洋，男，博士，工程师，就职于航天东方红卫星有限公司，主要研究方向为大地测量学与卫星总体设计，电子邮箱：mayang8882006@126.com。

中法海洋卫星构形布局设计创新点研究

葛逸民　王丽丽　章雷

航天东方红卫星有限公司，北京　100094

摘　要　中法海洋卫星由中法两国联合研制。根据卫星任务需求，分析了整星构形与设备布局设计的特点和约束条件，针对新型大尺寸、运动载荷对小卫星平台的影响，提出整星构形与布局优化设计方案，实现载荷平台一体化融合设计；根据整星 AIT 工作状态复杂的特点，提出基于流程优化的载荷异地总装、整星水平运输等卫星总装工作新思路；通过对中法海洋卫星构形与布局设计创新点分析，可为同类卫星设计提供一定参考。

关键词　中法海洋卫星；构形布局；设计

1　引言

中法海洋卫星是由中法两国联合研制的一颗海洋微波遥感卫星，主要用于获取海面风场、海浪等海洋动力环境参数。卫星采用 CAST2000 小卫星平台，有效载荷包括一台法方研制的波谱仪天线（SWIM）和一台中方研制的散射计天线（SCAT），数据传输通道部分（FXBS）和基带部分（CXBS）由法中两国分别负责研制，采用 CZ-2C 运载火箭一箭一星发射。

卫星构形设计是在确定在轨飞行形态后，将组成卫星的各部分有机构造成为一个外部和内部空间关系协调的、能保证卫星功能实现、有利于卫星研制和能促进所设计卫星发展的总体设计工作[1]。本文基于中法海洋卫星任务特点对整星构形与设备布局需求进行分析，重点针对大尺寸、运动载荷对小卫星平台的适应性以及各类敏感器、天线和载荷安装空间的匹配性、视场相容性开展分析和方案优化设计工作。此外，考虑卫星在轨姿态对太阳翼布局和安装接口进行了优化；同时兼顾中法双方联合研制的特点，提出基于流程优化的载荷异地总装、整星水平运输等卫星总装方案。

2　任务特点

2.1　大尺寸、运动载荷与小卫星平台的设计兼容性

中法海洋卫星有效载荷包括波谱仪天线及散射计天线，均为新研载荷。散射计天线尺寸为 1.15（长）m×0.6（宽）m×0.4（高）m，在轨工作期间需沿对地轴 360°转动，其安装空间为 Φ1.15 m×0.4 m 的动态包络；波谱仪天线尺寸为 1.58（长）m×0.9（宽）m×1.89（高）m，天线口面尺寸达到 1.2 m×0.2 m，且天线安装面与视轴指向接近垂直，因此波谱仪天线安装时将对卫星两个面进行约束，两台载荷安装空间约束较多、布局难度大。

以往小卫星整星构形多采用分舱式结构，即载荷设备与平台设备分舱布局，且设备多采用舱内布局设计方案。对于中法海洋卫星，如果将两台载荷放置在舱内，且同时放置在载荷舱，整星尺寸将达到 2.9（长）m×1.8（宽）m×3.7（高）m，整星包络约 Φ3.3 m，将超过运载整流罩包络 Φ3 m，且无法适应现有地面工装和试验设备，整星刚度也将大幅降低（不满足运载要求）。因此，传统小卫星构形布局设计方案已不能满足中法海洋卫星需求。

2.2 对地面积需求大

星上有对地指向要求的主要设备有波谱仪天线、散射计天线和数传天线，其安装面积需求及视场要求见表1，根据列表可知卫星对地面积需求总和为 3.29 m^2，与以往小卫星整星的对地面积相当。且视场范围较宽，因此卫星对地面设备布局存在一定难度。

表1 星上设备对地面积需求及视场

序号	设备名称	对地面积需求	视场要求
1	波谱仪天线	2.26 m^2	反射面为原点，平行于星体＋Z 轴半锥 12.3°范围内无遮挡
2	散射计天线	1 m^2	反射面为中心，平行于星体＋Z 轴半锥 26°～46°范围内无遮挡
3	数传天线	0.03 m^2	天线反射面为中心，半锥 85°范围内无遮挡

2.3 太阳翼布局约束条件多

卫星采用降交点地方时为 7：00AM 的太阳同步轨道，入轨后整星峰值功耗约 934W，目前小卫星定型太阳翼（每翼 3 块基板）不能满足电源功耗需求。如用固定太阳翼对日定向展开即可获得良好的光照条件，此外，太阳翼布局还需要考虑尽可能减小展开后的惯量，降低对卫星姿态的扰动；避免对星上敏感器、载荷、天线和发动机羽流产生遮挡。

2.4 整星 EMC 环境要求复杂

波谱仪与散射计天线均为主动微波设备，且均在轨 24 小时连续开机工作，工作频率都处于 Ku 频段，发射设备功率大，接收设备灵敏度高，频率比较接近，通信体制复杂；并且星上还有测控、GPS、X 频段数传等射频收发设备。由于两个天线尺寸大，星上安装空间紧张，各类天线安装位置比较接近，造成整星电磁环境较复杂。因此，整星的电磁兼容性是影响卫星构形布局设计的重要因素之一。

2.5 卫星热环境复杂

波谱仪与散射计天线在轨运行期间始终开机工作，热耗大（长期热耗 340 W），约占整星热耗 50%，若载荷关机或待机则整星热耗将大幅度减少。这种工作模式转变引起的内热源变化与以往小卫星存在明显区别。且根据天线安装要求特点，卫星平台的散热面资源紧张，而载荷舱的散热面资源相对宽裕，整星复杂的热环境对卫星构形布局设计要求较高。

2.6 整星 AIT 工作复杂

中法海洋卫星为中法双方联合研制，具有国际合作工程项目的特殊性。法方负责有效载荷和数传通道设备与卫星平台间机、电、热接口状态复杂，需明确接口和详细设计并在双方技术流程上实现融合。因此在构形布局设计阶段需充分考虑双方机电热接口及法方对卫星 AIT 工作的特殊要求。整星 AIT 大致流程见图1，其中黄色标示工作为中方负责，蓝色为法方负责，绿色为中法联合。由流程图可知，该项目中法 AIT 工作穿插较多，分工界面复杂。

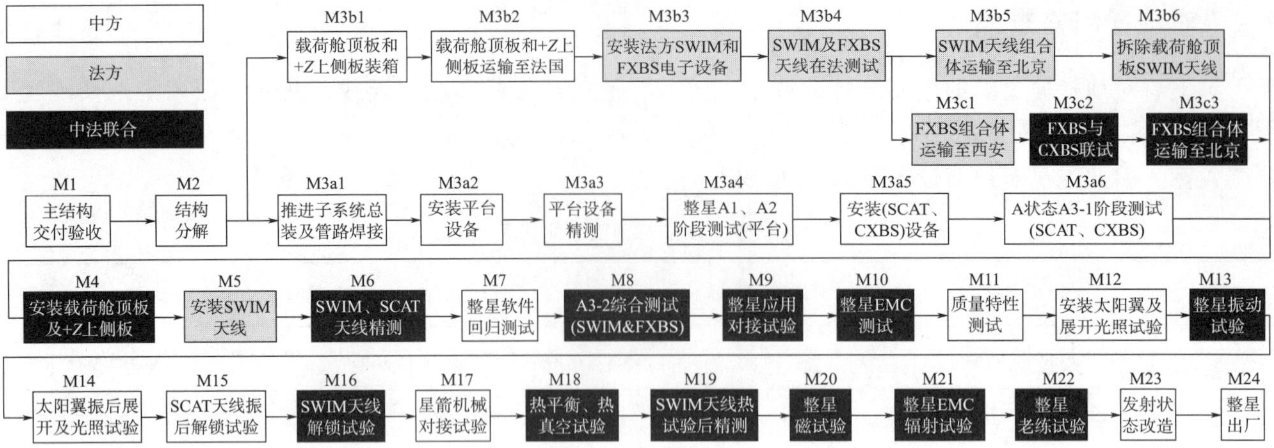

图 1　研制技术流程

3　构形布局方案设计

3.1　卫星构形设计

（1）姿态定向要求

中法海洋卫星在轨采用对日定向，三轴稳定的姿态控制方式。据此明确了卫星的三个几何轴定义：偏航轴对地指向；滚动轴与飞行方向一致；俯仰轴与轨道面法线方向一致。

（2）结构构形设计

根据三轴稳定的姿态控制方式，中法海洋卫星立足于 CAST2000 小卫星平台六面体的构形设计，整星采用分舱式结构形式，分为平台舱和有效载荷舱两部分。一般来说，CAST2000 小卫星平台截面尺寸多在 1.2～1.4 m 之间，常规构形对地面积有限，需增大对地面积。将对地面积需求 2.26 m^2 的波谱仪天线独立安装在载荷舱外，将对地面积需求 1 m^2 的散射计天线安装在平台侧板上，另外需满足数传天线对地安装要求，最终将整星本体尺寸控制在 1.5 m×1.5 m×1.4 m 以内（不含太阳翼和天线），缓减由于星体外形尺寸过大给运载火箭整流罩以及地面工装带来的压力。同时优化常规载荷舱构形设计，设置了与平台隔板共线的长短隔板，改善波谱仪天线安装位置处的力学环境，有效提高载荷舱的结构刚度和波谱仪天线安装位置处的连接强度。卫星构形尺寸见图 2 所示。

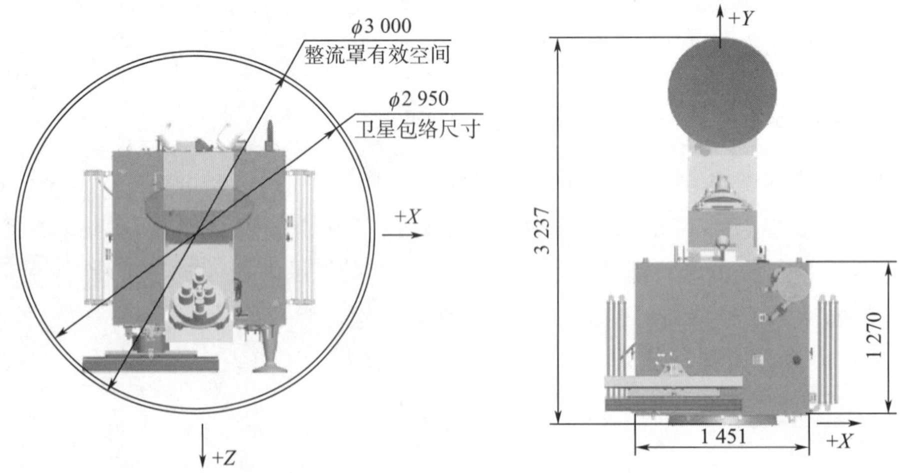

图 2　卫星构形尺寸示意图

3.2 主要设备布局设计

（1）有效载荷设备安装设计

法方设备波谱仪天线采取星外布局的方案安装载荷舱顶板 $+Y$ 侧，其余电子设备均布局在载荷舱顶板 $-Y$ 面上，保证设备间波导的连接和操作，也便于结构板单独运输至法国进行总装试验。波谱仪分系统与卫星平台的电接口通过一个接口支架，布局在载荷舱顶板 $+X$ 侧。

散射计天线安装在星体 $+Z$ 侧。因安装重约 40 kg 的散射计，$+Z$ 下侧板要承受较大载荷，通过布局设计将散射计天线的法兰连接点尽量调整至平台隔板附近，受力状态较好。散射计分系统电子设备大部分集中布置于星内 $+Z$ 侧，便于半刚性电缆和波导的连接与固定。

法方数传通道部分布置于 $+Z$ 上侧板，三副天线保持一定的距离，既满足对地指向要求，又确保相互之间不产生干扰。有效载荷布局见图 3 所示。

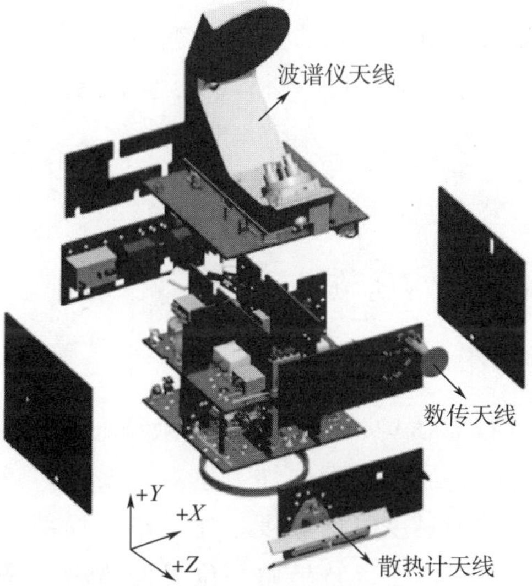

图 3　有效载荷布局图

（2）太阳翼安装设计

中法海洋卫星的两副太阳翼通过根部铰链固定安装在卫星的 $\pm X$ 侧板上，每翼 4 块基板，两副太阳翼发射时收拢在 $\pm X$ 侧板上，在轨沿飞行方向展开，太阳电池片朝向 $-Y$ 面。为保证太阳翼尽可能不受星体遮挡及发动机羽流干涉，太阳翼根铰安装点靠近平台底板。通过 ProE 软件三维仿真模拟分析，太阳翼遮挡情况均优于其他 CAST2000 小卫星平台在轨型号。

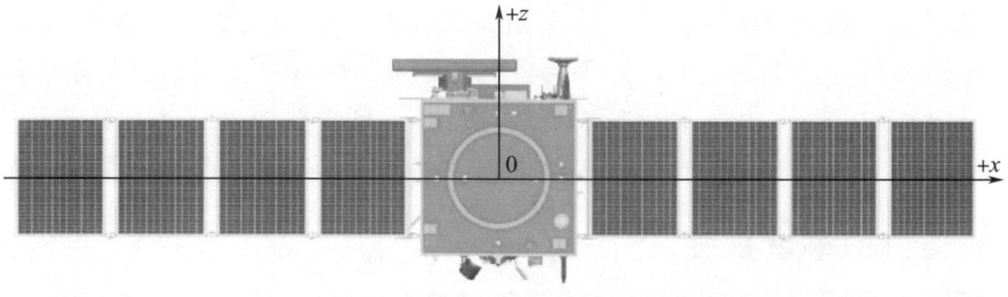

图 4　太阳翼布局图

（3）推进子系统安装设计

中法海洋卫星采用单组元肼推进系统，表面张力贮箱含 21 kg 肼燃料。设计将贮箱通过支架安装于平台两块长隔板之间、推进子系统其他设备及管路均布置在舱内平台底板及载荷舱底板上。相比采用推进舱结构及贮箱半放置于星表的布局设计方案，这种星内布局设计有效地降低了整星高度，减小整星质量，同时降低了露在星外的贮箱部分和推进管路热控实施难度[2]。根据轨道和姿态调整等任务需要，星上共配备 8 台 1 N 推力器组件和 1 台 5 N 轨控推力器组件。其中 6 台 1 N 推力器组件布放在卫星的 $-Y$ 面上，5 N轨控推力器组件及 2 台 1 N 推力器组件通过支架安装在载荷舱底板上，喷口朝向 $-Z$。

（4）有视场、指向要求的设备布局

中法海洋卫星有视场、指向要求的设备主要包括天线、各类姿态测量敏感器和执行机构。卫星采用整星零动量的控制方式，3 个动量轮的角动量分别沿星体坐标系的 3 个轴正交安装，斜装动量轮与星体坐标系的 3 个轴均成等夹角倾斜安装。陀螺组件正交的 3 个轴与星体 3 个几何轴平行。磁力矩器分别沿本体坐标系 3 个正交轴安装。2 个星敏感器和数字太阳敏感器安装在对天面，红外地球敏感器安装在卫星平台底板。卫星在对地面和对天面均安装了测控天线，在对天面还安装了 GPS 天线，各类敏感器、天线的安装均满足视场要求。

（5）其他设备布局

星上其他设备布局采用联系紧密就近布局及质量均衡的布局原则，将星务、姿轨控、测控分系统等设备集中安装在平台舱，使得设备间电缆最短；将蓄电池组与电源控制器安装在对天面，配电器附近安装，保证了电源控制器与配电器之间的电缆最短，同时也为整星质心调整进行了适当的平衡。

4 设计创新点

中法海洋卫星在总体构形布局设计方面存在以下创新点。

4.1 载荷平台舱一体化融合设计

中法海洋卫星围绕有效载荷进行总体构形布局，主要载荷布局不拘泥于传统平台载荷分舱式布放。通过载荷舱与平台舱一体化融合设计，最大限度增加卫星对地面积，减小整星包络尺寸；在满足天线安装精度、视场要求的同时，有效降低了卫星纵向高度，通过结构局部加强，有利于加强整星刚度；且将波谱仪天线布放在星体载荷舱顶板中部，使得整星质心位置偏离星体纵轴距离较小，以减小姿态控制设计的不对称性[3]，同时满足运载对卫星质心的严格要求，有效将横向质心控制在 2 mm 以内。

4.2 优化布局减小整星迎风面积

两个太阳翼展开后跨度较大，靠近对日侧安装，基本可实现在轨运行时卫星本体对太阳翼完全无遮挡；且太阳翼安装沿飞行方向，可大幅减小整星迎风面积，降低气动阻力，有利于整星动力学特性。

4.3 中法载荷模块化设计实现异地总装

为优化整星研制流程，波谱仪天线分系统、散射计天线分系统以及数传分系统设备分别独立布放在载荷舱顶板、$+Z$ 下侧板和 $+Z$ 上侧板上，与平台留有机、电、热接口。根据研制需求，模块化结构组合体可从整星结构分解，随载荷一体化拆装，形成模块化设计，可实现中方与法方载荷分别独立异地总装，与整星并行装配和测试。该设计利于简化整星研制流程，可迅速有效地完成整星总装工作。

4.4 满足整星复杂 EMC 环境要求

将波谱仪天线及散射计天线分别安装在载荷舱顶板及平台舱 $+Z$ 下侧板，两舱板之间的 $+Z$ 上侧板布放数传天线，尽量拉开两个载荷间的距离，可有效避免两个载荷存在的耦合现象及射频设备之间不兼容的可能性。

4.5 满足整星热环境要求

卫星充分利用太阳翼安装面作为散热面，整星共设置 4.94 m^2 散热面，其中载荷舱 2.54 m^2。同一平面发热量不同的设备通过热管导热，其中预埋热管17根，外贴热管3根。外贴热管沿着 Y 方向，安装在平台长隔板和载荷长隔板上，穿舱设计，将平台舱与载荷舱 $\pm X$ 长隔板连接起来，合理利用散热条件，实现平台舱、载荷舱等温化设计。

4.6 整星水平运输优化研制流程

目前小卫星运输均采用垂直运输方式以保证卫星运输环境，且对研制过程中卫星水平停放的时间和环境提出严格要求。由于中法海洋卫星垂直方向尺寸过大，进入目前现有运输包装箱及运输飞机都将受到限制。若天线和星体单独运输则必须采用两个包装箱，总装操作复杂，费用增加。基于以上问题拟采取整星水平运输方式，通过L支架实现。针对整星长时间水平运输的状态对结构强度、刚度进行设计，同时对有精度要求的安装面精度指标进行分析，主要关注太阳翼根铰连接处、星敏感器、波谱仪天线、散射计天线等设备的安装面是否产生不可恢复变形。经过分析仿真，卫星具备水平运输状态条件，可有效解决星体垂直尺寸对包装箱及运输飞机的限制问题，优化总装流程。

5 结束语

中法海洋卫星按照构形布局设计准则进行整星构形设计和设备布局，针对任务的实际特点，以波谱仪天线、散射计天线等有效载荷为设计重点，给出了整星构形布局设计的新思路。卫星很好地满足了卫星总体及各分系统的功能性能要求，同时，卫星构形布局的模块化设计从根本上简化了后期AIT工作的复杂性，优化了整星研制流程。

参 考 文 献

[1] 王希季，李大耀．卫星设计学［M］．上海：上海科学技术出版社，1997.
Wang Xiji, Li Dayao. Satellite Design [M]. Shanghai: Shanghai Science and Technology Press, 1997 (in Chinese)

[2] 徐云飞，邸国栋，白照广，陆春玲．高分一号卫星总体构形布局设计与优化［J］．航天器工程，2014，23：32-35.
Xu Yunfei, DiGuodong, Bai Zhaoguang, Lu Chunling. Design of Configuration and Layout for GF-1 Satellites [J]. Spacecraft Engineering, 2014, 23: 32-35 (in Chinese)

[3] 刘冬妹，白照广．环境减灾-1A、1B卫星总体构形布局设计与优化［J］．航天器工程，2009，18（6）：31-36.
Liu Dongmei, Bai Zhaoguang. Design of Configuration and Layout for HJ-1A/1B Satellites [J]. Spacecraft Engineering, 2009, 18 (6): 31-36 (in Chinese)

Design of Configuration and Layout for CFOSAT-1 Satellite

GE Yimin　WANG Lili　ZhANG Lei
DFH Satellite Co. Ltd., Beijing　100094

Abstract　The Chinese and French Space Agencies propose to carry out jointly a satellite mission which called Chinese-French Oceanic Satellite project (CFOSAT). According to the technological requirements of CFOSAT-1 satellite mission, the characteristics and constrains of satellite configuration and layout design are analyzed in this study. By considering the affects of new large-size rotational payload on satellite platform, a satellite configuration and layout scheme is proposed to realize the integrative design of payload and platform. Because of the complexity of the work in AIT phase, a novel optimized method based on offsite payload assembly and horizontal transportation of satellite is given. The innovation point of CFOSAT - 1 satellite configuration and layout design is analyzed, providing reference to the similar satellite.

Key words CFOSAT - 1 satellite; Configuration and layout; Design

作 者 简 介

葛逸民，女，工程师，就职于航天东方红卫星有限公司，从事航天器总体和总装设计工作，电子邮箱：juin _ 629@163. com。

基于矢量信号源的多路时差信号发生器设计

韩浪　王韶波　陈娟　郑泽星

航天东方红卫星有限公司，北京　100094

摘　要　目前通用型微波信号源只能产生简单雷达射频信号且不具备时差调整功能，专用型雷达信号发生器多数只能输出单路射频信号或延时固定的多路信号。文章提出一种基于矢量信号源的时差可控多路信号发生系统，模拟多星时差定位体制电子载荷接收的雷达辐射源信号。采用软件的方法生成各种复杂形式的雷达波形数据，然后将生成的I/Q数据下载到Agilent E8267D微波矢量信号源的内部存储器。每台信号源设置不同的延时参数，各台信号源收到外部触发信号且等待规定的延时后将基带信号调制到射频输出，多台信号源由此产生多路携带时差信息的射频信号。

关键词　时差；信号源；雷达信号

1　引言

雷达信号产生系统可以为雷达、无源接收机调试、性能评估提供信号输入和参考，在雷达研制、无源接收机研制中是必不可少的。随着雷达及接收机技术的进步，对雷达信号产生系统的要求也越来越高，信号形式从简单脉冲信号向复杂脉内调制信号、脉间频率捷变信号、重频参差的方向发展[1]。目前广泛使用的通用型微波信号只能产生常规信号形式的雷达信号，不能产生复杂信号形式的雷达信号[2]。一些专用雷达信号发生系统能够产生复杂信号形式的雷达信号，但多数只有一路输出或简单的多路输出，多路信号之间无时差信息或时差固定不可调[3-4]。为在地面验证星座卫星时差测量精度及目标定位精度分析，特别需要一种时差可控的多路雷达信号产生系统，模拟星座卫星对不同位置地面雷达目标的信号接收[5-6]。本文提出一种能够输出多路时差可调的复杂信号形式的雷达信号发生系统，信号形式涵常规雷达信号和脉内调制信号，多路信号间时差可调，控制精度达到10 ns量级，满足星座卫星时差测量及目标定位解算在地面测试阶段的需要。

2　设计方案

2.1　系统组成

时差信号发生系统由系统控制器、基带信号发生器、定时控制器、3台微波信号源和连接电缆组成，如图1所示。系统控制器具有人机交互界面，通过内部协议控制基带信号发生器生成各种复杂基带数字I/Q信号。系统控制器采用以太网向3台信号源发送控制指令、时差参数、基带I/Q数据，同时借助PCI总线接口与定时控制器通信，控制定时控制器产生3路高精度的同步触发信号，3路同步信号通过3根等长的连接电缆输出至微波信号源的外部触发端口，微波信号源收到外部触发信号，等待时差参数规定的延时后将基带信号调制到预定载波输出。

系统控制器包括一块主机板、一块IO板、一块底板及主控软件．底板为PCI接口底板，主机板、IO板、定时控制器板直接插在底板，通过底板互联线实现各模块之间的互联。主机板具备通用计算机功能，IO板在主机板控制下实现IO控制功能，包括鼠标、键盘、VGA显示、以太网和USB。主控软件运行于主机板，负责整个系统的运行控制及状态检测，包括系统网络管理、信号参数设置、延时控制和微波信号源控制。

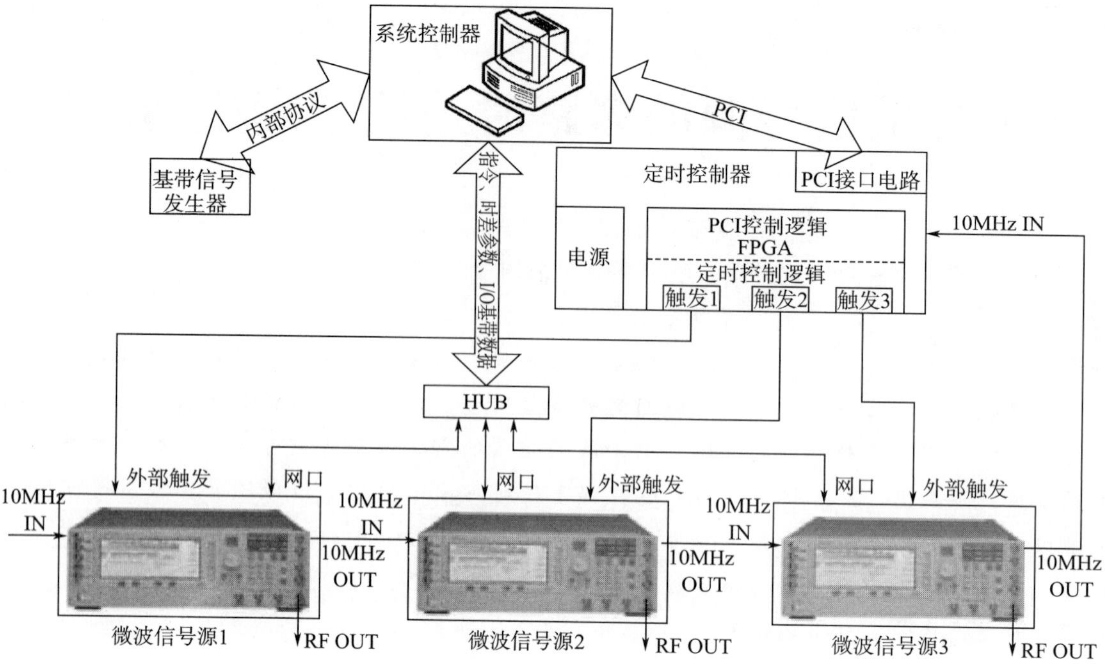

图 1　多路时差信号发生器系统组成框图

基带信号发生器根据系统控制器的控制参数，产生预设的雷达基带数据，信号形式包括简单脉冲、线性调频信号、非线性调频信号及相位编码信号，在此基础上进一步生成具有重频参差、重频跳变、频率分集、频率捷变等特征的复杂信号，根据需要可以对基带信号添加噪声。基带信号查看模块显示基带信号的时域特性和频谱特征。

定时控制器包括电源电路、PCI 接口电路和一块 FGPA，其中 FPGA 包含 PCI 控制逻辑和定时控制逻辑两个模块，PCI 接口电路接收系统控制器的控制指令并转发至 FPGA，PCI 控制逻辑模块实现总线管理和数据接收，定时控制模块对接收到的指令进行译码，在下个时钟上升沿输出 3 路同步触发信号，输出的同步信号连接至 3 台微波信号源的外部触发输入端（见图 2）。

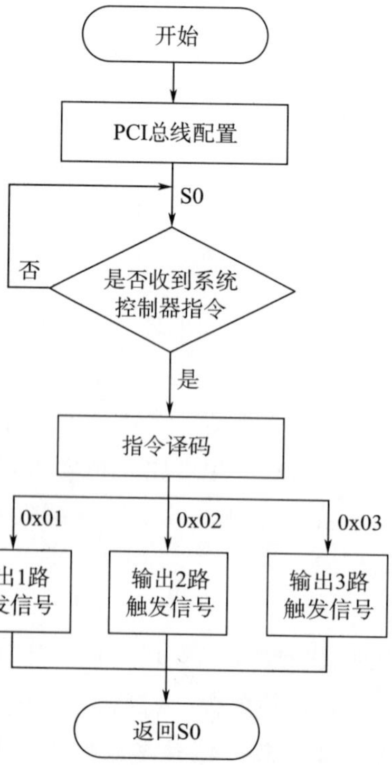

图 2　定时控制器工作原理图

微波信号源采用 Agilent E8267 矢量信号源，3 台信号源的 10 MHz 参考输入、输出信号依次串行连接，这样产生的 3 路射频信号相位相参[12]。系统控制器首先将基带数据生成器产生的基带数据通过以太网下载到 3 台微波信号源的内存空间，信号源收到外部触发信号，等待时差参数规定的延时后输出雷达射频信号。

2.2 工作流程

如图 3 所示，时差可控多路雷达信号发生系统加电开机，运行主机板的主控程序，主控软件负责进行整个系统的运行控制和信息管理[8]。首先建立主控软件与 3 台信号源的网络连接，其次通过软件界面设置参数，包括采样率、信号形式、脉宽、带宽、脉冲累积个数、重频类型及不同类型对应各参数、载频类型及不同类型对应各参数、载波功率、噪声相关参数、基带绘图相关参数、延时参数等。主控软件按照内部协议将不同类型的参数存储在参数文件中，供基带数据发生器读取使用。基带数据发生器是运行于主机板的独立外部程序，读取参数文件后生成基带数据，基带数据以数据文件的格式存储在主机板，数据文件最大为 256 Mbytes，对应基带数据长度 64 MSample，每个采样点占用 4 Byte，I/Q 每路各占 2 Byte。为验证生成基带数据是否正常，可以调用基带数据查看模块观察基带数据的时域、频域（相位编码信号为自相关特性），正确无误后将基带数据文件下载到 3 台信号源内存，与此同时主控软件设置 3 台信号的载波频率、幅度、输出延时参数。延时参数 d 表示的含义是信号源收到外部触发信号，d 个采样周期后才输出射频雷达信号，采样率为 100 MHz，因此延时控制步进为 10 ns。最后，主控软件向定时控制器发送输出触发信号指令，信号源收到外部触发信号等待 d 个采样周期后输出射频雷达信号。

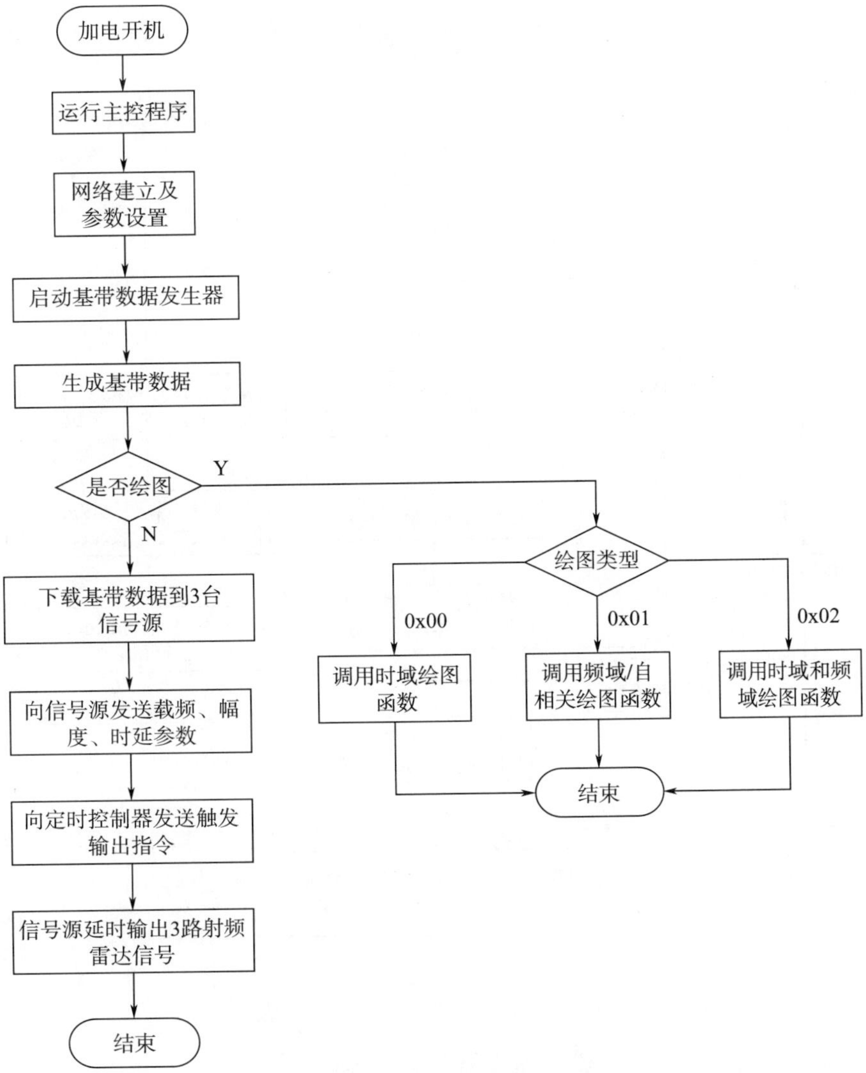

图 3　时差信号发生器系统工作流程图

3　基带信号数据的生成

3.1　基带脉内信号的生成

如图 4 所示，基带脉内信号包括简单脉冲信号、线性调频信号、非线性调频信号、相位编码信号。其中非线性调频函数的调频函数形式包括 S 曲线、海明窗、汉宁窗、泰勒窗、三角窗、高斯窗、布莱克曼窗及切比雪夫等窗函数形式。相位编码信号包括巴克码、m 序列、Frank 码及泰勒码。简单脉冲的相位函数恒为零，线性调频信号的输入参数包括脉宽、带宽，调频函数为线性特性，调频函数积分得到相位函数。非线性函数的相位函数求解过程包含如下几个步骤，首先对非线性函数积分求得群延时函数，然后求群延时函数的反函数，此函数与调频带宽相乘得到最终的非线性调频函数，最后对该函数积分求得相位函数。脉内信号为相位等于相位函数的复函数，复函数实部为 I 路信号，虚部为 Q 路信号，信号长度 Lpulse 为采样率与脉宽相乘向下取整的值。相位编码信号产生步骤包含如下几个步骤：根据输入参数，生成要求码型的特征码，根据采样率和码元宽度求得单个码元数据点数 Lcode，Lcode 点数据每点取值与当前码元值相等，依次扩展每个特征码至 Lcode 点长度，至此生成脉内相位编码信号。脉内编码信号总长度 Lpulse 为码元特征码序列长度与每个码元内数据点数 Lcode 的乘积，码元特征序列长度与码型选择有关。

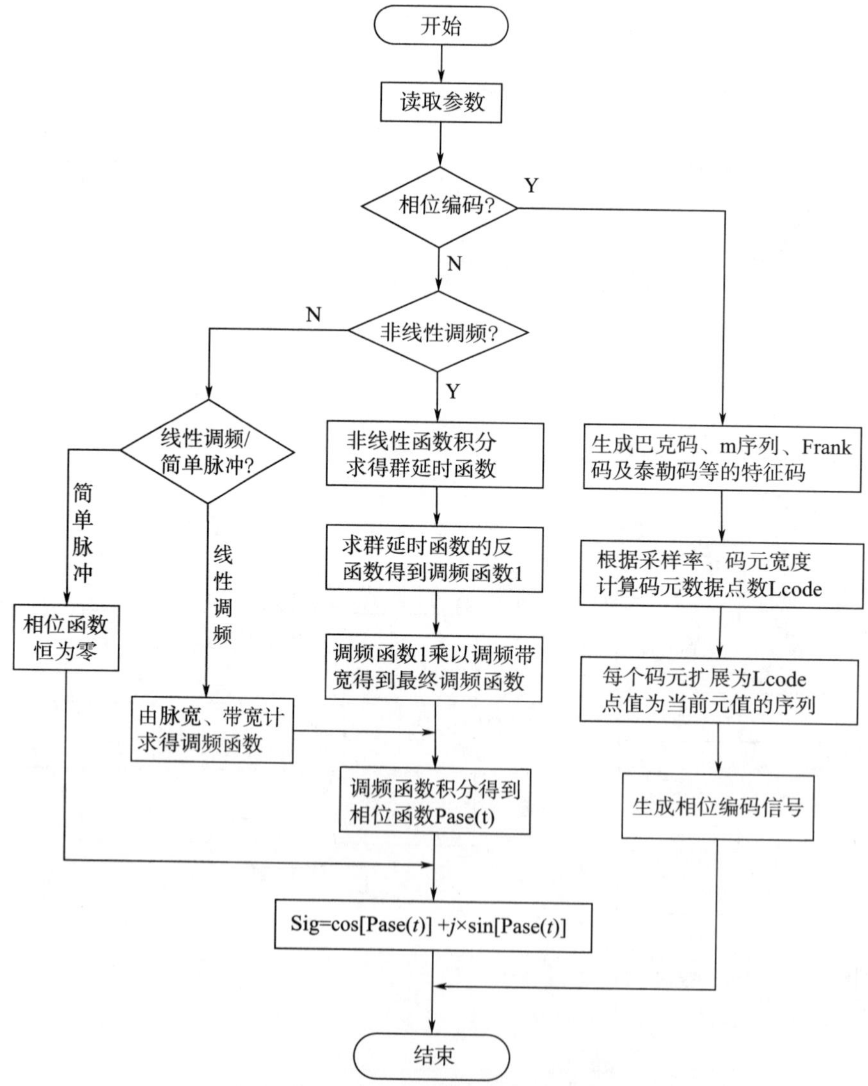

图 4　基带脉内信号产生过程

3.2 基带脉间信号的生成

基带信号发生器生成复杂雷达信号的基带 I/Q 数据，基带数据发生器为独立的应用程序运行于系统控制器主机板，如图 5 所示。主控程序负责基带数据发生器的启动，启动后首先读取主控软件生成的参数文件并解析，根据参数生成单个脉冲信号的基带脉内信号，脉内信号为复信号，实部表示 I 路，虚部表示

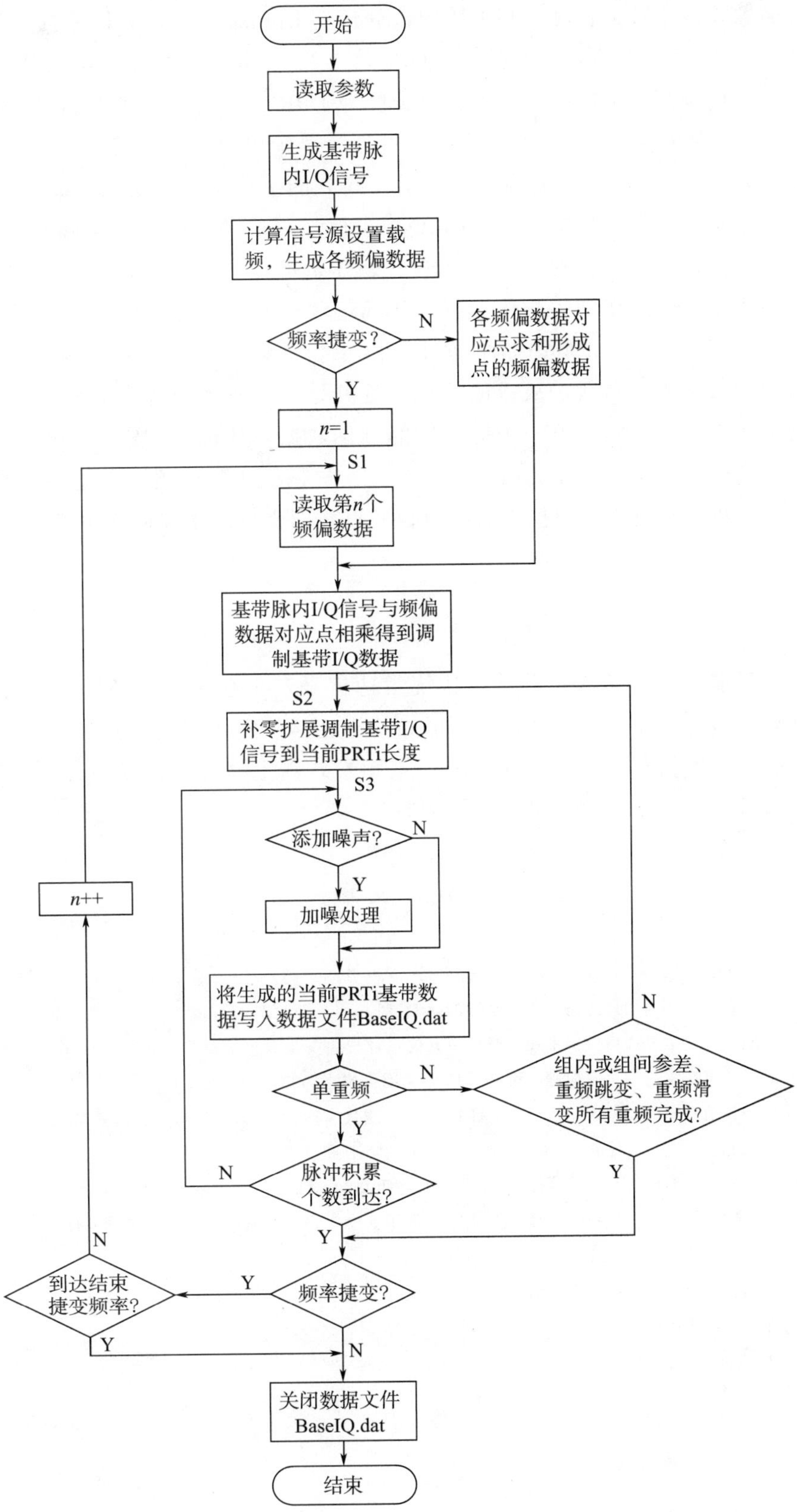

图 5　基带脉间信号产生过程

Q 路，脉内信号数据长度为采样率与脉宽相乘向下取整的值 Lpulse。载频类型为单载频时，无频偏数据。载频类型为频率分集时，假设载频为 M 分集，则 M 个频点分别与载频求差得到 M 个频差数据，M 个频差数据对应点求和得到总的 M 分集频差数据，即频率分集的频差数据最终只有一个，此处载频取 M 个频点的算术平均值，频偏数据长度与基带脉内数据长度 Lpulse 一致，频偏数据为复数。载频类型为频率捷变时，假设频率捷变数为 N，则 N 个频点分别与载频求差得到 N 个频差数据，此处载频取 M 个频点的算术平均值，N 个频偏数据每个数据长度与基带脉内数据长度 Lpulse 一致，频偏数据为复数。{S1} Lpulse 点的基带脉内复数据与 Lpulse 点的频偏数据对应点相乘得到 Lpulse 点的脉内调制基带数据。{S2} 根据不同重频周期值，将脉内调制基带数据补零扩展成长度为 LPRTi 点的单周期基带数据，LPRTi 为采样率与当前 PRTi 相乘向下取整的值。{S3} 判断是否对基带信号作加噪处理，需要添加噪声时根据信噪比设置参数计算噪声强度，其中信号功率是由脉内信号计算得到的平均功率。至此生成了重频为 PRTi 的基带数据，将本次生成的基带数据写入数据文件 BaseIQ. dat 尾部。重频类型为单重频时，判断脉冲积累个数是否到达主控软件设置值，若未到达则从标记“S3”处开始重复上述操作，积累个数到达则观察载频类型，若为频率捷变则用下一个捷变频的频偏数据，从标记“S1”处开始重复上述操作，直至完成所有捷变频。若载频类型不是捷变频则单重频基带数据生成结束。重频类型不是单重频时，根据组内组间参差参数、重频跳变参数和重频滑变参数，从标记“S2”处开始重复上述操作，直至生成完成所有重频。然后观察载频类型若为频率捷变，则用下一个捷变频的频偏数据，从标记“S1”处开始重复上述操作，直至完成所有捷变频，若载频类型不是捷变频则重频参差、重频跳变、重频滑变类型的基带数据生成结束。最后，关闭基带数据文件。至此基带数据生成结束，并以数据文件形式存储于主机板。

4　结束语

针对通用信号源只能输出简单雷达脉冲，传统雷达信号产生系统不具备输出时差射频信号的问题，本文提出一种能够输出多路时差可调的复杂信号形式的雷达信号发生系统，信号形式涵盖简单脉冲信号、线性调频信号、非线性调频信号、相位编码信号、重频参差、重频跳变、频率分集、频率捷变等复杂信号，多路信号间时差可调，控制精度达到 10 ns 量级。

参 考 文 献

[1] Cao Siyang，Zheng Yuanfang，Recent Developments in Radar Waveforms [J]．Journal of Radars，2014，3（5）：603－621.

[2] 陈丁，王放，李婷婷，石小萍．通用雷达信号场景系统的研制 [J]．电子科技，2014，27（6）：66－70.

[3] 王广学，彭世蕤，邓刚．雷达信号环境模拟中波形产生单元的设计 [J]．航天电子对抗，2008，24（2）：28－30.

[4] 钟思元，朱晓，曲志昱．复杂雷达信号模拟源的设计 [J]．应用科技，2005，32（8）：14－16.

[5] 李文臣．基于多通道矢量信号源的时差定位系统性能测试 [J]．现代雷达，2015，37（10）：21－24.

[6] 任连峻．时差测量及无源多站定位方法研究 [D]．哈尔滨：哈尔滨工业大学，2006.

[7] 阮黎婷．非线性调频信号的波形设计与脉冲压缩 [D]．西安：西安电子科技大学，2010.

[8] 张书静，郭建军，兰中文．复杂雷达信号的模拟产生 [J]．四川大学学报，2004，41（13）：179－182.

[9] 张明友，汪学刚．雷达系统 [M]．北京：电子工业出版社，2006.

[10] 宋立众，吴群．一种极化和频率捷变主动雷达信号处理技术 [J]．南京理工大学学报，2010，34（5）：668－674.

[11] 符锐．密集信号条件下的雷达信号分选 [D]．成都：电子科技大学，2008.

[12] Agilent. E8267D PSG user manual [z]．USA：Agilent Technologies，2005.

Design of TDOA Signal Generator Base on the Vector Signal Generator

HAN Lang WANG Shaobo CHEN Juan ZHENG Zexing
DFH Satellite Co. Ltd. , Beijing 100094

Abstract General signal generator could only provide simple radar pulse and have no ability to output signal with time difference ability. Nevertheless most of the specific radar signal generation system has only one RF channel or several channels with fixed time difference. For this issue the article introduces a new method to generate multichannel RF signals with time difference characteristic. The new system produces several kinds of base band signal profile. Then download the profile to several Agilent E8267D vector signal generators. Each E8267D gets the same base band data file but configure with different time delay parameters. All of the E8267D are triggered by synchronous pulse. Each E8267D waits specified delay after the trigger signal then output the RF signal which is modulated by the baseband data. Now the system generates multichannel RF signals with predefined time difference information.

Key words TDOA; Signal generator; Radar signal

作者简介

韩浪，男，工程师，就职于航天东方红卫星有限公司，从事航天器电子有效载荷总体设计工作，电子邮件：discover235@163. com。

多层隔热组件等电位工艺技术研究

左颖萍　朱兴鸿　刘江　周传君　姚硕

航天东方红卫星有限公司，北京　100094

摘　要　本文基于电磁监测卫星的空间等离子体环境和电位要求，对卫星多层隔热组件表面等电位的控制方法进行分析和优化，并研究最佳的多层隔热组件制作、安装、接地、检测和保护工艺方法来满足等电位要求。

关键词　多层隔热组件；等电位；制作；保护

1　引言

电离层是低地球轨道重要的环境因素，是由太阳电磁辐射、宇宙射线和沉降粒子作用于地球高层大气，使之电离而生成电子、离子和中性粒子构成的能量很低的准中性等离子体区域，在低轨道空间运行的航天器与周围等离子体、高能带电粒子、磁场和太阳辐射等环境因素的相互作用下，等离子体电荷在航天器上积累，导致航天器表面产生电位。电磁监测卫星轨道高度为500 km，是低轨卫星，主要探测对象是全球空间电磁场、电离层等离子体和高能粒子，以获取与地震活动相关的空间电磁和电离层信息。等离子体和电磁场的原位探测的必要条件是卫星对空间探测对象的干扰应该降低到不可观测的程度，根据等离子体分析仪和相关载荷的探测需求，在通常等离子体条件下，需要将卫星的绝对电位控制在±2 V之内。

电磁监测卫星外表面主要有太阳翼、多层隔热组件和OSR片，它们与环境中的离子、电子、光子相互作用产生电流流动，各部位表面材料、光照条件、电搭接方式等不同，在不同部位会产生电位差，对整星的电位有影响。多层隔热组件占据整星的50%表面，对整星绝对电位影响较大，所以对多层隔热组件进行电位控制将影响卫星的绝对电位。

本文主要介绍了卫星的电位形成，根据电磁监测卫星的电位分析，设计多层隔热组件的接地形式，优化设计和实施，并证明多层隔热组件的电位控制的有效性和可行性。

2　卫星电位控制目标

卫星绝对电位指卫星的结构地相对周围环境等离子体的电位。卫星的表面整体均匀带电导致卫星结构地的绝对电位与周围等离子体电位存在差异，卫星结构地相对于周围空间等离子体形成一个电位差。这主要由空间等离子体的热运动、卫星速度、卫星表面接地导体面积、太阳能帆板状态和光电子等多种因素决定。

在无光照条件下，卫星的表面会带上一定的负电位，这是由于等离子体是近似中性的，其中电子的数量和离子的数量近似相等，而且能量也比较接近，然而由于电子的质量比离子的质量要小很多，因而电子的运动速度远大于离子的运动速度，同样时间内打到卫星表面的电子数要远大于离子数，最终使卫星的表面带上一定大小的负电位，负电位的存在会减小电子电流而增大离子电流，直到系统的收集净电流为零，负电位的大小主要取决于等离子体的浓度和温度。当卫星处于光照条件下时，卫星的表面在太阳光的照射下会逸出光电子，如果卫星周围的等离子体浓度较小，光电子流将起主要作用，从而卫星表面会带上一定的正电位，正电位的大小与卫星表面的材料和周围的等离子体环境有关。

卫星等电位控制要求为：通常等离子体条件下，卫星本体的绝对电位优于±2V。卫星星表主要有太阳翼、多层隔热组件和OSR片，各个表面物理状态各有不同，有侧风、背风、正迎风、斜迎风，卫星表面物理特性非常复杂，各个表面的物理特性和接地状态以及并联效应影响整星的绝对电位。卫星外表上的导体材料以及太阳能电池阵上裸露的导体连接件是吸收等离子体电流的主要区域，多层隔热组件占据整星的50%表面，对整星绝对电位影响较大，所以对多层隔热组件进行电位控制很有必要。

3 多层的星表接地设计

为了防止电磁监测卫星静电积累，星表多层隔热组件一般通过接地控制电位，多个单元的多层通过风琴叶片接地，将铝箔裁剪为宽20 mm的长条状，折叠成风琴式，风琴层数与多层隔热组件单元层数一致，折成后的风琴片边长为20 mm的正方形，将风琴片的每一层镶嵌在每一层的双面镀铝聚酯膜之间，用接地铆钉焊片与风琴片铆接成一体。根据热控需求，多层隔热组件的面膜主要为表面镀有ITO膜具有好的导电性的黑色渗碳膜，黑膜的实测方块电阻 R_0 在10～100 kΩ的范围，按照最大100 kΩ进行考虑。按照标准，星表每500 mm方块设置一个接地桩，星表多层均匀布置风琴叶片接地，参见图1。从图1中可以看出只要控制每个风琴叶片单元的面积，即可控制整个热控多层的接地特性。

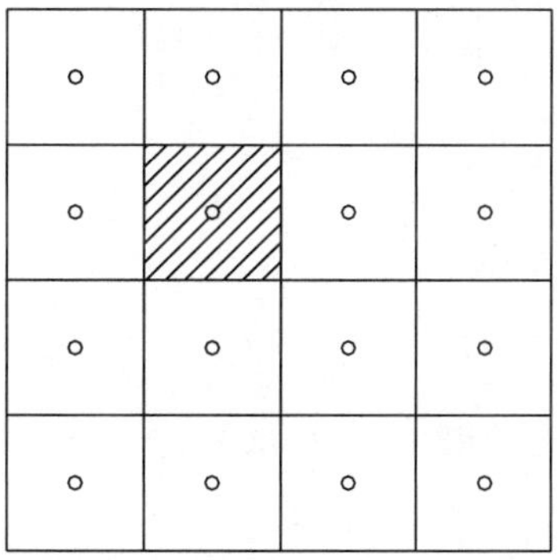

图1 星表热控多层接地图

假设风琴叶片接地孔的半径为 r_0，两个接地点的距离为 l，薄膜方块电阻为 R_0，图2为单个风琴叶片接地图。

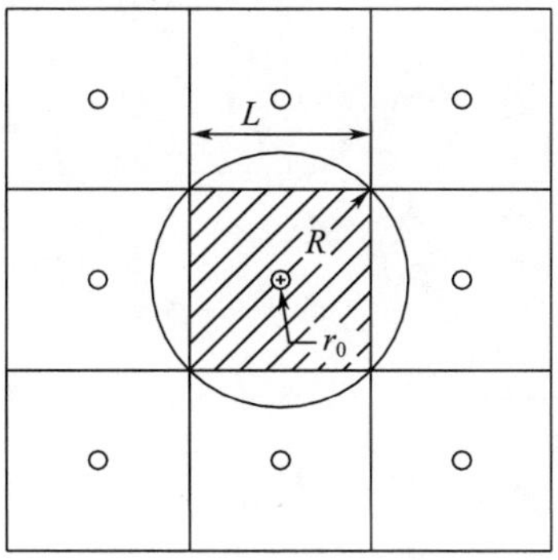

图2 单个风琴叶片接地图

距离中心 r 处的圆环到结构地的电阻为

$$R(r)=\int_{r_0}^{r}\rho\frac{\mathrm{d}r}{2\pi r\cdot t}=\frac{\rho}{2\pi t}\ln(\frac{r}{r_0})=\frac{1}{2\pi}\cdot R_0\cdot\ln(\frac{r}{r_0})$$

电阻最大值所在的外接圆的最外圈电阻应为

$$R_{\max}=\frac{1}{2\pi}\cdot R_0\cdot\ln(\frac{\sqrt{2}l}{2r_0})$$

风琴叶片中间的铆接接地通孔半径为 20 mm，即 $r_0=0.002$ m。$R_0=100$ kΩ，$l=0.5$ m，经计算 $R_{max}=82.4$ kΩ，每个面积为 0.25 m^2 的接地单元最大电阻为 82.4 kΩ，即阻值为 100 kΩ 的多层面膜，接地实施后方块最大电阻为 82.4 kΩ，小于 100 kΩ。

4　卫星电位控制计算

4.1　卫星电位控制计算

卫星在等离子体环境中，因电子热速度远大于离子热速度，而光电子效应可以忽略，处于等离子体中的孤立导体将大量吸引电子，使其绝对电位持续降低，排斥电子，吸引离子，产生-正离子鞘。等离子体在卫星周围产生的鞘层厚度一般为数个德拜半径。在低地球轨道高度，德拜半径为数毫米。因此，鞘层厚度远小于卫星的尺度，故采用无限大平板模型计算卫星对电子与离子电流的吸收，电流和离子密度分别为

电子热电流密度

$$j_e=\begin{cases} j_{eo},(V>0) \\ j_{eo}\cdot\exp\left(\dfrac{eV}{KT_e}\right),(V\leqslant 0)\end{cases} \tag{1}$$

离子热电流密度

$$j_i=\begin{cases} j_{io}\cdot\exp\left(\dfrac{-eV}{KT_i}\right),(V\geqslant 0) \\ j_{io},(V<0)\end{cases} \tag{2}$$

式中　j_{eo}，j_{io}——分别为电子和离子饱和电流，且 $j_{eo}=\dfrac{1}{4}\overline{v_e}en_{eo}$，$j_{io}=\dfrac{1}{4}\overline{v_i}en_{io}$；

n_{eo}，n_{io}——分别为电子和离子密度；

T_i——离子温度。

此处 $\overline{v_e}$，$\overline{v_i}$ 分别为电子和离子的平均热速度。

根据电流平衡关系有

$$\begin{cases}\left.\begin{cases} S_n\cdot[j_{ir}-j_{eo}\cdot\exp(\dfrac{eV_n}{KT_e})]=\dfrac{V_n-V_0}{R_n} & (\text{if Type}_n=\text{Front}) \\ S_n\cdot[j_{io}-j_{eo}\cdot\exp(\dfrac{eV_n}{KT_e})]=\dfrac{V_n-V_0}{R_n} & (\text{if Type}_n=\text{Side}) \\ -S_n\cdot j_{eo}\cdot\exp(\dfrac{eV_n}{KT_e})=\dfrac{V_n-V_0}{R_n} & (\text{if Type}_n=\text{Back})\end{cases}\right\}(\text{For } n=1 \text{ to } N) \\ \displaystyle\sum_{n=1}^{N}\frac{V_n-V_0}{R_n}-j_{eo}\cdot S_e\cdot\frac{V_0+30}{30}=0\end{cases} \tag{3}$$

其中第一式为迎风面的情况，第二式为侧面的情况，第三式为背面引入的电流，第四式为卫星地电位平衡时各面引入的电流整体平衡。

在星上已经针对表面电位控制进行了接地等多方面电位控制考虑的基础上，如果卫星处于强等离子体环境下，结果如表 1 所示，可以看出，卫星绝对电位无法满足 2V 的指标要求，需要对卫星的表面接地进行进一步优化。

表 1 强等离子体环境中的绝对电位结果

序号	位置	绝对电位/V		
		帆板侧风	帆板正面迎风	帆板背面迎风
1	$+X$ 面的黑膜	−0.71	−0.71	−0.71
2	$-Y$，$+Y$，$+Z$ 面的黑膜	−2.08	−1.57	−2.03
3	$-Z$ 面的黑膜	−1.65	−1.56	−1.64
4	$-X$ 面的黑膜	−2.26	−1.65	−2.21
5	卫星结构地	−2.26	−1.58	−2.20

4.2 电位控制优化设计

通过上面相关数据分析可以发现，卫星结构地点为过低的主要原因是在多层接地电阻过大，阻碍正离子形成的撞击电流。在进行多层表面优化时，首先考虑增加表面的接地点数量，其次考虑热控多层的面膜阻值的控制。

由于现在黑色渗碳膜的方块电阻指标为 10～100 kΩ，而现在则按照 100 kΩ 进行计算，为了能进一步优化整星地充电性能，需要进一步减小方块电阻，选择方块阻值在 10 kΩ 左右的黑膜，并将原来每 0.25 m^2 的面积内存在一个接地点更改为每 0.05 m^2 的面积内设置一个接地点，从此数据可以看出，通过对黑膜的方块电阻和面积进行控制，能够使卫星的绝对电位控制满足要求。

表 2 强等离子体环境中的增加接地点数量优化结果

序号	位置	优化前			优化后		
		帆板侧风	帆板正面迎风	帆板背面迎风	帆板侧风	帆板正面迎风	帆板背面迎风
1	$+X$ 面的黑膜	−0.71	−0.71	−0.71	−1.10	−0.97	−1.07
2	$-Y$，$+Y$，$+Z$ 面的黑膜	−2.08	−1.57	−2.03	−1.55	−1.44	−1.53
3	$-Z$ 面的黑膜	−1.65	−1.56	−1.64	−1.55	−1.51	−1.54
4	$-X$ 面的黑膜	−2.26	−1.65	−2.21	−1.63	−1.48	−1.60
5	卫星结构地	−2.26	−1.58	−2.20	−1.55	−1.34	−1.50

5 热控多层的星表接地实施

5.1 控制要求

多层隔热组件接地是设计多层组件的一个重要要求。接地装置的形式、结构和接地数量，对于多层隔热组件的整体电位控制有较大影响。任何形式的静电放电，都会干扰航天器有效载荷工作，所以需要对多层隔热组件进行必要的接地处理，根据卫星本体的绝对电位优于±2 V 的要求，计算出多层隔热组件面膜选择阻值小于 10 kΩ 的带 ITO 镀膜（氧化铟锡透明导电膜）的黑色渗碳膜，每 0.05 m^2 的方块，即 L=0.22 m 的正方形多层方块内设置一个接地点。

5.2 接地制作

多层组件每一层反射屏及多层面膜均需与主体接地桩连接，接地桩布置方格尺寸为不大于 220 mm×220 mm，方块面积为 0.05 m^2，即边缘每隔约 220 mm 设置一个接地点。

1）将铝箔裁剪为宽 20 mm 的长条状，折叠成风琴式，风琴层数与多层隔热组件单元层数一致，折成后的风琴片边长为 20 mm 的正方形。

2）将接地处的每层间的涤纶网剪除，将风琴片的每一层镶嵌在每一层的双面镀铝聚酯膜之间。

3）用 $\Phi 4$ 的开孔器在风琴片上打孔，贯穿风琴片的每一层，多层隔热组件用 $\Phi 4$ 接地铆钉将接地导线的双向焊片与风琴片铆接成一体。

4）用单面镀铝聚酰亚胺胶带修补接地线安装处的多层隔热组件面膜；多层搭接时由于搭接部分很难安装接地桩，需要在搭接部分使用铜基胶带接地。

5）多层接地桩的连接方式采用双向焊片且并串联后连接至整星接地点，如图 3 所示。

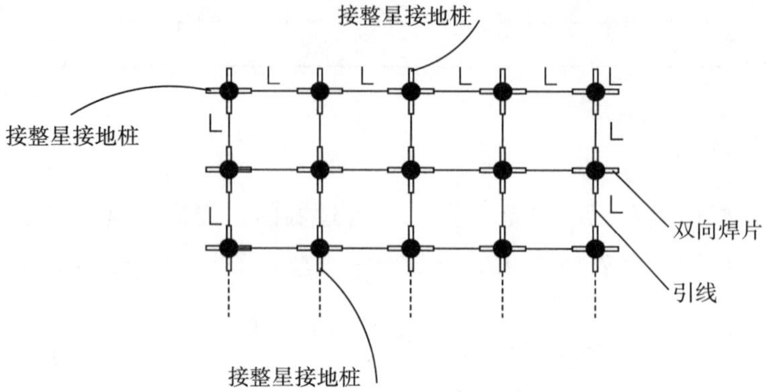

图 3　多层接地桩连接方式示意图

5.3　控制与检测措施

多层隔热组件制作完成后，应对其进行阻值检验，主要包括：

1）要求检测中使用的与多层接触的探头使用直径为 1 cm 的圆盘形，并在检测中采用面接触的方式进行测试，将万用表调至 kΩ 档。

2）制作多层前测量面膜电阻率，测量多层面膜表面电阻实测值小于 10 kΩ。

3）多层接地制作完成后，使用万用表在面膜表面纵、横两个方向上按照 $L=0.22$ m 的步长进行电阻测量，如图 4 所示，风琴叶片接地点到结构参考点的连接阻值不大于 100 mΩ，测试点到结构参考点的连接阻值不大于 10 kΩ。

电磁监测卫星经过热控星和正样星热试验前后的多次验证，选取表面阻值小于 10 kΩ 的黑色渗碳膜，测试点到结构参考点的连接阻值均小于 10 kΩ。

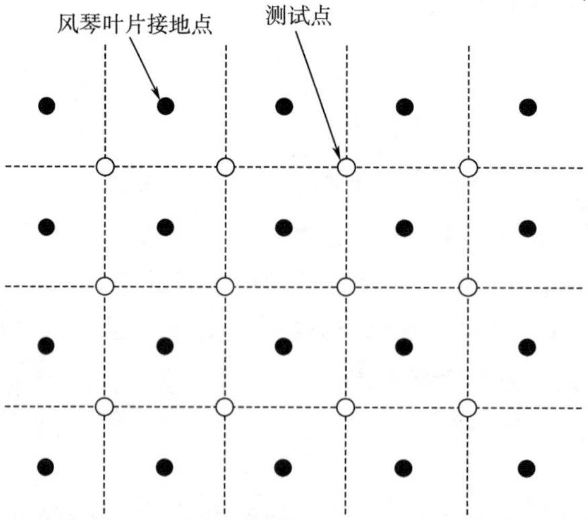

图 4　热控多层隔热组件表面接地电阻测试点示意图

5.4 多层隔热组件保护

1）多层隔热组件进行真空除气，将多层隔热组件放置在真空容器内，抽真空至容器内真空度优于 1.0×10^{-3} Pa，多层摆放不折叠并进行烘烤，烘烤温度 60 ℃，且在此温度下保持 60 h。

2）由于制作多层的黑膜较软，而膜表面的 ITO 镀层质地较硬，因此在卫星表面铺设多层时，严禁对膜进行折叠和按压操作，以防 ITO 层断裂而影响表面导电特性。

3）将放气处理完毕的多层隔热组件放在有干燥剂、防氧化剂的密封塑料袋内，在塑料袋表面标识出多层隔热组件名称、代号、数量，并将包装袋放入专用包装箱。

4）在对星表铺设多层时，如果遇到不规则的、不易处理的区域，不允许对多层进行随意的弯折，要求在尽可能保持多层平整的前提下，使用导电的铜基胶带进行剩余区域的处理。

6 结束语

通过对低轨空间等离子体环境对电磁监测卫星的影响分析，对卫星多层隔热组件表面等电位的控制方法进行设计和优化，把整星表面的电位控制在±2 V 以内。卫星多层隔热组件的多点接地对于电位敏感航天器的等电位控制起着很好的作用，能有效减少航天器在轨运行时表面电位的差异，为提高多层隔热组件的导电性与可靠性，还需从多层隔热组件材料的选择，接地处理，保护存储等工艺方面进行综合考虑，确保发挥其作用。

参 考 文 献

［1］ 赵颖，刘松喆，金海雯．电磁监测卫星太阳电池阵表面等电位控制［J］．电源技术，2014，38（2）：276－278.
［2］ 冯宇波，王世金，关炳．空间等离子体对飞船对接过程的充放电影响［J］．上海航天，2013，30（1）：53－58.

Study on Equipotential Process of Multilayer Insulation

ZUO Yingping　ZHU Xinghong　LIU Jiang　ZHOU Chuanjun　Yao shuo
DFH Satellite Co. ，Ltd，Beijing　100094

Abstract　This paper is based on the space plasma environment and surface potential requirements of electromagnetic environment monitoring satellite. The method of controlling surface equipmential of satellite multilayer heat insulation component is analyzed and optimized. The best multilayer components are fabricated，installed，grounded，detected and protected to meet the equipotential requirements.

Key words　Multilayer insulation；Equipotential；Fabrication；Protection

作 者 简 介

左颖萍，女，就职于航天东方红卫星有限公司，从事小卫星总装工艺技术研究，电子邮箱：psyche0220@163.com。

星载计算机 Bootload 设计

熊浩伦　李国军　刘强
航天东方红卫星有限公司，北京　100094

摘　要　为改进小卫星星载计算机软件固化和升级维护的灵活性，依据星上信息流实现的现状，本文设计并实现了一种既可方便地面软件进行开发测试固化，又可灵活方便地进行在轨软件升级维护，还可节省元器件成本而又不降低系统可靠性的星载计算机软件存储、引导及加载方案。本方案可提高星载应用软件开发、升级、维护的效率和通用性；减少 PROM 使用量；标准化和最优化固化工作；实现软件从函数模块级到整体级的升级与维护。

关键词　星载计算机软件；软件存储；bootload

1　引言

目前小卫星星载软件多使用 PROM \ EEPROM \ FLASH 作为软件的存储介质。地面开发时，软件升级更新需要使用专用下载器，尤其是 AIT 测试阶段不能随时进行软件的升级与维护；航天器在轨时，软件升级维护需使用钩子函数进行函数模块的更新，并不能进行整个应用程序的升级；另外，PROM 上的软件具有不可更改性且需要进行固化[1]。因此，需要一种既可以方便地面软件进行开发测试固化，又可以灵活方便地进行在轨软件升级维护，还可以节省元器件成本而又不降低系统可靠性的星载程序存储及运行方案。对星上软件功能进行分解，通过 EEPROM（FLASH）等非易失性存储介质存储星载软件应用程序，使用 PROM（同样可使用 FLASH 或 EEPROM）存储带星载计算机基本功能的引导加载及升级程序可实现软件开发测试、固化及在轨升级维护的易实施性并节省硬件成本。

2　设计方案

2.1　软件运行模式

传统的星载计算机软件研制模式下，整星经过大型测试并确定了最后的技术状态之后才将软件进行固化。软件固化之前的整星测试阶段，或将设备拆星返所，或由预留的接插件上注来实现软件更新。软件固化后，只能通过钩子函数打补丁进行有限的功能修改，软件数据的上注依赖于遥控通道，数据的比对依赖于遥测通道。单机产品研制时，测试阶段往往将软件由下载器或仿真器暂时存储在 EPROM 或 FLASH 上，依赖于专业的软硬件环境，不能现场随时进行软件升级替换。传统的星载软件数据上注流程如图 1 所示。

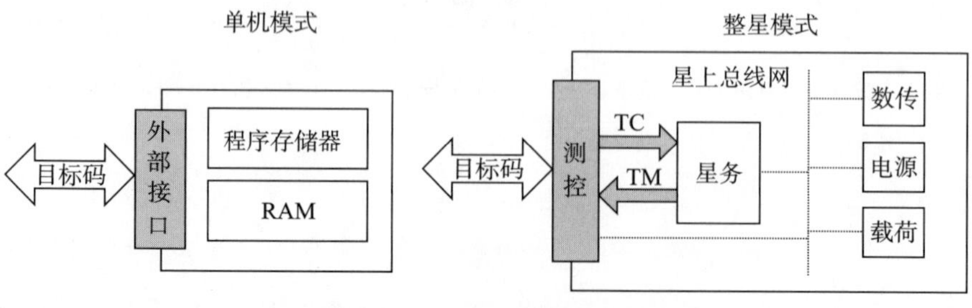

图 1　传统的星载软件数据上注流程图

软件上注的本质是通过接口上注数据到 SRAM 中，再由 SRAM 中写入非易失性存储器中。星载计算机（通常指挂接在星载总线上的具有下位机功能的设备）可通过星上总线网访问到。因此，通过总线接口可以实现软件上注方式的统一。商业上嵌入式设备的软件引导加载由 bootloader 实现。其软件运行流程如图 2 所示。

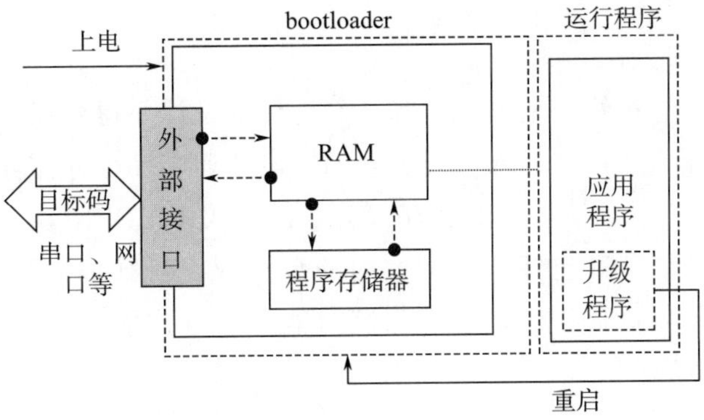

图 2 带 bootloader 的程序运行流程图

Bootloader 是上电后首先运行的程序，主要进行目标软件的下载更新和引导加载[2]。完成引导加载后，Bootloader 会跳转到目标软件（应用程序）的入口点开始执行。一般的应用程序里面都会包含一个升级模块程序，这样在应用程序里也可以进行软件的上注。通过指针跳转或者重启的方式可以运行新版本的软件。在这种模式下，不管软件是处于开发初期的单机模式，还是处于后期的整星互联模式都能方便高效地实现新版本的软件下载与更新。

星载计算机软件的运行管理也可以采用这种模式。单机上，总线接口可作为数据交换的外部接口，整星下，测控通道可作为整星数据交换的外部接口，如图 1 所示。除星务需承担整额外的星上上下行数据管理任务外，其他分系统的下位机软件运行管理可基本一致。因此，星载计算机软件的运行模式可如图 3 所示。

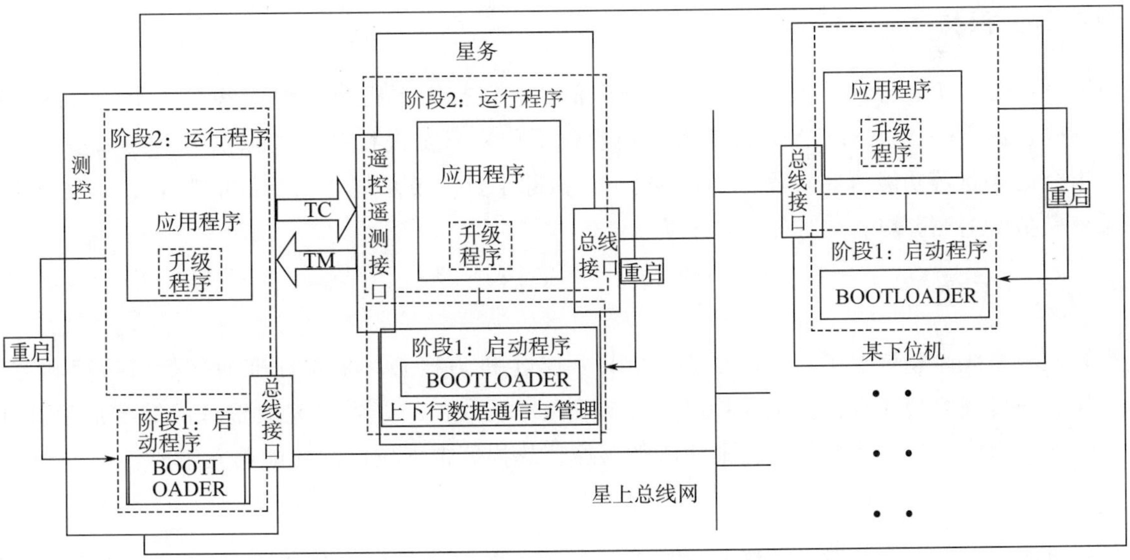

图 3 星载计算机软件运行模式

如果统一好数据传输的格式，则各下位机阶段 1：启动程序的软件可形成一致，其实质是带总线通信功能的 Bootloader 程序；星务主机的阶段 1 则较为复杂，应根据整星信息通道的安全可靠性进行部分专有功能的集成。阶段 2 运行的程序则是完整的正式的用户应用程序。阶段 1 的程序可作为固件程序，在单机产品出厂时固化在 PROM 中，阶段 2 的程序是用户程序，是可根据需求现场更新升级的，一般存储于 EEPROM 或者 FLASH 中。

2.2 安全性与可靠性

整星在轨的基本安全性主要包括以下3点：

1）整星上下行通道的安全性；

2）整星能源系统的安全性；

3）星上信息传输通道的安全性。

程序都运行在阶段2时，整星的安全可靠性都是经过仔细设计并得到保证的；在轨计算机复位、切机或重新加电，程序从阶段1开始运行，如果引导加载的阶段2程序发生存储异常导致无法加载完成，则程序将停留在阶段1，等待地面干预。阶段2的程序可分三区存放于EEPROM（或FLASH）中，按照三取二方式读出。整星由星务分系统负责包括星上网在内的数据管理与维护；遥控遥测物理信道由测控分系统负责；能源系统安全由两部分负责，一是能源系统对能源的监控能力，二是整星姿态可确保太阳电池阵充电，保证整星能源平衡。

3 实现方式

阶段1要确保信息通道安全和能源安全，在进行设计时，除了具有通用的Bootloader功能外，某些分系统还应具有一些基本特殊功能的设计。

3.1 Bootload功能

Bootloader包含两种不同的操作模式："启动加载"模式和"下载"模式。星载计算机的bootloader能够将从外部接口接收的数据进行存储；能够响应外部接口的命令信息；能够将非易失性存储器中存储的软件数据搬移到SRAM中，并跳转到SRAM中启动目标程序。对于目前采用CAN总线通信的小卫星而言，bootloader应包含完整的CAN总线通信功能，并按照小卫星CAN总线通信协议进行设计。

3.2 测控能力保持

测控分系统主要负责管理遥控遥测上下行物理信道。遥控上下行数据由应答机负责信号的调制与解调。功能由硬件或硬件配合FPGA软件实现，应答机下位机只是进行一些模拟量遥测的采集、总线的管理和数据指令的执行等功能。在阶段1，应答机下位机除了具有带总线通信功能的bootloader功能外，还应具有采集模拟量遥测并应答星务轮询的能力。

3.3 星务最小系统

星务管理分系统是整星电子系统的核心，它以星务主机为核心，采用标准通信接口协议和数据通信格式的计算机通信网络把多台计算机连接起来，形成星上统一网络，负责完成整星的综合信息处理工作。星务分系统往往由中心计算机和管理其他功能如遥控、热控等带下位机的功能单元组成。

3.3.1 星务主机最小系统

星务主机应用软件功能一般包括遥测、遥控、程控、时间管理、通信管理、任务调度和自主控制等多项事务管理功能。在阶段1，为了确保整星的基本功能和信息安全、能源安全，必须集合进星务主机的基本功能集。即在阶段1，星务主机运行于星务最小系统。星务主机最小系统的主要功能框图和信息流图如图4所示。

星务主机阶段1最小系统功能说明：

（1）遥控与遥测

遥控遥测的协议设计依然采用当前小卫星的设计方式。在指令安排上，根据最小系统的功能保留星

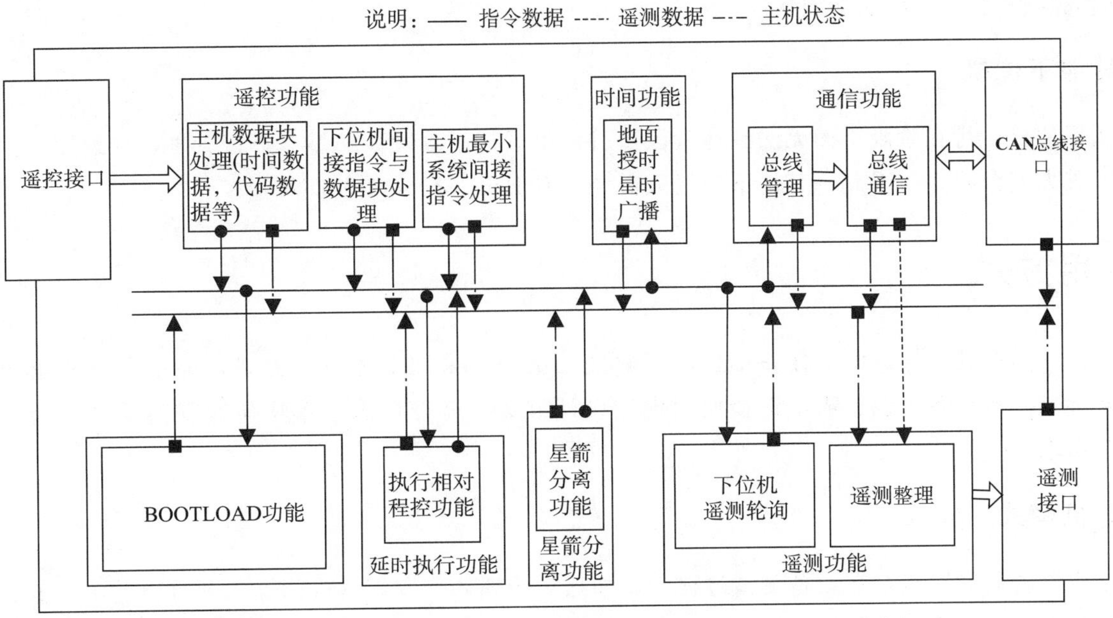

图 4　星务主机的功能框图与信息流图

务主机的指令。除了 bootloader 功能的相关指令，阶段 2 的指令应该能完全包含阶段 1 的指令。阶段 1 的遥控应能处理和转发整星间接指令和数据块。星务最小系统的遥测形成速变 10H 包和缓变 12H 包进行下传；整星其他遥测则包括固定遥测（遥控单元和应答机的遥测）、电源遥测、姿控的遥测以及热控遥测。

（2）总线通信

CAN 总线通信功能包括总线通信与总线管理。阶段 1 与阶段 2CAN 总线通信功能一致。整星所有总线通信设备无论阶段 1 还是阶段 2 都应根据小卫星 CAN 总线通信协议进行通信功能设计，并符合各自的数据格式约定。

（3）安全控制

在星务最小系统下，不会进行整星任务的执行，因此一断在飞行时，星务主机复位或切机，首先进入到星务最小系统，此时触发星务主机复位安全模式，会对整星载荷进行断电处理，之后载荷将不再开机执行，以此可以确保整星安全。在星务运行于阶段 2 时，其他下位机出现问题都可进行相应的安全模式控制。

（4）时间服务

具有授时功能和星时广播功能，确保整星有统一的时间戳资源。

3.3.2　其他下位机最小功能

星务分系统的其他下位机在阶段 1 时，除了具有 Bootloader 功能外，还应具有该下位机核心功能。如遥控单元对模拟量遥测的采集，间接指令的译码功能以及载荷管理单元的间接指令译码功能等（确保整星 OC 指令可以输出并执行）。

3.4　能源管理

能源管理下位机在阶段 1 还应具有采集能源状态并判断能源健康状态的能力，能够正确应答星务的遥测轮询。能源下位机在阶段 1 不能跳转到阶段 2 时，通过星务可进入能源安全模式，然后由地面控制进行操作。

3.5　姿态管理

姿控下位机在阶段 1 还应具有采集姿态、确认姿态并保持姿态的能力，能够正确应答星务的遥测轮询。可形成姿控 AOCC 最小系统软件。

3.6 其他下位机

其他下位机运行在阶段 1 而无法到达阶段 2 时，由运行于阶段 2 的星务进行管理，在地面干预下不会造成整星重大安全隐患。因此，其他下位机只需要具有 Bootloader 功能即可。

4 应用方式

软件设计具有独立性，即对任一单机，其软件无论是否采用上述设计方式，都不会对其他分系统或单机带来影响。各设备可根据需求选择使用上述设计方式。软件可满足单机研制和整星电测、在轨时的软件升级需求。

4.1 单机模式

在正样设备研制阶段，在设备测试过程中，如热实验现场，发现软件问题，则可通过阶段 1 迅速完成新版软件的上注，再重新进行测试。

4.2 整星模式

设备交付总体后，在测试中发现软件问题或者需要进行软件的更新换代，则软件更改完成并经过确认测试后，可直接在电测现场进行软件上注更新。在轨时，若切机或复位时 EEPROM 三取二读取错误，则软件运行在阶段 1，待地面干预进行处理。软件在阶段 2 基本都具有执行钩子函数的能力，在阶段 1 具有整体软件替换的能力。因次，整星模式的软件更新维护矩阵如表 1 所示。

表 1 软件更新维护矩阵

软件运行阶段	阶段 1	阶段 1→阶段 2	阶段 2	阶段 2→阶段 1	阶段 1→阶段 1
进入条件	加电或复位	阶段 2 有正确数据且跳转允许（跳转允许为默认值，且指令可控）	阶段 2 数据读取正常	复位或切机	阶段 2 数据读取不正常
软件更新模式	软件整体级更新	—	软件模块级更新	—	软件整体级更新
软件功能	最小功能	最小功能	完整功能	最小功能	最小功能

5 结束语

本文设计了小卫星星载计算机软件 bootload 方案。其实质是寻找软件研制的共同点与整星基本功能的结合点，从单机层面到整星层面上提出新的具有可行性的星载软件存储与更新的方式。就星务主机软件研制而言，该方案使星务主机出厂时即可使用 PROM 固化星务主机最小系统软件。星务主机软件可随时进行软件的现场更新，星务主机的研制将不再具有返厂软件落焊固化环节；入轨后，当需要进行星务软件较大更改时（或进行软件整体功能的升级），可支持软件整体级上注。

参考文献

[1] 范全平．一种基于飞行器平台的嵌入式软件重构技术．电子信息对抗技术，2007，4，36-40.

[2] 朱晶．嵌入式系统 BOOTLOADER 的设计与实现．复旦大学硕士学位论文，2004.

Bootload Design for Onboard Computer

XIONG Haolun　LI Guojun　LIU Qiang
DFH Satellite Co. Ltd. , Beijing　100094

Abstract　To improve the flexibility of onboard computer software programming and upgrade, a scheme is designed and implemented. This scheme can be used to realize the onboard computer software storage and bootload. Based on the current situation of information flow, it not only facilitate software development , testing and programming on the ground , but also facilitate software upgrade on orbit according to standard process. PROM is not necessary, so the cost of components can be reduced. The upgrade of software can be function module and whole level, so the security of the system can be ensured.

Key words　Onboard computer software; Software storage; BOOTLOAD

作 者 简 介

熊浩伦，男，工程师，就职于航天东方红卫星有限公司，研究方向为星务分系统和星载软件设计，电子邮箱：tjuxhl@126.com。

基于改进粒子群算法的卫星编队多星重构

李晓宇　乔毅　刘烜塨

北京航天飞行控制中心，北京　100094

摘　要　卫星编队飞行作为一种新兴的空间应用模式，凭借其良好的技术特性与功能优势，必将促进空间任务实施方式的创新发展。卫星编队飞行中，因任务需求、技术要求等的改变，需要进行编队构型的重构。编队重构不仅要使每颗卫星完成相应的轨道转移过程，还需要考虑编队卫星之间的协同运动。本文针对连续推力下的卫星编队重构路径规划问题首先给出了多星重构的数学模型；针对目标函数为离散函数的特点，对粒子群算法进行改进；最后对算法进行仿真分析，实验结果验证了算法的有效性和可靠性。

关键词　小卫星；编队飞行；改进粒子群；多星重构

1　引言

由于微电子、新材料和先进推进技术的突破，小卫星呈现出蓬勃发展的趋势，而卫星编队飞行这种新兴的空间应用模式可有效弥补小卫星功能不足的缺陷，成为诸多航天大国竞相关注和研究的热点。卫星编队飞行是指多颗卫星在轨自主运行的同时，彼此间相距较近且保持某种空间几何构型，通过星间链路相互通信、密切协同，共同完成特定空间任务的一种空间应用模式。

典型的卫星编队飞行任务包括美国和德国联合实施的 GRACE 任务、瑞典空间研究中心的 PRISMA 任务以及欧空局组织的 Proba－3 任务，国内对于卫星编队飞行计划的实施始于小卫星的在轨释放和对神舟 7 号飞船留轨舱的伴随绕飞试验。

卫星编队飞行中，因任务需求、技术要求等的改变，需要进行编队构型的重构。基于连续小推力的控制具有稳定、精度高等诸多优点。高斯伪谱法对平滑型最优控制问题有很好的收敛性，在解决单个航天器轨迹优化方面取得了良好的效果。与单个航天器轨道转移不同的是，编队重构不仅要使每颗卫星完成相应的轨道转移过程，还需要考虑编队卫星之间的协同运动。因此，对于多星的编队重构，本章结合改进离散粒子群方法，对编队重构路径规划进行优化。

2　多星编队重构模型

绕飞编队重构主要有以下几种：1）相对构型不变，只是星间距离的调整；2）相对构型的改变，如从同轨道绕飞改变为同面同绕飞中心；3）编队卫星数目改变，即成员卫星的加入或离开。

为了便于区分，用 $X_0=\begin{bmatrix} r_d(t_d) \\ \dot{r}_d(t_d) \end{bmatrix}$ 表示初始状态，用 $X_f=\begin{bmatrix} r_f(t_r) \\ \dot{r}_f(t_r) \end{bmatrix}$ 表示末端状态。因为初始状态和末端状态都满足绕飞方程，所以初始状态可以表示为

$$\boldsymbol{r}_d(t_d)=\begin{bmatrix} x(t_d) \\ y(t_d) \\ z(t_d) \end{bmatrix}=\begin{bmatrix} A\cos(\omega t_d+\phi_d) \\ -2A\sin(\omega t_d+\phi_d)+y_0 \\ kA\cos(\omega t_d+\varphi_d+\phi_d) \end{bmatrix} \tag{1}$$

$$\dot{\boldsymbol{r}}_d(t_d)=\begin{bmatrix}\dot{x}(t_d)\\ \dot{y}(t_d)\\ \dot{z}(t_d)\end{bmatrix}=\begin{bmatrix}-A\omega\sin(\omega t_d+\phi_d)\\ -2A\omega\cos(\omega t_d+\phi_d)\\ -kA\omega\sin(\omega t_d+\phi_d+\varphi_d)\end{bmatrix} \tag{2}$$

末端状态可以表示为：

$$\boldsymbol{r}_f(t_r)=\begin{bmatrix}x(t_r)\\ y(t_r)\\ z(t_r)\end{bmatrix}=\begin{bmatrix}A_f\cos(\omega_f t_r+\phi_r)\\ -2A_f\sin(\omega_f t_r+\phi_r)+y_r\\ kA_f\cos(\omega_f t_r+\phi_r+\varphi_r)\end{bmatrix} \tag{3}$$

$$\dot{\boldsymbol{r}}_f(t_r)=\begin{bmatrix}\dot{x}(t_r)\\ \dot{y}(t_r)\\ \dot{z}(t_r)\end{bmatrix}=\begin{bmatrix}-A_f\omega_f\sin(\omega_f t_r+\phi_r)\\ -2A_f\omega_f\cos(\omega_f t_r+\phi_r)\\ -kA_f\omega_f\sin(\omega_f t_r+\phi_r+\varphi_r)\end{bmatrix} \tag{4}$$

式中，t_d，t_r 是用来表示初始轨道和目标轨道上的编队卫星位置和速度的，由 t_d，t_r 确定重构过程中起点和终点的状态。

固定相位约束的编队重构问题可分为 3 类：1）期望构型中的每一位置由指定的卫星占据；2）期望构型中的每一位置由指定类型的卫星占据；3）期望构型中的每一位置由任意卫星占据。由 N 颗卫星组成的微小卫星群可用集合 F 表示，F 中含有 p 种类型的卫星，$S_m\subset F$ 为同类卫星构成的集合，每一个卫星簇子集 S_m 中包含 N_m 颗相同的卫星，且 $\sum_{m=1}^{p}N_m=N$。于是，微小卫星群的构型重构问题可以分解为 p 个卫星簇 S_m 的重构问题，而每一个卫星簇 S_m 的编队规划问题可以描述为

$$\min_{i,j} J=\sum_{i=1}^{N_m}\sum_{j=1}^{N_m}D_{ij}y_{ij} \tag{5}$$

$$\text{s. t.}\begin{cases}\sum\limits_{i=1}^{N_m}y_{ij}=1,j=1,2,\cdots,N_m\\ \sum\limits_{j=1}^{N_m}y_{ij}=1,i=1,2,\cdots,N_m\\ y_{ij}=0\text{ 或 }1,i,j=1,2,\cdots,N_m\end{cases} \tag{6}$$

D_{ij} 表示卫星 i 从当前的初始状态运动到目标状态 j 的所需速度增量，即 $D_{ij}=\Delta V_{ij}$。优化变量 y_{ij} 是布尔型变量，若将期望位置 j 分配给卫星 i，则取值为 1，否则取值为 0。

3　改进的粒子群算法

3.1　改进的离散粒子群算法

粒子群（PSO）算法具有直观、易操作、速度快、效率高等优点。传统的 PSO 算法只能应用于连续问题的优化，针对离散问题，Kennedy 博士提出了一种二进制离散 PSO 算法。二进制离散 PSO 算法与传统 PSO 算法的区别在于：每一维 x_{id} 和 p_{id} 限制为 0 或 1；速度 v_{id} 定义为 x_{id} 取 1 的可能性，用 sigmoid 函数在［0，1］之间输出阈值，用于决定 x_{id} 取 1 还是取 0。本文对离散粒子群算法进行如下改进：

粒子的位置：随机生成不超过 m 的互不相同的自然数序列表示位置 $X=(x_1, x_2, \cdots, x_m)$，$1\leqslant i\leqslant m$，$1\leqslant x_i\leqslant x_m$，代表一种方案，$x_i$ 表示在该方案中卫星 x_i 对应于星位 i；

粒子的速度：随机生成不超过 m 的互不相同的自然数序列表示速度 $V=(v_1, v_2, \cdots, v_m)$，$1\leqslant i\leqslant m$，$1\leqslant v_i\leqslant v_m$，代表一个交换序列，$v_i$ 的值对应交换对象的位置。

位置与速度的加法运算规则：位置与速度相加得到一个新的位置 $X'=X\oplus V$

$$X_i\oplus V_i=\begin{cases}x_i=x_i;\text{if } v_i=i\\ \text{temp}=x_i,x_i=x_{vi},x_{vi}=\text{temp};\text{else } v_i\neq i\end{cases} \tag{7}$$

3.2 算法流程

算法的主要步骤如下：

步骤 1：生成起点集和终点集。对卫星和星位进行编号，卫星编号 i ，$i=1$，…，m ，星位编号 j ，$j=1$，…，n ，$m \leqslant n$ ，将卫星 i 的位置和速度放置于起点集第 i 位，将星位 j 所需的位置和速度放置于终点集第 j 位。

步骤 2：设置粒子群参数。粒子维数 Dim 设定为 $3m+3$，粒子规模 xSize、最大迭代次数 MaxIt 、惯性权重 w 、加速度常数 c_1 和 c_2 可以根据需要而定。

步骤 3：粒子群初始化。粒子群初始化时，随机生成 $1 \sim n$ 的自然数排列。第 i 位的自然数 j 表示卫星 i 将分配到星位 j 。将排列的前 m 位赋值给粒子群中粒子的前 m 位，表示位置，这样每个粒子中都含有重构方案信息；粒子的 $m+1 \sim 2m$ 位为随机生成 $1 \sim m$ 的自然数排列，表示速度；粒子的 $2m+1 \sim 3m$ 位为最优位置；粒子的第 $3m+1$ 位是最优适应度值；粒子的第 $3m+2$ 位是当前适应度值，也就是能量消耗值；粒子的第 $3m+3$ 位为布尔型变量，当重构方案中任意两颗星之间的距离小于最小距离时，将该位置 0，否则该位为 1。

步骤 4：读取粒子中的位置信息，应用伪谱法计算方案的能量消耗并计算方案中任意两颗星之间的距离，如果任意两颗星之间的距离小于最小距离，则终止运算并将粒子最后一位置 0；否则，计算得出该方案的能量消耗赋值给粒子的倒数第二位。

步骤 5：更新位置和速度，判断是否满足迭代条件，若满足，则终止；若不满足，则继续迭代。

步骤 6：迭代结束后，删除标识符置 0 的粒子。

步骤 7：选出最优个体和最优值。最优个体即为卫星与相位的最佳分配方案，最优值即为最小能量消耗值。

4 仿真分析

参考星运行在半长轴为 20 000 km 的圆轨道，有 A、B、C、D 星均匀分布在空间圆绕飞轨道上，绕飞方程为

$$\begin{cases} x = A\cos(\omega t + \phi) \\ y = -2A\sin(\omega t + \phi) \\ z = \sqrt{3}A\cos(\omega t + \phi + \varphi) \end{cases} \tag{8}$$

绕飞参数为 $A=0.2$ km，初始时刻，卫星 A 、B 、C 、D 的相位分别为 0，$\frac{\pi}{2}$ ，π 和 $\frac{3\pi}{2}$ ，卫星 A、B、C、D 的位置和速度分别为

$$\text{A：}\begin{cases} x = \frac{1}{5}\cos(0) \\ y = -\frac{2}{5}\sin(0) \\ z = \frac{\sqrt{3}}{5}\cos(0) \end{cases}, \begin{cases} \dot{x} = -\frac{1}{5}\omega\sin(0) \\ \dot{y} = -\frac{2}{5}\omega\cos(0) \\ \dot{z} - \frac{\sqrt{3}}{5}\omega\sin(0) \end{cases} \qquad \text{B：}\begin{cases} x = \frac{1}{5}\cos(\frac{\pi}{2}) \\ y = -\frac{2}{5}\sin(\frac{\pi}{2}) \\ z = \frac{\sqrt{3}}{5}\cos(\frac{\pi}{2}) \end{cases}, \begin{cases} \dot{x} = -\frac{1}{5}\omega\sin(\frac{\pi}{2}) \\ \dot{y} = -\frac{2}{5}\omega\cos(\frac{\pi}{2}) \\ \dot{z} - \frac{\sqrt{3}}{5}\omega\sin(\frac{\pi}{2}) \end{cases}$$

$$\text{C：}\begin{cases} x = \frac{1}{5}\cos(\pi) \\ y = -\frac{2}{5}\sin(\pi) \\ z = \frac{\sqrt{3}}{5}\cos(\pi) \end{cases}, \begin{cases} \dot{x} = -\frac{1}{5}\omega\sin(\pi) \\ \dot{y} = -\frac{2}{5}\omega\cos(\pi) \\ \dot{z} - \frac{\sqrt{3}}{5}\omega\sin(\pi) \end{cases} \qquad \text{D：}\begin{cases} x = \frac{1}{5}\cos(\frac{3\pi}{2}) \\ y = -\frac{2}{5}\sin(\frac{3\pi}{2}) \\ z = \frac{\sqrt{3}}{5}\cos(\frac{3\pi}{2}) \end{cases}, \begin{cases} \dot{x} = -\frac{1}{5}\omega\sin(\frac{3\pi}{2}) \\ \dot{y} = -\frac{2}{5}\omega\cos(\frac{3\pi}{2}) \\ \dot{z} - \frac{\sqrt{3}}{5}\omega\sin(\frac{3\pi}{2}) \end{cases}$$

由于某种原因导致卫星 D 失效，要求对编队构型进行调整，使剩余 3 颗卫星按照相位均匀分布，且卫星 A、B、C 的相位分别为初始时刻的 $\frac{\pi}{6}$，$\frac{5\pi}{6}$ 和 $\frac{3\pi}{2}$。

分析得知有 6 种重构方案。6 种重构方案中卫星位置分配和转移轨迹分别如图 1 所示。

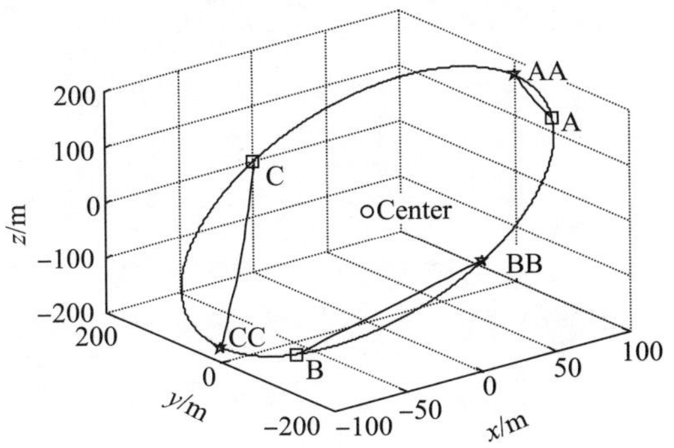

方案一卫星位置分配和重构轨迹

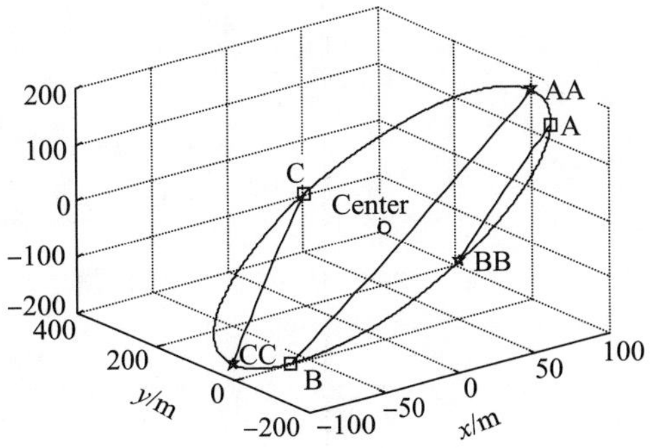

方案二卫星位置分配和重构轨迹

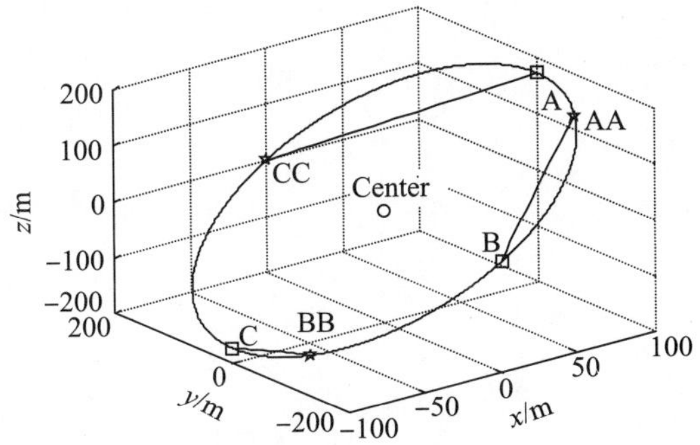

方案三卫星位置分配和重构轨迹

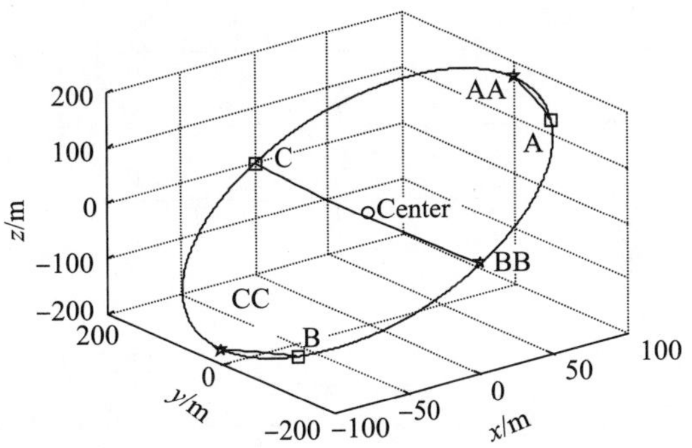

方案四卫星位置分配和重构轨迹

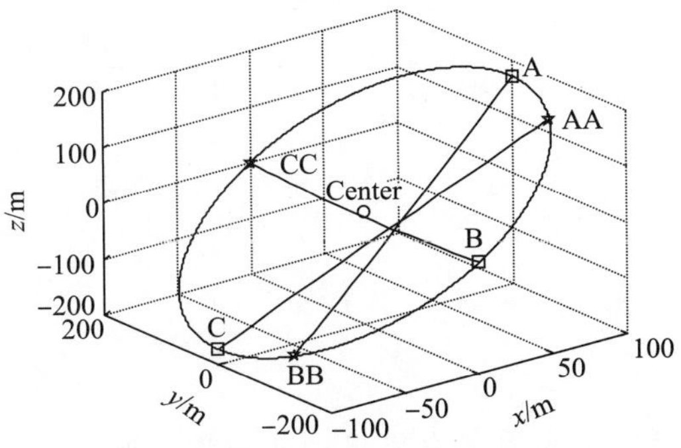

方案五卫星位置分配和重构轨迹

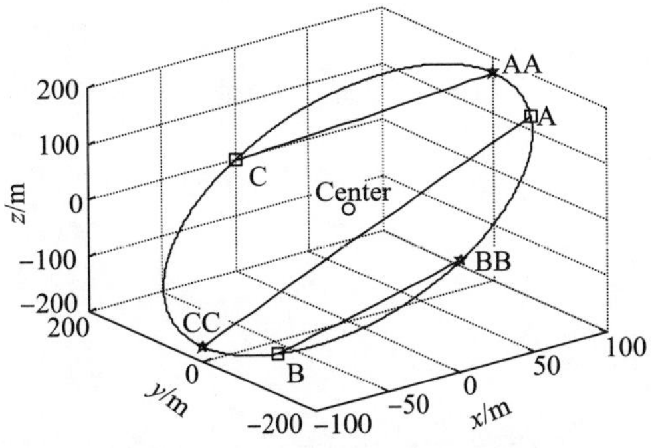

方案六卫星位置分配和重构轨迹

图 1　不同方案仿真中卫星位置分配和重构轨迹

利用改进粒子群算法可得不同方案能量消耗对比如表 1 所示。

表 1　仿真二不同方案能量消耗

方案	方案一	方案二	方案三	方案四	方案五	方案六
能耗/（m/s）	2.238 4	7.927 6	2.675 3	4.009 8	5.870 2	5.867 8

从表 1 中可以看出，在 6 种方案中，方案一是能量消耗最省的。因此，从能量消耗最省的原则，选择方案一作为重构方案。通过对方案一进行仿真，可得不同环绕星的控制加速度的变化、三轴位置变化和速度变化，由于篇幅原因这里给出三星速度及相对位置变化示意图，如图 2～图 5 所示。

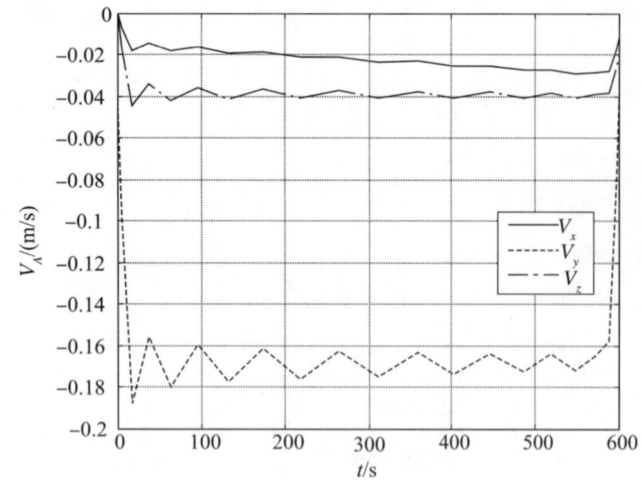

图2　方案一中A星速度的变化

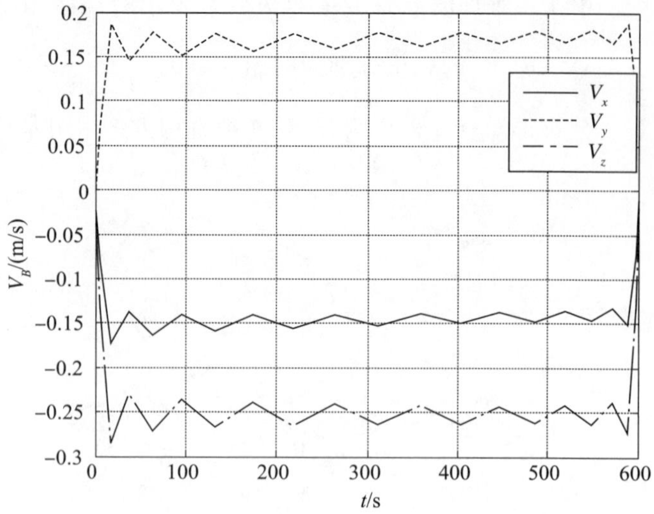

图3　方案一中B星速度的变化

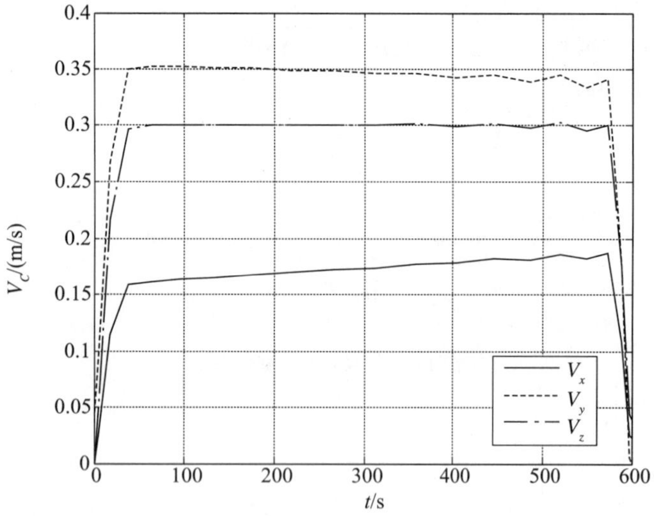

图4　方案一中C星速度的变化

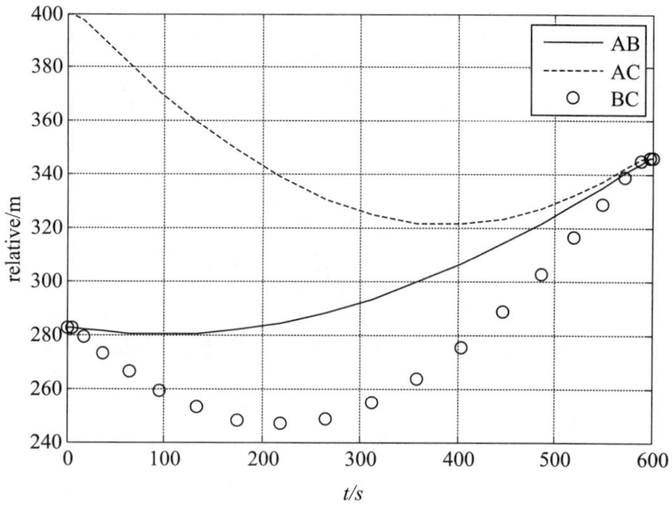

图5　方案一中三星相对距离的变化

5　结束语

本文针对连续推力下的卫星编队重构路径规划问题首先给出了多星重构的数学模型；针对目标函数为离散函数的特点，对粒子群算法进行改进；最后对算法进行仿真分析，实验结果验证了算法的有效性和可靠性。

参考文献

[1] 张健．分布式卫星自主构形重构技术研究［D］．湖南长沙：国防科学技术大学博士学位论文，2006.

[2] 李亮，王洪，刘良玉，匡全进．微小卫星星座与编队技术发展［J］．空间电子技术，2017，01：1-3.

[3] 王文峰．离散粒子群算法的改进研究及其在优化问题中的应用［D］．西南大学硕士学位论文，2007.

[4] 潘点恒，何兵，刘刚．基于梯度粒子群算法的卫星编队构型重构设计［C］．地球物理与信息感知学会，2016，8.

[5] 杨雪榕．卫星跟飞编队控制问题研究［D］．长沙：国防科学技术大学，2010.

[6] Sun C，Duan H，Shi Y. Optimal satellite formation reconfiguration based on closed-loop brain storm optimization［J］．IEEE Computational Intelligence Magazine，2013，8（4）：39-51.

Research of Multi－satellites Formation Reconfiguration Based on Improved Particle Swarm Optimization

LI Xiaoyu　QIAO Yi　LIU Xuangong

Beijing Aerospace Control Center, Beijing　100094

Abstract　As a new space application mode, the satellites formation flying will motivate the innovational development of the space missions because of its excellent technical features and functional advantages.

Due to mission requirements, technical requirements and other changes, the formation flying need to be reconstructed. The formation reconstruction is not only to make each satellite to complete the orbital transfer process, but also need to consider the satellite coordination. In this paper, the mathematical model of multi－satellites reconstruction is given under continuous thrust. The particle swarm algorithm is improved aiming at objective function is the discrete function. Moreover, algorithm effectiveness is verified by simulation.

Key words　Micro－satellite; Formation flying; Improved Particle Swarm Optimization; Multi－satellites formation reconfiguration

作 者 简 介

李晓宇，男，工程师，就职于北京航天飞行控制中心，研究方向为航天测控，电子邮箱：li1999xiaoyu@163.com。

新一代小卫星配电体系设计与分析

江国强　霍达

航天东方红卫星有限公司，北京　100094

摘　要　小卫星配电体系由配电模块和配电电缆网组成。传统小卫星配电体系中，一次电源进入到配电模块后，配电模块按照用电设备的不同划分几个供电区，继电器作为供电开关控制供电区的电源输出，配电模块本身不具有过流保护功能。新一代小卫星配电体系中，一次电源进入到配电器模块后，配电模块按照用电设备细化供电需求，用电设备供电独立、主备供电隔离，具备智能保护功能，具有良好的容错性，能够识别并有效隔离后端短路故障。本文给出了新一代小卫星配电体系设计方案并对设计结果进行了分析。

关键词　小卫星；配电体系；过流保护；隔离

1　引言

小卫星配电体系承担着向除供配电设备外的全星电子设备分配一次电源的任务，由配电模块和配电电缆网组成。典型的小卫星配电拓扑如图 1 所示，电源控制器提供一次电源至配电器。配电器内的配电模块负责分配一次电源至星上其他电子设备，一般划分为 4 个供电区，对测控分系统设备（应答机、GPS 接收机等设备）和星务分系统设备（星务主机、遥控单元、热控设备、载荷舱管理单元等设备）直通供电；对控制分系统设备采用开关控制，配电器提供一次电源至中心控制单元，中心控制单元负责分配一次电源至控制分系统其他设备；对载荷设备采用开关控制，一般划分两个载荷区，按照相应载荷子系统分配一次电源，配电器提供一次电源至相应载荷子系统控制器，载荷子系统控制器分配一次电源至相应载荷子系统其他设备。配电模块内开关均采用磁保持继电器实现，不具备过流保护功能，对于母线的保护在各用电设备内部实现，一般采用限流电阻或熔断器对一次电源进行保护。

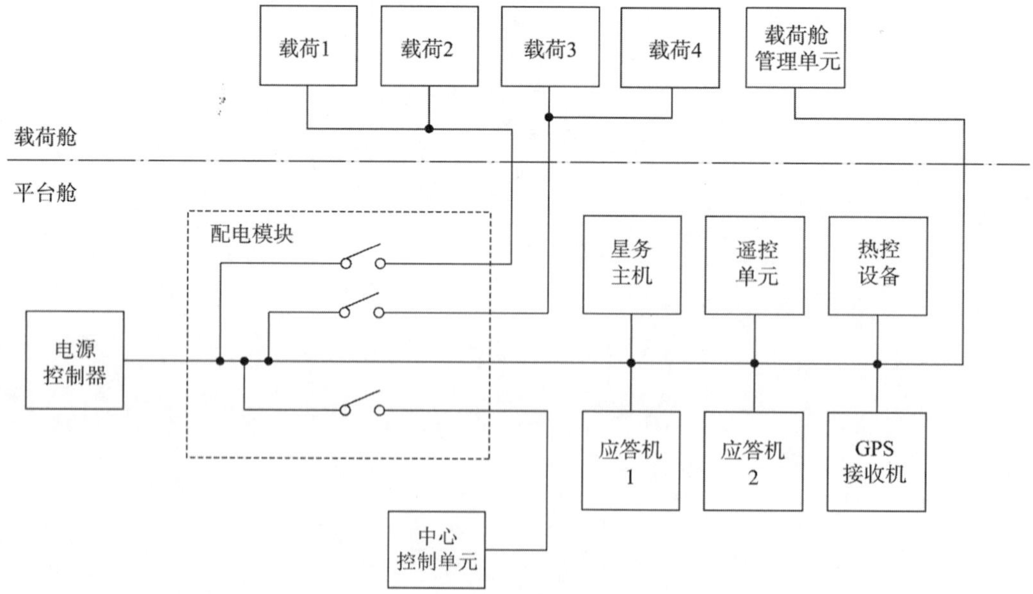

图 1　现有的小卫星配电体系

2 主要问题

现有的小卫星配电体系已经过数十颗卫星在轨验证，未发生过影响整星用电安全的问题，证明体系设计的合理性。

但是地面测试过程中发生的问题说明现有的配电体系存在一定的安全隐患。测试过程中曾出现过电缆或者用电设备短路的问题。短路问题发生后，在用电设备的过流保护功能起作用前短路电流将持续流经电源控制器、配电器和相应供电电缆。一般设备采用的熔断器都需要较大的熔断电流，且有一定的熔断时间，如果用电设备的过流保护设计不合理，则会需要更大的熔断电流以及更长的熔断时间，会对相应供电设备和供电电缆造成一定程度损伤。小卫星曾发生过数次短路问题，均导致供电开关或供电电缆受损更换。

配电器本身不具有过流保护功能，一旦配电器至用电设备供电电缆短路，只能等待短路点过流烧毁。一旦发生此种问题，轻则失去相应用电设备，重则危及卫星安全。目前的主要防护措施为对供电电缆进行合理的二次绝缘防护，避免短路问题的发生。

3 情况调研

美国最早进行飞行器智能供配电技术研究开始于20世纪70年代初，主要解决的是航天飞机电源系统安全性和可靠性问题，利用计算机参与故障隔离和系统重构管理技术。目前，国外一些技术发达的国家，如最早美国航空航天领域已普遍使用了先进的分布式配电和负载自动管理技术[1-2]。该系统的主要功能包括[2]：

（1）负载过流保护与故障恢复功能

当负荷发生超载时，电源控制器切断该电源与母线的连接，电源控制器会延时一定时间后对该负载进行复位，以便区分故障超载和短期超载。

（2）电源故障状态下的系统重组

当电源供电能力因故障下降时，电源管理系统将根据预先设定的规则，按照各负载设备的优先级，切掉部分负载，以保证飞行任务的能源需求。

当前美国的航天器都具备了供配电系统故障自主管理、故障隔离和故障恢复技术。2004年NASA新的重返月球和火星太空探测计划的提出，再一次推动了智能供配电技术的发展。随着无人机、小卫星、空间机器人等新的研究领域的进展，对供配电系统的智能化和小型化要求越来越高。最新的研究报告中，在系统级电源智能化管理技术的基础上进一步提出了设备级和部件级的电源智能化管理思想。

NASA定义的智能供配电设备结构框图如图2所示[3]。

智能化的电源管理与分配系统（Power Management and Distribution，PMAD）的智能化体现在以下几方面[4]：

1）故障自主恢复——从所有供配电设备采集遥测数据，发现故障和异常，用最优化方式解决问题并重新配置系统；

2）能源管理——分析功率源的能力和负载的需求，对任务的优先级做出判断，以便最优化的分配能源；

3）系统健康管理——具有上电BIT自检功能和健康数据分析功能。

另外，欧洲空间局（ESA）研制的XMM卫星，也具有基本的在轨自主管理能力，供配电系统故障诊断和故障恢复技术，蓄电池自动充放电和再调整技术，载荷优先级管理技术等。于2003年9月升空的欧洲第一颗探月卫星SMART-1和2007年6月发射成功的德国新一代的高分辨雷达卫星TerraSAR-X（陆地合成孔径雷达卫星）均采用了智能固态配电技术，具备故障隔离和系统重构管理技术[5]。

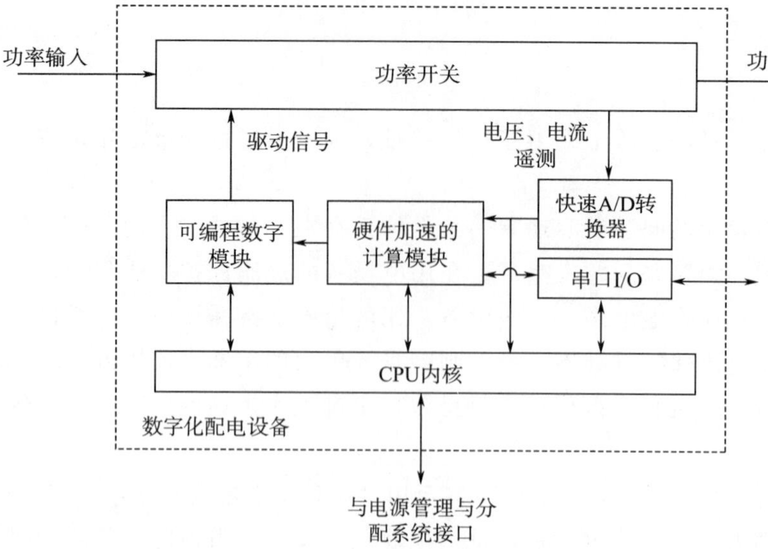

图 2　智能供配电设备

国内很多高校和科研院所相继开展了智能配电方面的研究，研究成果包括固态功率控制器、负载管理中心、二次配电中心和固态限流开关等。

智能配电器工程样机大都采用集中管理，分散控制的思想，在一块印制板上集成多路固态开关，通过中央处理芯片（DSP＋CPLD）对多路固态开关进行统一管理，包括负载电流与状态采集、数据处理、短路保护以及 I2t 反时限保护[6]。

国内固态功率控制器的研究起步较晚，虽然实现了固态功率控制器的功能，但还没有在任何型号任务中经历搭载试验，仍然停留在原理样机和工程样机阶段，要使其能够在轨应用，还有很多工作要做。

4　问题分析

现有的配电体系主要存在以下几个问题：

1）不具备过流保护功能；

2）配电分区较少，负载主备份共用供电分区，重要负载共用供电分区；

3）配电开关采用继电器，开关次数有限，高电压下切换易产生拉弧现象，不适宜在振动强烈的场合使用；

4）浪涌电流不可控；

5）不利于故障诊断与隔离。

针对存在的问题，采用针对性的解决方案，详见表 1。

表 1　现有配电体系问题解决方案

序号	存在问题	解决方案
1	不具备过流保护功能	智能固态开关配电，具备过流保护功能
2	配电分区较少	根据负载需求设置多个配电分区
3	配电开关采用继电器，高电压下切换易产生拉弧现象	智能固态开关配电，不会产生拉弧现象
4	浪涌电流不可控	智能固态开关配电，缓启动，抑制浪涌电流
5	不利于故障诊断与隔离	智能固态开关配电，自主诊断故障并隔离

5 方案设计与分析

根据前述问题解决方案，设计新一代小卫星配电体系，体系拓扑如图3所示，电源控制器提供一次电源输入到配电模块。配电模块按照用电设备进行配电控制。对测控分系统设备（通信机、GNSS接收机等设备）和星务分系统设备（星务综合电子等设备）配置默认状态为接通的智能固态开关，主备份独立供电，在发生短路等问题后，可单独断开主份或备份供电；对控制分系统设备配置默认状态为断开的智能固态开关，主备份独立供电，在发生短路等问题后，可单独断开主份或备份供电，在轨可将开关重构为默认状态为接通；对载荷设备配置默认状态为断开的智能固态开关，各载荷设备单独供电，同时对于重要载荷设备还可主备份独立供电，在发生短路等问题后，可单独断开某载荷主份或备份供电。

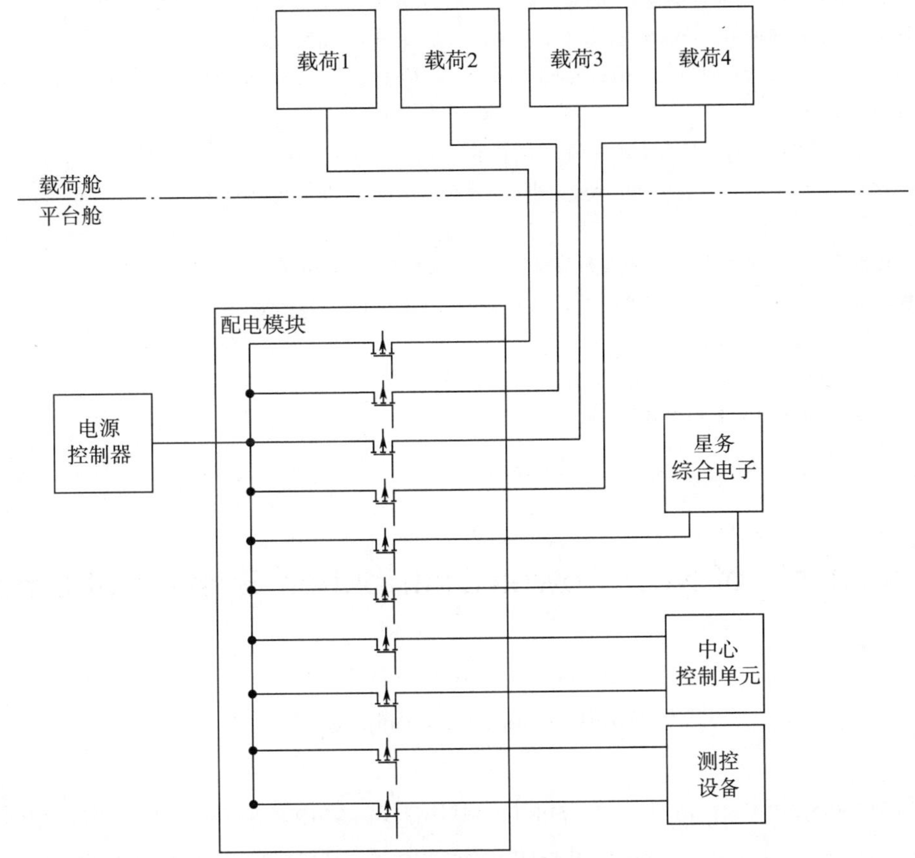

图3　新一代小卫星配电体系

国内航天继电器厂家生产的智能固态控制开关具有开关机、电流采集、浪涌电流抑制、过流保护的功能[7-10]，经过适应性修改后能够满足小卫星使用需求，配合小卫星配电器配置的智能下位机能够实现完善的负载工作电流状态监测，短路故障诊断、隔离和恢复功能。

新一代小卫星配电体系主要优点：

1）具有过流保护功能，在用电设备或者电缆短路后能够迅速隔离短路故障，故障发生后还可尝试恢复供电，防止瞬时故障导致设备失效；

2）备独立供电，主备供电隔离，具有良好的容错性，在某一用电设备或电缆短路后能够隔离故障，防止故障扩散，不影响其他设备以及主备份设备的另一路供电；

3）配电开关采用智能固态控制，开关次数远优于继电器，高电压下切换无拉弧现象，振动强烈的场合也可使用；

4）浪涌电流可控，无需增加额外浪涌电流抑制电路。

6 结束语

本文首先分析了传统小卫星配电体系中存在的问题，接着调研了国内外的航天器配电体系。在分析问题的基础上，给出了新一代小卫星配电体系。新一代小卫星配电体系中，一次电源进入到配电器模块后，配电模块应按照用电设备细化供电需求，用电设备供电独立、主备供电隔离，具备智能保护功能，具有良好的容错性，能够识别并有效隔离后端短路故障。

参考文献

[1] 姜东升，陈琦，张沛，等．航天器供配电智能管理技术研究．航天器工程，2012.

[2] 迟同信．基于固态功率控制器的卫星智能配电器的设计．重庆大学硕士学位论文．2015.

[3] Wei Liu，Alex Q. Huang. A Novel High Current Solid State Power Controller. IECON 2005 - 31st Annual Conference of the IEEE Industrial Electronics Society.

[4] 黄勤，迟同信，赵建伟，王磊．长寿命卫星配电保护开关技术研究．电力电子与航天技术高峰论坛．

[5] Andrew Carrrel，Phil Palmer. Adaptive Resource Modelling for Autonomous Planning and Scheduling. American Association for Artificial Intelligenece. 2006.

[6] 张敏，王莉．多通道固态功率控制器短路干扰分析与改进．中国电源学会全国电源技术年会（第 17 届）．2007.

[7] 宇航固态功率控制器（SSPC）技术与产品介绍．中国航天科技集团公司九院 773 所．

[8] SSPC 产品应用手册．中国航天时代电子公司 165 厂．

[9] 529 厂固态电子开关产品介绍．北京卫星制造厂．

[10] 宇航设计师选型手册．贵州航天电器股份有限公司．

Design and Analysis of New Power Distribution System of Small Satellite

JIANG Guoqiang　HUO Da

DFH Satellite Co. Ltd.，Beijing　100094

Abstract Power distribution system of small satellite is composed of power distribution module and power distribution harness. Existing power distribution module distributes primary power to several power supply areas. Distribution switch of power supply area is composed of relays. Power distribution module doesn' t have over - current protection function. New power distribution module distributes primary power to equipment as power supply requirement. Power supply of different equipments is insulated, nominal and redundant power supply of same equipment is insulated. New power distribution module has over - current protection and insulation function. This paper is design and analysis of new power distribution system of small satellite.

Key words Small satellite; Power distribution system; Over - current protection; Insulation

作者简介

江国强，男，工程师，就职于航天东方红卫星有限公司，主要从事卫星供配电系统研究，电子邮箱：jiangguoqiang _ 8@163. com。

卫星在轨可靠性模型退化研究

王世清　李志壮　赵键

航天东方红卫星有限公司，北京　100094

摘　要　不可修产品在使用过程中不可避免会发生某些设备或部件故障或失效，随着使用期的增长，不仅产品可靠性会降低，而且其可靠性模型也会随着产品部分冗余和备份的失效而发生退化。基于这一事实，原先使用单一模型对卫星在轨可靠性进行预计的方式是存在问题的。本文研究了CAST2000平台某卫星的在轨可靠性模型退化情况，基于模型退化发生的不同时间点，对卫星在轨可靠性进行了重新预计，并与卫星出厂时的可靠性预计情况进行比较。进一步提出了基于模型退化的可靠性预计方法，更合理准确地预计卫星产品在轨可靠性变化情况。

关键词　卫星；可靠性预计；模型退化

1　引言

基于国内外的轨维修技术发展现状，目前大部分卫星入轨后都是不可修的。不可修产品与可修产品有一个显著的区别：可修产品的可靠性设计（冗余、备份等设计）在使用过程中的耗损会在修复后得到恢复，其可靠性模型能够基本维持不变；而不可修产品在投入使用后，其可靠性设计会随着损耗逐渐降低，可靠性模型会发生退化。备份坏一个少一个，冗余也会随着故障增加而逐渐减少。这种在产品使用过程中，随着冗余和备份的丧失得不到补充而使产品可靠性出现断崖式下降的现象，可以称为产品的可靠性模型退化。不可修产品就是典型的存在可靠性模型退化现象的产品。

卫星入轨后，一旦冗余或备份失效，相应的冗余和备份设计就会降级或丧失，无法得到补充修复，整星可靠性模型会发生退化。而目前使用一种单一模型来描述和预计整星在轨可靠性水平是有很大问题的，其默认的假设就是整星的可靠性模型在寿命期内不会退化和改变，也就是说其默认冗余、备份等都不会在轨失效，这是与事实严重不符的。

为研究分析卫星在轨模型退化对其在轨可靠性水平变化的影响，本文以航天东方红公司CAST2000平台的某卫星为对象，研究分析国内典型的小卫星在轨可靠性模型退化过程及其可靠性预计结果的变化过程，并与原先的单一模型预计情况进行对比。

2　卫星在轨可靠性模型退化过程

对于一颗典型的CAST2000平台卫星来说，从发射成功到整星失效前，其在轨性能稳定方面，只是个别部件发生失效不影响整星功能。早先在地面研制阶段预计的阶段可靠性都被证实为1，如机构部分的太阳翼展开锁定环节，预计可靠度是0.993，展开锁定成功后可靠度则为1。此外，初始姿态捕获、对地粗定向、正常在轨运行等阶段，均成功运行，即截至当前整星在轨可靠度仍然为1。对于已经历过的在轨时间，卫星可靠度均为1。但对于将来的可靠度，则是一个条件概率问题，即在卫星已经成功在轨稳定运行这段时间里，有个别部件失效的情况下，未来某个时间卫星仍然能稳定运行的概率，如图1。实际上，对于单颗卫星来说，其真实的在轨可靠度只有1和0两种情况。在没失效前，其可靠度为1，在失效那一刻，其可靠度就阶跃为0。

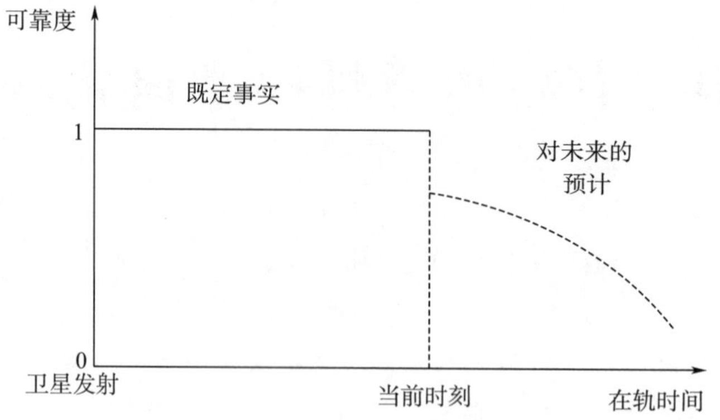

图 1 单颗卫星的实际在轨可靠度变化情况

一颗卫星的可靠性模型在轨变化情况通常是：发射入轨成功，结构承受住了主动段过载、振动等恶劣环境，机构的太阳翼展开环节得到验证，整星的可靠性模型组成部分就少了结构机构这一部分，整星模型得到增强。随着在轨服役时间的增加，相关的活动部件可能会出现问题，如陀螺失效、BAPTA 堵转等，相应的可靠性模型会发生退化。当某个单点故障失效或某个环节的主备份均发生故障，整星就会彻底丧失功能，整星可靠性就会降为 0。

本文在研究时，对国内外相关文献进行了检索，大部分相关文献都是研究简单产品的动态可靠性的，如文献［1］对涡轮泵密封结构的动态可靠性分析，文献［2］的太阳电池阵动态可靠性分析等。对复杂系统动态可靠性研究的方法主要有动态故障树模型、扩展的事件序列图法、Go Flow 法、动态流图法、离散动态事件树法、连续事件树法等[4]。但对航天器系统级的动态可靠性研究的发表文章较少，因此进行系统可靠性退化现象及其对系统可靠性评估的影响研究很有必要。

3 某卫星可靠性模型退化及其影响分析

3.1 某卫星简介

某卫星基于 CAST2000 平台研制，设计寿命 3 年，3 年末在轨可靠度大于 0.6。该卫星由 10 个分系统组成，其可靠性模型如图 2。

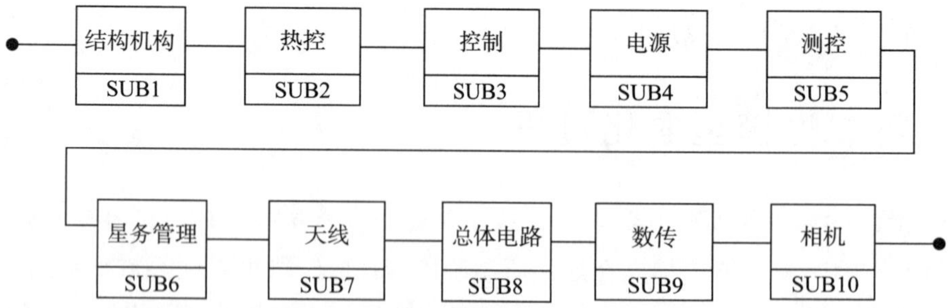

图 2 某卫星可靠性模型

其可靠性数学模型为 $R_s(t)=\prod_{i=1}^{10}R_i(t)$[3]，其中 $R_s(t)$ 为系统可靠度，$R_i(t)$ 为第 i 分系统可靠度。根据各分系统的可靠性预计情况，得出该卫星系统级可靠性预计结果，见表 1。

表 1　某卫星及分系统可靠性指标（预计值）

	分系统	可靠度预计值
平台	结构	0.9999
	机构	0.993
	热控	0.999
	控制	0.890
	电源	0.989
	测控	0.994
	星务管理	0.961
	天线	0.999
	总体电路	0.993
有效载荷	数传	0.974
	单台相机	0.960
整星合计	—	0.742

注：整星合计为两台相机可靠度串联的结果。

该卫星于 2009 年成功发射入轨，截至目前，卫星已经运行 7 年多，远远超过了原先设计寿命。尽管目前仍能够稳定运行，但由于多个陀螺发生常驻故障，一旦失效有姿态失控的风险。其在轨状态如表 2 所示。

表 2　某卫星在轨状态

发射日期	设计寿命	故障部件	备份部件的状态	星务主机状态	备注
2009 年	3 年	1）G3、G4 已被诊断为故障，目前处于断电状态； 2）除 G1 外，其余 3 个陀螺电机电流波动范围均较大，尤其是 G6 陀螺，波动达到 2.157～3.706 V，存在随时失效的风险	G2，G5，G6 陀螺电机电流波动范围均较大，尤其是 G6 陀螺，波动达到 2.157～3.706 V	星务中心计算机备份当班（主份正常）	卫星已经运行 7 年，尽管目前仍能够稳定运行，但由于陀螺常驻故障，一旦失效有姿态失控的风险

陀螺的时间在轨故障时间表 3 所示。

表 3　某卫星陀螺在轨故障时间

序号	故障部件	故障日期	采取的措施	在轨工作累计时间
1	陀螺 3	2014 年 8 月 16 日	在轨诊断为故障，自主不引入，指令断电，并将陀螺 4 加电	4 年
2	陀螺 4	2015 年 8 月 11 日	在轨诊断出 G4 故障，自主给 G1 加电，地面指令将 G4 断电	2 年 3 个月

3.2　模型退化情况

该卫星在轨服役期间的可靠性模型变化情况如图 3 所示。

由于整星可靠性模型由各个分系统串联组成，各分系统又由多种设备、部组件通过复杂的模型构成。很多复杂模型给不出解析表达式，如陀螺的 2 冷备 4 工作 4 中取 3 模型就只能通过蒙特卡洛仿真来求解特定时间点的可靠度。

所以整星一般可靠度预计也无法给出解析表达式。因此要描绘出整星可靠度随时间的变化趋势有两种方法：一种是描点法，逐点求得整星在各个时间点的可靠度；另一种方法就是将部分复杂的单机设备的可靠性模型简化，如将陀螺的 2 冷备 4 工作 4 中取 3 简化为 6 取 3 表决模型。由于描点法计算量庞大，主要依赖软件工具，本文采用模型简化的方法。将整星除控制分系统、结构分系统和机构分系统外的其他各分系统等效为指数分布。因为结构分系统只要抗住发射主动段的过载，入轨后除了受微流星体撞击外基本不会失效。机构在入轨后，太阳翼展开锁定成功后，任务时间就结束了。而控制分系统在轨服役 3

年多后相继有陀螺 3 和陀螺 4 失效，分系统可靠性模型发生了变化。表 4 为某卫星各分系统的等效简化。

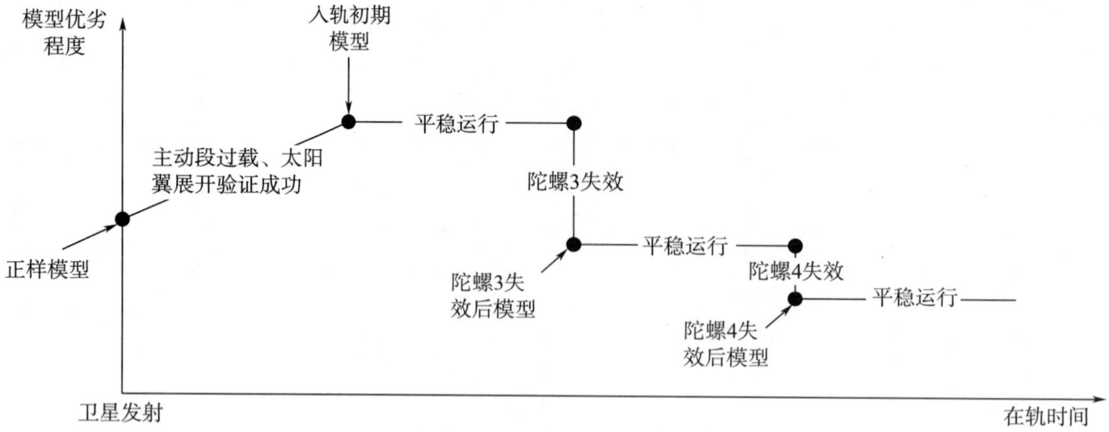

图 3　某卫星在轨可靠性模型变化的主要节点

表 4　某卫星各分系统的等效简化

	分系统	可靠度预计值	等效指数分布失效率
平台	结构	0.999 9	不需要等效
	机构	0.993	不需要等效
	热控	0.999	3.807 08E−08h^{-1}
	控制	0.890	需要细化考虑
	电源	0.989	4.208 88E−07 h^{-1}
	测控	0.994	2.289 98E−07 h^{-1}
	星务管理	0.961	1.513 73E−06 h^{-1}
	天线	0.999	3.807 08E−08 h^{-1}
	总体电路	0.993	2.672 99E−07 h^{-1}
有效载荷	数传	0.974	1.00243E−06 h^{-1}
	相机（两台）	0.960（单台）	1.55335E−06 h^{-1}（单台）
整星合计		0.742	—

相机分系统为两台相机串联，整星入轨后控制分系统正常在轨运行阶段的可靠性模型简化如图 4 所示。

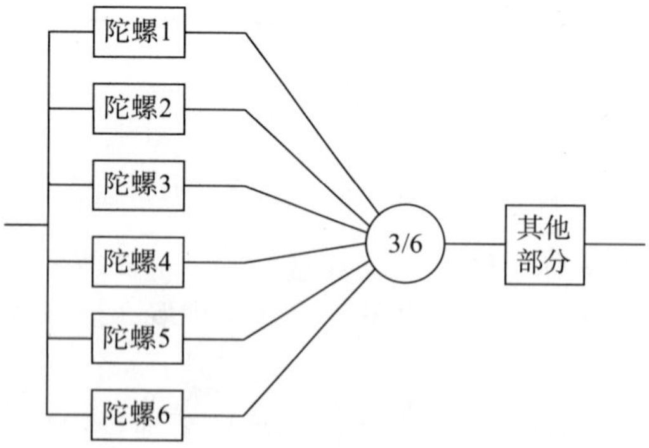

图 4　控制分系统正常在轨运行模式

由于整星在分系统层次是个串联模型，故可以将陀螺以外的其他分系统和控制分系统除陀螺外的其他设备整个作为一个黑盒处理，这个黑盒服从指数分布，故障率是组成部分故障率的累加。即整星可靠性模型简化为图 5。结构和机构分系统在卫星成功入轨后可靠度为 1，可以不予考虑。

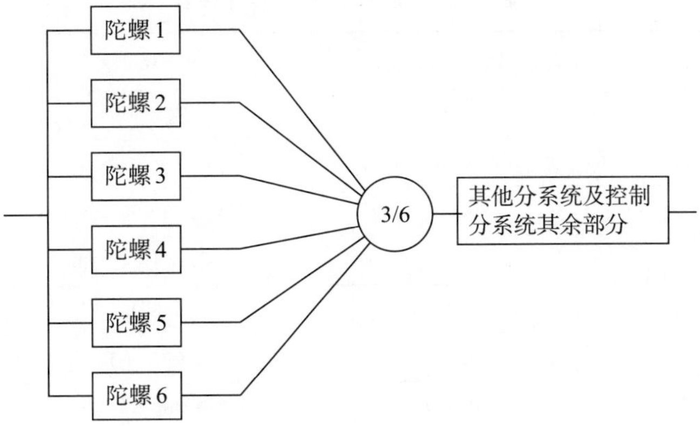

图 5　整星入轨后的在轨可靠性预计简化模型

陀螺 3 失效后，整星可靠性模型变为图 6。

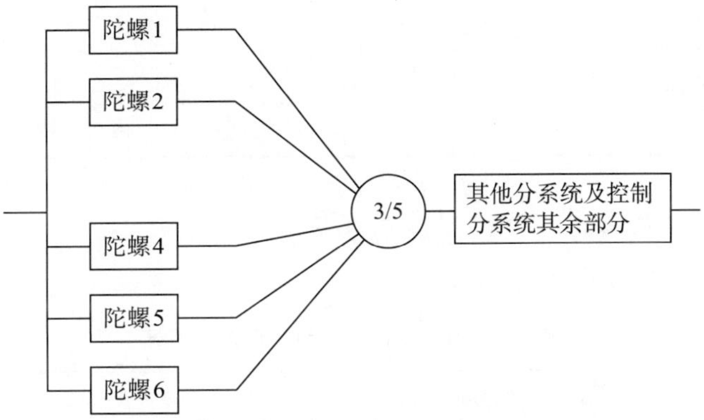

图 6　陀螺 3 失效后在轨可靠性预计简化模型

陀螺 4 失效后，整星可靠性模型变为图 7。

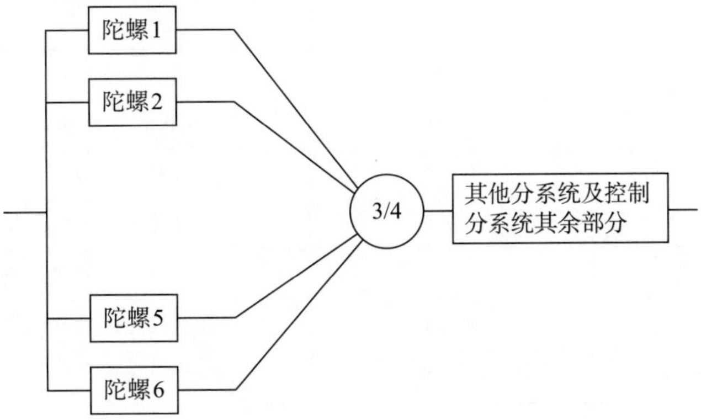

图 7　陀螺 4 失效后在轨可靠性预计简化模型

3.3　在不同时间点的可靠性预计

3.3.1　卫星发射前的可靠性预计

在卫星发射前的可靠性预计如表 5。

表5 卫星发射前的可靠性预计

	分系统	可靠度预计值	可靠度预计值	可靠度预计值
平台	结构	0.999 9	0.999 9	0.999 9
	机构	0.993	0.993	0.993
	热控	0.999	0.999 661 619	0.998 796 467
	控制	0.890	0.961 347 029	0.869 126 523
	电源	0.989	0.996 265 411	0.986 774 664
	测控	0.994	0.997 966 341	0.992 782 486
	星务管理	0.961	0.986 633 485	0.953 245 823
	天线	0.999	0.999 661 619	0.998 796 467
	总体电路	0.993	0.997 626 609	0.991 580 428
有效载荷	数传	0.974	0.991 128 228	0.968 788 39
	相机（两台）	0.960（单台）	0.986 286 073（单台）	0.952 052 006（单台）
整星合计		0.742	0.9	0.7
可靠寿命		3年	370.40天	1318.00天

3.3.2 卫星成功入轨进入正常运行状态后的可靠性预计

在卫星成功发射入轨后，可靠性预计如表6。

表6 卫星成功入轨后的可靠性预计

	分系统	可靠度预计值	可靠度预计值	可靠度预计值
平台	结构	1	1	1
	机构	1	1	1
	热控	0.999	0.999 637 082	0.998 771 951
	控制	0.890	0.958 602 514	0.866 645 28
	电源	0.989	0.995 995 101	0.986 506 928
	测控	0.994	0.997 819 01	0.992 635 92
	星务管理	0.961	0.985 671 048	0.952 315 952
	天线	0.999	0.999 637 082	0.998 771 951
	总体电路	0.993	0.997 454 696	0.991 409 558
有效载荷	数传	0.974	0.990 487 867	0.968 162 461
	相机（两台）	0.960（单台）	0.985 298 808（单台）	0.951 099 007（单台）
整星合计		0.747	0.9	0.7
可靠寿命		3年	397.26天	1344.86天

3.3.3 陀螺3失效后的可靠性预计

在陀螺3失效（在轨1 711天）以后，可靠性预计如表7。在陀螺3失效之前，整星已被证实是可靠的（可靠度为1），在陀螺3失效以后，下一个小时整星可靠度只有0.545 4。整星可靠度为0.9和0.7的可靠寿命均是171 1天。

表 7　陀螺 3 失效后的可靠性预计

	分系统	可靠度	可靠度	可靠度预计值
平台	结构	1	1	1
	机构	1	1	1
	热控	1	1	0.998437883
	控制	1	1	0.715743739
	电源	1	1	0.982865139
	测控	1	1	0.990640494
	星务管理	1	1	0.93973263
	天线	1	1	0.998437883
	总体电路	1	1	0.989083659
有效载荷	数传	1	1	0.959671764
	相机（两台）	1	1	0.938205101（单台）
整星合计		1	1	0.5454
可靠寿命		3 年	1711 天（4.68 年）	1711 天 01 小时

3.3.4　陀螺 4 失效后的可靠性预计

在陀螺 4 失效以后，可靠性预计如表 8。

表 8　陀螺 4 失效后的可靠性预计

	分系统	可靠度	可靠度	可靠度	可靠度预计值
平台	结构	1	1	1	1
	机构	1	1	1	1
	热控	1	1	1	0.998 109 519
	控制	1	1	1	0.442 666 842
	电源	1	1	1	0.979 297 464
	测控	1	1	1	0.988 682 405
	星务管理	1	1	1	0.927 522 225
	天线	1	1	1	0.998 109 519
	总体电路	1	1	1	0.986 802 043
有效载荷	数传	1	1	1	0.951 395 906
	相机（两台）	1	1	1	0.925 697 635（单台）
整星合计		1	1	1	0.318 6
可靠寿命		3 年	1 711 天（4.68 年）	2 071 天（5.67 年）	2 071 天 01 小时

在陀螺 4 失效之前，整星已被证实是可靠的（可靠度为 1），在陀螺 4 失效以后，下一个小时整星可靠度只有 0.3186。整星可靠度为 0.9 和 0.7 的可靠寿命均是 2 071 天。

在该卫星的不同阶段，对其可靠性预计的结果是不一样的。在卫星出厂时，对其可靠性预计是一个随时间的缓慢衰降过程；在卫星入轨成功后，对其可靠性预计要比出厂前高一些，因为机构和结构都得到验证可靠度为 1；在陀螺 3 失效后，对其后面的可靠性预计要明显比出厂时低；在陀螺 4 也失效后，对其后面的可靠性预计要更低，如图 8。

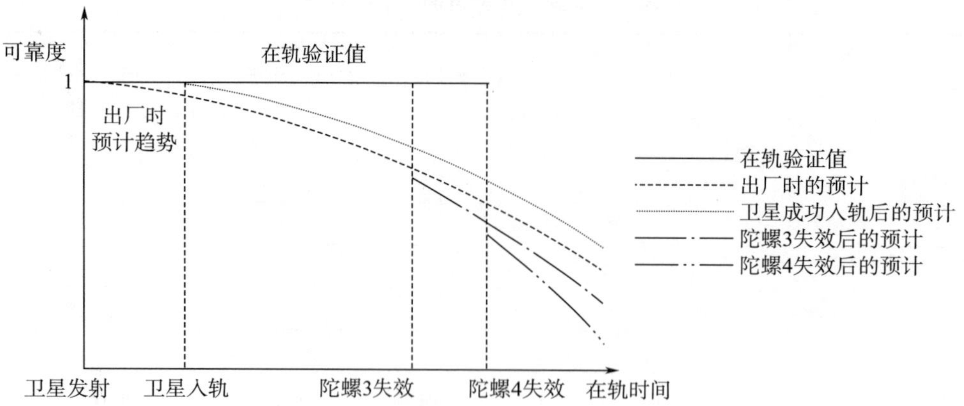

图 8　不同时期对某卫星的可靠性预计

4　基于模型退化的可靠性预计方法

因为卫星在轨运行存在可靠性模型退化现象，使用正样阶段的单一可靠性模型来预计卫星入轨后的在轨可靠度是有缺陷的。要更合理的预计卫星的在轨可靠度，必须要考虑模型退化情况，使用多种模型来预计卫星入轨后的在轨可靠度。根据 CAST2000 平台典型冗余备份的在轨故障时间统计（如表 9），结合典型冗余备份故障后的整星可靠性退化模型，给出典型节点在多个情况下可靠性预计可能值，还是具有现实意义的。

表 9　CAST2000 平台部分典型冗余备份设备在轨故障情况

序号	典型设备	冗余备份设计	在轨故障情况	最短在轨故障时间
1	陀螺	6 个，6 取 3 备份	卫星 1 陀螺 3 故障：在轨累计工作 4 年 卫星 1 陀螺 4 故障：在轨累计工作 2 年 3 个月 卫星 2 陀螺 6 故障：在轨累计工作 3 年 1 个月	2 年 3 个月
2	模拟太阳敏感器	2 个，热备份	卫星 3 模拟太敏 1 故障：在轨累计工作 5 年 2 个月	5 年 2 个月
3	动量轮	4 个，4 取 3 备份	卫星 4 动量轮 1 故障：在轨累计工作 1 年 8 个月	1 年 8 个月

目前 CAST2000 平台卫星的设计寿命普遍达到 5 年在轨寿命。卫星入轨后，增加多个节点的可靠性预计，并在每个节点考虑多种可靠性模型退化情况及其组合情况下的预计值，如表 10 所示。这种情况下，卫星设计师在进行卫星设计时可以综合比较不同可靠性设计措施，在轨发生可靠性模型退化后，系统可靠性的衰降快慢情况，从而优化系统可靠性设计方案。

表 10　基于可靠性模型退化的在轨可靠度预计表

序号	模型退化状态	在轨可靠度预计（1 年末）	在轨可靠度预计（2 年末）	在轨可靠度预计（3 年末）	在轨可靠度预计（4 年末）	在轨可靠度预计（5 年末）
1	没有退化	0.9077	0.8239	0.7479	0.6789	0.6163
2	1 个陀螺失效	*	0.8184	0.7243	0.6209	0.5106
		/	*	0.7243	0.6209	0.5106
		/	/	*	0.6209	0.5106
		/	/	/	*	0.5106
3	2 个陀螺失效	*	0.7634	0.6093	0.4541	0.3169
		/	*	0.6093	0.4541	0.3169
		/	/	*	0.4541	0.3169
		/	/	/	*	0.3169

续表

序号	模型退化状态	在轨可靠度预计（1年末）	在轨可靠度预计（2年末）	在轨可靠度预计（3年末）	在轨可靠度预计（4年末）	在轨可靠度预计（5年末）
…	…	…	…	…	…	…
n	1个模拟太敏失效	/				
$n+1$	1个陀螺失效+1个模拟太敏失效	/				
$n+2$	…	/				

注："*"为陀螺失效发生的时间，第1列"*"表示发生在第1年末，第二列"*"表示发生在第2年末，以此类推。"/"为不需填写。

根据表10的预计，就可以得到多种情况下的系统可靠性预计情况，如表11和图9所示。

表11　CAST2000平台不同模型退化情况下的整星可靠度预计表

在轨状况 \ 在轨时间	8 760/h	17 520/h	26 280/h	35 040/h	43 800/h
状况1	0.907 7	0.823 9	0.747 9	0.678 9	0.616 3
状况2	0.907 7	0.818 4	0.724 3	0.620 9	0.510 6
状况3	0.907 7	0.818 4	0.609 3	0.454 1	0.316 9
状况4	0.907 7	0.818 4	0.724 3	0.454 1	0.316 9

状况1：整星在轨可靠性模型无退化；
状况2：第1年末1个陀螺失效，其后整星模型无退化；
状况3：第1年末1个陀螺失效，第2年末第2个陀螺失效，其后整星模型无退化；
状况4：第1年末1个陀螺失效，第3年末第2个陀螺失效，其后整星模型无退化。

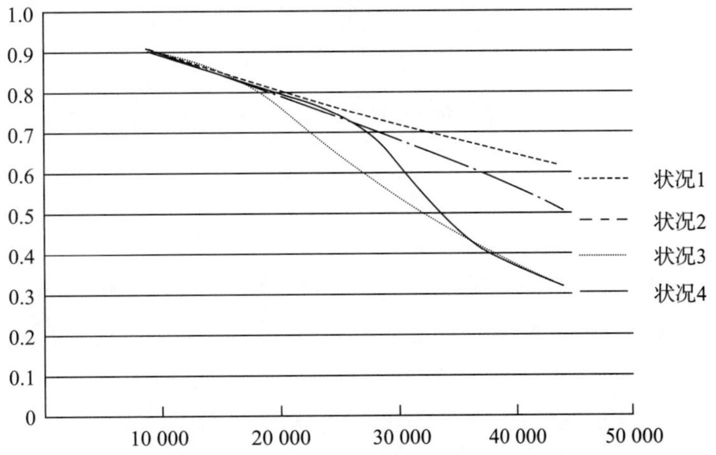

图9　不同模型退化情况下的整星可靠性预计值变化情况

5　结束语

本文通过对东方红公司卫星的在轨运行情况分析，发现了卫星产品的可靠性模型退化现象。进一步分析，发现目前大部分卫星在轨均为不可修产品，可靠性模型退化对其在轨可靠性影响较大，尤其是卫星关键组成部分的冗余备份失效，会导致卫星在轨可靠性的急遽恶化，这种情况用卫星正样状态的单一可靠性模型是预计不出来的。本文初步统计了CAST2000平台的典型冗余备份设备在轨故障情况，给出了一种基于模型退化的多点可靠性预计表格方法，更准确地反映卫星入轨后的可靠性变化趋势，更便于辅助卫星总体开展可靠性设计抉择。

参 考 文 献

[1] 常新龙，汪亮，刘兵吉．涡轮泵密封结构的动态可靠性分析［J］．西北工业大学学报．2000，(1)．

[2] 高鹏阁，绍泽．太阳电池阵动态可靠性分析［C］．2011 国际功能制造与机械动力学会议暨中国振动工程学会机械动力学学会成立 30 周年庆祝会议．杭州：2011.

[3] 曾声奎，赵廷弟，等．系统可靠性设计分析教程［M］．北京：北京航空航天大学出版社，2001.

[4] 陶俊勇，王勇，陈循．复杂大系统动态可靠性与动态概率风险评估技术发展现状［J］．兵工学报．2009，11 (30)．

Research on the Reliability Model Degeneration of Satellite in Orbit

WANG Shiqing　LI Zhizhuang　ZHAO Jian

DFH Satellite Co.，LTD. Beijing　100094

Abstract　Some parts of the product that cannot get maintained in use are doomed to be breakdown as the using time increasing. Not only will the reliability of the product become lower, but also the reliability model of the product will degenerate when some part of the redundant or backup breakdown. So the method of reliability prediction using the same reliability model throughout the whole lifetime of products is not reasonable. The reliability model degenerate of one satellite of CAST2000 platform is researched in this paper. The reliability prediction of the satellite is recalculated according to the different reliability model in different time, and a comparative analysis is made between the results and the primary prediction. At the end a method of dynamic reliability prediction according to reliability model degenerate is raised to give more reasonable and more accurately prediction of satellite.

Key words　Satellite; Reliability Prediction; Reliability Model Degenerate

作 者 简 介

王世清，男，工程师，就职于航天东方红卫星有限公司，主要从事卫星总体的可靠性、维修性和安全性等方面研究工作，电子邮箱：22834403@qq.com。

希望2号卫星构型与结构设计

陈寅昕　张红亮　施思寒　葛逸民
航天东方红卫星有限公司，北京　100094

摘　要　随着微纳卫星技术发展和应用领域拓展，小型化、轻量化和批量化研制已成为发展趋势，卫星构型与结构设计是影响这一趋势的主要因素。本文针对希望2号卫星研制过程中结构设计的约束条件、方案确定进行了研究分析，提出了希望2号卫星构型与结构设计的关键和创新点，可为同类卫星结构设计提供参考。

关键词　希望2号；卫星构型；结构设计

1　引言

微纳卫星具有开发成本低、研制周期短、功能密度大、体积小和质量轻等特点，卫星结构作为整星仪器设备载体，其设计合理性对实现批量化研制、缩短研制周期、提升运载发射效率具有重要作用。

希望2号卫星星座由6颗卫星组成，采用降交点地方时6：00 AM、高度约524 km的太阳同步轨道。其中A星质量约25 kg，其构型与结构设计最为复杂。本文从运载、设备布局、总装试验对希望2号A星构型与结构设计的约束条件出发，介绍了其构型与结构设计方案，重点阐述了设计难点及解决途径，总结了该卫星构型与结构设计的特点及创新点，并基于希望2号A星设计经验对微纳卫星构型与结构设计技术的发展趋势进行了展望。

2　设计需求分析

2.1　运载火箭要求

希望2号A星与星座其他5星以及搭载的另外14颗微纳卫星采用CZ－6运载火箭以一箭20星方式发射，由于多星发射，运载对卫星包络、质量、质心、刚度要求严格，具体如下：

1）包络要求：<705 mm×475 mm×475 mm；

2）质量要求：<30 kg；

3）质心要求：<2 mm；

4）刚度要求：一阶横向≥60 Hz，一阶纵向≥100 Hz，一阶扭转≥100 Hz。

由于运载采用“多星分配器＋支承舱”布局方案，在方案中，A星外挂于多星分配器筒段外壁上，其与多星分配器相对关系示意图如图1所示。从运载的构型上看出，A星等效于一个悬臂结构处于多星分配器上，卫星侧挂方式发射，整星横向过载超过传统垂直发射方式卫星的3倍以上，给结构抗力学设计提出了巨大的挑战。

2.2　设备布局要求

希望2号A星共装载52台单机设备，其中有安装要求的设备18台，设备布局密度达到427.87 kg/m^3远高于普通卫星200～300 kg/m^3装填密度。构型与结构设计在满足刚度、强度要求下，还需考虑各单机设备的安装要求，如极性、视场、散热、磁和EMC等。

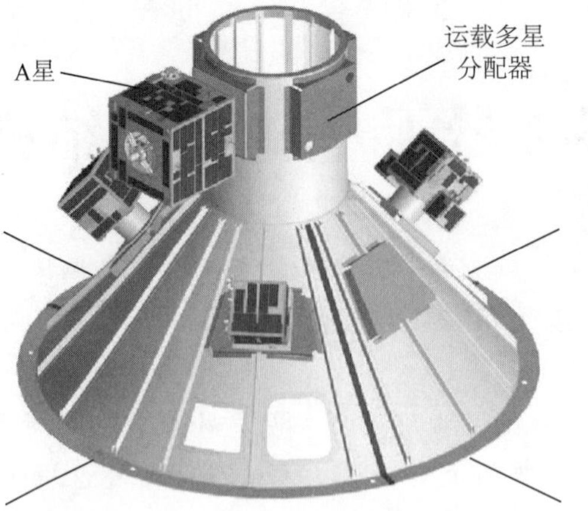

图 1　希望 2 号 A 星在多星分配器上的示意图

2.3　装配要求

设备布局密度高必然增加装配操作难度，以往卫星多采用板式结构，星体内部通透性差，操作者可视范围受限，需要考虑新型结构形式。此外，还需综合考虑整体刚度和局部强度。减少装配环节次数、降低操作风险是考虑的重点。结构采用桁架结构，选用简单构型、结构零部件机加一次成型可解决这一问题。

2.4　经济性分析

低成本是微纳卫星的一个显著特点，在设计过程中，应采取有效措施来降低研制成本，例如：可获得的成熟材料及加工工艺，提高卫星结构的敞开度来简化总装测试流程等。

3　卫星结构设计方案

通过对设计需求和约束条件分析，在多方案比较的基础上，最终确定采用桁架结构立方体外形的构型与结构设计方案。卫星结构由主承力结构与辅助承力结构组成，主承力结构主要包括上下承力框架、中心承力框架和侧承力框架，辅助承力框架包括 4 块侧壁结构板，所有结构件均采用铝合金材料，一次加工成型，组装形成整星结构组合体，该结构尺寸被设计为 398 mm×398 mm×391 mm，卫星结构示意图如图 2 所示。大质量设备安装于中心承力框架上，实现自上而下的载荷传递，小质量设备安装在侧框及侧板上，中心承力框架采用“井”型结构。

4　主要关键技术

4.1　主承力框架设计

根据上述设计特点及原则，在设计时，提出在结构上设置两向主承力路径，X 向承受地面上的垂直过载，Z 向承受发射段的横向过载。内层结构作为主承力框架，利用 $-X$ 底板、$\pm Z$ 中心承力框架、$\pm Y$ 中心承力框架、内加强桁架形成根部加强的简支梁结构，承担了大部分的 X 向垂直过载以及 Z 向横向过载。

根据设计参数，利用 MSC/Patran 软件建立了卫星有限元模型，卫星有限元模型图如图 3 所示。

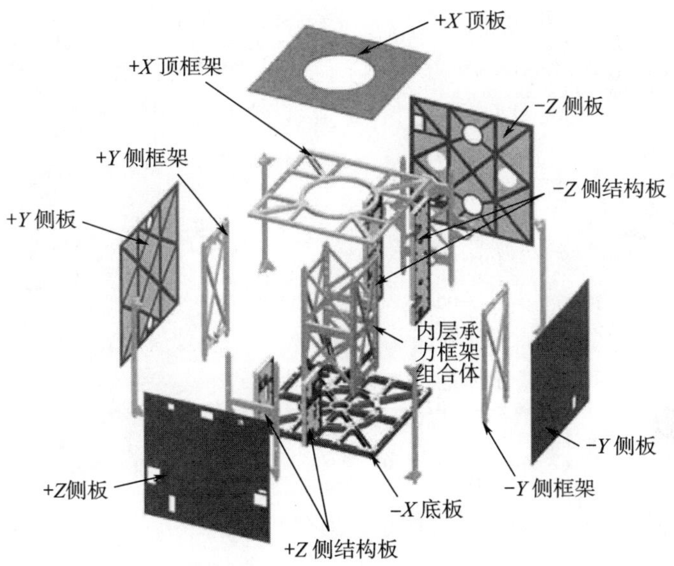

图 2　卫星结构示意图

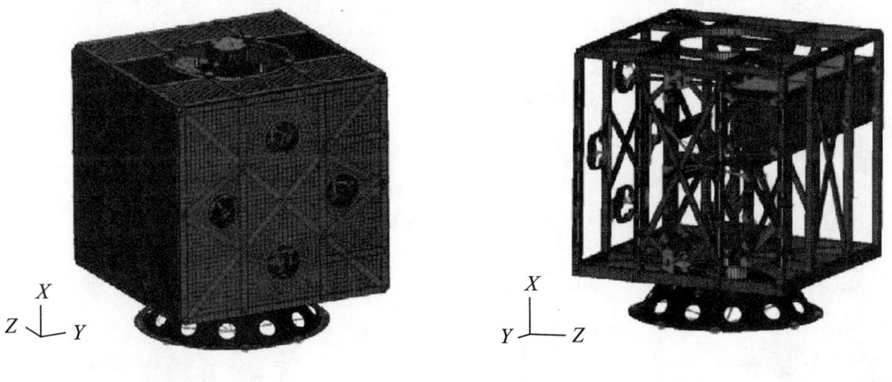

(a) 整星有限元模型　　(b) 卫星主承力梁

图 3　卫星有限元模型图

用 MSC/Nastran 软件对 A 星整星模型进行整星模态分析，根据模态计算结果，卫星的各阶主要模态如表 1 所示。

表 1　卫星整星的主要模态

主振型	频率/Hz	模态质量比/%						基频要求/Hz
		T1	T2	T3	R1	R2	R3	
整星 Y 向（横向）弯曲	89.22	0.07	30.59	25.67	0.99	47.16	52.13	>60
整星 Z 向（横向）弯曲	90.92	0.13	28.67	29.29	0.09	51.66	45.82	>60
整星 X 向（轴向）一阶	332.44	86.14	0.01	0.58	0.09	0.03	0.01	>100
整星绕 X 轴一阶扭转	313.35	0.02	0.20	0.05	45.36	0.00	0.06	>100

各阶主模态振型图如图 4 所示。从表 1 得出，整星的 Y 向弯曲（横向）一阶频率为 89.22 Hz，Z 向弯曲（横向）一阶频率为 90.92 Hz，X 向（轴向）一阶频率为 332.44 Hz，整星绕 X 轴一阶扭转频率为 313.35 Hz。从分析结果来看，结构设计满足总体刚度要求。

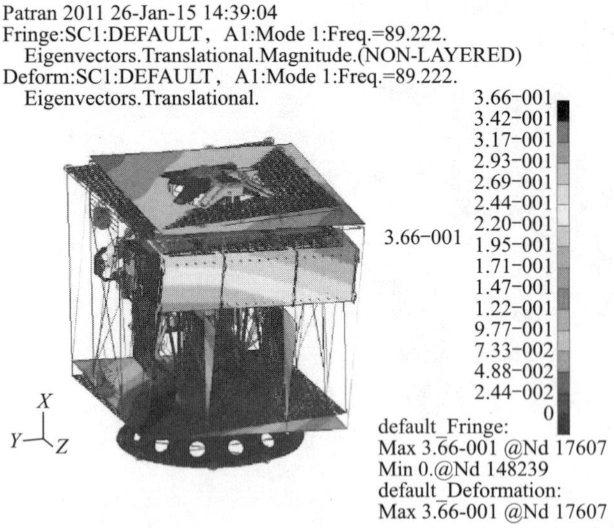

(a)整星弯曲模态(Y向)

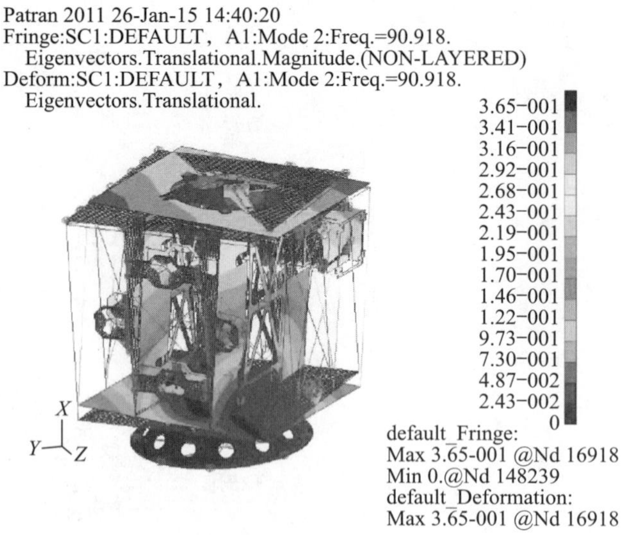

(b)整星弯曲模态(Z向)

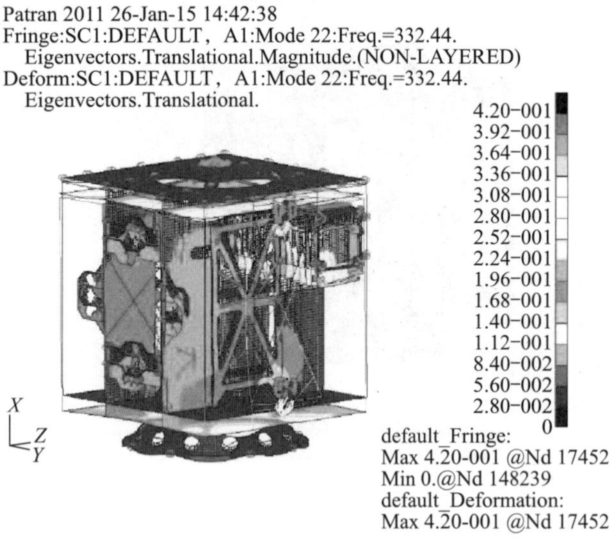

(c) 整星X向一阶模态

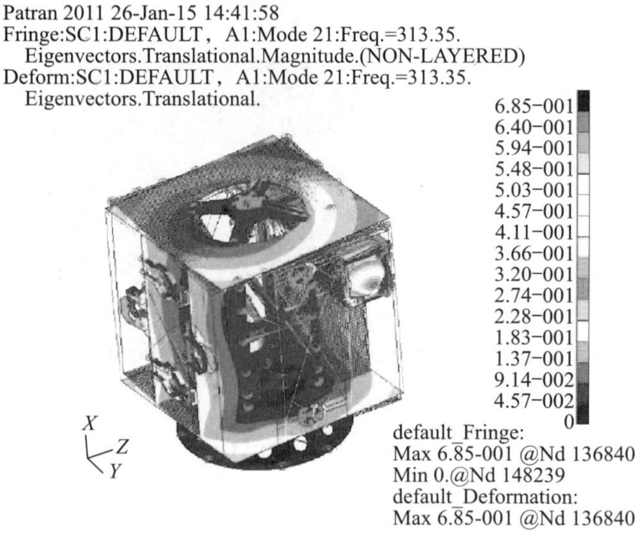

(d) 整星扭转模态(绕X轴)

图 4　卫星各阶主模态振型图（见彩插）

4.2　承力点详细设计

根据总体提供的准静态载荷条件，对主结构进行准静态过载分析，结构最大应力点位于卫星 $-Z$ 侧中心承力框架与 $-X$ 底板连接处。根据此分析，着力对框架与上下框架连接处承力点进行详细设计加强。考虑将各个侧承力框架与上下框架间的连接设计参考榫卯结构，具体详细设计结构如图 5 所示，侧承力框架端为凸出部分，方形截面，严格控制截面尺寸公差以及台阶面垂直度，在上下端框与侧框架间利用 M4 钛螺钉纵向连接，利用此结构侧框架端的方形凸出部分，起定位限制轴向及平面自由度，纵向 M4 钛螺钉及侧框架台阶面限制纵向自由度，通过严格控制此处关键点公差可以保证整星结构部装精度，侧框架与上下端框辅助连接有角合。经过正弦振动载荷分析及随机振动载荷响应分析的结果，最大点附近的 M4 钛螺钉最大轴向受力在设定力学条件后，均小于许用最小破坏载荷。满足总体设计指标。

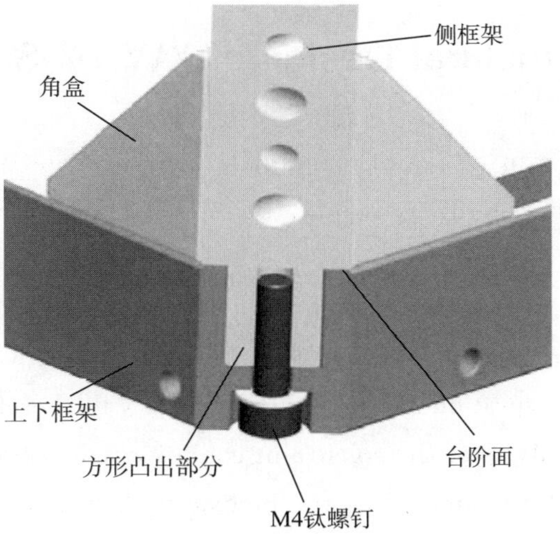

图 5　承力点详细设计示意图

5　卫星结构设计创新点

1）卫星采用桁架结构，提高星内空间利用率，减低操作风险，减少了机加工序，缩短研制周期，降低研制成本。

2）局部采用类榫卯结构，降低连接复杂度，提高可靠性，为总装及测试提供了便利性。

3）采用桁架结构易实现结构的通用化和模块化需求，具有较强的扩展能力，可通过模块堆叠实现更大规模的设备承载；此外模块化结构方便拆装，提升了系统的可维修性。

4）结构设计充分利用杆型框架与板等结构型式的特点，并将这些结构型式有机结合在一起；整个结构充分考虑了运载方提供的力学输入条件，优化了承力路径，并经过了真实发射环境的验证。

5）卫星结构采用铝材料，相比以往的复合材料，更易实现批量生产，降低研制成本。

6　结束语

为了适应希望 2 号卫星的使用要求，卫星结构进行了大量细致的优化、高精度的研究工作，该卫星结构研制过程中突破了多项关键技术，研制结果如下：

1）卫星结构机加周期、部装周期大大缩短。

2）整星的 Y 向弯曲（横向）一阶频率为 89.22 Hz，Z 向弯曲（横向）一阶频率为 90.92 Hz，X 向（轴向）一阶频率为 332.44 Hz，整星绕 X 轴一阶扭转频率为 313.35 Hz。

3）整星部装精度的垂直度及平行度全部低于 0.5 mm。

4）推力器、动量轮、双轴微型模拟太阳敏感器等设备安装精度优于 $3'$。

通过研究分析、技术攻关和实验验证，卫星的质量、模态、安装精度等技术指标满足总体要求。卫星经历发射段在轨运行工作正常的结果证明了结构设计合理有效。

参 考 文 献

[1]　王希季，李大要．卫星设计学[M]．上海：上海科学技术出版社，1997.
[2]　袁家军．卫星结构设计与分析．北京：中国宇航出版社，2004.

The Structural Design of XW－2 Satellite

CHEN Yinxin ZHANG Hongliang SHI Sihan GE Yimin
DFH Satellite Co. Ltd., Beijing 100094 China

Abstract As the development of research technology of the micro－nano satellites and the extension of its application fields, the micro－nano satellites' miniaturization lightweight and mass－production will be the inevitable trend. The configuration and structural design will therefore play the influential factor in this trend. This paper targets analysis of the constraint conditions and scheme design during the structural development of the XW－2 satellite, and raises the innovative key points of the structural design of the XW－2 satellite. It could play the reference for the satellites' structural design of the same kind

Key words Micro－nano; Satellite structural; Structural design

作者简介

陈寅昕，男，硕士，工程师，卫星机械总体主管设计师，主要从事航天器总体和总装设计工作，电子邮箱：chenyinxin403@163.com。

小卫星拼装式模块化结构设计

马鑫　李明涛　高东　熊蔚明
中国科学院国家空间科学中心，北京　101499

摘　要　本文针对某多颗小卫星组网探测空间科学任务，梳理了小卫星各个组成系统及主要探测有效载荷设计要求，充分挖掘并利用结构构型模块化设计概念，给出了相应公用模块、表贴电池模块以及掩星天线安装模块的结构构型设计，进行了不同模块组合后的定位天线模式、掩星天线模式以及反射天线模式的3种小卫星结构构型总体设计；完成了模块接口设计，包括公用模块母口设计、功能模块公口设计以及带有锁紧限位凸块结构和锁止扳手机构的快速拼装对接机构；结合任务特点给出了多颗小卫星一箭多星的空间发射布局设计，为小卫星实际应用领域提供了一种模块化设计的发展思路。

关键词　结构构型；模块化设计；模块接口；拼装对接机构

1　引言

20世纪50年代后，科学任务对卫星容量需求逐渐增加，因航天器大型化与复杂化而导致的研制、开发、生产、发射、运行和维护等经费急剧膨胀的现象日益明显[1-2]，于是发展可以快速研制、生产和发射的低成本小型航天器成为了航天器技术领域新的发展趋势[3]。小卫星系列相对于传统大卫星系统，不仅在直观上具有质量轻、体积小、技术含量高、研制周期段的特点，而且可以适时采用标准化及模块化设计理念予以研制设计指导，在高集成性技术条件成熟下能够进行流水线批量生产，还可以进行强机动性的实时发射[4-5]。

从小卫星的发展历程中可以看出，提高小卫星的功能密度才是小卫星发展的本质[6]，结构方面的创新设计与研发是其技术发展的重要组成部分。20世纪70年代，多任务形式的模块化航天器（Multimission Modular Spacecraft，MMS）设计概念[7]被戈达德空间飞行中心（Goddard Space Flight Center，GSFC）首次提出，在这个概念中将航天器各个子系统赋予各自独立的模块，每个模块有特定的功能，且每个分系统模块在功能和物理层面上相互独立，模块与模块之间均采用标准接口来实现模块之间的对接，通过组合体来发挥整体航天器功能[8-9]。应用这一设计理念的典型代表是SNAP－1（Surrey Nanosatellite Applications Platform）卫星，卫星质量仅为6.5 kg，SNAP－1不仅具备了MMS阶段的特点，并且其数据与电子接口具备了标准的接口，这些接口可以将各个模块、电源总线、数据总线等进行无障碍连接，能够适应多种有效载荷的要求[10-11]。

本文针对一项多颗小卫星组网探测的空间科学任务，以其小卫星各个组成系统设计要求为设计输入，充分挖掘结构构型模块化设计概念，通过不同功能模块的拼装式总体结构构型设计，最大限度上实现3种不同探测功能小卫星模块化设计的结构共用性，并给出具体模块机械接口解决方案，从而降低该任务中卫星系统设计研制成本，拓展推广小卫星模块化设计的实际应用。

2　模块化结构总体设计

2.1　任务设计背景

基于多颗小卫星组网探测空间科学任务的特殊要求，该任务需要将不同的探测天线有效载荷组合成3

种不同模式，即每一种模式对应一类卫星构型。针对此种设计需求，如果考虑均采用同一种卫星构型，则由于 3 种不同探测天线有效载荷组合模式彼此差异较大，会增加卫星构型设计难度并且致使在每一种探测天线有效载荷组合模式下卫星构型都会出现较大的设计空间浪费。

基于以上考虑，决定采用拼装式模块化结构设计，通过不同类型的模块设计以及不同模块之间的快速拼装组合，来实现最小设计空间、最大共用程度的不同卫星构型模块化组合设计。任务中共有 3 款探测天线有效载荷，其有效载荷设备设计如表 1 所示，3 种不同探测天线有效载荷组合模式设计要求如表 2 所示。

表 1　3 款探测天线有效载荷设计表

名称	数量	安装位置	视场要求
定位天线	1	天顶面、迎风面、背风面安装	以天线面法线为轴不小于 80°
掩星天线	2	迎风面、背风面安装	以天线法线为轴，偏航±50°，俯仰±30°
反射天线	2	轨道面两侧安装	天线法线为轴，偏航±50°，俯仰±30°

表 2　3 种不同探测天线有效载荷组合模式设计表

天线组合	空间布局要求
定位天线＋定位天线	天顶面、迎风面、被风面法向各布局 1 个定位天线
定位天线＋掩星天线	天顶面布局 1 个定位天线，迎风面、被风面与法向偏向对地方向夹角 25°各布局 1 个掩星天线，天线短边与天顶面平行
定位天线＋反射天线	天顶面布局 1 个定位天线，轨道面两侧、轨道面法向偏向对地方向夹角 62°各布局/1 个反射天线，天线长边与天顶面平行

依据 3 种不同探测天线有效载荷组合模式，典型舱外功能设备安装需求（例如通信天线转台等）以及太阳电池贴片需求等主要设计输入条件，决定采用“公用模块＋功能模块”的模块化设计思路：公用模块参与到所有构型种类的卫星组成中，作为核心模块为其他模块提供卫星星上公用平台功能，并且作为其他模块的安装基础；功能模块则根据实际的构型需求，进行特殊设计，保障探测天线以及典型功能设备的正常工作。

2.2　单独模块设计

（1）公用模块设计

依据小卫星各个分系统设计要求，以及兼顾探测天线以及典型功能设备的不同组合下工作布局需求，采用六面体构型作为公用模块构型。公用模块由承力分离主基板与承力模块安装板组成，采用箱板式主结构设计，承力分离主基板用于公用模块中平台设备的安装固定，并且为整体的夹紧释放提供牢固可靠的承力结构，如图 1 所示。公用模块舱内平台设备主要集中安装于承力分离主基板，电子学设备不再单独进行机箱封装设计，而是直接安装到分离主基板面上，如图 1 所示。

（2）表贴电池模块设计

考虑小卫星的设计规模以及结合太阳电池阵表贴面积需求，再兼顾探测天线的工作布局需求，决定增加专门用于表贴电池的功能模块，从而减少太阳能帆板结构与帆板展开机构的使用；同时考虑到卫星发射状态力学环境的可承受性，增加小型太阳能展开帆板进行必要补充，小型太阳能帆板构型设计尽量利用表贴电池模块的外观构型，不再增加整星发射状态包络。

表贴电池模块为左右两个模块，对称位于公用模块左右两侧。表贴电池模块采用桁架＋蒙皮结构构成，桁架用来传递公用模块的承载力，蒙皮用于表贴太阳能电池，如图 2 所示。

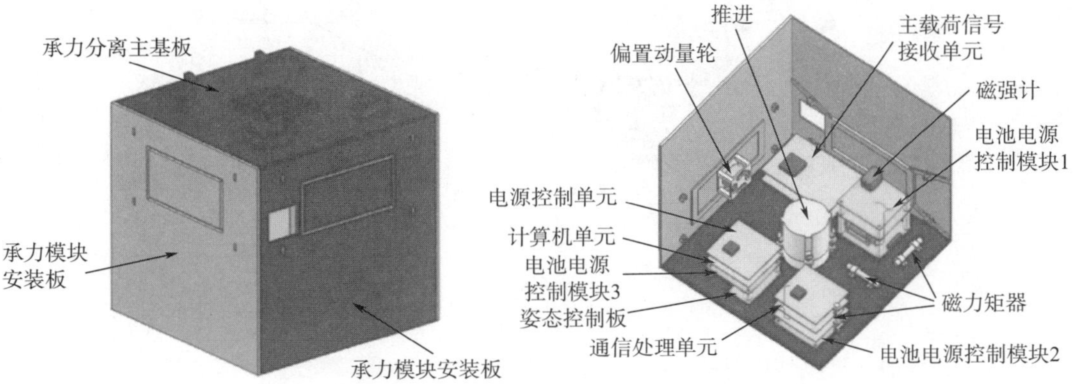

图 1　公用模块主结构及平台设备布局安装设计图

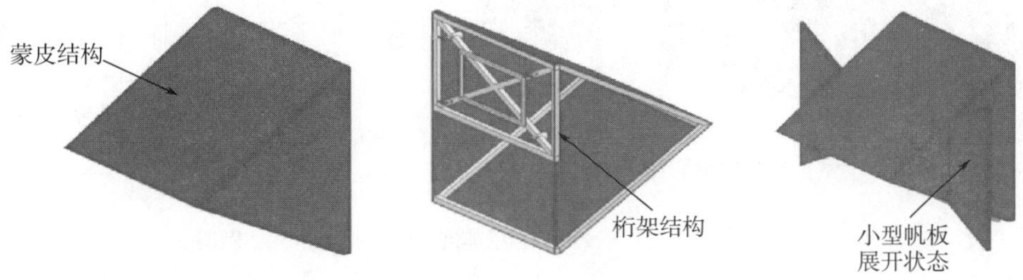

图 2　表贴电池模块结构设计

（3）掩星天线安装模块

掩星天线安装模块为前后两个功能模块，位于公用模块前后两侧，构型成对称关系。掩星天线安装模块采用“桁架＋蒙皮”结构构成，桁架主要用来传递公用模块的承载力，蒙皮用于安装掩星天线以及表贴一部分太阳能电池，如图 3 所示。

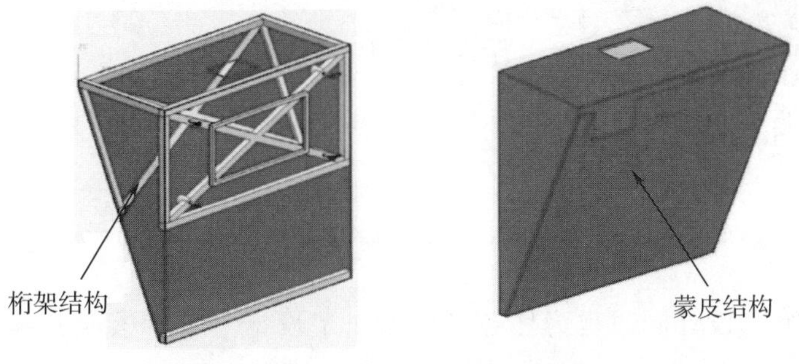

图 3　掩星天线安装模块结构设计

2.3　模块组合设计

2.2 节为模块化设计中单独模块的结构设计，下面根据表 2 中 3 种不同探测天线有效载荷组合模式以及空间布局要求给出 3 种不同的模块组合设计。

“定位天线＋定位天线”组合：整星由中间的“公用模块＋两侧的表贴电池模块”构成。公用模块提供卫星平台功能以及提供定位天线的安装结构，表贴电池模块与公用模块一同提供所需的太阳能电池表贴面积区域，如图 4 所示。

“定位天线＋掩星天线”组合：整星由中间的“公用模块＋两侧的表贴电池模块＋前后的掩星天线安装模块”构成。公用模块提供卫星平台功能以及定位天线的安装结构，表贴电池模块与公用模块一同提供所需的太阳能电池表贴面积区域，掩星天线安装模块提供掩星天线以及典型舱外设备的安装结构，并且也提供一小部分太阳能电池表贴面积区域，如图 5 所示。

“定位天线＋反射天线”组合：整星由中间的“公用模块＋两侧的表贴电池模块”构成。公用模块提

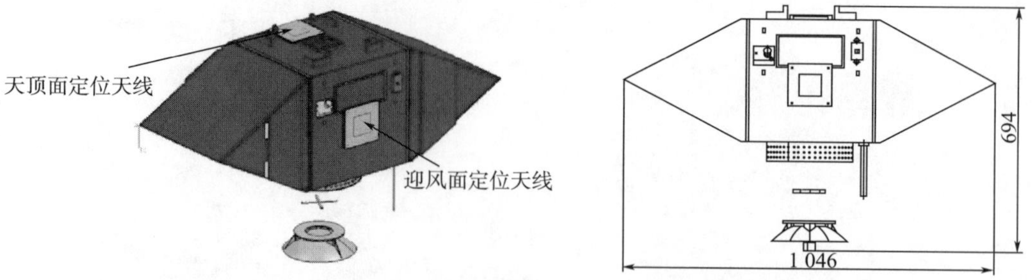

图 4　定位天线组合模式卫星构型及发射包络尺寸图

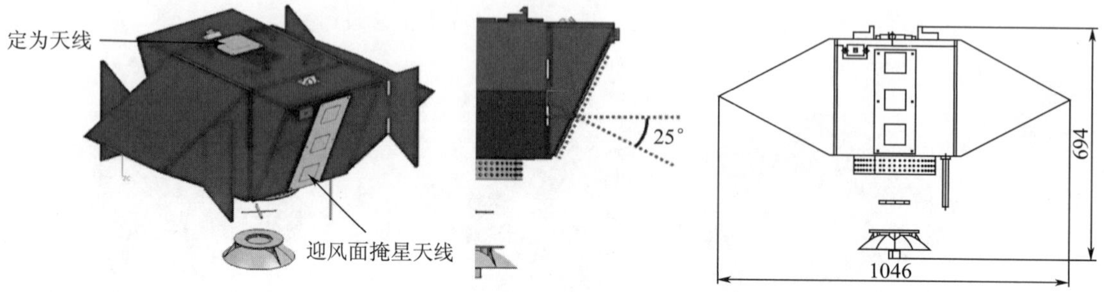

图 5　掩星天线组合模式卫星构型及发射包络尺寸图

供卫星平台功能以及提供定位天线的安装结构，表贴电池模块提供发射天线的安装结构，并且与公用模块一同提供所需的太阳能电池表贴面积区域，如图 6 所示。

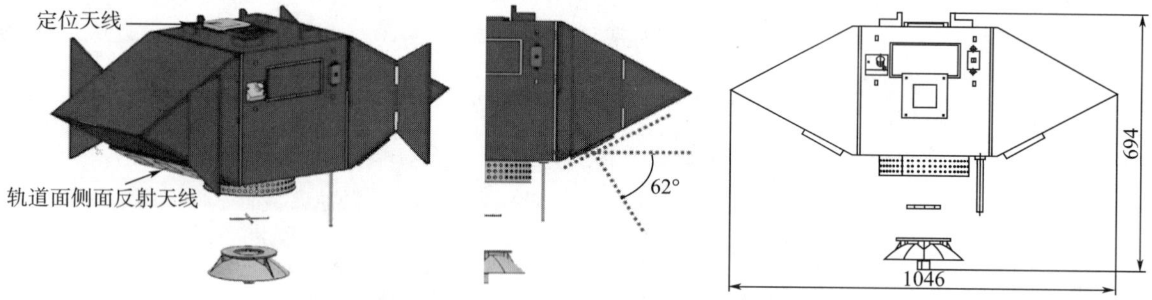

图 6　反射天线组合模式卫星构型及发射包络尺寸图

以上 3 种不同的模块组合设计同时也为任务发射做出了设计考虑：该任务旨在在空间中布局多颗小卫星，以形成空间探测网络，如果单发单颗发射必将带来大成本，因此考虑一箭多星的发射方式。利用订制的运载火箭对接承力筒作为小卫星安装结构，对种小卫星进行沿对接承力筒周向以及轴向分布布局，可以实现一箭多星的发射目的，如图 7 所示。

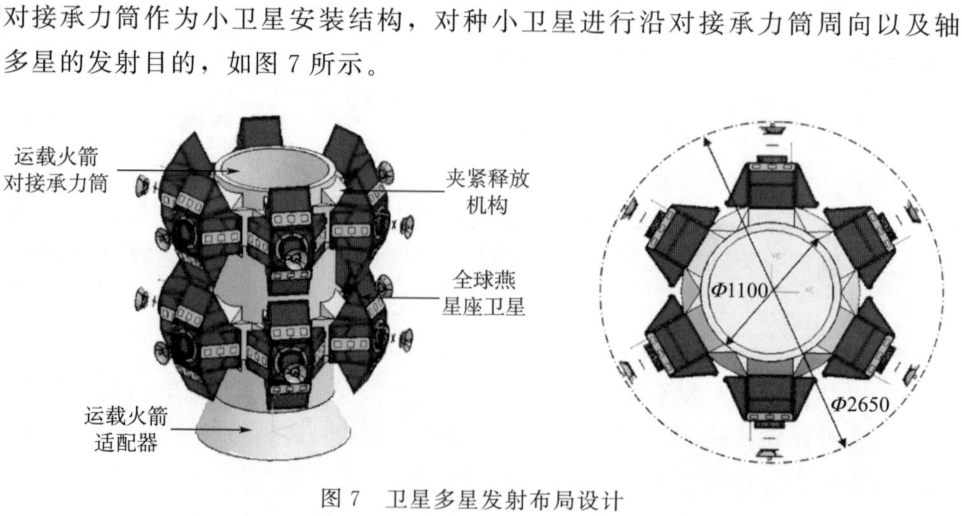

图 7　卫星多星发射布局设计

3 模块拼装接口设计

为了实现模块化设计中模块之间快速、便捷、可靠组装，需要针对模块拼装接口进行专门设计，其中，公用模块为被动对接接口设计，称之为母口；功能模块为主动对接接口设计，称之为公口，母口与公口相互匹配，从而实现公用模块与功能模块的自如拼装。

3.1 母口设计

公用模块母口采用纯结构设计，在母口外侧面（即与功能模块的对接面）上均设计有回形限位槽与限位销插口，回形限位槽用于将功能模块上的回形限位凸块插入，进而将功能模块进行除安装方向外的完全限位；限位销插口用于将功能模块上的锁止扳手插入到公用模块内部，如图 8 所示。

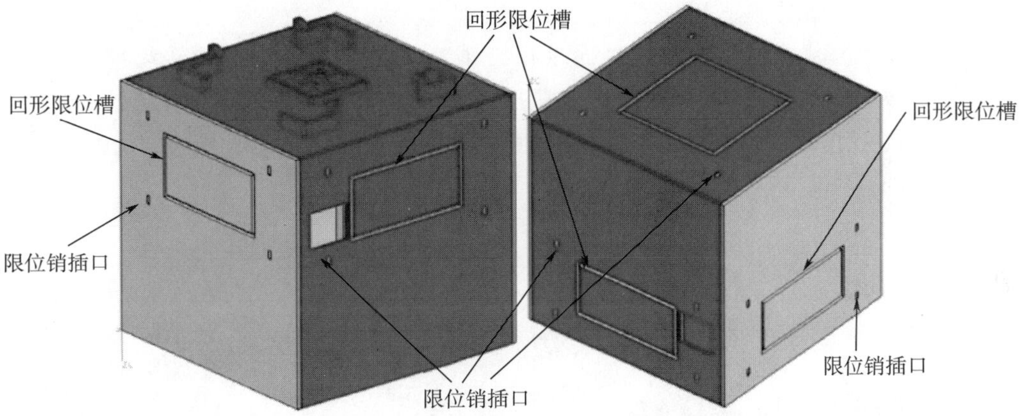

图 8 母口外侧面设计

在母口内侧具有 3 种设计形式：其中两个侧面母口内侧设计为“叉形＋回形凸块”承力结构，以及锁紧限位凸块；另外两个侧面设计为回形凸块承力结构，以及锁紧限位凸块；与承力分离主基板相对的面板设计为“叉形＋回形凸块”承力结构，以及锁紧限位凸块。如图 9 所示。

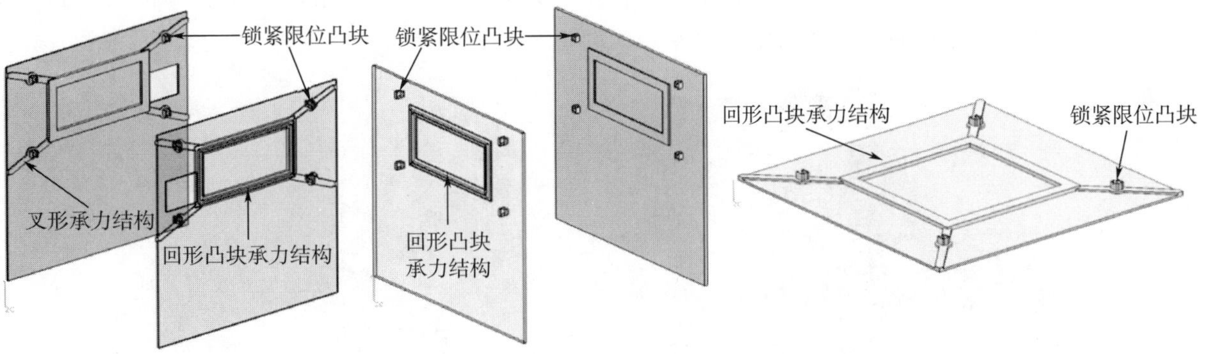

图 9 母口内侧面设计

3.2 公口设计

功能模块公口均采用叉形承力支撑结构、回形限位凸块以及锁止扳手的结构机构相结合的设计方式。叉形承力支撑结构为对接安装面提供可靠的受力支撑；回形限位凸块插入到公用模块的回形限位槽中，将功能模块除安装方向外进行完全限位；锁止扳手插入到公用模块的限位销插口中，将功能模块安装方向进行锁紧限位。表贴电池模块公口、掩星天线安装模块公口设计如图 10 所示。

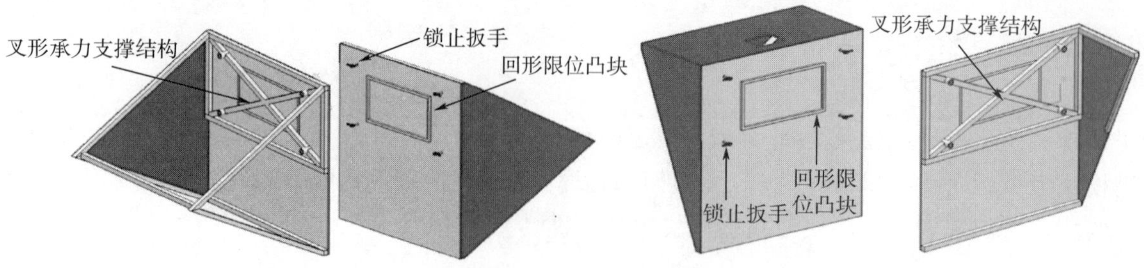

图 10　表贴电池模块、掩星天线安装模块公口设计

3.3　拼装对接机构设计

拼装对接机构用于模块之间的快速组合拼装，由位于母口中的锁紧限位凸块结构与公口中的锁止扳手机构组成。

锁紧限位凸块中设计有规则球形面，球星面半径与锁止扳手中的转动扳手转动部分非规则圆弧面中的规则圆弧段半径一致，转动扳手转动部分的规则圆弧段可以在球星面内自由转动，如图 11 所示；锁止扳手由插入销与转动扳手组成，插入销端部通过转轴来安装转动扳手；转动扳手转动部分设计为非规则圆弧面，圆弧段由规则圆弧段与凸出段组成，如图 11 所示。

图 11　拼装机构设计

模块之间的对接过程为：将功能模块回形限位凸块、锁止扳手分别与公用模块回形限位槽、限位插销口位置对准并插入，将锁止扳手的转动扳手由平行于插入方向转动 90°，使得转动扳手的规则圆弧段与锁紧限位凸块上的规则球形面进行紧密配合接触，如图 12 所示。

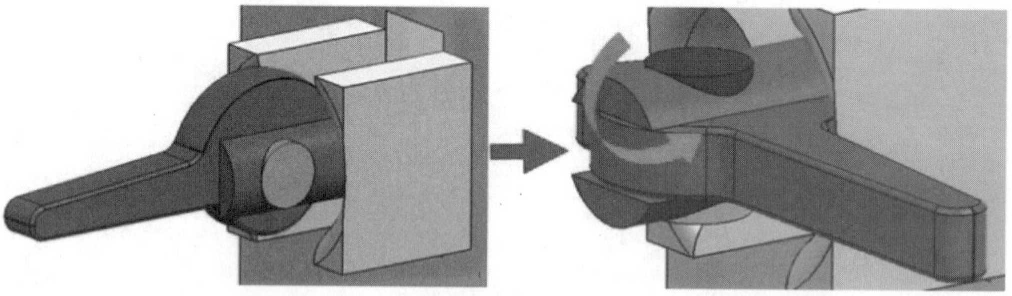

图 12　模块拼装过程设计

4　结束语

本文针对某多颗小卫星组网探测空间科学任务，利用模块化设计思想，给出了适合于任务要求的小卫星拼装式模块化结构设计方案，通过 1 个公用模块与 2 种功能模块的拼装组合总体设计，实现了卫星空间布局利用率与组成模块功能共用性方面的最大化；并且针对模块拼装特点，设计了小型、快捷、可靠

的拼装对接机构，同时结合任务发射成本，设计了一箭多星发射空间布局。拼装式模块化结构设计对小卫星领域的实际应用具有一定推广拓展作用。

参考文献

[1] 叶龙．国外微小卫星技术的发展［J］．国际太空，2000（07）：1－3．

[2] 陈颖健．微小卫星风潮涌动［J］．国外科技动态，2004（06）：26－27．

[3] 石卫平，潘坚．微小卫星的发展［J］．国际太空，2001（09）：1－3．

[4] R. Bec. An encounter around the Perseus project. ［EB/OL］ // ［2008－01－31］．http：//www. cnes. fr/web/CNES－fr/6115－communiques－de－presse. pupate = 1313.

[5] SSTL. Small Satellites. ［EB/OL］ // ［2010－09－07］．http：//www. sstl. co. uk/.

[6] 周庆瑞，孟松，宋坚，等．航天微系统技术综述［J］．航天器工程，2014，23（04）：84－91．

[7] 姚骏，崔伟，满孝颖，等．新型卫星结构设计技术［J］．中国空间科学技术，2010，6（3）：70－75．

[8] Deborah M，et al. Jefferson Grau. Modular Spacecraft Standards：Supporting Low－Cost，Responsive Space ［R］．AIAA 2004－6098.

[9] Sm，Aero Astro，Inc.，Ashburn，VA. Aeroastro'S Smartbus：a low－cost modular approach enabling responsive space missions ［A］．3rd Responsive Space Conference ［C］，RS3－2005－3003.

[10] Dr W H，et al. In－orbit attitude performance of the 3－Axis stabilized SNAP－1 Nano satellite ［A］．15th AIAA /USU Conference on Small Satellites ［C］，Utah State University，Logan，UT，USA，SSC01－XI－1，Aug 2001.

[11] Unwin M J，et al. The SNAP－1 and tsinghua－1 GPS formation flying experiment ［A］．In：ION GPS 2000 ［C］，Salt Lake City，September，2000.

Modular Assembling Structure Designfor Small Satellite

MA Xin　LI Mingtao　GAO Dong　XIONG Weiming

National Space Science Center，CAS，Beijing　101499

Abstract　The Modular Assembling structure design is for a space science mission with small satellites netted detection. First，combing the design requirements of all satellite subsystems and main science equipments，then，digging the structure modular design concept，and providing the structure configuration of the public modular，the surface solar panel modular，and the Occultation antenna installation modular. Three kinds of small satellite structure configuration design for the Position antenna mode，the Occultation antenna mode，and the Reflector antenna mode are obtained. The interfaces for the modular include the public modular，the surface solar panel modular，the Occultation antenna installation modular，and the assembling mechanism with locking bump and locking wrench are designed. Final，the space layout design for multi satellite launch is derived.

Key words　Structure configuration；Modular design；Modular interface；Assembling mechanism

作者简介

马鑫，男，助理研究员，就职于中国科学院国家空间科学中心，研究方向为飞行器结构 CAD/CAE、空间分离展开机构等，电子邮箱：maxin@nssc. ac. cn。

快响相机轻小型指向机构设计与验证

褚备　黄伟　李富强

北京空间机电研究所，北京　100076

摘　要　指向机构能够使快响相机在没有卫星侧摆的情况下完成大范围的侦察任务。本文针对浦江1号快响相机对于光学指向的任务要求和快响卫星“快、好、省”的设计理念，提出了一种新型指向机构方案，该方案具有指向精度高、速度快、结构轻小、抗力学环境能力强和装调简便等特点。介绍了指向镜支撑、驱动电机设计和齿轮传动参数等关键技术项目。并对设计结果进行了地面试验验证。浦江1号成功发射并在轨运行，在轨测试结果表明指向机构的功能性能指标均满足总体要求。

关键词　浦江1号；快响相机；指向机构；指向精度；在轨测试

1　引言

快速响应卫星是快速响应空间体系（ORS）的组成要素之一，其作用是以最快的速度、最优的性能、最小的代价获得最优的成果，即“快、好、省”[1-2]。由于成本原因，该类卫星平台通常不具备侧摆功能，因此快响卫星搭载遥感相机（以下简称快响相机）需要配备指向机构，实现在较大覆盖范围内精确定点观测的功能。

传统的遥感相机指向机构通常采用微晶玻璃最为反射镜材料，采用电机驱动，涡轮蜗杆传动，锁定机构锁定的运动方式，使用电位计测量指向位置。这种方式的主要缺点包括：体积质量较大、发射段和在轨环境适应性差、机构传动比、指向测量精度低、装调复杂，研制周期较长。因此有必要研制一种适应快响相机任务特点的新型指向机构。

本文根据某快响相机指向机构的任务要求，提出了一种碳化硅（SiC）轻质反射镜，“步进电机＋减速齿轮”提供驱动，“电机＋制动器”完成锁定和解锁，编码器精确测量的指向机构方案。该方案实现了指向机构的轻小型化，机动灵活，具备良好的抗力学性能和温度适应性，具有较高的指向精度和测量精度，并且结构简单，便于装调，能够适应快响相机的任务需求。通过工程分析和试验测试对设计结果进行了验证。结果表明指向机构具备良好的力学性能和指向精度，功能及性能满足系统要求。

2　指向机构方案设计

2.1　指向机构总体方案

指向机构方案如图1所示。指向机构主要包括指向镜、步进电机、齿轮组、制动器、编码器、控制电路、轴承及支撑结构等。指向镜采用碳化硅（SiC）材料并做轻量化处理；步进电机提供驱动力矩，通过齿轮组调整速度和扭矩；在指向镜转动到位后，通过制动器加电制动锁紧转动轴，消除由于惯性及齿轮间隙造成的指向镜颤震，确保成像光路的稳定；编码器测量指向镜的角度位置数据并反馈给控制电路；在发射段，通过电机加电锁定和制动器加电制动实现指向机构的锁定，入轨后解锁。

该方案相较传统方案，采用了碳化硅等轻质材料，并通过电机自锁和制动器实现了锁定机构的功能，大大降低了系统的体积质量；采用渐开线斜齿轮传动以及制动器消颤震的设计有效提高了机构的传动精度和响应速度；光电编码器与指向镜同轴安装，能够精确测量指向角度，能够对目标准确定位；通过传动机构的优化，缩短了装调和测试的周期，降低了研制成本。符合快相机“快、好、省”的任务要求。

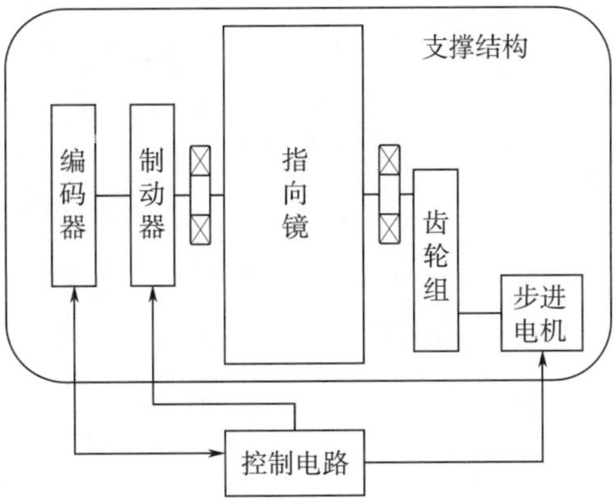

图 1　指向机构组成框图

2.2　指向机构设计

（1）指向镜设计

指向镜作为指向机构的光学单元，要求具备较低的转动惯量、良好的力学性能和温度适应性。因此选用刚度高、导热性能好的碳化硅材料[3-4]。用有限元方法对温度变化造成的面形影响进行仿真分析，如图 2 所示。指向镜在 10～22 ℃的温度范围内面形变化为 $RMS=0.11\lambda$，$PV=0.52\lambda$。满足光学系统要求。

图 2　热变形分析结果

（2）步进电机设计

步进电机的主要负载为指向镜，步进电机驱动负载的力矩可以近似为

$$T_{负载}=i\cdot J_{指向镜}\cdot\omega_{指向镜}\cdot f_{电机}^{2} \tag{1}$$

公式（1）中，指向镜的转动惯量 $J_{指向镜}=9\ 800\ \mathrm{kg\cdot mm^2}$。指向镜转速 $\omega_{指向镜}=18°/\mathrm{s}$ 为已知量，电机工作频率取 $f_{电机}=200\ \mathrm{Hz}$。可以得到在负载及转速等为定值的条件下，电机驱动最小力矩与减速比的比值 $T_{电机}/i$ 成正比。以此为依据可以进行驱动机构的初步设计。

在工程应用中，增大减速比可以减小齿轮传动设计的复杂程度，但电机的启动力矩也会随之增大，从而导致电机的体积、质量和功耗的大幅增加[5-6]。最终确定采用减速比为 0.1 的多级齿轮传动方式，由公式 1 得到步进电机在仅驱动负载的条件下，$T_{负载}=12.3\ \mathrm{mN\cdot m}$。

步进电机除了驱动负载，还要克服指向机构轴系的摩擦启动力矩 $T_{摩擦}$ 和装调误差引起的阻力矩 $T_{装调}$。$T_{摩擦}$ 可用如下公式计算

$$T_{摩擦}=\sum\nolimits_{k=1}^{n} i_k\cdot M_k \tag{2}$$

i_k 和 M_k 分别为传动链中各环节的减速比和轴系的摩擦启动力矩。代入轴承的测试数据得到 $T_{摩擦}=4.1\ \mathrm{mN\cdot m}$

由于装调误差导致的 $T_{装调}$ 取经验值 3～5 mN·m。由上述计算可以得到步进电机的最小驱动力矩为

$$T=T_{负载}+T_{摩擦}+T_{装调}\approx 20\ \mathrm{mN\cdot m} \tag{3}$$

由于步进电机的启动力矩会随着频率提高而下降，因此要保证步进电机在较高的工作频率下启动力矩仍满足要求。通常取电机最小驱动力矩的3～6倍为宜。最终选择的电机在200 Hz的工作频率下输出力矩不小于100 mN·m，满足系统要求。

（3）齿轮参数设计

齿轮组共包括3个齿轮，含2个普通齿轮和1个复合齿轮，减速比为0.1。为提高齿轮组传动的稳定性和抗冲击能力，均采用渐开线圆柱斜齿轮的形式[13]。根据公式计算模数

$$m\geqslant 12.6\sqrt[3]{KT_1Y_{FS}/\varphi_m z_1\sigma_{FP}} \tag{4}$$

通过计算并取整得到$m=0.8$。初选螺旋倾角$\beta=10°$，得到端面模数$m_s=m_n/\cos\beta=0.812$，为便于加工，对模数取整，最后得到$\beta=12.680\ 32°$。齿轮传动如图3所示。

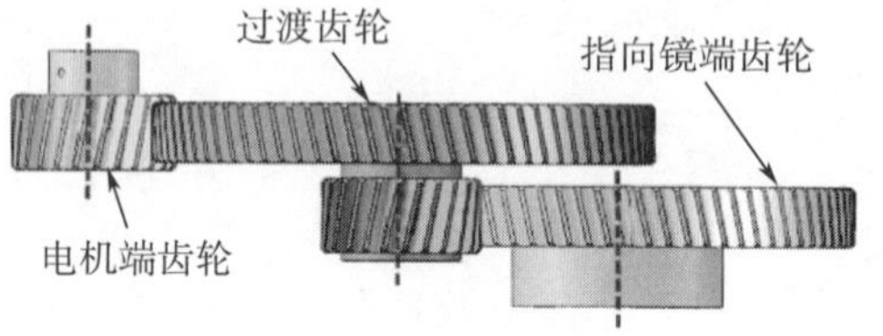

图3　齿轮传动设计

3　试验及在轨验证

3.1　力学试验验证

由于快响卫星的运载特点，指向机构在发射段要承受比较苛刻的随机振动环境，因此对指向机构进行了XYZ三个方向的随机振动试验，如图4所示，其中Z向为对地方向，X向为飞行方向。试验结果如表1所示。

图4　指向机构振动试验

表1　随机振动试验结果

加载方向	X	Y	Z
输入加速度 g/rms	14.3	14.3	14.3
输出加速度 g/rms	7.6	9.0	12.7
放大倍数	—	—	—

指向机构在正弦振动中的最大响应放大倍数小于3，满足整星的环境规范要求。在随机振动中，由于相机采用隔振安装，有效降低了中高频段的振动能量，各测点的均方根加速度响应均无放大情况。通过目视观察和光电编码器的数据反馈，指向镜没有发生晃动。试验结果表明指向机构能够承受发射段的力学环境，并验证了指向机构的锁定功能。

3.2　指向精度测试

指向精度测试以指向机构安装面的法线作为基准，通过经纬仪获取角度，并记录光电编码器的输出值。指向镜在行程范围内沿不同方向的多次测量，可获得指向镜的转角精度和重复精度。图5是其中一次测试结果示意图，指向镜镜从－170～＋170步调整，对应编码器遥测值从175.682 4～206.196 9变化；每5步角度变化值的均值为0.448 74，对应一步变化0.089 7°。

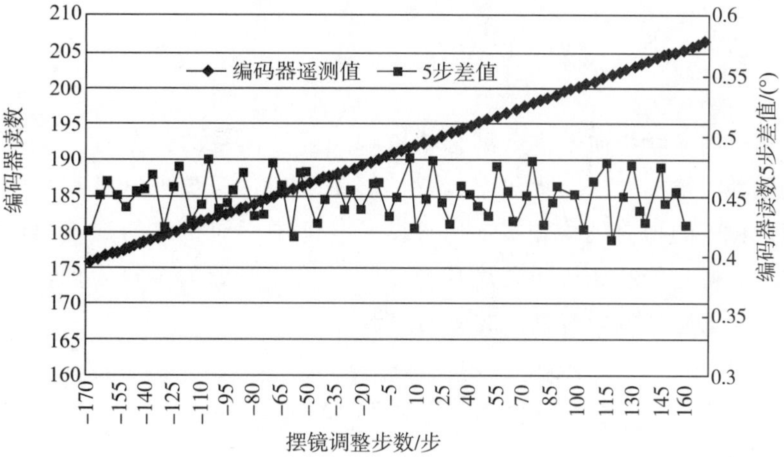

图 5　摆镜线性度测试结果

在力学试验前后分别进行了指向精度测试，每步理论转动值为 0.09°，试验前后的转角精度如表 2 所示。通过对比指向镜沿不同方向通过同一理论位置的角度差，得到指向镜的重复精度如表 3 所示。

表 2　转角精度对比

	最小偏差/（″）	最大偏差/（″）	平均偏差/（″）
试验前	3.0e^{-12}	15.8	5.7
试验后	3.0e^{-12}	14.8	5.4

表 3　重复精度对比

	最小偏差/（″）	最大偏差/（″）	平均偏差/（″）
试验前	2.0	7.8	5.3
试验后	2.2	7.6	4.7

可以看到指向机构的转角精度和重复精度均小于 1′，满足系统要求。对比试验前后的数据，可以看到力学试验没有降低结构的传动精度，再次验证了指向机构的抗力学性能。

3.3　在轨验证

2015 年 9 月 25 日浦江 1 号卫星成功入轨，随后对相机功能进行了在轨测试，在指向镜最大摆角的情况下成像质量良好，说明指向机构功能正常，抗力学性能和热适应性良好。图 6 为迪拜棕榈岛。

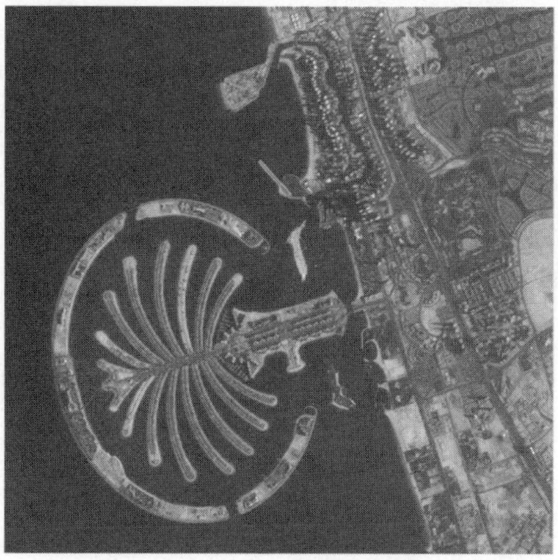

图 6　迪拜棕榈岛图像

指向镜的摆动能力为 10 ms@0.09°，从最左到最右边（+15°～−15°）耗时仅需 3.34 s，根据在轨工作模式要求，相邻两次引导成像的最小间隔为 26 s，在轨测试中实施了多次连续成像，相机均工作正常，说明指向机构满足总体快速连续的运动要求。

4 结束语

本文根据某快响相机的光学指向要求，结合快速响应卫星体系的任务特点，设计了一套新型高精度轻小型指向机构。根据性能指标要求，提出了碳化硅轻量反射镜、步进电机和减速齿轮组驱动、电磁制动器制动、编码器测量位置的指向机构方案。通过试验验证了指向机构的抗力学性能和温度适应性，指向精度满足总体要求。并通过了在轨极限角度成像和连续引导成像的考核验证，工作状态良好。该指向机构在快响相机等轻小型遥感器领域有良好的应用前景。

参考文献

[1] LTC P Frakes and P Popejoy. Responsive Space Operations Architecture Development for the National Security Space Community. AIAA 2nd Responsive Space Conference，Los Angeles，CA，USA，2004.

[2] Don Knight. Concept of Operations for Operationally Responsive Space. AIAA 4th Responsive Space Conference，Los Angeles，CA，USA，2006.

[3] 闫勇，金光，杨洪波．空间反射镜结构轻量化设计 [J]．红外与激光工程，2008，37 (1)：97－101.

[4] 杨秉新．空间相机用碳化硅 SiC 反射镜的研究 [J]．航天返回与遥感，2003，24 (1)：15－18.

[5] 罗渠，袁立，杨磊，聂云松．一种驱动扫描镜扫描运动的方法 [J]．航天返回与遥感，2006，27 (1)：36－41.

[6] 王友渔，陈天智，盛聪，刘宾，柴洪友．一种空间相机指向机构构型设计及分析 [J]．航天器工程，2011，20 (3)：75－80.

The Smart Pointing Mechanism Design and Test of Operationally Responsive Camera

CHU Bei　HUANG Wei　LI Fuqiang

Beijing Institute of Space Mechanics & Electricity，Beijing　100076

Abstract　The operationally responsive camera has the ability to complete the reconnaissance mission in a wide range with a Pointing Mechanism. According to the demand of pointing device of "Pujiang－1" operationally responsive camera，the paper presents the design of a new pointing mechanism，which has following characteristics：high precision，light and small structure，good mechanical properties，convenient for assembly. The three parts of pointing mechanism：mirror support，motor selection and parameters of gear are introduced. The natural frequencies and accuracy are tested. The results prove that the pointing mechanism satisfies all the requirements of the operationally responsive camera.

Key words　Pujiang－1；Operationally responsive camera；Pointing mechanism；Pointing precision；In－orbit commissioning

作者简介

褚备，男，工程师，就职于北京空间机电研究所，研究方向为遥感器光机结构设计，电子邮箱：chubei1984@163.com。

全数字 USB 应答机基带 ASIC 芯片的前端设计

杨讷

上海航天电子有限公司

摘　要　集成电路的设计是从电路理论到产品实现的过程，可按各个阶段的特点分为前端设计和后端设计。ASIC 前端设计又被称作设计的逻辑实现过程。本文在全数字 USB 应答机基带 FPGA 代码的基础上实现了 ASIC 的前端设计，使用工艺为 SMIC 的 0.13μm 工艺库。ASIC 前端设计流程主要包括以下几个步骤：算法/程序设计、功能仿真验证、逻辑综合以及形式验证等。提供前端网表至后端后，根据反馈修改 RTL 设计，再重新进行前端设计的流程，最终生成满足后端要求的前端网表。

关键词　全数字 USB 应答机基带；ASIC 前端设计；RTL 设计；逻辑综合；功能仿真验证；形式验证

1　引言

为解决 FPGA 及 DSP 等基于 SRAM 型的大规模集成处理芯片的空间单粒子效应和总剂量效应以及禁运等问题，大规模集成电路设计转 ASIC 设计是未来的一个发展方向。ASIC 芯片可以有效解决空间单粒子效应和总剂量效应对芯片工作带来的影响。同时，目前国内包括 771 所在内的一些专业厂所已经初步具备了宇航级 ASIC 相关技术和工艺实现能力。

在 ASIC 设计流程中，前端设计作为流程的一个重要环节，本文主要是依托软件设计工具，实现对 FPGA 软件的设计综合和仿真验证，输出满足后端要求的前端综合网表。掌握 ASIC 前端设计方法，可以保护软件自主知识产权，提升单位核心竞争力。

2　RTL 设计验证

ASIC 前端设计流程中，首先要进行算法/程序设计及功能仿真验证。源设计为 FPGA 设计，而逻辑综合的输入为 RTL 设计，因此进行程序设计时应当遵循一定的指导方针将源 FPGA 设计转换为 RTL 设计，并对其进行代码风格检查，此外还需要对 RTL 设计与源 FPGA 设计进行仿真对比以及对 RTL 设计进行板级验证。

2.1　全数字 USB 应答机基带原理

全数字 USB 应答机数字基带部分包括 PM 解调模块、BPSK 副载波解调模块和下行 PM 调制模块。中频信号经 AD 采样后，进入 PM 解调模块实现对载波的捕获和跟踪，输出遥控副载波和测距音副载波。遥控副载波输入至 BPSK 副载波解调模块，输出 PCM 码流、时钟及门控信号。接收下行遥测 PCM 信息并进行 PM 调制；接收上行测距音信号，根据相干非相干指令进行测距音信号转发，进行 PM 调制，与遥测信号合路后送下行中频采样 DA，从而实现了数字化设计。

2.2　RTL 设计

逻辑综合工具需要读取设计的 RTL 代码进行逻辑综合，因此需将全数字 USB 应答机基带的 FPGA 设计进行代码风格检查，从而转为 RTL 设计。Synopsys 公司的 LEDA 能够检查硬件设计的方针和综合并消除瓶颈，其中 Verilog 代码设计规则可以确保按内部或外部工具要求优化，将设计风险降到最低[1]。LEDA 检查设计后，主要有以下几类错误：

1）子模块实例化时端口指定不完整；

2）赋值时位宽不一致；

3）顺序块中使用非阻塞赋值；

4）检测到信号由多个非三态驱动；

5）寄存器未加上复位信号；

6）推断出闩锁；

7）case 语句描述不完整，default 情况未指定；

8）parameter 型变量定义但未被使用。

根据检查结果修改设计后，重新进行 LEDA 检查，仍提示有些警告信息，比如赋值位宽不相等，但其实这就是设计本身需要如此，若这些错误仍会影响逻辑综合，逻辑综合工具会继续提示错误，可再进行修改。

2.3　功能仿真验证

2.3.1　软件功能仿真

功能仿真即通过仿真代码以检查设计的功能，这里用 Cadence 公司的 IES 进行仿真，IES 支持功率格式、调试和高级建模，并且可以更快地验证片上系统。源 FPGA 设计已经经过板级验证，证明其功能是正确的。用 IES 工具仿真源 FPGA 设计，波形如图 1 和图 2 所示，为了便于比较，这里取了 CarrSync 即 PM 解调模块中的混频低通滤波后的结果 MixDataI、MixDataQ 和 AGC 模块输出结果 AGC _ out 以及 transmit _ top 即下行 PM 调制模块中的输出 PM _ out 作为比较点。

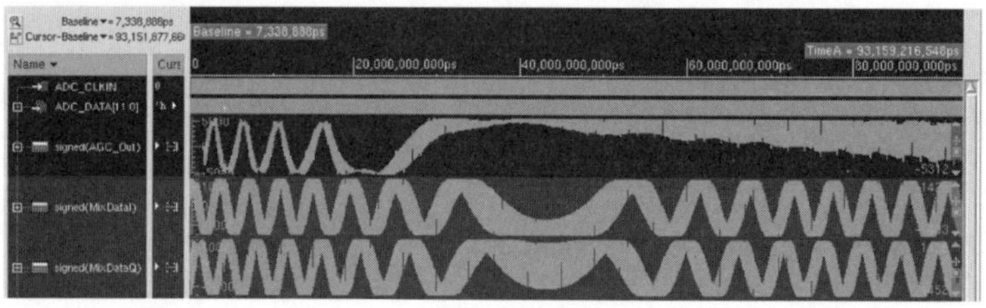

图 1　原仿真波形图

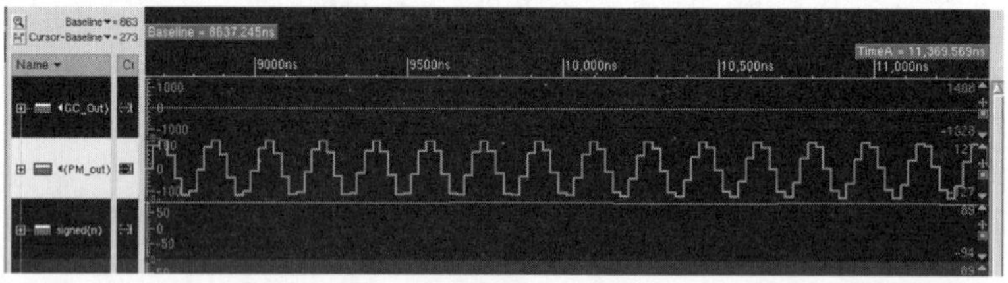

图 2　原仿真波形图

LEDA 检查完，修改设计之后仿真波形如图 3 和图 4 所示，与修改设计之前一致，功能正确。

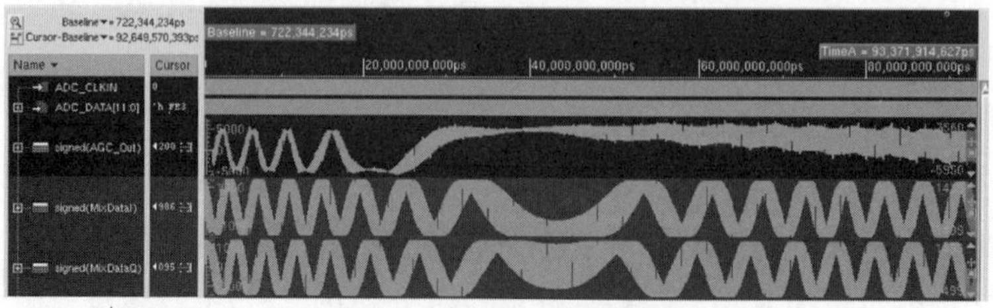

图 3　LEDA 修改设计后仿真波形图

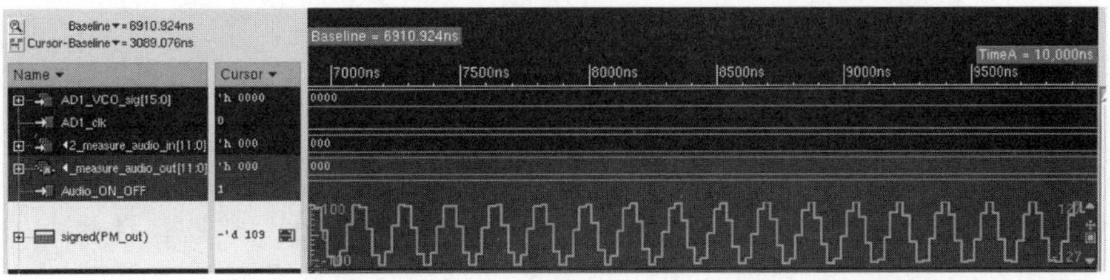

图 4　LEDA 修改设计后仿真波形图

由此可见，在将源 FPGA 设计转换为 RTL 设计之后，软件仿真功能并没有发生变化。

2.3.2　硬件平台验证

除了软件仿真外，RTL 代码在硬件平台上进行了验证，这里所采用的硬件平台为 Xilinx 的 XCVVSX55 基带验证板，验证了 RTL 代码的遥控、遥测以及测距等功能，功能满足要求且与之前 FPGA 代码验证结果一致。

3　逻辑综合

在完成全数字 USB 应答机基带的 RTL 设计及验证之后，需要对 RTL 设计进行逻辑综合。逻辑综合是 ASIC 前端设计流程中最为重要的一步，其是用 Cadence 公司的 Encounter RTL Compiler 工具将 RTL 设计转化为后端设计所需要的网表[2]。

3.1　逻辑综合原理

逻辑综合不仅广义地指从逻辑级的行为描述转化为具体的结构描述，还泛指应用相关工具软件读入所设计的 RTL 级源代码，根据半导体工艺库所提供的信息，将其映射成为满足面积约束和时序约束的门级网表的过程[3-4]。EDA 工具进行逻辑综合时所需要的输入为工艺库、RTL 描述及约束条件等，输出的是门级网表，其主要由时序元件和组合逻辑门（如 AND 或 NOR）组成。这里所采用的是 SMIC 的 0.13μm 工艺库，考虑到后端使用 771 所的 0.13μm 的抗辐照库进行替换，前端综合按照 771 所提供的禁用单元列表进行综合。

3.2　芯片的逻辑综合实现

芯片逻辑综合主要包括以下步骤。

（1）开发 HDL 设计

可以采用 Verilog、VHDL 等语言对设计的行为级进行描述。

（2）指定库信息

设置实现设计所参考的各种库文件。目标工艺库通常由芯片制造商所提供，其包含了将 RTL 级的描述转换为门级时所需要的物理信息的标准单元模型。设计中所用的库是 SMIC 的 0.13 μm 的 IO 单元库和标准单元库。

（3）读入设计

将经过仿真验证的 RTL 设计读入 RC 并进行编译，支持的文件格式有 Verilog、VHDL 及 System Verilog 等，这里使用 Verilog 语言。

（4）设置综合环境

逻辑综合的环境包括工作条件和连线负载模型等。芯片将来工作时的实际环境被称为工作条件，其包括必须的驱动强度、工艺偏差、外部电容、供电电压、工作温度以及驱动类型等。这些条件直接影响芯片的工作速度，通常最好情况下，即温度越低、工艺偏差越小以及电压越高时，芯片就能以越快的速度工作，反之则越慢。通常综合库有 fast、typical 及 slow 三种模式提供选择，这里综合采样用的是最差情况，且脚本中加上了 771 所提供的禁用单元列表。

（5）设置设计约束

逻辑综合设计约束包括设计规则约束和设计优化约束[5]。在逻辑综合过程中，在优先满足设计规则约束的前提下，尽量能够同时满足这两类约束。逻辑综合工具 RC 尽量达到这些设计约束的要求，但是如上所说，优先满足设计规则约束，在此基础上才能够考虑设计优化约束。为了满足优化设计的要求，逻辑综合工具 RC 不断调整综合策略，但是如果满足不了，则会生成一个最优结果。

（6）选择综合策略

逻辑综合包括自顶向下和自底向上两种策略。自顶向下的层次化编译方法是针对较小的设计，逻辑综合工具仅需根据设计目标对顶层模块运用一个脚本，就能够生成较优的网表[6]。由于设计不到十万门左右，因此采用自顶向下层次化编译方法，在顶层应用约束和属性，使得在整个设计得到最大程度的优化。

（7）优化设计

通过各种途径面向工艺库进行优化，以满足约束的要求。

（8）分析问题

设计中可能有的问题包括设计中不合理的结构以及设计规则方面的违例等，可以生成时序报告、设计报告、设计属性报告、面积报告及功耗报告等来检查设计中的问题。

（9）输出综合结果

将门级网表、SDC 文件、SDF 文件等等输出，以供后续物理设计使用。

3.3 芯片逻辑综合结果分析

为了确认逻辑综合所生成的网表能够满足预期要求需要在多方面进行检查，包括功能验证、设计规则检查、面积检查及时序检查等。

这里用 IES 对逻辑综合后的网表进行仿真，仍然选择 1.3 节中的比较点，波形如图 5 和图 6 所示，与逻辑综合前的一致，功能正确。

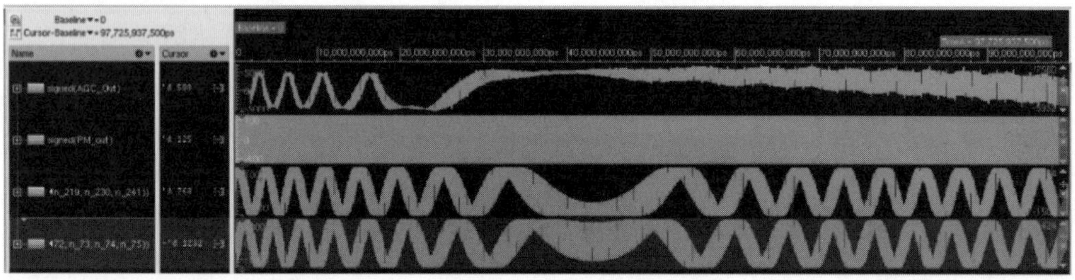

图 5　逻辑综合后仿真波形图

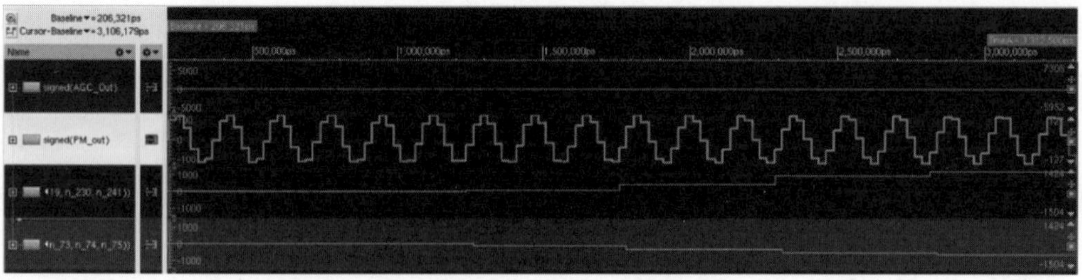

图 6　逻辑综合后仿真波形图

设计规则检查报告如图 7 所示。

```
===================================================================
Generated by:            Encounter(R) RTL Compiler v13.10-s006_1
Generated on:            Jan 05 2017 10:12:26 am
Module:                  Usb_Top
Technology library:      sc9tap_logic013_base_rvt_ss_typical_max_1p08v_125c 1
Operating conditions:    ss_typical_max_1p08v_125c(balanced_tree)
Wireload mode:           top
Area mode:               timing library
===================================================================

Max_transition design rule: no violations.


Max_capacitance design rule: no violations.


Max_fanout design rule: no violations.
```

图 7　设计规则检查报告

由报告可知，设计规则无最大转换时间、最大扇出以及最大电容违例。

时序验证报告如图 8 所示。

```
===================================================================
Generated by:            Encounter(R) RTL Compiler v13.10-s006_1
Generated on:            Jan 05 2017 10:12:26 am
Module:                  Usb_Top
Technology library:      sc9tap_logic013_base_rvt_ss_typical_max_1p08v_125c 1
Operating conditions:    ss_typical_max_1p08v_125c(balanced_tree)
Wireload mode:           top
Area mode:               timing library
===================================================================

path    1:

        Pin                    Type        Fanout Load Slew Delay Arrival
                                                  (fF)  (ps) (ps)   (ps)
--------------------------------------------------------------------------
(clock  clk_confing_N)         launch                                0 R
prom_config
  par35_reg_0/CK                                        600          0 R
  par35_reg_0/Q                DFFRHQX2           349.5 229  +474   474 F
prom_config/DA_clk_inv
DA_control_Q/DA_clk_inv
  g112/A               (b)     XOR2X2                        +0     474 F
(clk_gating_check_1)           ext delay                     +0     474 F
--------------------------------------------------------------------------
(clock DA_CLK_in)              capture                             4375 F
                               uncertainty                 -800    3575 F
--------------------------------------------------------------------------
Timing slack:       3101ps
Start_point   :  prom_config/par35_reg_0/CK
End-point     :  DA_control_Q/g112/a
```

图 8　时序验证报告

其中，最差时序路径时序余量为 3 101 ps，可见所有时序均满足建立时间要求。

4　形式验证

由于逻辑综合中的设计优化过程会对网表作出更新，因此需要确认所得到的网表是否与源 RTL 设计一致，即进行形式验证。本节主要介绍了将全数字 USB 应答机基带的 RTL 设计与逻辑综合后的网表进行形式验证的过程。

4.1　形式验证原理

形式验证以严格完备的数学为基础，根据逻辑设计的结构和功能描述建立公理系统，采用精确数学语义的特定算法或类似定理证明的措施来验证设计是对的，其能涵盖全部可能发生的情形，从而具有很好的完备性。

形式验证通常分为 3 类，分别是定理证明、模型检验以及等价性检验。设计中主要使用等价性检验来确保综合网表的正确性。等价性检验的目标是穷尽地检验设计变换前后的功能一致性，也就是证明设计的变化并没有使功能发生变化[7]。如果设计者需要修改原来设计的功能，可以通过等价性检验所生成的信息来确认所做的修改是否满足要求。由于设计只涉及前端设计，因此形式验证只应用到了 RTL 设计与综合后网表的一致性验证，这里所用的 EDA 工具是 Cadence 公司的 Conformal LEC 工具。

4.2 芯片的形式验证

与传统的模拟验证工具相比，Conformal LEC 无需使用测试向量，从 RTL 到布局实现精确的缺陷监测和纠正。在使用 RC 综合时修改脚本可生成 LEC 的两个脚本和中间网表，其中第一个脚本用于验证 RTL 和中间网表的一致性，第二个脚本用于验证中间网表和最终前端网表的一致性，若两个形式验证都通过，则表示最终前端网表跟 RTL 是一致的。

芯片形式验证的各基本环节如下所示。

（1）启动

启动软件时可以读入共享库文件、软件路径及软件检测到仿真和综合不一致时所显示的信息种类等。

（2）读入参考

形式验证中有参考设计和实现设计，其中参考设计指的是逻辑功能达到目标的被设置为参考标准的设计；实现设计指的是修改后的、等待验证逻辑功能的设计。

（3）读入实现

这里的实现设计是逻辑综合后的设计，同时需要读入技术库文件。

（4）设置

在这一步主要是设置常量，比如对应一些增加了扫描测试链和边界扫描链的设计，需要设置一些常量，使这些扫描测试链和边界扫描链等功能的禁止。由于这里逻辑综合后的中间网表和最终前端网表并没有添加扫描测试链和边界扫描链，故可以省略这一步。

（5）匹配比较点

检查参考设计和实现设计的比较点是否匹配。通常形式验证工具依据信号命令的相似度来选择比较点，如果其中的一些无法识别，或者识别有错误，那么设计者可以进行相应设置[8]。

（6）验证

进行验证并给出验证成功或失败的结果。

（7）分析结果

4.3 芯片形式验证结果分析

图 9 为 RTL 和中间网表形式验证的结论，表明 RTL 和中间网表是一致的，图 10 为 RTL 和中间网表不一致的点的报告，表明 RTL 和中间网表没有不一致的点。

Module Comparison Results	
Equivalent	141
Total	141
Hierarchical compare: Equivalent	

图 9 RTL 和中间网表的形式验证结果

0 Non-equivalent point(s) reported
0 compared point(s) reported

Compared points	PO	DFF	BBOX	Total
Equivalent	70	24	11	105

图 10　RTL 和中间网表的不一致的点的报告

图 11 为中间网表和最终网表形式验证的结论，表明中间网表和最终网表是一致的，图 12 为中间网表和最终网表不一致的点的报告，表明中间网表和最终网表没有不一致的点。

Verification Report

Category		Count
1. Non-standard modeling options used:		0
Tri-stated output:	checked	
Revised X signals set to E:	yes	
Floating signals tied to Z:	yes	
Command "add clock for clock-gating":	not used	
2. Incomplete verification:		0
All primary outputs are mapped:	yes	
Not-mapped DFF/DLAT is detected:	no	
All mapped points are added as compare points:	yes	
all compared points are compard:	yes	
User added black box:	no	
Black box mapped with different modul name:	no	
Empty module is not black boxed:	no	
Command "add ignore outputs" used:	no	
Always false constraints detected:	no	
3. User modification to design:		0
Change gate type:	no	
Change wire:	no	
Primary input added by user:	no	
4. Conformal Constraint Designer clock domain crossing checks recommended:		1
Multiple clocks in the design:	yes*	
5. Design ambiguit: y　yes		1
Duplicate module definition:	no	
Black box due to undefined cells:	yes*	
6. Compare Results		PASS
Number of EQ compare points	9919	
Number of NON-EQ compare points	0	
Number of Aborted compare points	0	
Number of Uncompared compare points	0	

图 11　中间网表和最终网表的形式验证结果

0 Non-equivalent point(s) reported
0 compared point(s) reported

Compared points	PO	DFF	BBOX	Total
Equivalent	70	9847	2	9919

图 12　中间网表和最终网表的不一致的点的报告

结果表明最终生成的前端网表和 RTL 是一致的。

5 后端反馈修改

在现有的 FPGA 代码基础上按照上述流程设计就可以得到 ASIC 前端网表，但还需根据后端反馈的意见反复修改 RTL 设计，重新进行前端设计流程，才能最终得到满足后端设计要求的前端网表。在此设计中，根据后端反馈的意见主要进行了以下两个更改：

1）逻辑综合加上禁用单元列表时，不可综合出网表，提示没有既有置位端又有复位端的寄存器，因此优化了 RTL 设计，使得可综合出网表；

2）为了后端设计中可测性设计的便利性以及覆盖性，将 RAM 控制在设计的同一层。

RTL 设计更改之后，重新进行 RTL 软件功能仿真、硬件平台验证、逻辑综合以及形式验证等前端设计流程，生成前端设计网表提供至后端。

6 结束语

本文完成了对全数字 USB 应答机基带 ASIC 芯片的 ASIC 前端设计，并根据反馈修改 RTL 设计，再重新进行前端设计的流程，最终生成满足后端要求的前端网表。通过掌握 FPGA 转 ASIC 的前端设计流程，可确保本单位具有组织实施自研 FPGA 软件转 ASIC 的能力，为后续进行数传类、遥控类以及推进类等产品的 FPGA 软件转 ASIC 工作打下基础。

参考文献

[1] Synopsys，Inc. Leda User Guide（Version I－2013. 12）[R]，2013. 12.

[2] Cadence，Inc. Using Encounter RTL Compiler（Version 13. 1）[R]. 2014. 2.

[3] G. De Micheli. Synthesis and Optimization of Digital Circuits [M]. McGraw－Hill，1994.

[4] 赵庆哲，王兆勇. 逻辑综合在数字 IC 设计中的应用 [J]. 微处理机，2013. 8（4）：16－18.

[5] Cadence，Inc. Setting Constraints and Performing Timing Analysis Using Encounter RTL Compiler（Version 13. 1）[R]. 2014. 2.

[6] Himanshu Bhatnagar 著，张文俊译. 高级 ASIC 芯片综合 [M]. 北京：清华大学出版社，2007.

[7] 曾琼，闫炜. 组合电路等价性检验方法研究 [J]. 计算机工程，2007. 2，33（4）：253－255.

[8] 王彬，任艳颖. 数字 IC 系统设计 [M]. 西安：西安电子科技大学出版社，2005.

作者简介

杨讷，女，助理工程师，就职于上海航天电子有限公司，研究方向为卫星测控通信。

基于限制等碰撞概率面法的航天器自主避撞

王祎[1]　白玉铸[1]　赵勇[1]　倪庆[2]　王毓媛[1]　陈小前[1]

1. 国防科技大学 航天科学与工程学院，长沙　410083

2. 中国航天员科研训练中心，北京　100000

摘　要　针对传统等碰撞概率密度面法在近距离操作中误报警率较高，发出较多的规避机动指令的问题，提出一种限制等碰撞概率面法的航天器自主避撞策略。首先，考虑控制不确定和导航不确定的影响，建立空间碎片周边的限制等碰撞概率面。其次，基于LQR与限制等碰撞概率面法设计控制律对跟踪航天器进行避撞控制。该方法与传统等碰撞概率密度面法相比，能在保证实现航天器自主避撞的同时大大减少规避机动次数。最后通过数值仿真验证了该方法的有效性。

关键词　限制等碰撞概率密度面法；航天器避撞；空间碎片

1　引言

空间威胁在20世纪70年代末就已经引起科学家的注意。早在1975年，NASA开始分析空间碎片的分布，所有放弃维修的故障卫星都列入轨道碎片范畴。直到2013年，空间碎片的质量已经超过300万千克，并且呈上升趋势[1]。美国的研究报告[2]指出：轨道碎片是美国太空利益的重大威胁，轨道碎片能在顷刻间瘫痪甚至摧毁空间设施。因此航天器在飞行过程可能会遇到其他飞行器或者空间碎片，为了顺利完成空间任务，航天器在飞行时不能与其他空间物体发生碰撞，在靠近目标时，也要保证航天器不与目标发生碰撞。

目前航天器近距离安全控制方法主要分为基于优化的方法和基于解析的方法。优化方法基于最优控制理论发展而来，应用比较广泛。基于变分原理，结合系统约束（如动力学、时间、路径、控制输入等约束），确定控制系统的边界条件，采用最优控制理论进行最优轨迹计算[3]。常用的优化方法有主矢量法、单元分解法、正交配置方法、逆动力学方法及解析解导引法等。但是优化方法具有计算成本高，不易获得解析表达式，因此解析制导方法得到广泛应用。两个典型的解析制导方法是滑移制导方法和人工势场（Artificial Potential Fields，APF）法。其中APF方法由于方法的简洁性和计算的高效性，在很多领域都有应用。势场方法的优势是能够引导飞行器进行避撞机动且能够利用势场函数的负梯度方向来设计避撞控制律。虽然人工势函数法具有众多优势，但是人工势函数法的势场函数不包括不确定影响，必须通过复杂的控制器来抑制不确定性的影响[4]。

目前对于不确定性影响下的航天器安全问题的研究，主要采用碰撞概率法，国内外众多学者普遍对减少其计算量进行研究[5-7]。但是碰撞概率法主要是对碰撞风险进行评估，不能判定是否真的发生碰撞，且在近距离操作中，碰撞概率远远大于极限值，因此传统的等碰撞概率法并不适用。因此Wang Yi等[8]人提出等碰撞概率密度面法，等碰撞概率面法是一种虚拟力法，其基本思想是提出了一种等碰撞概率面的概念，该方法与等压面类似，是指在空间中碰撞概率相等的点所组成的曲面。由于沿着碰撞概率梯度方向碰撞概率变化最大，从而在碰撞概率梯度方向施加作用力时，航天器能更好地实现避撞。相比传统的人工势函数法，等碰撞概率密度面法在其函数中考虑到了不确定性的影响，且由于通过近似化处理，

*　基金项目：国家自然科学基金委重大项目（61690210，61690213）；国家自然科学基金（11404405，11302253和61401487）；国防科技大学科研专项资金（ZK16-03-20）。

不需要进行超越函数的计算，因此在保证梯度计算精度的同时，能大大降低计算量，便于进行工程应用。本文提出了一种改进的ECPS避撞方法，该方法在航天器自主避撞过程中，对航天器避撞控制力的产生条件进行了一定的限制。通过限制避撞力的产生条件，该方法能在保证实现航天器自主避撞的同时大大减少规避机动次数。

2 等碰撞概率密度面法

2.1 航天器相对动力学建模

本文选取的坐标系为相对运动坐标系 $o-xyz$ [9]：定义空间碎片质心为坐标原点 o，x 轴由地心指向空间碎片的质心，z 轴沿航天器轨道面正法线方向，y 轴由右手定则确定，垂直于 x 轴和 z 轴所组成的平面。在相对运动坐标系中，伴随卫星的相对运动方程为

$$\begin{cases}\ddot{x}-2\omega\dot{y}-\omega^2x-\dot{\omega}y-\dfrac{\mu}{r_2^3}+\dfrac{\mu(r_2+x)}{r_1^3}=u_x\\ \ddot{y}+2\omega\dot{x}-\omega^2y+\dot{\omega}x+\dfrac{\mu y}{r_1^3}=u_y\\ \ddot{z}+\dfrac{\mu}{r_1^3}z=u_z\end{cases}\tag{1}$$

式中 $u=[u_x,\ u_y,\ u_z]^{\mathrm{T}}$——控制作用力；

μ——地球的引力常数；

r_1——空间碎片到地球质心的距离；

r_2——相对距离；

ω，$\dot{\omega}$——空间碎片的角速度和角加速度，并且被定义为

$$\omega=\frac{(1+e\cos f)^3}{(1-e^2)^{\frac{3}{2}}}\sqrt{\frac{\mu}{a^3}}\tag{2}$$

$$\dot{\omega}=\frac{2\mu\ (1+e\cos f)^3e\sin f}{a^3\ (1-e^2)^{\frac{3}{2}}}\tag{3}$$

式中 a，e——空间碎片轨道的半长轴和偏心率；

f——空间碎片轨道的真近点角。

2.2 等碰撞概率密度面法

等碰撞概率面法是由Wang Yi等[8]提出的一种虚拟力法，其基本思想是提出了一种等碰撞概率面的概念，该方法与等压面类似，是指在空间中碰撞概率相等的点所组成的曲面。接着，考虑控制不确定和导航不确定的影响，建立空间碎片周边的等碰撞概率面。此外，由于沿着碰撞概率梯度方向碰撞概率变化最大，从而在碰撞概率梯度方向施加作用力时，航天器能更好地实现避撞。该方法相比传统的人工势函数法，等碰撞概率密度法在其函数中考虑到了不确定性的影响，且由于通过近似处理化处理，不需要进行超越函数的计算，因此在保证梯度计算精度的同时，能大大降低计算量，便于进行工程应用。

本文提出了一种改进的ECPS避撞方法，该方法在航天器自主避撞过程中，对航天器避撞控制力的产生条件进行了一定的限制。通过限制避撞力的产生条件，该方法能在保证实现航天器自主避撞的同时大大减少规避机动次数。具有高斯形式的限制等碰撞概率面函数表示如下：

$$\mathbf{V}_0(r_{t1})=\begin{cases}\lambda_0\left\{f(\boldsymbol{X}_{t1},\boldsymbol{C}_{t1})-\exp\left(-\dfrac{1}{2}D_0^2\right)\right\} & ,f(\boldsymbol{X}_{t1},\boldsymbol{C}_{t1})<D_0\ \&\ v_{t1}^{\mathrm{paral}}>0\\ 0 & ,\mathrm{others}\end{cases}\tag{4}$$

式中 λ_0——正常值比例系数；

$C_{t1}=\mathrm{diag}([\sigma_{xt1}^2\quad \sigma_{yt1}^2\sigma_{zt1}^2])$——在 t_1 时刻跟踪卫星相对位置的协方差矩阵，且可由文献［10］计算得到；

$X_{t1}=[r_{t1}^{\mathrm{T}},\ v_{t1}^{\mathrm{T}}]^{\mathrm{T}}$——在 t_1 时刻跟踪卫星相对状态矢量，且 $r_{t1}=[x_{t1},\ y_{t1},\ z_{t1}]^{\mathrm{T}}$ 和 $v_{t1}=[v_{xt1},\ v_{yt1},\ v_{zt1}]^{\mathrm{T}}$ 表示相对位置矢量和相对速度矢量；

D_0——碎片的最大作用范围；

v_{t1}^{paral} 和 $f(X_{t1},\ C_{t1})$——服务星相对碎片的平行速度和辅助函数，计算公式如下：

$$v_{t1}^{\mathrm{paral}}=\boldsymbol{v}_{t1}\cdot\boldsymbol{n}_{t_1}^{\mathrm{paral}} \tag{5}$$

$$f(\boldsymbol{X}_{t_1},\boldsymbol{C}_{t_1})=\frac{x_{t_1}^2}{\sigma_{xt1}^2}+\frac{y_{t_1}^2}{\sigma_{yt_1}^2}+\frac{z_{t_1}^2}{\sigma_{zt_1}^2} \tag{6}$$

式中 $\boldsymbol{n}_{t_1}^{\mathrm{paral}}$——单位矢量，从跟踪航天器指向碎片；

$\boldsymbol{n}_{t_1}^{\mathrm{paral}}=-\boldsymbol{r}_{t_1}/|\boldsymbol{r}_{t_1}|_0$ 时，$v_{t_1}^{\mathrm{paral}}\leqslant 0$ 跟踪航天器远离空间碎片，不需要进行轨道机动；反之，跟踪航天器不断靠近空间碎片，在斥力势场作用范围内，需要进行避撞机动来躲避空间碎片。

空间碎片势场的作用范围定义为

$$D_o=d_o(R_o+D_s) \tag{7}$$

式中 d_o——正常值比例系数；

D_s——最小停止距离，且 $D_s=(v_{t1}^{\mathrm{paral}})^2/2a_{\max}$，其中 $a_{\max}$ 是服务航天器的最大控制加速度；

R_o——碎片的最大半径。

3 数值仿真校验

3.1 仿真场景

本文对航天器自主避撞进行仿真。表 1 给出了空间碎片的初始轨道根数，表 2 给出了跟踪航天器在轨道坐标系下的初始位置和速度矢量，表 3 给出了跟踪航天器和空间碎片的物理参数。

表 1 空间碎片的初始轨道根数

x/m	y/m	z/m	v_x/（m/s）	v_y/（m/s）	v_z/（m/s）
-5.67×10^6	-4.43×10^6	1.56×10^6	1.58×10^3	-6.39×10^3	-2.64×10^3

表 2 跟踪航天器在轨道坐标系下的初始位置和速度矢量

x/m	y/m	z/m	v_x/（m/s）	v_y/（m/s）	v_z/（m/s）
0	200	0	5.53×10^{-2}	-1.61×10^{-6}	9.59×10^{-2}

表 3 跟踪航天器和空间碎片的物理参数

空间碎片		跟踪航天器	
参数/单位	值	参数/单位	值
半径/m	20	质量/kg	50
		最大控制力/N	30

然后，该仿真的运行时间间隔为 1 s 和总运行时间为 300 s。假设导航偏差和控制偏差为高斯白噪声，且其协方差矩阵可由如下公式得到：

$$C_{\delta X_0}=\mathrm{diag}([100,100,100,1\times10^{-2},1\times10^{-2},1\times10^{-2}]) \tag{8}$$

$$C_{\delta\Delta vi}=\begin{cases}0, & |\boldsymbol{u}|=0\\ \mathrm{diag}([(0.02+0.01|u_x|)^2,(0.02+0.01|u_y|)^2,(0.02+0.01|u_y|)^2]), & |\boldsymbol{u}|\neq 0\end{cases} \tag{9}$$

此外，$\boldsymbol{Q}=\text{diag}[n^6, n^6, 0, 0]$；$\boldsymbol{R}=\text{diag}[n^4, n^4]$；地球引力场数为 $3.986\times10^{14}\ m^3/s^2$。

3.2 仿真结果与分析

图 1 给出了在未执行避撞机动，采用 ECPS 方法和采用 LECPS 方法执行避撞机动时 100 次蒙特卡洛仿真最小相对距离值。由图 1 可得，采用避撞机动后跟踪航天器与空间碎片的碰撞概率从 45％降至 0，能有效保证航天器的飞行安全。图 2 给出了在 100 次蒙特卡洛仿真中的避撞机动次数。从图 2 可以得出相比 ECPS 方法，LECPS 能大大降低避撞机动次数，进而延长控制器的正常运行时间。

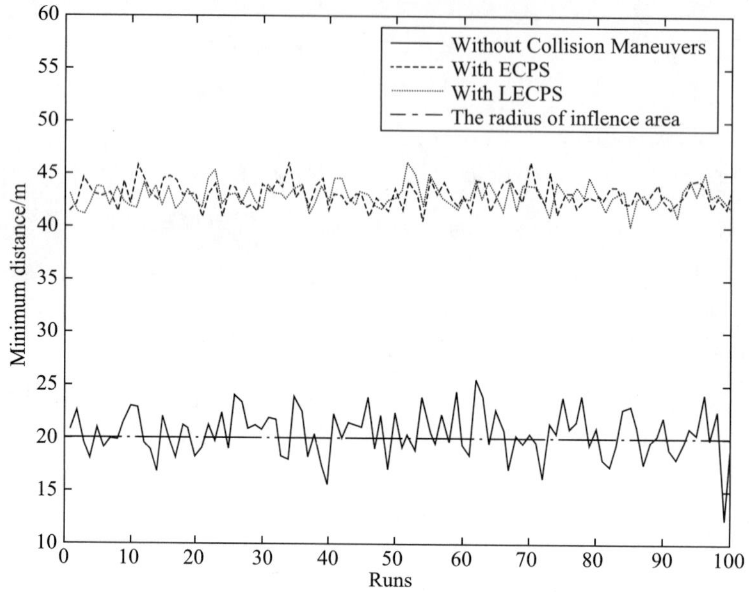

图 1　三种情况下的 100 次蒙特卡洛仿真最小相对距离值

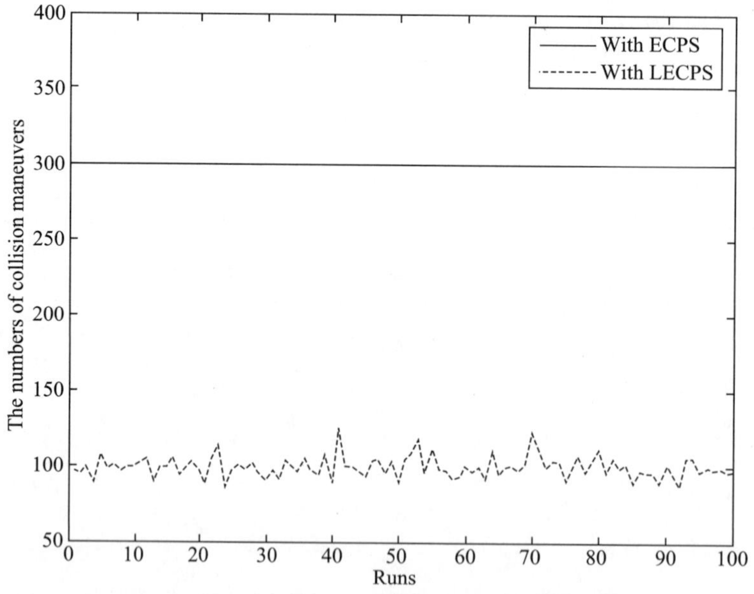

图 2　在 100 次蒙特卡洛仿真中的避撞机动次数

4　结束语

针对传统等碰撞概率密度面法误报警律较高，发出较多的规避机动指令的问题，提出一种限制等碰撞概率面法的航天器自主避撞策略。该方法与传统等碰撞概率密度面法相比，能在保证实现航天器自主避撞的同时大大减少规避机动次数。文中给出的仿真实例校验了该方法的有效性性，仿真结果表明相比 ECPS 方法，本文所提出的 LECPS 方法能降低 60%左右的规避机动次数。

参 考 文 献

[1] Lion J C. Modeling the large and small orbital debris populations for environment remediation [C]. The 3rd European Workshop on Space Debris Modeling and Environment Remediation, Paris, France, 16 – 18, June 2014.

[2] Hildreth S A, Arnold A. Threats to US National Security interests in space: orbital debris mitigation and removal [J]. Current Politics and Economics of the United States, Canada and Mexico, 2014, 16 (4): 447.

[3] Kirk D E. Optimal control theory: an Introduction [M]. Courier Corporation, 2012.

[4] Lian Yijun, Gao Yudong, Zeng Guoqiang. Staring imaging attitude control of small satellites [J]. Journal of Guidance, Control, and Dynamics, 2017, 40 (5): 1275 – 1282.

[5] DeMars K J, Cheng Y, Jah M K. Collision probability with Gaussian Mixture orbit uncertainty [J]. Journal of Guidance, Control, and Dynamics, 2014, 37 (3): 979 – 984.

[6] Vittakdev V, Russell R P, Linares R. Spacecraft uncertainty propagation using Gaussian Mixture Models and Polynomial Chaos Expansions [J]. Journal of Guidance, Control, and Dynamics, 2016, 39 (12): 2615 – 2626.

[7] Bai Xianzong, Ma Chao Wei, Chen Lei, et al. Maximum collision probability considering variable size, shape, and orientation of covariance ellipse [J]. Advances in Space Research, 2016, 52 (6): 950 – 966.

[8] Wang Yi, Bai Yuzhu, Ran De – chao, et al. The equal – collision – probability – surface for collision avoidance [C]. 3rd IAA Conference on Dynamics and Control of Space Systems, Moscow, May 30 – June 1, 2017.

[9] 杏建军，于洋，王祎，等．基于改进线性二次型调节器的近地轨道编队卫星鲁棒控制 [J]．国防科技大学学报，2016，38 (3)：100 – 106.

[10] 梁立波，罗亚中，杏建军，等．基于协方差分析描述函数法的非线性交会精度分析 [J]．系统工程与电子技术，2010，32 (9)：1977 – 1981.

The Limited Equal – collision – probability – surface Method for Spacecraft Collision Avoidance

WANG Yi[1]　BAI Yuzhu[1]　ZHAO Yong[1]　NI Qing[2]　WANG Yuyuan[1]　CHEN Xiaoqian[1]

1. College of Aerospace Science and Engineering, National University of Defense Technology, Changsha　410073

2. Astronaut Center of China, Beijing　10000

Abstract　In terms of high false alarm rate and hence frequently avoidance maneuvers is executed in the traditional equal – collision – probability – surface method (ECPS), a Limited Equal – collision probability – surface method (LECPS) is proposed in this paper. Considering the influence of control and navigation uncertainties, the equal collision probability surface around the space debris is established. Then, with the LQR and LECPS method, the avoidance controller is designed. Compared with traditional ECPS, the LECPS reduce the avoidance maneuvers number while guarantee the safety flying of the track spacecraft. All of the results have been demonstrated by numerical simulations.

Key words　Limited Equal – collision – probability – surface method; Space Collision Avoidance; Space Debris

作 者 简 介

王祎，男，博士生，研究方向为飞行器总体设计与系统仿真，电子邮箱：wangyi15@nudt. edu. cn。

天拓 3 号卫星 GPS 数据自主定轨算法

王毓媛　白玉铸　赵勇　陈小前

国防科技大学 航天科学与工程学院，长沙　410073

摘　要　根据天拓 3 号卫星的定轨任务需求，提出一种基于广义卡尔曼滤波（EKF）的自主定轨方法。该算法能自主判断观测数据中的丢失数据和异常数据并进行有效处理，从而降低数据误差提高定轨精度。天拓 3 号实测数据支持的定轨实验表明，算法收敛且提高了定轨精度；基于定轨结果分析了观测数据的数据质量，讨论了异常数据对定轨的影响。该算法可提高微纳卫星自主导航系统的精确度与稳定性。

关键词　自主定轨；广义卡尔曼滤波；天拓 3 号

1　引言

卫星自主导航技术对航天技术尤其是微小卫星技术的发展具有重要意义，拥有自主导航能力的卫星可以减轻地面测控负担、降低卫星运行成本、提高卫星生存能力并扩展卫星的应用潜力[1]。卫星自主导航技术的核心是自主轨道确定技术。对卫星自主定轨技术的研究已有 50 多年的历史，方法主要以定轨数据来源区分，传统的定轨数据来源有星敏感器、磁强计、重力梯度敏感器等[1-4]。随着导航卫星技术的发展，星载 GPS 接收机成为卫星自主定轨的重要数据来源[5-6]。小型化的 GPS 接收机很好地满足了微小卫星对自主导航系统体积、质量与功耗方面的要求，因此逐渐成为微小卫星的“标配”。

国防科技大学研制的天拓 3 号卫星于 2015 年 9 月 20 日发射升空，该卫星主要实现 ADS - B（航空目标监视）信号与 AIS（船舶目标自动识别）信号在轨侦收、红外相机拍摄等功能[7]。基于星载 GPS 接收机的自主导航系统是保证天拓 3 号卫星姿控、测控与数传等分系统正常运行的重要基础，但接收机的观测误差以及系统误差会降低定轨精度，此外观测过程中数据错误和丢失的现象对卫星定轨结果产生了进一步的干扰。

为改善天拓 3 号定轨任务面临的上述问题，以扩展卡尔曼滤波算法为基础，设计了一种基于 GPS 数据的自主定轨算法。该算法能在观测数据存在数据异常和丢失现象的情况下，有效减小定轨误差，实现高精度定轨，天拓 3 号实测数据验证了该算法的有效性。

2　自主定轨算法设计

2.1　GPS 数据特点

天拓 3 号搭载的 GPS 接收机为卫星提供轨道信息，包括三维位置（精度、维度、高度）与速度分量（经速、纬速、高速）等数据，同时为卫星提供 GPS 标准时间。其主要性能参数如表 1 所示。

表 1　GPS 接收机主要性能参数

项目	指标
位置精度	三维定位精度（1σ）：优于 20 m
速度精度	三维定速精度（1σ）：优于 0.25 m/s
标准时间	秒脉冲方式，脉冲宽度 1 毫秒±0.2 毫秒，OC 门输出

续表

项目	指标
时间精度	优于1 μs（GPS接收机计算结果与UTC秒脉冲前沿之差）
实时定位更新速率	1 Hz

2.2 定轨算法设计

根据GPS数据的特点，定轨算法的要求为：卫星动力学模型需考虑J2项地球非球形引力摄动；考虑系统误差和测量误差；考虑GPS数据可能具有的不连续性；能够判断误差较大的数据并剔除。因此，本文根据上述要求进行自主定轨算法设计，如图1所示。首先，对采集的GPS数据进行规范化处理；然后，根据所采集的GPS数据中的第一组数据确定滤波初值，并采用逐包处理数据的方式进行滤波定轨。

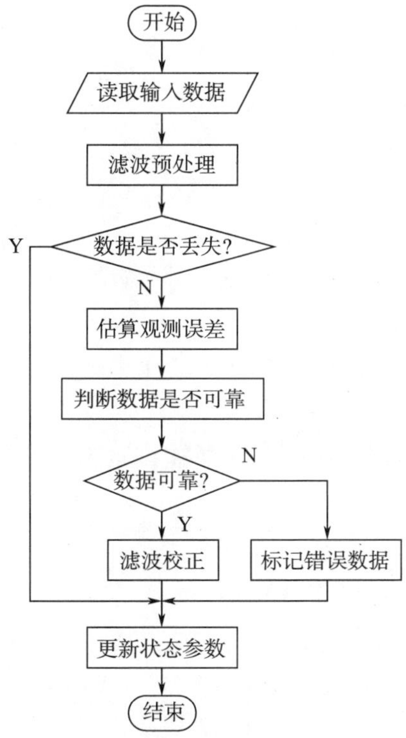

图1　自主定轨算法工作流程

考虑到数据可能存在丢失或异常的情况，在每一组数据的滤波处理过程中，加入了数据丢失的判断和处理以及数据可靠性判断及处理。其中，数据可靠性判断过程是通过上一时刻的卫星状态估计值进行预测，然后将待判断的数据与预测值进行对比，进而判断出该数据的可靠性。若判定数据有效则进行正常的滤波处理，若判定该数据为丢失数据或异常数据则将预测值作为卫星更新状态。

3 动力学模型与滤波算法

3.1 航天器轨道动力学模型

近地航天器绕地球飞行过程中，受到的摄动力主要包括地球非球形引力、大气阻力、日月引力、太阳辐射压力、小推力作用等。考虑到实际情况和运算简化，这里只考虑2阶带谐项。用轨道位置和速度表示的卫星轨道动力学方程可写为如下形式

$$\begin{cases}\dot{\boldsymbol{R}}=\boldsymbol{V}\\ \dot{\boldsymbol{V}}=\boldsymbol{F}+\boldsymbol{W}\end{cases} \tag{1}$$

式中　$\boldsymbol{R}=[x\quad y\quad z]^{\mathrm{T}}$，$\boldsymbol{V}=[v_x\quad v_y\quad v_z]^{\mathrm{T}}$——卫星在地心惯性坐标系下的位置矢量和速度矢量；

$\boldsymbol{F}=[F_x\quad F_y\quad F_z]^{\mathrm{T}}$——考虑 2 阶带谐项的加速度矢量；

$\boldsymbol{W}$——其他干扰加速度矢量。

$\boldsymbol{R}^e$、$\boldsymbol{V}^e$ 分别为卫星在 WGS84 下的位置和速度矢量，则其与 $\boldsymbol{R}$、$\boldsymbol{V}$ 的转换关系如下[8]：

$$\begin{cases}\boldsymbol{R}^e=\boldsymbol{C}_i^e\boldsymbol{R}^i\\ \boldsymbol{V}^e=\boldsymbol{C}_i^e\boldsymbol{V}^i-\boldsymbol{\omega}_i^e\times\boldsymbol{R}^e\end{cases} \tag{2}$$

式中　$\boldsymbol{C}_i^e$——地心惯性坐标系到 WGS84 的坐标转换矩阵；

$\boldsymbol{\omega}_i^e$——WGS84 相对地心惯性坐标系的转动角速度。

这里将 $\boldsymbol{\omega}_i^e$ 简化为

$$\boldsymbol{\omega}_i^e=[0\quad 0\quad \omega_e]^{\mathrm{T}} \tag{3}$$

式中　$\boldsymbol{\omega}_e$——地球自转角速率。

3.2 广义卡尔曼滤波算法

3.2.1 滤波状态方程和观测方程

选取轨道位置 $\boldsymbol{R}$ 和位置向量 $\boldsymbol{V}$ 作为滤波状态量，即 $\boldsymbol{x}(t)=[x\quad y\quad z\quad v_x\quad v_y\quad v_z]^{\mathrm{T}}$。根据轨道动力学方程，滤波状态方程为[9]

$$\dot{\boldsymbol{x}}(t)=\boldsymbol{f}[\boldsymbol{x}(t),t]+\boldsymbol{w}(t) \tag{4}$$

式中　$\boldsymbol{f}[\boldsymbol{x}(t),t]=(\boldsymbol{v}(t)^{\mathrm{T}}\quad \boldsymbol{F}(t)^{\mathrm{T}})^{\mathrm{T}}$；

$\boldsymbol{w}(t)$——观测噪声，为其他摄动项和干扰加速度的和，将其视为系统噪声，近似为零均值白噪声。

设观测矢量

$$\boldsymbol{Y}(k)=[\boldsymbol{R}^e\quad \boldsymbol{V}^e]^{\mathrm{T}} \tag{5}$$

根据卫星位置、速度的坐标转换关系，观测方程为

$$\boldsymbol{Y}(k)=\boldsymbol{H}(k)\boldsymbol{X}(k)+\boldsymbol{V}(k) \tag{6}$$

$$\boldsymbol{H}(k)=\begin{bmatrix}\boldsymbol{C}_i^e(k) & \boldsymbol{0}_{3\times3}\\ -\boldsymbol{A}\boldsymbol{C}_i^e(k) & \boldsymbol{C}_i^e(k)\end{bmatrix} \tag{7}$$

$$\boldsymbol{A}=\begin{bmatrix}0 & -\omega_e & 0\\ \omega_e & 0 & 0\\ 0 & 0 & 0\end{bmatrix} \tag{8}$$

式中　$\boldsymbol{V}(k)$——观测噪声。

3.2.2 模型的离散化、线性化

在状态最优估计 $\hat{\boldsymbol{X}}(t)$ 周围进行线性化，并以采样周期为 T 离散化得[10]

$$\delta\boldsymbol{X}_k=\boldsymbol{\Phi}_{k,k-1}\delta\boldsymbol{X}_{k-1}+\boldsymbol{W}_{K-1} \tag{9}$$

$$\boldsymbol{\Phi}_{K,K-1}=\boldsymbol{I}+\frac{\partial \boldsymbol{f}}{\partial \boldsymbol{X}}T=\begin{bmatrix}\boldsymbol{I}_{3\times3} & T\boldsymbol{I}_{3\times3}\\ T\boldsymbol{B} & \boldsymbol{I}_{3\times3}\end{bmatrix}\Bigg|_{X=\hat{X}_{k-1}} \tag{10}$$

$$\boldsymbol{B}=\frac{\partial \boldsymbol{F}}{\partial \boldsymbol{R}} \tag{11}$$

3.2.3 扩展卡尔曼滤波过程

文献［9］给出了线性离散系统卡尔曼滤波方程。标准的卡尔曼递推方程为

$$\hat{\boldsymbol{X}}_{k,k-1}=\boldsymbol{\Phi}_{k,k-1}\hat{\boldsymbol{X}}_{k-1} \tag{12}$$

$$\boldsymbol{P}_{k,k-1}=\boldsymbol{\Phi}_{k,k-1}\boldsymbol{P}_{k-1}\boldsymbol{\Phi}_{k,k-1}^{\mathrm{T}}+\boldsymbol{Q}_{k-1} \tag{13}$$

$$\boldsymbol{K}_k=\boldsymbol{P}_{k,k-1}\boldsymbol{H}_k^{\mathrm{T}}\ [\boldsymbol{H}_k\boldsymbol{P}_{k,k-1}\boldsymbol{H}_k^{\mathrm{T}}+\boldsymbol{R}_k]-1 \tag{14}$$

$$\delta\hat{\boldsymbol{X}}_k=\boldsymbol{K}_k\ [\boldsymbol{Y}_k-\boldsymbol{H}_k\hat{\boldsymbol{X}}_{k,k-1}] \tag{15}$$

$$\hat{\boldsymbol{X}}_k=\hat{\boldsymbol{X}}_{k,k-1}+\delta\hat{\boldsymbol{X}}_k \tag{16}$$

$$\boldsymbol{P}_k=(\boldsymbol{I}-\boldsymbol{K}_k\boldsymbol{H}_k)\boldsymbol{P}_{k,k-1} \tag{17}$$

为了减小离散误差，即减小采样周期 T 对定轨精度的影响，这里将传统的一步预测公式（见公式（12））修改为一步初步预测和一步初步预测的校正的滤波算法[1]

$$\hat{\boldsymbol{X}}_{k,k-1}^{0}=\hat{\boldsymbol{X}}_{k-1}+\boldsymbol{f}(\hat{X}_{k-1},t_{k-1})T \tag{18}$$

$$\hat{\boldsymbol{X}}_{k,k-1}=\hat{\boldsymbol{X}}_{k-1}+[\boldsymbol{f}(\hat{\boldsymbol{X}}_{k-1},t_{k-1})+\boldsymbol{f}(\hat{\boldsymbol{X}}_{k,k-1}^{0},t_k)]T/2 \tag{19}$$

4 航天器定轨算法仿真验证

4.1 观测数据定轨结果

于 2016 年 7 月 14 日下传天拓 3 号的 GPS 定位数据，并通过定轨算法对天拓 3 号实测定轨数据进行滤波处理。图 2 为卫星位置、速度均方误差曲线，可以看出两条曲线均快速收敛，说明滤波算法具有稳定性和收敛性。均方误差反映了滤波估计精度，图 2 给出了卫星位置均方误差（4 m）和速度均方误差（0.02 m/s），两误差均小于 GPS 接收机的定位、定速精度，说明滤波算法提高了定轨精度。

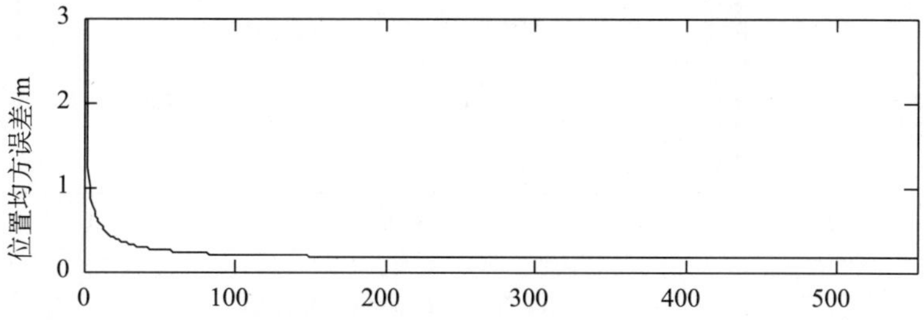

(a) The standard deviation of position

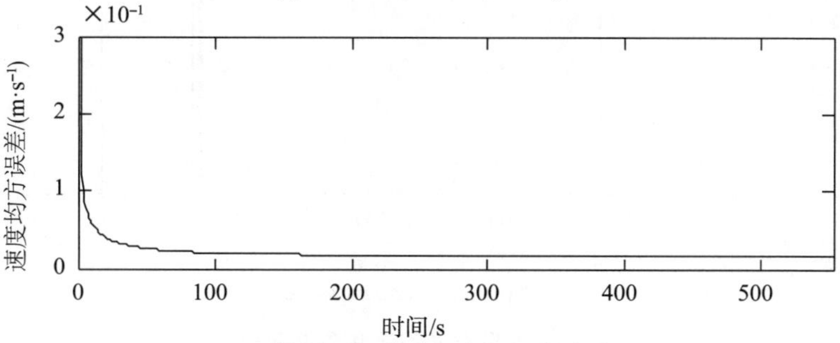

(b) The standard deviation of velocity

图 2　位置和速度的均方误差曲线

4.2 观测数据质量

根据滤波结果对卫星的部分 GPS 数据进行数据质量分析。分析对象是 2016 年 7 月 14 日 10 时 54 分 20 秒开始的 557 包数据。

计算有效数据点的原始数据与滤波结果之间的误差，如图 3 所示。从图中可以看出，GPS 观测数据的位置误差在 15 m 以内，速度误差在 0.15 m/s 以内，两个误差都略小于 GPS 接收机的性能参数，说明天拓 3 号上搭载的 GPS 接收机工作正常，观测数据的观测精度满足定轨算法要求。

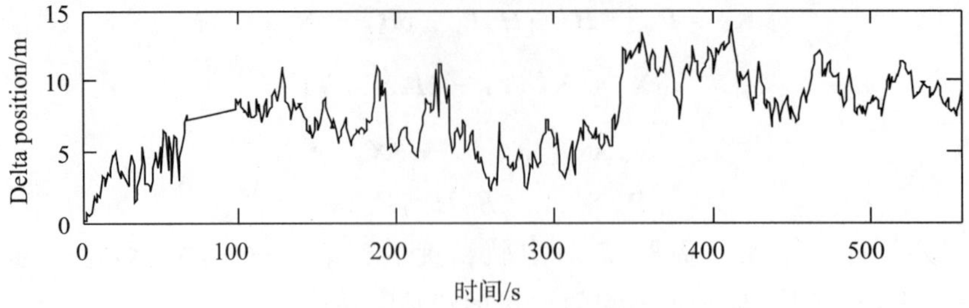

(a) The error of estimated Position

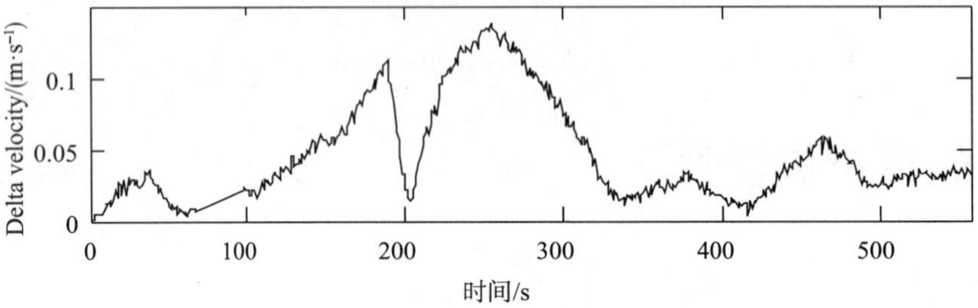

(b) The error of estimated Velocity

图 3　原始数据与滤波结果之间的误差

图 4 为全部观测数据中，丢失数据和异常数据的分布情况。

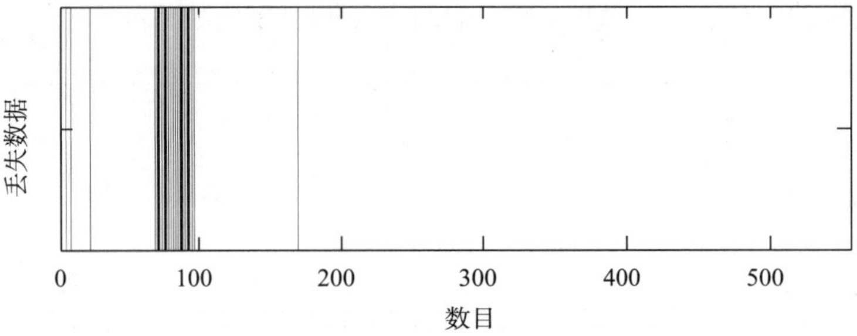

(a) The distribution of lost data

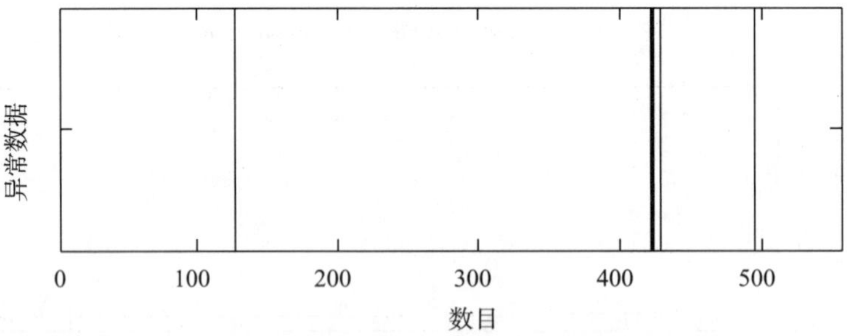

(b) The distribution of error data

图 4　丢失数据和异常数据分布

根据滤波结果，全部数据中有效数据共 519 包，占 93.18%；丢失数据 34 包，占 6.12%；异常数据 4 包，占 0.72%。进一步分析观测数据发现异常数据的成因多为观测时间与观测结果错位造成的。此外，在定轨过程中发现丢失数据所占比例较大且有数据连续丢失的现象出现，但丢失数据容易发现和处理，对计算结果影响较小；异常数据虽然少，但其对计算结果的影响非常大，必须要有效判别并处理。因此，丢失数据和异常数据的辨识和处理对定轨计算非常重要，本文设计的自主定轨算法能有效解决这一问题。

5 结束语

实际观测数据中存在数据丢失和数据异常的情况，对卫星定轨过程有很大影响。本文设计的应用 GPS 数据进行自主定轨的方法，是以扩展卡尔曼滤波方法为基础进行的改进，能够有效判别和处理丢失或异常的数据。通过天拓 3 号微小卫星上下传的实测数据进行定轨验证，该自主定轨方法具有很高的位置、速度均方误差估计精度，且算法是收敛的。当卫星在轨运行时，能通过该算法实时定轨，并可通过星地通信将精确轨道信息下传，为地面测控与数传服务提供保障。该算法可应用于微小卫星自主导航系统，也可供其他轨道确定系统参考。

参 考 文 献

[1] 薛申芳，孙才红，宁书年，等．卫星自主定轨中轨道摄动仿真 [J]．系统仿真学报，2004，16 (7)：1395 - 1397.

[2] 谢祥华，张锐，张静．基于磁强计与太阳敏感器的卫星自主定轨算法 [J]．宇航学报，2009.

[3] M. Farahanifar，N. Assadian. Integrated magnetometer - horizon sensor low - earth orbit determination using UKF [J]．Acta Astronautica，2015，106：13 - 23.

[4] X. Sun，P. Chen，C. Macabiau，et al. Low - Earth Orbit Determination from Gravity Gradient Measurements [J]．Acta Astronautica，2016，123：350 - 362.

[5] Chang H K，Sun Y K，Chan G P. A GNSS Interference Identification and Tracking based on Adaptive Fading Kalman Filter [C]．The International Federation of Automatic Control，South Africa，August 24 - 29，2014.

[6] Corazzini T，Robertson A，Adams J C. GPS sensing for spacecraft formation flying [C]．ION GPS - 97 Conference，Kansas，USA，September 16 - 19，1997.

[7] 绳涛，白玉铸，何亮，等．微纳卫星姿态确定与控制半实物仿真系统设计 [J]．国防科技大学学报，2016，38 (5)：72 - 77.

[8] 张洪波．航天器轨道力学理论与方法 [M]．北京：国防工业出版社，2015，46 - 54.

[9] 刘君．夏志勋．动力学系统辨识与建模 [M]．长沙：国防科技大学出版社，2007，118 - 130.

[10] Charles K C，Chen G R. 卡尔曼滤波及其实时应用 [M]．戴洪德，周绍磊，戴邵武，等，译．北京：清华大学出版社，2013，4.

An Orbit Determination Algorithm Based on Tiantuo - 3 GPS Data

WANG Yuyuan　CHEN Xiaoqian　ZHAO Yong　BAI Yuzhu

College of Aerospace Science and Engineering，National University of Defense Technology，

Changsha　410073

Abstract　According to the orbit determination task of TianTuo - 3 (TT - 3)，an algorithm of orbit determination is presented based on Extended Kalman Filter (EKF)．The algorithm can deal with lost and error data in metrical data after distinguishing them automatically. Using the metrical data from TT - 3，the verification of algorithm shows that the precision of position and velocity is high and the algorithm is convergent and reasonable. The algorithm has been applied to analyse the quality of the metrical data from TT - 3 and discuss the influence on orbit determination by lost and error data. It can be applied to autonomous navigation system for future micro/nano - satellite missions.

Key words　Autonomous orbit determination；Extended Kalman Filter；TianTuo - 3

作 者 简 介

王毓媛，女，硕士研究生，主要研究方向为飞行器设计，电子邮箱：wyy15nudt@sina.com。

一种精密定轨卫星导航天线的设计

王晓蕾[1,2]　杨小勇[1,2]　刘志全[1]
1. 北京空间飞行器总体设计部，北京　100094
2. 北京空间飞行器总体设计部电磁兼容与天线测试工程技术研究中心，北京　100094

摘　要　本文针对卫星高精度导航定位的应用需求，提出了一种精密定轨导航天线的设计方法。通过三维全波电磁仿真软件对天线进行了仿真分析与优化设计，分析结果表明该天线具有宽带、宽波束、高低仰角增益、高相位中心稳定性、圆极化等特性，满足卫星高精度导航定位的应用需求。

关键词　精密定轨；卫星导航天线；宽带；宽波束；高低仰角增益；高相位中心稳定性

1　引言

全球卫星定位系统接收卫星信号向全球用户提供高质量的定位、导航和授时服务，在政治、经济、军事领域以及日常生活等多个方面均发挥着不可替代的作用。

目前已建成运行和正在发展中的卫星导航系统有美国的GPS，俄罗斯的GLONASS，欧盟的Galileo以及我国的北斗系统等。

可以预见在未来分属各国的卫星导航系统将同时运行，并且这些导航系统间将会实现兼容，实现一定程度的资源共享，并建立联合导航体系，进一步增强导航系统的工作能力[1]。同一地区空间范围内的可见卫星数得到了大幅度的提高，同时可选择的星座的冗余度得到了提高，从而使整个系统的连续性、可用性、可靠性、精度以及效率等各方面都更具优势[2]，这使得多系统兼容的多模导航成为未来卫星导航发展趋势。

卫星导航天线作为卫星导航系统的重要组成部分，其性能的好坏在一定意义上决定着该系统性能的好坏。

2　多模导航对天线的需求分析

多模导航天线设计时，主要依据以下几个设计要求。

（1）工作带宽

目前四大主流的卫星导航系统的主要载波频率范围如表1所示。

表1　主要导航系统的载波频率

导航系统	国家	编码方式	载波中心频率/MHz	最大带宽/MHz
GPS	美国	CDMA	L1/L1C：1575.420 L2/L2C：1227.600 L5：1176.450	30.69
Galileo	欧盟	CDMA	E1：1575.420	40.96
			E5：1191.795	
			E5a：1176.450	
			E5b：1207.140	
			E6：1278.750	

续表

导航系统	国家	编码方式	载波中心频率/MHz	最大带宽/MHz
GLONASS	俄罗斯	FDMA	L1：1602.000+K＊0.5625	40.96
		CDMA	L1：1575.42	
		FDMA	L2：1246.000+K＊0.4375	
		CDMA	L2：1242.000	
		CDMA	L3：1202.025	
		CDMA	L5：1176.450	
北斗	中国	CDMA	B1：1559.052～1591.788	30.69
			B2：1162.220～1217.370	
			B3：1250.618～1286.423	

为兼容全球主要卫星导航系统，所设计的卫星导航天线工作频带需覆盖 1 164～1 615.5 MHz，在该频段内方向图尽量稳定，波束覆盖范围尽量大。

（2）极化方式

为了提高导航卫星信号的抗干扰能力，如大气、雨水、雾霾能气候条件对信号的干扰，卫星调制信号主要采用右旋圆极化的极化方式。

（3）增益

根据卫星导航定位系统的星座布局来看，要求在天线被覆盖区域天顶上半球区域范围内尽可能有均匀且较高的增益，使得所有有用视角的信号电平满足接收机的信噪比要求，最终将接收到的电磁信号转换为终端的射频信号。

（4）相位中心稳定性

在卫星导航测距中，测量值是接收机天线的相位中心与卫星上发射天线的相位中心之间的距离；实际距离则是接收机天线参考点与卫星质心之间的距离。当且仅当接收机天线相位中心与其参考点重合、卫星天线相位中心与卫星质心重合，测量值才是实际距离。然而，在工程实践中，天线的相位中心会随着高度角和方位角的变化而变化，从而导致在东西、南北及高程方面都存在偏差[3]。所以，在高精度导航应用中，必须考虑天线相位中心变化对导航、定位、测距的影响，具有高稳定相位中心的天线有助于提高卫星导航系统的测距精度。所以，多模导航天线设计时还需兼顾高相位中心稳定性的要求。

3 天线设计

3.1 国内外研究情况

目前国内外导航定位天线根据不同的应用环境及需求衍生出了很多不同的形式，这里列出几种典型天线形式。

1）微带天线：目前国内外绝大部分卫星使用的星载双频 GPS 天线均为微带天线形式，GRACE、CHAMP 等外星均采用此天线形式，如图 1 所示。

但是微带天线的低仰角增益较低，不利于弱信号的接收。

2）自馈相螺旋天线：卫星上常用的自馈相四臂螺旋天线如图 2 所示。

由于该天线为谐振式天线，馈电结构需要开槽巴伦平衡变换，无法实现宽频带工作。

3）带馈电网络的四臂螺旋天线：欧洲 GOCE 卫星为结构高稳定卫星，采用的是带馈电网络的四臂螺旋天线，该天线形式受星体的影响较大，天线只能安装在太阳翼的侧边上，来减少星体对电性能的影响。GOCE 卫星四臂螺旋天线见图 3。

图 1　TSX/TDX 卫星微带导航天线

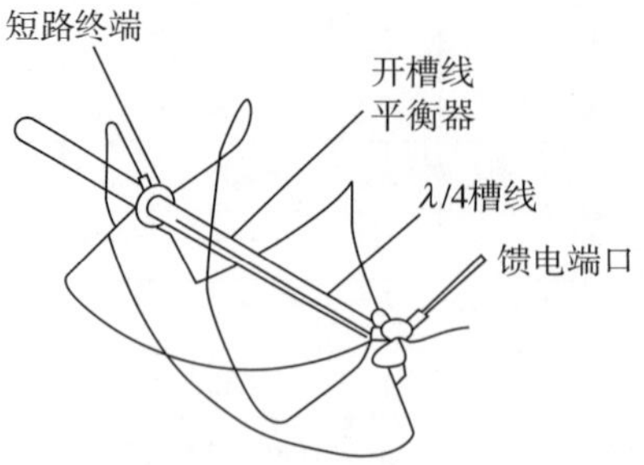

图 2　自馈相四臂螺旋天线

图 3　GOCE 卫星四臂螺旋天线

3.2　天线设计方案

为了满足宽频带、宽波束、高增益、圆极化、高相位中心稳定性的要求，结合卫星天线高可靠的要求，本文设计的宽带多模导航天线选用四点馈电的圆锥形四臂螺旋天线形式。

天线辐射本体选用锥螺旋天线形式，馈电网络采用一种改进型 Schiffman 移相器，来实现宽带移相，原理图如图 4 所示。

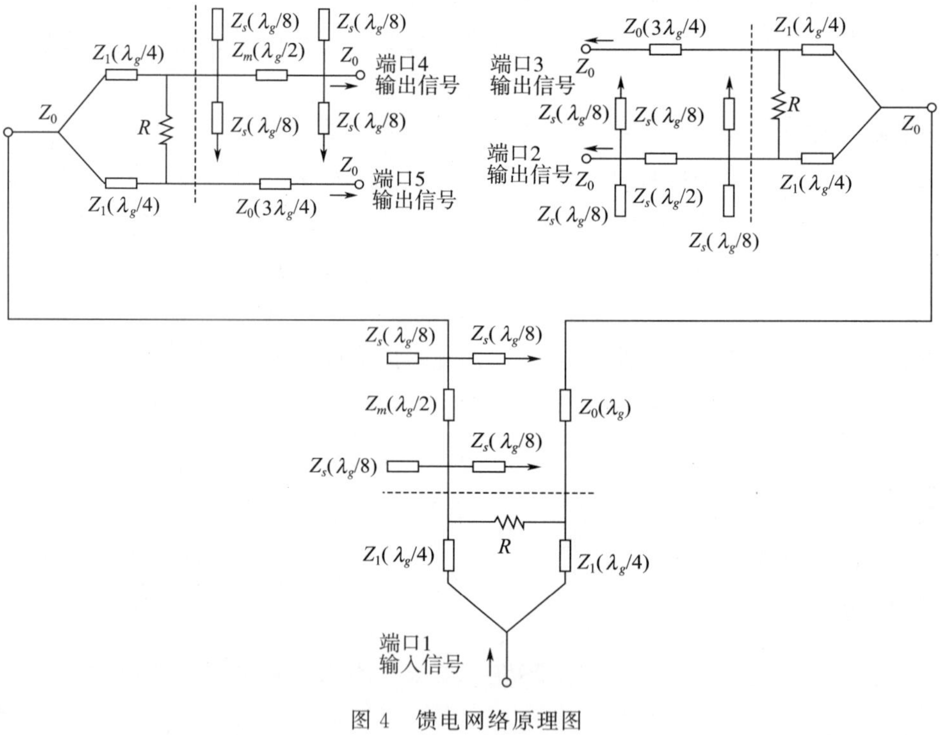

图 4　馈电网络原理图

采用 Ansys HFSS V15.0 软件进行建模，仿真结果表明馈电网络四端口幅度差小于±0.25 dB，相位差小于±3°。

馈电网络仿真模型如图 5 所示，P_0 为输入端口，$P_1 \sim P_4$ 为输出端口，仿真结果如图 6～图 7 所示。

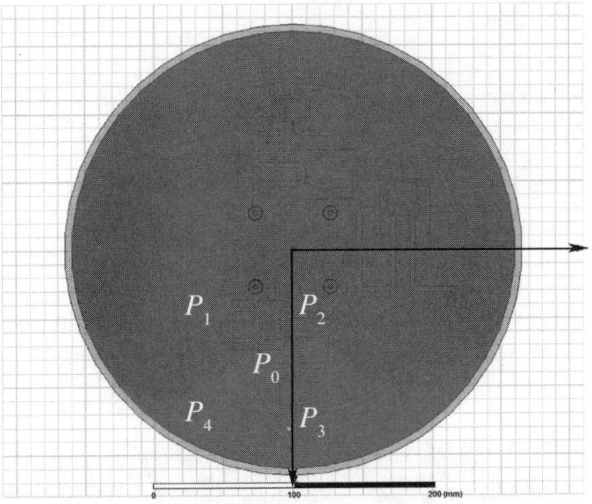

图 5　馈电网络仿真模型

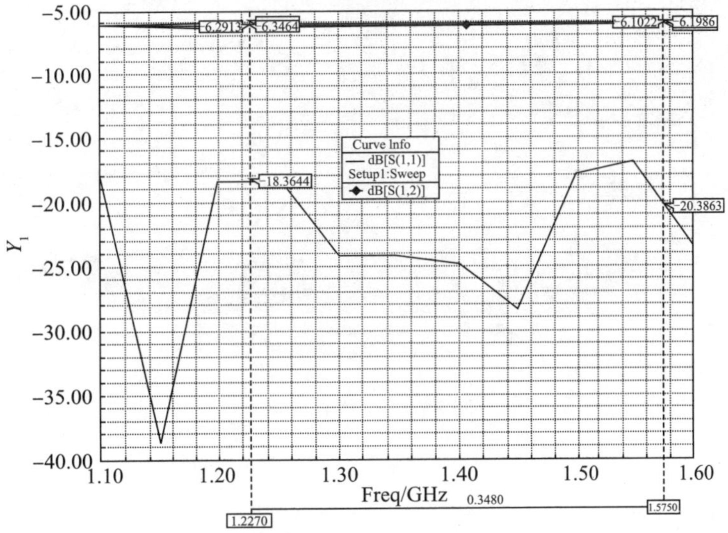

图 6　幅度差仿真结果

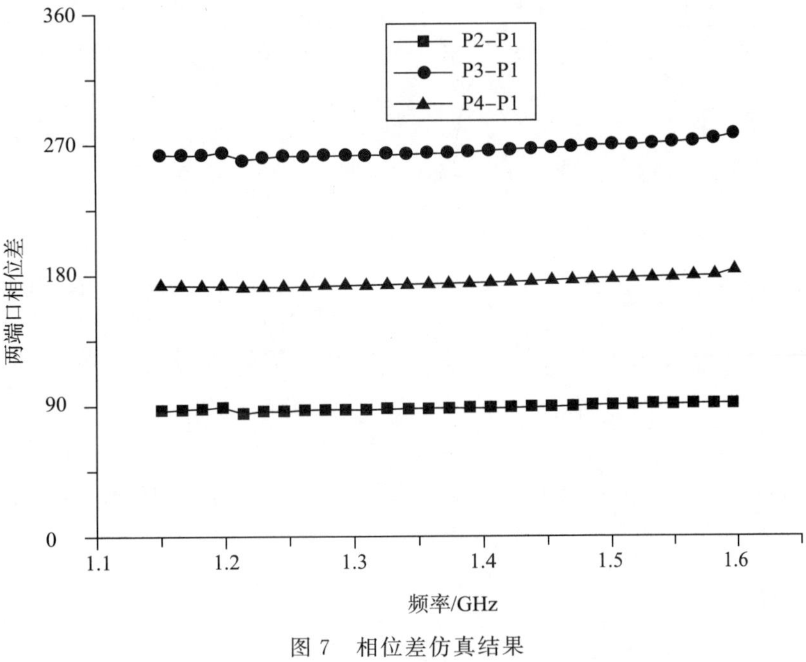

图 7　相位差仿真结果

3.3 天线整体设计

将天线螺旋天线本体和馈电网络联立建模仿真，仿真结果表明 1.15～1.5 GHz，60°范围内天线圆极化净增益均大于－0.5 dB，1.5～1.615 GHz，60°范围内天线圆极化净增益均大于 1 dB，工作频带内驻波比小于 1.5，工作频带内 75°范围内相位中心稳定度小于 2 mm。仿真模型如图 8 所示，方向图仿真结果如图 9～图 12 所示，驻波仿真结果如图 13 所示，相位中心稳定度仿真结果如图 14～图 16 所示。这里只给出一些典型频点的仿真结果。

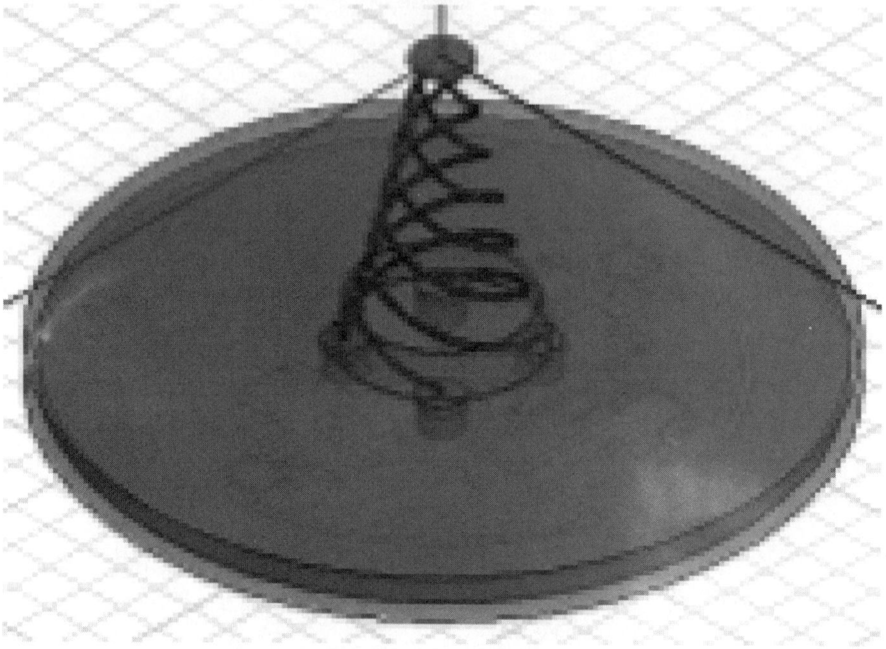

图 8　天线仿真模型

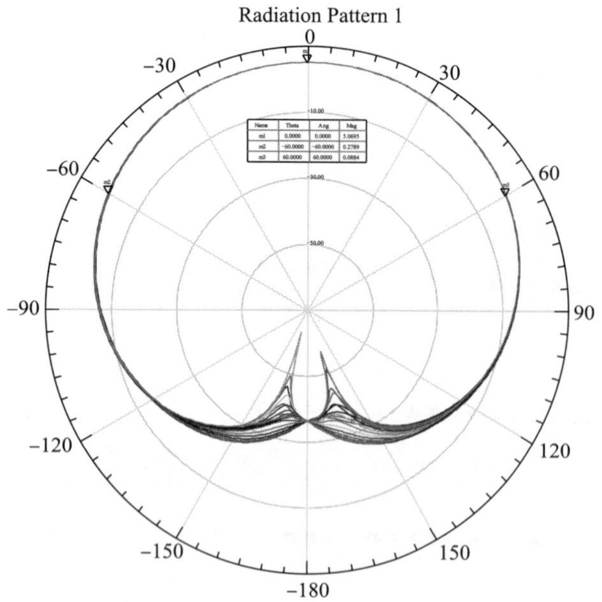

图 9　方向图仿真结果（f=1.15 GHz）

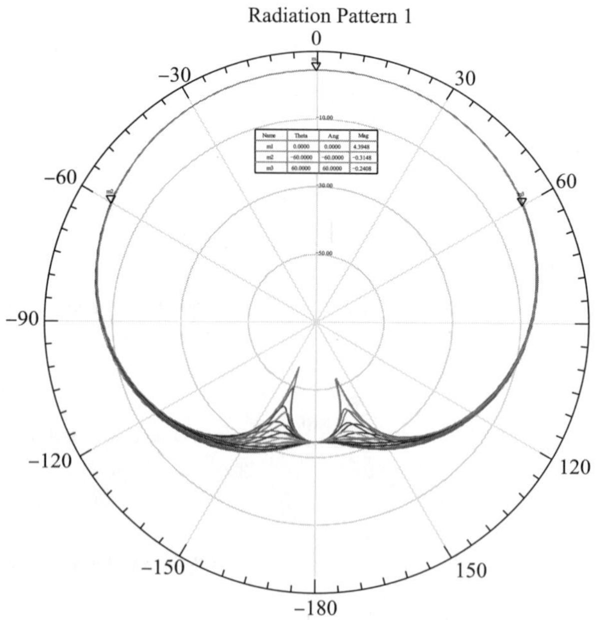

图 10　方向图仿真结果（f=1.227 GHz）

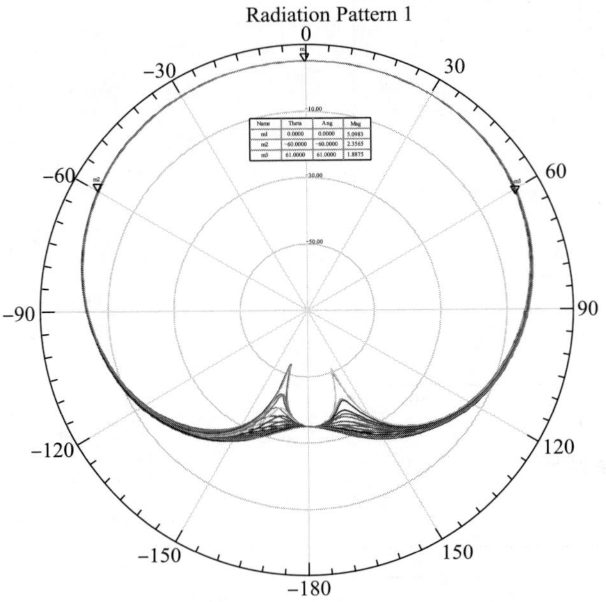

图 11　方向图仿真结果（f=1.575 GHz）

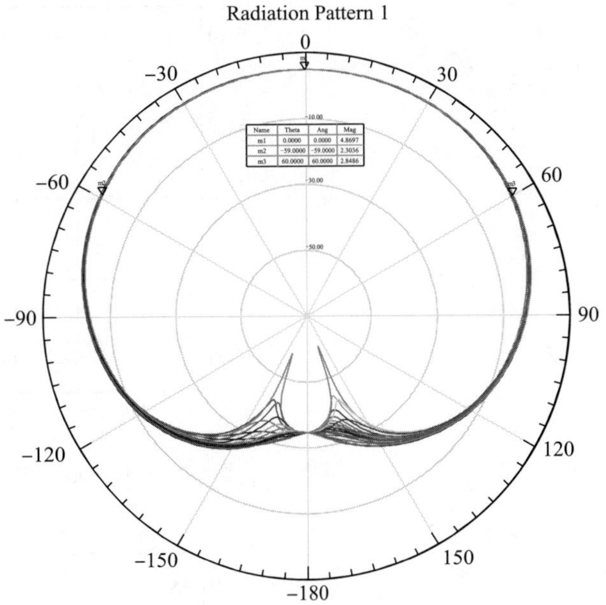

图 12　方向图仿真结果（f=1.615 GHz）

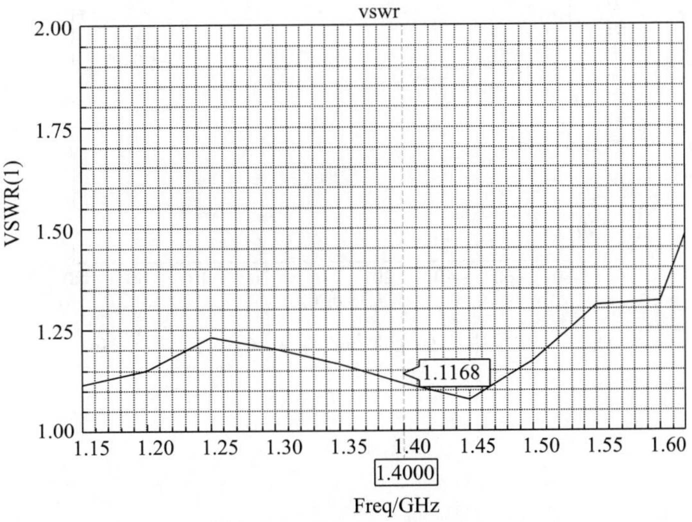

图 13　驻波比仿真结果

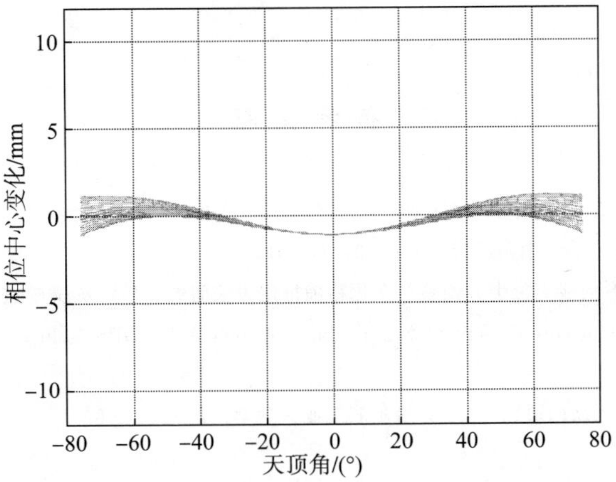

图 14　相位中心稳定度仿真结果（f=1.227 GHz）

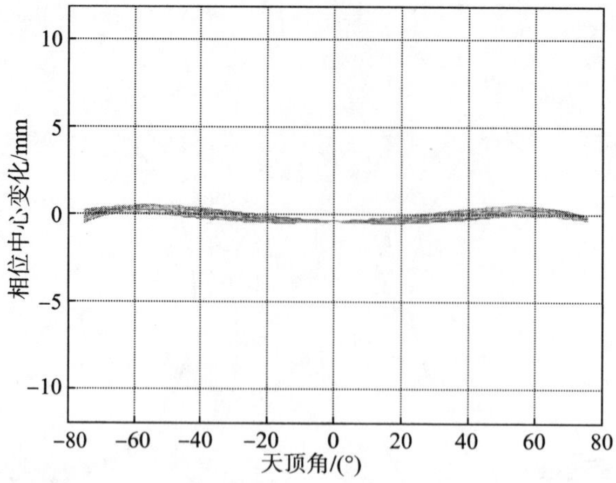

图 15　相位中心稳定度仿真结果（$f=1.4$ GHz）

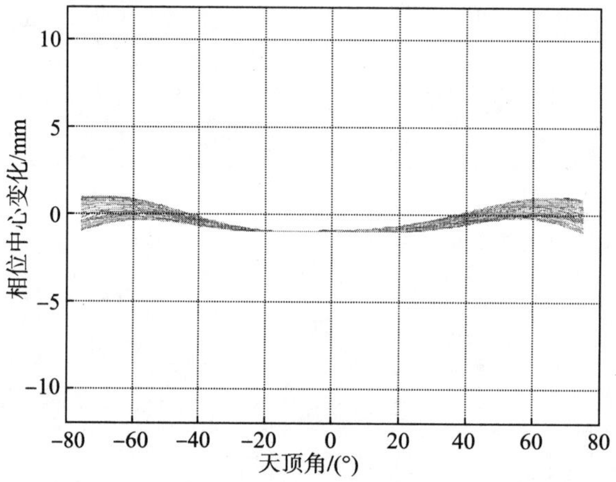

图 16　相位中心稳定度仿真结果（$f=1.575$ GHz）

4　结束语

本文设计了一种新型的精密定轨卫星导航天线。该天线具有宽带、宽波束、高低仰角增益、圆极化等特性，相位中心稳定度较好，卫星高精度导航定位的应用需求，该天线能为后续卫星导航天线的设计提供设计参考。

参 考 文 献

［1］ 殷礼明，刘春保．导航卫星与经济安全［J］．国际太空，2008，2：17－22.

［2］ 谭述森．卫星导航的地位与作用［J］．中国航天，2008，2：17－18.

［3］ 李晓波，王小亚，任金卫．GNSS 天线相位中心偏差与变化精确标定方法研究［J］．天文学进展．2012，30（4）：501－507.

［4］ S. Hebib，H. Aubertk，O. Pascal etc，Pyramidal Multi－Band Antennas for GPS/Galileo/MicrSat Application，IEEE，2007，pp. 2041－2044.

［5］ 刘美佳．多模卫星导航系统接收天线的研究［M］．哈尔滨工业大学学位论文，2008.

Design of a Precise Orbit Determination Satellite Navigation Antenna

WANG Xiaolei[1,2] YANG Xiaoyong [1,2] LIU Zhiquan [1]

1. Beijing Institute of Spacecraft System Engineering, Beijing 100094

2. Engineering Research Center of EMC and Antenna Test Technology, Beijing Institute of Spacecraft System Engineering, Beijing 100094

Abstract In considering of the requirement of satellite navigation with high precision, a precise orbit determination navigation antenna is introduced in this paper. It is simulated and optimized by the computer simulation technology software and the results show that the antenna obtain wideband, broad beamwidth, higher gain at low - angle , higher antenna phase center and the circular polarization over the entire frequency band. The antenna can meet the requirement of satellite navigation with high precision.

Key words Precise orbit determination; Satellite navigation antenna; Wideband; Broad beamwidth; Higher gain at low - angle; Higher antenna phase center

作 者 简 介

王晓蕾，男，工程师，现就职于中国空间技术研究院总体部，主要研究方向为航天器天线、微波器件设计，电子邮箱：xiaolei413@126.com。

用于小卫星自主导航的核磁共振陀螺仪技术研究

赵连洁[1,2]　王妍[1,2]　邓意成[1,2]　李新坤[1,2]　刘院省[1,2]
1. 北京航天控制仪器研究所，北京　100871
2. 中国航天科技集团量子工程研究中心，北京　100871

摘　要　小卫星具有很强的星上自主处理能力，可广泛应用于商业通信和空间探测，目前各国已经发射了各种用途的小卫星并提出了一系列新的研制和发射计划。核磁共振陀螺仪利用原子核自旋敏感载体转动信息，能够兼顾高精度和小体积，可满足小卫星对微小型、高精度惯性导航系统的发展需求。本文以小卫星自主导航应用为背景，介绍核磁共振陀螺仪的工作原理、国内外研究现状、关键技术和发展趋势，重点介绍北京航天控制仪器研究所核磁共振陀螺仪的最新研制进展，并结合核磁共振陀螺仪的特点，讨论其潜在应用方式。

关键词　小卫星；核磁共振陀螺仪；自主导航；无磁电加热

1　引言

近年来，随着微光机电系统技术和微纳加工技术的不断发展，全球小卫星发展态势强劲，发射数量逐年大幅增长，已成为世界航天活动的主要领域之一。小卫星进一步朝着微小型化发展，这对其中惯性器件的精度和体积也提出了更高要求，即要求惯性器件兼具高精度和小体积特点。核磁共振陀螺是利用原子核自旋敏感载体转动信息[1]，能同时兼顾高精度和小体积，可满足小卫星对微小型、高精度惯性导航系统的发展需求。

早在1979年美国Kearfott公司就率先研制成功核磁共振陀螺仪原理样机[2]，并给出载体转动信息，但由于光学陀螺的迅猛发展，核磁共振陀螺在随后的20年出现停滞，几乎没有实质性进展。到21世纪初，美国DARPA启动MPNT计划[3]，核磁共振陀螺仪作为该计划的核心惯性器件之一，再次成为研究热点。从2005年开始核磁共振陀螺仪进入高速发展阶段，相继在磁场补偿[4]、原子气室[5-6]和微小型化[7]等方面进一步提高了核磁共振陀螺仪整体性能，为核磁共振陀螺仪的高精度和微小型化奠定了基础。直到2014年，美国诺斯罗普·格鲁曼公司研制成功表头体积为5cm^3，零偏稳定性为0.01°/h（1σ）的核磁共振陀螺仪原理样机[8]，这是当今世界核磁共振陀螺仪的最高水平。国内核磁共振陀螺仪的研究起步较晚，目前仍处于低精度原理样机研制阶段，其零偏稳定性在1～5°/h（1σ）范围内。与美国相比还存在很大差距。

本文以小卫星自主导航应用为背景，主要介绍核磁共振陀螺仪的工作原理、关键技术和性能指标，重点介绍北京航天控制仪器研究所核磁共振陀螺仪的最新研制进展，并结合核磁共振陀螺仪的特点，讨论其潜在应用方式。

2　工作原理

核磁共振陀螺仪是以碱金属原子和惰性气体原子作为工作介质，利用惰性气体原子核自旋磁矩在惯性空间中的定轴性，以及原子核自旋磁矩在静磁场中的Larmor进动敏感载体转动信息[9]。

图1给出了核磁共振陀螺仪的工作原理，首先，通过圆偏振泵浦激光和静磁场极化碱金属原子，在缓冲气体参与下惰性气体分子和碱金属原子发生自旋交换，制备出宏观核自旋磁矩M。其次，在垂直于静

磁场方向选取合适的磁共振磁场，驱动惰性原子核自旋磁矩进动相位同步，实现宏观核自旋磁矩的Larmor进动。最后，利用线偏振激光在碱金属原子中的Faraday偏转效应检测惰性气体原子宏观核自旋磁矩的进动磁场。当载体以角速度Ω转动时，宏观核自旋磁矩进动频率为

$$\omega_L=\gamma B_0-\Omega \tag{1}$$

式中 γ——惰性气体原子的旋磁比；

B_0——静磁场强度。

通过检测核自旋磁场进动频率发生的变化，就可以获得载体的转动角速率Ω。

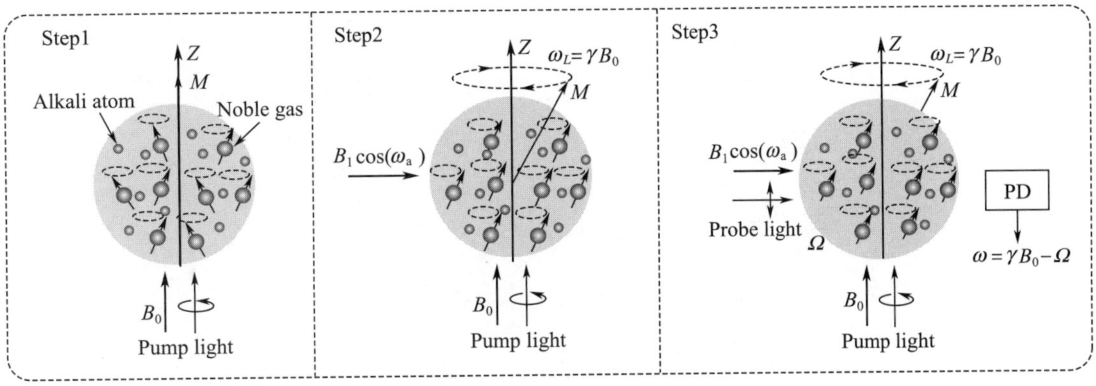

图1 核磁共振陀螺仪工作原理示意图[9]

3 关键技术

核磁共振陀螺仪的关键技术主要包括长弛豫原子气室制备技术、原子极化率稳定控制技术和核磁共振状态稳定控制技术。

3.1 长弛豫原子气室制备技术

原子气室是原子极化、自旋交换、自旋弛豫、自旋进动等过程发生的物理场所。影响原子气室性能的主要因素包括气室材料、尺寸及面间平行度、填充介质浓度和内壁反弛豫镀膜等。其中气室形状影响原子自旋极化磁矩进动磁场的分布，原子气室材料和填充介质浓度会影响原子间的碰撞截面、极化效率和信号强度，原子气室内壁反弛豫镀膜能减缓原子与器壁碰撞导致的原子自旋极化丢失，能显著增加原子自旋弛豫时间。如对碱金属原子^{87}Rb而言，在原子气室内壁镀反弛豫薄膜，弛豫时间能显著提高一个数量级。图2所示为北京航天控制仪器研究所制备的毫米级原子气室和原子气室制备系统。

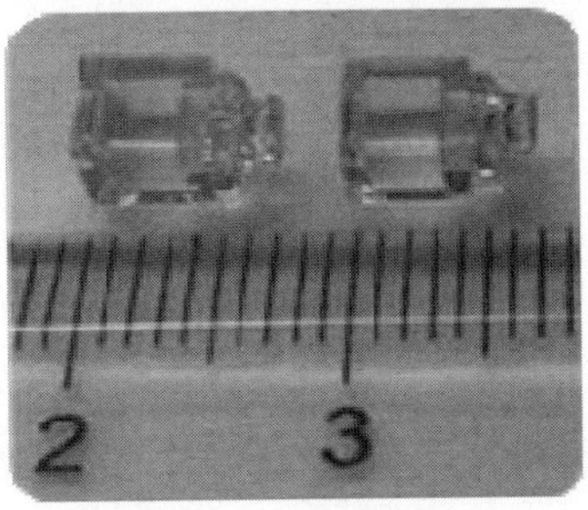

(a) 毫米级原子气室

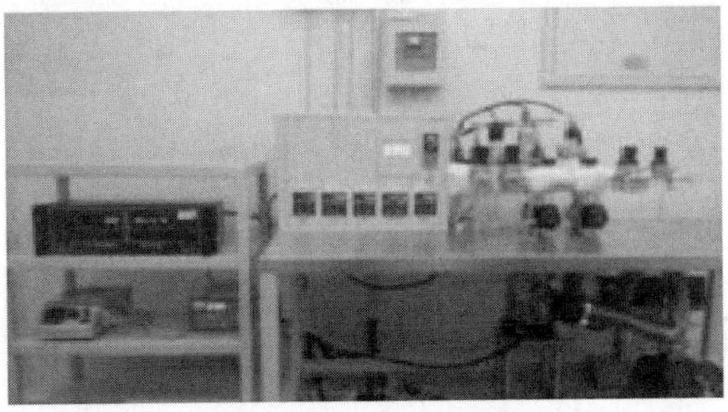

(b) 原子气室加工测试系统

图2 毫米级原子气室和原子气室制备系统

3.2 原子极化率稳定控制技术

原子极化率稳定控制主要包括原子气室温度控制、无磁电加热和激光稳定控制。原子气室温度变化

直接影响 ^{87}Rb 的密度和原子间的碰撞率，进而影响 ^{129}Xe 宏观核自旋磁矩。系统电加热元件如图 3 所示，采用多层加热片叠加消磁的方式，能最大限度的抵消加热丝产生的磁场，且单层内采用双向对绕导线的方式能进一步降低磁场。此外，在空间上加热片也被放置在以气室为中心的对称位置上，从而达到最好的磁场抵消效果。激光器稳频控制系统采用 TEC 温度控制电路实现激光器温度的稳定，确保激光频率不会产生较大的变化。通过闭环控制系统，调整激光器的驱动恒流源，利用饱和吸收稳频法，实现激光器的高精度频率稳定控制。

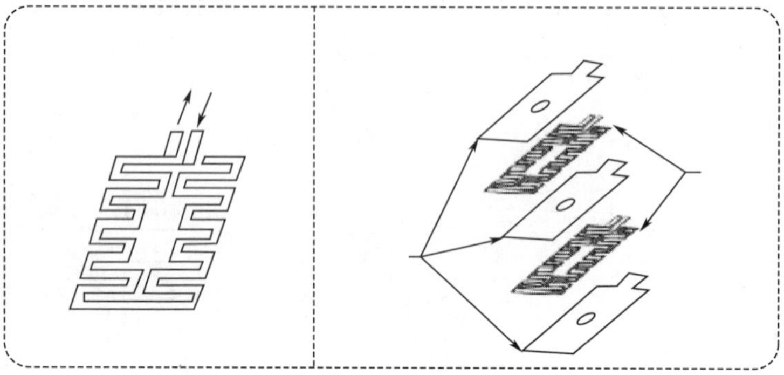

(a) 单层反向电流结构　　(b) 多层对称结构

图 3　柔性无磁电加热片结构示意图

3.3　原子磁共振态稳定控制技术

磁场闭环控制包括静磁场闭环控制和驱动磁场闭环控制。载体转动时原子核自旋磁矩感受到的驱动磁场频率会偏离核磁共振状态，通过检测载体转动角速率，动态调节驱动磁场的频率，使得原子核自旋磁矩始终处于核磁共振状态。静磁场的稳定性直接影响原子自旋磁矩进动频率的稳定性，进而影响核磁共振陀螺仪能够测量的最小转动角速率。如图 4 所示采用两种旋磁比不同的工作介质，通过闭环反馈保持两种介质进动频率的差或和恒定，实现静磁场的稳定控制。驱动磁场的闭环控制是根据闭环反馈量，动态调整驱动磁场的频率，这种测量方式能有效保证宏观原子核自旋磁矩进动状态的稳定，提高陀螺仪带宽和量程。

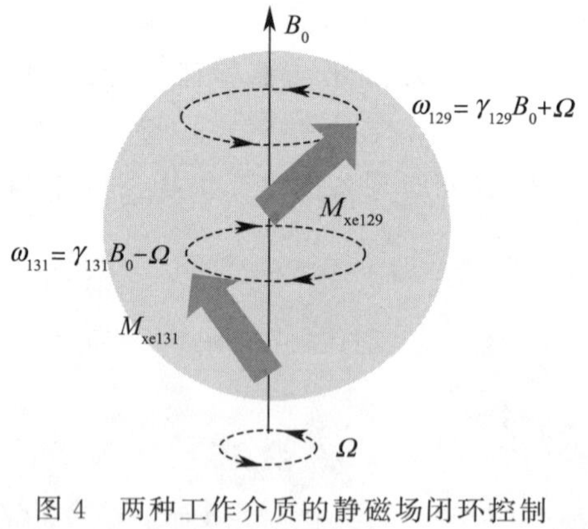

图 4　两种工作介质的静磁场闭环控制

4　性能测试与数据分析

4.1　标度因数

标度因数是指陀螺仪输出信号与输入角速率的比值，标度因数实验采用如图 5 所示为核磁共振陀螺仪测试系统，该测试系统主要包括转台、陀螺仪样机和测试电脑等。其中陀螺仪采用双介质闭环方案，转台系统采用北京航天控制仪器研究所自主研制的 RPT11—A 型单轴速率转台。

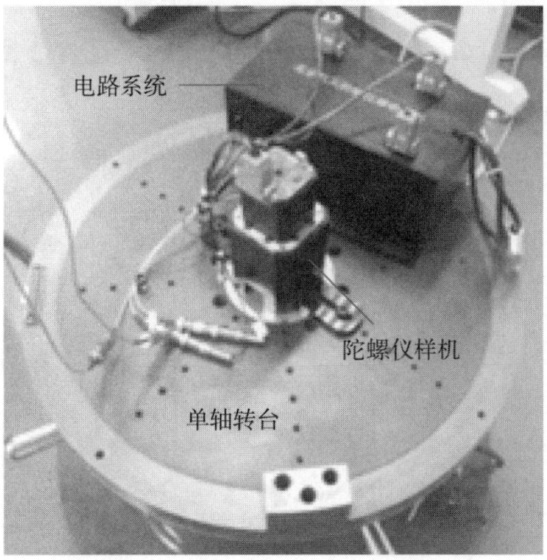

图 5　陀螺仪测试系统

采用 GB321 规定的 R5 系列，选取适合的输入角速率得到如图 6 所示的核磁共振陀螺仪对不同转动角速度（±0.1°/s～±200°/s）的响应曲线和表 1 所示的测试数据。从图 6 可以看出双介质闭环方案的核磁共振陀螺仪输出稳定性很好。

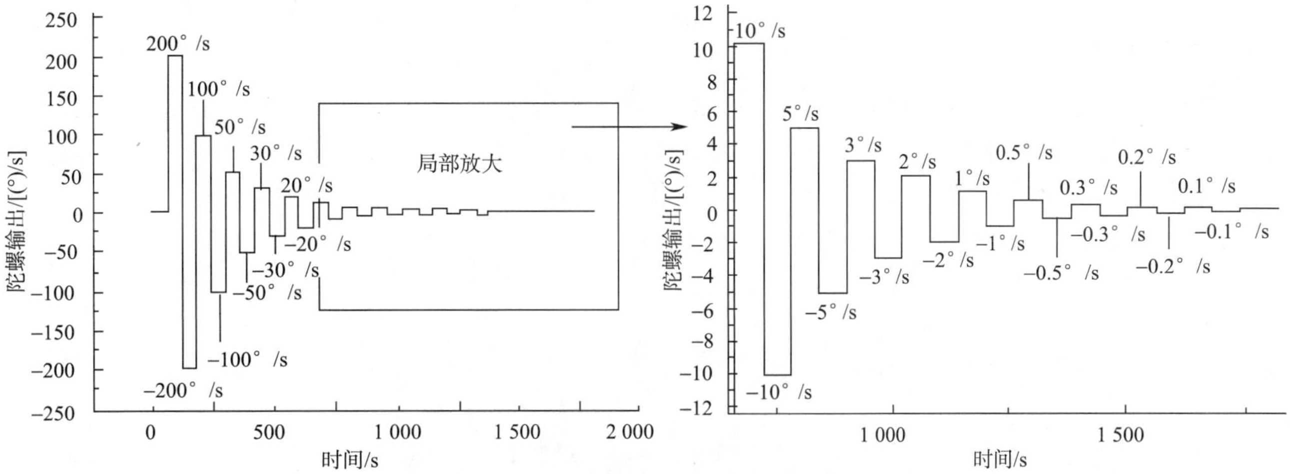

图 6　核磁共振陀螺仪对载体角速率的响应

表 1　核磁共振陀螺仪标度因数测试数据

陀螺仪输入角速度/[(°)/s]	陀螺仪输出/LSB	陀螺仪输入角速度/[(°)/s]	陀螺仪输出/LSB	陀螺仪输入角速度/[(°)/s]	陀螺仪输出/LSB	陀螺仪输入角速度/[(°)/s]	陀螺仪输出/LSB
200	−977 259.81	2	−9 773.863 4	−0.1	492.967 48	−5	24 425.075
100	−488 625.6	1	−4 883.719 1	−0.2	977.640 38	−10	48 843.588 8
50	−244 312.07	0.5	−2 440.429 3	−0.3	1 469.022 73	−20	97 724.813
30	−146 592.01	0.3	−1 470.092 3	−0.5	2 437.771 74	−30	146 579.419
20	−97 737.365	0.2	−974.656 69	−1	4 885.295 77	−50	244 311.538
10	−48 869.117	0.1	−492.818 37	−2	9 768.377 85	−100	488 624.58
5	−24 436.198	0	0	−3	14 667.746 6	−200	977 265.308
3	−14 663.118						

对陀螺仪输入角速度和相应的陀螺仪输出用最小二乘法进行拟合，拟合结果如图 7（a）所示，其中黑色实心方块是实验数据，红色实线是对应最小二乘法拟合得到的曲线。拟合公式如下：

$$I_i = k_i \Omega + a_i \ (i=1,2)$$

得到核磁共振陀螺仪的标度因数：$K_1 =$ 4 886.296 44 LSB /［（°）/s］。同时计算得到陀螺仪输出特性的逐点非线性偏差如图 7（b）所示，得到核磁共振陀螺仪的标度因数非线性度：$K_n = 17.8$ ppm。

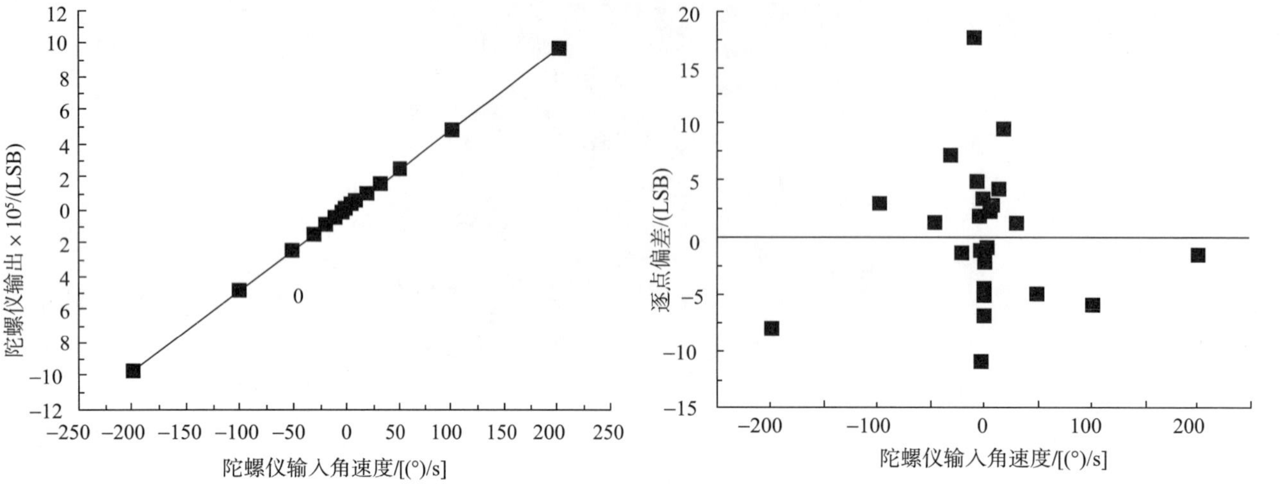

(a) 陀螺仪输出的最小二乘拟合图　　(b) 陀螺仪输出特性的逐点偏

图 7

4.2 零偏稳定性

零偏稳定性是表征陀螺仪性能的一项重要指标。将核磁共振陀螺仪固定安放在隔振地基上，使核磁共振陀螺仪的 IRA 指向东西向。设置数据采样频率为 10 Hz，采样时间设定为 1 h。数据 100 s 平滑后如图 8 所示。零偏稳定性的标准方差为 3.05133 LSB/［（°）/s］。利用标度因数 4886.29644 LSB /［（°）/s］计算得到陀螺仪的零偏稳定性为 2.25 °/h（1σ，100 s）。

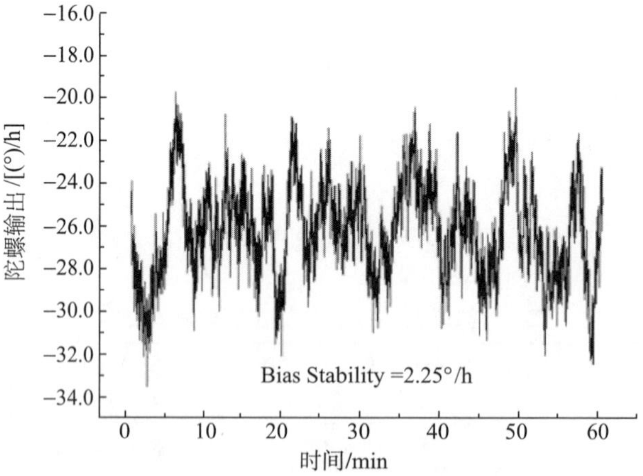

图 8　陀螺仪的零偏稳定性测试

4.3 性能分析

双介质闭环方案，通过消去静磁场波动对核自旋磁矩进动状态的影响，能大幅提升陀螺仪的标度因数非线性度和零偏稳定性。目前，北京航天控制仪器研究所已经实现了零偏稳定性为 2.25°/h（1σ，100 s），量程为±500°/h，标度因数非线性度约为 18 ppm 的核磁共振陀螺仪样机。核磁共振陀螺仪具有的大动态、高带宽特性使其有望以捷联的方式应用于武器装备、微型无人机、微纳卫星和武器潜航器等微小型武器平台。

5 结束语

本文主要从工作原理、关键技术和性能指标等方面对核磁共振陀螺仪做了具体介绍，并以北京航天控制仪器研究所核磁共振陀螺仪研制情况为例，分析了标度因数、标度因数非线性度和零偏稳定性等系列性能参数。核磁共振陀螺仪兼顾高精度和小体积能力，能够满足小卫星对微小型、高精度惯性导航系统的迫切需求，未来还可应用于微小型武器装备和微型无人机等领域。

参考文献

[1] 刘院省，王巍，王学锋．微型核磁共振陀螺仪的关键技术及发展趋势．导航与控制 [J]，2014，13 (4)，1-6.

[2] B. Grover，E. Kanegsburg，J. Mark，and R. Meyer. Nuclear Magnetic Resonance Gyroscope. US Patent 4151495，1979.

[3] 刘翔，谭天乐，龙华保．基于微技术的精确导航和授时 [J]．论文与报告，2012，147 (4)：32-36.

[4] T. Kornack，R. Ghosh and M. Romails，Nuclear Spin Gyroscope Based on an Atomic Comagnetometer [J]．Physical Review Letters. 2005，95 (23)：230801 (4)．

[5] M. Perez，U. nguyen，S. Knappe，E. Donley，J. Kitching，and A. Shkel. Rubidium Vapor Cell With Integrated Nonmetallic Multi-layer Reflectors [J]．IEEE MEMS. 2008，790-793.

[6] E. EKlund，A. Shkel，S. Knappe，E. Donley and J. Kitching. Spherical Rubidium Vapor Cells Fabricated by Micro Glass Blowing. IEEE MEMS. 2007，171-174.

[7] E. EKlund. Microgyroscope Based on Spin-Polarized Nuclei. PhD. Thesis. University of California，Irvine. 2008.

[8] D. Meyer，and M. Larsen. Nuclear Magnetic Resonance Gyro for Inertial Navigation [J]．Gyroscopy and Navigation. 2014，5 (2)：75-82.

[9] 刘院省，王巍，王学锋．微型核磁共振陀螺仪的关键技术及发展趋势 [J]．导航与控制，2014，13 (4)：1-6.

Research on Nuclear Magnetic Resonance Gyroscope for Autonomous Navigation of Small Satellites

ZHAO LianJie[1,2]　WANG Yan[1,2]　DENG YiCheng[1,2]　LI Xinkun[1,2]　LIU Yuanxing[1,2]

1. Beijing Institute of Aerospace Control Device，Beijing　100871

2. Quantum Engineering Research Center，China Aerospace Science and Technology Corporation，Beijing　100871

Abstract　The small satellites have very strong on-board processing capabilities and can be widely used in commercial communications and space exploration. At present，various small satellites have been launched and a series of new researches and launch plans have been put forward. In the aspect of autonomous navigation，small satellites have put forward higher requirements for accuracy，volume，weight and cost of inertial devices. The nuclear magnetic resonance gyroscope (NMRG) makes use of nuclear spin to obtain rotation information for carriers，can take into account the high precision and small volume，and can meet the needs of inertial navigation for micro satellites. Based on the autonomous navigation application of small satellites，this paper introduced the working principle，research status，key technologies and development trends of NMRG，and mainly introduced the latest research progress of this author's team Besides, combined with the characteristics of NMRG, the potential applications have been discussed in this paper.

Key words Small Satellite; Nuclear Magnetic Resonance Gyroscope; Autonomous Navigation; Non - magnet electrical heating

作 者 简 介

赵连洁，女，博士，工程师，就职于北京航天控制仪器研究所，从事原子陀螺技术研究，电子邮箱：364639969@qq.com。

第二部分　有效载荷与应用

GF－1 卫星影像全国冬小麦种植区制图

刘佳　王利民　杨玲波　姚保民　王小龙　葛琼　魏殿中
中国农业科学院农业资源与农业区划研究所，北京　100081

摘　要　我国高分一号（GF－1）卫星宽幅相机（WFV）多光谱影像具备 16 m 空间分辨率，相对其他中分辨率卫星影像，展示了地表覆盖更加丰富的纹理细节和空间结构信息。4 天的重访周期，可以在冬小麦生育期内多次获得覆盖全国的影像，满足大范围冬小麦面积监测对遥感数据源的需求，避免了同时采用多种传感器影像造成的冬小麦面积监测精度降低。本文针对传统作物识别方法在作物种植结构和物候期等发生变化时，需要人工调整分类算法参数，导致大范围作物面积提取的自动化程度低、工作量大的难题，提出了一种基于 GF－1 卫星 WFV 时序影像的冬小麦面积指数 WWAI，扩大了冬小麦种植区和其他区域间的差异；通过构建冬小麦分类单元，将影像分割成标准的小区域，采用自适应方法确定基于 WWAI 的冬小麦种植区和非种植区的分割阈值，减少人工干预，从而保证了阈值及分类结果的一致性和稳定性，最大程度地实现了冬小麦种植区提取的自动化，大大减少后期人工目视修正的工作量。研究中采用 2013 年 10 月至 2014 年 5 月期间的 GF－1 卫星 WFV 影像，构建了全国 14 个省（市、区）的 1180 个分类单元的 WWAI，通过训练样本自动确定了每个分类单元的分割阈值，实现了 2014 年全国主产区冬小麦种植区的空间分布制图，总体精度达到 90.6%。上述方法自动化程度高，结果稳定，适合大范围冬小麦面积监测业务化运行。

关键词　GF－1 卫星；冬小麦；面积指数；分类单元；遥感制图

1　引言

冬小麦是我国主要粮食作物，近 5 年种植面积稳定在 2.26 亿公顷，约占全国粮食总播面积的 20%。冬小麦的种植受多种因素影响，随着气候变化的加剧和国际贸易的快速增长，及时准确地掌握冬小麦种植面积及其空间分布，是保证我国粮食安全和维护农民利益的基础，是进一步开展农业种植结构调整和制定相关农业政策的前提[1-5]。传统的作物面积监测主要采用调查统计的方法，这种方法工作量大，准确程度也相对较低，无法获取农作物的空间分布状况[6]。随着遥感和计算机技术的快速发展，利用遥感技术进行农作物面积监测逐渐成为统计调查的重要补充。世界主要农业大国和区域性组织都普遍建立了各自的农情遥感监测系统[7-8]，利用遥感技术可快速准确地获取大范围作物种植面积的空间分布信息。

综合考虑监测范围、监测成本和监测效率等因素，大范围冬小麦面积遥感监测一般选择抽样调查或全覆盖两种方式进行。抽样调查是采用分层抽样等方法建立作物面积空间抽样框，利用遥感影像获取抽样单元内的作物面积，再外推整个监测区域的作物面积[3-6]。这种方式的监测精度受抽样框设计、样本选择和外推模型等因素影响较大，也无法获得作物种植区的空间分布。随着中高空间分辨率遥感数据源的逐渐增多，各国在作物面积监测时，逐渐开始向中分辨率影像全覆盖监测方式转变。美国农业部已利用多种中高空间分辨率卫星和地面调查数据，采用遥感影像全覆盖方式，发布了 1997 至 2015 年的全美作物种植面积空间分布[7]，从 2010 年开始，产品的空间分辨率达到 30 m。我国农业部遥感应用中心利用 5～30 m 空间分辨率的卫星影像获得了全国水稻、冬小麦和玉米等大宗农作物的空间分布。这种方法可以获取作物的空间分布，但受遥感影像覆盖范围和重访周期等因素影响，须同时使用多种传感器的数据，不同传感器数据提取的作物分布结果之间存在一定的差异，影响了调查精度。此外，在作物面积遥感识别与信息提取方法上，传统的分类方法适合于中小尺度的作物面积监测，当大范围监测时，由于作物的种植结构和物候期等发生变化，这些方法的参数需要人工调整，自动化程度低，导致工作量增大。随着 2013 年 4 月我国高分一号（GF－1）卫星的成功发射，星上所载宽幅相机（WFV）能够获得 16 m 空间分辨率的多光谱影像，相对以 Landsat 系列卫星为代表的中等分辨率卫星影像，提供了更加丰富的纹理细节和空间结构信息。WFV 影像具备 4 天的重访周期和 800 km 的幅宽，为大范围农作物面积监测提供了更多有效数据，特别是在国家级冬小麦种植面积调查中，能够获得冬小麦不同生育期的影像，满足基于单一传感器进行全覆盖监测对遥感数据的需求。

针对传统作物识别方法在大尺度作物面积提取上的区域适用性及业务化运行能力方面的问题，本文提出了一种基于 GF－1 卫星 WFV 时序影像的冬小麦面积指数（Winter wheat area index，WWAI），探索了具有区域自适应能力的最优冬小麦种植区阈值确定方法，设计了适合业务运行的冬小麦种植区识别与信息提取流程，为全国冬小麦主产区冬小麦种植面积调查提供技术支持。

2　数据获取及预处理

2.1　GF－1 卫星 WFV 影像

除新疆和青藏冬麦区外，我国冬小麦的生育期一般是从每年的 10 月到第二年 6 月。在黄淮、北部和新疆三个冬麦区内，每年的 10 月至第二年 4 月上旬，农田中一般只有冬小麦处于生长阶段，其他作物在 4 月中旬才开始播种，下旬开始陆续出苗，至 5 月上旬在遥感影像上呈现出明显的植被特征。在西南和长江中下游两个冬麦区内，与冬小麦同期生长的作物主要包括冬油菜和一些蔬菜。一般情况下，选取每年 10 月至第二年 6 月的卫星影像，可以完整覆盖全国不同种植区的冬小麦生长期。

本文以我国 14 个主产省为研究区，开展冬小麦种植区空间制图方法研究，涉及的省（市、区）包括北京、天津、河北、河南、山东、山西、陕西、甘肃、新疆、湖北、安徽、江苏、四川和重庆，区域内冬小麦种植面积占全国冬小麦总面积的 95.8%。采用 2013 年 10 月—2014 年 6 月的云量低于 10%的 GF－1 卫星 WFV 影像开展国冬小麦主产区冬小麦种植面积制图研究。各月影像数量如表 1 所示，冬小麦生长期内可以多次覆盖主产区。

表 1　研究区高分影像使用情况

时间	201310	201311	201312	201401	201402	201403	201404	201405	201406	合计
全国主产区	803	768	897	1007	418	419	320	371	234	5237

经过系统几何和辐射校正的 WFV 影像 1 级产品由中国资源卫星中心提供。在此基础上，采用 6S 模型对所有影像进行大气校正；以同期 Landsat8 OLI 15m 数据作为参考影像，利用影像的 RPC 参数和 ASTER GDEM 高程数据，对影像进行几何精校正；分别计算每景影像的归一化植被指数 NDVI，辅助下一步的信息提取。NDVI 的计算公式如下

$$\mathrm{NDVI}=\frac{Ref_4-Ref_3}{Ref_4+Ref_3}$$

其中，Ref_3 和 Ref_4 分别是 WFV 影像红光波段和近红外波段的反射率。

2.2　训练样本

训练样本作为标准值，在冬小麦种植区自动识别过程中，用于冬小麦判定阈值的设置。所有样本由两个数据集组成。第一个数据集是以我国陆地区域 10 km 网格为基础，每个网格的中心点即为样本所在地，监测区内有 39 494 个样本。第二个数据集是以我国 1∶10 万图幅框为基础，将每个图幅框等分为 5×5 个子区，每个子区的中心点为样本所在地，监测区内有 60 540 个样本点。两个数据集共有 100 034 个训

练样本。利用GF－1卫星PMS影像、WFV影像和同期Landsat8 OLI影像，在地面调查数据辅助下，采用目视解译的方法提取每个样本的地表覆盖类型，分为冬小麦和非冬小麦。

2.3 验证样本

验证样本用于评价冬小麦种植区的识别精度。采用两种方法获得验证样本所在的空间位置，采用目视解译方法获得每个样点地表覆盖类型，方法与训练样本相同。第一种方式是以监测区为边界，采用随机抽样方法在监测区中随机抽取5 000个点（图1）。这种方法获得的验证点主要分布在非冬小麦种植区域内，其中313个样本位于冬小麦种植区，4 687个样本位于非冬小麦种植区。第二种方法是基于全国5 km×5 km网格，位于冬小麦种植区内的网格中心点即为样本所在地，共有9 233个样本。这种方法获得的验证点主要分布在冬小麦种植区域内，其中7 915个样本位于冬小麦种植区，1 318个样本位于非冬小麦种植区。两种方法共获得14 233个验证样本，其中8 228个样本位于冬小麦种植区，占验证样本总量的57.81%，6 005个样本位于非冬小麦种植区，占验证样本总量的42.19%。该数据用于定性评价作物空间分布区域提取精度。本文不对冬小麦面积的吻合度进行定量评价。

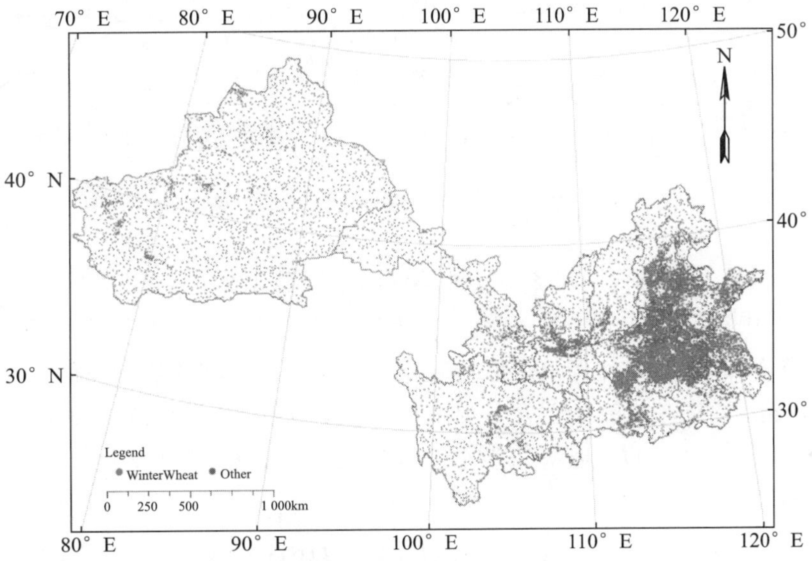

图1 验证样本点空间分布

3 方法

全国冬小麦面积制图主要包含分类单元确定、冬小麦面积指数构建和最优WWAI提取阈值自适应确定、冬小麦种植面积提取、全国区域冬小麦识别结果拼接与精度验证。主要思路是扩大冬小麦与其他地类的差异性，以一种既满足精度要求又简单、符合业务化运行需要的方式，快速提取冬小麦种植面积。

3.1 冬小麦分类单元确定

一般说来，影像分类的区域越小，分类精度相对越高。为保证冬小麦面积的识别精度，在分类前对所有的影像进行分割，将监测区域划分为面积基本相同的单元。综合考虑冬小麦种植区地块破碎程度、其他地理信息空间制图的国家标准和以往工作经验，本文按照1：10万标准分幅对监测区进行分割，每幅的经差为30′，纬差为20′。由于每个区域所获得的WFV影像不同，每组分类单元拥有层数不同。计算每个分类单元各月NDVI的最大值NDVImax。

3.2 冬小麦面积指数构建

从华北平原冬小麦种植区随机选择了 585 个点，读取这些点从 2013 年 10 月 1 日至 2014 年 6 月 30 日期间的 NDVI，取各点均值制作 NDVI 变化曲线（图 2）。

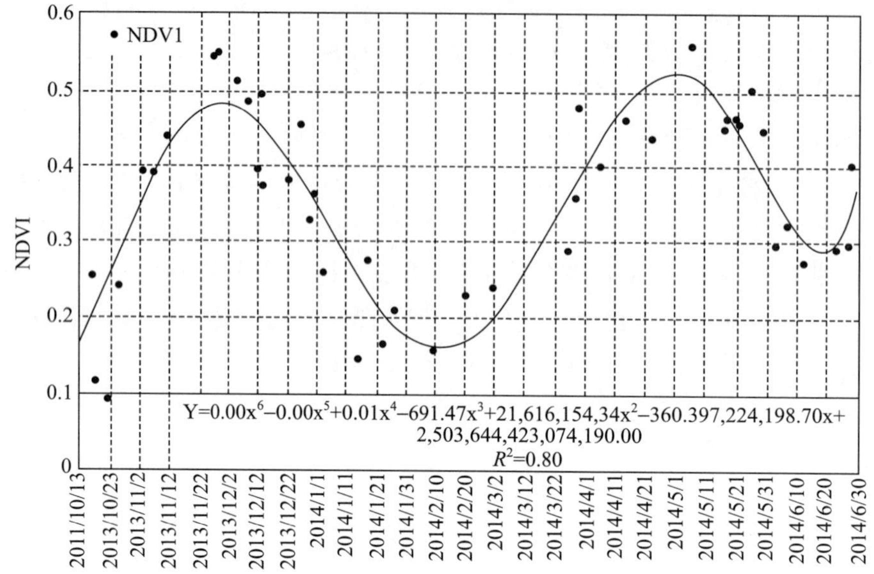

图 2　GF－1WFV 影像冬小麦种植区 NDVI 变化曲线

从图中可以看出，10 月上旬播种期间冬小麦种植区的 NDVI 最低；11 月上旬出苗后其 NDVI 开始逐步增加，11 月末至 12 月中旬达到冬前的最大值；12 月下旬进入越冬期后 NDVI 明显下降；2 月下旬返青后 NDVI 又开始快速增长；4 月下旬达到最高值；5 月下旬乳熟后 NDVI 逐渐下降；6 月下旬收获后，随着玉米等其他作物的出苗，NDVI 又开始上升。利用上述冬小麦 NDVI 变化特性构建冬小麦识别面积指数（Winter wheat Areary Index，WAI），以增加冬小麦种植区与非种植区的分离度。WWAI 计算公式如下所示。

$$P^i=\begin{cases}1(\overline{NDVI_w^i}>\overline{NDVI_O^i})\\-1(\overline{NDVI_w^i}<\overline{NDVI_O^i})\end{cases} \tag{2}$$

$$WWAI=\frac{1}{n}\sum_{i=0}^{n}(NDVI^i\times P^i) \tag{3}$$

式中，P 为权值，i 表示第 i 期影像，下标 w 表示冬小麦，下标 O 表示其他。

3.3 自适应 WWAI 阈值确定

采用阈值分割法对 WWAI 影像进行处理，使后期的冬小麦识别与信息提取简单，相对于其他分类方法的计算量小。若阈值设置过高，会造成冬小麦像元的漏分；若阈值过低，又会将非冬小麦区域混入冬小麦类别中，降低分类精度。区别于传统的按照人工经验确定阈值的方法，本文采用自适应方式，实现不同区域最优 WWAI 阈值的自动计算。具体方式为分为两步。首先将冬小麦面积指数以 1％的比例等分，从 0％比例开始至 100％结束，循环迭代 101 次，得到各比例位置的 WWAI 值作为提取阈值，并将所有的 101 个阈值用于右下中心点的冬小麦识别，并与右下中心点目视解译的结果相比较，计算所有阈值提取结果对应的提取准确率。然后选择 101 个结果中正确率最高的阈值，即为最优冬小麦面积指数提取阈值。该方法无需人工干预，尽可能减少了人为误差，只要样本点的冬小麦分类结果准确，即可获取一致的 WWAI 阈值。

4 结果与分析

按照上述方法，将14个监测省分割成2 736个单元，每个单元的平均面积约为167千公顷，单元内包含37～45个训练样本。选择所有训练样本为非冬小麦所在的单元，采用人工目视方法，逐一检查被选中单元内是否种植冬小麦，没有种植冬小麦的单元将不作为冬小麦分类单元。最终确认1 180个单元为本次冬小麦种植区的分类单元，位置如图3中深色区域所示。

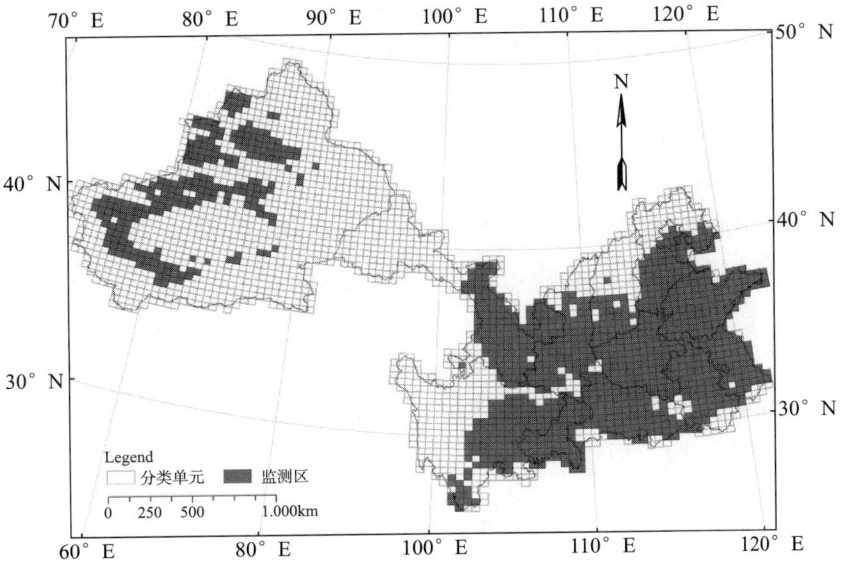

图3 监测区冬小麦种植区遥感分类单元

利用每个分类单元对所有WFV影像进行分割，组成1 180组影像。分别计算每个分类单元的冬小麦面积指数WWAI和阈值，提取全国冬小麦主产区冬小麦种植区域（图4）。利用随机采集的样本点及根据规则格网划分获取的验证样本点对冬小麦种植区的提取精度进行验证，分类识别的整体精度达到了90.6%。该图很好的揭示了我国冬小麦种植范围的空间分布，为我国农业宏观决策提供了可靠的参考依据。

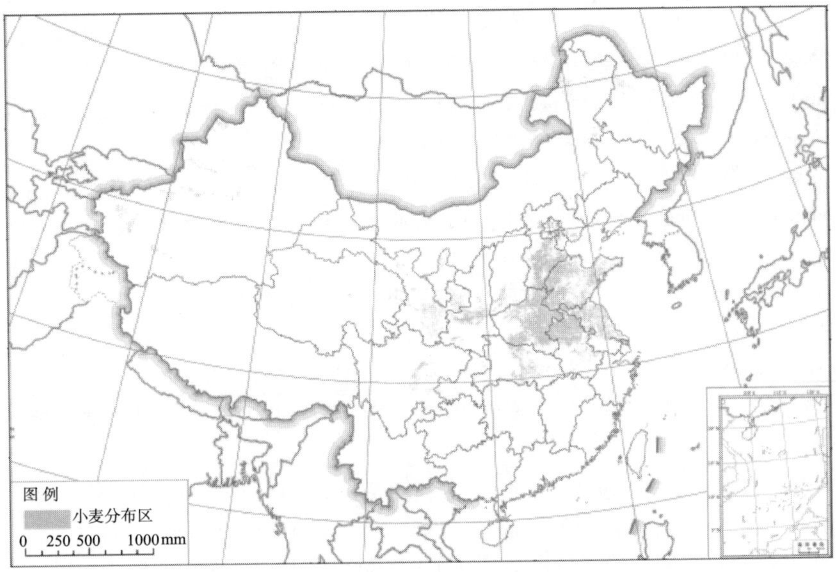

图4 中国冬小麦种植区空间分布（2014年）

5 结论与讨论

GF-1卫星WFV影像进行大尺度作物面积提取具有较强的优势，其宽覆盖、高时间分辨率和高空间分辨率的特性可以为全国范围冬小麦面积监测提供充足的高质量数据源。本文基于GF-1卫星WFV影像，以NDVI时序数据为基础，结合冬小麦物候期，提出了冬小麦面积指数WWAI，构建了适合业务运行的冬小麦种植区识别与信息提取技术流程，并利用时序WFV影像获得了2014年全国冬小麦主产区16 m空间分辨率的冬小麦种植区空间分布图。研究过程中发现：

1）冬小麦面积指数WWAI扩大了冬小麦种植区和其他区域间的差异。WWAI以NDVI时序数据为基础，能够充分利用每一个时期的NDVI，增加冬小麦识别优势期NDVI的比重，降低非优势期NDVI的影响，实现冬小麦与非冬小麦种植区的区分。

2）通过构建冬小麦分类单元，将影像分割成标准的小区域，有利于采用自适应方法确定WWAI分割阈值，减少人工干预，从而保证了阈值及分类结果的一致性和稳定性，最大程度地实现了冬小麦种植区提取的自动化，大大减少后期人工目视修正的工作量，为大范围冬小麦面积监测业务化运行提供了可靠的技术方法。

在利用WWAI进行冬小麦面积提取过程中发现，若研究区有大量与冬小麦相同物候期的其他作物，将可能产生一定程度的分类混淆，需要利用其他方法或辅助信息对其进行区分，以获得高精度的冬小麦面积分类结果。后续将利用冬小麦NDVI变化曲线，对WWAI进行优化，不断提高冬小麦种植面积自动识别精度。

参考文献

[1] 陈水森，柳钦火，陈良富，等．粮食作物播种面积遥感监测研究进展［J］．农业工程学报，2005，21（6）：166－171.
Chen Shuisen，Liu Qinhuo，Chen Liangfu，et al. Review of research advances in remote sensing monitoring of grain crop area［J］. Transactions of the CSAE，2005，21（6）：166－171.（in Chinese with English abstract）

[2] Tao F，Yokozawa M，Zhang Z，et al. Remote sensing of crop production in China by production efficiency models：models comparisons，estimates and uncertainties［J］. Ecological modelling，2005，183（4）：385－396.

[3] Sushil Pradhan. Crop area estimation using GIS，remote sensing and area frame sampling［J］. International journal of applied earth obsercation and geoinformation，2001，3（1）：86－92.

[4] 吴炳方，蒙继华，李强子．国外农情遥感监测系统现状与启示［J］．地球科学进展，2010，25（10）：1003－1012.
Wu Bingfang，Meng Jihua，Li Qiangzi. Review of overseas crop monitoring systems with remote sensing［J］. Advances in earth science，2010，25（10）：1003－1012.（in Chinese with English abstract）

[5] 蒙继华，吴炳方，李强子，等．集成化的省级农情遥感监测系统［J］．农业工程学报，2011，27（6）：169－175.
Meng Jihua，Wu Bingfang，Li Qiangzi，et al. Integrated provincial crop monitoring system using remote sensing［J］. Transactions of the CSAE，2011，27（6）：169－175.（in Chinese with English abstract）

[6] 申克建，何浩，蒙红卫，等．农作物面积空间抽样调查研究进展［J］．中国农业资源与区划，2012，33（4）：11－16.
Shen Kejian，He Hao，Meng Hongwei，et al. Review on spatial sampling survey in crop area estimation［J］. Chinese Journal of Agricultural Resources and Regional Planning，2012，33（4）：11－16.（in Chinese with English abstract）

[7] 吴炳方，蒙继华，李强子，等．强全球农情遥感速报系统（CropWatch）新进展［J］．地球科学进展，2010，25（10）：1013－1022.
Wu Bingfang，Meng Jihua，Li Qiangzi，et al. Latest development of “cropwatch” －an global crop monitoring system with remote sensing［J］. Advances in Earth Science. 2010，25（10）：1013－1022.（in Chinese with English abstract）

[8] 李中元，吴炳方，Gommes René，等．农情遥感监测云服务平台建设框架［J］．遥感学报，2015，19（4）.
Li Zhongyuan，Wu Bingfang，Gommes René，et al，Design framework for cropwatch cloud. Journal of remote sensing，19（4）：578－586.（in Chinese with English abstract）

[9] 徐新刚，李强子，周万村，等．应用高分辨率遥感影像提取作物种植面积［J］．遥感技术与应用，2008，23（1）：17－23.

Xu Xingang，Li Qiangzi，Zhou wancun，et al. Classification application of QuickBird imagery to obtain crop planting area [J]. Remote sensing technology and application，2008，23（1）：17－23.（in Chinese with English abstract）

[10] 刘佳，王利民，杨福刚，等．基于HJ时间序列数据的农作物种植面积估算 [J]．农业工程学报，2015（03）：199－206.
Liu Jia，Wang Limin，Yang Fugang，et al. Remote sensing estimation of crop planting area based on HJ time－series images [J]. Transactions of the Chinese Society of Agricultural Engineering（Transactions of the CSAE），2015，31（3）：199－206.（in Chinese with English abstract）

[11] 刘国栋，邬明权，牛铮，等．基于GF－1卫星数据的农作物种植面积遥感抽样调查方法 [J]．农业工程学报，2015（5）：160－166.
Liu Guodong，Wu Mingquan，Niu Zheng，et al. Investigation method for crop area using remote sensing sampling based on GF－1 satellite data [J]. Transactions of the Chinese Society of Agricultural Engineering（Transactions of the CSAE），2015，31（5）：160－166.（in Chinese with English abstract）

[12] 刘海启，裴志远，张松岭，等．资源1号卫星CCD图像在作物面积监测中的应用 [J]．农业工程学报，2001，17（4）：140－143.
Liu Haiqi，Pei Zhiyuan，Zhang Songling，et al. Evaluation of the satellite ZY－1 CCD image used in crop acreage monitoring [J]. Transations of the CSAE，2001，17（4）：140－143.

[13] Ustuner M，Sanli F B，Abdikan S，et al. Crop Type Classification Using Vegetation Indices of RapidEye Imagery [J]. International Archives of the Photogrammetry Remote Sensing & S，2014，XL－7：195－198.

[14] Chellasamy M，Ferre T P A，Greve M H. An Ensemble－Based Training Data Refinement for Automatic Crop Discrimination Using WorldView－2 Imagery [J]. IEEE Journal of Selected Topics in Applied Earth Observations & Remote Sensing，2015：1－13.

[15] Vintrou E，Desbrosse A，Bégué A，et al. Crop area mapping in West Africa using landscape stratification of MODIS time series and comparison with existing global land products. [J]. International Journal of Applied Earth Observation & Geoinformation，2012，14（1）：83－93.

[16] Casa A C D L，Ovando G G. Estimation of Wheat Area in Córdoba，Argentina，with Multitemporal NDVI Data of SPOT－Vegetation [J]. International Journal of Geosciences，2013，04（10）：1355－1364.

[17] Wardlow B D，Egbert S L. Large－area crop mapping using time－series MODIS 250m NDVI data：An assessment for the U. S. Central Great Plains [J]. Remote Sensing of Environment，2008，112（3）：1096－1116.

[18] Zheng B，Myint S W，Thenkabail P S，et al. A support vector machine to identify irrigated crop types using time－series Landsat NDVI data [J]. International Journal of Applied Earth Observation & Geoinformation，2015，34（1）：103－112.

[19] Suzuki Kenji，Takeuchi tomo. Classification of upland crops using multi－temporal RapidEye data [J]. Journal of the Japanese Agricultural Systems Society，2015，31：1－10.

[20] Chellasamy M，Ferre P A T，Humlekrog Greve M. Automatic training sample selection for a multi－evidence based crop classification approach [J]. International Archives of the Photogrammetry Remote Sensing & S，2014，XL－7：63－69.

[21] 杨小唤，张香平，江东．基于MODIS时序NDVI特征值提取多作物播种面积的方法 [J]．资源科学，2004，26（06）：17－22.
Yang Xiaohuan，Zhang xiangping，Jiang Dong. Extraction of multi－crop planting areas from MODIS data [J]. Resources Science. 2004，26（06）：17－22.（in Chinese with English abstract）

[22] 陈颖姝，张晓春，王修贵，等．基于Landsat8 OLI与MODIS数据的洪涝季节作物种植结构提取 [J]．农业工程学报，2014，30（21）：165－173.
Chen Yingshu，Zhang Xiaochun，Wang Xiugui，et al. Extraction of crop planting structure in seasons prone to waterlogging usingLandsat8 OLI and MODIS data [J]. Transactions of the Chinese Society of Agricultural Engineering（Transactions of the CSAE），2014，30（21）：165－173.（in Chinese with English abstract）

[23] 梁友嘉，徐中民．基于SPOT－5卫星影像的灌区作物识别 [J]．草业科学，2013，30（2）：161－167.
Liang Youjia，Xu Zhongmin. Crop identification in the irrigation district based on SPOT－5 satellite imagery [J]. Pratacultural Science. 2013，30（2）：161－167.（in Chinese with English abstract）

[24] 刘克宝，刘述彬，陆忠军，等．利用高空间分辨率遥感数据的农作物种植结构提取 [J]．中国农业资源与区划，2014，35（1）：21－26.
Liu Kebao，Liu Shubin，Lu Zhongjun，et al. extraction on cropping structure based on high spatial resolution remote sensing data [J]. Chinese Journal of Agricultural Resources and Regional Planning. 2014，35（1）：21－26.（in Chinese with English abstract）

[25] 王利民，刘佳，杨福刚，等．基于GF－1卫星遥感的冬小麦面积早期识别 [J]．农业工程学报，2015，31（11）：194－201. doi：10. 11975/j. issn. 1002－6819. 2015. 11. 028 http：//www. tcsae. org
Wang Limin，Liu Jia，Yang Fugang，et al. Early recognition of winter wheat area based on GF－1 satellite [J]. Transactions of the Chinese Society of Agricultural Engineering（Transactions of the CSAE），2015，31（11）：194－201.（in Chinese with Englishabstract）doi：10. 11975/j. issn. 1002－6819. 2015. 11. 028 http：//www. tcsae. org

[26] 王利民，刘佳，杨玲波，等．基于无人机影像的农情遥感监测应用［J］．农业工程学报，2013（18）：136－145.
Wang Limin，Liu Jia，Yang Lingbo，et al. Applications of unmanned aeral vehicle images on agricultural remote sensing monitoring［J］．Transactions of the Chinese Society of Agricultural Engineering（Transactions of the CSAE），2013（18）：136－145.（in Chinese with Englishabstract）

[27] 浦吉存，董谢琼，尤临．NOAA/AVHRR资料在低纬高原小春作物估产中的初步应用［J］．中国农业气象，2004，25（1）：54－56.
Pu Jicun，Dong Xieqiong，You Lin. Primary application of MOAA/AVHRR in Estimating of the spring crop yields in the low－latitude altiplano［J］．Chinese Journal of Agrometeorology，2004，25（1）：54－56.

[27] Nagy G，Tolaba J. Nonsupervised Crop Classification through Airborne Multispectral Observations［J］．Ibm Journal of Research & Development，1972，16（2）：138－153.

[28] Löw F，Duveiller G. Determining suitable image resolutions for accurate supervised crop classification using remote sensing data［J］．Proc Spie，2013，8893（6）：909－927.

[29] Musande V，Kumar A，Kale K. Cotton Crop Discrimination Using Fuzzy Classification Approach［J］．Journal of the Indian Society of Remote Sensing，2012，40（4）：589－597.

[30] Carl A S，Kraft R. Land use classification of ERS－1 images with an artificial neural network［C］// Satellite Remote Sensing. International Society for Optics and Photonics，1994：452－459.

[31] 马丽，徐新刚，贾建华，等．利用多时相 TM 影像进行作物分类方法［J］．农业工程学报，2008，24（Supp. 2）：191－195.
Ma Li，Xu Xingang，Jia Jianhua，et al. Crop classification method using multi－temporal TM images［J］．Transactions of the CSAE，2008，24（Supp. 2）：191－195.（in Chinese with English abstract）

[32] Lewiński S A. Object－oriented classification of Landsat ETM＋ satellite image［J］．Journal of Water & Land Development，2007，10：91－106.

[33] 李霞，王飞，徐德斌，等．基于混合像元分解提取大豆种植面积的应用探讨［J］．农业工程学报，2008，24（1）：213－217.
Li Xia，Wang Fei，Xu Debin，et al. Application research on the method for extracting soybean covered areas based on the pixel unmixing［J］．Transactions of the CSAE，2008，24（1）：213－217.（in Chinese with English abstract）

[34] 王迪，周清波，刘佳．作物面积空间抽样研究进展［J］．中国农业资源与区划，2012（2）：9－14.
Wang Di，Zhou Qingbo，Liu Jia. A review on spatial sampling for crop area estimation［J］．Chinese Journal of Agricultural Resources and Regional Planning，2012（2）：9－14.（in Chinese with English abstract）

[35] Quarmby N A，Milnes M，Hindle T L，et al. The use of multitemporal NDV1 measurements from AVHRR data for crop yield estimation and prediction［J］．lnternational，Journal of Remote Sensing，1993，14（2）：199－210.

[36] Jakubauskas M E，Legates D R，Kastens J H. Crop identification using harmonic analysis of time－series AVHRR NDVI data［J］．Computers & Electronics in Agriculture，2002，37（s1Sensing，1993

[37] Shakir Muhammad，牛铮，王力，等．基于多时相 MOD IS EV I 和临近三年地面数据的新疆作物分类［J］．光谱学与光谱分析，2015，35（05）.
Shakir，Muhammad，Niu Zheng，WANG Li，et al. Crop classification based on time series MODIS EVI and ground observation for three adjoining years in Xinjiang［J］．Spectroscopy and Spectral Analysis，2015，35（5）：1345～1350（in Chinese with English abstract）

[38] 焦险峰，杨邦杰，裴志远．基于分层抽样的中国水稻种植面积遥感调查方法研究［J］．农业工程学报，2006，22（5）：105－110.
Jiao Xianfeng，Yang Bangjie，Pei Zhiyuan. Paddy rice area estimation using a stratified sampling method with remote sensing in China［J］．Transactions of the CSAE，2006，22（5）：105－110.

[39] 张莉，吴文斌，左丽君，等．基于 EOS/MODIS 数据的南方水稻面积提取技术［J］．中国农业资源与区划，2011，32（4）：39－44.
Zhang Li，Wu Wenbin，Zuo Lijun，et al. Extracting planting area of paddy rice in southern China by using EOS/MODIS data［J］．Chinese Journal of Agricultural Resources and Regional Planning，2011，32（4）：39－44.

国土资源业务卫星应用及需求

甘甫平　牟兴林
中国国土资源航空物探遥感中心，北京　100083

摘　要　随着科学技术的发展，现代小卫星的优势越来越明显，其特有的优势冲击和影响了传统大卫星，形成共生局面。这种局面有利于用户根据自己的应用需求选择相应的卫星，充分利用不同卫星的优势，规避劣势，有利于推动卫星的应用。国土资源领域是我国较早引用卫星遥感技术，并率先在土地资源、矿产资源、海洋资源、地质环境和基础测绘的调查、监测、评价业务中大规模应用的行业。本文主要结合国土资源业务，在卫星应用角度介绍了国土资源行业需求、特点及其能力设想。

关键词　国土资源；应用需求；业务特点

1　卫星发展概述

1.1　概述

随着科学技术的发展，现代小卫星的优势越来越明显，一方面，以美国、欧盟为首的航天大国已经将现代小卫星技术列为航天技术发展中的重点领域之一[1]。20 世纪 50 年代以来，空间技术不断发展，人造地球卫星根据应用领域，发展形成了通信、气象、导航、资源环境、军事侦察、科学研究等系列，并向高性能、高集成方向发展。随着卫星功能的综合集成，卫星质量也不断增加，而火箭运载能力的不断提高，为大卫星的发展提供了技术基础。

随着卫星技术与应用的不断发展，人们在要求降低卫星成本、减小风险的同时，迫切需要加快卫星开发研制周期。特别是单一任务的专用卫星以及卫星组网，更需要投资小、见效快的卫星技术。小卫星技术因此应运而生。在地质灾害频发的大背景下，小卫星所具有的低成本、周期短、快速形成数据获取能力等优势，为满足国土资源领域应用提供了丰富的数据源和有力的技术支撑。

小卫星发射数量持续增长，尤其在近两年呈爆炸性增长。2012 年、2013 年、2014 年和 2015 年全球分别发射小卫星 50 颗、130 颗、162 颗和 149 颗，2016 年，全球共发射 500 kg 以下的小卫星 121 颗。小卫星数量占同期入轨航天器总数的 57.89%。据资料显示，未来五年中，全球将发射 510 颗 1～500 kg 小卫星入轨。10 kg 以下的微小卫星预计将发射 300 颗，是未来五年间卫星行业继续高速发展的主要驱动力。

1.2　发展趋势

与 20 世纪相比，当前小卫星在功能密度、设计寿命、自主生存能力上均大幅提升，除了在技术验证、科学实验以及工程教育等传统领域进一步发挥作用之外，还开始在对地观测与通信领域实现业务运行。

现代小卫星不仅具有体积小、质量轻、技术含量高和研制周期短等一系列优点，还具有可以采用标准化星体及模块化设计技术，能够在流水线上批量生产并储存、便于机动发射等优点。另外，由于现代小卫星相对于传统的大卫星而言具有技术要求低和成本低等优势，因此，现代小卫星对传统大卫星所产生的影响和冲击是不可避免的。尽管现代小卫星具有传统大卫星无可比拟的优点，但也存在许多问题。传统大卫星幅宽更大，数据质量更高的优势仍不可替代。

但纵观航天领域的过去和现在，现代小卫星和传统大卫星之间应该是相互补充，而不是相互竞争。针对具体航天任务，将现代小卫星作为传统大卫星的补充，二者并行发展，才能充分利用各自的技术优势；合理组合不仅有利于降低成本，而且又不至于使应用与管理过于复杂[2]。在国土资源领域，小卫星和传统大卫星同时发挥着重要作用，形成相互补充的格局。

传统大卫星与小卫星共生的局面，有利于用户根据自己的应用需求选择相应的卫星，充分利用不同卫星的优势，规避劣势，有利于推动卫星的应用。

2 国土资源业务应用进展

2.1 国土资源业务应用相关卫星

中巴地球资源卫星（CBERS，又称资源1号）是我国第一代传输型地球资源卫星，包含中巴地球资源卫星01星、02星、02B星（均已退役）、02C星和04星五颗卫星，分别搭载三种传感器，满足用户对不同分辨率及光谱波段遥感数据的要求。

资源1号02C卫星是一颗填补中国国内高分辨率遥感数据空白的卫星。卫星装有全色多光谱相机和全色高分辨率相机，主要任务是获取全色和多光谱图像数据，卫星观测数据可用于1∶25 000和1∶50 000比例尺土地资源、矿产资源、地质环境调查，以及国土资源、地质灾害应急监测等主体业务，可广泛应用于国土资源调查与监测、防灾减灾、农林水利、生态环境、国家重大工程、农业估产、水利监测、林业调查、海岸带及灾害监测和地震灾情监测等应用领域。该卫星用户为中国国土资源部。

高分1号卫星是国家高分辨率对地观测系统重大专项天基系统中的首发星，能够为国土资源部等部门提供高精度、宽范围的空间观测服务，在地理测绘、海洋和气候气象观测、水利和林业资源监测、城市和交通精细化管理，疫情评估与公共卫生应急、地球系统科学研究等领域发挥重要作用。

高分2号（GF-2）卫星是我国自主研制的首颗空间分辨率优于1 m的民用光学遥感卫星。主要用户为国土资源部、住房和城乡建设部、交通运输部和国家林业局等部门，同时还将为其他用户部门和有关区域提供示范应用服务。

高景1号01/02卫星单景最大可拍摄60 km×70 km影像。系统建设的第一阶段是发射4颗分辨率为0.5 m的光学小卫星，日采集能力达到300万平方公里，实现3天覆盖一次国内十大城市的能力。高景1号成功发射并完成在轨测试后，将提供遥感数据服务和应用系统解决方案服务，以及针对国土资源的调查、测绘和环境监测等服务。

未来，国土资源部将加强多颗小卫星的建造，构建小卫星星座，同时协助做好高分5号卫星、高分多模卫星等科研星的研制，形成中-高空光学卫星、高光谱卫星、雷达卫星构成的多类型、多频谱的地质应用卫星数据保障体系。通过雷达/高光谱卫星国土资源调查与监测业务化应用、新型传感器与先进遥感技术国土资源应用、星空地一体化遥感数据应用与产品生产及相关遥感应用模型、技术方法的攻关研究，构建自主创新的国土资源业务卫星应用技术，形成创新专题产品体系，建立应用创新平台，推进国土资源遥感业务的拓展，提升遥感应用创新发展能力。

2.2 发展业务应用系统

国土资源业务应用系统的建设结合小卫星与传统大卫星质量特点，针对光学、高光谱、微波等不同载荷，建设陆海卫星业务管控系统，实现任务部署与卫星资源的高效衔接和综合管控，形成在轨业务卫星、其他国产微型状态实时可视更新以及业务探测任务组织实施、科学调度与持续跟踪的能力。包括陆海卫星任务运控系统和陆海卫星业务任务统筹系统。

健全陆海主体业务应用系统，统筹陆海卫星应用技术体系，建设业务流程清晰、标准规范配套的土地、地质矿产、海洋、测绘卫星遥感业务应用系统，满足国家对全国及全球陆域和海洋资源遥感调查监测任务的要求。包括土地资源主体业务应用系统、地质矿产主体业务应用系统、海洋主体业务应用系统、测绘主体业务应用系统及其他行业主体业务应用系统等。

3 国土资源卫星业务需求

3.1 业务需求

陆地、海洋卫星遥感是观测要素极其更富、用户群最广、应用需求增长最快、市场发展最大的高技术产业之一。国土资源领域是我国较早引用卫星遥感技术，并率先在土地资源、矿产资源、海洋资源、地质环境和基础测绘的调查、监测、评价业务中大规模应用的行业，也是国内陆地、海洋卫星遥感技术应用的最大用户。

在国土资源卫星业务应用方面，具有不同比例尺国土资源调查、监测、评价与应急调查等主体业务观测需求，及国土资源业务要素信息提取、业务及综合产品批量化生产、服务和共享等需求。实现同等比例尺国土资源遥感应用主体业务光学卫星同类数据替代，保障土地利用变更调查监测与核查、基本农田及城市开发边界全天候遥感监测、矿山开发现状遥感监测等重大工程试验，支撑土地执法监察、土地督察、基础地质调查、矿产资源调查评价、地质灾害调查与监测、突发性地质灾害应急监测、生态地质环境调查、矿山环境恢复治理监管、境外矿产资源调查等遥感主体应用业务，并及时提供数据产品的公益性及社会化共享服务。

实现灾害风险与损失评估及应急监测、水污染防治与生态保护遥感监测、城乡规划实施监督检查、森林等各类资源调查、地理国情监测数据更新、全国荒漠化和沙化监测、海域海岛及极地监测和海洋突发事件应急响应、全球地理空间信息更新等遥感应用业务，推动土地质量与土地生态监测、核安全监管、保障房建设过程和棚户区改造过程动态监测、公路修建和升级改造审批、农作物种植结构调整监测、近海水产养殖规划监测、林业生态工程效益监测和评估、农林水土综合评估等遥感应用业务拓展。

3.2 业务特点

支撑国家战略实施需求迫切。服务“一带一路”、“走出去”、“京津冀协同发展”、“长江经济带发展”、“生态文明建设”等国家重大战略实施，卫星遥感具有无可比拟的优势，更应该主动作为，充分发挥丰富的本底数据和技术经验优势，解决支撑国家战略实施对地质矿产卫星遥感应用提出的多样化、精细化、高精度和高时效性的创新服务需求。

统筹地质矿产资源领域任务需求势在必行。随着国家经济社会发展，国家战略实施支撑的需求迫切，地质矿产资源监管面临新形势，卫星地质矿产应用需求持续增加，国产卫星种类、数量逐年增长，卫星应用模式从试验应用型向业务服务型转变，业务应用从单星、单任务应用向多星、多任务协同应用转变。当前分散的、以项目为单位的作业模式已无法适应当前业务化应用发展。发挥国产卫星的效益，最大限度的满足需求，必须统筹、优化地质矿产领域数据需求，剔除重复需求，确定需求优先级；统筹基础数据产品生产，形成规模化、工程化生产能力，提高产品生产效率，减少资源浪费；发展应用技术，提高应用质量和有效性；开拓应用领域，服务国土资源工作；统筹卫星遥感应用成果服务，形成统一的成果服务窗口，提高成果的集成性。

加快地质矿产卫星应用能力建设刻不容缓。要满足地质矿产卫星应用迫切需求，依赖于丰富的卫星数据，依赖于高效、稳定、持续运行的国土资源卫星业务运行系统，依赖于地质矿产卫星应用关键技术创新，依赖于地质矿产卫星应用人才队伍培养。目前，国土资源卫星业务运行系统尚不能完全满足应用需要，应用系统能力建设分散，应用大多还停留在人工解译阶段，自动化/半自动化程度不高，海量数据大规模并行处理能力还需提高，数据共享不充分，关键技术软件模块固化程度较低，国产卫星应用产品体系建设有待进一步加强。加快地质矿产调查应用能力建设，将提升卫星的业务应用能力和水平，满足日益增长的地质矿产遥感信息需求，促进地质矿产资源决策的科学化。

地质矿产资源卫星应用正处于快速发展机遇期。近年来，卫星遥感地质应用发展迅速，成为地质调查、评价、规划与管理的不可或缺的手段。同时，地质矿产资源卫星应用正处于快速发展机遇期，《陆海规划》的批复实施，巩固了地质矿产应用在国家卫星事业中的战略地位；资源 1 号 02C 卫星工程的实施，为地质矿产资源卫星应用探索了业务化运行机制；航天“十三五”发展规划编制、高分专项建设、民用航天工程预研、卫星应用及产业化专项实施、北斗地基增强系统研制建设、双边和多边卫星应用合作交流等的积极参与，为地质矿产资源卫星应用树立了良好的用户形象；国土资源卫星业务运行系统建设为地质矿产资源卫星应用的规模化、业务化发展夯实了基础。把握发展机遇，加快地质矿产资源遥感应用能力建设，提升遥感应用水平与服务水平，是适应发展需要、促进转型升级，实现卫星遥感地质应用跨越式发展的重大举措。

4 发展建议

4.1 加强大小卫星协同发展

国土资源领域应用需求广泛，随着境外资源调查和数据全球覆盖的应用发展趋势，小卫星具有的成本低、周期短、载荷轻型化的优势，以及在短时间内快速形成数据的能力，可以为国土资源领域应用提供有力的技术支撑。在观测频率方面，国土资源业务应用呈现出多样化的特点。如自然资源调查等部分业务需要一年一次甚至需要一月一次的观测数据，而突发性地质灾害应急监测等应急业务甚至需要实时数据。小卫星多星组网，缩短重访周期可以很好地满足国土资源业务应用的需求。同时，尽管现代小卫星具有传统大卫星无可比拟的优点，但是国土资源业务应用对数据质量和数据类型的需求丰富，也离不开传统大卫星的技术支撑。加强大小卫星协同发展，二者互为补充，并行发展，既可以降低成本，提高效率，又可以充分满足不同业务应用的实际需求。

4.2 大力发展不同载荷

卫星不同载荷所提供的不同数据可以满足业务应用的不同需求。多光谱影像、高光谱影像、微波影像在国土资源领域不同业务应用中都具有非常重要的作用。综合发展不同载荷，丰富数据源，可以满足更多业务应用的需求。按照《陆海规划》的部署，组织开展卫星研建，打造卫星数据保障体系，实现高空间光学卫星、高光谱卫星、成像雷达卫星的业务化数据应用，形成中-高空光学卫星、高光谱卫星、雷达卫星构成的多类型、多频谱的地质应用卫星数据保障体系，使工程和卫星应用效益最大化发挥的核心。

4.3 星地一体化业务平台

随着智能化的发展，建设星地一体化业务平台，提高星上智能处理等处理将满足卫星数据日常处理、实时获取等多层次业务需求。基于先进的混合云平台系统架构，建设集采集、处理、服务全链路业务流程，软硬件及网络设施相配套的应用平台，平台涵盖光学、微波、高光谱等高空间、光谱及时间分辨率的多源数据标准化处理及专题产品生产，具备大规模计算集群和 EB 级存储能力，系统稳定性不低于 99.9%，可有效服务国家重大战略和部、局重大需求。

同时，逐步完善以高速数据传输网、运控管理网、专题产品生产网和共享服务网架构的卫星业务运行系统，为卫星业务化、工程化、规模化应用开展搭建可持续扩充的良好运行和服务平台基础设施。并构建由多星多任务业务管控系统、多源卫星数据接收系统、业务基础数据处理系统、业务应用与专题产品生产系统、业务产品验证系统、数据共享与服务系统、国土资源遥感云服务平台以及相应软硬件有机组成的业务应用平台。

参 考 文 献

[1] CNES. Présentation Projet PERSEUS. [EB/OL//[2010-03-30]. http://www.perseus.fr/presentation.

[2] DMC International Imaging Ltd. Satellite Imagery. [EB/OL] // [2010-08-16]. http://www.Dmcii.com.

[3] 闻新，张兴旺．现代小卫星领域的发展现状分析 [J]．沈阳航空航天大学学报，2013，(05)：33-36，46.

[4] 林来兴．现代小卫星的发展及轨道垃圾问题 [J]．航天器环境工程，2011，(04)：307-312.

[5] 何慧东．2016年全球小卫星发展回顾 [J]．国际太空，2017，(02)：55-61.

[6] 范志涵，张召才．国外小卫星最新发展研究 [J]．国际太空，2013，(08)：20-29.

[7] 罗海静，资锋，陈玲，张微，卢善龙．高分一号卫星在国土资源领域的应用及前景 [J]．卫星应用，2015，(03)：41-43.

[8] 甘甫平，尤淑撑，邱振戈，于海洋．国土资源卫星遥感数据应用评估系统构建 [J]．国土资源遥感，2009，(01)：7-12.

[9] 云影．国土资源陆海监测首颗卫星——资源一号02C卫星 [J]．卫星应用，2012，(01)：73.

面向在轨观测的空间目标可见光成像仿真

侯晴宇　王一惠　吴鹏　王志鹏
哈尔滨工业大学空间光学工程研究中心，哈尔滨　150001

摘　要　综合考虑空间目标的结构特性、材料表面 BRDF 特性、本体和帆板的运动特性、姿态特性、光照-观测几何以及探测系统的成像特性，提出了面向在轨观测的空间目标可见光成像特性建模与仿真方法。基于帆板的光照效率最高为原则，提出了帆板法向量计算方法；建立了面元探测可见性以及光照可见性的计算方法，可实现复杂结构目标的光度信号仿真；建立了光学系统传函特性以及探测器光电响应特性模型，可实现在轨观测时序过程的探测图像仿真。仿真结果表明，建模方法可对复杂结构空间目标进行成像特性仿真，可正确体现卫星的在轨时序运动特性以及探测系统特性，能够有效支撑空间目标态势感知的相关应用。

关键词　成像仿真；空间目标；在轨观测；可见光

1　引言

在天基目标光学态势感知研究中，在轨目标光学成像特性处于比较重要的位置，它既是目标检测、识别以及辨识处理相关方法研究的输入，同时也可用于这些方法测试、验证及优化，是天基光学目标态势感知领域的关键技术。

目前，在轨目标光学成像特性的研究分为实测以及仿真两类方法。由于在轨测量的成本较高，不可能针对所有复杂在轨目标进行遍历测量，得到的测量数据相对有限，因此在该领域多采用地面材料特性测量与成像仿真结合的方式实现在轨目标成像特性获取。在轨空间目标的光度信号主要由目标反射太阳光得到，它是目标外形结构、尺寸、姿态指向、表面材料特性以及观测几何的函数。近些年来，对于目标材料表面可见光波段 BRDF 测量以及光度信号、图像仿真的研究较为深入，给出了多种空间目标材料 BRDF 的实验室测量方法[1-4]以及建模方法[5-6]，并建立了基于 BRDF 的空间目标图像仿真方法[6-8]，得到的仿真结果在空间目标光度特性认知上具有一定的参考价值。

本文在文献［6－8］的基础上开展研究，完善了面向在轨观测的可见光波段空间目标时序成像特性建模与仿真方法，可有效支撑空间目标态势感知的相关应用。

2　建模原理

2.1　总体建模原理

卫星在轨运行过程中，背景光源主要有直接照射的太阳光、地球及大气散射的太阳光和星空背景杂光等。其中太阳直接照射产生的能量占主导地位，因此，本文研究的卫星反射特性主要是指卫星反射直接入射太阳光的特性。

建立的在轨空间目标的时序成像特性建模流程如图 1 所示。第一步，根据空间目标的几何结构模型进行面元划分，确定本体面元的法向量及位置等相关属性；第二步，根据空间目标相对于正常三轴稳定工作状态的姿态变化，确定该时刻的空间目标照明与观测矢量。考虑帆板对日指向，确定帆板面元的法向量及位置等相关属性；第三步，根据照明与观测矢量以及面元的相对位置信息，确定既能够被光照又能够被观测的有效面元；第四步，结合有效面元的 BRDF 模型及太阳的辐射特性计算面元的反射特性，结合观测星的位置以及光学系统/可见光探测器的特性确定目标的成像特性。

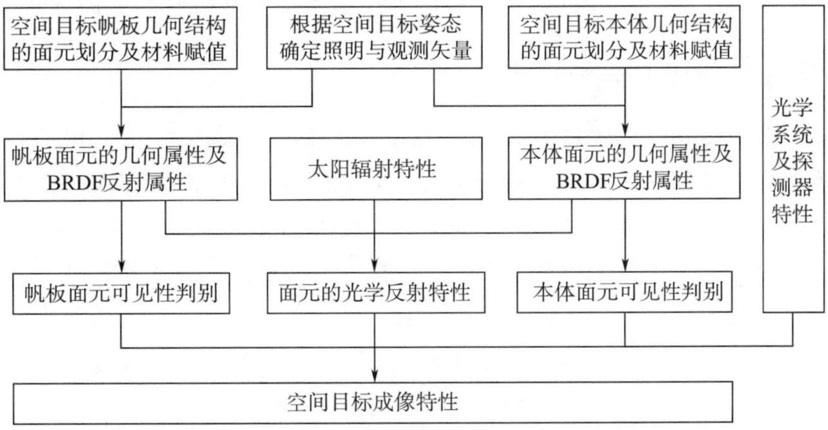

图 1　在轨空间目标时序成像特性建模流程

2.2　坐标系变换关系

空间目标成像特性建模需要定义下列坐标系：轨道坐标系 $R_o(OX_oY_oZ_o)$ 、卫星本体坐标系 $R_b(OXYZ)$ 、帆板坐标系 $R_p(OX_pY_pZ_p)$ 、相机坐标系 $R'(OX'Y'Z')$ 及探测器坐标系 $R''(OMN)$ ，如图 2 所示。各坐标系之间可建立转换关系，实现面元至探测器坐标系的几何投影。

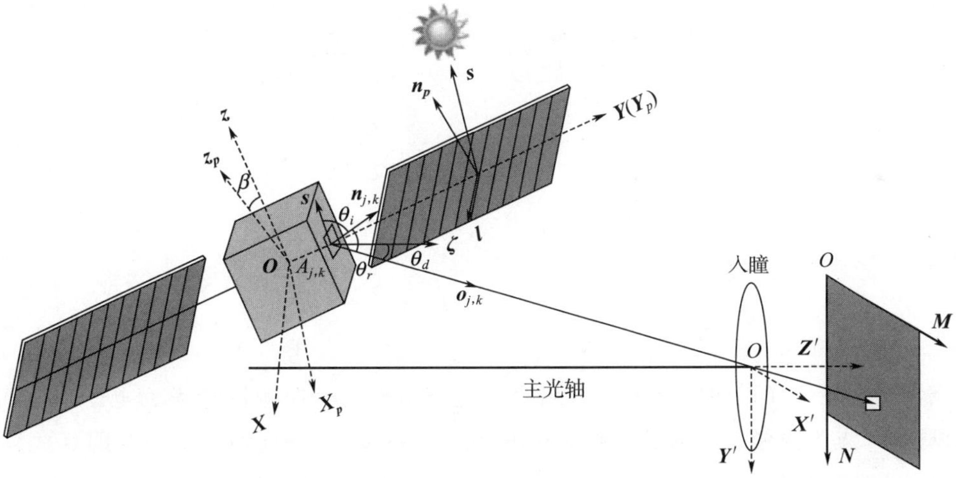

图 2　坐标系之间的关系示意图

3　模块建模原理

3.1　面元光学反射特性模型

本体坐标系下空间目标第 j 个面中第 k 个面元在入瞳方向的辐射强度为反射光谱强度是波长和时间的函数，表示为

$$I_{j,k}(\lambda)=E_{\text{sun}}(\lambda)A_{j,k}\langle \boldsymbol{n}_{j,k}\cdot \boldsymbol{s}\rangle\langle \boldsymbol{n}_{j,k}\cdot \boldsymbol{o}_{j,k}\rangle f_j(\lambda,\boldsymbol{n}_{j,k},\boldsymbol{o}_{j,k},\boldsymbol{s})\varphi_{j,k}(\boldsymbol{o}_{j,k},\boldsymbol{s}) \tag{1}$$

式中 $E_{\text{sun}}(\lambda)$ 为太阳辐照度，$A_{j,k}$ 为第 j 个面中第 k 个面元面积，面元矢量为 $\boldsymbol{n}_{j,k}$ ，$\boldsymbol{o}_{j,k}$ 为本体坐标系下第 j 个面中第 k 个面元—观测星入瞳中心的单位矢量，$\boldsymbol{s}$ 为本体坐标系下空间目标—太阳的单位矢量，$f_j(\lambda，\boldsymbol{n}_{j,k}，\boldsymbol{o}_{j,k}，\boldsymbol{s})$ 表示第 k 个面元为第 j 种材料时的 BRDF，Sun 模型是一个基于表面微面元高斯分

布统计概率建立的 BRDF 模型，可以很好地匹配光滑表面和粗糙表面，作为文中采用的 BRDF 模型。⟨•⟩为点积运算，$\varphi_{j,k}(\boldsymbol{o}_{j,k},\ \boldsymbol{s})$ 为面元遮挡因子，$\varphi_{j,k}=1$ 表示该面元可见且受到光照，$\varphi_{j,k}=0$ 表示该面元受到遮挡或者没有受到光照。基于 $I_{j,k}(\lambda)$ 可计算得到探测系统入瞳接收到的面元辐照度。

3.2 帆板面元的法向量及中心坐标计算

对三轴稳定卫星，本体面元的相关属性，如位置、法向量在本体坐标系下保持不变。但对于太阳帆板面元，由于其帆板做保持对日指向运动，帆板与本体之间存在实时相对转动，因此，需要单独计算太阳帆板面元在本体坐标系下的法向量。

由于太阳距地球十分遥远，入射太阳光可近似为平行光。对于三轴稳定卫星，一般具有较大的太阳能帆板，从卫星姿态控制的角度考虑，帆板通常为单自由度旋转，即帆板绕卫星本体 OY 轴旋转。

由于单自由度旋转，帆板对日指向的物理模型就是帆板法线与太阳光入射矢量之间的夹角最小（最理想情况是太阳光垂直入射，此时帆板的效率最高）。由图 2 可知，太阳帆板法线矢量 OZ_p 始终位于本体坐标系的 XOZ 面内。旋转太阳能帆板，使得其法线矢量 OZ_p 与照明方向矢量在本体坐标系 XOZ 面内的投影相重合，便可获得最小夹角，即可解得旋转角 β 。因此，本体坐标系下帆板的法向量及面元在帆板坐标系下坐标即可以计算得到。

3.3 面元探测可见性与光照可见性判别

在式（3）所示的面元光学特性模型中，$\varphi_{j,k}(\boldsymbol{o}_{j,k},\ \boldsymbol{s})$ 为面元遮挡因子，表示探测可见性及光照可见性。图 3 给出了复杂结构目标网格化面元在两个观测方向上的观测可见性判定结果。

(a) +x方向　　(b) +z方向

图 3　目标观测可见性判定结果

3.4 探测系统成像特性建模

3.4.1 响应模型

根据普朗克辐射理论，光谱辐射是由一定频率的光子组成，经探测器转换为电子，进而形成电流/电压。转换过程见图 4，A 为光学系统入瞳面积，PSF 为光学系统点扩散函数，h 为普朗克常数，c 为光速，G 为光电转换效率，η 为量子效率，τ_{int} 为积分时间，τ_o 为光学系统透过率，C_{int} 为积分电容，q 为电子电量，成像能量传输建模从电子数角度出发。可基于图 4 转换流程图实现目标面元 $A_{j,k}$ 在观测载荷入瞳处的光谱辐照度为 $E_{j,k}(\lambda)$ 至灰度的转换，图像的噪声可基于时空三维噪声模型仿真。

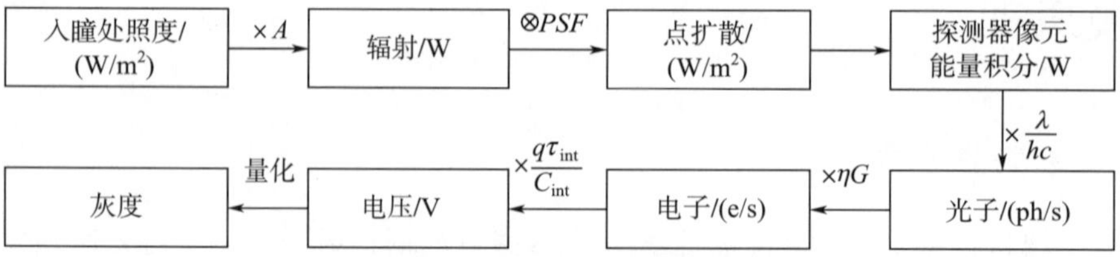

图 4　探测器响应过程能量转换流程图

3.4.2 传函模型

在轨运行过程中，观测卫星平台振动和光学系统衰减都会影响探测器接受到目标卫星的信号强度。为了便于计算，本文将这些影响因素转化为系统的传递函数，通过系统传递函数，得到系统的点扩散函数。系统 OTF 模型由两部分构成，光学系统 OTF_{optic} 和平台振动 OTF_{jitter}，系统的点扩散函数为系统传递函数的逆傅里叶变换

$$PSF_{system}(x,y)=F^{-1}\{OTF_{system}(\xi_x,\xi_y)\}$$

4 空间目标时序成像特性仿真

4.1 空间目标结构特性参数

本体尺寸为 1.2 m×1.2 m×1.2 m，帆板尺寸为 6.8 m×1.2 m×0.1 m，圆盘直径为 1.5 m，厚 0.1 m，连接杆直径为 0.1 m，结构如图 5 所示。

2 号卫星，本体尺寸为 1.2 m×1.2 m×1.2 m，帆板尺寸为 6.8 m×1.2 m×0.1 m，上圆柱的直径为 0.1 m、高 0.3 m，下圆柱的直径为 1 m、高 0.5 m，与下圆柱相连接的半球高 0.3 m。

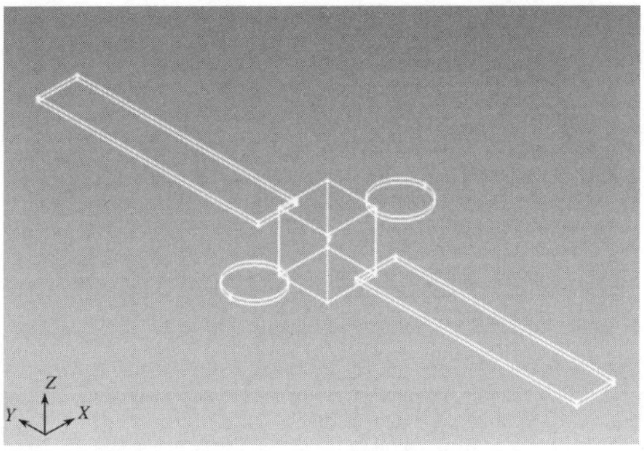

图 5　卫星结构

4.2 空间目标材料特性参数

仿真计算过程中，卫星本体表面包覆黄色热控材料，帆板正面贴满太阳能电池片，帆板背面涂有机黑漆，圆盘天线涂有机白漆。对于有机黑漆（反射率 0.04）和有机白漆（反射率 0.9），其反射特性遵从朗伯漫反射定律。黄色热控材料和电池片具有较强的镜反射特性，利用双向反射分布函数进行描述。

三种材料的表面粗糙度及波长 555 nm 处的菲涅耳反射率系数如表 1 所示。

表 1　模型参数

材料类型	均方根粗糙度 σ	菲涅耳系数 f_0	待定系数 n
黄色热控材料	0.014	0.0773	4.11
太阳能电池片	0.02	0.0156	8.31

4.3 目标和观测卫星轨道特性参数

目标卫星和观测卫星的轨道参数如表 2 所示，目标卫星为对地定向的三轴稳定卫星，观测卫星采用目标跟踪工作方式，探测系统光轴实时指向目标。

表 2　目标卫星与观测卫星的轨道参数

卫星	半长轴/km	偏心率/（°）	轨道倾角/（°）	近地点幅角/（°）	升交点赤经/（°）	真近点角/（°）
目标卫星	42 378.1	0	0	0	181.803	0
观测卫星	42 378.1	0	0	0	184.534	359.987

4.4 观测卫星探测系统参数

观测卫星探测系统参数如表 3 所示。

表 3 观测星探测系统参数

参量	波段	入瞳直径	焦距	面阵大小	像元尺寸
数值	0.3～0.8 μm	0.150 5 m	0.8 m	512×512	15 μm
参量	F 数	随机角度位移 σ	暗电流噪声 $\bar{n}_D$	饱和电压	量化位数
数值	5.315 6	28 μrad	1.467 1×10^{-5}e	0.3 mv	8 bit
参量	光电转换效率 G	量子效率 η	积分时间 τ_{int}	光学系统透过率 τ_o	积分电容 C_{int}
数值	95%	95%	27 ms	0.85	0.01 pF

4.5 仿真结果及分析

4.5.1 正常在轨状态下的时序成像特性仿真

图 6 给出了三轴稳定状态下的可见光时序成像特性仿真结果。可以看出，由于在轨光照及观测条件的时序变化，时序成像特性存在较大差异，在相位角接近于 0 时，目标反射太阳光强度最大，图像灰度也最高，如图 6（d）所示。本体和帆板由于材料 BRDF 特性不同以及存在相对运动（帆板对日指向，相对本体运动），在图像中也表现出了灰度差异。此外，由于探测系统的噪声及传函特性，图像中存在一定的噪声及模糊效应。

(a) 21 Mar 2015 04:50:00.000　(b) 21 Mar 2015 05:00:00.000　(c) 21 Mar 2015 05:30:00.000

(d) 21 Mar 2015 06:00:00.000　(e) 21 Mar 2015 06:30:00.000　(f) 21 Mar 2015 07:00:00.000

图 6　三轴稳定在轨状态下的时序成像特性

4.5.2 在轨姿态变化时的时序成像特性仿真

图 7（a）～（f）为目标不同姿态角时对应的探测图像，可以看出，目标姿态变化导致了光照及观测角的变化，导致图像特性差异较大，包括目标整体强度特性上的差异、目标构件（天线、本体、帆板）之间的遮挡效应等。同时，由于在探测器响应模型中加入了饱和电压以及量化位数描述，在仿真图像中能够出现饱和效应。

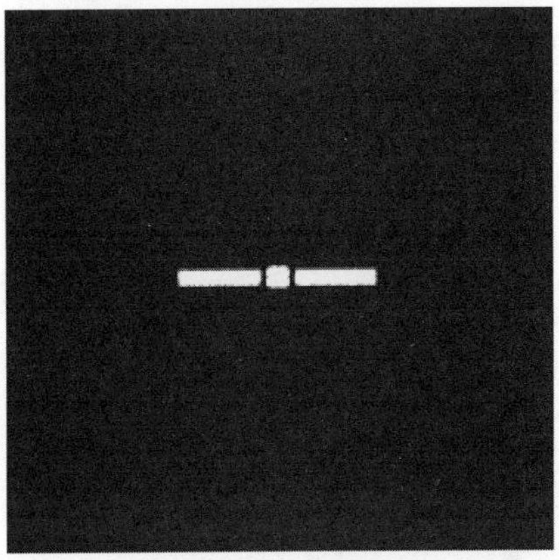

(a) $\theta=0$, $\phi=0$, $\Psi=0$

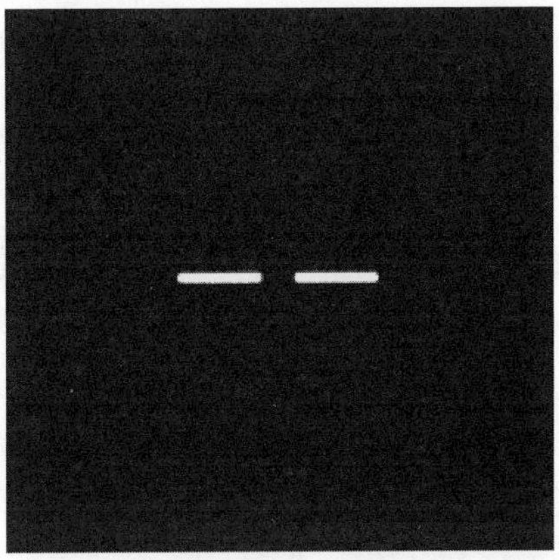

(b) $\theta=0$, $\phi=-30$, $\Psi=0$

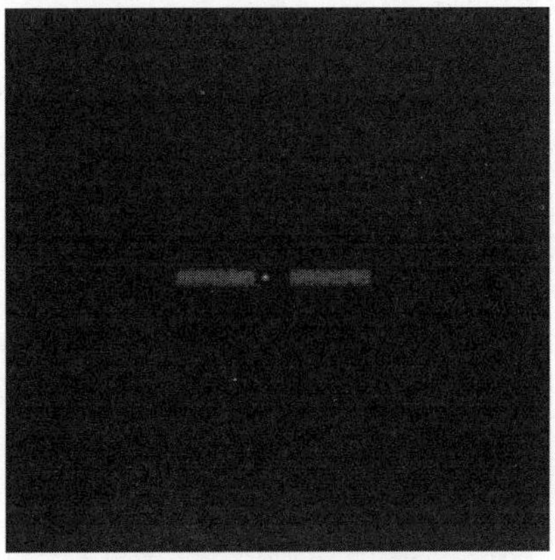

(c) $\theta=0$, $\phi=0$, $\Psi=10$

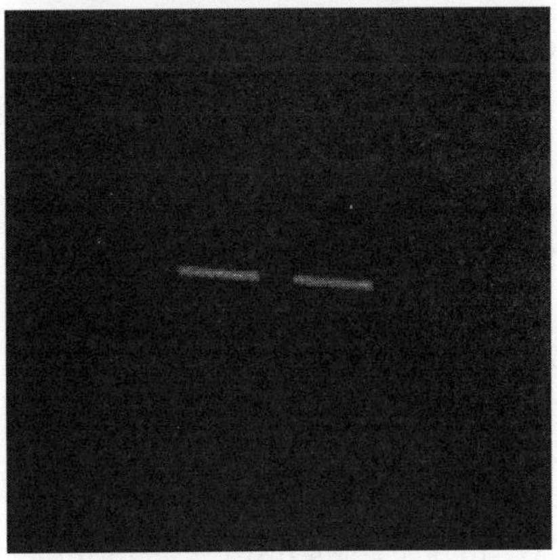

(d) $\theta=0$, $\phi=-35$, $\Psi=0$

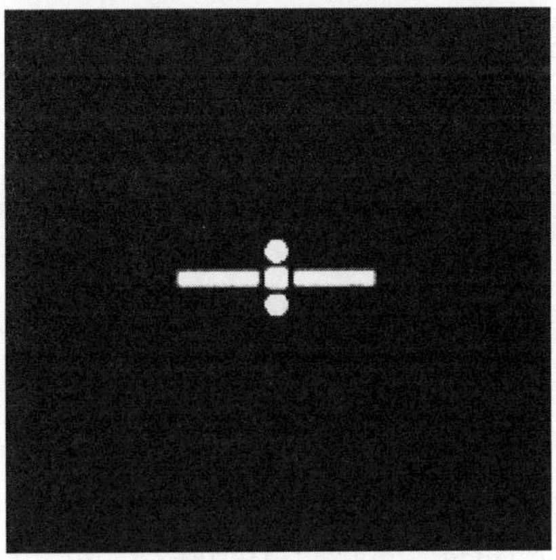

(e) $\theta=0$, $\phi=90$, $\Psi=0$

(f) $\theta=0$, $\phi=30$, $\Psi=90$

图 7　成像仿真结果

5　结束语

综合考虑空间目标的结构特性、材料表面 BRDF 特性、本体和帆板的运动特性、姿态特性、光照-观测几何以及探测系统的成像特性，提出了面向在轨观测的空间目标可见光成像特性建模与仿真方法。针对包含不同构件的空间目标的仿真结果看出，仿真模型能够体现不同姿态时的成像特性、不同构件的成像特性、目标构件（天线、本体、帆板）之间的遮挡效应、探测系统的传函特性、噪声特性、量化位数以及探测响应饱和特性，具备复杂结构目标在轨观测成像特性的描述能力。在天基目标光学态势感知研究中，该模型及仿真结果可以作为目标检测、识别以及辨识处理相关方法研究的输入，可有效支撑空间目标态势感知的相关应用。

参考文献

[1] H. Wang, W. Zhang, and A. Dong. Measurement and modeling of Bidirectional Reflectance Distribution Function (BRDF) on material surface. Measurement: Journal of the International Measurement Confederation, vol. 46, pp. 3654-3661, 2013.

[2] 袁艳，孙成明，张修宝．空间目标表面材料光谱双向反射分布函数测量与建模．物理学报，2010，59：2097－2103，

[3] W. Zhang, F. Wang, Z. Wang, and H. Wang. Measuring of spectral BRDF using fiber optic spectrometer. in 5th International Symposium on Advanced Optical Manufacturing and Testing Technologies: Optoelectronic Materials and Devices for Detector, Imager, Display, and Energy Conversion Technology, April 26, 2010 - April 29, 2010, Dalian, China, 2010, pp. The Chinese Optical Society (COS); CAS, The Institute of Optics and Electronics (IOE); The Society of Photo - Optical Instrumentation Engineers (SPIE).

[4] W. Zhang, H. Wang, and Z. Wang. Measurement of bidirectional reflection distribution function on material surface. Chinese Optics Letters, vol. 7, pp. 88 - 91, 2009.

[5] Q. Hou, X. Zhi, H. Zhang, and W. Zhang. Modeling and validation of spectral BRDF on material surface of space target. in International Symposium on Optoelectronic Technology and Application 2014: Optical Remote Sensing Technology and Applications, IPTA 2014, May 13, 2014 - May 15, 2014, Beijing, China, 2014, pp. China High - Tech Industrialization Association; Chinese Society of Astronautics (CSA).

[6] H. Y. Wang, W. Zhang, and F. G. Wang. Visible characteristics of space - based targets based on bidirectional reflection distribution function. Science China Technological Sciences, vol. 55, pp. 982 - 989, 2012.

[7] H. Wang, W. Zhang, and A. Dong. Modeling and validation of photometric characteristics of space targets oriented to space - based observation. Applied Optics, vol. 51, pp. 7810 - 7819, 2012.

[8] H. Wang and W. Zhang. Visible imaging characteristics of the space target based on bidirectional reflection distribution function. Journal of Modern Optics, vol. 59, pp. 547 - 554, 2012.

Visible Imaging Simulation of Space Objects Oriented to On - orbit Observation

HOU Qingyu　WANG Yihui　WU Peng　WANG Zhipeng

Research Center for Space Optical Engineering, Harbin Institute of Technology, Harbin　150001

Abstract The method for modeling and simulation of the visible imaging characteristics oriented to the space object observed in orbit is presented on the basis of comprehensive considering the structure characteristics of the space object, the BRDF characteristics of the material surface, the motion characteristics of the body and the solar panel, and the attitude characteristics of the satellite, illumination - observation geometry and the imaging characteristics of the detection system. Based on the principle of maximum light efficiency, a calculative method of panel normal vector is proposed. The simulation of photometric signal of object with a complicated structure is achieved by by computing detection visibility and illumination visibility of facets. The transfer function model of optical system and the photoelectric response model of detector are established, then the simulation of sequential images for on - orbit object can be realized. The simulation results show that the imaging characteristics of the complex structure space object can be simulated by this modeling method, and it can reflect the characteristics of sequential motion of the on - orbit satellite and the characteristics of detection system correctly, which can support the relevant applications of the situational awareness of space object effectively.

Key words Imaging simulation; Space object; On - orbit observation; Visible

空间生物组织旋转灌流装置

霍波　郭萌萌

北京理工大学宇航学院力学系，北京　100081

摘　要　随着载人航天和深空探测的逐步深入，阐明生命体感受和响应（微）重力的规律日益受到关注。对于执行长期空间飞行任务的航天员，需要面临的主要生理系统异常包括肌肉萎缩、免疫抑制、骨矿丢失等。虽然人们已经在地面开展了大量模拟微重力条件下生物组织生物学响应的研究，也在空间环境下开展了一些细胞水平的研究，但尚无组织水平的空间实验研究，也没有在空间模拟不同重力水平的实验研究。因此，我们研发了一种实验装置，使其在空间环境下既可对生物组织进行旋转以模拟重力场，又可同时对组织进行灌流以输送营养物质并控制其中的液体流动。

关键词　生物组织；空间重力场模拟；旋转；灌流；液体流动；装置设计

1　现状及存在的问题

近年来国际社会特别是中国对太空的探索包括载人航天等不断取得进展，而人类要实现长期空间驻留和飞行，必须要解决的一个问题是如何避免生理系统的异常，如肌肉萎缩、免疫抑制、骨矿丢失等。空间环境与地球表面最大的区别是重力消失或重力效应被向心力所抵消，因此阐明生命体如何探测或响应重力、微重力或无重力等不同环境对于理解生命发育、生长具有非常重要的意义。

为了研究不同重力条件对生命体的影响，人们已经建立了多种实验方法，但其中大部分都是在地面模拟空间微重力环境，包括落塔法、抛物飞行法、水浮法、悬吊法和气浮法[1]。其中落塔法是使研究对象自由落体，失重水平可达 $10^{-5}\ g\sim10^{-6}\ g$[2]；而抛物飞行法是飞机跃升拉起并进入失重抛物线轨迹飞行，失重水平可达 $10^{-2}\ g\sim10^{-3}\ g$[3]。相反，目前仍无在空间模拟重力的实验手段和方法。另外，在空间微重力环境所开展的生物实验中，大多数是细胞水平的研究，而较少有直接针对生物组织的空间实验。通常生物组织内具有不同种类的细胞，细胞间、细胞与基质间都会发生相互作用，单纯细胞水平的实验难以准确反映细胞周围的真实环境。而生物组织水平的空间实验，则可以更为直接地研究胞外基质的种类、结构、力学性质对细胞生物学性质的影响，也可以更真实地模拟细胞周围的生理和力学环境。

基于以上分析，我们认为有必要利用活体生物组织为细胞提供接近于正常生理条件的力学和生化环境，并在空间环境下观察施加力学刺激后生物组织的结构、力学性质以及细胞/分子水平各项指标的变化，以阐明空间生物组织生物学响应的调控机制。

2　实验装置设计原则

空间实验对实验装置的体积、电压、质量都有限制和要求，因此该装置的设计原则为小型化、低耗能和自动化。具体而言，此装置的核心功能有 3 个：首先需保证生物组织所在的环境密封、无菌；其次需保障充足的营养物质供应以防止发生组织中心坏死；最后还需提供持续稳定的 1 g 向心力以模拟重力。为满足上述原则和功能，此套装置的整体设计思路如下。为了保证生物组织的生长环境密封无菌，需要选用生物相容性材料为生物组织提供一个腔室，这个腔室的材料和结构应该可以容易地用常规消毒灭菌方式来进行处理；另外，为保证密封性，腔室所有出口均需要螺纹配合和 O 型硅胶圈。大部分生物组织都是多孔材料，在体外培养时常常因为营养物质输运效果差而导致组织中心坏死。因此，为了保证生物组织中有充足的营养物质，需要对生物组织进行灌流培养，以帮助提高组织成活率。另外，在灌流的同时还要防止培养基绕过生物组织而只沿组织边缘流出，所以在灌流方向的出口和入口处还需布置 O 型硅胶圈，其内径比生物组织块外径略小，从而有助于引导液体流经组织中心。最后，为了在空间环境中模拟重力场，还需要使生物组织可以做定轴圆周运动，通过改变转速来对其施加不同水平的向心力，亦即模拟不同水平的重力场。

3 实验装置分系统设计

根据以上的设计思路和设计原则，最终设计完成装置总体概念图如图 1 所示。

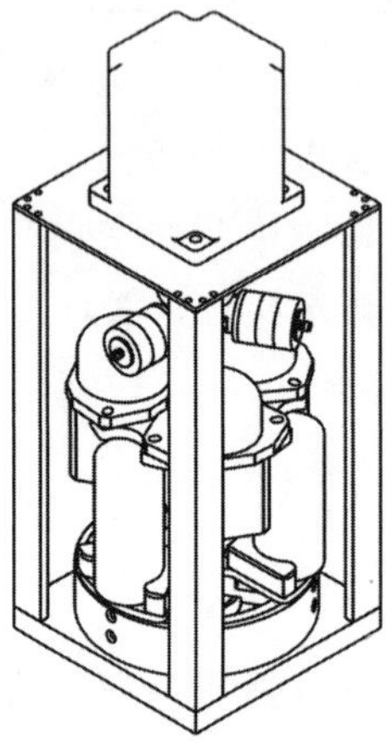

图 1　实验装置整体设计概念图

根据功能的不同将整套实验装置分为三个分系统，即固定系统、加载系统和灌流系统，三个系统配合运行能够实现生物组织的旋转加载和灌流培养。下面描述三个分系统的具体设计。

3.1 固定系统

固定系统在整个实验装置中主要起着支撑和固定作用，具体部件包括顶板、支架和底板等，整体尺寸为 $10\times10\times20\ cm^3$（图 2）。顶板上部用于固定加载系统中的电机，底板上方空间用于装配加载系统和灌流系统。

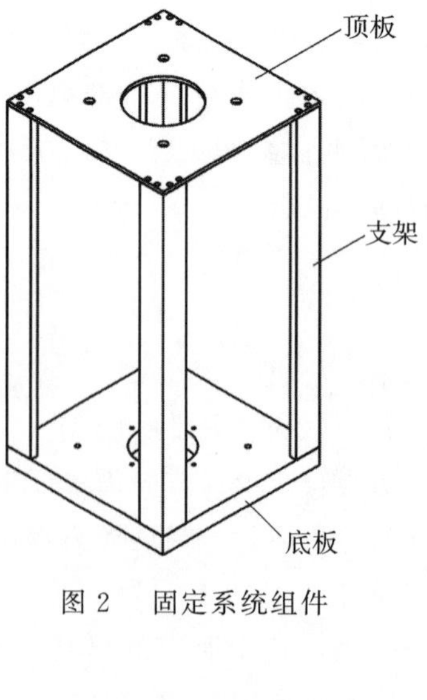

图 2　固定系统组件

3.2 加载系统

加载系统主要包括主轴、滚动轴承、轴套、联轴器、悬臂、泵托、瓶托、电源、控制器、驱动器和步进电机等（图 3）。主轴通过滚动轴承和轴套配合固定在底板上，悬臂、泵托、瓶托依次安装在主轴上。悬臂主要用于加载系统与灌流系统的连接，灌流系统内灌流腔体部件可以通过内法兰连接在悬臂上；泵托和瓶托分别用于放置灌流系统的蠕动泵和中转瓶；步进电机、驱动器和控制器可以实现主轴旋转，灌流系统内灌流腔体便受到向心力作用。

灌流系统与加载系统组装后，生物组织块质心距主轴轴线的水平距离为 $r=30$ mm。生物组织块绕主轴做圆周运动，根据匀速圆周运动向心加速度公式 $a=\omega^2 r$，为实现 1 g 的向心加速度，可以求出所需旋转角速度 $\omega=18$ rad/s。

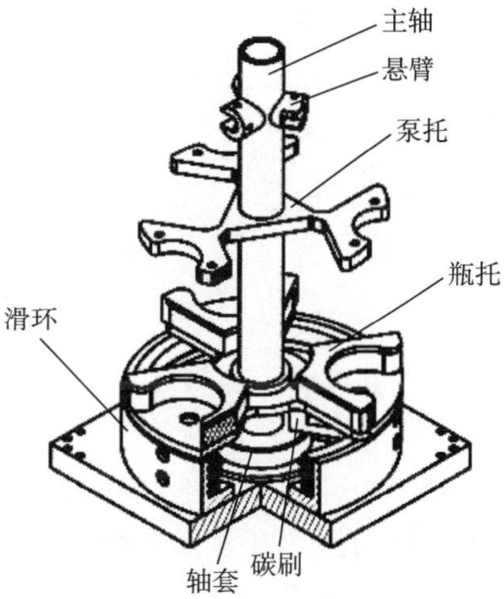

图 3 加载系统组件

3.3 灌流系统

灌流系统包括步进电机驱动控制器、蠕动泵、中转瓶、灌流腔体、密封螺栓、内法兰、O 型圈、电刷、滑环等部件（图 4）。

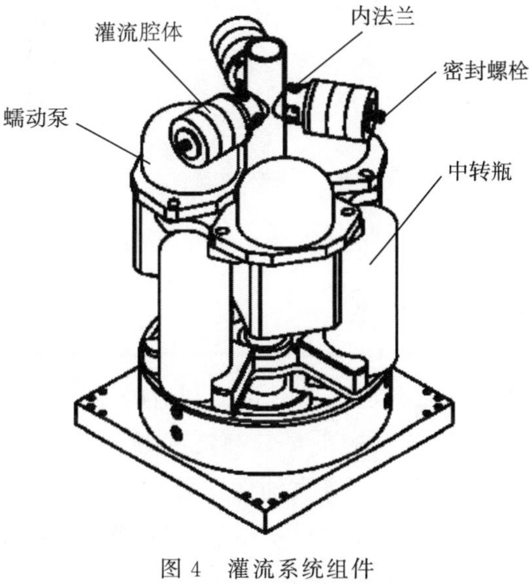

图 4 灌流系统组件

灌流腔体为圆柱状，腔体内可以放置尺寸为 Φ7 mm×7 mm 的生物组织，灌流腔体两端用 O 型圈和密封螺栓配合，可以为生物组织提供封闭的培养环境［图 5（a）］。密封螺栓另一端具有倒刺结构，此结构可保证密封螺栓和泵管连接的密封性［图 5（b）］。内法兰先与密封螺栓通过螺丝连接，再固定在加载系统的悬臂上，装配时将内法兰和悬臂的豁口对应，此豁口方便蠕动泵泵管引出［图 5（c）］。

步进电机驱动控制器驱动和控制蠕动泵，培养基由中转瓶出发，依次流经蠕动泵和灌流腔体内的生物组织，最后回到中转瓶中。此循环通路既可以实现对灌流腔体内生物组织的灌流以维持营养供应，也可以通过改变流速以对组织内的细胞施加不同流体剪应力。将蠕动泵、中转瓶和步进电机驱动器和控制器全部固定在加载系统的主轴上，可以避免导线缠绕问题和泵管缠绕问题。

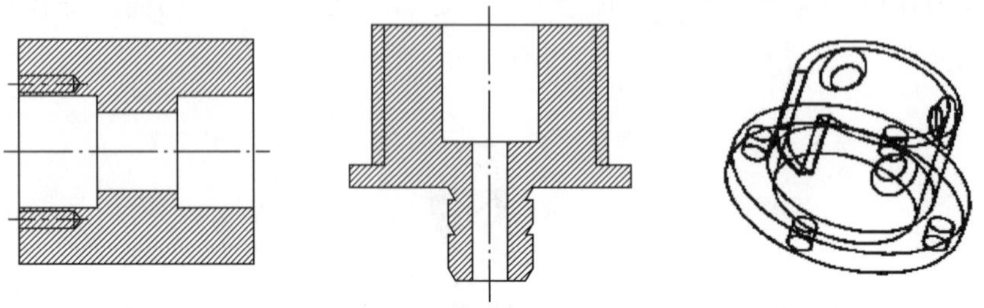

(a) (b) (c)

图 5　灌流腔体（a）、密封螺栓（b）和内法兰（c）

滑环与电刷配合可以实现为蠕动泵步进电机的动态供电，提供直流电流（图 6）。滑环由三部分组成：绝缘套、铜环和绝缘垫。绝缘套与固定系统底座连接，铜环固定在绝缘套上，绝缘垫置于两层铜环之间，避免在铜环接通正负极电流工作时候接触而造成短路。电刷共有两支，均固定在加载系统瓶托底部；两支碳刷的安装高度不一致，分别与滑环中的两层铜环接触；电刷圆柱腔内放置石墨棒，石墨棒后端安置弹簧，在装置运行过程中，石墨棒和铜环摩擦肯定会有损耗，弹簧可以使不断缩短的石墨棒与铜环保持紧密的接触。

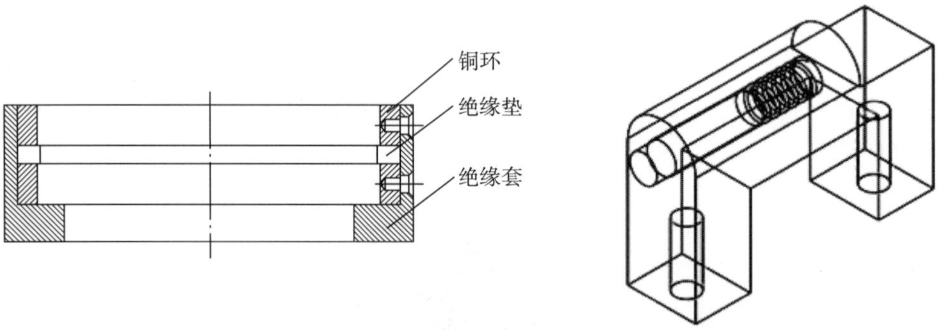

(a)滑环 (b)电刷

图 6　滑环和电刷

4　实验装置设计中的关键问题

蠕动泵要为灌流腔体工作，若它和灌流腔体不能保持相对静止的运动状态，则会发生泵管缠绕问题，故两者必须以相对静止的状态工作。因此，解决泵管缠绕问题的关键点是保证与泵管相连的灌流腔体、蠕动泵、中转瓶相对静止。由于灌流腔体必须绕主轴做定轴圆周运动，故蠕动泵和中转瓶均需安装在加载系统主轴上做定轴圆周运动。考虑到空间尺寸，从内法兰底侧到主轴轴套上端的竖直高度为 126 mm，从主轴外径到固定系统边缘的水平距离为 42.5 mm，蠕动泵和中转瓶的尺寸不能超出以上两个数值才有可能将 3 个蠕动泵和 3 个中转瓶合理地固定在主轴上。

为了避免导线缠绕，还需保持驱动控制蠕动泵步进电机的驱动器、控制器于蠕动泵相对静止，且为电子零件动态供电。传统的步进电机驱动器和控制器体积较大，无法安装在主轴。为解决此问题，选用了一种步进电机驱动控制微型智能设备，它能直接固定在步进电机上。另外，借鉴发电系统输送电流的思路，将接通外部电源的滑环设为定子，而将电刷设为转子。

加载系统与灌流系统的连接还需要考虑培养基输送泵管的走向问题。第一种走向是泵管先进入主轴，然后沿主轴内径竖直方向行走，接着从水平方向引出，最终实现与密封螺栓相连。采用此走向时，螺纹连接和螺栓连接均可，但都存在拆卸不便问题，而且螺纹连接还存在泵管缠绕问题。另外，泵管外径为4 mm，主轴内径为 12 mm，三条泵管即填满主轴内径，由于泵管壁之间摩擦很大，因此存在拆卸不便问题。第二种走向是泵管从悬臂和内法兰连接处进入，然后从水平方向引出，最终实现与密封螺栓相连。这时不论采用螺栓连接还是螺纹连接，均不存在三条泵管相互摩擦的问题。但当采用螺纹连接时，很难保证连接的紧密性和稳定性，其原因是连接处长度不能超过 12 mm，而其中泵管弯曲处需占用 6 mm，螺纹最长不能超过 6 mm。因此，本研究采用了第二种走向，并采用了螺栓连接方式。

5　装置加工装配及调试

5.1　实验装置材料选择

灌流腔体和密封螺栓是与生物组织直接接触的零部件，为了保证容器材料对生物组织的生命活性和代谢产物没有影响，材料需要具有生物相容性；其次为了观察方便，材料也应具有透明性；最后还需考虑材料的易加工性，因此选用了有机玻璃（PMMA）。滑环中绝缘部分采用尼龙-66，其中铜环选择铍青铜。碳刷由石墨和 304 不锈钢加工而成。由于瓶托下方有碳刷，而在工作时碳刷会整体带电，所以如果瓶托为金属材质也会带电，并且电流将通过瓶托和主轴传递给各个金属零部件，存在安全问题，故瓶托选用绝缘材料尼龙-66。另外，主要的承重部件，比如固定系统全部零件、加载系统主轴和灌流系统内法兰等，均采用 304 不锈钢，其他金属零部件采用 6061 铝。

5.2　零件加工及装配

在保证实验装置功能稳定性及安全性的基础上，以前期理论设计为依据，加工并装配完成了此实验装置。由于装置空间配合紧密，所以安装顺序尤为重要。在安装过程中，先将悬臂和泵托焊接在加载系统主轴的指定位置处，之后将两只碳刷分别固定在泵托之下，安装弹簧和石墨棒，用橡皮筋拉住石墨棒压缩弹簧，再用螺栓将滑环固定在底座上，安装瓶托，使石墨棒接触的位置正好是滑环上两层铜片的位置，剪短橡皮筋，释放石墨棒，使其与铜片充分接触，此时基本完成加载系统主要零件与固定系统的连接。为安装灌流系统，先在灌流腔体内放置生物组织，之后两侧放置内径略小于 7 mm 的 O 型圈，再在两侧安装密封螺栓，其中一侧安装内法兰后与悬臂通过螺栓连接，完成灌流腔体与主轴的连接。通过一根泵管依次连接密封螺栓、蠕动泵、中转瓶，用另一根泵管直接连接密封螺栓和中转瓶，完成灌流动力装置的安装。最后安装支架和顶板，并将步进电机安装在顶板上，通过联轴器与主轴连接。步进电机驱动控制器安装在其中一台蠕动泵步进电机驱动控制器下侧，滑环外侧有两对高低螺栓，用于固定内侧的铜环，将电源线分别与高低螺栓连接，可以实现通电。最终完成装配的装置实物照片如图 7 所示。

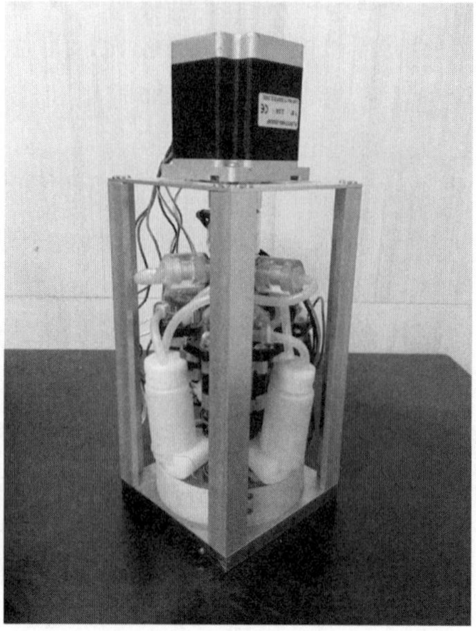

图 7 实验装置照片

6 讨论与结论

经初步检验，此实验装置在组装之后基本可以实现在室温下无渗漏密封灌流和稳定的 1 g 加速度加载。但为真正实现空间生物组织的长期灌流培养和旋转加载，此实验装置仍有待完善，最主要的问题是需要增加自动换液系统和温控系统。为了检验灌流培养及旋转加载对生物组织生物学性质的影响，需要对其不同时间点的代谢产物进行分析。而在空间实验时通常不具备实时分析的条件，所以需要在对生物组织更换新鲜培养基的同时，将代谢废液回收并冷冻保存，以便飞行器返回地面后进行分析。为实现这一交换过程，需要保证无菌以及自动换液。另外，新鲜培养基需要放置在 4℃ 环境中储存，细胞需要在 37℃环境中维持生长，回收的代谢废液需要在－20℃环境下冷冻保存，因此还需要温控系统来自动调节三种温度条件。在现有装置基础之上进一步增加自动换液系统和温控系统后，将可用于研究长期空间飞行条件下生物组织对空间重力环境感受和响应的力学生物学机制。

参 考 文 献

[1] 齐乃明，张文辉，高九州，霍明英．空间微重力环境地面模拟试验方法综述．航天控制，2011，29 (3)：95－100.

[2] 张孝谦，袁龙根，吴文东，田兰桥，姚康庄．国家微重力实验室百米落塔实验设施的几项关键技术．中国科学：技术科学，2005，35 (5)：523－534.

[3] 屈斌，王启，王海平，贾晓鹏．失重飞机飞行方法研究．飞行力学，2007，25 (2)：65－67.

A Device for Rotating and Perfusing Biological Tissue in Space

HUO Bo　GUO Mengmeng

School of Aerospace Engineering, Beijing Institute of Technology, Beijing　100081

Abstract　Along with the development of manned space flight and deep space exploration, it has been drawn attention how life senses and responds to (micro) gravity. The physiological disorder for astronauts with long - term space flight includes muscular dystrophy, immunosuppression and bone mineral loss, etc. A large number of experiments with on - the - ground simulated microgravity have been carried out to study the response of biological tissue, and there have been some researches at cell level performed in space, but the researches at tissue level as well as the experiments simulating different gravity levels have not been employed in space. Therefore, we designed and fabricated an experiment device that rotates a biological tissue to simulate the gravitational field, and perfuses the tissue for transporting nutrients by controlling the interstitial fluid flow.

Key words Biological tissue; Gravity field simulation in space; Rotation; Perfusion; Fluid flow; Device design

作 者 简 介

霍波，男，教授，就职于北京理工大学宇航学院，研究方向为生物力学，电子邮箱：huobo@bit. edu. cn。

立方星在对地光学观测中的应用

贺涛　张新伟　戴君

北京空间飞行器总体设计部，北京　100094

摘　要　随着航天技术的发展，立方星越来越多地应用于对地光学遥感任务中。文章介绍了对地光学遥感立方星的现状，分析了立方星对地光学遥感的能力及影响因素，梳理了使用立方星执行对地光学遥感任务的优势。实际情况表明，尽管立方星的对地光学遥感能力有一定局限，但是它仍有能力完成一些对地光学遥感任务。成本低、研制周期短、易于研制和发射是立方星相对于大卫星的优势，在诸如高时间分辨率对地观测和夜光遥感任务中，立方星有明显优势。

关键词　立方星；对地光学观；卫星平台能力；卫星应用

1　引言

对地光学遥感是一种利用光学谱段遥感手段进行对地观测的技术[1]。与地基和空基遥感手段相比，卫星对地光学遥感具有更大的覆盖范围和更高的时间分辨率，故在农业、测绘、海洋、气象、军事侦察等方面有广泛应用。对地光学遥感卫星自出现以来，体积质量一直呈上升趋势，功能亦变得复杂。自立方星出现后，这一趋势发生了变化。

立方星的标准是由 Jordi Puig－Suari 和 Bob Twiggs 两位大学教授提出。最初的定义为：1U 的立方星应为 10 cm×10 cm×10 cm 的立方体，质量小于 1.33 kg，功耗只有几瓦，数据传输速率不超过 1 Mbit/s，造价在 5 万美元至 20 万美元之间[2]。经过数十年的发展，立方星的质量、体积、功耗均已超出定义范围，但其设计理念始终如一，总结为以下 5 点：1）结构紧凑，追求小型化；2）采用 COTS 器件，降低成本；3）器件模块化，提高集成度；4）采用标准化接口，易拓展；5）低冗余备份程度，不追求单个卫星的高可靠性。

立方星在初期主要用于教学演示和地磁场、大气电离层、大气成分探测的探测，其搭载的光学载荷能力十分有限，对地光学遥感不是主任务。随着立方星电源、数据传输等能力的增强，出现了以对地光学遥感为主任务的立方星，标志着立方星已开始步入实用阶段，而不再是仅能做科学试验或教学演示的“玩具”[3]。各大学、科研机构均对立方星对地光学遥感十分关注，NASA、APL 等都制定了各自的立方星对地光学遥感计划。在立方星对地光学遥感计划的制定、实施过程中，有 3 个问题至关重要：立方星对地光学遥感应用的发展方向、立方星对地光学遥感能力的极限、立方星对地光学遥感如何发挥出最大优势。

本文通过梳理立方星对地光学遥感现状、分析立方星对地光学遥感能力、总结立方星对地光学遥感的优势，为上述问题的解答提供帮助。

2　对地光学遥感立方星的现状

对地光学遥感立方星的现状是分析立方星对地光学遥感能力与优势的事实基础。在具备对地光学遥感能力的立方星中，一部分将对地光学遥感作为辅助任务，仅搭载有对地光学遥感的设备，无对地光学遥感的任务要求，如 BeeSat[4]、NanoSail－D、Compass－1、HiNCube 等。对此类立方星，本文不研究。另一部分是将对地光学遥感作为主任务，有着与大卫星相似的任务要求，代表了立方星的对地光学遥感能力。通过公开发表的论文及立方星的官方网站上提供的资料，从中筛选出能代表立方星对地光学遥感能力的几颗，如表1所示。

表1 有代表性的对地光学遥感立方星（座）

卫星名称	主要载荷	用途	发射时间	研制机构
AAU[5]	CMOS相机	对地成像	2003	丹麦奥尔堡大学
ION[6-7]	光度计	大气辉光	2006（发射失败）	伊利诺伊大学厄巴纳-尚佩恩分校
CanX-2[8]	光谱仪	大气反射光谱	2008	多伦多大学
SwissCube-1[9]	CMOS相机	大气辉光	2009	洛桑理工学院
M-Cubed[10]	中分辨率相机	中分辨率对地成像	2011	密歇根大学
Jugnu[11]	近红外相机	近红外对地成像	2011	印度理工学院坎普尔分校
FLOCK[12]	中高分辨率相机	中高分辨率对地成像	2014	行星实验室公司
Aalto-1[13]	光谱仪	高光谱对地成像	2016	阿尔托大学
Cloud Cubesat[14]	近红外/可见光相机	测云	未发射	美国航空航天局戈达德太空飞行中心

从表中可以看出，从本世纪初到现在，立方星搭载的对地光学遥感载荷从可见光波段CMOS相机、光度计等发展到光谱仪与红外探测器。立方星可以执行的对地光学遥感任务因而从中低分辨率对地可见光成像、大气辉光探测类拓展到了高光谱探测、红外波段成像。立方星对地光学遥感能力在提高，这与平台能力的增强密切相关。

（1）通信能力

通信能力的主要影响载荷产生观测数据的下传能力。AAU卫星[5]、ION卫星[7]均只有速率在9 600波特率的业余无线电频段的通信链路，这仅能支持小数据量的任务，如低分辨率单波段对地成像、大气辉光强度测量等。CANX-2[8]卫星搭载有S波段数传模块，其数据下行速率可达512 kbit/s甚至1 Mbit/s，这大大提高了立方星所能下传的数据量，使它有能力完成光谱数据的下传。而FLOCK[12]星座采用了X波段数据，可达100 Mbit/s的下行通信能力，使得拍摄得到的3～5 m分辨率的对地图像（一张数据量约在20～30 Mb，视压缩情况而定）能够及时下传。

（2）姿态控制能力

姿态控制能力主要影响立方星光学遥感时的光轴指向稳定度。AAU[5]与ION[7]卫星采用磁控的三轴稳定策略，在这一控制方式下，卫星姿态稳定度不高，执行中高分辨率对地成像任务会造成图像模糊。FLOCK星座[12]采用了4个动量轮，姿态稳定度提升，可以对地面中高分辨率成像而不会模糊。

（3）星载计算机计算能力

星载计算机计算能力主要影响星务管理能力与数据处理能力。AAU、ION等卫星采用的是嵌入式计算机，运算能力一般，无法实现对卫星的长期任务规划，只能做短期规划或设定为电量充足时开机工作的模式。FLOCK[12]采用32位处理器，具有任务规划的计算能力，可以提高拍摄效率。AAU[5]与ION、CANX-2等均无星上图像压缩算法，这使得无效数据较多，降低了卫星的使用效率。M-CUBED[10]卫星试验了图像压缩算法，使得100 Mbit/s的原始数据可以压缩减少两个数量级，使得现有的立方星图像下传能力（最大的X波段数传在100 Mbit/s）可以满足MISP的多角度大幅宽观测的需求。

（4）电源能力

电源能力主要限制器件的使用，电源不足时，很多高性能但高功耗的器件无法使用。AAU、ION-1均是体装太阳电池，平均功率在1W左右，仅能支持一些低功耗器件工作因此星地指令通信与数据下传只能共用UHF波段测控模块（峰值功耗约5W），而无法再添加一个S波段数传模块；只能用低精度太阳敏感器与磁力矩器组合进行姿态控制，无法再支持动量轮。CANX-2使用可展开的太阳电池板，可支持7 W的平均功耗，这样就使得立方星有能力支持S波段数传模块、动量轮。

从梳理的立方星对地光学遥感现状与分析可以看出，立方星在对地光学遥感领域已有诸多应用，立方星的对地光学遥感能力在逐步增强。

3 立方星对地光学遥感能力分析

从上一节的分析可以看出，立方星的对地光学遥感能力受平台的限制。这一节通过对平台能力的分析，梳理出立方星有能力完成的对地光学遥感任务。

3.1 平台限制

（1）主要限制来源

限制立方星能力的因素主要有3个：体积小、星内系统无备份、采用商业化的器件。

体积小使得立方星内部空间有限，难以容纳大型载荷与形状不规则的动量轮与星敏等，也使可携带的蓄电池数量受限。立方星的外表面积也有限，这使得太阳能电池片、天线、载荷对地光学系统、星敏感器、太阳敏感器、散热面这些需要占用外表面器件的尺寸受限。

立方星的低成本思想使星内系统无硬件备份，没有三中取二的计算机系统。这使得整星应对单粒子效应的能力下降，造成姿态控制与通信的稳定性与可靠性变差。

采用商业化器件是立方星成本低的一个重要原因，但这也使得立方星器件的耐辐射能力、温度适应范围不如航天级器件，这使得立方星的在轨寿命比大型卫星短。

（2）供电能力限制

由于外表面有限，太阳能电池片的布设面积受限于此。可展开式的太阳翼除了成本与可靠性的问题，对于姿态的要求也相应提高。而且，由于立方星外面表积小，可展开式的太阳翼的绝对面积难以做大，其绝对发电功率依然不高。一般来说，一个3U立方星体装太阳电池片时的发电能力约为6～8 W，3折双翼展开时的发电能力约为40 W左右，而大卫星使用的测控应答机功耗都在几十瓦量级，立方星完全没能力承受这样的器件。另外，由于卫星内容量有限，蓄电池的总体积有限，尽管立方星一般选用能量密度高的锂离子蓄电池，其能力仍然有限。对于一个3U的立方星，若0.5U的体积为蓄电池，锂离子蓄电池的能量密度约为300 Wh/L，则总能量最多为150 Wh。

立方星现有的供电能力无法支持功耗高的载荷如激光器等的正常工作。动量轮、电辅助加热片的数量与功耗都受限，意味着姿态机动能力与热控能力受限。测控数传的发射功率同样被限制，使得通信码速率受限。运算能力强的计算机通常功耗较高，在立方星上也难以实现搭载。

供电能力有限的条件下，卫星载荷开机一段时间后，可能需要多圈的空闲才能实现能量平衡，使得执行任务的时段与频度受限，卫星难以发挥出最大效能。

（3）通信能力限制

由于电力的限制，发射功率不能太大。由于外表面积影响天线尺寸，天线增益有限。相关模块的计算能力有限，可处理的最大数据率是有限的。

理论上讲，载波频率越高，信道通信能力越强。对立方星来说，常用的有UHF、S、X三个波段，分别使用不同的发射与接收天线，因而天线增益不同。下面结合目前立方星器件市场上成熟的通信模块及地面站配置，对不同波段通信能实现的最大码速率进行计算，得到表2。其中，卫星轨度高轨为500 km，起始接收仰角为5°，卫星信号发射功率为30 dBm，地面接收系统的噪声等效温度为300 K，对于UHF波段，误码率要求小于10^{-5}（对应的Eb/N0值为9.6 dB），S波段通信误码率要求小于10^{-6}（对应的Eb/N0值为10.6 dB），X波段通信误码率要求小于10^{-7}（对应的Eb/N0值为11.5 dB），大气损失、电缆连接点损失共计6 dB，通信链路余量3 dB。

表 2 各波段理论最大码速率与支持载荷的能力

波段	发射天线增益/dB	接收天线增益/dB	码速率/(bit/s)	单站一天接收的数据量/b	可支持的载荷
UHF	0dB	18 dB	～300 k	～720 M	小数据量非成像载荷
S	8 dB	38 dB	～2 M	4.8 G	小数据量成像载荷
X	18 dB	49 dB	～100 M	240G	中等数据量成像载荷

除通信速率不高外，立方星通信链路也存在稳定性差的问题。因为立方星外表面积有限，一般只有一组天线，卫星姿态出现自旋时，卫星对地面发生周期性变化，非全向的数传天线与地面的链路余量也是呈周期性变化的，数据传输链路时断时续，难以完成数据传输功能。另外，由于采用商业级器件，产生单粒子效应造成重启时，由于没有备份，传输会间断，造成严重丢帧。

(4) 姿态控制能力限制

受体积与功耗所限，目前立方星的姿态测量器件多采用太阳敏感器与磁力计和 MEMS 陀螺组合形式，星敏感器与红外地平仪等功耗体积大的器件无法使用。目前，虽然柏林科技公司与 ISIS 商店已有可用于立方星的星敏感器与红外地平仪，国内的 TW-1 卫星等也搭载了相关仪器，但使用这些器件仍给整星带来了较大资源开销，其性能也较差，如星敏 BST-200，由于光学系统体积所限，其太阳抑制角为170°，杂光抑制能力太弱使得星敏在很多情况下无法正常工作。卫星本身质量轻小，且多数以磁力计作为地影区主要姿态确定方式，故整星的磁状态对姿态控制的影响会较显著，以一个 3U 的卫星为例，其质量一般在 4 kg 左右。在其剩磁地磁对姿态影响也很大。在敏感器失效的阶段做姿态外推之用的陀螺，在立方星上只能考虑 MEMS 陀螺的，但是其性能不行，零偏漂移量为 57.6°/h。

由于搭载的姿态控制计算机无三中取二机制，单粒子事件发生时，易造成重启，有可能导致姿态失稳。

体积与功耗的限制使得动量轮在立方星上的应用受限。动量轮作为运动部件，其功耗相比印制电路板大。动量轮体积必须做得很小，所以其中的转子质量小，要使其有足够的转动力矩输出，对转速要求较高，使得制造工艺复杂、价格昂贵。

立方星因体积质量小，受地磁场影响较大，因此磁稳定是立方星的一种常用稳定形式。但采用磁稳定的前提是整星剩磁力矩要足够小，这一要求给整星布局、器件选用带来了约束。鉴于目前立方星无能力搭载姿态控制发动机，卫星的姿态建立、动量轮的卸载均需要依靠磁力矩器完成，整星剩磁约束难以避免。

(5) 轨道控制能力限制

因体积有限，只能携带少量推进剂。而且，喷气推进系统复杂、成本较高。国内南京理工大学研制了冷气推进系统，总冲为 10 Ns，真空推力约 10 mN，且处于试验阶段。这使得轨道保持、变轨、离轨能力受限，影响了卫星的寿命及执行任务的机动灵活性，还会增加太空垃圾的数量。目前，非喷气离轨方式研究较多，有用带静电的长线、柔性帆做离轨装置的研究[15]，但目前均处于实验阶段。

(6) 热控能力限制

热控能力的限制来源于体积、功耗与成本的考虑。传热方式主要是结构传热，无法使用工艺复杂、价格昂贵的热管，这就使得太大功率密度的设备（如激光器）不能使用。由于表面积有限，散热面大小受限，整星的总功耗也受限。电源能力限制了主动加热片的使用，目前的立方星中大多只有蓄电池带有加热片。

另外，功耗体积限制使得星上无法安装斯特林制冷机与红外热辐射器等装置，使得制冷能力不足。1.5 μm 以内的近红外由于不需要太低温度，已有项目在做，虽然理论上有可能实现，但仍未发射。而中长波红外大多要求的温度值在 77K 以下，必须采用斯特林制冷机与红外热辐射器等装置，目前体积、功耗均很大，立方星无法承受，所以无法搭载此类载荷。

星上温度波动较大，有些严酷的时候只能保证到器件的存储温度，而不能满足工作温度要求，这就意味着有一些时段卫星无法执行任务。影响了卫星的使用效率。

3.2 载荷限制

立方星可搭载的载荷种类受限于卫星体积、功耗、热控能力。

（1）高分辨率光学成像载荷

光学系统口径受体积与对地面面积约束，最大的光学系统口径为 $D=0.1\ \mathrm{m}$，在 500 km 轨道高度上的衍射极限地面分辨率为

$$1.22\frac{\lambda}{D}h=1.22\times\frac{0.55\ \mu\mathrm{m}}{0.1\ \mathrm{m}}\times 500\ \mathrm{km}=3.3\ \mathrm{m}$$

因此，立方星在目前的遥感卫星常用轨道高度上无法实现亚米级高分辨率对地成像。目前的立方星采用降低轨道的方式得到较高的地面像元分辨率，但这带来了卫星姿态干扰力矩增多的问题，使高分辨率成像质量受到影响。

（2）主动光学载荷

主动光学成像载荷的激光器无法搭载于立方星上。考虑到体积与表面限制的回波接收光学系统口径最大为 0.1 m，其所需的激光脉冲发射能量应在 200 mJ 以上，才能满足使用要求，此时所需的激光器供电电容体积远远超过立方星容积，因此无法实现。

（3）需制冷的红外成像载荷

星载制冷器多为辐射制冷和斯特林制冷器，斯特林制冷机体积功耗大，立方星平台无法搭载。辐射制冷器采用可展开式设计，可以满足短波红外的制冷需求，但对于中长波红外目前仍无法满足制冷需求。cloud cubesat 卫星即搭载了制冷式的近红外成像载荷，用于观察云的分布。

（4）高光谱相机

星载高光谱相机将产生空间维与光谱维的数据，每一行的数据量是同样状态下的全色成像数据量的数百倍之多，在成像像元数及光谱谱段数多的情况下，立方星无法满足传输数据量的需求。因此对于部分数据量大的高光谱载荷，立方星无法搭载。

表 3 从载荷角度梳理了立方星有能力搭载的对地光学遥感载荷。

表 3　立方星搭载对地光学遥感载荷能力

仪器名称	立方星搭载能力	限制因素或应用实例
光度计	可搭载	ION-1、FIREFLY
高分辨率相机	无法实现亚米级分辨率	受光学系统口径限制
可见光/近红外多光谱相机	可搭载	CANX-2、cloud cubesat
中长波红外相机	无法搭载	无法满足制冷温度要求
激光雷达	无法搭载	无法激光器能源需求
高光谱相机	部分无法搭载	无法满足数据量下传需求
多角度偏振成像仪	可搭载	cloud cubesat
海洋水色仪	可搭载	CANX-2

3.3 立方星执行对地光学遥感任务能力的分析

对地光学遥感是对地观测与航天光学遥感的交集，为对地观测中的光学谱段遥感任务。在 CEOS 梳理的 21 种对地观测任务中，涉及对地光学遥感手段的任务如下。

（1）大气观测

大气观测分为大气气溶胶、大气温湿度、大气气体成份与闪电探测。

大气气溶胶探测可采用激光雷达、多光谱多角度偏振成像手段完成。由于立方星无法支持激光器，

所以激光雷达无法使用，可采用的是多光谱多角度偏成像手段。

大气温湿度探测可以采用激光雷达、超光谱探测。激光雷达与超光谱均因体积过大而无法搭载于立方星。且大气温湿度探测需要同时得到各个光谱段的信息，FP 腔不满足需求，因此只能用光栅分光，无法实现载荷小型化。

大气气体成分探测可以采用红外光谱仪、激光雷达、辉光探测手段。红外光谱仪在中长波谱段的制冷器及激光都无法搭载于立方星平台，辉光相机于 SwissCube-1 卫星上已有实现。

闪电探测采用光电二极管探测就可实现，FIREFLY 卫星[16]已实现。

（2）陆地观测

陆地观测主要包括地形测量、植被测量与地表温度测量。

地形测量采用可见光多光谱成像、立体成像、激光雷达手段。多光谱成像如 FLOCK 星座就有实现，但值得注意的是，FLOCK 卫星采用面阵三色器件实现多光谱成像，所得图像虽是彩色，但其并不包含足够的三色谱段信息，无法应用于定量遥感领域。立体成像方式受平台稳定度影响，很难实现有效的立体交汇。激光雷达无法搭载。

植被测量可采用激光雷达、可见光近红外的高光谱、多角度相机。激光雷达无法搭载。cloud cubesat 已成功解决近红外制冷的问题。M-CUBED 卫星采用了多角度相机的方案，目前采用 X 波段数传解决了数据量问题，但多相机安放空间问题还未有效解决。

陆表温度测量需依靠长波红外成像，立方星无法满足探测器的制冷需求。

（3）海洋观测

海洋水色采用高光谱的可见光\近红外探测，CANX-2 已有搭载。

海面温度需采用长波红外探测，受到探测器制冷需求限制，无法搭载。

（4）冰雪观测

冰层形貌可采用多角度多光谱的可见光波段成像、激光雷达进行观测。多角度多光谱的可见光有望实现，但目前受姿态控制精度影响，测绘精度低。激光雷达无法搭载。

雪覆盖采用可见光/近红外的多光谱成像观测，因 FLOCK 等采用的是面阵三色器件，无法得到辐射定量信息，目前还无法实现雪覆盖的探测，但在理论上，立方星具备该潜力。

（5）灾害监测

灾害监测采用各波段的光学遥感影像，其中紫外、可见光与近红外像已可实现，中长波红外受到制冷能力的限制无法实现。灾害监测的需求在于高时间分辨率，这恰恰是立方星星座的优势所在，美国 PLANET LABS 公司的 FLOCK 星座在此方面将有较大应用。

以上分析可知，限制立方星对地光学观测的主要因素为电力供应、仪器体积和制冷能力 3 方面。为了实现更多的对地光学遥感功能，立方星的载荷需向小型化、节能且不需制冷的方向发展；立方星平台的电力、制冷能力也需提高，如提升电池片转化率等。但立方星由于质量体积小，短期内资源提升能力有限。因此，优化载荷性能是目前主要发展方向。

表 4 从任务角度梳理了立方星的对地光学遥感能力。

表 4　立方星有能力完成的对地光学遥感任务表

任务名称	技术手段	技术成熟度
大气气溶胶探测	多光谱多角度偏振成像	有研制试验计划
大气气体成份探测	辉光探测	已有应用
闪电探测	光电二极管探测	已有应用
地表测量与成像	可见光多光谱相机	已有应用
海洋水色	高光谱的可见光近红外探测	有研制试验计划
冰层形貌	多角度多光谱的可见光波段成像	理论上可行

续表

任务名称	技术手段	技术成熟度
雪覆盖	可见光/近红外的多光谱	理论上可行
灾害监测	紫外可见近红外遥感成像	已有应用

4　立方星对地光学遥感的优势

4.1　立方星的特点

立方星在对地光学遥感任务中的优势来源于立方星的特点：研制易、发射易、更新快、成本低。下面对这几个特点进行分析：

（1）研制难度低

相比大型卫星，立方星的研制更容易，原因主要有以下 3 点：1）除了特殊部件外，立方星采用的器件多为成熟的 COTS（Components Off The Shelf）器件，器件获取容易；2）立方星的器件均是模块化器件，软硬件接口均符合立方星标准，模块化使得卫星设计是一种类似组装计算机的工作，技术难度低；3）立方星的体积质量小，试验与组装方便。所以实验所需要的实验条件降低，如真空罐、振动台等均采用小号的就行，运输也是方便，组装也不需要专门的工装，卫星组装场地也不需要很大。

（2）发射机会多

相比大型卫星，立方星的发射机会更多，原因有 2 点：1）立方星体积质量小、形状规则，作为搭载发射，寻找主星方便。由于其体积足够小，除了用运载火箭运送至轨道外，也可用货船运到空间站再放置入轨，且可以一次发射多颗；2）立方星体积质量小，相比大型卫星的基频高，远高于运载火箭的基频，其力学适应性好。

（3）研制周期短

相比大型卫星，立方星的研制周期短，原因有以下 3 点：1）立方星采用的 COTS 器件不需定制，采购周期短；2）器件的功能高度集成，模块间的接口少，整星的总装测试工作量小，耗时少；3）力热试验易做且由于可靠性要求低，试验项目可大幅度减裁与降级。

（4）成本低

立方星的核心竞争力就是整星的研制、发射成本很低。原因为以下 4 点：1）商业化器件采购成本低；2）实验项目少、要求低、时间短，所以实验成本低；3）采购来用于总装卫星的器件均是功能集成的模块化器件，卫星只需做系统级的设计与实验，不再需要设计单机级实验，所需人力成本低；4）立方星体积质量小，发射成本低。

4.2　立方星执行对光学遥感任务的优势

立方星最重要的特点就是成本低，这使立方星更易于实现多星组网的全球高时间分辨率观测以及作为不成熟遥感方法的试验卫星与补充卫星出现。

（1）低成本多星组网获得高时间分辨率观测数据

高时间分辨率遥感与分布式遥感系统均需要卫星组网观测。在灾害监测等用途中，需要高时间分辨率的遥感图像，这需要利用低轨遥感星座或高轨卫星。但目前，高轨卫星的分辨率只达到了 50 m，目前可行的技术途径仍为低轨遥感星座。

立方星由于具有发射易、成本低、研制周期短的特点，可以在短期内筹措到足够的资金，并完成卫星制造与批量化的发射入轨，所以组网容易。而且相比于大卫星，其研发周期短也意味着新技术可以较快应用在星上、适应新需求的卫星可以尽快投入使用，这样就可以使星座快速适应市场需求的变化，更好地服务全球用户。

（2）低成本实现对地光学遥感任务的试验与补充

随着对于观测手段的发展，很多新观测方法被应用到卫星上。新方法由于不成熟而带有很多不确定性，若在首发星就用造价高昂的大型卫星，采用未经飞行验证的新方法实现对地观测，会存在较大的风险。此时，若采用成本较低的立方星作为试验星，尽管在观测范围、时长等都远不如大型卫星，但仍可用于验证技术，从而降低了风险。

另外，有些对地遥感需求市场并不大，不值得为此专门发射一颗大型卫星，立方星作为一种低成本的实现方式，可以满足更多小众遥感需求群体的愿望。夜光遥感就是这样一种新型对地光学遥感方法，它是指在无云情况下在可见光波段对地面的灯光等光源成像。夜光遥感在经济发展研究、重大事件对地区的影响评估等方面有应用。由于需求相对少，且夜光遥感任务的长期执行会影响光照区对地观测任务，因此大型卫星极少在夜间对地成像。更重要的是，夜光遥感任务对卫星平台的要求较低：1）主要载荷（相机）在地影区工作，此时无阳光照射，内部产热有利于整星温度范围的保持；2）工作在地影区，所以光照区除了过境地面数传接收站外，均无任务，可以对日定向充电，最大化补充电能，有利于能量平衡；3）相机开机成像期间，无太阳光照，对星敏的太阳抑制角要求低；4）夜光遥感不需要高的分辨率，百米级分辨率的夜光遥感图像就可以满足应用需求。因此，采用立方星执行夜光遥感任务有较明显的优势。

5 结束语

1）立方星在对地光学遥感领域已经有较多应用，且处于不断发展中。随着技术发展，立方星平台承载能力在提高，立方星将可以搭载更多种类的载荷，也就会有更多的应用。立方星对地光学观测有较好的发展前景。

2）立方星在对地光学遥感中有一定优势。相比于单星执行任务，立方星的优势在于多星组网实现全球观测。目前 PlanetLabs 公司已经利用立方星星座率先实现了每天对地球大部分区域覆盖一次的能力。

3）从立方星在对地光学遥感领域的应用情况来看，立方星作为一种在现有技术条件及成本状态的情况下，为满足需求而产生的一种卫星设计思路，是为了满足一些与之前航天任务所不同的需求（如低成本等）产生的，是需求与现有技术共同的产物。从长远来看，立方星的设计理念将会渗透到大型卫星当中，而大型卫星的质量思想也将部分地应用于立方星的设计之中，两者终将合而为一，共同促进卫星设计的进步。

参考文献

[1] 刘兆军，周峰，李瑜．航天光学遥感器对红外探测器的需求分析［J］．红外与激光工程．2008（1）．

[2] J. Bouwmeester J G. Survey of worldwide pico－and nano satellite Missions and subsystem technology［J］. Distributions Acta Astronaut.

[3] Rainer S. Status and trends of small satellite missions for Earth observation［J］. Acta Astronautica. 2010.

[4] BeeSat－1 https：//en. wikipedia. org/wiki/BeeSat－1＃cite _ ref－AMSAT _ 4－0［Z］. 2016：2017.

[5] AAU _ CubeSat https：//en. wikipedia. org/wiki/AAU _ CubeSat［Z］. 2016：2017.

[6] Swenson G. Optical sensing of atmospheric emissions with Cubesats and Nanosats［J］. Sensors and Systems for Space Applications. 2007.

[7] Thakker P. ION－1 and－2 Cubesat Optical Remote Sensing Instruments［J］. American Institute of Aeronautics and Astronautics. 2010.

[8] K. Sarda E. Canadian advanced nanospace experiment2：scientific and technological innovation on a three－kilogramsatellite［J］. Acta Astronaut. 2006，59.

[9] Noca M. Lessons learned from the First Swiss Pico－Satellite：SwissCube［Z］. 2011.

[10] Dontchev K A. M－Cubed：University of Michigan Multipurpose MiniSatellite with Optical Imager Payload [R]，2007.

[11] Jugnu https：//en. wikipedia. org/wiki/Jugnu _ %28satellite%29 [Z] . 2015：2017.

[12] Flock https：//en. wikipedia. org/wiki/Flock－1 [Z] . 2017：2017.

[13] A A K. Aalto－1 nanosatellite － technical description and mission objectives [J] . Geoscientific Instrumentation Methods and Data Systems. 2013 (2) .

[14] Martins J V. UMBC－NASA PACS and Cloud－CubeSat [R] . Department of Physics，UMBC，2015.

[15] Praks J. AALTO－1 － AN EXPERIMENTAL NANOSATELLITE FOR HYPERSPECTRAL REMOTE SENSING [R]，2014.

[16] D. E. Rowlandetal.，The NSF Firefly CubeSat Mission：Rideshare Mission to Study Energetic Electrons Produced by Lightning，in Proceedings of the 2011 IEEE Aerospace Conference [R]，2011.

The Application of Cubesat in Optical Earth－observation

HE Tao　ZHANG Xinwei　DAI Jun

Beijing Institute of Spacecraft System Engineering，Beijing　100094

Abstract　By the development of space technology，cubesat take part in optical earth－observation with more and more application. This paper introduced the present situation of optical earth－observation cubesat，and analyzed the ability of cubesat in optical earth observation with its influencing factors，and gave the advantage of cubesat in optical earth observation. Actual example shows that although there is constraint，cubesat is still capable in accomplishing some earth observation mission. Low cost，short cycle，easy to build and launch is the key advantage of cubesat relative to big satellite. In the mission such as high time－resolution imaging and night－time imaging，the cubesat has clear advantage.

Key words　Cubesat；Optical earth－observation；Satellite Platform ability；Satellite application

作 者 简 介

贺涛，男，助理工程师，就职于北京空间飞行器总体设计部，从事航天器总体设计工作，电子邮箱：zd09ht@163. com。

综合线性变换在遥感影像核线矫正中的应用研究

徐振亮　赵军

中国资源卫星应用中心，北京　100094

摘　要　建立了一种基于线性变换核线遥感影像生成方法。方法是将核线影像的生成分为4个主要步骤，首先利用匹配获得的同名点精确估计得到立体影像的核线几何关系，再围绕对核点的旋转、投影、竖向平移变换来对原立体影像进行核线矫正。通过航空影像数据实验证明，方法易于实现，且能对立体大倾角影像进行较高精度核线重排，自动化程度高不需要人工干预。

关键词　核线影像；核线重排；核线矫正；线性变换

1　引言

所谓核线矫正或核线重排，就是指通过对立体影像各进行一次射影变换，使得影像投影到一个公共的平行于摄影基线的空间平面，从而使两幅影像对应的核线在同一行水平线上，消除垂直视差，获得核线影像的过程[1]。在核线影像上能使得影像匹配搜索转变为一维扫描线（空间）上进行，因此，匹配效率得到很大提高，因此核线影像是影像匹配的基础，核线影像生成也自然成为摄影测量学和计算机视觉信息提取中的一项重要内容。

早在20世纪90年代初，摄影测量学者们就开始对航空和遥感领域的核线影像制作进行了大量的研究。例如，张祖勋等人提出基于同名点坐标多项式拟合的近似核线生成方法[2]；近年，随着定位测姿系统的出现，袁修孝等人利用POS数据实现了核线影像校正[3]；也有学者针对新型传感器核线影像的制作提出了比较实用的方法理论，如线阵影像、全景影像等。胡芬等人提出了投影基准面的线阵推扫式卫星立体像对近似核线影像生成方法[4]。当前，随着地面近景摄影测量、无人机航测及新型数字化航空遥感技术的发展，针对传统框幅式影像的快速、精确核线矫正仍然具有很强的发展潜力。王宁等人基于相对方位元素建立了核线影像的理论公式[5]；许灯卫等基于基础矩阵进行核线重排列获得了水平核线影像对[6]。

总结起来，核线重排主要有严格解法和近似解法[7]，严格解法是按照数字影像几何纠正或者基于共面关系建立实际影像与核线影像之间的解析关系，完成影像纠正及重采样；近似解法则是基于DLT方法建立立体影像非严格核线几何关系，继而对原影像进行几何纠正。

本文针对框幅式影像核线矫正问题，基于计算机视觉核线几何关系，首先利用准确、稳健提取、匹配的影像SIFT同名点，建立了立体影像射影几何关系，再将核点及核线进行综合线性变换，最终实现核线影像的高精度与自动生成。

2　方法步骤

由于整个方法都是围绕着立体影像两个对应核点的变化进行，因此，可选择归一化五点算法[11]，通过准确的同名点，精确估计得到立体影像的基础矩阵 $\boldsymbol{F}$，由射影几何关系 $\boldsymbol{F}e=0$ 和 $\boldsymbol{F}^{\mathrm{T}}e'=0$ 将基础矩阵奇异值分解（SVD）后即可得到核点 e 和 e'。

在核线矫正算法中，假定制作的核线影像为同一类型相机获取的原始影像，焦距相同。影像核线矫正过程分为4个步骤。

2.1 影像中心平移

将两幅影像的坐标轴原点分别平移至事先选定的一点，考虑面阵一般而言，这个点选影像的中心点。在本文，处理的影像为同一成像传感器获得，即两幅影像的中心点相同。像素坐标和像平面坐标的关系见图 1。

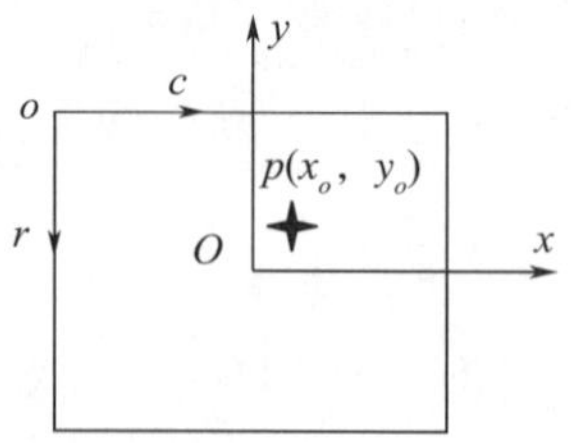

图 1　像素坐标系和像平面坐标系关系

平移变换矩阵皆可表示为

$$\boldsymbol{T}=\begin{bmatrix}1 & 0 & -x_0\\0 & -1 & y_0\\0 & 0 & 0\end{bmatrix} \tag{1}$$

2.2 横轴平行化

由于核线影像的核点位于水平方向无穷远处，且核线相互平行，而实际摄影时，两幅影像 x 轴间存在一定的转角 α，因而，须先对两幅影像进行旋转变换，使得核点落在各自影像 x 轴上，其坐标为（f，0，1）。

实质上，e 和 e' 是经过转换后的左影像核点，而参数 α 可由核点坐标反求获得。

$$\alpha=\mathrm{acrsin}\left(\frac{e_1}{\sqrt{e_1^2+e_2^2}}\right) \tag{2}$$

同理可获得右影像旋转角度 β。

2.3 核线平行化

将变换到 x 轴上的核点再通过投影变换处理，即可将核点变换到 x 轴方向无穷远处，由射影几何知识可知，此时两幅影像的所有核线都平行 x 轴。此投影变换矩阵为

$$\boldsymbol{K}=\begin{bmatrix}1 & 0 & 0\\0 & 1 & 0\\-1/f & 0 & 1\end{bmatrix} \tag{3}$$

2.4 同名点垂直视差调整

经过以上步骤处理，两幅影像的核线已经相互平行，但同名核线并不共线，即对应核线还存在垂直视差，因此必须对其中一幅影像进行竖直平移变换，使对应核线纵坐标相同以消除垂直视差影响。

竖直平移变换矩阵为

$$\boldsymbol{G}=\begin{bmatrix}1 & 0 & 0\\0 & 1 & t\\0 & 0 & 1\end{bmatrix} \tag{4}$$

3 实验与分析

为验证方法的适用性，选择具有代表性的航空小倾角影像及无人机大倾角影像作为测试数据，并且两组影像都在建筑物密集区获取的。

试验中，首先利用尺度不变特征算子（SIFT）进行序列影像的同名像点特征提取与粗匹配，由于算法的局限性，粗匹配结果存在一定的错误，如图 2 所示。经粗匹配后，需要利用随机采样一致性（RANSAC）结合核线几何约束条件方法对粗差点或离群点（outlier）有效剔除以获得内点（inlier）[10]，即所谓的精匹配，以提高同名特征点的稳健性．实验表明，在没有精确初始值和假设检验情况下，该方法在自动特征提取与匹配中依然很有效[8,10]，如图 3 所示，通过核线约束后，匹配点不存在粗差同名点，利用这些比较精确的匹配点来计算立体像对的基础矩阵。

图 2　SIFT 粗匹配

图 3　SIFT 精匹配

传统（载人）航空摄影测量获得影像由于航摄前做了严密的摄取设计，即影像偏角较小，所以得到的影像非常近似核线影像，因此经过核线重排后，影像变化很小，如图 3 所示，图 4（a）为原始影像对，图 4（b）为经核线矫正后的影像对。

(a) 原始影像对　　　　(b) 核线矫正后影像对

图 4　航空遥感影像核线矫正

图 5（a）为无人机获取的大倾角影像，经本文方法核线矫正后，可以看出，核线影像变形较大，如图 5（b）所示。表 1 列举了两组数据核线矫正后，同名点相对核线距离中误差，可以看出，本文方法对于实验数据均未超过 1/10 像素，如表 1 所示，精度较高。

(a) 原始影像对　　　　(b) 核线矫正后影像对

图 5　无人机遥感影像核线重排

表 1　实验结果

数据集	粗匹配同名点对	精匹配同名点对	校正后平均像差/像素
航空影像	184	133	0.003 9
无人机影像	2007	863	0.074 2

4　结束语

1）提出了一种基于线性变换的简易、高精度核线影像制作方法；

2）依据核点、核线变化，将核线影像制作分为四步骤，即“平移-旋转-投影-平移”；

3）本文方法针对航空小倾角影像和无人机大倾角遥感影像的核线重排都具有很好的适应性，通过 SIFT 匹配点自动校正测试后，核线影像同名点竖直方向平均像差（视差）不足 1/10 像素，精度较高。

参 考 文 献

[1] Hartley R，Zisserman A. Multiple View Geometry in Computer Vision [M]. Cambridge：Cambridge University Press，2003.

[2] 张祖勋，周月琴. 用拟合法进行 SPOT 影像的近似核线排列 [J]. 武汉测绘科技大学学报，1989，14（2）：20-24.

[3] 袁修孝，吴珍丽. 基于 POS 数据的核线影像生成方法 [J]. 武汉大学学报：信息科学版，2008，6（33）561-564.

[4] 胡芬，王密，李德仁，等. 基于投影基准面的线阵推扫式卫星立体像对近似核线影像生成方法 [J] 测绘学报. 2009，38（5）428-436.

[5] 王宁，刘源璋，吴平，等. 基于相对方位元素的核线影像生成方法 [J] 测绘与空间地理信息 2011. 34（3）：254-257.

[6] 许灯卫．基于相机基础矩阵的航空影像核线重排列 [J] 科技创新与应用 2015，3：28-29.
[7] 张祖勋，张剑清．数字摄影测量学 [M]．武汉：武汉大学出版社，1996.
[8] Nister D. An Efficient Solution to the Five-Point Relative Pose Problem [C]. IEEE Conference on Computer Vision and Pattrrn Recngnition. 2003.
[9] Fischler M A，Bolles R C. Random sample consensus：A Paradigm formodel fitting with applications to image analysis and automated cartography [J]. Communications ACM，1981，24 (6)：381-395.
[10] Mcglone J C. Manual of photogrammetry fifthed [M]. Bethesda，Maryland. USA：ASPRS，2004.

Application of Synthetic Linear Transformation in Remote Remote Sensing Image Epipolar Rectification

XU Zhenliang　ZHAO Jun
China Centre for Resources Satellite Data and Applications，Beijing　100094

Abstract The establishment of epipolar RS image generation method without principal distance parameter. It divided the generation of epipolar image into 4 major step. Using homonymous points obtained in matches to estimate the epipolar geometry relations of stereo image. Through the epipolar point of rotation transformation , projection transformation，vertical translation，the original stereo images for rectification. Aerial imagery data through experiments proved that this method is easy to implement and it also can rearrange Image Epipolar with large angle in a high precision automatic without human intervention.

Key words Epipolar image；Epipolar rearrangement；Epipolar rectification；Linear transform

作者简介

徐振亮，男，博士（后），就职于中国资源卫星应用中心，主要从事测绘遥感数据处理方面的研究，电子邮箱：xuzhenliang@pku. edu. cn。

针对面阵线曝光载荷的几何校正技术

王莉　马钟

西安微电子技术研究所，西安　710065

摘　要　某型号微纳卫星采用了线曝光成像方式的面阵传感器，导致在拍摄过程中图像产生扭曲。针对上述问题，本文设计了一种几何校正方法。首先，根据卫星平台运行参数和传感器曝光相移特性，应用透视变换关系，建立几何校正模型，并采用双线性插值实现图像的几何校正。最后在生成的卫星图像仿真数据中进行了实验，实验结果表明，该几何校正方法可以有效解决面阵线曝光传感器的成像方式带来的图像畸变问题。该方法运算量小，可移植到嵌入式硬件平台中，实现在轨的遥感数据处理，从而实现直接下传可用的遥感图像。

关键词　面阵线曝光；几何校正；透视变换；双线性插值

1　问题提出

图像预处理的目的为对传感器获得的原始数据进行处理，获得清晰可用的遥感图像，以便后续的人工判读或计算机自动处理。一般的遥感图像处理包含各级产品的生成，如 Level 0 级的未经任何处理的原始数据集合；Level 1 级经过辐射校正，但没有经过几何校正的产品数据；Level 2 级经过辐射校正和几何校正的产品数据等。

某型号微纳卫星采用了线曝光成像方式的面阵传感器，传感器成像方式为推帧式，CMOS 曝光方式为卷帘式曝光，通过拼接方式实现对地的大幅图像，此种成像方式导致在拍摄过程中图像产生扭曲。传感器成像示意图如图 1 所示，假设传感器全局同时曝光，对地成像面积为阴影部门区域，而由于该传感器设置为逐行曝光，因而实际的成像面积为红色区域。

2　仿真数据生成

仿真数据生成有两种方法，一种是模拟卫星运动场景生成仿真数据，另一种是先将一幅没有畸变的图像按照已知的变换矩阵进行变换，生成畸变图像，作为仿真数据来验证校正方法。

（1）场景模拟生成数据

模拟卫星运动场景，结合图 1 的传感器成像特点，来生成仿真数据。已知卫星平台运行轨道高度 $H=500$ km，幅宽 16.1 km×16.1 km。每两行曝光间隔时间为 $t=0.05$ ms，卫星平台对地心运动速度约 $v=8$ km/s，可见光传感器件的面阵规模为 8 192×8 192 像元，像元尺寸 5.67 μm×5.67 μm。可计算出：

$L=16.1$ km

$d = 0.05\ \text{ms}\times 8\ \text{km/s}\times 8\,192 = 3.3\text{km}$

则 d 对应的像元个数 n 可由下式计算得到：

$$\frac{L}{d}=\frac{8\,192}{n}$$

模拟该卫星运动场景时，若移动相同的像元个数 n，则当平台运行轨道高度 $H'=5$ m 时，平台对地运动速度 v' 可由下式计算得到

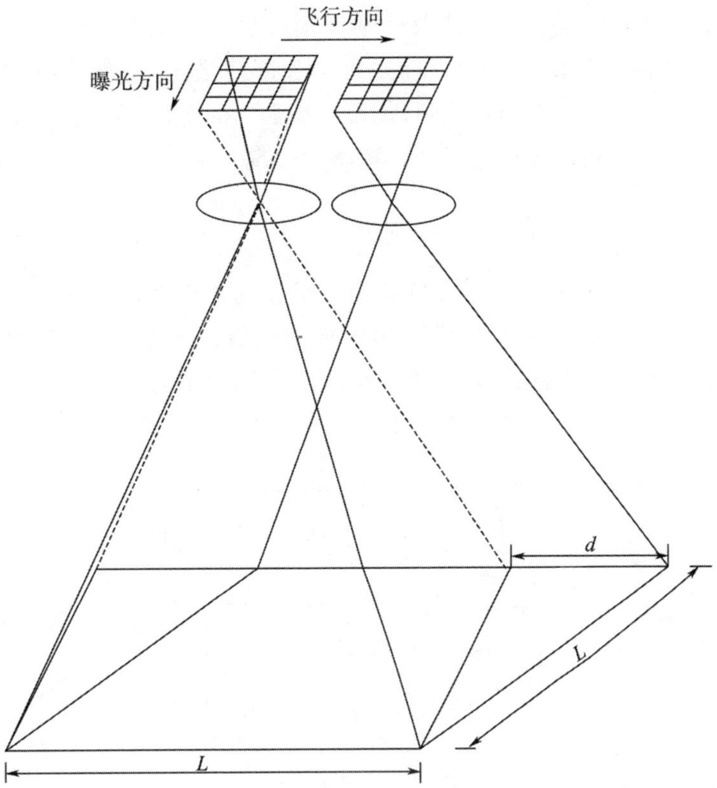

图 1　传感器成像示意图

$$\frac{t \cdot v}{H}=\frac{t \cdot v'}{H'}$$

$$v'=\frac{H' \cdot v}{H}=\frac{5\ \mathrm{m} \cdot 8\mathrm{k\ m/s}}{500\ \mathrm{km}}=0.08\ \mathrm{m/s}$$

为此，可依照上述参数搭建仿真场景，考虑到摄像机移动不方便，可将摄像机位置固定，以 $v'=0.08$ m/s 的速度移动模拟的卫星图像，且图像所在平面与摄像机距离为 $H'=5$ m，则摄像机采集到的图像数据可作为仿真数据。

（2）直接生成方法

假设原图像为 $f(x, y)$，对应的畸变图像为 $f(u, v)$，且原图像和畸变图像的关系如下：

$$\begin{bmatrix} x \\ y \\ 1 \end{bmatrix}=\begin{bmatrix} a & b & c \\ d & e & f \\ 0 & 0 & 1 \end{bmatrix}\begin{bmatrix} u \\ v \\ 1 \end{bmatrix}$$

其中 $\boldsymbol{T}=\begin{bmatrix} a & b & c \\ d & e & f \\ 0 & 0 & 1 \end{bmatrix}$ 为变换矩阵，对求出的 $\boldsymbol{T}$ 矩阵求逆变换，那么，仿真数据 $f(u, v)$ 由下式获得：

$$\begin{bmatrix} u \\ v \\ 1 \end{bmatrix}=T-1\begin{bmatrix} x \\ y \\ 1 \end{bmatrix}$$

3　几何校正方法

当遥感图像在几何位置上发生了变化，产生诸如行列不均匀，像元大小与地面大小对应不准确，地物形状不规则变化等畸变时，即说明遥感影像发生了几何畸变。遥感影像的总体变形（相对于地面真实形态而言）是平移、缩放、旋转、偏扭、弯曲及其他变形综合作用的结果。产生畸变的图像给定量分析及位置配准造成困难，因此遥感数据接收后，首先由接收部门进行校正，这种校正往往根据遥感平台、地球、传感器的各种参数进行处理。而用户拿到这种产品后，由于使用目的不同或投影及比例尺的不同，仍旧需要作进一步的几何校正，在此仅讨论被动式遥感的情况。

3.1 基本思路

校正前的图像看起来是由行列整齐的等间距像元点组成的，但实际上，由于某种几何畸变，图像中像元点间所对应的地面距离并不相等。校正后的图像亦是由等间距的网格点组成的，且以地面为标准，符合某种投影的均匀分布，图像中格网的交点可以看作是像元的中心。校正的最终目的是确定校正后图像的行列数值，然后找到新图像中每一像元的亮度值。图 2 为校正示意图。

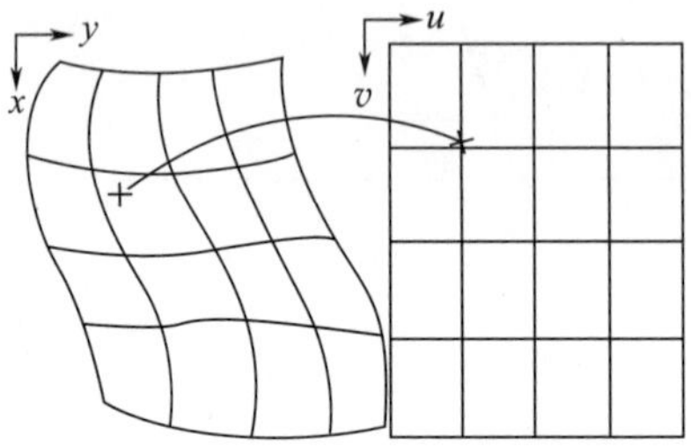

(a)校正前　　(b)校正后

图 2　校正示意图

3.2 具体步骤

（1）确定校正前后图像关系

针对该微纳卫星载荷系统中传感器曝光的相移特性，畸变的原始图像与校正后的图像关系见图 3。

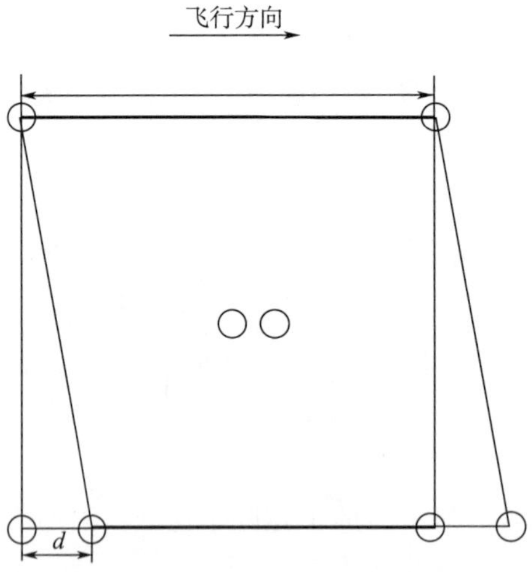

图 3　畸变图像与校正后图像关系

从图 3 可以找出多对对应坐标点，选取其中 3 对坐标，根据仿真数据生成部分的内容可计算出其位置关系。

（2）建立几何校正模型

假设原图像为 $f(x, y)$，对应的畸变图像为 $f(u, v)$，对畸变图像做校正就是要找出它和原图像之间的关系。设原图像和畸变图像的关系如下：

$$\begin{bmatrix} x \\ y \\ 1 \end{bmatrix} = \begin{bmatrix} a & b & c \\ d & e & f \\ 0 & 0 & 1 \end{bmatrix} \begin{bmatrix} u \\ v \\ 1 \end{bmatrix}$$

其中 $\boldsymbol{T} = \begin{bmatrix} a & b & c \\ d & e & f \\ 0 & 0 & 1 \end{bmatrix}$ 为变换矩阵，因此，要对畸变做校正就是要计算出 $\boldsymbol{T}$ 中的 6 个参数。根据步骤 1）确定校正后图中的 3 个点 (x_1, y_1)、(x_2, y_2) 和 (x_3, y_3) 分别与畸变图像中 (u_1, v_1)、(u_2, v_2) 和 (u_3, v_3) 对应，将 3 对对应点的值代入公式，就可以计算出 $\boldsymbol{T}$ 中的参数。

$$\begin{bmatrix} x_1 \\ x_2 \\ x_3 \end{bmatrix} = \begin{bmatrix} u_1 & v_1 & 1 \\ u_2 & v_2 & 1 \\ u_3 & v_3 & 1 \end{bmatrix} \begin{bmatrix} a \\ b \\ c \end{bmatrix}$$

$$\begin{bmatrix} y_1 \\ y_2 \\ y_3 \end{bmatrix} = \begin{bmatrix} u_1 & v_1 & 1 \\ u_2 & v_2 & 1 \\ u_3 & v_3 & 1 \end{bmatrix} \begin{bmatrix} d \\ e \\ f \end{bmatrix}$$

令

$$\boldsymbol{G} = \begin{bmatrix} u_1 & v_1 & 1 \\ u_2 & v_2 & 1 \\ u_3 & v_3 & 1 \end{bmatrix}$$

可得到参数 a、b、c、d、e、f 的最小二乘估计 $\hat{a}$、$\hat{b}$、$\hat{c}$、$\hat{d}$、$\hat{e}$、$\hat{f}$ 。

$$\begin{bmatrix} \hat{a} \\ \hat{b} \\ \hat{c} \end{bmatrix} = (GTG) - 1\, GT \begin{bmatrix} x_1 \\ x_2 \\ x_3 \end{bmatrix}$$

$$\begin{bmatrix} \hat{d} \\ \hat{e} \\ \hat{f} \end{bmatrix} = (GTG) - 1\, GT \begin{bmatrix} y_1 \\ y_2 \\ y_3 \end{bmatrix}$$

为此，经过校正的坐标可表示为

$$x = [\hat{a}u + \hat{b}v + \hat{c}]$$

$$y = [\hat{d}u + \hat{e}v + \hat{f}]$$

（3）图像校正流程

输入原始畸变图像和变换矩阵 $\boldsymbol{T}$ ，计算校正图像的坐标和亮度的步骤如下：

1）确定输入原始图像（分辨率为 $N \times N$ ）的 4 个角的坐标：

左上、右上、左下、右下依次为 (1，1)，(N，1)，(1，N)，(N，N)。

2）确定经矩阵 $\boldsymbol{T}$ 变换后的四个角的坐标：将 $\boldsymbol{T}$ 矩阵与 4 个坐标相乘并取整即可得到：

$$L_1 = T \times [1;1;1]$$

$$L_2 = T \times [N;1;1]$$

$$L_3 = T \times [1;N;1]$$

$$L_4 = T \times [N;N;1]$$

取整为选取距离整数点最近的点（四舍五入），记作 (x_1, y_1)，(x_2, y_2)，(x_3, y_3)，(x_4, y_4)。

3）确定变换后图像的最小外接矩形大小：

行起点 Rstart：min（y_1，y_2，y_3，y_4）；

行终点 Rend：max（y_1，y_2，y_3，y_4）；

列起点 Cstart：min（x_1，x_2，x_3，x_4）；

列终点 Cend：max（x_1，x_2，x_3，x_4）。

4）初始化变换后的图像。

5）计算矩形框内点的浮点坐标和插值权重：首先将 T^{-1} 与矩形框内所有点的坐标相乘：

$$fx = x \times T^{-1}(1,1) + y \times T^{-1}(1,2) + T^{-1}(1,3)$$

$$fy = x \times T^{-1}(2,1) + y \times T^{-1}(2,2) + T^{-1}(2,3)$$

得到变换图像某点在原始图像中的浮点坐标 fx 和 fy（浮点坐标 $fx < 2 \,||\, fx > N-1 \,||\, fy < 2 \,||\, fy > M-1$ 时不用插值），计算插值权重 u、v：

$$u = fx - \text{floor}(fx)\ (\text{floor 为取整数部分})$$

$$v = fy - \text{floor}(fy)$$

6）插值：利用浮点坐标邻近 2×2 的 4 个原像素点进行加权求和计算，计算公式如下：

$$f(i+u, j+v) = (1-u)(1-v)f(i,j) + (1-u)vf(i,j+1) + u(1-v)f(i+1,j) + uvf(i+1,j+1)$$

插入点的像素值如图 4 所示。

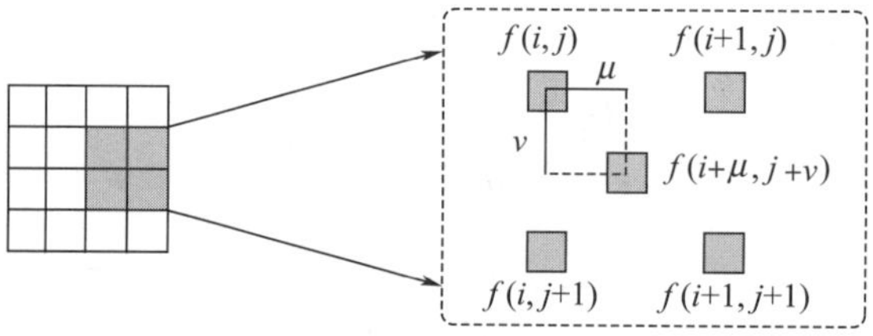

图 4　双线性插值示意图

4　仿真验证

原始数据如图 5（a）所示，经过几何校正后的图像如图 5（b）所示，可以看出，该变换模型适用于面阵线曝光传感器的成像方式带来的图像畸变问题。

(a) 原始图像　　(b) 校正的图像

图 5　验证图像

5　结束语

针对某型号特定传感器的推帧式成像方式，本文设计了一种有效的几何校正模型，可解决图像的畸变问题。该方法运算量小，易于在嵌入式硬件平台中实现，完成高效地在轨遥感数据处理，生成直接下传可用的遥感图像。

参考文献

[1] 赵仕美，李景山，李雨航．通用遥感图像系统几何校正算法设计与实现［J］．遥感信息，2016.
[2] 严明，贺少帅，等．卫星遥感图像严密几何定位的光行差校正［J］．测绘科学，2016（41）．
[3] 杨凯悦，赵春梅，丁琨，等．基于 SRTM3 的 MODIS 图像几何精校正方法研究［J］．北京林业大学学报，2015（10）．
[4] 邱春霞，董乾坤．遥感图像几何校正模型探讨［J］．安徽农业科学，2015（01）．
[5] 周前飞，刘晶红，居波，等．面阵 CCD 航空相机斜视图像的几何校正［J］．液晶与显示，2015.
[6] 王春媛．遥感图像几何校正及目标识别技术研究［D］．哈尔滨工业大学，2014.

A Geometric Calibration Technology for the Array Sensor of Line Exposure Load

WANG Li　MA Zhong
Xi' an Micro－Electronics Technique Institute，Xi' an　710065

Abstract　A model nanosat uses the array sensor of line exposure imaging way，leading to the image distortion in shooting process. Aiming at this problem，a geometric calibration method is designed in this paper. First，the perspective transformation is applied according to the parameters of satellite platform and the phase features of sensor exposure. Then，we establish geometric calibration model，and use bilinear interpolation to realize the geometric calibration of the image. Finally，experiment is carried out on simulated data of satellite imagery. Experimental results demonstrate that the calibration method can solve the image distortion problem effectively. The method has a small amount of computation thus can be used on embedded hardware platform，realizing data processing on orbit and downloading practical remote sensing image directly.

Key words　Array sensor of line exposure；Geometric calibration；Perspective transformation；Bilinear interpolation

作者简介

王莉，女，助理工程师，就职于西安微电子技术研究所，从事图像处理，电子邮箱：wangli009g@163.com。

用于小卫星平台的CPT磁力仪技术研究

张笑楠　孙晓洁　寇军　邓意成　卢向东　李洁　曹建勋　莫小范
北京航天控制仪器研究所，北京　100094

摘　要　基于相干粒子数捕获（Coherent Population Trapping，CPT）效应的磁力仪通过检测激光与原子作用后的透射光谱来实现对磁场的测量，具有结构简单、精度高、体积小、功耗低的优点，适合小卫星平台搭载，有望实现空间磁场测量、地磁导航、地震预警等应用。本文介绍了CPT磁力仪的工作原理，并重点研究了相应的关键技术，如无磁电加热及保温技术、CPT微变信号检测及磁场追踪、激光器稳频技术，等等。测试结果表明CPT磁力仪的灵敏度优于2pT/Hz$^{1/2}$，验证了CPT磁力仪实现地磁场测量的可行性。

关键词　CPT磁力仪；小卫星载荷；空间磁异测量

1　引言

近地空间磁场探测一直是空间探测的主要领域之一。空间地磁探测的主要物理量有地球磁场的模量、模量梯度、地磁场矢量和矢量梯度等[1]，通常使用小卫星搭载磁力仪的方式来进行相关探测。根据星载磁力仪所探测到的数据可以建立和完善地磁场模型，从而有效支持地磁导航，磁异常探测等技术的发展。

1958年，苏联发射了世界上第一颗测量地磁场的卫星人造地球卫星3号，其上搭载磁通门矢量磁力仪，用于获取地磁场总强度的资料[2]。美国的MAGSAT地磁测量卫星于1979年发射，搭载一台进行磁场绝对测量的铯蒸汽光泵磁力仪和一台三轴磁通门磁力仪，磁场探测精度优于2 nT，其测量数据至今仍被使用。德国地学研究中心（GFZ）于2000年发射了CHAMP卫星，其上搭载了磁通门磁力仪与质子磁力仪，共同完成地磁场的矢量测量，其中磁通门磁力仪的分辨率可达到10 pT[2-3]。近年来，奥地利空间研究中心和格拉茨技术大学合作研制的基于CPT原理的耦合暗态磁力仪是目前来说最适合在空间环境下应用的高精度CPT磁力仪。从2013年的测试指标来看，灵敏度达到40 pT/$\sqrt{\text{Hz}}$[4]。我国早在20世纪70年代就开展了星载磁力仪的研制工作，曾在实践2号卫星上成功搭载。

从世界各国对星载磁力仪的研究和使用情况可以看到，在很长一段时间内，应用最成熟的是磁通门磁力仪，它具有结构简单，稳定性高的特点，能够适应太空探测的苛刻环境。不过磁通门磁力仪测量精度有限，要获得更高的磁场测量精度，则原子磁力仪更具优势。目前已经实现星载测磁应用的原子磁力仪主要有光泵磁力仪和CPT磁力仪，二者灵敏度高，工作时不需准确定向，可以在运动条件下进行高精度快速连续测量。但是，传统的光泵磁力仪由于原子核旋比受温度影响，而且通常采用RF激励的工作方式，对功率的需求比较大，所以目前在空间磁测领域应用较少。相比之下，CPT磁力仪结构简单，更适合进行小型化集成设计，且功耗更低。近年来，CPT磁力仪在空间磁测的应用研究逐渐升温，国内相关研究机构也争相开展CPT磁力仪研制。中国科学院空间科学与应用研究中心、北京大学、吉林大学、北京航空航天大学、中国计量科学研究院都积极投入到CPT磁力仪的研制工作。

本文将介绍一种小型星载CPT磁力仪设计，并对该CPT磁力仪的工作原理和关键技术进行较为详细的介绍。

2　CPT磁力仪工作原理

CPT磁力仪的物理机制是对原子系统施以外部辐射场作用，使系统向特定的量子状态演化。通过对辐射场的状态施加控制，控制关键变量来实现叠加态退相干抑制，保持量子相干性，从而通过对谱线数据进行分析，来实现对磁场的测量。

在弱磁场热平衡的状态下，原子基态和激发态能级间存在自发辐射跃迁。原子各子能级的原子分布数符合玻尔兹曼分布，但是在光的作用下会产生受激吸收或辐射跃迁。相干粒子数俘获是激光光场与原子相互作用时发生量子干涉的结果，在两个相干且相位差为零的光场分别与两基态到激发态的跃迁线共振时发生。原子的磁子能级在磁场为零时都是简并的，当存在外磁场时，根据塞曼效应，原子的超精细结构产生塞曼分裂，且能级差相等[4-6]。

以^{87}Rb 原子为例，其原子能级结构如图 1 所示。原子的基态 s 层 $L=0$，$S=1/2$，$J=1/2$，基态能级表示为 $5^2S_{1/2}$；第一激发态 P 层 $L=1$，$J=1/2$ 和 $J=3/2$，是 $5^2P_{1/2}$ 和 $5^2P_{3/2}$ 的双重态 $5^2S_{1/2}$ 到 $5^2P_{1/2}$ 之间的能级跃迁是 $D1$ 线跃迁，跃迁波长约为 795 nm。^{87}Rb 原子能级结构如图 1 所示。

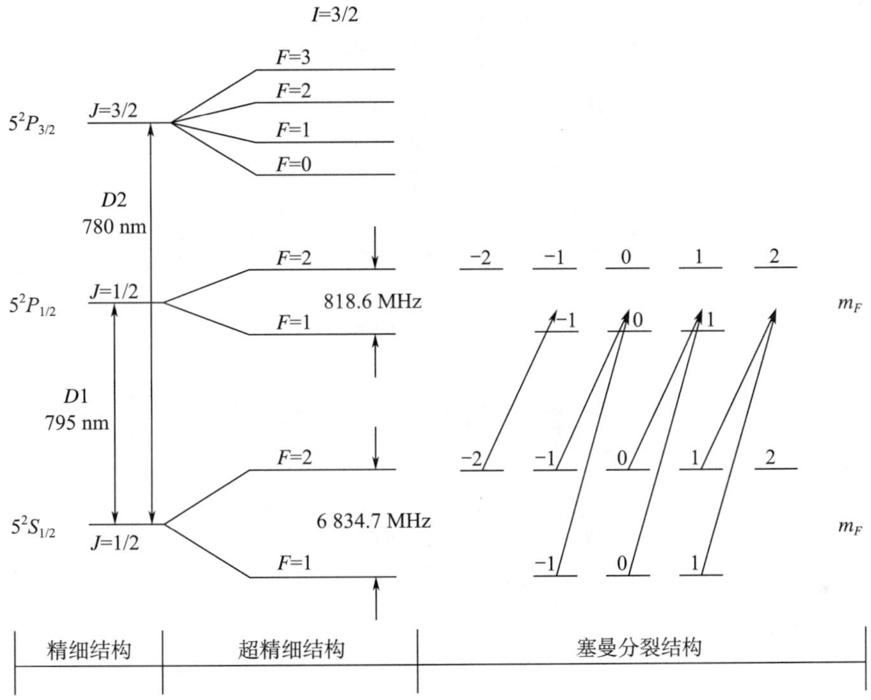

图 1 ^{87}Rb 原子能级结构

相邻塞曼子能级的能量差和外界磁场成正比，当两个与原子作用的激光场的频率差与原子基态超精细子能级的劈裂间距精确匹配时，原子被束缚在这两个能级之间的无相互作用的暗态上。在激光强度变化上表现为吸收光谱中出现一条非常窄的暗共振，也就是 CPT 透射信号。通过对反映磁场信息的 CPT 共振信号进行测量就可以得到外磁场的强度信息。

利用 CPT 共振信号进行外部磁场测量是通过对信号峰值对应频率的精确鉴别来实现的。这需要调制激光器产生双色光场，输出双色光之间的频差在小范围内变化，也就是进行双色光的频率扫描，之后通过光电探测器得到与扫描频率相对应的光强信号，也就是 CPT 共振信号。最后通过判断光强信号中侧峰与中间主峰对应频率的差值来推算出待测磁场值。CPT 磁力仪系统具体的工作流程如图 2 所示。

本文研制了基于光原子传感器的控制系统来实现以上磁场测量的过程，主要功能包括系统温度控制、激光器稳频、高频信号调制与鉴频以及磁场的测量计算等。为了更好满足小卫星载荷的具体要求，磁力仪设有数据接口，在使用的过程中可以连接上位机实时观察数据，也可以进行数据存储，以适应不同的应用环境和使用要求。

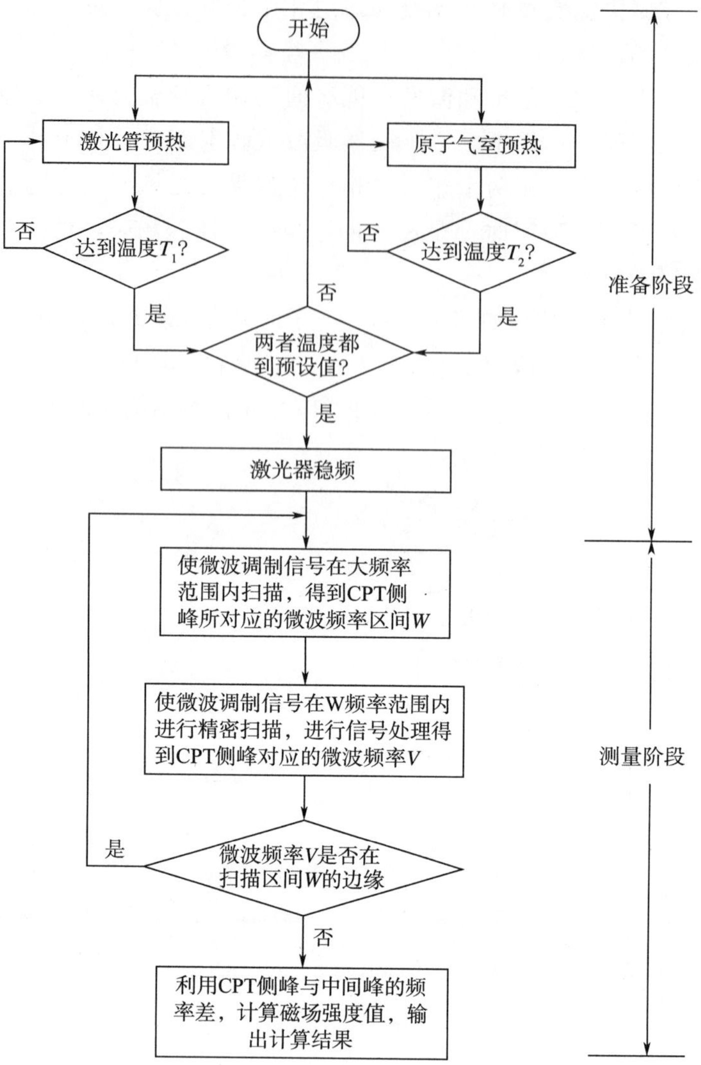

图 2　CPT 磁力仪控制系统框图

3　关键技术

3.1　原子系统无磁电加热和保温技术

对 CPT 磁力仪来说，原子气室是 CPT 磁力仪的核心器件，要求高精度和高稳定性的温度控制。以 ^{87}Rb 为例，当气室温度过低时，内部的铷原子呈现固态，导致与激光相互作用原子极少，不能满足产生 CPT 共振的条件。当温度过高时，光被原子气室吸收得过于强烈而导致 CPT 共振信号很小，难以被观测。为了得到稳定的鉴频信号，需要将气室内的原子密度维持在 $10^{16}/m^3$，对应原子气室温度为 60 ℃，温度精度为±0.5 ℃。而在一定温度范围内，原子密度与气室的温度成正比，因此原子气室的温度波动影响原子吸收光谱信号的幅度和线宽，从而影响磁力仪测量误差。

常用的原子系统温控技术有无磁双绞线加热、气液加热、间断加热等，但这些方案往往存在系统体积过大或者自身磁场剩余的问题。本文设计了一种基于高频加热技术的原子气室温控系统，有效地解决了传统方案中的固有问题。图 3 展示了该无磁电加热系统的主要组成。

其中，系统对温度的检测是通过测温元件来实现的，测温电路 4 线制接法，有效消除导线电阻对测温精度的影响。FPGA 内的 DDS 产生高频信号，经过高频功放电路之后，输入给无磁加热片来为原子系统进行加热。为降低加热磁场，采用高频交流信号进行加热。

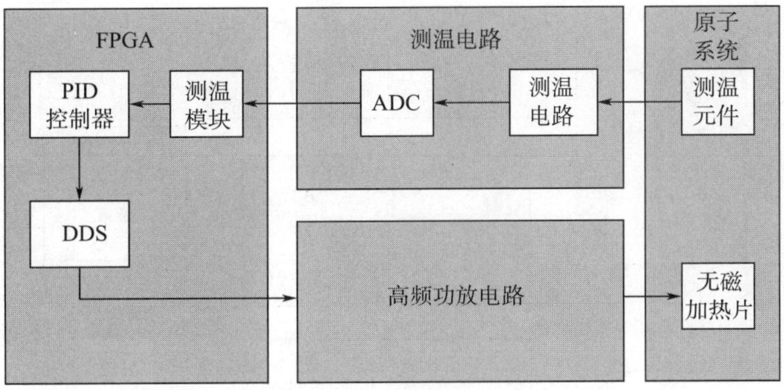

图 3　原子系统无磁电加热系统组成

无磁加热片是由两片单层加热片粘合而成。单层加热片则由金属加热丝和薄膜绝缘片组成，如图 4 所示，单层加热丝双股排列，相互抵消电流产生的磁场干扰。加热电流产生的剩磁近似为零。无磁加热片选用无磁加热丝，本身无磁性，剩磁可忽略。

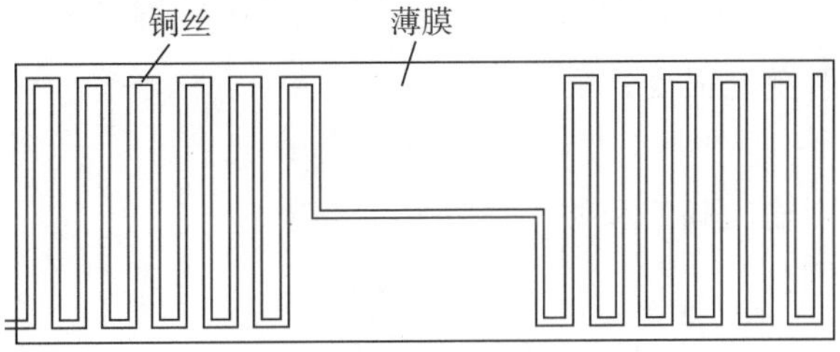

图 4　单层加热片结构图

原子气室的保温结构是采用保温材料加工成为保温壳体，在维持温度稳定的同时还兼具对原子气室的支撑和保护的作用。原子系统的无磁加热系统具有体积小和剩磁弱的优势。在空间应用中，真空环境会降低原子气室的加热功耗，提高测磁时间与加热时间的比值，可以帮助降低磁力仪整机功耗，提高磁力仪采样率。

3.2　激光器稳频技术

半导体激光器由于容易受到温度和电流的影响，所以在实际使用中需要进行稳频控制。目前较为成熟的半导体激光器稳频方案主要有饱和吸收光谱稳频和塞曼调制稳频。这两种传统方案通常使用两个独立的激光器，对激光的相干性要求很高，利用混频器、放大器及高带宽锁相环路使两激光器的频率相干且保持一定频差。为了能够更好地适用于小型系统，激光器稳频方案的设计需要在保证稳频精度和系统稳定性的前提下，尽可能对结构进行简化，本文设计的系统选用 VCSEL 作为传感器光源，通过直接电流调制的方法来实现两双色光场的输出，并保证了两光场的相位的一致。该系统的主要组成还包括 FPGA、微变信号检测模块、激光器输入电流和温度控制电路，如图 5 所示。

激光器稳频系统在工作时首先进行激光管的温度控制，然后探测经过原子气室之后的与光波长相对应的激光功率数值，从而得到原子的光吸收谱线，并作为稳频的参考信号。由于 VCSEL 的主要影响因素是输入电流和工作温度，所以当温度稳定之后，就可以将输入电流就作为调节变量进行控制。为了使激光器输出频率稳定在设定值，需要设计相应的闭环控制电路来对频率的偏移进行调节补偿。吸收谱线的最大峰值处对应需要锁定的激光中心频率值。也就是说该峰值对应频率需要首先被提取出来，然后在按照此时激光器的设置状态来稳定激光器。^{87}Rb 原子的光吸收峰曲线是洛伦兹线型，这种谱线的斜率在峰值点为零，在峰值点左侧为正值，右边为负值，利用这种斜率特征设计相应算法就可以对信号的峰值点进行追踪。使用 P_a 表示经过原子气室后被探测到的吸收光强信号，可以建立主峰信号的数学表达如下：

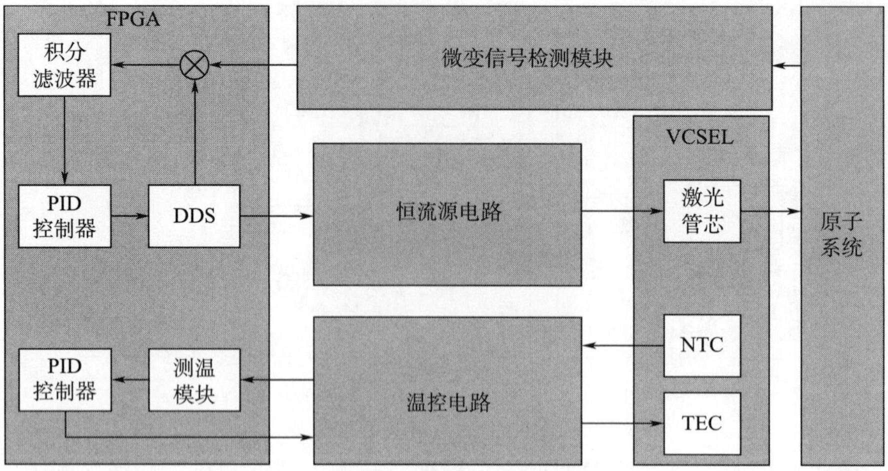

图5　激光器稳频控制系统组成

$$P_a = P_{bg1} - \frac{P_{in} \times e^{-\alpha \times L} \times D^2}{4 \times (\omega_L - \omega_A)^2 + D^2} \tag{1}$$

式中　P_{in} ——原子气室的入射激光强度；

L ——气室长度；

ω_L 、ω_A ——激光器实际输出频率和原子跃迁共振频率；

D ——信号峰的宽度因数。

$$D = \frac{2 \times \omega_A}{c} \times \sqrt{\frac{2 \times k_b \times T_2}{M} \times \ln 2} \tag{2}$$

式中　c ——光速；

k_b ——波尔兹曼常数；

M ——原子质量；

T_2——原子气室温度。

使用传递函数来表达系统输出量和系统输入量之间的响应关系，系统的控制流程如图6所示。

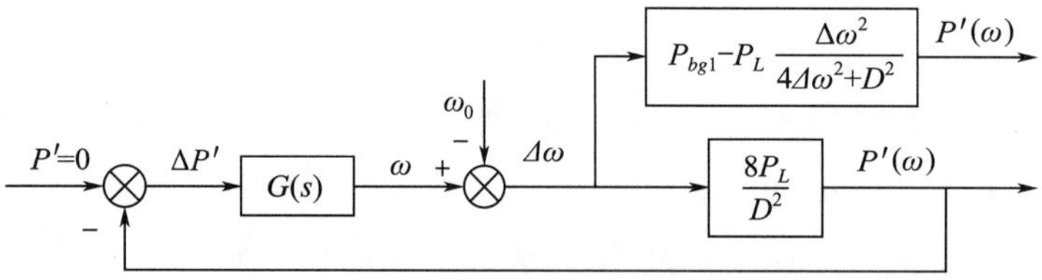

图6　VCSEL稳频系统控制流程图

其中的传递函数 $G(s)$ 表示PI控制器，用来消除实际测量值与预设值之间产生的误差。在实际系统中通过参数整定的方法来设计系统的控制器，以达到更快的相应速度和更好的系统稳定性。

3.3　CPT微变信号检测和磁场追踪

当激光器输出频率稳定之后，可以通过对激光器进行调制来获得CPT共振信号。使用高频信号调制可以使激光器输出两束频率差严格等于两基态子能级频率差一半的双色相干光，且两束光与激光器中心频率值的差值相等。由于塞曼效应，超精细子能级在外磁场作用下发生劈裂，劈裂后的能级之间的能量差与磁场强度相关，这时，使以上双色相干光以当前频率为中心在微小范围内进行频率扫描，就可以消除光子失谐，观察到与输出频率对应的光功率鉴频信号。信号中透射强度最大时，说明此时在该调制频率下原子系统达到CPT共振状态。鉴频信号谱线中的峰值对应频率是外部磁场强度计算的依据。这种方案实际上就是通过频率调制来实现对塞曼能级跃迁频率的追踪。由于CPT共振信号的直流信号背景功率很强，而相比之下CPT峰-峰值则非常弱，所以共振信号属于微变信号，为了更好地对CPT鉴频信号进行处理，设计了基于锁相放大原理的闭环控制系统来进行微弱信息提取和检测。图7展示了高频调制与CPT微变信号的控制系统。

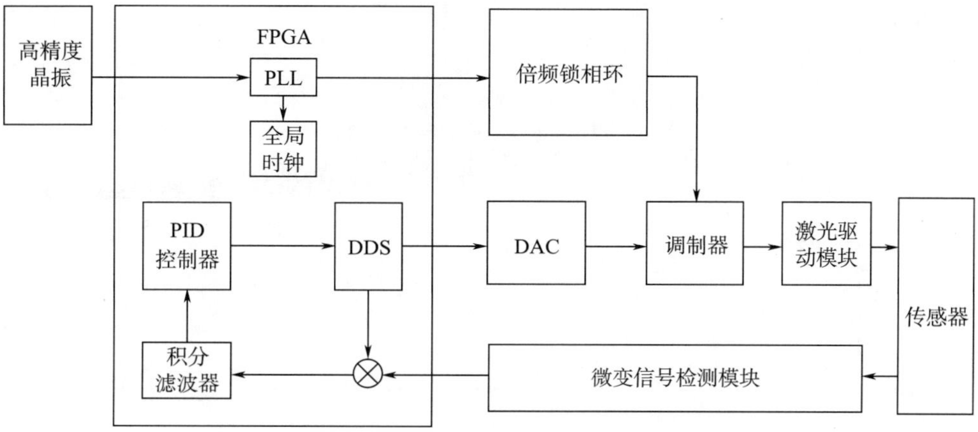

图7　高频调制与CPT微变信号控制系统组成

该系统的基本工作过程是利用微波源进行激光器调制之后，将经过原子气室的激光功率信号转换为电压信号，再和参考信号同时输入到调制器中，输出信号经过滤波电路得到鉴频信号中+1级或者−1级峰峰值附近谱线对应的微分曲线，并将其中的过零点所对应的频率值作为反馈信号去调节微波源输出的中心频率，从而使该中心频率始终与磁场强度对应的微波调制频率保持一致，实现磁场的追踪。

本方案对采用信号全数字处理和控制。在信号采样率足够高的前提下，这种方案可以最大限度避免电路的干扰，非常有利于减小仪器的整体体积。控制系统的设计采用闭环控制，实现高精度的零偏稳定性。通过对恒定磁场进行实际测量，得到测试结果如图8和图9所示。

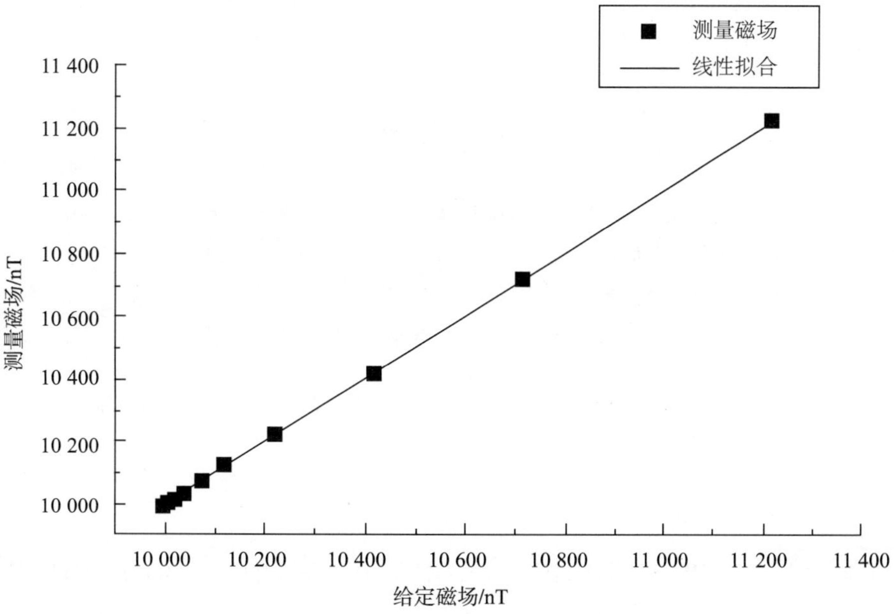

图8　标度因数测试的线性拟合曲线

图8是对恒定磁场强度进行测量得到的标度因数测试线性拟合曲线，经过计算，CPT磁力仪的非线性度为108ppm。图9是磁场强度噪声密度谱线，是在采样率固定的前提下对磁场进行一段时间的测量后，比较实测数据与设定磁场值并进行RMS计算，并进行FFT处理后得到的结果，可以看出灵敏度在1Hz时优于$2pT/\sqrt{Hz}$。

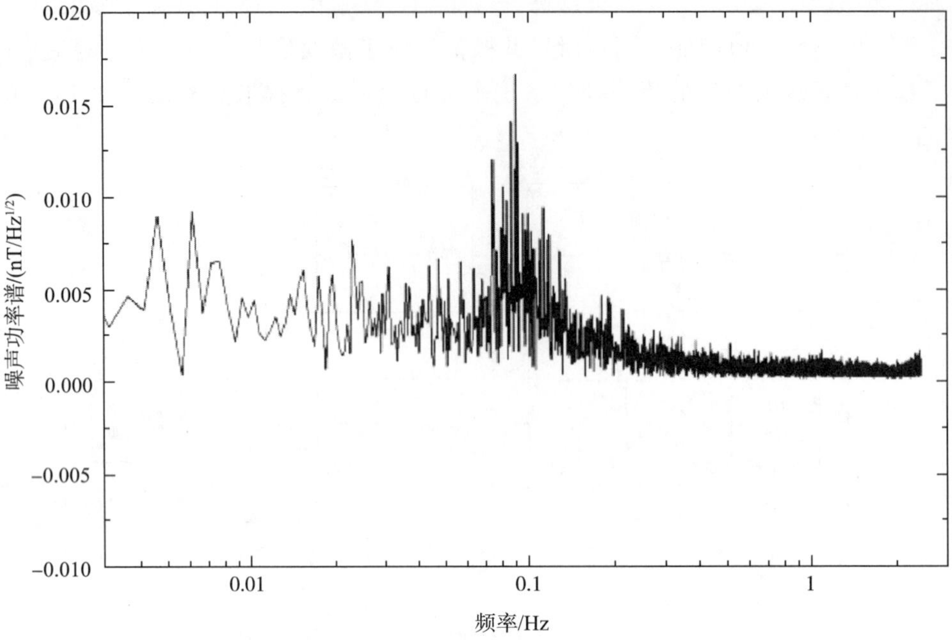

图 9　磁场强度噪声密度谱线

4　结束语

开展卫星地磁测量，对于国防建设和空间科学研究意义深远。CPT 磁力仪作为一种非常适合作为小卫星测磁载荷的原子磁力仪，有着巨大的应用潜力。本文所介绍的 CPT 磁力仪采用了原子系统无磁电加热和保温技术，光吸收谱线激光器稳频和微波闭环模式下的 CPT 微变信号检测及磁场追踪等关键技术，并采用集成技术进行整机的小型化设计，与同类型仪器相比体积更小，功耗更低，短期稳定度优于 0.06nT/h（1σ），灵敏度优于 $2pT/\sqrt{Hz}$@1Hz。

参 考 文 献

［1］ 翟造成，杨佩红．第三代卫星导航定位系统星载原子钟的新发展［J］．天文学进展，2008，26（4）：301－310.

［2］ 晋芳，杨宇山，郑振宇，等．原子磁力仪研究进展［J］．地球物理学进展，2011，26（3）：1131－1136.

［3］ 徐建．被动型相干布居数囚禁原子钟系统关键技术研究［D］．华中科技大学，2011.

［4］ Pollinger A，Lammegger R，Magnes W，et al. Control loops for acoupled dark state magnetometer［C］. Sensors. IEEE，2010：779－784.

［5］ 满文庆，杨世琪，钟旭滨，等．以原子谱线作参考的半导体激光器的频率锁定［J］．激光技术，1998，22（1）：9－10.

［6］ 孙晓洁，寇军，张笑楠，等．地磁导航技术研究进展［J］．导航与控制，2016，15（6）：1－6.

Research on CPT Magnetometer Technology for Small Satellite Platform

ZHANG Xiaonan　SUN Xiaojie　KOU Jun　DENG Yicheng　LI Jie　CAO Jianxun　MO Xiaofan
Beijing Institute of Aerospace Control Device，Beijing　100094

Abstract　The coherent population trapping magnetometer measures the magnetic field by detecting the transmitted spectrum after the laser gets through the atom. The CPT magnetometer has the advantages of simple structure, high precision, small volume and low energy - consuming, and it is suitable for the small satellite payload which may be applied to the space magnetic measurement, the earth - magnetism navigation and the earthquake early warning. A kind of small CPT magnetometer is introduced in the paper, and the key technologies are researched, such as non - magnetic heating, weak signal detecting and Magnetic signal tracking, and auto laser frequency locking. The sensitivity of CPT magnetometer is superior to $2pT/Hz^{1/2}$ in the magnetic shielding environment, which demonstrates that the CPT magnetometer can implement the regional magnetic measurement.

Key words CPT magnetometer; Small satellite payload; Space magnetic measurement

作者简介

张笑楠，女，工程师，就职于北京航天控制仪器研究所，从事原子磁力仪相关技术研究，电子邮箱：meiye100@hetmail. com。

基于严格几何成像模型和互信息的多光谱图像配准方法

赵宏娟　陆春玲
航天东方红卫星有限公司，北京　100094

摘　要　亚像素波段配准技术是多光谱图像融合、物体识别、目标检测和图像拼接的关键。本文提出一种由粗到精的多光谱图像亚像素配准方法。首先，利用严格几何成像模型和数字高程模型实现多光谱图像的粗配准；其次，采用改进的 Levenberg－Marquardt 算法与最大互信息相结合的方法实现多光谱图像的精确配准。利用高分 1 号多光谱影像进行试验，试验结果表明该方法能够实现多光谱图像的高精度自动配准，谱段配准精度优于 0.3 个像素达到亚像素级。

关键词　图像配准；多光谱；严格几何成像模型；互信息

1　引言

谱段配准精度作为衡量多光谱图像质量的标准，决定了多光谱图像在农林水利、灾害监测、国土调查等方面的应用效果。现有的影像配准方法主要分为两类：基于几何模型的配准和基于图像匹配的像方配准法。蒋永华等[1]通过虚拟 CCD 重成像技术实现多谱段影像间优于 0.2 像素的谱段配准精度，但需事先获得高精度的在轨检校内方位元素。李奇峻等[2]利用各谱段影像间的相对内参关系模型实现多光谱影像自动配准，但该方法未考虑定位过程中的外部误差。基于几何模型的配准方法，需对其进行内外部误差补偿提升影像定位精度，进而提高谱段配准精度。臧丽[3]提出基于互信息的多光谱影像配准算法，利用 PV 插值法求解互信息，通过 Powell 算法优化配准参数，但该方法对初始搜索点的依赖性强且易陷入局部极值点，导致配准精度不高甚至配准失败。

针对以上问题，本文提出一种由粗到精的多光谱影像配准方法。首先在基准谱段影像上选取一定数量均匀分布的控制点，利用严格几何成像模型和物方高程信息确定待配准影像上对应的同名点；然后利用同名点对解算投影变换模型参数并将其作为后续优化算法的初始值，实现影像的粗配准，同时将粗配准后的影像作为精配准的输入影像；最后采用高斯函数的 Parzen 窗估计法，利用 Levenberg－Marquardt 算法优化配准参数，最终实现高精度影像配准。

2　严格几何成像模型粗配准

2.1　建立严格几何成像模型

严格几何成像模型反映了地面点 (X, Y, Z) 与像点 (x, y) 的对应关系。由于多光谱相机光学畸变以及各 CCD 线阵产生的平移、旋转、缩放、弯曲等畸变因素的影响，无法获取精确的内方位元素。因此，本文使用表征各类相机畸变的探元指向角模型[1]作为多光谱相机的内方位元素模型。

考虑到一般窄视场光学相机内部畸变，本文使用三次多项式模型表示探元指向角[5]，如式（1）所示。式中，s 为像点对应在 CCD 线阵上的列号；(ψ_x, ψ_y) 为对应的探元指向角。

$$\begin{cases}\psi_x(s)=a_0+a_1s+a_2s^2+a_3s^3\\ \psi_y(s)=b_0+b_1s+b_2s^2+b_3s^3\end{cases}\tag{1}$$

则任意探元对应的像点在相机坐标系下的坐标为

$$[x, y, -f]^{\mathrm{T}} = f \cdot [\tan(\psi_x(s)), \tan(\psi_y(s)), -1]^{\mathrm{T}} \tag{2}$$

式中　f ——相机主距。

卫星轨道姿态数据不是每条影像行都有对应值，任意成像时刻 t 的卫星轨道数据通过拉格朗日插值法获得，由于卫星的姿态变化较小，因而 3 个姿态角可通过简单的线性内插确定。

$$P(t) = \sum_{j=1}^{8} \frac{P(t_j) \times \prod\limits_{i=1, i\neq j} (t - t_i)}{\prod\limits_{i=1, i\neq j} (t_j - t_i)}, V(t) = \sum_{j=1}^{8} \frac{V(t_j) \times \prod\limits_{i=1, i\neq j} (t - t_i)}{\prod\limits_{i=1, i\neq j} (t_j - t_i)} \tag{3}$$

式中　$P(t_j)$、$V(t_j)$ ——星历数据中卫星位置和卫星速度；

t_i ——卫星位置和速度对应的时间。

线阵推扫卫星的严格几何成像模型表示为

$$\begin{bmatrix} X \\ Y \\ Z \end{bmatrix}_{WGS-84} = \begin{bmatrix} X_S \\ Y_S \\ Z_S \end{bmatrix}_{WGS-84} + m\boldsymbol{R}_T \boldsymbol{R}_{io} \boldsymbol{R}_{ob} \boldsymbol{R}_{bc} \begin{bmatrix} x \\ y \\ -f \end{bmatrix} \tag{4}$$

式中　$[X, Y, Z]^{\mathrm{T}}_{WGS-84}$ ——影像点对应的地面点的 WGS—84 地心直角坐标；

$[X_S, Y_S, Z_S]^{\mathrm{T}}_{WGS-84}$ ——成像时刻卫星在 WGS - 84 地心直角坐标系下的坐标；

m ——摄影比例尺因子；

$\boldsymbol{R}_{bc}$ ——相机坐标系到卫星本体坐标系的转换矩阵；

$\boldsymbol{R}_{ob}$ ——卫星本体坐标系转到轨道坐标系的转换矩阵；

$\boldsymbol{R}_{io}$ ——轨道坐标系转到 J2000.0 坐标系的转换矩阵；

$\boldsymbol{R}_T$ ——J2000.0 坐标系到 WGS—84 坐标系的转换矩阵。

2.2　粗配准

建立同一地物点在不同谱段间同名点的几何关系是实现本文后续精确配准的前提。以多光谱相机任意两个谱段 B_1 和 B_2 影像为例，设点 P 是谱段 B_1 和 B_1 影像重叠区域内对应的同一地面点，对应像点分别为 p_1 和 p_2，则 p_1 和 p_2 为一组同名像点，满足同名点物方定位一致性原则，因而有

$$\begin{bmatrix} X_P \\ Y_P \\ Z_P \end{bmatrix}_{WGS-84} = \begin{bmatrix} X_{S1} \\ Y_{S1} \\ Z_{S1} \end{bmatrix}_{WGS-84} + m_1 \boldsymbol{R}_{T1} \boldsymbol{R}_{io1} \boldsymbol{R}_{ob1} \boldsymbol{R}_{bc1} \begin{bmatrix} x_1 \\ y_1 \\ -f \end{bmatrix} \tag{5}$$

$$\begin{bmatrix} x_2 \\ y_2 \\ -f \end{bmatrix} = m_2 \, (\boldsymbol{R}_{T2} \boldsymbol{R}_{io2} \boldsymbol{R}_{ob2} \boldsymbol{R}_{bc2}) - 1 \begin{bmatrix} X_P - X_{S2} \\ Y_P - Y_{S2} \\ Z_P - Z_{S2} \end{bmatrix}_{WGS-84} \tag{6}$$

式中　S_1、S_2——谱段 B_1 和 B_2 对应的投影中心。

通过在各谱段影像上每隔 50 像素选取一控制点，利用谱段间的严格几何成像模型和相应的高程信息即可获得匹配的同名点对。根据获取的同名点对求解投影变换模型 $\boldsymbol{M}$ 中的未知参数，如式（7）所示，并对多光谱影像进行初始粗配准。

$$\begin{bmatrix} x_2 \\ y_2 \\ 1 \end{bmatrix} = \begin{pmatrix} m_0 & m_1 & m_2 \\ m_3 & m_4 & m_5 \\ m_6 & m_7 & 1 \end{pmatrix} \begin{bmatrix} x_1 \\ y_1 \\ 1 \end{bmatrix} \tag{7}$$

式中　m_1，m_2，…，m_7——投影变换矩阵 $\boldsymbol{M}$ 中的未知参数。

3 互信息精确配准

3.1 互信息

互信息用于描述两幅图像之间的相关性，两幅图像的配准精度越高，其互信息越大[6]。设两幅大小为 $M \times N$ 的图像 A 、B 的信息熵分别为 $H(A)$ 和 $H(B)$ ，$H(A, B)$ 为两幅图像的联合信息熵，则互信息为

$$I(A,B)=H(A)+H(B)-H(A,B) \tag{8}$$

上述各种信息熵又分别由图像灰度值的边缘概率分布 $p_A(a)$ 、$p_B(b)$ 和联合直方图概率分布 $p_{AB}(a, b)$ 表示

$$\begin{cases} H(A,B)=-\sum_{a,b} p_{AB}(a,b;\boldsymbol{m})\log_2 p_{AB}(a,b;\boldsymbol{m}) \\ p_A(a;\boldsymbol{m})=\sum_{b} p_{AB}(a,b;\boldsymbol{m}) \\ p_B(b;\boldsymbol{m})=\sum_{a} p_{AB}(a,b;\boldsymbol{m}) \end{cases} \tag{9}$$

$$p_{AB}(a(i,j),b(i,j);\boldsymbol{m})=\frac{h(a,b;\boldsymbol{m})}{\sum_{i,j} h(a,b;\boldsymbol{m})} \tag{10}$$

式中 $a(i, j)$ 、$b(i, j)$ ——在两幅图像相同位置 (i, j) 的一对灰度值；

$h(a, b; \boldsymbol{m})$ ——同一对灰度值出现的次数。

本文使用基于高斯窗函数的 Parzen 窗估计法，估算图像配准的精确变换参数。

$$h(a,b;\boldsymbol{m})=\frac{1}{\varepsilon_A \varepsilon_B}\sum_{a_i \in V}\omega\left(\frac{a-a_i}{\varepsilon_A}\right)\omega\left(\frac{b-\boldsymbol{M}(a_i)}{\varepsilon_B}\right) \tag{11}$$

式中 $\boldsymbol{M}$ ——精确的投影变换模型，未知参数为 $\boldsymbol{m}=(m_1, m_2, \cdots, m_7)$ ；

ε_A 、ε_B ——分别为图像 A 和 B 对应的 Parzen 窗带宽；

V ——两幅图像的重叠区域；

高斯窗函数为 $\omega(x)=\exp(-x/2)$ 。

3.2 Levenberg - Marquardt 优化

当两幅图像精确配准时，其互信息取得极大值，因此基于互信息的配准本质上是寻找函数的极大值问题，即使得式（8）中互信息为最大值时的未知参数 $\boldsymbol{m}=(m_1, m_2, \cdots, m_7)$ 。

本文使用变步长搜索的 Levenberg - Marquardt 算法，针对互信息搜索的 Levenberg - Marquardt 算法的迭代步长[7]为

$$\Delta \boldsymbol{m}^{(k+1)}=-(\boldsymbol{Hs}(\boldsymbol{m}^{(k)}))-1\cdot\nabla \boldsymbol{S}(\boldsymbol{m}^{(k)}) \tag{12}$$

式中 $\nabla \boldsymbol{S}$ ——互信息的梯度向量，如式（13）所示；

$\boldsymbol{Hs}$ ——基于互信息的 Hessian 矩阵，如式（14）所示。

$$\nabla \boldsymbol{S}=\left[\frac{\partial S}{\partial m_1},\frac{\partial S}{\partial m_2},\cdots,\frac{\partial S}{\partial m_7}\right] \tag{13}$$

$$\frac{\partial S}{\partial m_i}=-\sum\frac{\partial p_{AB}(a,b;\boldsymbol{m})}{\partial m_i}\log_2\left(\frac{p_{AB}(a,b;\boldsymbol{m})}{p_A(a;\boldsymbol{m})}\right) \tag{14}$$

基于互信息的 Hessian 矩阵为

$$[\boldsymbol{Hs}(\boldsymbol{m})]_{i,j}=[\nabla^2 \boldsymbol{S}(\boldsymbol{m})]_{i,j}(1+\delta_{i,j}\lambda) \tag{15}$$

式中 λ ——权重因子；

$\delta_{i,j}$ ——Kronecker 符号；

$\nabla^2 \boldsymbol{S}$ ——传统的 Hessian 矩阵，如式（16）所示。

$$\nabla^2 \boldsymbol{S} = \begin{pmatrix} \dfrac{\partial^2 S}{\partial m_1^2} & \dfrac{\partial^2 S}{\partial m_1 \partial m_2} & \cdots \\ \dfrac{\partial^2 S}{\partial m_2 \partial m_1} & \dfrac{\partial^2 S}{\partial m_2^2} & \cdots \\ \vdots & \vdots & \vdots \end{pmatrix} \tag{16}$$

$$\frac{\partial^2 S}{\partial m_i \partial m_j} \approx \frac{1}{\log_e(2)} \left(\sum_a \frac{\partial p_A(a)}{\partial m_i} \frac{\partial p_A(a)}{\partial m_j} \frac{1}{p_A(a)} \right) - \frac{1}{\log_e(2)} \left(\sum_a \sum_b \frac{\partial p_{AB}(a,b)}{\partial m_i} \frac{\partial p_{AB}(a,b)}{\partial m_j} \frac{1}{p_{AB}(a,b)} \right) \tag{17}$$

4 实验结果分析

为了验证本文算法的有效性，图 1（a）为谱段配准之前的真彩色图像，图 1（b）为配准之后的真彩色图像，其中以波段 1 影像为基准影像。配准结果对比如表 1 所示。从实验分析结果可以看出，本文算法的配准精度更高，满足 0.3 像素的配准精度要求，且算法运行时间更短。主要原因为：1）基于严格几何模型的粗配准可在待配准图像上均匀选取控制点，使配准结果具备更强的鲁棒性；2）严格几何成像模型的配准精度较高，保证粗配准的结果在最优配准附近，为后续的精确配准提供了可靠的基础；3）以粗配准后求得的投影变换模型参数作为最优化搜索的初始值，有效地解决了最优化搜索算法易陷入局部极值的问题；4）选用的高斯函数 Parzen 窗互信息计算方法精度更高；5）基于互信息的变步长 Levenberg - Marquardt 算法效率更高鲁棒性更强，使得最大互信息参数的求解精度更高。

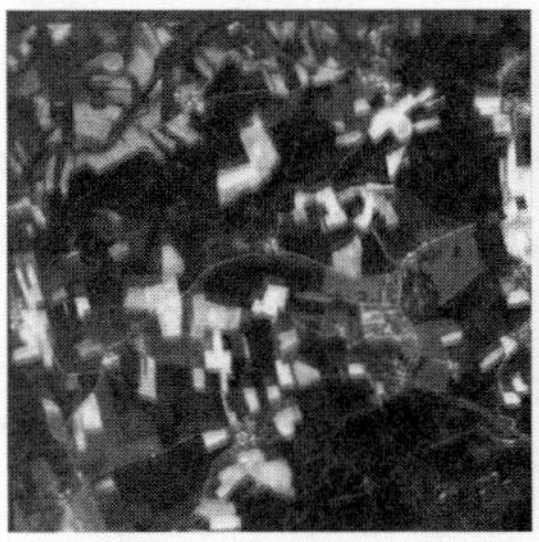

(a)

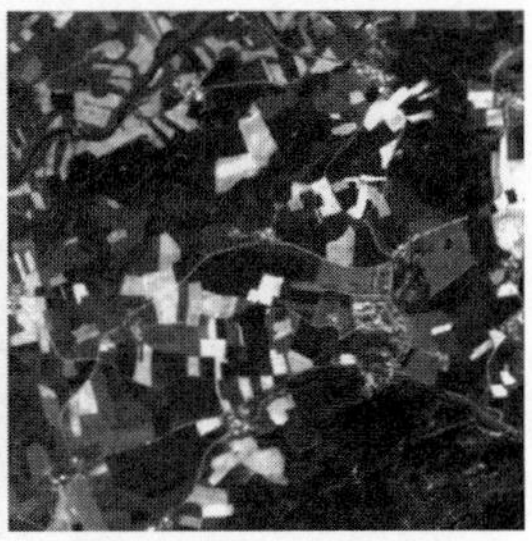

(b)

图 1 图像配准结果图

表 1 配准结果对比表

波段	Band 1 - Band 2		Band 1 - Band 3		Band 1 - Band 4	
算法	本文算法	文献［3］	本文算法	文献［3］	本文算法	文献［3］
配准精度/像素	0.1259	0.4942	0.1748	0.5065	0.2136	0.5255
配准时间/s	103.245	417.918	121.015	418.328	117.336	426.266

5 结束语

本文针对传统基于互信息的多光谱影像配准技术精度低、对初始估计值依赖性强、处理速度慢的缺点，将严格几何成像模型与互信息法相结合，提出一种由粗到精的多光谱图像配准方法。通过对高分 1 号卫星多光谱影像进行试验结果表明该算法多光谱影像配准精度高，匹配时间短，能有效进行多光谱影像的高精度谱段配准，可应用于多模态遥感影像配准。

参 考 文 献

[1] 蒋永华，张过，唐新明，等．资源 3 号测绘卫星多光谱影像高精度谱段配准［J］．测绘学报，2013，42（6）：884－890.

[2] 李奇峻，范大昭，雷蓉，等．资源 3 号多光谱影像谱段间相对内参关系标定及高精度配准［J］．测绘学报，2016，45（6）：685－690.

[3] 臧丽．多光谱图像配准算法研究［D］．南京：南京航空航天大学，2007.

[4] SEBASTIEN L，SYLVAIN B，FRANCOIS A，et al. Automatic and precise orthorec－tification coregistration and subpixel correlation of satellite images application to ground deformation measurements［J］．IEEE Transactions on Geoscience and Remote Sensing，2007，45（6）：1529－1558.

[5] MI W，BO W，FEN H，et al. On－orbit geometric calibration model and its applications for high－resolution optical satellite imagery［J］．Remote Sens. 2014，6：4391－4408.

[6] MAOGUO G，SHENGMENG Z，LICHENG J，et al. A novel coarse－to－fine scheme for automatic image registration based on SIFT and mutual information［J］．IEEE Transactions on geoscience and remote sensing，2014，52（7）：4328－4338.

[7] PHILIPPE T，MICHEAL U. Optimization of mutual information for multi－resolution image registration［J］．IEEE Transactions on Image Processing，2000，9（12）：2083－2099.

Registration Algorithm of Multispectral Images Based on Rigorous Sensor Model and Mutual Information

ZHAO Hongjuan　LU Chunling

DFH Satellite Co. Ltd，Beijing　100094

Abstract　Sub－pixel image registration is the key to successful image fusion，object detection and image stitching. In this paper，a coarse－to－fine sub－pixel image registration scheme for multispectral satellite images is proposed. To begin with，the coarse registration process is implemented by the rigorous sensor model and digital elevation model equipped with a reliable outlier removal procedure. Next，the fine registration process is implemented by the maximization of mutual information using a modified Levenberg－Marquardt search strategy. The proposed algorithm is tested on GF－1 multispectral images. The experimental results demonstrate that the band－to－band automatic registration accuracy is better than 0. 3 pixels.

Key words　Image registration；Multispectral；Rigorous sensor model；Mutual information

作 者 简 介

赵宏娟，女，硕士研究生，就职于航天东方红卫星有限公司，研究方向为遥感图像处理，电子邮箱：zhaohongjuan_2016@126. com。

闪烁晶体微结构光提取模拟仿真

王光毅[1] 杨生胜[1] 薛玉雄[1] 文万信[2] 王仁生[2] 张晨光[1] 郭睿[1] 乔佳[1]
黄文超[1] 郭兴[1] 石红[1] 黄一凡[1] 张剑锋[1] 庄建宏[1]
1. 兰州空间技术物理研究所，兰州 730000
2. 苏州大学放射医学与防护学院，苏州 215000

摘 要 空间辐射环境探测是航天任务活动及空间科学研究的重要内容，目前空间辐射探测器正向着高度集成、小型化、低功耗、实时监测的方向发展。特别是随着微纳卫星的发展，空间辐射探测器面临着基于微纳卫星平台低功耗、低成本、质量轻、小体积的挑战。为解决质量轻、小体积的载荷要求，本工作研制的空间带电粒子微传感器采用密度大、辐射长度短的无机闪烁晶体沉积空间高能带电粒子能量。并采用近年来最新发展的光子晶体微结构这一新方法和新途径来提高无机闪烁晶体的性能。通过在闪烁晶体光输出面添加光子晶体微结构，能够有效提升闪烁晶体的光提取效率，进而提高带电粒子微传感器的能量分辨率和探测效率。本工作针对 LYSO 闪烁晶体进行了光子晶体微结构构建及模拟计算，对设计的微结构参数组合进行了计算扫描，得到了每种微结构模型的最佳参数组合。在此基础上，计算了最佳参数组合的光子晶体微结构的光提取效率，结果表明，在只计算入射光第一次到达闪烁晶体出射面光子晶体微结构光提取效果的情况下，闪烁晶体光输出提高 30%。考虑到实际情况是光在晶体内部经过包覆材料多次反射后最终在出射面被提取，通过多次微结构提取效应，其光提取效率会有更为显著的提高。

关键词 无机闪烁晶体；微传感器；光提取；模拟；微纳卫星

1 引言

空间微纳卫星及其应用是航天技术发展的前沿，也是各国航天装备体系建设的重要方向之一。基于微纳卫星的空间辐射环境探测载荷面临着低功耗、低成本、质量轻、小体积的挑战。闪烁晶体探测器作为一种使用广泛、成本低廉的辐射探测器，在空间科学等领域具有广泛的应用。闪烁晶体作为闪烁体探测器的核心，其体积和质量是制约其在微纳卫星平台应用的主要因素。为实现基于闪烁晶体的空间带电粒子载荷的小型化，需选用大比重闪烁晶体以减小闪烁晶体体积和质量。例如 100 MeV 质子在 CsI 晶体中的平均射程为 30.9 mm，在 LYSO 晶体中的射程为 18.2 mm。然而大比重闪烁晶体一个较为突出的缺陷是由其高折射率而造成的光输出较低。近年来，随着光子晶体的发展，出现了一种利用光子晶体技术提高无机闪烁晶体性能的新方法和新途径[1]。光子晶体的出现，打破了传统闪烁晶体材料本征性能的束缚。通过在闪烁晶体光输出面添加光子晶体微结构，能够有效提升闪烁晶体的光提取效率。将光子晶体微结构与大比重闪烁晶体相结合，是实现基于微纳卫星平台的小体积、低成本空间带电粒子微传感器的有效途径。本文通过对光子晶体微结构的设计及模拟仿真，得到了光子晶体微结构对大比重闪烁晶体光输出的提升效果，并分析了其对空间带电粒子微传感器能量分辨率和时间分辨率的影响。

2 光子晶体设计及模拟

针对 LYSO 闪烁晶体设计的光子晶体结构如图 1 所示，分别为方形晶胞和三角形晶胞结构（见图 1）。光子晶体的结构参数需要通过模拟计算其对光传输行为的调控，来进行优化设计以期实现最大光输出。

光子晶体对光传播进行调控的模拟计算基于严格耦合波理论（Rigorous Coupled Wave Analysis，RCWA）。电磁场被看作是一系列耦合波的总和，每一个耦合波是傅里叶谐波，谐波振幅是周期结构参数的函数[2]。将电磁场和周期结构的介电常数作傅里叶级数展开，建立耦合波方程，结合界面处的边界条件，求得电磁场各个级次的振幅和透射、反射率。

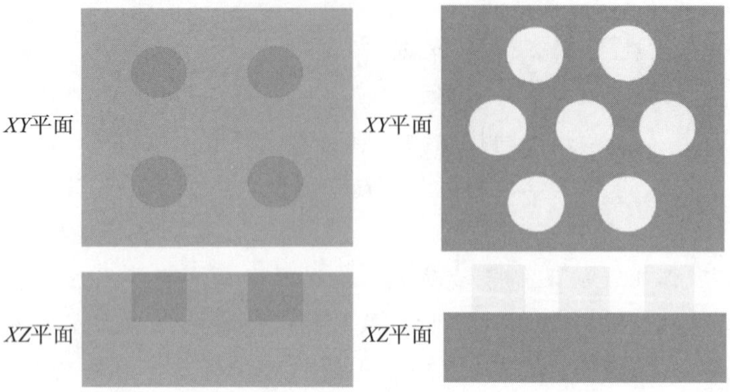

(a) 方形晶胞光子晶体结构 (b) 三角形晶胞光子晶体结构

图 1

对于每个光子晶体设计，其对光传输行为的调控由下列参数决定：

1）闪烁晶体材料的折射系数；

2）光子晶体材料的折射系数；

3）晶格常数 a；

4）填充比 f。

考虑到工艺限制，光子晶体材料选用折射系数、透明度高的 Si3N4。因此需要对 3 个参数进行优化：晶格常数、填充比和光子晶体结构厚度。通过在 3D 参数空间进行扫描，首先可以得到光子晶体周期与填充比最佳参数，计算结果如图 2 所示。

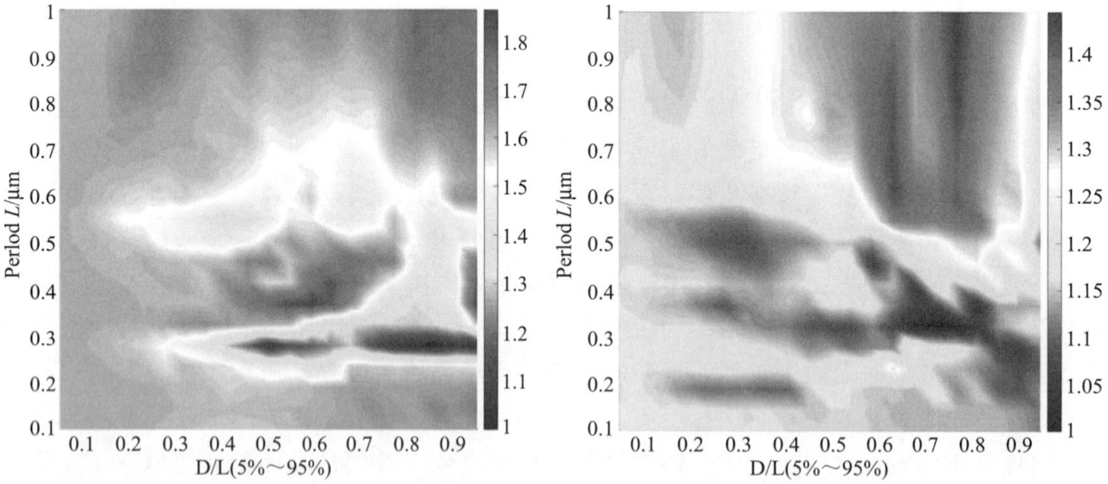

(a) 方形晶胞光子晶体结构周期和填充比扫描 (b) 三角形晶胞光子晶体结构周期和填充比扫描

图 2

在最佳光子晶体周期和填充比参数的基础上，对光子晶体结构深度进行参数扫描计算，即可得到光子晶体结构的最佳深度，计算结果如图 3 所示。

通过对光子晶体微结构填充比、周期、厚度的参数扫描计算，主要参考大于全内反射临界角范围内的透射强度，得到最佳的微结构参数组合，如表 1 所示。在最佳参数组条件下，光子晶体微结构对对闪烁晶体光提取效率能够实现单次提升 1.222 倍，具体计算结果如图 4 所示。

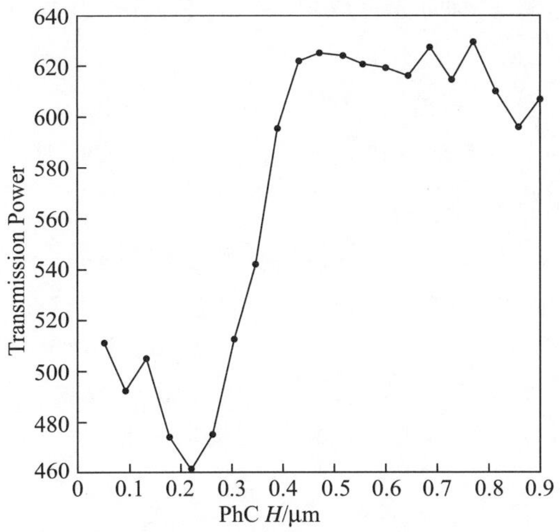

(a) 方形晶胞光子晶体厚度扫描

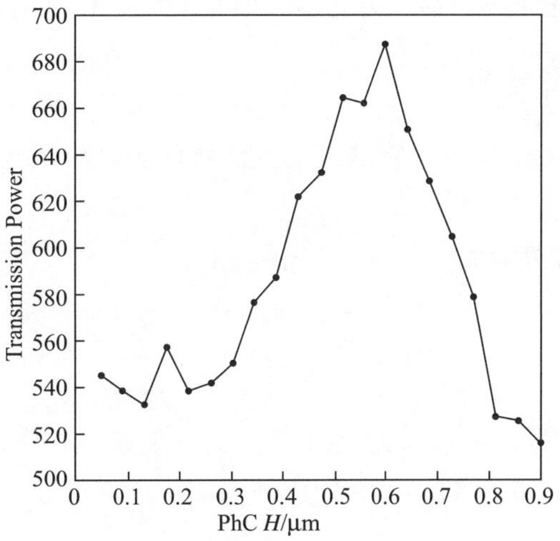

(b) 三角形晶胞光子晶体厚度扫描

图 3

表 1　针对 LYSO 闪烁晶体的光子晶体最佳结构参数

	方形晶胞	三角形晶胞
填充比/%	95	77
周期/nm	370	1 000
深度/nm	772.5	602.5

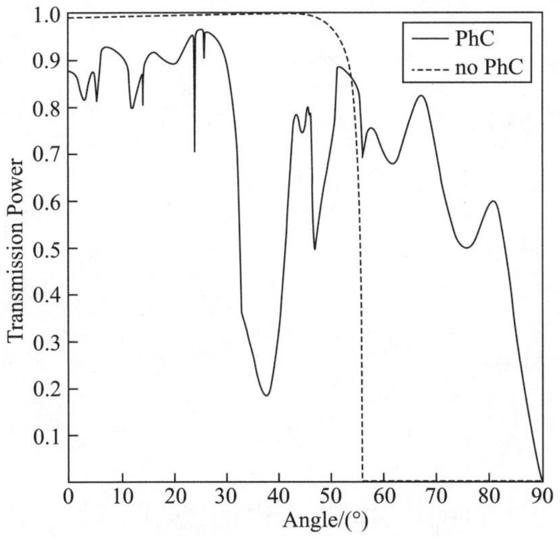

(a) 方形晶胞光子晶体作用下光透射强度

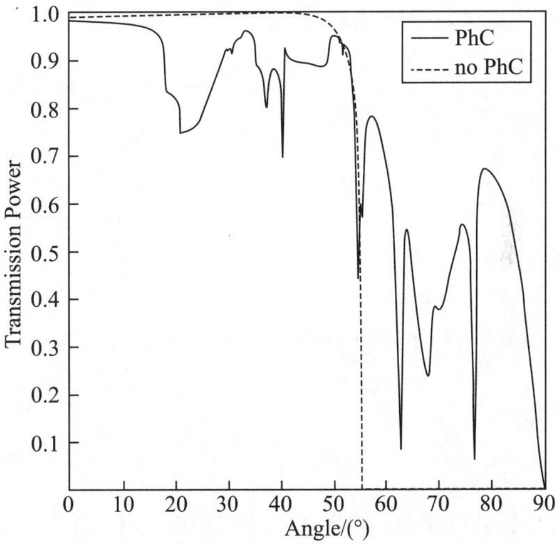

(b) 三角形晶胞光子晶体作用下光透射强度

图 4

3　光子晶体对探测器性能的影响

3.1　时间分辨率

闪烁体的时间分辨率 Δt 与提取的光子数和衰减时间有关[3]

$$\Delta t \propto \sqrt{\frac{\tau}{N_{ph}}}$$

光子晶体结构可以从以下两个方面改进时间分辨率：1）提取的光子数目 N_{ph} 增加；2）光子晶体结

构能够在光子第一次入射光输出面时增加提取的光子数目，因而会有效减小上升和衰减时间。

3.2 能量分辨率

能量分辨率 R 的贡献因素主要来自于固有分辨率 R_i， 传输分辨率 R_p 和探测器分辨率 R_M

$$R^2 = R_i^2 + R_p^2 + R_M^2$$

R_M 可以写成

$$R_M = 2.354\sqrt{\frac{1+v(M)}{\bar{N}\bar{p}}}$$

其中乘积项 $\bar{N}\bar{p}$ 是光电子数目，它依赖于光收集效率。通过光子晶体结构提取到光探测器的光子数目的增加，R_M 减小进而改善闪烁体探测器的能量分辨率。

4 结束语

针对微纳卫星平台对载荷体积、成本的要求，本文通过对光子晶体微结构提升闪烁体光提取效率的模拟仿真，验证了光子晶体应用于闪烁晶体探测器的可行性。并通过数值模拟结果，计算分析了光子晶体微结构对空间带点粒子微传感器时间分辨率和空间分辨率的影响。本文针对 LYSO 闪烁晶体设计的光子晶体结构能够实现单次光提取效率增加 22%。考虑到实际情况是光在晶体内部经过包覆材料多次反射后最终在出射面被提取，通过多次微结构提取效应，其光提取效率会有更为显著的提高。本文的研究工作表明，将闪烁晶体与光子晶体微结构相结合，能够有效减小带点粒子微传感器的体积，并可提高微传感器的时间响应和能量分辨率。

参考文献

[1] Kronberger M, Auffray E, Lecoq P. Probing the concepts of photonic crystals on scintillating materials [J]. IEEE Transactions on Nuclear Science, 2008, 55 (3): 1102 - 1106.

[2] 朱冀梁．硅表面微光栅结构的纳秒激光干涉刻蚀研究［D］．苏州大学，2009.

[3] J. B. Birks, The Theory and Practice of Scintillation Counting, International Series of Monographs on Electronics and Instrumentation. Oxford, U. K.: Pergamon, 1964.

The Simulation of Improving Light Extraction by Photonic Crystals Microstructures from Heavy Inorganic Scintillators

WANG Guangyi[1] YANG Shengsheng[1] XUE Yuxiong[1] WEN Wanxin[2] WANG Rensheng[2]
ZHANG Chenguang[1] GUO Rui[1] QIAO Jia[1] HUANG Wenchao[1] GUO Xing[1]
SHI Hong[1] HUANG Yifan[1] ZHANG Jianfeng[1] ZHUANG Jianhong[1]
1. Lanzhou Institute of Physics, Lanzhou 730000
2. Soochow University, Suzhou 215000

Abstract Detection of space radiation environment is an important part of space mission and space science research. The detector of space radiation is developing towards highly integration, miniaturization and low power consumption. In particular, with the demand of nano - satellites, detectors of space radiation face the challenge of low power consumption, low cost, light weight and small size because of the limits of nano - satallite platform. In order to solve the requirement of light weight and small size, we combine the heavy inorganic scintillator with photonic crystals microstructures to achieve space charged particles micro - sensor. In this paper, the construction of photonic crystals micro - structures and simulation of light extraction are carried out for scintillators that have different refractive index. The parameters of the designed micro - structures are calculated and the optimal parameters of each micro - structures model are obtained. After that, the light extraction efficiencies of photonic crystals micro - structures with the optimal parameters are calculated. The results show that a light extraction improvement of 30% when only the first incident light is calculated. Taking in account the fact that the light is extracted after multiple reflections by the wrapping, the light extraction efficiency will increase more significantly owing to improving by photonic crystals micro - structures.

Key words Heavy Inorganic Scintillators; Micro - sensor; Light Extraction; Simulation; Nano - satellites

作 者 简 介

王光毅，男，工程师，就职于兰州空间技术物理研究所，从事空间环境效应研究，电子邮箱：clsys7830@163. com。

基于微纳卫星的空间大气微传感器开发应用方案

庄建宏[1] 杨生胜[1] 苗育君[1] 郭兴[1] 石红[1] 黄一凡[1] 张剑锋[1] 陈昊[2] 薛玉雄[1]
郭睿[1] 王光毅[1] 张晨光[1] 乔佳[1]
1. 兰州空间技术物理研究所 真空技术与物理重点实验室，兰州 730000
2. 中国科学院 寒区旱区环境与工程研究所，兰州 730000

摘 要 高层大气是空间天气和空间环境研究的重要内容，它占据着大部分地球空间。高层大气区域内存在复杂的物理和化学过程，这些过程与人类的生产生活、航天活动、军事行动都有重要关系。目前，对于空间大气的探测已形成了非相干散射雷达、卫星阻力以及遥感反演等传统方法。随着微纳卫星技术的发展，本文提出了一种基于微纳卫星平台，具有集成度高，体积、质量和功耗小等特点的空间大气及其重要成分的原位探测方案，并进行大气密度、原子氧等主要成分微探测器的原理设计、探测器集成和开发。在此基础上开展大气密度/成分时空变化规律及其与太阳活动关系研究，构建空间大气探测数据可视化分析应用平台，开展空间大气对微纳卫星系统的影响研究，为探测数据在空间大气建模及其在空间天气预报中的应用奠定基础。

关键词 微纳卫星；空间大气；原子氧；微传感器；大气分布

1 引言

高层大气，一般是指 100 km 以上的非均质层，它占据着大部分地球空间，是空间天气和空间环境研究的重要内容[1]。这一区域包含热层和外逸层，也属于电离层的范围。它受到多种因素的影响，如太阳活动、地磁活动、带电粒子的相互作用等[2]，其区域内复杂的物理和化学过程与人类的生产生活、军事行动都有重要关系[3]，以航天活动为例，高层大气的复杂变化，对航天器的轨道寿命、空间任务、敏感表面都有重要影响[4]。然而，人类对这一区域的研究认识和开发利用尚有不足。

目前，对于高层空间大气的探测已形成了非相干散射雷达、卫星阻力以及遥感反演等传统方法[5]。但是由于其复杂性，要掌握高层大气及其与太阳活动、地磁活动、带电粒子的相互作用和变化规律，还需要进行大量的探测和研究，尤其是发展天基原位探测技术，以获取更全面的高层空间大气数据。

随着空间微机电以及微纳卫星技术的发展，利用微纳卫星的低成本，周期短，适合编队组网探测的特点，搭载空间大气微型探测器，可以提高探测的空间分辨率和时间分辨率，形成大范围、多层次的原位监测网[6]。因此，通过微纳卫星搭载探测器对高层空间大气进行天基探测已经成为较优方案[7]。

本文提出了一种基于微纳卫星平台，具有集成度高，体积、质量和功耗小等特点的空间大气密度原位探测方案，并进行大气密度、原子氧等主要成分微探测器的原理设计、探测器集成和应用开发。

2 探测目标

开展基于微纳卫星的空间大气微传感器的开发与研制，并通过微纳卫星编队组网进行空间高层大气的原位监测，获取高时空分辨率的探测数据，包括全球性大气参数动态扰动变化信息，提高大气探测数据精度和密度。同时，面向空间异常天气与高层大气的成分和状态结构分布的研究数据需求，为我国精

* 任务来源：国家重点研发计划（2016YFB0501303）。

细化大气模型构建、空间天气灾害监测、空间环境信息系统构建等提供基础探测数据支撑。

3 开发方案

3.1 总体思路

空间高层大气包括很多特性，如：密度、压强、温度、成分、风场等，其中大气密度是空间大气的基本参数，大气密度随高度和时间的变化与太阳活动、电离层、太阳辐射收支变化等有关，也是影响航天器轨道寿命的主要因素之一；高层大气中含有的原子氧（AO）是太阳紫外辐射作用分子氧后的产物，由于其可以与很多物质发生相互作用，使其发生氧化、腐蚀，造成材料性能退化，也是影响航天器在轨性能的主要因素之一；氢是宇宙中含量（按原子百分数计算）最高的物质，对氢的探测有重要的科学意义。基于此，开展对大气密度、原子氧和氢的探测有重要意义。

通过任务分析，针对参数选定对应的探测方法，最终完成传感器的集成，总体开发方案如图 1 所示。

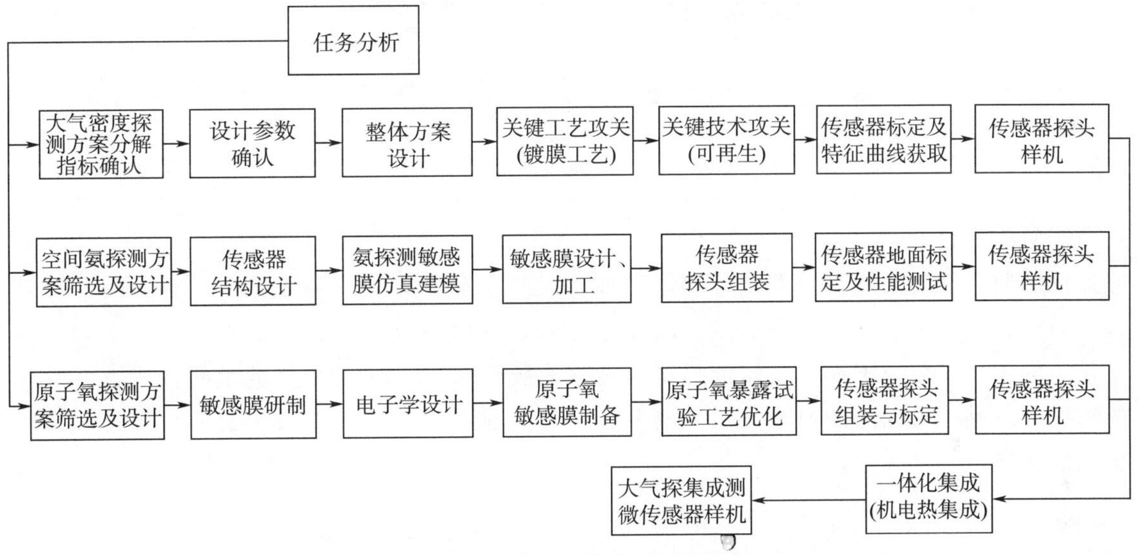

图 1 空间大气微传感器开发方案

3.2 传感器设计方案

空间大气微探测器由 3 个微传感器集成而成，如图 2（左）所示，其外观的初步设计如图 2（右）所示（随着研制的进展以及与整星的对接，不必要的壳体和质量还将进一步被简化和减轻），传感器质量小于 150 g，整体尺寸小于 50 mm×50 mm×30 mm。以下将分别对各个传感器开发进行简述。

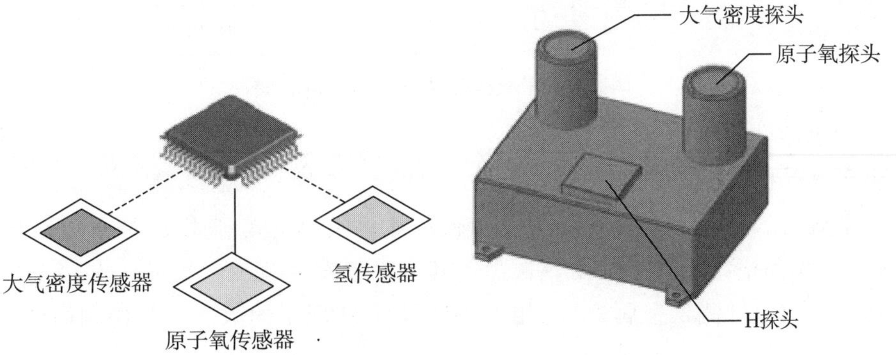

图 2 空间大气微传感器构成（左）和外观示意图（右）

（1）大气密度传感器

大气密度微传感器采用吸附式晶体振荡器进行测量。由于石英晶振的压电效应，它的振荡频率变化与其质量增加在一定范围内存在线性关系，因此，通过镀制在晶体表面的吸附膜吸附气体分子，监测晶体的频率变化即可测得吸附气体质量。大气密度传感器主要分为探头和电路两部分。大气密度微传感器的整体研制方案如图 3 所示。

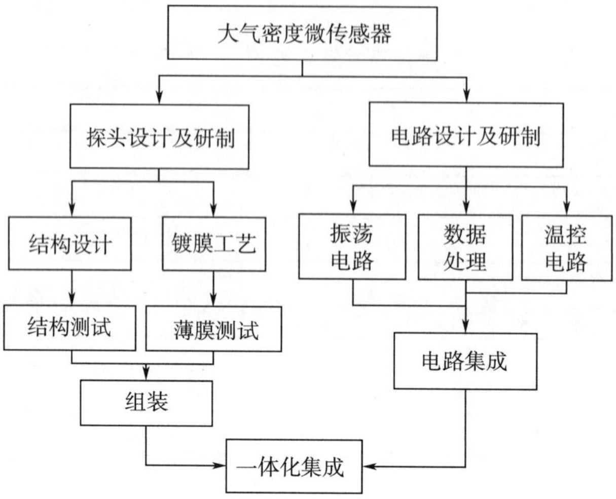

图 3　大气密度探头研制方案

（2）原子氧探头设计

高速运动的原子氧与某些材料发生作用，形成挥发性氧化物，造成质量损失。通过这一原理，测量敏感薄膜的质量损失可以表征原子氧通量。因此通过将敏感材料修饰在石英晶振表面，实现质量损失信号到频率信号的转换。修饰于石英晶体传感器的敏感薄膜需对原子氧有较好的敏感性和选择性。为测量原子氧的浓度，目前，可以选的原子氧敏感材料包括银、碳、锇、聚酰亚胺等材料。原子氧探头的整体研制方案如图 4 所示。

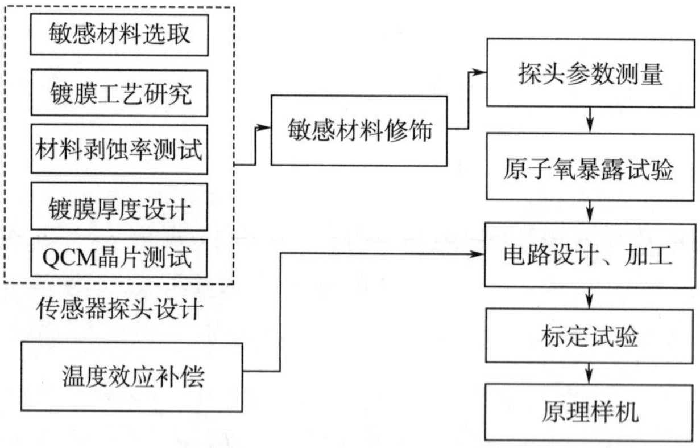

图 4　原子氧微传感器方案研制方案

（3）氢探测微传感器设计

贵金属材料由于其晶格间距与氢原子的大小接近（约 0.79 埃），因此，贵金属材料与氢原子之间的相互作用十分明显。金属钯（Pd）在化工、能源、传感器等领域中就是利用 H 原子以客体的形式进入主体金属 Pd 中引起金属内部晶格结构发生改变，从而使其电阻率发生改变。因此，利用金属 Pd 与 H 原子相互作用的基本原理，可以通过测试金属 Pd 的相关特性获得 H 原子的浓度。氢探测微传感器研制方案如图 5 所示。

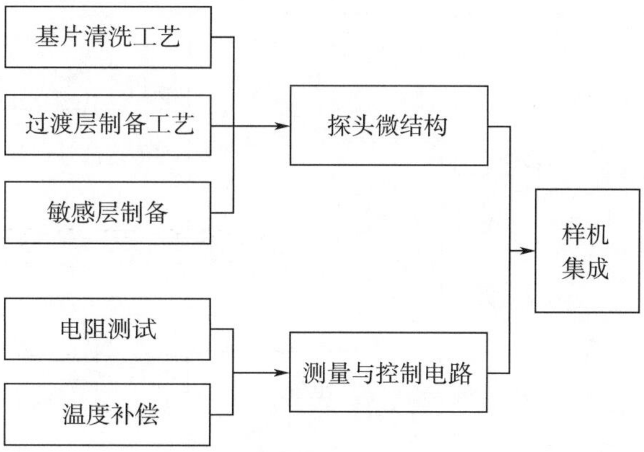

图 5　氢微传感器研制方案

3.3　传感器电子学一体化设计

考虑到空间大气微传感器主要应用于微纳卫星，因此对产品的质量、体积和功耗相对地面，乃至通用卫星有更高的要求，所以提高检测仪功能质量比、功能体积比、降低产品功耗是传感器电子学设计重要目标。

通过对检测仪各传感器开展的特性分析，对各传感器的接口、工作条件及要求梳理及归纳，在电子学部分设计时，采取高度集成化和小型化方式，利用各传感器公用电路进行复用，数据检测分时等手段，以提高检测以集成化水平，从而减轻产品质量、减小产品体积和功耗，基于传感器检测及数据处理需求。电子学一体化设计原理图如图 6 所示。

其中，各模块的主要功能如下：

1）控制模块：检测仪工作调度、数据采集及处理、通信。

2）电源模块：检测仪供电滤波、分区供电以及内部特种供电二次变换。

3）频率测量模块：大气密度传感器输出信号检测。

4）模拟量采集模块：氢传感器及原子氧传感器输出信号检测。

5）温控模块：传感器温度检测，以及 H 传感器和大气密度传感器温度控制。

4　传感器探测及其应用

通过百颗级微纳卫星编队组网探测，获得空间大气主要参数的高时空分辨率数据，将提供覆盖全球、多时空尺度、多探测要素的空间环境探测的海量数据，从而可开展进一步的空间大气模式和应用研究，并且可以构建空间大气探测数据可视化分析应用平台，为空间天气监测和预报应用奠定基础。基于此目标，主要应开展以下两个方面的研究内容。

（1）空间大气模式及应用研究

研究大气密度和成分随季节和空间高度变化规律；分析热层大气密度/成分变化与太阳活动之间的相关性，进一步理解辐射传输过程/机理及全球太阳辐射能量收支变化及分布状态，间接反演大气湍流过程，为太阳高能粒子事件、日冕物质抛射和太阳活动对空间天气的影响，以及获取空间短暂突发性灾害天气（地磁亚暴、太阳黑子活动等）带来大气瞬态变化情况，建立更为准确的全球气候系统模式；另一方面，基于空间大气环境物理变化的规律，通过对空间大气密度分析，研究航天器受大气阻力影响及其轨道寿命的影响和在航天器制动和返回中的应用；利用空间原子氧测量数据，分析其对卫星材料的影响，利用探测数据，通过地面模拟试验进行多因素（原子氧、污染、紫外）协和效应研究，以及利用溅射和反应动力学模型进行原子氧效应仿真。

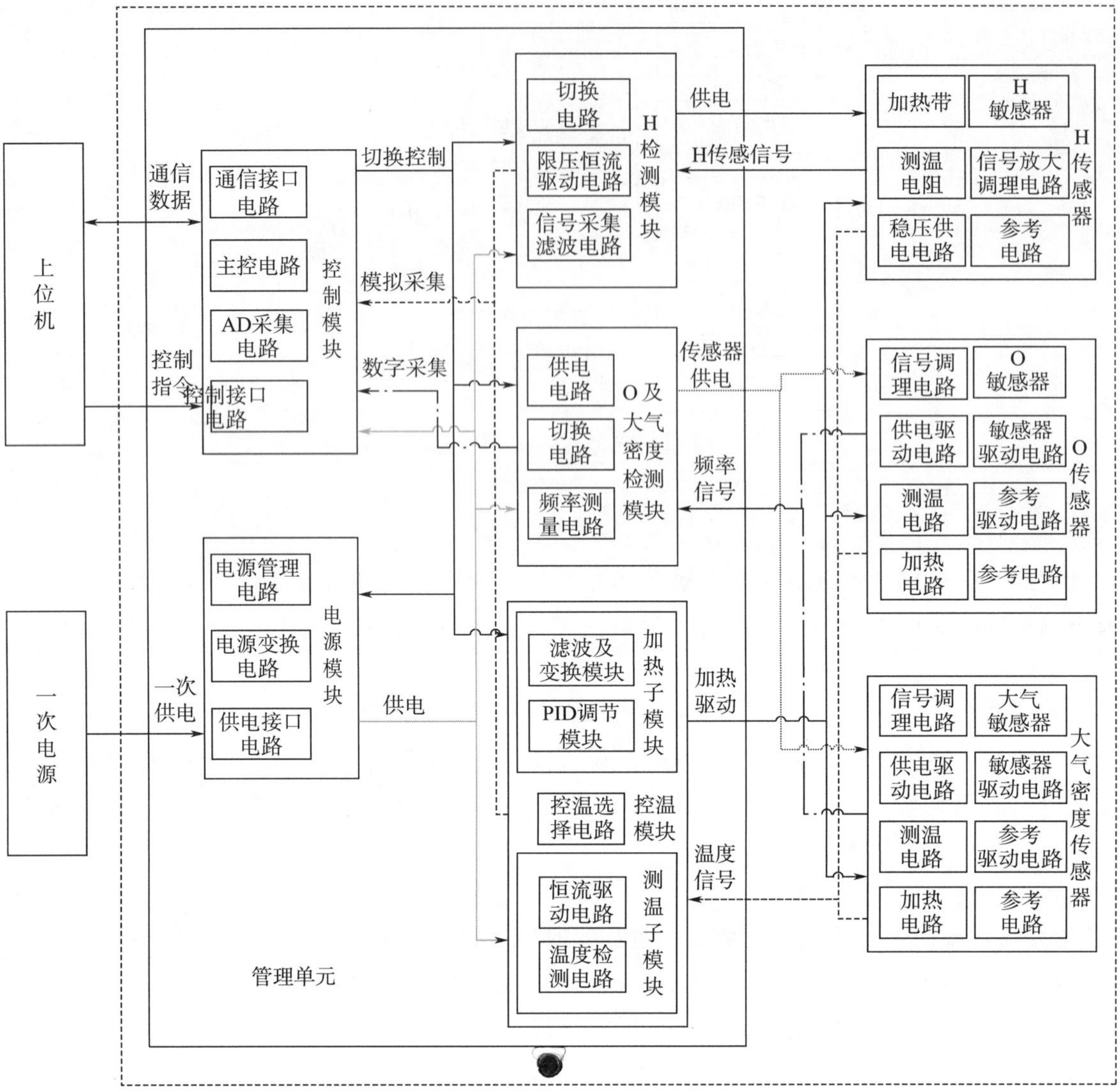

图 6　探测器电子学一体化设计方案

（2）空间大气数据可视化

充分利用在轨监测数据，并结合国内外公开发布的空间大气要素变化数据，以集群计算环境为支持，采用大数据并行计算框架解决海量卫星观测数据的存储、检索、计算问题，建立卫星数据可视化空间分析应用平台，集成可视化交互环境和动态建模分析，实现探测大数据的可视化查询、图形化展示以及动态趋势回顾，为卫星数据可视化查询提供便利，进而服务于卫星数据分析和物理规律探寻。

参考文献

［1］ V L Pisacane. The space environment and its effects on space systems ［M］. American Institute of Aeronautics and Astronautics, Inc. 2008.

［2］ 许绍祖．大气物理学基础［M］．北京：气象出版社，1993.

［3］ 王英鉴．中高层大气对卫星系统的影响［J］．中国科学・A，2000，30（增刊）：17－20.

［4］ A C Tribble. The Space Environment: implications for spacecraft design［M］. New Jersey, Princeton University Pr., 1995.

［5］ 张晓芳，严卫．中高层大气探测技术的研究进展［J］．气象科学，2007，27（4）：457－463.

［6］ 肖玉华，李丹明，龚成师，等．基于微纳卫星群网系统的低热层空间环境探测技术体系研究．2015 年小卫星技术交流会，2015.6，北京，中国宇航学会．

［7］ 孔令高，史建魁，王世金．大气-电离层微纳卫星星座探测计划设想［C］，23th 全国空间探测学术交流会．2010.10，厦门，中国空间科学学会．

Development and Application Project of Space Atmosphere Micro Detector on Micro - nano Satellite

ZHUANG Jianhong[1] MIAO Yujun[1] YANG Shengsheng[1] GUO Xing[1] SHI Hong[1]
HUANG Yifan[1] ZHANG Jianfeng[1] CHEN Hao[2] XUE Yuxiong[1] GUO Rui[1]
WANG Guangyi[1] ZHANG Chenguang[1] QIAO Jia[1]

1. National Key Laboratory of Science and Technology on Vacuum Technology and Physics, LIP, Lanzhou 730000

2. Cold and Arid Regions Environmental and Engineering Research Institute, CAS, Lanzhou 730000

Abstract The upper atmosphere is an important part of the study of space weather and space environment. It occupies most of the earth's space. There are complex physical and chemical processes in the upper atmosphere, which have important relationships with human life, production, space activities and military operations. At present, the traditional methods such as incoherent scatter radar, satellite drag and remote sensing inversion have been used in the detection of the atmosphere. With the development of micro - nano satellite technology, this paper presents a new method base on the platform, which with the advantages of high integration, small size and weight, and low power consumption. In addition, the principle design, detector integration and development of the micro detector of the atmospheric density and the main components such as and atomic oxygen are discussed. On the basis of it, the study of the space and temporal variation of atmospheric density/composition and its relationship with solar activity will be carried out, and to build a visualized analysis and application platform of space atmospheric data and the influence of the space atmosphere on the micro - nano satellite is studied. It should lay a foundation for the application of the data in the modeling of space atmosphere and in the space weather forecast.

Key words Space atmosphere; Atomic oxygen; Mirco - sensor; Atmospheric distribution; Micro - nano satellite

作 者 简 介

庄建宏，男，工程师，就职于兰州物理研究所，从事空间环境效应研究，电子邮箱：zhuangjianhong@spacechina.com。

第三部分　发展探讨

商用微纳卫星的设计理念与评价体系

张伟
上海卫星工程研究所，上海 201109

摘 要 本文提出了面向商用市场的微纳卫星评价体系，基于该评价体系提出了“精致”品牌理念，推出了系列卫星产品，开展了大量商业项目实践，其成果对国内微纳卫星产业发展具有借鉴意义。

关键词 商用；微纳卫星；设计；评价体系

1 背景

近年来，微纳卫星这一新兴产业日趋壮大，不计其数的公司进入该领域，并策划建立大大小小的微纳卫星星座项目。从 Google 提出的含 120 颗星的 O3b 星座项目，到 One web 公司宣称即将构建的 720 颗互联网卫星星座，再到 SpaceX 公司、三星公司分别提出 4 000 颗以上的星座计划。随着微纳卫星的发展，卫星星座的规模、星座项目的数量都呈现迅猛增长的态势。在过去 5 年里，微纳卫星领域行业整体增长 6 倍多，目前国际上已有 800 多家公司，该领域的交易活动连续 3 年直线增加。而据美国 SpaceWorks 商业咨询公司预计，在 2020 年前还会有 2 000 余颗的微纳卫星增量。

就产业发展形态来看，国外已基本形成了稳定的产业布局及成熟的商业模式。而国内尚处于产业的摸索阶段。尽管目前的微纳卫星市场中活跃着的单位多达百余家，但由于从业资质良莠不齐，微纳卫星项目虽多却流于重复，一味追求低成本而导致的低价低质，造成企业一来难以形成利润增长点，二来无法确保发展可持续性，难以推动我国微纳卫星产业的进步。因此，无论对供应商，还是投资方，都急需建立一套商业微纳卫星的评价体系，通过系统性全方位的分析，评价项目的发展潜力和市场价值，帮助企业制定适宜的产品定位和推广策略，有助于构建整个微纳卫星行业的良性发展局面。

2 商用微纳卫星评价体系

本文提出的商用微纳卫星限定为质量在 300 kg 及以下的卫星。该范围内的卫星作为商业航天产业中成熟度最高也是竞争最为激烈的业务领域，具备如下三项显著的特点：

1）面向商业市场应用的微纳卫星，盈利是其根本目的。在压缩成本的同时提升效益，实现费用效益比的最小化，方能确保产品的核心竞争地位。基于产品全寿命周期管理理论，其成本及效益的计算应当涵盖卫星从研制、发射、在轨运营到数据产品转化和销售等各个阶段。

2）在业务效能上，微纳卫星星座与传统大卫星相比的显著优势在于，通过大量卫星的星座组网，一来可以提高卫星业务的时效性，二来其大数据效应可显著提升应用效能；同时由于系统的网络化和自动化，可以弱化系统整体性能对单星性能的依赖，通过系统的扩展和重构，还可在显著提升系统可靠和稳定度的前提下，灵活的适应各类应用任务的需求。

3）在成本计算方面，常规的卫星产业成本包括卫星研制、发射及相关服务、地面运营维护和在轨管理等各阶段成本。值得注意的是在商业应用中，考虑到资本回收周期这一影响利润的重要因子，也应把卫星研制周期作为一项重要的成本考量，它以时间成本的形式影响着投资回报。同时，应重点发扬微纳卫星轻、小、快的研制优势，突破大卫星的定制化生产模式限制，通过采用标准化、模块化的设计实现批量化的生产，从而大幅的降低成本。

综合以上因素，提出了商用微纳卫星的评价指标体系如表1所示：

表1 商用微纳卫星指标评价体系

序号	一级指标	二级指标
1	P. 业务性能 (Performance)	p_1. 分辨率、幅宽等
		p_2. 数传能力：通道数、带宽、码速率等
		p_3. 精准度：姿控精度、稳定度等
2	A. 可用性 (Availability)	a_1. 平台承载比、功耗比等
		a_2. 可靠性
3	O. 运行管理 (Operation Management)	o_1. 自动化
		o_2. 网络化
4	C. 成本 (Cost)	c_1. 发射成本
		c_2. 卫星制造成本：以标准化、模块化实现批产低成本
		c_3. 运营维护成本
		c_4. 数据产品销售成本
		c_5. 时间成本（研制周期）

在此指标体系基础上，为综合反映商用微纳卫星的总体水平，引入全寿命周期的费效比（RIO）进行表示，函数如下

$$RIO=\frac{C}{\left(\sum_{i=1}^{N}P_i\cdot A_i\right)^{k\cdot N\cdot O}}=\frac{C(c_1,c_2,c_3,c_4,c_5)}{\left[\sum_{i=1}^{N}P_i(p_1,p_2,p_3)\cdot A_i(a_1,a_2)\right]^{k\cdot N\cdot O(o_1,o_2)}}$$

在该函数中，分子表示全周期成本，分母表示全周期系统效益。全周期系统效益由单星业务性能、可用性及系统运行能力来表征。平台可用性的提升，例如承载比和功耗比的提高，可以成倍的提升单星的业务性能，因此此处用乘积体现综合效益。在此基础上，单星组成星座系统后的效益，首先应是所有单星的叠加。而微纳卫星星座系统的优势在于，一是能在系统网络化构架的基础上成指数级的提升数据采集和处理能力，同时能在单星异常的情况下通过系统优化和重构，确保系统业务稳定性，发挥系统效益。因此，此处通过叠加一个系数k，来体现系统自动化、网络化的运行管理能力对系统性能的指数级提升。

费效比函数给出了商用微纳卫星评价的基础模型。定量的评定需要进一步的分析，考虑到该函数的影响因素众多，本文采用关键因子分析法，通过凝练其核心影响因素，并进行定量分析，从而实现不同卫星项目的对比评价。对于一个既定项目而言，成本已通过合同的形式进行确定（即C恒定），因此如何利用已有成本创造最大效益成为卫星企业的战略重心。卫星的效益体现为系统效益与单星效益的叠加，单星效益可包含载荷效益和平台效益。由于同一个项目中，卫星颗数、载荷的业务能力已在用户需求中加以限定（即O恒定、p_1恒定），因此单星效益提升主要体现在平台效益。传统大卫星在评价平台效益上提出了承载比、功耗、姿控、数传能力等指标，结合微纳卫星功能及应用的特殊性，本文对传统指标进行了筛选和优化。通过将关键影响因子进行提炼、分析和融合可以得出，在典型三轴稳定的中高精度姿态稳定控制系统中，平台效益可以通过以下三项关键因子进行表征（以下公式中下标l代表载荷，下标p表示平台）：

（1）承载比 $BR=\frac{m_{\mathrm{l}}}{m_{\mathrm{p}}}$

传统的承载比概念常常采用载荷质量比上整星质量，这种计算方式更多的是体现载荷在整星中的质量比。微纳卫星由于质量小，承载能力大，建议使用更直观的评价方法，通过使用载荷质量比上平台质量，可以更形象的表征单位平台质量的承载能力，是对平台结构性能的最佳评价。

（2）功耗比 $PR=\dfrac{P_1}{m_p}$

平台的功率输出能力通常作为平台性能的重要指标，但是如果无视平台的质量水平而单纯以功率大小来评价，很明显是不科学的。也曾有采用载荷功耗与平台功耗的比值来表征这项能力，实际上并不能反映单位平台质量所能达到的功率输出水平，因此本文采用两值直接相比，直观地反映平台的功耗比指标。

（3）通信密度比 $CR=\dfrac{T_1}{m_p}$

与功耗比类似，平台的数传能力也不能脱离平台的质量而单纯的比较数传速率的大小，因此，通过平均到平台单位质量的数传能力，更好的表征了平台的数据传输性能。通过关键因子分析法，商用微纳卫星费效比评价函数可简化为

$$RIO \propto (BR, PR, CR)$$

$$RIO \propto \left(\frac{m_1}{m_p}, \frac{P_1}{m_p}, \frac{T_1}{m_p}\right)$$

3 精致理念及评价

基于商用微纳卫星费效比评价模型，以实现卫星全周期成本效益最大化为目标，同时为客户提供高使用价值，上海卫星工程研究所推出了“精致”微纳卫星品牌。该品牌理念，来源于《中庸》——“致广大而尽精微”，体现其“既宽广博大又深入精微”的传统哲学思想，其内涵为4个精致（见图1）：

精诚以致远——立足品牌长远发展，与配套单位精诚合作，为用户创造价值。

精巧到极致——通过模块化、标准化、组合化的卫星组件设计，使卫星设计变得灵巧，使卫星平台兼容通信、导航、遥感多领域需求。

精简到极致——同等技术指标下，通过软件化设计，简化硬件，缩短流程，优化管理模式，实现成本最低。

精准到极致——用最佳的方案，将卫星性能指标做到极致，将可靠性设计与保证贯穿全物理过程，做好关键功能系统级重构及备份，确保卫星高性能与高可靠。

该系列卫星一方面通过采用“平台虚拟化、功能软件化”的创新技术，使整星功能性能指标达到国际领先水平，为用户解决高品质卫星需求；另一方面通过流程及管理优化，大幅缩减卫星研制周期，提升性价比，推动商用微纳卫星产业化发展。

图1 “精致”理念

“精致”微纳卫星通过模块化集成创新，构建综合电子、电源、姿轨控和载荷等四大通用模块，可满足多种卫星任务的需求。同时各模块的标准化设计，便于快速制造、集成、测试。整星采用虚拟化结构设计技术，三轴稳定姿态控制方式，被动与主动相结合的热控策略。其姿轨控模块由磁强计、模拟太阳

角计、星敏感器和陀螺组成姿态确定系统，采用反作用飞轮、磁力矩器以及在必要条件下使用喷气联合进行姿态捕获和稳定控制。通过采用微型化、轻量化、集成化设备，可应对多种工况需求，满足通信、遥感等多种中高精度应用能力。电源模块由 PCDU 单元、太阳能电池阵和锂离子蓄电池组组成。通过采用摆动式驱动太阳翼设计确保不同光照角度下良好的光照条件，同时轻量化锂电池设计，共同保证高输出功率及高转换效率。综合电子模块由计算机单元、馈电通信单元、USB 应答机单元、机构驱动单元、USB 测控天线和馈电天线组成，各个单元通过背板总线连接。该模块通过基于 UC/OSIII 星载操作系统设计来实现高的调度效率，通过基于汽车级、高性能 ARM 处理器设计来实现业务数据星上处理能力，通过基于 CPCI 总线设计来实现高度的扩展能力，通过测控、数传、星务、姿控、驱动等星上电性能的高度集成，满足多通道数据采集及传输、高速数据处理以及大容量数据存储等应用需求。

为对“精致”品牌卫星进行综合而准确的评价，本文对国际品牌萨瑞公司的同类平台进行对比分析。由表 2 中指标可以看出，两者平台重量级别相当，且同为典型的三轴稳定姿态稳定控制系统，姿控精度及稳定度处于同一等级，因此符合本文费效比评价函数的前提设定，具有可比性，比较分析结果具有一定科学价值。通过对两个平台的承载比、功耗比和通信密度比进行计算可以发现，“精致”平台的长期功耗绝对值（200 W）明显优于萨瑞卫星平台（50 W），而平均到单位平台质量的功耗比指标则更优（6.6 W/kg 优于0.5 W/kg）。在数传能力上，“精致”平台的指标绝对值（200 bit/s）明显弱于萨瑞卫星平台（500 bit/s），但是平均到单位平台质量的通信密度比则优于萨瑞卫星（6.6 Mbit/s/kg 优于 4.8 Mbit/s/kg）。根据费效比评价函数简化公式

$$RIO \propto \left(\frac{m_1}{m_p},\frac{p_1}{m_p},\frac{T_1}{m_p}\right)$$

两卫星的评价函数如下：

“精致”　$RIO \propto (2.3,6.6,6.6)$“$SSTL-50$”　$RIO \propto (0.4,0.5,4.8)$

基于上述函数可以发现，“精致”卫星的承载比、功耗比和通信密度比这三个指标值均高于萨瑞 50 平台，由此可得其费效比综合评价更优。根据该案例比较结果可以发现，如果单纯追求指标的高值，而忽视由此带来的卫星质量的代价，容易得不偿失，难以获得高的性价比。而“精致”卫星恰恰是做到了单位质量的性能最优，因而能够获得全周期成本效益的最大化。该系列卫星首次在第十七届中国国际工业博览会上亮相，便斩获工博会创新奖，其高度的商业价值吸引了大量商业公司的业务咨询和项目洽谈，并与当晚与北京和德宇航技术有限公司签署了和德 1 号 卫星 AIS 业务服务合同。

表 2　“精致”与 SSTL－X50 平台评价指标比对

序号	卫星项目	姿控能力（3 轴 3σ）	承载能力	长期功耗/W	数传能力/(Mbit/s)	承载比	功耗比/(W/kg)	通信密度比/(Mbit/s/kg)
1	“精致”	控制精度≤0.1°； 稳定度≤0.001°/s	载荷不大于 70 kg； 整星：30～100 kg	≤200	≤200	≤2.3	≤6.6	≤6.6
2	SSTL－X50	控制精度≤0.07° 稳定度≤0.000 3 °/s	载荷不大于 45 kg； 整星：50～150 kg	≤50	≤500	≤0.4	≤0.5	≤4.8

4　商用微纳卫星项目应用实践

“精致”微纳卫星重点解决商业化对低成本、高性能、高可靠、高通用化适应性、高承载比等商业卫星高品质需求，并为用户提供从需求分析、卫星设计、卫星制造、卫星发射、卫星应用等全阶段的一体化解决方案，形成整星产品及数据服务的全方位服务模式。在精准的产品定位与创新运营模式下，吸引了多家商业公司开展了卫星项目实践，本文重点介绍和德 1 号和经纬 1 号两个项目。

和德1号卫星是上海卫星工程研究所与和德宇航技术有限公司合作推出的国内首颗AIS商用微纳卫星，通过搭载先进AIS载荷进行在轨试验，开发AIS数据服务产品。AIS系统作为海事监管的重要手段，近年来美国、加拿大、欧洲星载AIS领域的发展极为迅速，已建立起的全球性的商用AIS星座，可覆盖从政府监管到业务经营性的信息服务需求，产生了广泛的影响及巨大的经济效益。而我国的AIS商用卫星尚处于起步阶段，此次基于“精致”理念设计的和德1号商业微纳卫星，对我国海事监管行业的发展具有重大的突破意义。本项目计划建设新一代AIS卫星系统——VDES系统（VHF频段数据交换系统），基于66颗低轨微型卫星星座，实现全球范围内广域海上船只监测，星、舰、地双向通信，探索建立基于VDES的船舶识别与海上数据交互国际新标准。

和德1号卫星虽然个头小却有着大能量。卫星平台重19 kg，载荷重20 kg，载荷功耗54.4 W，承载比为1.1，功耗比达到2.86。同时，该卫星配置先进的AIS载荷系统，包括先进的AIS接收机和波束互补、对地全覆盖的AIS接收天线，在世界上处于领先水平，对船舶高密度和中等密度区域有良好的检测率，平均一天可解码来自不少于6万艘船舶的200万条消息。其成功发射运营之后将有效验证商业卫星全周期研制流程的优化，也为传统大卫星的全周期流程优化提供探索和借鉴。该卫星目前已完成各项研制和测试，具备出厂条件，计划于2017年上半年搭载八院研制的长征4号丙火箭发射。图2为和德1号卫星研制及试验情况。

图2　和德1号卫星研制及试验情况

经纬1号是上海卫星工程研究所受浙江天地经纬科技有线公司委托研制的商业小卫星，作为后续规划建设60颗微纳卫星低轨星座的首颗星。该星通过验证VDES载荷在轨功能性能，为后续逐步建立e-航海通信系统打下坚实基础。卫星平台重19 kg，载荷重25 kg，载荷功耗54.4 W，承载比达1.3，功耗比达2.86（见图3)。通过集成传统的AIS、ASM、LAIS和VDE载荷，并根据船舶AIS应用中出现的问题，将卫星作为海上移动通信系统的一个节点，用于专门接收LAIS，并且收发VDE数据，实现海上高速数据通信。浙江天地经纬公司是一家致力于卫星导航、通信、遥感系统的技术研发、建设和服务于一体的新型民营高科技企业，是浙江省经信委和义务市重点扶持创新企业和国家“千人计划”成员单位。此次通过通过与我所合作，发展我国新一代的VDES系统，实现在海事领域长期的市场开发和稳定的商业运营。

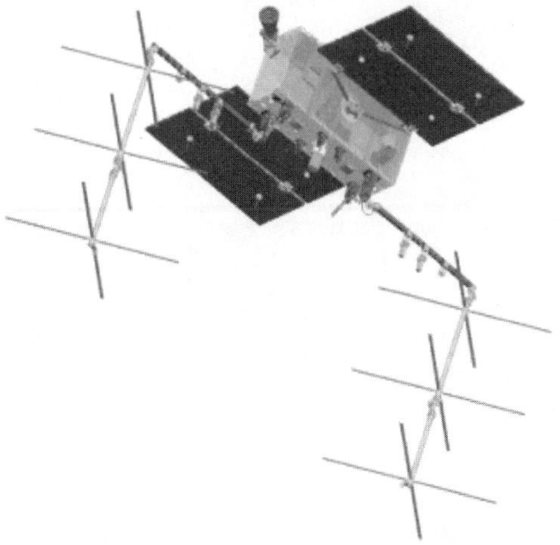

图3　经纬1号卫星

5 结束语

商用微纳卫星开启了航天产业发展的新时代。互联网思维、大数据的引入，更是激发了一场卫星应用和运营模式的革命。巨大的市场潜力和利润增长空间吸引了巨额的投资，使微纳卫星产业呈现一种前所未有的繁荣景象。面对国内百家争鸣却杂乱无章的竞争业态，本文提出了一种商用微纳卫星的评价体系，有助于去粗取精，推动微纳卫星产业的有序发展。在此评价基础上，我所通过打造“精致”微纳卫星品牌并与多家公司进行商业项目合作，围绕客户需求，形成了以卫星平台为核心，贯穿有效载荷研发、商业发射服务、空间数据应用等全产业链的“一站式”服务模式，其商业成果可辐射航空、航海、智慧城市等周边产业，可供业内人士参考借鉴。

Design Concept and Evaluation System of Commercial Micro - nano Satellites

ZHANG Wei

Shanghai Institute of Satellite Engineering，Shanghai 201109

Abstract This paper presents a micro - nano satellites evaluation system for commercial market. Base on this evaluation system，the SISE concept is proposed and the series products are made. Furthermore，a lot of commercial projects are launched as well. The micro - nano satellites evaluation system has meaningful reference value for the domestic industry of micro - nano satellites.

Key words Commercial；Micro - nano satellites；Desigh；Evaluation system

作者简介

张伟，男，973 首席科学家，研究方向为控制科学与工程，电子邮箱：wzhang509@126.com。

商业航天测控需求与发展思考

左莉华
航天东方红卫星有限公司，北京5616信箱　100094

摘　要　在进行国内外商业航天发展态势调研与分析的基础上，结合商业航天市场化运作，追求效能优化的特点，进行我国商业航天测控需求分析，提出我国商业航天测控以在轨自主管控为主、地面测控为辅的测控模式，以及系统高度集成的一体化集约设计、"互联网＋测控"等建议。

关键词　商业航天；测控；需求；建议

1　引言

商业航天是在市场驱动下，由市场中的企业集团投资，以赢利为目的，独立的、非政府的航天活动。商业航天的一个突出特点是按照商业模式和市场化规律研制、发射和运行管理火箭、航天器。

在商业航天模式下，有更多的参与者加入到市场竞争中来，不断追求成本和效能的优化，采用成熟的技术和通用化、系列化、模块化的设计，采购商业现货，大幅度降低研制成本，缩短研制周期，实现系统高集成度、低成本、高运营效率，从而达到广泛应用与商业盈利的目标。

商业航天直接带动了卫星、运载火箭制造及发射、通信、导航设备等相关产业的发展，未来还将与移动互联网、物联网、智慧城市建设等领域深入融合，形成新的经济增长点。据国外估计，到2030年，全球大约10％的GDP将来自于航天，商业航天大有可为。

测控是商业航天中的重要要素，目前我国地面测控系统主要服务于军民卫星，使用成本高，对即将进入快速发展的商业卫星支持能力不足，因此有必要研究发展适用于商业航天的测控系统。

2　商业航天发展概况

2.1　国外商业航天发展态势

（1）新型市场力量兴起

在美国发展商业航天政策以及商业航天项目推动下，大量资本进入航天领域，一批具有经济、技术实力的私营航天公司迅速成长起来。在商业载人航天领域，以太空探索公司为代表；在商业遥感领域，数字地球公司和地球眼公司则成为业界翘楚。

太空探索公司成立于2002年，按照低成本、高可靠的经营理念，在技术研发、生产流程和运营管理等方面进行创新改进，依靠不足千人的规模，在10年内先后研制成功猎鹰-1、猎鹰-9运载火箭和龙飞船，成为美国私营商业航天企业的中坚力量。

商业遥感领域，在遥感卫星新政策的支持下，数字地球公司和地球眼公司先后成立，并发射了多颗高分辨商业遥感卫星。如2008年发射的地球眼-1卫星分辨率达到了0.41 m，2014年发射的世界观测-3卫星分辨率达到了0.31 m，超过了许多国家的军用侦察卫星。美国高分辨率商业遥感卫星满足了军民两用需求，并在市场竞争中建立起了优势。

目前，商业航天公司具有从设计、制造、验证到发射、运营的能力，实现了政府、军方、科研机构等用户从市场购买服务的需求。

（2）费用显著降低

商业航天模式显著降低了航天成本，性价比大为提高。

NASA 通过“商业轨道运输”项目大幅降低了往返空间站的费用。龙飞船 12 次空间站商业补给服务平均每次费用约 1.3 亿美元，远低于航天飞机平均每次 15 亿美元的费用。俄罗斯联盟号飞船每个座位的价格为 7 000 万美元，太空探索公司正在研制的载人型龙飞船，每个座位只需要 2 000 万美元。

在侦察能力相近的情况下，商业遥感卫星的价格仅为军用侦察卫星的 1/5 甚至更低。2000 年以来的几次局部战争中，美军大量使用商业遥感卫星提供的信息支持作战行动。

（3）推动经济发展

NASA 通过实施商业货运和载人计划，形成了上百亿美元的商业航天运输市场，创造了上万个就业岗位，并加速了太空旅游业的发展。

全球定位系统（GPS）投入商业运营后，目前已形成了庞大的导航产业市场。2013 年全球民用卫星导航应用市场规模已经超过 2 800 亿美元，至 2022 年将达到 4 600 亿美元。

全球商业遥感卫星对地观测数据收入达到 15 亿美元，预计到 2022 年，商业对地观测数据销售额将达 30 亿美元。

（4）发展势头强劲

太空探索技术（SpaceX）公司 2015 年宣布，将在未来 5 年内研制 4 000 颗小卫星，提供全球互联网接入服务；一网（OneWeb）公司正在打造 648 颗低轨小卫星全球互联网星座项目，提供约 50 Mbit/s 网速，计划 2017 年发射第一颗卫星。Skybox Imaging 公司 2014 年获得 9 100 万美元的风险投资，用于建造由 24 颗小卫星组成的重访周期为 1 天、全球覆盖的商业高分对地观测卫星星座。首颗商用遥感小卫星 SkySat－1 单星质量 91 kg，幅宽 400 km，分辨率优于 1 m。上行码速率 16 kbit/s，下行码速率 470 Mbit/s。

欧洲咨询公司 Euroconsult 预测，2015—2024 年将有 40 个商业卫星企业发射 550 颗卫星。其中包含了 10 个商业卫星星座部署的 350 颗卫星，它们将被送入中低地球轨道，用于通信和地球观测领域。

2.2　国内商业航天发展概况

（1）政府推动和政策扶持

我国航天产业主要处于国家投资、企业研制的传统计划模式下，2014 年起陆续出台政策，鼓励民间资本进入航天领域，商业航天刚刚起步。

2014 年 10 月，国务院常务会议提出要逐步引导民间资本参与国家民用空间设施建设。2014 年 11 月，国务院发布 60 号文件《国务院关于创新重点领域投融资机制鼓励社会投资的指导意见》，鼓励民间资本投资参与民用空间基础设施建设。2015 年 10 月，国务院印发《关于印发国家民用空间基础设施中长期发展规划（2015—2025 年）的通知》，指出推动多元化投资和产业化应用，支持民间资本投资卫星研制和系统建设。

（2）民间发力，前景广阔

2015 年 7 月 11 日，由 3 颗高分辨率卫星组成的北京 2 号遥感卫星星座在印度发射，该星座也是我国核准的第一个民用商业遥感卫星项目，由二十一世纪空间技术应用股份有限公司与英国萨瑞大学合作建设。采用 S 频段测控，上行码速率 9.6/19.2 kbit/s，下行码速率 9.6 kbit/s～8 Mbit/s。

2015 年 10 月 7 日，我国首个自主研发的商用高分辨率遥感卫星星座吉林一号发射成功，包括 1 颗光学遥感主星、2 颗灵巧成像视频星和 1 颗灵巧成像验证星。由中科院长光所等股东出资；计划 2020 年前发射 60 颗视频卫星，2030 年前发射 138 颗视频卫星。采用 S 频段和 UHF 频段测控，S 测控由国家测控网负责，UHF 测控由自建站完成。

位于珠海的欧比特公司规划建立“卫星大数据采集系统”卫星星座（10＋4），利用 1 m 分辨率视频以及 5 m 分辨率的多光谱成像，生成用户所需产品，为智慧城市、国土资源调查、环境监测等提供商业服务。第一组（2 颗）卫星由航天东方红卫星公司研制，计划 2017 年 6 月发射，测控采用 USB 测控（主份），上行码速率 2 kbit/s，下行码速率 4 kbit/s 以及 UHF/VHF 频段测控（备份），上行码速率 1 kbit/s，下行码速率 19.2 kbit/s；数传采用 X 波段，码速率 80 Mbit/s。航天东方红卫星公司建有 UHF/VHF 测控站，欧比特公司建有 X 波段数传接收站。

2015 年 8 月，航天科技集团公司成立四维商遥公司，规划“16＋4＋4＋X”0.5 m 高分辨率商业遥感卫星星座，为全球用户提供遥感数据服务。第一阶段 4 颗小卫星由航天东方红卫星公司研制；两颗 0.5 m分辨率的高景 1 号光学小卫星已于 2016 年 12 月成功发射。国家测控网负责 USB 测控；自建数传接收站，数传码速率 450 Mbit/s。

2016 年 3 月，中国航天（科工）三江集团开始与互联网巨头筹备组建国内首家商业火箭公司。

3 商业航天测控发展分析及有关启示

3.1 商业航天测控发展分析

目前从国内外情况看，商业航天测控主要有以下三种手段。

（1）依靠国家基础设施完成测控

军/民用航天测控网主要服务于军民用卫星，能力富余时可服务于商业卫星。如 NASA 跟踪与数据网（STDN）、美国空军测控网（AFCSN）、欧空局航天测控网（ESTRACK）以及俄罗斯国家测控网等。

（2）商业公司自行完成测控

一般公司仅支持行业专用（如通信）卫星应用，卫星应用只面向特定服务对象。如中国卫通在北京、香港、成都等建有 4 个地面站，负责 6 颗地球同步轨道卫星的平台和载荷控制。

（3）购买专业商业航天测控服务

商业公司建造自己的测控站，形成测控网络，面向全球卫星用户提供服务。如 PrioraNet 全球地面站网，隶属瑞典空间公司，由网络管理中心、10 个自有核心站点和 6 个合作站点组成，提供 UHF、L、S、C、X 频段的测控与数传服务。主要客户包括中国航天科技集团公司/中国资源卫星应用中心、中国卫星发射测控系统部、NASA、台湾太空中心等。挪威康斯伯格卫星服务公司（KSAT）卫星测控网由特罗姆瑟网络操作中心（TNOC）和 4 个地面站组成，主要为极轨卫星提供测控和数据服务，主要客户包括 NASA、ESA、NOAA、JAXA 等。

3.2 对我国商业航天测控的有关启示

（1）发射回收测控依靠国家基础设施完成

航天器发射与回收是空间进入、空间返回的必然手段。航天器进入空间、空间返回事关领土、领空安全。从国外现状来看，航天器发射和回收依靠国家基础设施完成。

（2）测控管理多元化大势所趋

我国军/民航天测控网主要服务于军民用卫星，能力富余时可服务于商业卫星。

商业航天测控主要服务于商业卫星，可通过商业模式自行全球建站联网，也可与国外测控站采用商业模式合作联网运行。

对于商业中低轨卫星，商业公司自建测控网投资过高，比较合理的方式是购买商业公司测控服务，需要商业公司具备全球测控能力；还可适当利用国家航天测控网完成测控支持。对于商业地球同步轨道卫星，商业公司可结合自身应用业务进行卫星测控。

4 商业卫星测控需求

4.1 已发射卫星的测控情况

已发射卫星的测控情况见表 1。

表 1 已发射卫星的测控情况

序号	卫星名称	运营商	卫星数量	业务测控、数据接收	工程测控
1	北京 1 号卫星	北京宇视蓝图信息技术有限公司	1 颗	S 频段测控	航天测控网（USB）
2	北京 2 号卫星	北京宇视蓝图信息技术有限公司	3 颗	S 频段测控	航天测控网（USB）
3	吉林 1 号	长光卫星公司	4 颗	UHF 测控	航天测控网（USB）
4	高景 1 号	航天科技集团四维测绘技术有限公司	2 颗	S 频段测控； 自建 X 波段数传接收站	航天测控网（USB）
5	珠海 1 号 （欧比特）卫星	珠海欧比特公司运营	1 颗	UHF/VHF 测控； 自建 X 波段数传接收站	航天测控网（USB）
6	紫丁香 2 号	哈尔滨工业大学	1 颗	UHF 测控	航天测控网（USB）

可见，目前商业卫星基本都配有工程测控以及业务测控两类测控设备，工程测控依赖国家航天测控网，业务测控以自建站为主，有 S 波段、UHF 频段、UHF/VHF 频段三种频段；数传站基本上是以自建为主。

4.2 测控系统总体需求

商业卫星追求的是“好，快，省”，需要卫星具有尺寸小、组网运行、载荷数据量适中的特点，这就需要测控系统具有高集成度、高效费比、高运营效率和高可靠性，建立星地一体化体系架构，以满足卫星测控的商业化运作。

4.3 跟踪测轨需求

发射段不需对卫星进行跟踪测轨，入轨后对卫星进行跟踪测轨，卫星测轨精度优于 10 m。

4.4 测控及数传需求

为了实现测控系统小型化，需要进行测控、数传及应用一体化。一般小卫星载荷数据量不大于 450 Mbit/s，微纳卫星数据率不大于 50 Mbit/s。

随着商业卫星的快速发展，将会出现大量微小卫星星座、星群，需要卫星自主管控，以降低对地面站的依赖。需要星载设备具有快速接收、加载、更新软件的能力，要求上行数据传输能力提高，以满足升级软件、任务规划、载荷支持等数据传输的需求，需要上行码速率 2～8 kbit/s。

为了提高测控系统综合效能，有些应用需要卫星组网或编队运行，这就需要建立星间链路，进行卫星之间相对距离测量以及双向测控，一般码速率小于 4 kbit/s；需要进行卫星星地及星座星间测控数传一体化设计。

4.5 测控数据应急或全球覆盖传输

对于某些需要测控覆盖率高的卫星，或当自主运行的卫星出现异常情况不能自主处理时，需要把某些关键数据及时传输到地面，这就需要开辟成本低的全球覆盖传输通道。

4.6 “互联网＋测控”

为了便于用户利用互联网，通过便携式计算机、手机客户端等监控卫星，需要卫星安全灵活分发上行指令以及载荷支持数据，地面系统数据处理分发快速、便捷。

5 我国商业卫星测控发展建议

5.1 改变传统测控模式，不进行外测

中低轨卫星简化测控手段，卫星上、下行信道不再调制测距信号进行外测，也不进行多普勒测速。发射段只对运载进行外测，卫星入轨后，低轨卫星利用 GPS 或北斗卫星系统进行实时定位，定位精度优于 10 m。从而减化星地设备，有利于系统集成与轻量化。

5.2 统一下行信道，测控数传综合一体化

上下行各一个射频信道。

上行信道传输控制、自主运行管理以及载荷支持等数据，码速率 2～64 kbit/s。

下行信道传输卫星工程遥测以及载荷数据，星上进行高集成综合电子设计，采用 CCSDS AOS 协议，把工程遥测以及载荷数据合为一个数据流，并进行动态调度，减少星地设备开销，提高信道利用率。

5.3 星间链路

利用 CCSDS 建议的 Proximity－1 协议，建立星间 UHF 频段通信链路，进行双向信息传输以及相对距离测量，实现星间测控，为编队卫星自主构型保持提供支持。

5.4 卫星在轨自主管控

卫星在轨以自主管控为主，进行基于任务的工作模式选择与自主控制，进行自组织卫星星座、编队保持等，降低对地面站的依赖，提高测控综合效能。

以地面测控与运管为辅，卫星没有任务变化，未出现异常情况时，地面少量或无需参与控制。需要进行新的任务规划时，可以把相关数据文件发往卫星，卫星进行自主匹配、自主规划与管控。

5.5 利用北斗短报文服务

对于覆盖率要求高、双向或单向传输数据量又不大的卫星，北斗短报文服务可以提供一条数据传输的途径。通过 L/S 频段传输数据，一般民卡每 60 s 发送一包 110 bit 数据。有待进一步探讨利用北斗短报文服务发送数据的综合效能。

5.6 “互联网＋测控”

商业公司建造自己的测控站以及数传站，为卫星用户提供商业服务。利用“互联网＋测控”，载荷相关支持数据可由用户自行发往卫星；地面应用中心可把卫星健康状态灵活推送给用户（包括手机客户端）。

5.7 频率管理

卫星频率是重要战略资源。对卫星测控、数传频率资源统一进行合理规划，协调统一管理，按军队/政府、商业航天不同需求对不同频段进行划分。如商业航天使用 UHF、VHF、C、X 频段。

5.8 低成本快速测试与发射

探索低成本测发途径，卫星运往发射阵地，利用移动地面站以及互联网远程进行卫星状态检查，数

天内发射。

5.9 建立测控相关标准规范

大卫星、小卫星以及微纳卫星在应用、载荷数据量等方面差异较大，在分析差异性的基础上，尽量进行统一与兼顾，提出频率、调制方式、数据格式、接口等要求，研究制定相关测控标准规范。

6 结束语

随着我国商业航天的起步与即将快速发展，迫切需要与之相适应的商业航天测控，目前我国国家测控系统满足不了商业航天的需求，商业卫星测控体制不统一，不利于商业运营。希望本文进行的商业航天测控需求分析以及提出的发展建议能够抛砖引玉，引起同行们积极的研究探讨，促进我国商业航天测控系统有序快速发展。

参考文献

[1] 王世练，张尔扬 . CCSDS Proximity - 1 及其在编队飞行小卫星群中的应用 [J] . 遥测遥控，2003 (5)：10 - 14.
[2] 吴勤 . 美国商业航天发展分析 [J] . 国际太空，2006，7.
[3] 钱航 . 美国商业航天中的三足鼎立 [J] . 航天员，2016 (2)：68 - 71.

Consideration on Demand and Development of TT & C in Commercial Aerospace

ZUO Lihua
DFH satellite CO. LTD. , Beijing 100094

Abstract On the basis of the research and analysis of the development trend of commercial aerospace at home and abroad, combining with the characteristics of commercial aerospace market operation and pursuing the optimization of efficiency, this paper analyzes the commercial aerospace demand in China, puts forward the commercial aerospace TT&C in the self - management and control - based, supplemented by the ground control mode, as well as the system highly integrated design, internet+ TT&C and other recommendations.

Key words Commercial aerospace; TT&C; Demand; Recommendation

作者简介

左莉华，女，研究员，从事卫星总体以及测控总体设计，电子邮箱：zuolh@sina. com。

商业微小卫星探索之路

张迎春　丁强强　李春
深圳航天东方红海特卫星有限公司，深圳　518054

摘　要　随着SPACE X、Planet Lab以及OneWeb等一批新兴航天初创企业浮出水面，致力于面向消费大众需求的纯商业化航天项目正在逐渐进入人们的视野。这些企业不仅规划着雄伟的星座项目，还提出了全新的航天系统设计理念。这些“独角兽”在创造着未来的同时，也对现有的航天系统以及设计思想带来了巨大冲击。为了适应未来航天的发展，我们需要充分研究“商业微小卫星”的特点，积极并且冷静地自我审视，扬长避短，探索出一条符合国内现实需要的商业微小卫星研制之路，并勇敢地进入商业航天的市场竞争浪潮中。

关键词　商业航天；商业微小卫星；研制模式

1　引言

当前，商业航天成为最炙手可热的领域之一。微小卫星以其成本低、建造快、技术新等特点，市场需求迅猛增长，逐渐成为商业航天领域中主要的解决方案。权威机构SPACE WORKS根据公开的卫星计划预测：2017年至2020年将会有2000多颗微纳卫星发射入轨。商业航天在商业卫星研发、商业卫星应用、商业卫星咨询服务等领域前景广阔。本文主要针对低成本商业微小卫星的发展进行一些探讨。

2　选好用好COTS产品

商业微小卫星在选型、验证和系统设计多方面保证的前提下，大胆应用COTS产品可以最大限度减少卫星研制周期和费用。

国内深圳航天东方红海特卫星有限公司（以下简深圳东方红）首次应用COTS产品，研制了脉冲星导航试验卫星和开拓1号卫星，并对这些COTS产品制定了相关的筛选规范和产品保证方法，解决了空间环境适应性以及可靠性等问题。

（1）COTS产品应用原则

1）建立基于板级的鉴定试验的COTS可用性测试标准，选取可用的COTS部组件；

2）建立COTS部组件筛选方法，剔除有工艺缺陷、器件早期失效的COTS部组件；

3）建立COTS部组件使用规范；

4）建立抗空间环境的系统级设计方法。

（2）COTS产品实施方案

1）确定供应商：立足国内、业界技术领先、有高端市场供货背景、产品工艺可靠。

2）产品筛选：批量订购，统一的老炼筛选，按照正态分布原则，挑选用于上天的产品，入库存储；

3）应用设计：产品充分考虑降额（热、力、EMC、频率），必要的辐射剂量屏蔽、系统级的纠错和容错设计等，形成设计规范；

4）最终验证：最终产品要通过热、力、EMS、拉偏、故障注入等系列验证试验，为上天后的稳定可靠工作提供保证。

3 COTS 产品应用思路

未来的商业微小卫星要在任务权衡、成本控制、流程优化、研制模式等方面进行理念创新，在成本控制和优化设计方面，需选好和用好 COTS 产品，建立 COTS 产品体系，掌握 COTS 产品一体化设计技术及在轨保证方法。

3.1 建立 COTS 产品体系

深圳东方红在脉冲星导航试验卫星和开拓 1 号卫星研制过程中建立了微小卫星 COTS 产品体系，如图 1 所示。产品体系的不断丰富不仅能够大幅减少产品研制和试验测试成本，而且可大幅缩短研制周期，提升人力效率。

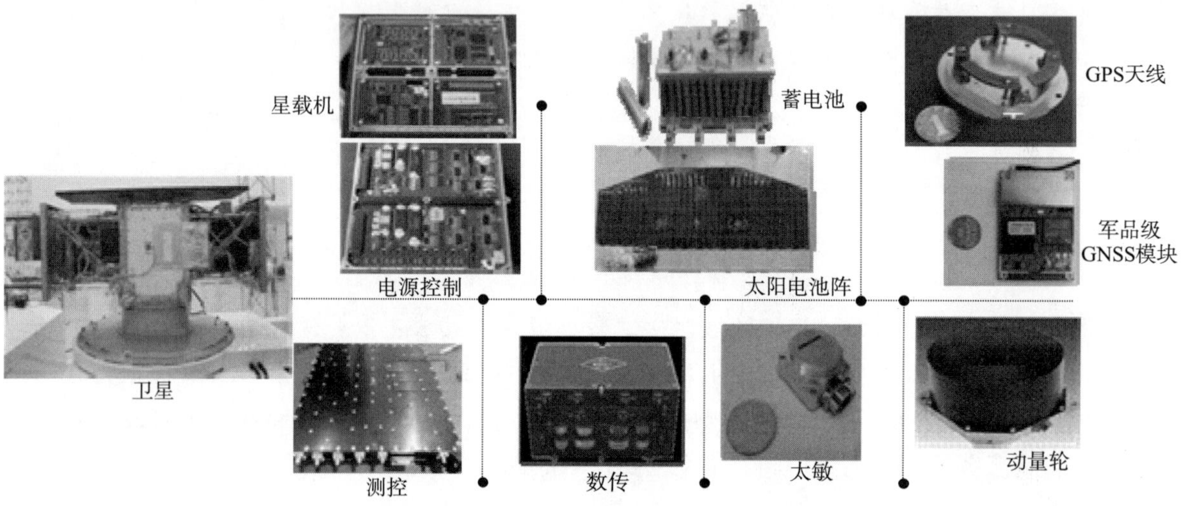

图 1 单机产品体系

3.2 COTS 产品一体化设计

随着 CPU 性能提升、存储器容量加大、可编程逻辑器件能力增强，MEMS 技术的发展可实现软件集中在一个计算机，硬件集成在一个单机或板卡。功能集成将导致卫星系统组成发生变化，无明显系统层级，软件集成和硬件集成分别如图 2 和如图 3 所示。

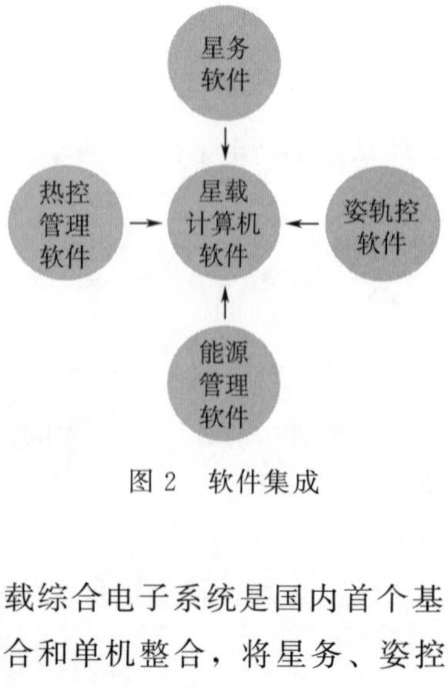

图 2 软件集成

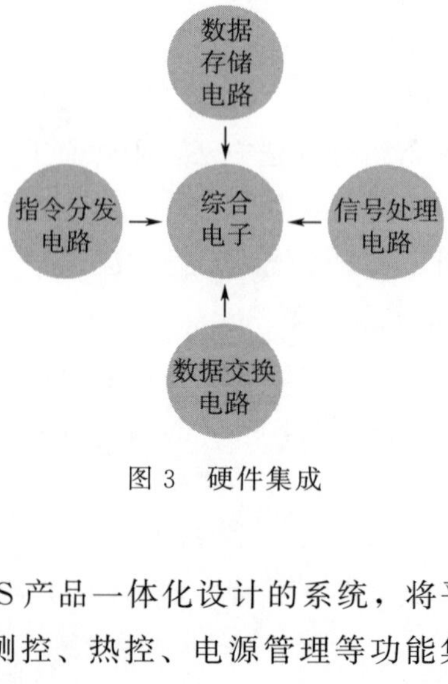

图 3 硬件集成

开拓 1 号的星载综合电子系统是国内首个基于 COTS 产品一体化设计的系统，将平台电子设备高度集成，实现功能整合和单机整合，将星务、姿控计算、测控、热控、电源管理等功能集成在一体化综合电子系统中。整机总质量为 10 kg，长期功耗 50 W，设计寿命大于 1 年。各模块组成示意如图 4 所示。综合电子在轨运行稳定，验证了工业级器件和功能模块在有效验证的情况下可用于航天应用的想法。

图 4　综合电子组成示意图

3.3　编制 COTS 产品保证规范

开拓 1 号和脉冲星导航试验卫星采用了大量的工业级 COTS 部组件及功能模块，深圳东方红针对这些 COTS 产品制定了相关的筛选规范和产品保证方法，解决了空间环境适应性以及可靠性等问题。在开拓 1 号和脉冲星导航试验卫星的探索与实践中，形成了一套针对基于工业级元器件新研的空间产品的适应性保证方案，主要包括：

1）电子类新研产品的空间适应性保证方法；

2）非电子类新研产品的空间适应性保证方法；

3）现货定型产品的空间适应性保证方法。

3.4　简化研制流程

开拓 1 号首次创新性采用“方案＋正样”的研制模式，总研制周期仅有 20 个月，如图 5 所示。方案阶段充分开展单机的摸底试验和鉴定试验；正样阶段开展 COTS 部组件采购、集成、接口匹配性验证、系统测试。

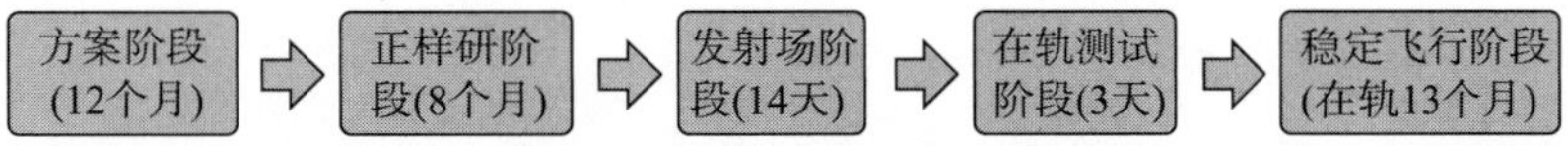

图 5　方案＋正样的研制模式

该星成功研制发射，是微小卫星研制模式探索与实践的标志性成果，在提升核心竞争力方面迈出了重要一步，为应对激烈的市场竞争奠定了坚实的基础。

从产品定制向 COTS 产品采购转变带来卫星研制过程的简化，如图 6 所示。

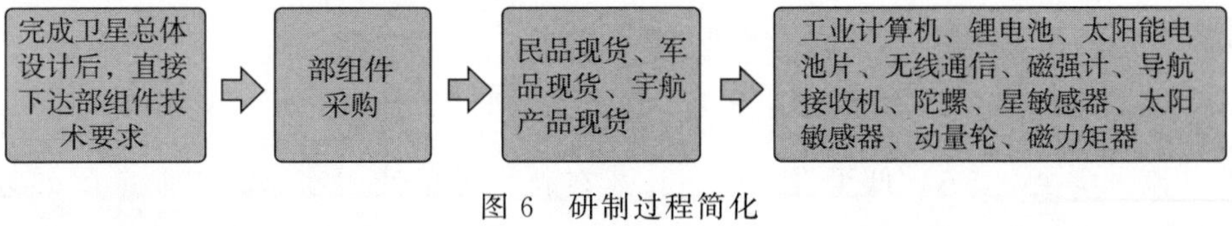

图 6　研制过程简化

4　COTS 产品在轨表现

深圳东方红在“选好、筛好、用好”上下功夫，开展了大量的摸底试验、研制试验、鉴定试验以及整星系统试验，针对不同类型产品均有针对性的编制了相应的产品保证规范，确保了开拓卫星和脉冲星导航试验卫星在轨稳定运行。两颗卫星的 COTS 产品在轨表现如下。

4.1 星载机

针对星载计算机在轨的宇宙环境，在原有工业设计的基础上增加了抗单粒子翻转设计，并对关键核心器件进行了单粒子等试验，抗单粒子效应等性能满足在轨要求。

截至目前，两颗卫星的星载计算机均能正常有效地完成星务功能，通过地面设备接收星上遥测数据，观察各项星务参数，各参数均在正常范围内。

星载计算机的在轨表现良好，达到预期效果。只要合理利用好成熟的工业化产品，在其基础上增加并改进适应于宇航产品的设计，就能有效满足商业航天的需求，为工业产品的航天化探索出了有效的思路。

4.2 GPS 接收模块

GPS 接收模块选用弹载成熟货架式产品，装星产品需要通过型号制定的各项环境试验。为了应对在轨可能出现的单粒子事件，设计了针对 GPS 接收模块的自主断电上电处理电路，经在轨验证表明所选 GPS 模块能够满足任务需求。

4.3 测控

在找不到合适的满足卫星测控要求的工业现货情况下，型号总体分别选择了一个深圳本地生产测控前端的厂家和一个数字基带技术有优势的高校开展低成本测控应答机的研制。总体在确保各项功能和技术指标满足要求的前提下，加强两家设备的产品状态控制，并负责整机集成、测试与验证，再通过采取必要的系统级容错设计，使得产品在轨表现良好，是公司高性价比产品体系的重要组成。

4.4 太阳敏感器

针对太空辐照环境，在太敏内部增加了钽片对关键元器件进行抗辐照加固。开拓卫星的太敏在轨工作良好，工作电流正常，无增大或减小的趋势，设备的温度正常。

在脉冲星导航试验卫星上，也应用了该太敏。截至目前，太敏在脉冲星导航试验卫星上状态良好，工作正常。

4.5 蓄电池

目前开拓 1 号蓄电池组已在轨飞行 610 余天，脉冲星导航试验卫星蓄电池组已在轨飞行 193 余天，各单体一致性较好，电压稳定，温度在设计范围内，各项遥测正常，运行良好。

成熟的货架产品工业锂离子蓄电池，通过合理设计及充分的地面环境试验验证，可在短周期快响应微小卫星任务中得以广泛应用。

4.6 太阳电池阵

采用工业单晶硅的太阳电池阵，入轨后其输出电流为 3.6～3.8A，2016 年 5 月首次进入地影后太阳电池阵平均输出电流下降至 2.6A，低于设计指标，基本满足卫星使用需求。工业单晶硅电池片实现空间应用，达到了设计指标的要求。但是我们也看到此产品在空间应用环境下的性能衰减相对较快，与地面试验的结果存在一定差异。后续我们将进一步开展此方面的探索与研究工作。不过考虑到此产品的成本优势，以其卫星寿命期内的性能表现，其仍然很好地实现了工业产品空间应用的成果。

4.7 光纤陀螺

开拓卫星所使用的光纤陀螺，在该陀螺满足星上使用的性能指标要求的前提下，合理地制定了试验项目和试验等级，重点考察了陀螺抗辐照能力、真空环境下热特性，由总体自主完成了陀螺的环境试验。

整星针对陀螺机、电、热接口进行了特殊设计，使得陀螺具备了在星上使用的条件。从在轨表现来看，光纤陀螺工作状态良好，工作电流、温度均正常；从长期的数据看，光纤陀螺的噪声没有增加。

4.8 工业相机

相机采用工业货架产品，为满足空间环境适应性，研制过程中对其进行了拆解、改造、加固。目前相机已经正常在轨运行 18 个月，成像 400 余幅，圆满完成了在轨使命，其卫星图像为我国雪龙号南极科考提供了重要信息支撑，且在 2015 年北极圈论坛大会（冰岛）上受到极大关注。开拓 1 号卫星拍摄的美国西部遥感图像和亚洲遥感图像分别如图 7 和图 8 所示。

本次工业级相机、镜头的成功在轨应用表明，选择合适的工业级设备，在经过改造加固后可满足短寿命低轨卫星的使用要求。

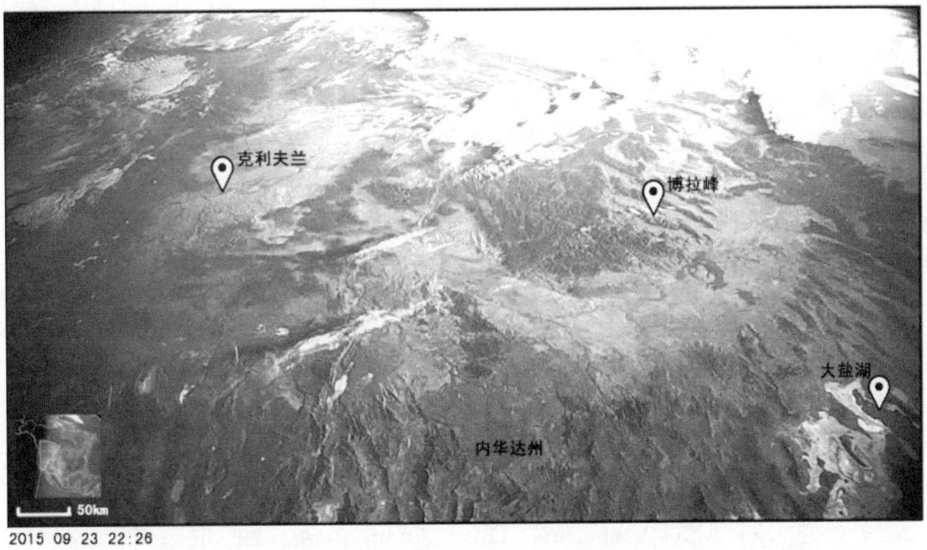

图 7 开拓 1 号卫星美国西部遥感图像

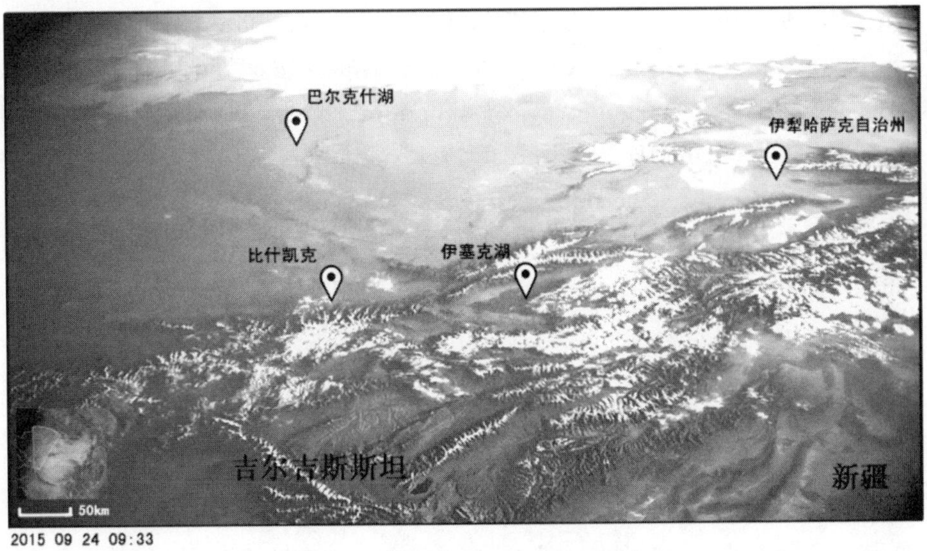

图 8 开拓 1 号亚洲遥感图像

通过对以上工业级产品的在轨使用，得到以下初步经验：

1）需要加强产品测试：由于使用工业级元器件的产品大多较新，对产品进行长时间连续测试，考核产品的稳定性，暴露产品缺陷，特别是热真空和辐照试验是非常有必要的，可以提前剔除不适宜在轨应用的元器件。

2）需要重点关注产品的空间环境适应性：充分考虑空间辐照环境对元器件的影响，真空环境下产品的散热问题等。

3）加强新产品在轨指标评估：在新产品在轨正常工作的情况下，关注产品的重要性能指标和在轨性能长期变化规律。

4）星上自主处理设计：由于整机采用工业级器件，在轨受到空间环境影响，也应该进行大量的星上自主处理设计，在轨出现问题时可及时进行处理，提高整星的可用性。

5 结束语

未来商业微小卫星从技术层面到运营层面，从应用领域到运营模式，都与传统卫星存在较大差异。这既给此领域从业人员带来了巨大挑战，同时又带来了无限的发展机会与想象空间。未来的空间领域经济格局，很有可能因为商业微小卫星的崛起而发生颠覆性的剧变。

参考文献

[1] 周英庆，罗超，倪涛，叶沙琳．商业化微小卫星产业发展趋势及思考［J］．国际太空，2016（5），37-43.

[2] 张立华，胡凌云．小卫星在自主在轨服务任务中的应用及未来发展展望［C］．中国现代小卫星技术发展研究论文集，2015，435-441.

Commerical Micro - Small Satellite Exploration

ZHANG Yingchun DING Qiangqiang LI Chun

Shenzhen Aerospace Dongfanghong HIT Satellite Ltd.，Shenzhen 518054

Abstract With the development of SPACE X, Planet Lab and OneWeb emerging aerospace start - ups, the pure commercial space project focusing on the consumer demand is coming into people's mind. These companies not only plan the magnificent constellation project, but also put forward new aerospace system design concept. These "Unicorn" will break the existing aerospace system and design concept. In order to adapt to the future aerospace development, we need to fully study the characteristics of "commerical micro - small satellite", and actively, self - examination and avoid - weeknesses to find a road of commerical micro - small satellite develop is suitable for the development of our conutry in the commerical sapce market and competition globalization.

Key words Commerical aerospace; Commerical micro - small satellite; Development model

作者简介

张迎春，男，总师，就职于深圳航天东方红海特卫星有限公司，电子邮箱：zhang@hit. edu. cn。

小卫星测控通信技术发展现状及趋势

于勇　余显勇　郑戈
北京遥测技术研究所，北京　100076

摘　要　随着计算机技术和微电子机械系统（MEMS）技术的不断进步，许多新技术和研究成果层出不穷，小卫星测控通信得到快速发展。新的测控通信技术包括天线技术、调制体制技术、高增益信道编码技术及数据传输媒介技术等技术，小卫星测控通信技术已经助力小卫星成为空间系统的一个重要组成部分。为了降低卫星平台、载荷的成本，高功能密度集成化设计成为测控通信技术发展的新趋势，包括一体化、标准化、通用化、模块化及轻小型化等设计。本文对小卫星测控通信技术的国内外现状进行分析，着重阐述目前国内小卫星测控通信的技术现状和能力，同时对未来小卫星通信技术的发展趋势以及小卫星测控通信领域的研究和发展思路进行了探讨。

关键词　小卫星；测控通信；发展现状；发展趋势

1　引言

近几年来，随着计算机技术和微电子机械系统（MEMS）技术的不断进步，许多新技术和研究成果层出不穷，全球小卫星发展势头强劲，尤其以立方体卫星为代表的甚小卫星，无论在技术还是应用方面得到极大发展，推动着小型化、通用化、弹性、快速响应、多目标测控通信技术与系统的发展[1]。小卫星测控数传技术得到快速发展，小卫星测控数传技术已经助力小卫星成为空间系统的一个重要组成部分。为了降低卫星平台载荷负担及成本，高功能密度集成化设计成为测控数传设备技术发展的新趋势，包括一体化、标准化、通用化、模块化及轻小型化等设计。

本文对小卫星测控数传技术的国内外现状进行了分析，同时对未来小卫星测控数传技术的发展趋势和关键技术进行了探讨。

2　国内外小卫星测控通信技术发展现状

2.1　国外小卫星测控通信技术发展现状

近年来，全球小卫星（质量低于 500 kg）发展态势强劲，发射数量逐年大幅增长，已成为世界航天活动的主要组成部分之一。随着微光机电系统技术、微纳加工技术以及创新系统设计理念、创新系统运营模式不断发展，小卫星进一步朝着微小型化发展，在成本更低、周期更短、发射更便捷等需求驱动下，200 kg 以下小卫星逐渐成为研发重点[1]。

以立方体卫星为代表的微小卫星最初仅用于院校教学和技术试验验证，大多分布在低地球轨道，通常采用经过验证的低成本无线电设备、天线以及院校和无线电爱好者建立的小孔径地面站，上下行链路通常采用 UHF 频段，可用带宽窄，数据率低。利用 VHF/UHF 业余无线电频段设备和 AX.25 协议构建微纳卫星测控系统，简便易行，性价比高，现全球 90%以上的微纳卫星均采用 VHF/UHF 业余无线电频段进行测控[2]。

目前，国外提高卫星测控能力的措施主要有以下几个[3]：

1）提高卫星的自主测控能力：卫星采用的技术有自主导航、软件无线电、光电仪器等技术，从而减轻地面测控网的负担。

2）采用较高的测控频率：继 S、C 频段成为统一载波测控频段后，Ka 等高频段也加入测控行列，具有提高测控速率、减小天线尺寸、更强的抗干扰能力等特点。

3）采用 CDMA 扩频测控技术：Globalstar、Aries 和 Odyssey 以及美国的跟踪与数据中继卫星系统 TDRSS 中都应用了 CDMA 技术。CDMA 技术可以将扩频技术和加密技术结合，实现对卫星通信和遥测信息的加密，提高卫星的安全性和抗干扰能力。

4）测控网络互连：将已经建立的专业测控网互连为一个开放式的大测控网络，实现测控资源的共享。

随着立方体卫星的应用扩展到对地观测和深空探测，原有的测控通信系统已远远不能满足要求，尤其是用于深空探测的立方体卫星面临远距离测控、通信和导航的挑战，采用的测控通信系统与低轨 LEO 卫星有很大的不同，如表 1 所示。

表 1　LEO 立方体卫星与行星际立方体卫星的测控通信系统比较[1]

卫星 / 测控通信系统	LEO 立方体卫星	行星际立方体卫星
频率	大多采用 UHF 和 S 频段	大多数采用 X 频段，甚至采用 Ka 频段和光通信
测控设备	大量采用 COTS 产品	采用定制无线电设备，需要具备测控导航功能：多普勒、测距 DOR
天线	数据率低的采用贴片天线	采用贴片天线阵、反射天线阵、可展开天线和充气天线
地面设备	采用院校和无线电爱好者的小孔径地面站	需要采用深空网（DSN）的测控资源，研究多星测控技术

为此，美国和欧洲的政府机构（如 NASA、DARPA）以及院校、商业公司等纷纷开展了小卫星测控通信技术研究。NASA 已经发射和计划在后续发射的立方体通信测控研究项目主要有：

爱迪生小卫星网络验证（EDSN）项目包括 8 颗 1.5U 立方体卫星，发射到 500 km 的低轨道，采用之前手机 E 星（PhoneSat）的结构，具有星间链路通信能力，主要目标是验证纳米卫星群同时完成多点科学数据采集并将数据下传给地面站的能力。星间和下行通信分别采用 UHF 和 S 频段的频率。

立方体卫星高速率 X/S 频段通信系统：这项技术验证计划的目标是研制与 NASA 的近地网兼容的 X 频段高速率立方体卫星通信系统。初步研究表明利用商业部件可以制造出工作在 X 频段的通信系统。

美国国防高级研究计划局（DARPA）也于 2015 年 6 月 5 日启动了用于纳米卫星或立方体卫星星间通信的轻量级、低功耗通信链路的信息征询，希望该通信链路在满足小尺寸、低功耗要求的同时，为微卫星提供最高速率的数据通信。

欧洲也开展了大量立方体卫星测控通信技术研究，包括研制充气天线和打印天线、GNSS 接收机、应答机、软件无线电、地面接收站组网等。

2.2　国内小卫星测控通信技术发展现状

我国自开发研制小卫星以来，先后发射了一系列小卫星。国内小卫星应用研究的一个重要标志是陈芳允院士于 1992 年提出的对地观测 7 颗星网络及 1994 年提出的全球移动卫星信息系统。20 世纪 90 年代是小卫星技术的研究逐步得到重视的时期，中国空间技术研究院研制的以空间科学试验为主要目的的实践 5 号小卫星已得到成功应用[4]。清华大学与英国萨利大学合作，于 2000 年成功发射清华 1 号小卫星[4]；

由南京航空航天大学研制的天巡 1 号小卫星于 2011 年利用长征 4 号乙运载火箭搭载发射，进入太空，主要用于技术验证等空间科学实验；另外，国防科技大学自主设计与研制的天拓 1 号卫星已发射成功[4]。

我国现行卫星的测控体制主要是 CDMA 技术和统一频段测控体制，如 USB（Unified S-Band，统一 S 频段）、UCB（Unified C-Band，统一 C 频段）和 UXB（Unified X-Band，统一 X 频段），测控频段须向多个部门申请，卫星测控要依托航天测控网[2]。

目前，国内多家单位长期从事星载测控相关产品的研制工作，积累了丰富的经验。在卫星测控领域，先后研制了USB等统一频段测控设备以及在北斗导航卫星、遥感系列卫星等诸多卫星型号应用的扩频应答机。后续研制的星载S频段通用基本型测控终端，遵循简单、可靠、通用化、小型化的设计原则，适用于大多数低轨卫星对中继及地面测控，该通用测控终端目前已应用于遥感、实践系列等多个卫星型号，在轨运行良好。最近几年新研制的星载天地一体化测控应答机样机，实现了高可靠、长寿命星载对中继、对地测控设备的集成。目前，国内有的研制单位还针对小卫星研发了高功能密度微小型测控模块，直接面对立方体卫星等商业应用，实现了功能高度集成和在轨灵活可配置，轻小型化、标准化和低功耗设计。同时，在UHF/VHF、X和Ka频段的测控设备领域也进行了深入，研发了相关的星载测控产品。

3 小卫星测控通信发展趋势分析及关键技术

目前，小卫星发展方向主要有两个：一个是单颗轻质卫星，另一个是协同工作的小卫星编队飞行。这种小卫星群的性能不亚于单颗大型卫星，并可以实现许多新的应用，包括先进天基雷达系统、长基线信号情报系统和能与小型地面终端协同工作的通信系统。星座是现代小卫星的最大应用特点，已有越来越多的小卫星进入了太空，把各类卫星、星座有效组织起来的天基综合信息网也正在形成。为了实现可靠高效的测控管理，地面站必须满足一系列的技术要求。首先，由于单个测控站视野有限，卫星测控网必须全球分布，即建立天基测控网；其次，飞经上空的卫星承担不同的任务，因此同一地面站必须具有多颗星测控和数据采集能力，当多星同时过站时，地面站能实现多星同时测控[5]。

20世纪90年代以后，小卫星编队飞行、小卫星组网、“一箭多星”的实现，对多星同时测控以及一个地面站对多颗卫星的测控管理的要求迫在眉睫。星座是多颗卫星协调工作，卫星之间的相对位置应保持不变，且其运行状态都是全球性的。因此星座测控的特点是：测量目标多（多颗卫星）；测控站数量多、分布广（或者通过中继卫星）；测量弧段长（保证测轨精度）；测控频繁，要求数据处理及时；信息量大、数传率高[5]。

星座测控过程可分为三个阶段：星座形成阶段，从卫星入轨到多颗卫星到达相应轨道和位置；星座运行阶段，主要保持相位控制与观测；星座中个别卫星故障的处理与补充。三个阶段对测控的要求不同，技术手段也不完全一样。自主与非自主相结合的方法可能是最佳的实现途径。目前，星座测控方法（非自主）有GPS、多波束天线和中继卫星三种。NASA对中继卫星系统进行了研究，不仅作了可行性论证，而且专为小卫星研制了第四代用户应答机和需分多址技术。为了满足日益增多的小卫星的需要，还提出了扩展TDRSS系统的方案，设想在同步轨道上增加发射一颗或多颗小型中继卫星TDRSS-LIGHT，以补充和扩展现有的空间网。星座位置保持有自主和非自主两种方法。目前较有发展前途的是GPS和Microcosm公司的自主导航系统MANS。

星座测控技术采取自主与非自主相结合的途径。一方面要求小卫星高度自主、高度可靠和操作简单，另一方面其测控及业务系统也会具有以下特色[5]：

1）多星发射与测控管理。

2）简化测控管理。小卫星绝大多数为运行于中、低轨道的非定点卫星，一般采用单站跟踪定轨体制，以多普勒测速和干涉仪体制为首选。

3）与业务相结合的多功能测控站。对卫星数量大，需要经常进行发射和测控管理的系统，可建立专用的测控网。为降低系统成本，多采用测控与业务相结合的一体化多功能测控站。

4）与通用测控网兼容。

5）低运行费用。简化地面测控站，降低操作维护费用。其前提条件是必须实现测控功能的简化和卫星控制指令的标准化，而测控和业务系统设备必须一体化、小型化、标准化、商品化和操作自动化，并具有高度机动性能。

近期，卫星测控通信新技术的迅速发展和小卫星商业市场需求的不断增长，极大地促进了小卫星测控通信业务和模式的创新发展。本文总结了小卫星测控通信近期发展的几种关键技术。小卫星测控通信关键技术主要有以下几个方面。

3.1 多星测控与管理体制[5]

1）多星跟踪、多址信号形式设计，测控、电磁监测共用频段与频谱资源合理配置的优化技术，重点研究多星载波兼容、工程测控与业务测控兼容、不同业务的频谱分布，以及它们的优化和计算机仿真方法。

2）信道复用、分包遥控、分包遥测等数字测控技术。

3）测距、测速、遥控、遥测综合基带信号设计方法及设备数字化、一体化、小型化技术。

4）高精度多通道接收技术。

5）星间组网技术。

3.2 二维电扫相控阵天线技术

由于卫星通信链路传输距离很远造成了信号衰减很大，为保证稳定可靠的通信，需要高增益天线和高灵敏度接收机，同时，受到小卫星平台的限制，不可能安装传统的带二维机构的抛物面天线。因此天线的尺寸和成本成为限制小卫星测控数传发展的严重障碍。

目前，国外已有多颗卫星系统采用了数传相控阵天线技术，具有代表性的有 EO－1 地球观测卫星上的 X 波段相控阵天线，WGS 全球宽带卫星上的 X 波段相控阵天线（两副收发分离），以及 AEHF 先进极高频卫星上的 EHF 波段相控阵天线。

为应对高精度遥感和高速数据下传，发展航天器数传相控阵天线技术需求迫切。需要突破 X 和 Ka 波段相控阵天线技术、发射组件技术、二维波束扫描技术，实现定向窄波束相控阵高速数据传输。

3.3 高阶调制体制和高增益信道编码技术

对于小卫星平台的数传设备来说，为提高卫星的功率利用效率，小卫星的数传调制体制，多采用相位或者频率调制方式。目前，频带利用率相对较高的 QPSK 和 SQPSK 体制已经成为数传调制体制的应用主流，更高频带利用率 8PSK 调制体制也开始逐渐应用。特别是在带宽受限的情况下，为了进一步提高频带利用率，世界各国都在研究新的效率更高的调制体制。随着技术的发展，16QAM、16APSK 等更高阶的调制体制将会在小卫星的数传调制体制中得到应用。

在功率受限的情况下，最经济有效的途径之一就是采用信道编码，以编码带来的增益来补偿发射功率的不足。在众多新型编码方案中，LDPC 码具有很高的编码增益，能够在极低的 E_b/N_0 下保证足够的误码率性能，能够获得接近香农极限的编码性能。LDPC 码的译码运算量较低，有较大的灵活性和较低的差错平底特性，吞吐量大，因此特别适用于高速数据传输，今后将在小卫星高速传输应用中占据主流。

3.4 星载激光链路数据传输技术

由于微波频率资源有限，难以满足高速数据传输速率的要求。并且由于微波链路抗干扰性能较差，难以保证保密信息的可靠传输。激光链路数据传输技术与微波链路相比具有高传输速率、高可靠性、抗电磁干扰等优点。主要优点如下：

1）设备间无射频信号干扰，目前无需申请使用许可证。

2）激光链路终端在体积、质量和功耗方面都具有优势。

3）激光链路有远高于微波星间链路的极高的潜通信数据传输率。

4）激光光束的发射角极窄，通常都在毫弧级甚至微弧度量级，因此星间激光链路的抗干扰能力强，数据传递具有极高的保密性。

随着数据量的剧增及信息实时性需求的增强，发展激光数据传输链路成为必然趋势。目前，国际上已完成了空间光通信链路的概念研究，关键技术和核心部件已经通过在轨试验验证。可以预见，随着卫星光通信设计关键技术的解决，卫星激光通信技术与系统的日趋完善，卫星激光通信应用范围越来越大，系统实验将全面进入星载实验阶段，卫星工程技术研究也必将进一步深化。

3.5 测控数传一体化技术

小卫星测控设备一般工作在UHF或S频段，传输速率较低，主要功能包括：接收上行遥控信号送达卫星平台计算机，对小卫星平台遥测数据进行下行调制输出，并提供平台测距、测速通道，与测控地面站配合完成外测功能。

小卫星数传设备一般工作在X、Ku或Ka频段，传输速率很高，主要功能包括：天线跟踪指向，对载荷分系统送出的数据进行编码、调制、上变频及功率放大输出。

一般卫星平台测控设备和数传设备，由于规划的工作频段、传输速率不同，通常以独立的系统产品出现，使得飞行器平台综合电子系统集成度不高。未来飞行器发展急需将测控设备和数传设备集成一体化设计，从而降低飞行器资源消耗。同时要求根据不同的应用需求和星地距离可以实现传输速率的切换。测控数传一体化设备相比常规设备不论从体积、质量还是功耗方面，都有明显的优势，有效减轻了飞行器平台的载荷负担。并且由于测控数传一体化设计，减少了通信设备的数量，大大降低了研发、设计及批量生产、装配的成本。

3.6 设备模块化技术

为了实现小卫星测控数传系统物理层设备的高可靠性、灵活扩展，采用先进的高速总线架构（比如VPX总线）作为系统平台，该平台扩展方便，可以实现板间及系统间的高速互联。

各有源单元统一标准长宽尺寸，厚度尺寸根据各单元器件要求设计，单元内部电源、信号线统一采用底板互联形式。推荐采用标准插槽或板间接插件形式，各模块组合可以实现数据采集、产生、信号处理，另外系统还可以扩展其他功能模块。每个模块都可以单独成系统，系统性能不受负载的影响，具备功能扩展能力。

4 结束语

航天技术的发展，特别是小卫星技术的发展，要求测控通信满足同时多星测控和大量卫星长时间在轨测控。要充分研究小卫星测控通信技术和应用发展趋势，及时关注前沿技术动态，结合市场应用，突破关键技术，革新产品，研制出小卫星测控通信产品，推动航天技术发展，为建立新型多功能智能化测控通信系统创造条件。

参 考 文 献

[1] 杨红俊.2015年国外飞行器测控通信技术发展动态[J]．电讯技术动态，2016，03.

[2] 陈利虎，陈小前，刘鹏飞．适用微纳卫星的便携测控站设计[J]．飞行器测控学报，2015，34（1）：16－23.

[3] 杨喆，胡国军，李世忠．现代小卫星发展现状及测控技术．“第十一届遥感遥测遥控学术研讨会”论文集.

[4] 安君帅，张生玥，肖跃．国内外小卫星的发展现状及前景.

[5] 国外小卫星技术的发展[J]．科技情报快讯，2015，2.

Present State of Development and Tendency of TT&C Communication Technology on Miniature Satellite

YU Yong　YU Xiangyong　ZHENG Yi
Beijing Telemetry Technology Research Institute, Beijing　100076

Abstract　With constantly advancement of computer technology and micro - electron and mechanical system technology, much new technology and many research achievements appear, telemetric control communication of miniature satellite is developed fleetly. New telemetric control communication technology include many technology such as antenna technology, modulation system technology, high gain channel encode technology and the medium of data translation technology. In virtue of telemetric control communication of miniature satellite, miniature satellite is an important part of space system. For the sake of decreasing cost of satellite platform and payload, many functions and high integration design is a vital trend of telemetric control communication technology development. Those design include incorporation, standardization, general utilization, modularization and micromation. In article, actuality about telemetric control communication of miniature satellite both domestic and international is analyzed. Domestic technology actuality and ability of telemetric control communication technology of miniature satellite is expatiated. While, Development trend of miniature satellite communication technology in future and research and development idea in domain of miniature satellite telemetric control communication are discussed.

Key words　Miniature satellite; Telemetric control communication; Development actuality; Development tendency

作 者 简 介

于勇，男，研究员，研究方向为卫星测控通信与雷达，电子邮箱：yuy_1971@126.com。

多角度高光谱成像技术

刘银年

中国科学院上海技术物理研究所，上海　200083

摘　要　传统高光谱遥感只获取上表面光谱信息，多角度高光谱遥感则可在不同角度下观测目标，同时获取目标的几何、光谱、辐射等信息，提高目标空间、光谱、辐射的精确反演，增强对地物的探测、识别和分类能力。本文基于单个相机摆扫在沿轨方向不同角度扫描成像这种多角度成像方式，设计了星载多角度高光谱成像系统，集高分辨全色相机、可见光到红外的高光谱相机于一体，成像光谱范围0.4μm～12.5μm，并进行了地面多角度光谱采集试验。试验结果表明，在高空间分辨率遥感中，地物不再是各向反射同性的朗勃体，呈现出多角度光谱特性。多角度高光谱遥感为遥感定量化应用提供了最基本的数据源，为提高精度提供了新的途径。

关键词　多角度观测；高光谱遥感；多维信息融合

1　引言

高光谱遥感技术在环境监测、国土资源、农林业监测、防灾减灾、资源勘探等方面有其独特的优势，但由于不同空天平台、不同遥感载荷的目标多维特征信息融合应用面临几何配准、时空尺度效应、角度差异等诸多科学与技术问题，不仅严重影响信息获取的时效性，而且给应用精准度带来了巨大的不确定性。因此，发展目标几何、辐射、光谱、角度信息协同获取，覆盖可见-热红外全谱段范围的新型多角度高光谱成像设备，获取的丰富地物信息将为高光谱数据的定量化应用提供新的途径。

星载多角度-高光谱相机是集光谱成像、多角度成像等技术于一体的多功能载荷，可同时获得目标的几何、辐射、光谱等多维信息。光谱成像、多角度成像等技术为获取目标不同属性的特征信息提供了必要手段，然而其各自的技术特点使得其在地物属性反演和目标探测应用上既有独特的优势，又不可避免的存在一定的局限性。光谱成像能够获取目标细腻的光谱特征，有助于目标材质属性的识别，其在目标检测等方面具备独特的优势[1]，但相对较低的空间分辨率使得“混合像元”问题较为突出[2]，而受限于探测器水平，硬件设计上空间、光谱信息难以同时获取，也给精准信息提取带来了一定困难；多角度成像则可有效捕捉不同方向目标观测的差异特征，为克服目标所固有的几何构型与理化属性特征信息耦合作用，提高地物反演、目标识别与探测的精准度提供了一种有效的信息来源[3]。此外，单可见近红外的高光谱数据不能反演物体本身的温度及发射率信息，使得高光谱数据在寻找地热型矿产、热岛效应监测、林火与火山监测等领域的应用上受到限制。因此，有机融合多种成像方式，发展拓展至长波红外谱段空间、光谱、角度等多维信息的一体化获取机制，无疑可最大化信息获取及应用的效益。

从20世纪90年代开始，多角度光谱成像系统得到了迅速发展，美、欧等发达国家和地区研制发射了一些具有多角度观测能力的星载遥感器。典型多角度光谱成像系统参数如表1所示。

表1　典型多角度光谱成像系统参数

仪器名称及研制单位	光谱波段信息	角度设计	空间分辨率
MIRS/Terra 美国NASA JPL	4个可见-近红外波段	9个观测角度，最大70.5°	275 m、550 m以及1.1 km
CHRIS/PROBA 欧空局	可见-近红外波长范围， 最多可达63个波段	5个观测角度，最大55°	17 m或34 m

续表

仪器名称及研制单位	光谱波段信息	角度设计	空间分辨率
POLDER3/PARASOL 法国 CNES	10 个可见-近红外波段	最大可达 16 个观测角度	6 km×7 km
WiDAS 中国遥感科学重点实验室	4 个可见-近红外波段 1 个中红外波段 1 个热红外波段	5 个角度，最大 30°（可见-近红外） 7 个角度，最大 40°（中红外、热红外）	1.2 m（可见-近红外） 7.9 m（中红外、热红外）

多角度与高光谱技术的结合越来越成为对地探测技术的发展方向之一，在今后的数十年将为高光谱的定量化带来更广阔的应用前景。本文阐述并分析了多角度高光谱技术的主要成像方式以及 CHRIS 多角度高光谱传感器[4]，并在单相机沿轨多角度扫描成像的模式下，研究设计了一种星载高分辨率全谱段多角度高光谱成像仪。另外，为验证多角度高光谱技术，在地面利用 ASD 光谱仪对不同地物的不同角度与方位进行了光谱采集，探索地物不同角度的光谱特征。

2　多角度高光谱成像技术

多角度高光谱成像技术是多角度观测与高光谱成像技术的综合，因此如何在高光谱探测的同时实现对同一目标不同角度不同方位光谱信息的获取，是多角度高光谱成像技术的关键技术。

高光谱成像系统实现多角度成像主要有三种方式，分别为多相机固定角度成像模式、宽视场画幅式成像模式以及单相机摆动成像模式。多相机固定角度成像模式是使用多个相机获取不同角度的图像，结构简单稳定，但由于使用多个相机，导致系统成本较高，并且相机之间安置位置关系及自身几何/辐射定标的不确定性，都会影响所获取地面目标空间信息以及多角度观测信息的精准性。宽视场画幅式多角度成像通过多幅宽视场图像的重叠来提取多角度观测信息，当某一目标位于两次摄像的重叠区之内，则可得到该目标不同观测角度的数据。单相机摆动成像模式是在平台运动的过程中，借助单个相机摆动获得不同角度的图像，相比于前两种多角度成像模式，单相机摆动模式的成本较低，且同一相机拍摄的不同角度数据之间的一致性较高。然而，由于系统中必须有机械运动部件，准确获取多角度数据对系统结构稳定性以及姿态测量精确性有较高的要求。

目前世界上唯一可以同时获取高光谱和多角度数据的高光谱成像仪是欧空局的 CHRIS 系统，搭载于 PROBA 小卫星于 2001 年 10 月 22 日发射。CHRIS 由一个望远镜，一个联结 770×576 CCD 数列检测系统成像分光计组成，以推扫的方式获取可见-近红外光谱数据，成像光谱范围 0.4～1.05 μm，光谱分辨率 1.25～11 nm，光谱波段数最高可达 63 个，地面分辨率 17 m 和 34 m。CHRIS 传感器是多台相机多角度观测的一种，可以在沿轨方向进行 5 个角度（+55°、+36°、0°、−36°、−55°）进行观测，成像示意图如下图 1 所示。

CHRIS 数据的主要应用方向为陆地植被指数、森林冠层的反演及水体叶绿素含量反演等，多角度的高光谱数据增强了定量反演地物结构和生理参数的能力，CHRIS 传感器有 5 种成像模式，根据不同的应用，如水体或陆地，有不同的波段设置和地面采样密度，为大气、陆地和海洋的二向性反射 BRDF 研究提供了宝贵的数据。但 CHRIS 传感器只覆盖可见近红外波段，且多相机成本较高。随着高光谱谱段范围向红外方向的拓展，发展可见至热红外的多角度高光谱成像仪是未来高光谱研究的重要方向之一。

基于凸面光栅分光的成像光谱仪具有光谱弯曲小、光谱分布均匀、光谱分辨率高等特点，能够满足高光谱成像技术向高分辨率和大幅宽发展的应用需求，并且在国内外知名星载高光谱成像仪上有很好的应用基础。此种分光方式的高光谱相机成像方式为线列扫描成像，要实现多对同一目标多角度光谱信息的获取，需采用单个相机摆扫成像模式，即在沿轨方向不同角度扫描成像。基于此种多角度成像方式，我们设计了星载多角度高光谱成像系统，其光学成像示意图如图 2 所示。

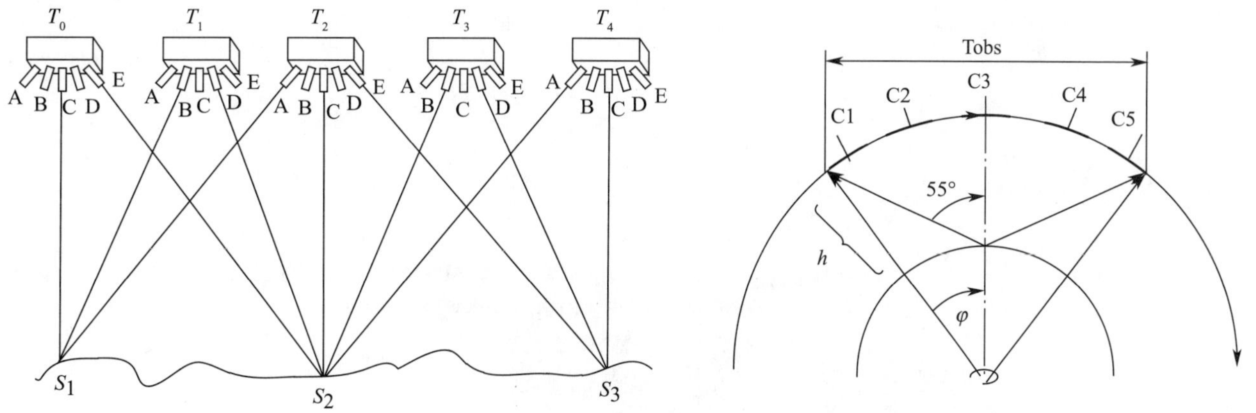

图 1　CHRIS 多角度成像示意图

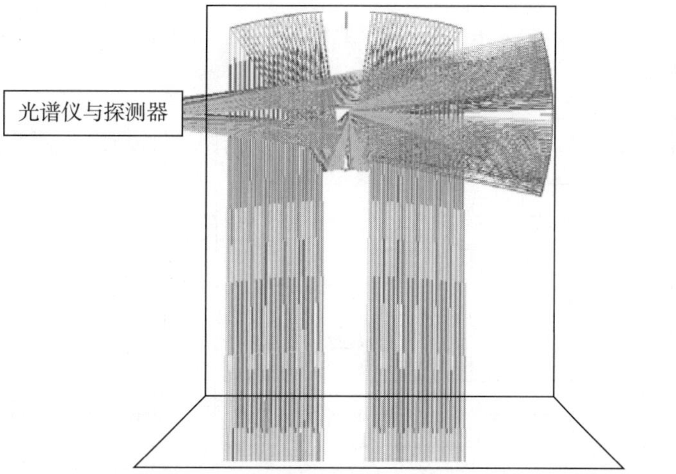

图 2　多角度高光谱成像仪光学系统示意图

该系统集高分辨全色相机、可见光到红外（0.4～12.5 μm）的高光谱相机于一体，波段数大于 200，共用一个主光学系统，大幅简化了系统，整个载荷布局紧凑，同时保证了各模块视场的精确匹配，提高数据融合的准确度与定位精度。可通过望远镜前安装扫描镜、相机自身摆扫或卫星整体扫描的方式获取地物多角度高光谱图像及光谱信息。

3　地面多角度光谱采集试验

对目标光谱进行测量时，我们使用的是美国 ASD 公司的 FieldSpec4 便携式光谱仪，其主要技术指标为：光谱范围 350～2 500 nm，其中可见近红外区（350～1 000 nm）的分辨率为 3 nm，短波红外区（1 001～2 500 nm）的分辨率为 8 nm。

在室外太阳光条件下，短时间内太阳高度角与方位角认为是不变的，为了实现对目标快速多角度测量，设计了多角度测量装置，如图 3 所示。光谱仪的光纤探头安装在圆弧形的导轨上，待测目标放置在经发黑氧化处理后的方形平台的中心，变换角度时探头距目标的距离保持不变。此外，平台底部设置圆形导轨，使得测量支架可以沿导轨旋转，测量目标不同方位角的光谱特性。为减小试验装置的反射对目标光谱测量的影响，整个装置进行了氧化发黑处理。

图 4 是杂草在不同高度角下的反射率光谱，从反射率的绝对数值来看，反射率随高度角的减小呈增大趋势，且这种趋势在面向太阳光方向测量时更加明显；从反射率的光谱特征来看，杂草在不同高度角与方位角下的光谱特征具有较好的一致性。

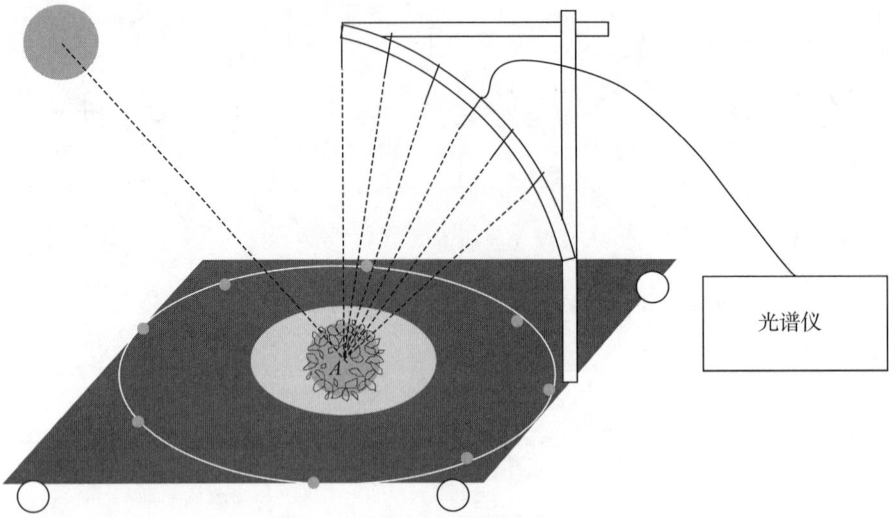

图 3　室外多角度光谱测量装置示意图

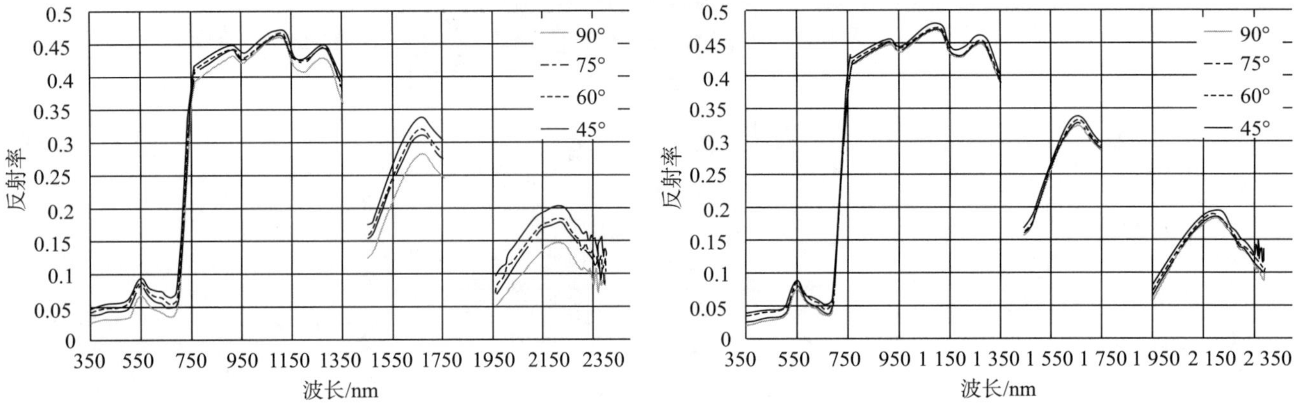

(a) 面向太阳光方向　　(b) 与太阳光方向垂直

图 4　杂草在不同高度角下的反射率光谱

图 5 是杂草背景下航模目标在不同高度角下的反射率光谱。在面向或是垂直太阳光入射方向上，以不同的观测高度角采集航模在均匀杂草背景下的混合光谱，随着由垂直向下的 90°观测到侧向 45°观测，一方面观测的目标部位由正投影的背面逐渐转向侧面，不同角度观测看到的是目标的不同部位；另一方面观测视场对应的地面区域越来越大，目标占像元的比例会随观测高度角的减小而降低，且视场区域被目标自身遮挡的部分占比越来越高，从而进入视场的能量占比越来越小，整体光谱反射率逐渐降低。因此，对于具有复杂三维结构的目标而言，从不同角度观测时目标呈现的光谱特征差异很大。

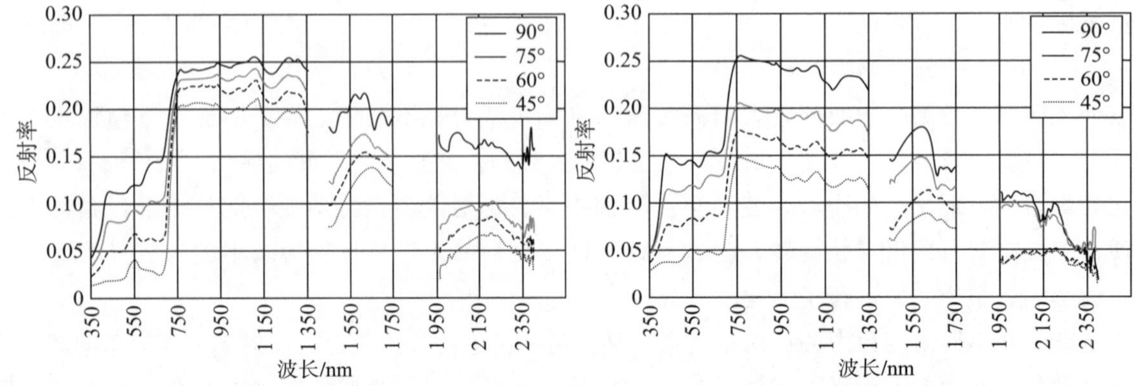

(a) 面向太阳光方向　　(b) 与太阳光方向垂直

图 5　杂草背景下航模目标在不同高度角下的反射率光谱

4 总结与展望

多角度高光谱技术是高光谱遥感一个新的发展方向，通过不同观测角度下获取目标的高光谱信息，增强对目标观测的充分性，提高目标空间、光谱、辐射的反演精度，实现对地物的精细化观测。本文通过分析不同多角度高光谱扫描成像方式，设计了一种单相机摆动模式的星载多角度高光谱成像系统，简化了多角度高光谱探测系统，提高了多源数据融合的精度。并通过地面多角度光谱采集试验充分验证了目标的多角度光谱特性。

利用单一台载荷机动扫描的方式实现多角度成像，必然对系统结构的稳定性以及姿态控制精度要求较高。另外，高光谱数据本身数据量巨大，多角度高光谱技术必然会给数据预处理、多源数据匹配与融合应用带来诸多问题，如何有效实现多角度高光谱数据大气校正、精确配准等预处理和融合、同化，还面临许多关键科学问题。

参考文献

[1] 程呈，高敏，程旭德，等．采用光谱探测技术实现伪装目标的快速识别［J］．光学精密工程，2016，24（10s）：74-82.

[2] 唐世浩，朱启疆，李小文，等．高光谱与多角度数据联合进行混合像元分解研究［J］．遥感学报，2003，7（3）：182-189.

[3] 朱娟娟．多角度遥感现状与发展［J］．中国高新技术企业技术论坛.

[4] A. Dyk，D. G. Goodenough，G Hobart，et al. Multi-angle measurements with CHRIS for forest parameters［J］．IEEE International Geoscience & Remote Sensing Symposium，2009，2：II-133-II-136.

Multi-angle Hyperspectral Imaging

LIU Yinnian

Key Laboratory of Infrared System Detection and Imaging Technologies，Shanghai Institute of Technical Physics，Chinese Academy of Sciences，Shanghai 200083

Abstract Traditional hyperspectral remote sensing only obtains the upper surface spectral information，largely limits its application for target detection，identification and classification. Multi-angle hyperspectral remote sensing can obtain target's geometry，spectrum，and radiation information by observing in different angles，precisely inverting target's space，spectrum，and radiation information. Based on one single camera scanning along the track in different angles，we designed a spaceborne multi-angle hyperspectral imager，which contains both high resolution full-color camera and hyperspectral camera covers the visible to infrared band（ranges from 0.4～12.5 μm）. In addition，we conduct the ground multi-angle spectrum collection experiment. Results show that，in high spatial resolution remote sensing，the target is no longer reflected in the same sex as the lambert，presenting multi-angle spectral properties. Multi-angle hyperspectral remote sensing is the most basic data source for remote sensing，and provides new means for improving accuracy.

Key words Multi-angle observation；Hyperspectral remote sensing；Multidimensional information fusion

作者简介

刘银年，男，研究员，就职于中科院上海技术物理研究所，研究方向为高光谱遥感成像技术，电子邮箱：ynliu@mail. sitp. ac. cn。

小卫星、大产业

——“一带一路”空间信息走廊建设策略分析

张高锋 谢更新

教育部深空探测联合研究中心 重庆大学，重庆 400044

摘 要 现代小卫星技术的进步推动了卫星应用和运营模式的革命，大数据和互联网思维给卫星应用下游产业链带来了全新的商业形态。越来越多的发展中国家能够独立或通过合作开展卫星业务，尤其在小卫星领域。“一带一路”空间信息走廊建设为区域内国家空间基础设施共建、信息共享、产业融合带来了前所未有的发展机遇。本文在分析沿线国家经济发展特点、卫星市场供需状况和国内外小卫星产业进展的基础上，运用SWOT模型分析并提出空间信息走廊建设策略，我国应积极与沿线国家开展小卫星研制合作，共建小卫星星座，共同拓展卫星应用产业链下游业务。小卫星、大产业，“一带一路”空间信息走廊建设将提升我国空间信息产业的国际化水平，促进技术、产品和服务走出去。

关键词 一带一路；小卫星产业；策略分析

1 引言

时至今日，人类社会已与卫星紧密地联系在一起，越来越多功能细分的卫星在导航、通信广播、气象、灾害预警、资源管理等领域提供信息服务，天地信息耦合和新一代信息技术极大地丰富了卫星应用的内涵和外延，卫星应用产业对其他行业和领域有很强的渗透和辐射作用，积极地促进了产业结构调整和工业转型升级[1]。卫星技术对社会发展有显著的带动作用，卫星产业具有广阔的市场发展前景。

随着微电子学、微型机械、新材料、先进制造、互联网等技术的发展和突破，现代小卫星既不同于受技术和运载能力限制的早期小卫星，也不是纯粹地把大卫星小型化。小卫星的研制充分利用一体化和模块化设计思想，对卫星设备载荷和飞行任务接口采用标准化设计等，这些措施使得小卫星在技术水平、研制周期、发射灵活和性能价格比等方面具有巨大的优势[2]。特别地，小卫星可以通过星座技术组网，实现编队卫星相互联系，协同工作，构成一个大的“虚拟卫星”。相对于大卫星，现代小卫星拥有更新的设计概念和先进科学的运行管理方法，带动了卫星技术的变革[3]，卫星应用功能向全方位发展，可以取代部分大卫星，新的商业模式不断开拓新的应用领域。现代小卫星技术和应用产业的快速发展，为发展中国家应用航天技术服务经济发展，推动社会精细化管理带来了前所未有的机遇。

从第一颗卫星——东方红1号起，经过多年的发展，我国卫星应用领域不断扩大，范围已经实现了从遥感、通信到导航等全方位覆盖，形成了卫星制造、发射、运行管理和地面应用完整的卫星产业体系①，天地一体的信息服务系统逐步形成。“丝绸之路经济带”和“21世纪海上丝绸之路”（以下简称“一带一路”）合作倡议将完善沿线国家和地区的空中（卫星）信息通道，畅通信息丝绸之路，扩大信息交流与合作②。“一带一路”空间信息走廊互联互通，沿线国家和地区共同构建持续稳定运行的空间基础设施，这既可实现我国空间资源规模化、业务化和产业化发展，服务我国企业“走出去”③，提供空间信息服务能力，又可推动与沿线国家在防灾减灾、生态环境监测与科学研究等领域的国际合作，提供公共产品。

---

① 《关于加快推进“一带一路”空间信息走廊建设与应用的指导意见》。

② 《推动共建丝绸之路经济带和21世纪海上丝绸之路的愿景与行动》提出：提高国际通信互联互通水平，畅通信息丝绸之路，完善空中（卫星）信息通道，扩大信息交流与合作。

③ 《国家民用空间基础设施中长期发展规划（2015—2025）》。

我国在塑造负责任大国形象的同时，通过卫星技术和产业合作，提升我国空间信息产业的国际化水平，增强卫星技术、应用产品和服务的竞争力④。“一带一路”沿线国家发展阶段差异性非常大，且大多数国家工业化整体水平不高，大体呈现“倒梯形”的结构特征⑤，卫星产业技术密集附加值高，但与大卫星相比，小卫星技术和产业发展的门槛更低，国际合作更容易且技术的“外溢”效应周期短。因此，利用小卫星星座技术共同构建“一带一路”空间基础设施网络，推动空间信息运行和应用的深度国际合作，市场衔接，为沿线国家经济社会发展提供空间信息服务支持，这对推动“一带一路”沿线各国实现经济相互对接、优势互补战略提供天地一体信息保障具有重要意义。

本文第 2 部分分析“一带一路”沿线国家卫星产业发展需求情况，第 3 部分描述蓬勃兴起的小卫星产业，第 4 部分用 SWOT 模型分析“一带一路”空间信息走廊建设策略，最后为结论。

2　“一带一路”国家卫星应用市场分析

目前，“一带一路”合作倡议覆盖了东盟、南亚、中亚、西亚、北非和欧洲一共 65 个国家⑥，绝大部分属于中等或中低收入国家⑦。共建“一带一路”将促进沿线国家经济要素市场化流动、资源互补和市场融合，2016 年我国与沿线国家进出口总额 6.3 万亿元人民币（现价人民币），增长 0.6%⑧，互联互通，发挥沿线国家各自优势经济资源的比较优势互利合作，将实现区域的可持续发展。

2.1　经济发展概览

“一带一路”沿线国家区域间经济发展差异悬殊，整体呈“哑铃型”，两端经济发展较好，一端是新兴的亚太经济圈，一端是较为发达的西欧地区，中部地区经济发展相对滞后，包括中亚、南亚和部分中东及北非国家[4]。

一端的中国和俄罗斯，国家规模都较大，中国是新兴的世界第二大经济体，号称“世界工厂”；俄罗斯科技基础好，工业门类齐全，二者都逐步进入工业化发展中期。

2015 年统计数据显示：“一带一路”沿线 65 个经济体中，人均 GDP 在 4 000 美元（现价美元）以下的 25 个国家集中分布在中部地区。中部沿线国家资源分布相对极化，经济发展差异大，如西亚国家的石油丰富，中亚资源相对匮乏，但整个中部地区经济结构单一，经济整体发展水平不高。

一端是西欧国家，大部分基本处于工业化发展后期，城镇人口比例高，整体发展水平较好。

亚行最新报告指出，“一带一路”中部区域经济体发展缓慢因港口、铁路和道路及通信广播不足而无法实现与更广阔的国外市场的高效连通⑨，基础设施建设普遍落后。从地形地貌来看，中部以北地处亚欧大陆，多山地；中部以南地处印度洋与太平洋之间，岛屿众多，如印度尼西亚和菲律宾。这些国家大都拥有偏远的山区和农村，通信广播和互联网普及率低[5]，为实现偏远地区与外界信息互联互通、改善教育条件和对灾害与资源进行科学管理，与铺设光纤和建立通信基站相比较，用卫星技术为偏远地区提供通信和互联网服务具有更好的成本一效益值。因此对于“一带一路”沿线绝大部分国家而言，卫星应用通信和互联网服务是一个好的选择，卫星应用产业可以加速国家实现信息化、工业化和现代化，提高国家的科技水平，改造传统产业，促进经济结构调整。

2.2　市场需求

卫星应用产业由卫星制造、发射、地面设施制造和卫星服务四个领域构成[6]。

---

④　《关于加快推进“一带一路”空间信息走廊建设与应用的指导意见》。

⑤　《“一带一路”蓝皮书：建设发展报告（2016）》。

⑥　中国一带一路网 https://www.yidaiyilu.gov.cn/datasearch.htm?0#country_macro。

⑦　世界银行 http://data.worldbank.org.cn/country。

⑧　中国一带一路网 https://www.yidaiyilu.gov.cn/jcsj/dsjkydyl/8238.htm。

⑨　中国一带一路网 https://www.yidaiyilu.gov.cn/jcsj/sjrw/8838.htm。

随着卫星技术成本下降和应用范围越来越广，越来越多的国家进入到卫星应用领域。尤其是小卫星体积小、质量轻、性能好、研制周期短、成本低、发射方式灵活和发展门槛低特优点，在通信、遥感等领域获得了广泛的应用，并显示出良好的经济和社会效益，成为当前卫星应用产业发展的重要方向之一，受到发展中国家的普遍关注。截至 2016 年底，“一带一路”沿线区域拥有卫星并开展应用的国家见表 1。

表 1　“一带一路”沿线国家卫星数量

国家	卫星拥有数量	国家	卫星拥有数量
泰国	9	土耳其	13
印度尼西亚	16	新加坡	11
阿塞拜疆	1	埃及	5
爱沙尼亚	1	白俄罗斯	2
巴基斯坦	4	乌克兰	1
菲律宾	2	哈萨克斯坦	6
捷克	4	伊拉克	1
伊朗	1	越南	3
以色列	17	马来西亚	7
沙特阿拉伯	13	俄罗斯	135（usc 数据）
老挝	1	印度	29

数据来源：http：//www.celestrak.com/satcat/boxscore.asp。

另外，诸如匈牙利、罗马尼亚等曾拥有卫星；孟加拉、蒙古国等国家都在积极谋求发展卫星技术和应用卫星。

综合国家的发展水平和卫星应用情况分析：除了中国、俄罗斯、印度和以色列拥有完整的卫星产业之外，其他国家通过项目合作、技术转移和采购委托发射等方式发展卫星。因此，大致可以把卫星应用需求的国家归为下以几类：

1）区域大国。如俄罗斯、印度对卫星应用的需求是多方面的。在轨卫星的数量不仅与国家的经济和技术发展水平息息相关，也是国家综合实力的体现；

2）高收入国家，如新加坡，沙特阿拉伯等。社会的发展水平越高，国家在经济发展、资源管理和灾害预测等方面越需要更多来自卫星获取的数据提供政策管理支撑；

3）地理分散，自然灾害频发国家，如马来西亚、印度尼西亚。相比其他方式，对发展中国家来说，遥感、通信和气象等卫星为远距离通信和自然灾害预警方面提供了性价比更高的替代方案；

4）地缘政治复杂国家，如以色列、土耳其和沙特阿拉伯等。海湾战争让人们看到了卫星在现代军事应用中的巨大潜力，卫星成为军事力量的“倍增器”；

5）欠发达国家，如孟加拉、蒙古国和老挝等。卫星可以为偏远地区提供性价比更高的联通手段和远程教育，提高整个社会的管理和发展水平。

虽然很多的发展中国家正追求发展太空能力，尤其在卫星应用领域，但是考虑到资金预算，技术和人才等因素，发展小卫星是一条拥有卫星应用能力的捷径。

2.3　市场供给

20 世纪 90 年代以来，为降低卫星成本、提升卫星的功能，发达国家率先开展小卫星的研究工作，很多发展中国家也以合作的方式推进小卫星的研发和应用，截至 2015 年 9 月，全球在轨小卫星的数量达到 460 颗[⑩]。同时谷歌、三星等跨国企业都计划在轨部署小卫星星座开展商业应用。卫星未来微型化趋势明显，不断与信息和大数据技术融合，小卫星新的商业模式更广泛地面向非专业用户。

⑩　http：//www.ucsusa.org/nuclear－weapons/space－weapons/satellite－database#.WTDRN_mECP0。

（1）小卫星制造

在“一带一路”区域国家中，中国、俄罗斯、印度、以色列和土耳其等国家都具有良好的卫星研制和应用的基础和经验。中国除了国内的十余家高校外，已有上海微小卫星工程中心、航天东方红卫星有限公司和深圳航天东方红海特卫星有限公司等参与小卫星制造行业的企业，北京1号和吉林1号已在轨稳定运行开展商业应用；印度空间研究组织组建了专门的小卫星制造团队，2008年发射了首颗小卫星，并计划未来在小卫星领域与萨里卫星技术公司、以色列宇航工业公司等展开竞争[7]；俄罗斯研制出小卫星通用平台，能够使俄罗斯在轨的卫星群数量大幅增加[8]；以色列国家小，财力有限，卫星发展从一开始就选择小卫星领域，并在全球范围内寻求合作伙伴开展商业运作[9]。此外，土耳其[10]、乌克兰都有制造卫星的基础和应用经验[11]。

（2）卫星发射

相比于卫星制造，发射是非常不同的太空技术活动，对于建设本国发射能力的投资不是一个小的决策[12]。受导弹技术出口管制和大规模杀伤性武器防扩散机制影响，目前拥有卫星发射能力的国家数量有限，“一带一路”沿线国家只有中国、俄罗斯、印度和以色列拥有稳定完整的发射体系，并且中俄印都掌握了“一箭多星”技术。2017年2月，印度空间组织成功发射一箭104星，其中3颗是印度的，其余分别来自以色列、哈萨克斯坦、荷兰、瑞士、阿联酋和美国，而且这些卫星都是质量在100 kg以下的小卫星⑪。中国、印度和俄罗斯开展国际商业发射业务积累了丰富的经验，未来将可为“一带一路”国家的发射任务提供多样化的市场选择。

（3）地面设施制造

不同的国家拥有不同的太空能力，虽然能实现载人任务的国家只有三个，但是能建造卫星和地面设施的国家数量很多，有大量的企业在地面设施市场上展开竞争，在这样的条件下，要建立全面的卫星制造竞争力对发展中国家来说是不容易的。因此，发展中国家将更多的资源集中在地面设施和服务方面[13]。“一带一路”沿线国家除了中国、俄罗斯、印度、以色列、土耳其和乌克兰等之外，其他如新加坡、马来西亚、伊朗、印尼和埃及等许多的国家，在地面设施领域通过独立研制和合作开发的形式参与卫星应用产业分工。

（4）卫星服务

除了中国、俄罗斯、印度和以色列之外，“一带一路”沿线国家不论是拥有卫星还是没有卫星的国家，大多是卫星应用市场的消费者，从整星采购，发射委托到卫星通信广播转发器租赁，卫星下行数据购买等。导航、通信和遥感是卫星服务市场重要的三大领域，GPS、北斗和GLONASS在提供导航和授时等公共产品的同时，也可以带动相关卫星地面设施市场的发展，完善的空间和地面基础设施是卫星服务市场不断发展壮大的基础。

2.4 发展中国家如何构建太空能力

为什么发展中国家需要构建太空能力，尤其在卫星应用领域？

一般而言，太空活动被认为是发达国家特有的领域，那需要大量的资金和先进的技术支持。然而，事实上，太空活动领域是多样化的，在目标和理论及材料和资金需求方面，发展中国家参与航天活动是可行的，太空活动投入的获益不仅仅是科学和技术层面，还有政治和经济方面，太空活动对国家利益有形的贡献被拉美发展中国家，特别是巴西、阿根廷和墨西哥意识到[14]。从投入-产出方面考虑，只要产出大于投入，那太空活动的投入都是值得的，相对于航天大国，拉美国家的航天活动也许是初级的，但他们在契合有限资源和考虑实际应用的条件下开展复杂的和需要的航天技术活动，他们参与航天活动最重要的理由是航天新技术将带来直接和间接的利益，在太空中他们看到了未来。

卫星应用一般分为地球观测、导航、通信和太空科学4个方面。许多发展中国家大多位于遭受诸如飓

⑪ http：//news.163.com/17/0215/18/CDBAROU800018AOQ.html。

风、地震和灾害等大量自然灾害的地区，同时，他们也面临更多社会问题需要管理[15]。因此，发展中国家及时获得有关他们国家的环境信息、维持通畅的通信基础设施、管理安全交通和推动科学研究变得尤为重要，卫星应用能有效地应对上面提及的灾害带来的挑战[16]。实际上，很多发展中国家已经间接地进入了卫星服务领域，越来越多的发展中国家也正在追求国家卫星项目，以便他们对国内的卫星服务拥有更多的控制权，小卫星技术的发展让这更接近现实。

作为卫星技术领域的后来者，发展中国家发展卫星技术通常寻求外部技术资源支持，来自埃及、土耳其和阿尔及利亚的经验表明：发展中国家的太空组织会委托外国企业建造卫星，外国企业负责培训发展中国家的工程师，卫星项目都有短期的技术目标和长期的卫星应用能力建设目标。合作模式见图 1[17]。

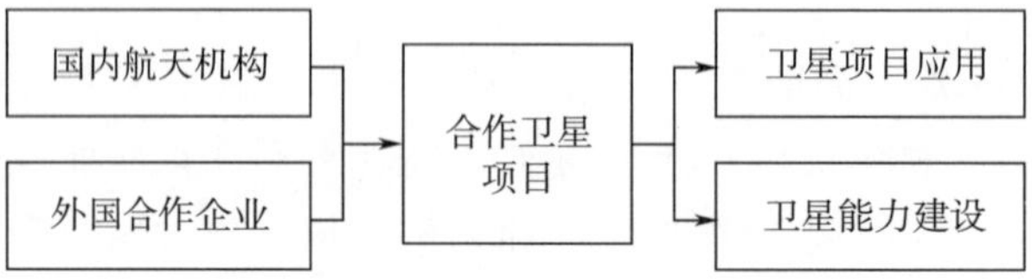

图 1　发展中国家卫星合作模式

考虑到技术、资金和人才基础及成本一效益因素，发展中国家更容易在小卫星领域通过与外部技术组织合作掌握从设计、制造到运营的一整套卫星能力，诸如小卫星遥感、气象、远程教育等，而对于导航、GEO 轨道通信等卫星星座和大卫星而言，发展中国家更有可能处于导航、卫星通信和广播产业链的下游。总之，发展中国家发展太空能力更可能在卫星领域取得突破，是合作还是购买取决于国家的产业发展需求和国家战略。

3　蓬勃兴起的小卫星产业

伴随现代小卫星技术成熟，巨大的市场潜力和利润成长空间吸引了越来越多的研究机构、大学和企业进入小卫星领域，从卫星研制、发射到服务业，特别是星座互联网构想、大数据引入卫星服务业务，新小卫星技术催生了一场全新的商业形态，给卫星应用和运营带来了前所未有的机遇。

3.1　国内市场

1985 年中国长征系列火箭开始进入国际发射市场，1999 年，实践 5 号成功升空使我国研制的卫星进入模块化、小型化和集成化的时代，在技术进步与需求拉动下，经过近三十年的发展，小卫星正由“技术试验”转型为“业务应用”。吉林 1 号商业化应用标志着我国小卫星商业化发展进入新的阶段。目前我国已成功进行 41 次商业发射、12 次商业搭载发射⑫，到 2020 年，我国火箭年发射量将达到 30 次左右⑬。

目前，我国小卫星市场呈现以下特点：

1）关键技术不断取得突破。相对于大卫星，小卫星的研制周期短、进入门槛低，除了航天科技集团下属企业之外，国内很多高校进入小卫星研发领域，技术创新呈现“百花齐放”态势。从有效载荷、热控、光学系统、电源关键技术到整星研发取得了里程碑式进展，如：姿控执行机构和星载计算机等关键部组件产品上，国产化取得重要进展，小卫星编队技术也逐步走向应用前的试验阶段。

2）市场规模增长，产业化程度提高。我国的小卫星应用已进入市场商业化开发阶段，航天清华卫星和东方红卫星的成立拉开了小卫星产业化发展的大幕，业务已进入稳定运营时期。到现在，国内在轨小卫星应用产业已涉及遥感、通信、深空控测及技术试验等多个领域，逐渐有延伸到大中型卫星业务当中

⑫　中国长城工业公司 http：//cn. cgwic. com/Launchservice/LaunchRecord. html。

⑬　中国航天科技集团公司《“十三五”发展综合规划纲要》。

的趋势。现在小卫星产业上游研制市场已形成企业和高校“多点开花”的竞争结构格局，不久的将来，在技术成熟和标准体系统一的基础上，小卫星将可能实现批量化生产，下游市场商业化应用范围扩大，市场发育不断成熟。

3）市场成长潜力巨大。国家经济发展水平越高对卫星应用需求会不断提高，如新加坡，以色列等国，国土面积虽然小，但卫星应用基础设施建设完善。我国的国民经济持续快速增长导致空间基础设施市场需求日益增强，卫星领域将成为未来建设的重点。随着一批卫星应用产业诸如测绘、遥感和导航发展规划、空间基础设施规划及“一带一路”空间信息走廊建设的推进，我国小卫星产业将迎来巨大的发展机遇，并跟上中国制造“走出去”的步伐。

3.2 国际市场

近年来，小卫星这一新兴产业吸引了大量的公司进入该领域，商业模式不断创新，市场化程度初具规模，行业的开放式，融合式发展是大势所趋，尤其是卫星产业链下游。发达国家与发展中国家在小卫星领域开展合作逐步增多，不少国家和跨国企业都已经拥有或正在积极发展卫星星座，抢占卫星应用产业的制高点。

1）新企业进入，市场不断细分，规模持续增大。除了卫星发射市场供给稳定之外，过去的5年，大量的新公司进入小卫星产业研制、运营和服务领域。参与者众多，不断开拓小卫星产业应用范围，创新商业模式，并策划了规模不等的小卫星项目，但市场集中度较低，没有形成稳定的竞争格局和具有优势地位的垄断厂商。据美国Space Works商业咨询公司发布的《全球1～50 kg小卫星市场需求评估报告》显示，自2009年起，微小卫星发射数量呈现逐年增长的趋势，尤其在2012—2013年间净增长了60颗，增幅达231%，预测在2015—2020年间将会有1 860～2 610颗微小卫星的增量[18]。这为新的公司未来进入小卫星产业市场提供了机遇。

2）“小卫星＋大数据”。逐渐成熟的小卫星星座技术提供了大中卫星不具备的数据采集能力，当围绕大数据的经济数据分析、数据挖掘的商业价值成为经济利润焦点的时候，小卫星应用产业的重心已向产业链的下游转移。卫星市场真正让投资者看重的是必将与一系列轨道技术融合的大数据、软件和服务，而不是基础设施或卫星本身[18]。小卫星、大数据和人工智能技术的交叉应用将为小卫星产业繁荣和商业化发展开辟巨大的成长空间。

3）“小卫星＋互联网”。近几年来，绝大多数新实施小卫星星座项目的企业无一例外地选择了互联网卫星星座，数量众多的小卫星在地球低轨道组网，可全天候向地面提供低成本、高效益的互联网联接服务，特别是没有光纤的偏远山区。未来当互联网与小卫星星座融合的时候，小卫星应用更加贴近大众生活，并基于卫星互联网发展出更多全新的商业模式。

小卫星产业商业化的全方位发展推动了卫星研制和运营的革命性变革，新的商业模式创新开创了卫星数据应用更广阔的空间。

4 “一带一路”空间信息走廊建设策略分析

十年左右的时间，我国将基本建成以东南亚、南亚、西亚、中亚、北非为重点，辐射大洋洲、中东欧、非洲等区域的“一带一路”空间信息走廊，以此推动我国空间信息产业在走廊区域的市场化、国际化[19]。

4.1 建设条件

“一带一路”空间信息走廊建设为我国小卫星产业区域化、国际化“走出去”带来了新的机遇和挑战，小卫星星座应用提高了跨地区、行业资源共享与信息综合服务能力，与物联网、云计算、大数据及新技术、新应用融合，不仅惠及沿线国家社会经济可持续发展，也提升了我国空间基础设施全面支撑经济社会发展的水平和能力。

（1）优势

我国与国外航天机构开展卫星项目合作也有很长一段时间，如中巴资源卫星项目，2007 年也实现了整星出口零突破，成功进入欧洲市场。“一带一路”发展倡仪下，根据已有的海外航天产品市场基础，结合市场潜力分析，巴基斯坦、印度尼西亚、伊朗、土耳其、泰国等“一带一路”沿线有卫星应用基础的国家都是我国小卫星产品“走出去”的首批目标市场。小卫星产业“走出去”的优势包括：

1）卫星发射基础设施完备，稳定可靠的卫星发射纪录，能够提供物美价廉的商业发射业务；

2）依托亚洲基础设施建设银行，中国丝路建设基金为沿线欠发展国家和发展中国家卫星整星进口或卫星其他业务提供多样化的融资工具；

3）完整的卫星应用产业链，能提供从小卫星研制、发射、运营和服务的“一体化”解决方案；

4）“一带一路”和亚太空间合作组织合作平台，国家政策和资金支撑中国制造走出去战略；

5）小卫星已部分实现批量化生产，并获得了大量商业化应用经验，规模经济效应逐渐显现；

6）参与小卫星研制和业务范围拓展的企业和高校日益增多，技术创新活跃，产业开发加快，小卫星产品朝系列化、频谱化方向发展。

（2）机会

小卫星竞争市场的态势，为我国从事小卫星业务单位留下了较大的业务拓展机会：

1）受美国 ITAR 协议的影响，“一带一路”沿线国家的小卫星产品供应数量受到抑制，我国的小卫星国际市场开发竞争压力减少；

2）目前，小卫星市场参与者众多，没有形成稳定的竞争格局，没有明显优势地位的垄断厂商；

3）相比于大中卫星，小卫星成本低廉，随着发展中国家经济发展水平的提高，对小卫星的需求量增加，未来“一带一路”沿线国家的小卫星市场需求将扩大；

4）“一带一路”沿线国家为解决经济社会发展中存在的问题催生了小卫星产业下游市场新服务产品需求和供给，扩大小卫星应用范围。

（3）劣势

我国小卫星研制的能力和产品性能取得了很大的进步，技术水平达到了一定的高度，提供的小卫星产品基本上能满足大部分卫星业务需求，但与国外相比，还存在以下差距：

1）系统集成技术和能力还有待提高，为达到同等性能，我国需要的小卫星质量比国外要多，功能密度相对较低；

2）微电子、微机电技术处于研发初期，微型元器件在空间领域的应用水平落后，星载单机、分系统和有效载荷的小型化、轻量化、低能耗方面差距明显；

3）小卫星在轨自主运行管理水平相对落后；

4）产品性价比不具明显优势[20]。

（4）威胁

随着越来越多的新兴企业开展卫星业务，尤其是小卫星市场 ，未来“一带一路”空间信息走廊建设面临挑战。

1）卫星发射业务，俄罗斯、印度和以色列都是沿线具备提供卫星发射商业服务的国家，尤其是印度 2017 年 1 月成功发射 104 颗小卫星，我国将与其他国家展开卫星发射业务的激烈竞争；

2）小卫星新的商业模式、新的产品和服务创新活跃，卫星应用产业链下游市场业务竞争加剧；

3）跨国企业正在规划的星座项目未来对“一带一路”空间信息走廊业务带来潜威胁；

4）国家规划的卫星计划将影响“一带一路”空间信息走廊建设的成效，如俄罗斯的 GLONASS 导航系统，印度的“南亚卫星计划”等；

5）“一带一路”沿线部分国家社会动荡，政治风险高。

4.2 建设定位和策略

（1）定位

立足“一带一路”合作倡议框架，以“一带一路”空间信息走廊建设为契机，基于”一带一路”沿线国家社会经济发展水平，我国应建成沿线国家卫星需求，尤其是小卫星技术的引领者、小卫星产品和业务需求的主要供给方和沿线国家卫星应用组织的主要参与者。

（2）策略

1）推动“北斗”导航系统实现沿线区域信号全覆盖并完善地面基站建设，扩大“北斗”业务范围；

2）邀请沿线国家共同参与“一带一路”空间信息走廊建设，规划业务市场细分的小卫星星座，提高我国太空能力的影响力；

3）在“一带一路”空间信息走廊平台下，积极推动国内小卫星企业和研究机构同沿线国家开展合作，扩大我国小卫星技术标准应用范围；

4）同沿线国家开展小卫星产业链下游业务合作，提供卫星业务公共产品与抢占市场并重，提高我国小卫星产业的国际竞争力；

5）小卫星技术和产品的影响不仅是经济领域，应依托卫星业务合作促成我国”一带一路“合作倡议落地，推动国家“一带一路”大战略实施。

4.3 建设重点

“一带一路”空间信息走廊建设提高了我国在沿线国家的空间信息能力，既可提高我国卫星业务的国际竞争力，又可以提升国际影响力。依据轻重缓急原则，规划卫星项目应因地制宜、因时制宜。

1）推动现有卫星系统下游产业业务扩大，尤其是“北斗”导航系统业务。我国的在轨卫星在数量和功能上已经能够满足“一带一路”国家，特别是还没有建设卫星设施国家对卫星服务的需求，从导航、遥感到通信广播等，我国已经有能力提供多样化，面向客户的卫星服务产品。随着“一带一路”空间信息走廊建设逐步展开和“北斗”导航系统建设基本完成，我国能为沿线国家提供卫星产品的能力和产品的市场竞争力进一步增强。因此，在卫星设施建设完备的基础上，卫星应用产业链下游的业务将成为未来市场开发的重点，积极与沿线国家开展空间信息产业合作，促进区域内空间信息共享，市场同开发，推动我国卫星技术、产品和服务在区域细分市场内的应用。

2）共同规划小卫星星座。小卫星星座吸引了许多国家和跨国企业进入，目前全球正在规划中的小卫星星座业务涵盖了遥感、通信、大数据应用和互联网等领域。小卫星星座技术作为一种出现不久、技术有待完善的技术，其卫星业务应用处于刚起步阶段，发展小卫星对发展中国家来说，从技术和资金上来看，是可以承受的，而且小卫星服务业务前景广阔。同时，遥感数据、通信数据对国家整体而言，不仅仅是经济问题，也是政治和战略资源安全问题，与其作为卫星业务的纯粹消费者，不如独立或合作发展小卫星，借助于外部技术力量既可以提高社会发展的技术水平，也可以培养人才，获得经济可持续发展的技术基础。

3）开展小卫星技术及地面设备研制合作。虽然小卫星市场参与者众多，但没有形成稳定的竞争格局和统一的技术标准，也没有明显优势地位的垄断厂商。根据高产业技术的发展趋势，未来随着围绕小卫星研制成本下降、技术不断创新的条件下，技术标准将逐渐统一，小卫星批量化生产、定制式生产将成为可能。因此，我国应积极推动国内小卫星研制企业、研究院所和高校积极与沿线发展中国家合作，输出小卫星技术标准，为未来小卫星产业发展占得先机。

4）创新卫星业务商业模式，提供“一体化”的卫星应用解决方案。小卫星技术推广和批量化生产将带来产业应用模式的革命，持续释放卫星应用产业活力，小卫星产业链下游将成为关注的焦点。因此，我国应积极借助“一带一路”空间信息走廊建设平台，为沿线国家提供“一体化”的卫星应用方案，与沿线发展中国家共同成立小卫星产业行业协会、产业联盟等，定期举办小卫星技术应用推广、培训和技术交流活动，促进卫星产业供需衔接。同时，为沿线发展中国家提供小卫星应用相关领域人才交流和人才培养机会，共同拓展小卫星产业领域应用的深度、广度和市场化程度。

5 结束语

“一带一路”空间信息走廊建设推动了我国与沿线国家互联互通融合发展，现代小卫星技术的进步让“一带一路”区域内空间信息设施共建共享成为可能，小卫星拥有巨大的产业潜能。积极与区域内发展中国家在小卫星技术领域开展合作，既有利于推动小卫星技术标准输出，抢占未来产业发展的制高点，带动卫星应用产业“走出去”，又有利于为沿线国家提供公共产品，提升我国负责任大国形象。共建小卫星星座，共享空间信息资源，共同开发小卫星产业链下游业务市场，这都将促进我国小卫星地面设备出口，提高我国空间信息产业在走廊区域的市场化、国际化水平，为走向世界奠定坚实基础，为“一带一路”沿线国家经济社会可持续发展做出贡献。

参 考 文 献

[1] 李忠宝．卫星应用战略发展思路［J］．卫星应用，2013.

[2] 孙宏伟，迟春洁．中国小卫星产业化发展策略分析［J］．数量经济技术经济研究，2001.

[3] 张艳娥，常江，秦洁．现代小卫星技术与应用专题讲座——第 1 讲现代小卫星技术现状与发展［J］．军事通信技术，2006.

[4] 丁广伟，张磊．基于主成分分析的“一带一路”沿线国家经济差异演变特征分析［J］．上海商学院学报，2016.

[5] 耿增涛．“一带一路”沿线国家基础设施建设及投资研究［D]：外交学院，2016.

[6] 李铁骊．2015 年卫星产业状况报告［J］．卫星应用，2015.

[7] 钱钱，曲佳．印度将成为小卫星制造业的重要参与者［J］．航天工业管理，2008.

[8] 程刚．俄罗斯制造出小卫星通用平台［N/OL］．科技日报．2007－8－21．http：//www.cnki.net/kcms/detail/detail.aspx? dbname=ccnd2007&filename=KJRB200708210022&dbcode=ccnd.

[9] 吴培中．以色列卫星发展概况［J］．国际太空，2001.

[10] 李云．土耳其卫星制造权的竞争［J］．国外空间动态，1990.

[11] 孙广．美对乌克兰卫星技术感兴趣［J］．中国航天，1995.

[12] Danielle wood Annalisa－Weigel. Charting the evolution of satellite programs in developing countries［J］. Space Policy，2012.

[13] U. m. leloglu E.－Kocaoglan. Establishing space industry in developing countries［J］. Advances in Space Research，2008.

[14] Arnold w. frutkin Richard－B. Griffin－and－Jr.. Space Activity in Latin America［J］. Journal of Inter－American studies，1968.

[15] Alcantara－ayala. Geomorphology，natural hazards，vulnerability and prevention of natural disasters in developing countries［J］. Geomorphology，2002.

[16] Danielle woodn Annalisa－Weigel. Building technologica capability within satellite programsin［J］. Acta Astronautica，2011.

[17] Danielle wood Annalisa－Weigel. Building technological capability within satellite programs in developing countries［J］. Acta Astronautica，2011.

[18] 佚名．商业化微小卫星产业发展趋势及思考_周英庆［J］．刊名缺失，出版年缺失.

[19] 国防科工局，发改委．关于加快推进“一带一路”空间信息走廊 建设与应用的指导意见［J］．卫星应用，2016.

[20] 上海证券．小卫星制造业：星星向荣——宇航及防务（A&D）行业深度研究［R]：[出版者不详]，2012.

Small Satellite and Large－scale Industry：a Strategic Analysis on the Construction of Spatial Information Corridor under One Belt and One Road

ZHANG Gaofeng　XIE gengxin

Center of Space Exploration，Ministry of Education Chongqing University，Chongqing　400044

Abstract The technical progress of modern small satellite drives the revolution about satellite application and operation pattern, big data and internet idea bring brand - new commercial form to downstream industrial chain in the field of satellite application. More and more developing countries can carry out satellite operation independently or by cooperation, especially satellite industry. In the aspect of co - construction of spatial infrastructure , information sharing and industry amalgamation, the Construction of Spatial Information Corridor provides unprecedented the development opportunity to regional countries under One Belt and One Road. One the basis of analyzing regional countries' the characters of economic development, supply - demand situation about satellite industry and the industrial advance of small satellite at home and abroad, this article proposes the Strategy on the Construction of Spatial Information Corridor by using SWOT model, we should positively implement cooperation which aims at research and development of small satellite, co - construction of small satellite constellation and expanding downstream industrial chain of satellite application. Small satellite possesses large - scale industry perspective, the construction of spatial information corridor under one belt and one road will promote the country's international level of spatial information industry, and facilitate the output of related technology, commodity and service.

Key words One belt and one road; Small satellite industry; Strategic analysis

作 者 简 介

张高锋，男，就职于重庆大学机械工程学院，管理科学与工程专业（工业工程方向）博士研究生，电子邮箱：gaofeng _ zhang @cqu. edu. cn。

日本“瞳”卫星失败的启示

邢林峰　李一冰
北京控制工程研究所，北京　100194

摘　要　本文描述了日本X射线天文望远镜卫星“瞳”（ASTRO－H）在轨故障并解体的过程和原因。通过对“瞳”卫星设计缺陷的分析，得出了一些系统级设计上的启示。从“星敏对陀螺滤波方式问题”、“星敏数据是否可用的判据问题”、“整星能源安全模式下控制分系统的处理策略”、“推力器控制模式下的关机条件判据”、“在轨注入的验证”等五方面进行了具体分析，对我国卫星研制有一定参考意义。

关键词　瞳卫星；在轨故障；设计缺陷；启示

1　日本瞳卫星简介

1.1　卫星配置

2016年2月17日，日本航空宇宙研究开发机构（JAXA）在鹿儿岛宇宙中心用H－2A火箭发射了X射线天文卫星“瞳”（ASTRO－H）。该卫星装载了日本和NASA联合研制的新一代X射线天文望远镜。“瞳”卫星的姿态控制系统配置如表1所示。

表1“瞳”卫星的控制系统配置表

	部件名称		配套数量	备注
控制器	控制计算机		2	主/备
敏感器	星敏感器		2	—
	3轴陀螺仪		2	—
	粗太阳		2	—
	3轴磁强计		2	—
执行机构	动量轮		4	—
	磁力矩器		3	—
	推进子系统	贮箱	1	—
		压力传感器	1	—
		自锁阀	2	—
		3N推力器	8	每4个由一组自锁阀控制
		气加排阀	1	—
		液加排阀	1	—
		过滤器	1	—

1.2　“瞳”卫星的在轨历程

“瞳”卫星2016年2月17日发射，2月17～29日完成最危险的飞控阶段（包括展开可伸缩光学平台），2月28日通过地面上注改变卫星推力器控制参数（可伸缩光学平台展开，改变了质心和转动惯量），2月29开始科学仪器的健康检查阶段，但是卫星在3月26日发生故障并解体。

2 “瞳”卫星故障过程和原因

2016年3月26日03：01（本文中的所有时间均为东京时间），“瞳”卫星观测完一个蟹状星云后，开始姿态机动去观测位于银河系中心的马卡林205星系；03：22完成姿态机动；4：10开始出现姿态异常，姿态异常一直持续；10：04左右动量轮接近卸载阈值，之后启动推力器控制的安全保护模式，由于不正确的推力器控制参数，卫星的旋转角速度持续增大；10：37左右卫星解体。

卫星解体成11个物体，其中的2个已经坠入大气层烧毁（2016年4月20日编号41443的碎片坠毁，2016年4月28日编号41438的碎片坠毁）。

2.1 卫星测站情况和健康状态

在03：13之前有USC（JAXA Uchinoura Station Center）全部遥测数据，之后在卫星出现故障并直到解体只有MSP（JAXA GN Maspalomas（Spain））和MGN（JAXA GN Mingenew（Austrilia））的过境遥测数据。JAXA通过分析这些遥测数据并结合地面的仿真计算，推测出卫星故障的原因。卫星的观测计划、测站情况和健康状态如图1所示。

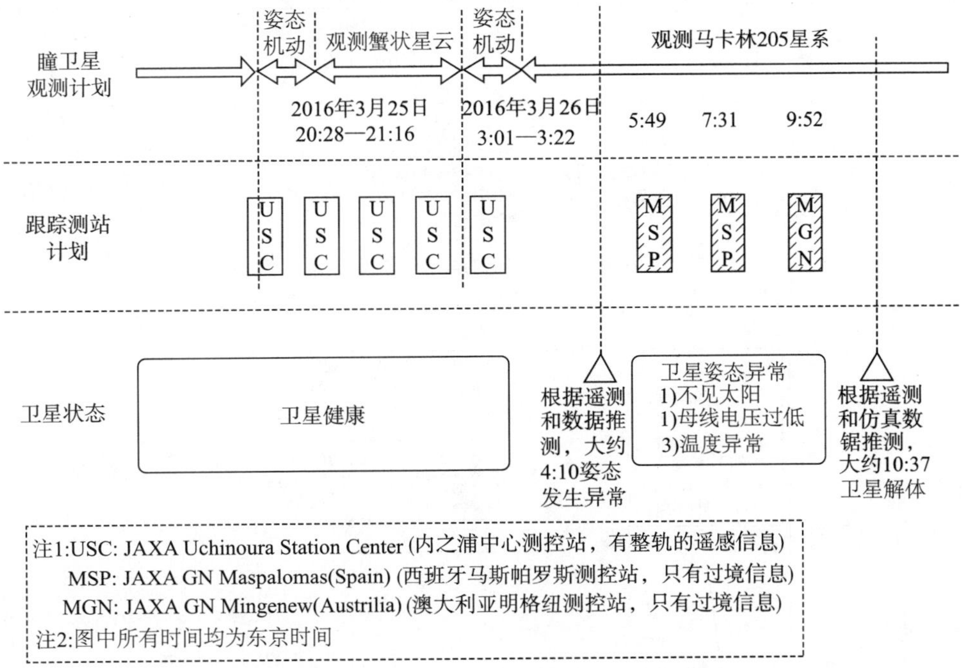

图1 卫星的观测计划、测站情况和健康状态

通过对卫星最后4次遥测数据分析，得出卫星的状态如表2所示。

表2 通过最后4次遥测数据分析卫星的状态

3月26日东京时间	测站	卫星姿态	电源状态	通信状态	数据处理	卫星温度状态
03：02—03：13	USC	正常	正常	正常	正常	正常
05：49—06：02	MSP	异常	电压过低	正常	正常	部分温度比预期值高，部分温度比预期值低
07：31—07：44	MSP	异常	地影时间	正常	正常	部分温度比预期值高，部分温度比预期值低
09：52—10：04	MGN	异常	电压过低（已经回到阳照区）	正常	正常	部分温度比预期值高，部分温度比预期值低

2.2 卫星从正常姿态到解体的过程说明

根据 JAXA 官方发布的信息，卫星从正常姿态到解体的概要流程见图 2，具体角速度异常的原因见图 3。

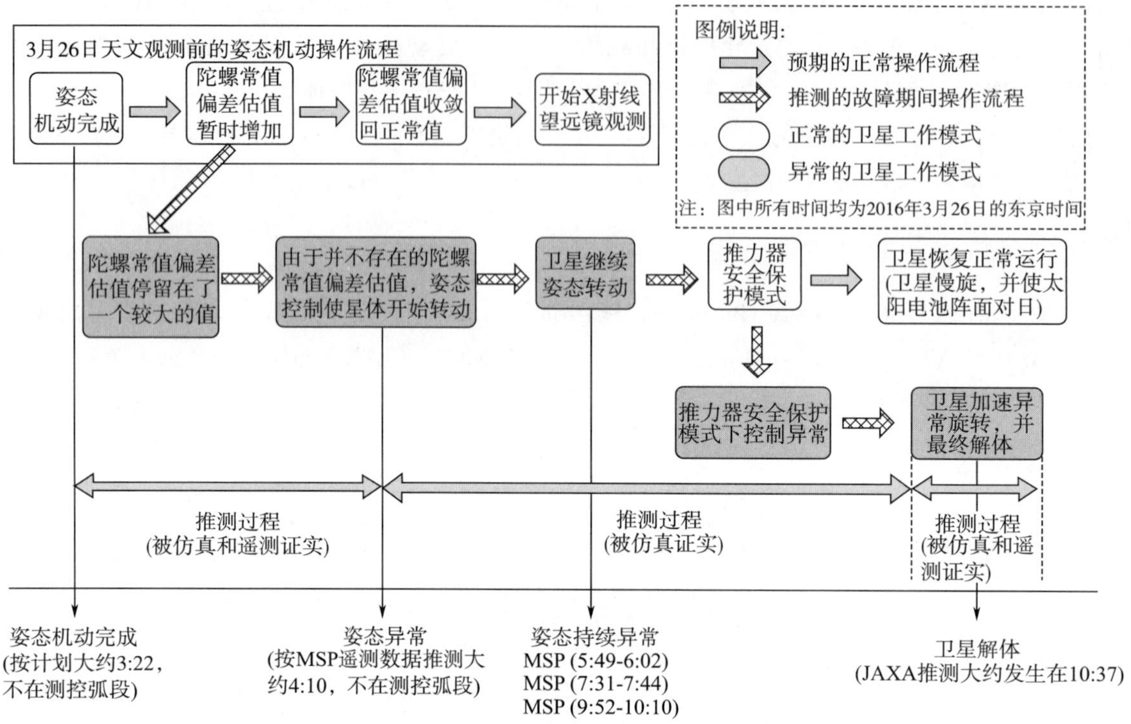

图 2　星从正常姿态到解体的过程概要说明

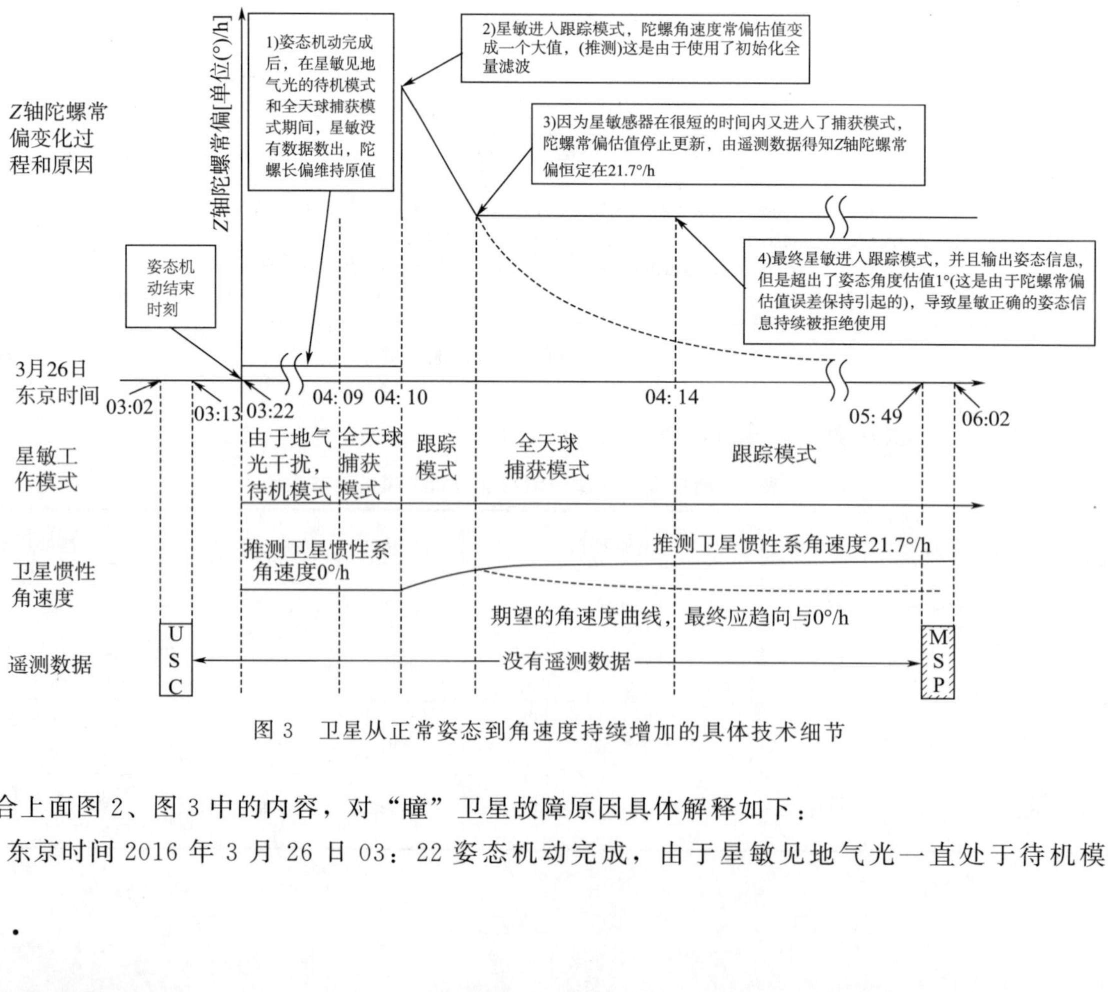

图 3　卫星从正常姿态到角速度持续增加的具体技术细节

结合上面图 2、图 3 中的内容，对“瞳”卫星故障原因具体解释如下：

1）东京时间 2016 年 3 月 26 日 03：22 姿态机动完成，由于星敏见地气光一直处于待机模式，到

4：09星敏进入全天球捕获模式，04：10 星敏进入跟踪模式开始输出有效数据，之后对陀螺常偏进行初始化滤波，使陀螺常偏变为大值，并使星体转动，当常偏收敛到 21.7°/h 时，由于星敏数据无效，陀螺常偏恒定在此值，4 分钟后星敏数据虽然再次有效，但由于使用陀螺预估的星敏理论光轴与星敏实际输出光轴之间的误差较大，超过了“瞳”卫星的软件阈值 1 度，认为星敏数据错误，星敏数据再也无法引入。

2）由于陀螺常偏被错误估计成 21.7°/h，控制系统使卫星以 21.7°/h 的角速度异常传动，且控制系统没有发现自身异常，结果卫星持续的转动下去。同时，由于姿态异常，磁力矩器对动量轮的卸载控制没有正确执行，最终导致动量轮的角动量累积。通过对 09：50～10：04 的遥测数据进一步的分析，动量轮角动量的累积达到 112 N·ms（遥测值）接近了卸载上限 120 N·ms（JAXA 采用计算机仿真估算出的动量轮角动量的累积值与遥测数据的值基本一致）。

3）当动量轮累积的角动量超过角动量上限（120 N·ms）后，控制系统认为动量轮控制不正常，转为使用推力器进行控制的“推力器安全保护模式”。在此模式下，卫星采用太阳敏感器和陀螺作为测量机构，推力器作为执行机构恢复卫星的姿态。

4）由于在 2 月 28 日地面注入了不正确的推力器控制参数（注入后没有使用过），使用该参数控制后，卫星的旋转角速度持续增大，最终使卫星解体。

5）JAXA 对推进控制系统使用错误控制参数时的工作状态进行了研究和仿真。仿真表明旋转加速度和旋转速度最终引起太阳电池阵翼折断。并且地面观测估算得到的“瞳”卫星角速度与基于结构分析解体的角速度一致。

3 “瞳”卫星的设计缺陷分析与启示

3.1 用星敏对陀螺滤波方式问题

日本的“瞳”卫星在每次星敏有效后，都对陀螺的常偏进行重新的初始化滤波，且没有采用增量滤波，而是采用全量滤波，且滤波系数过大。导致每次星敏重新引入后，陀螺常偏都会变成大值，且引起姿态抖动。如星敏滤波完成前不能连续输出，则不能正确预估出陀螺的常偏。

启示：陀螺常偏应采用星敏滤波增量修正方式，且修正系数应较小，这样每次星敏数据从“不可用”到“可用”后，陀螺常偏不会有较大的波动。

3.2 星敏数据是否可用的判据问题

“瞳”卫星安装有 2 个星敏，但没有把两个星敏坐标系之间的夹角信息作为星敏数据引入的依据；而是采用陀螺递推计算的星敏理论光轴与星敏输出光轴之间的误差进行判断，如误差过大，即使星敏数据正确也无法引入。

在“瞳”卫星故障的过程中，在 4：10 星敏感器开始输出有效数据，由于采用了初始化全量滤波，使陀螺的常偏变成一个大值；一分多钟后，由于星敏进入了“全天球捕获模式”，没有输出有效数据，使陀螺常偏恒定在 21.7°/h，在 4：14 星敏重新输出有效数据。但此时由于并不存在的错误陀螺常偏，使采用陀螺递推计算的星敏理论光轴误差达到约 1.446°（21.7°÷60×4＝1.446°），而“瞳”卫星引入星敏数据的依据是“误差小于 1°”。从此之后星敏再也无法引入，这是该卫星灾难性事故的导火索。

启示：对于配置多个星敏的卫星，星敏数据有效性判断应该和陀螺信息解耦，仅使用星敏数据和安装夹角信息进行判断。仅当单星敏有效时，才可以类似“瞳”卫星与陀螺信息联合判断星敏数据是否有效。

3.3 整星能源安全模式下控制分系统的处理策略

“瞳”卫星在 4：11 左右由于星敏无法引入开始姿态异常，在 05：49—06：02 的遥测数据中已经出现整星电压过低的报警（由于 4：11—05：49 之间没有遥测，实际出现电压过低的时间会更早）详见前面章节中的表 2，但整星没有采取自主的措施，直到 4 个多小时后的 10：04 动量轮才接近卸载阈值，并在 10：37 左右解体。

"瞳"卫星在整星能源报警时没有自主采取任何措施，即使最后没有解体也将存在整星断电的风险。"瞳"卫星如果在整星能源报警时，使用卫星上的粗太阳敏感转入轮控的对日模式，就算没有对陀螺常偏清零，并不存在的几十度/小时的陀螺错误常偏也并不影响卫星保持对日的姿态。

启示：卫星电源分系统的"能源安全模式"报警，应与控制分系统进行联动，自主转入整星姿态对日定向模式。

3.4　推力器控制模式下的关机条件判据

"瞳"卫星在 10：04 动量轮角动量的累积达到 112 N·ms（遥测值）接近了卸载上限 120 N·ms，之后不久当动量轮里累积的角动量超过角动量上限（120 N·ms）后，控制系统认为动量轮控制不正常，转为使用推力器进行控制的"推力器保护模式"。卫星使用太阳和陀螺测量，推力器控制进行对日定向。

"瞳"卫星在 2 月份展开了可伸缩光学平台，改变了质心和转动惯量，并于 2 月 28 日通过地面上注改变卫星推力器控制参数。但由于上注的推力器控制参数不正确，结果使卫星的旋转角速度持续增大，并最终在 10：37 左右卫星解体。

虽然错误的推力器控制参数使"瞳"卫星角速度不断增大，但如果有合理的推力器关机条件判据，就可以使卫星将推力器关机并进入停控，不会使卫星最终解体。

启示：对于陀螺常开的卫星，应设置角速度关机阀值；且在非轨控模式时要有累计喷气关机时间限制。

3.5　在轨注入的验证

"瞳"卫星在 2 月份展开了可伸缩光学平台，改变了质心和转动惯量，并于 2 月 28 日通过地面上注改变卫星推力器控制参数。但该参数从计算到上注卫星都没有经过充分的验证，由于该参数不正确，使卫星在推力器控制进行对日定向时的旋转角速度持续增大，并最终解体。

启示：卫星在轨上注的软件或参数，在地面要进行充分的验证。

参考文献

[1] http://global.jaxa.jp/projects/sat/astro_h/files/topics_20160401.pdf.

[2] http://global.jaxa.jp/projects/sat/astro_h/files/topics_20160408.pdf.

[3] http://global.jaxa.jp/projects/sat/astro_h/files/topics_20160415.pdf.

[4] http://global.jaxa.jp/projects/sat/astro_h/files/topics_20160428.pdf.

[5] http://global.jaxa.jp/projects/sat/astro_h/astroh_presskit.pdf.

Enlightenments of ASTRO－H Fault on Board

XING Linfeng　LI Yibing

Beijing Institute of Control Engineering, Beijing　100194

Abstract　This article described the reasons that X－ray Astronomy Satellite " Hitomi"（ASTRO－H）（by Japan）fault on board and the process to seprate. Enlightenments on system desgin has gained from analysis of ASTRO – H design defect . The article also analyzed in detailed as follows, " the method of Star Tracker (STT) filters for output of gyro "," FDIR of STT"," AOCS subsystem operation strategy for system power emergency mode"," stop working condition of thrusts in propellent control mode", " verification for inject data on board" .

Key words ASTRO – H; Fault on board; Design defect; Enlightenments

作 者 简 介

邢林峰，男，高级工程师，从事卫星控制系统总体设计专业，电子邮箱：bigbee _ xlf@sina. cn。

超分辨率复原算法研究综述

刘静宇[1]　崔玉福[1]　何红艳[2]
1. 航天东方红卫星有限公司，北京　100094
2. 北京空间机电研究所，北京　100190

摘　要　高分辨率是商业遥感竞争力的关键。如何从图像处理方面提高图像分辨率，一直是一个热门的课题。文章对超分辨率复原算法的研究状况进行了论述。首先对超分辨率复原的概念进行介绍，然后对超分辨率复原理论国内外研究现状进行论述。之后，对复原算法中一些典型的算法的原理进行简要介绍，并对这些方法的复原效果进行对比分析，主要包括单帧图像复原算法、多帧图像复原算法中的频域方法递归最小二乘法和空域方法非均匀空间样本插值法、滤波器法等。最后，对超分辨率复原方法的发展方向进行了展望，以及对其在遥感图像方面的应用前景与重要性进行了分析，以期未来能研究出更好的复原方法。

关键词　超分辨率复原；研究现状；效果对比；发展展望

1　超分辨率复原概述

高分辨率图像由于其像素密度高，能提供的细节信息更丰富，对客观事物的描述更加准确，在信息高速发展的时代得到了更大的发展，譬如医学成像、视频监控等领域，尤其在遥感成像领域，获取高分辨率图像有着极大的现实意义和应用价值。

获取高分辨率图像的传统方法主要依靠高性能的成像器件或者增加光学镜头的孔径和焦距，但这受到实际器件工艺、光学加工工艺、成本等因素的制约[1]。通过改善硬件设备来提高图像的分辨率往往很难实现，例如对于卫星遥感等特殊应用的成像系统，单纯从硬件方面提高成像分辨率将带来巨大的成本和技术压力。因此，研究高效的图像复原算法，从软件方面来提高图像的分辨率有着重要的意义。

超分辨率技术是提高图像分辨率的主要方法之一，具有广阔前景。图像超分辨率复原技术提出的目的就是在保证通频带内图像低频信息复原的基础上，对截止频率以上的高频信息进行复原，使复原图像更接近理想图像[2]。其主要优点是可利用现有的成像系统，在不改变原有系统硬件设备的前提下，提高图像的分辨率。

超分辨率复原技术就是在不改变图像观测系统的前提下，利用已有的低分辨率（LR）图像采用某种方法获得较高分辨率（HR）的图像[3]。从图像处理角度，就是利用一幅或者多幅低分辨率的图像，结合特定的方法，来估计频率信息大于光学成像系统截止频率的高分辨率图像的过程，该过程主要克服的困难有光学系统的像差、大气扰动和目标与光学系统之间的相对运动产生的模糊、成像系统噪声、红外相机降采样丢失的信息和光学系统离焦等。

2　国内外研究现状

在传统的图像复原方法当中，最常见的是各种插值算法，这些算法具有计算量小的优点，但是仅对单帧图像进行简单的放大，并不增加图像的原始信息，不能满足人们对更高分辨率的需求。

超分辨率复原的问题由来已久，它最初是由 Huang 和 Tsay[4] 在 1984 年正式提出的。在原始信号带宽有限的前提下，将多帧低分辨率图像经过混频得到离散傅里叶变换系数，再把它和未知场景的连续傅里叶变换系数以方程的形式联系起来，方程的解就是高分辨率图像的频率域系数，再经过傅里叶逆变换就可以实现图像的复原。随后，学者们纷纷提出改进方法：Tekalp 考虑了噪声和运动模糊的影响，对于自然图像有较好的处理效果；Davila 用离散余弦变换取代傅里叶变换，在低分辨率图片不充足的情况下也能取得较好的复原效果。然而，这种基于频率域的方法只适用于全局性平移运动的情况，难以增加一般性的先验约束条件。因此在随后的几十年中，基于空间域的超分辨率复原算法得到了广泛的研究。空间域图像超分辨率复原方法包括最大后验概率法、最大似然估计法、迭代反投影法和凸集投影法等。

Schultz[5]等人提出基于贝叶斯框架的最大后验概率超分辨率复原算法（Maximum a Prosteriori，MAP）。MAP 算法是以概率理论和集合理论为基础，在低分辨率图像序列已知的前提下，使高分辨率图像出现的后验概率达到最大。该算法是基于相对成熟的数学理论，即贝叶斯理论，因而包含先验约束的能力较强。Hardie 对该算法进行了改进，提出了将图像配准和高分辨率图像重建相结合的 MAP 算法，这种算法的实际应用价值更高。Zhang 提出了带有加权方向的马尔科夫随机模型，这种方法能够更好的保持图像边缘。Irani 等人首先提出了迭代反向投影算法（Iterative Back Projection，IBP），首先通过插值获得高分辨率图像的初始估计值，然后利用降质模型仿真得到模拟的低分辨率图像，用它和原始低分辨率图像的差反复更新当前结果，直至误差收敛。覃凤清对迭代反投影法进行改进，提出了一种具有子像素级精度的图像配准方法，该方法使重建图像的峰值信噪比有了较大提升。石明珠用倒谱分析法对点扩散函数进行定量估计，然后采用耦合梯度保真项的改进型全变分图像复原算法对图像进行复原，较好的保持了图像的细节。

1989 年，Stark[6]等人最早将凸集投影算法（Projection onto Convex Sets，POCS）引入到超分辨率复原领域中，该算法是基于集合的思想，用包含了各种先验知识的集合来表示超分辨率复原的解空间，利用多次迭代缩小解空间的方法来确保解的准确性和唯一性。Tom 提出使用椭圆形的凸集投影来描述复原因子。Patti 建立了更加准确的退化模型，将噪声和相机抖动引起的模糊等影响因素都考虑进来，因而复原效果更好。

国内也有相当一部分人致力于这项技术的研究：贾苏娟[7]提出的针对光照非均匀的彩色图像序列的超分辨率复原算法取得了良好的效果；王凤娇提出了基于尺度不变特征变换的超分辨率复原算法，能够有效的解决因运动估计不准而引起的重建图像效果不好的问题；徐美芳使用梯度插值算法生成初始估计图像，然后对边缘像素点的点扩散函数进行了修正，使复原后图像的峰值信噪比得到了明显改善；姚琦用表征图像相对清晰度的参数控制阈值，实现了阈值的动态选取，较好的提升了重建图像的清晰度及信噪比。

近些年，基于学习的复原方法[8]得到了广泛的研究，该方法的思想来源于机器学习，其基本思想是：选择不同特征的高分辨率图像作为训练集，让这些训练图像经过退化得到低分辨率图像，然后通过学习算法建立高、低分辨率图像之间的映射关系，利用这种关系来指导高分辨率图像的复原工作。Freeman 等人就是基于这样的思想，首先利用马尔可夫网络对图像的空间关系建模，然后利用一定的学习理论分别将高分辨率图像和低分辨率图像分块，使每一个小块都在模型中寻找到最合适的位置，这样得到的图像就是最终的高分辨率图像。实验证明，这种方法的复原效果较好，但对训练集的要求高，抵抗干扰能力差。Sun 等人在建立高、低分辨率图像块间的映射时，利用了原始图像块作为先验知识进行学习，该算法改善了图像边缘的复原质量，但是它的训练集需要大量的图像，复原过程过于繁琐。

3 典型算法介绍

3.1 超分辨率复原算法分类

其中超分辨率复原方法体系如图 1 所示。

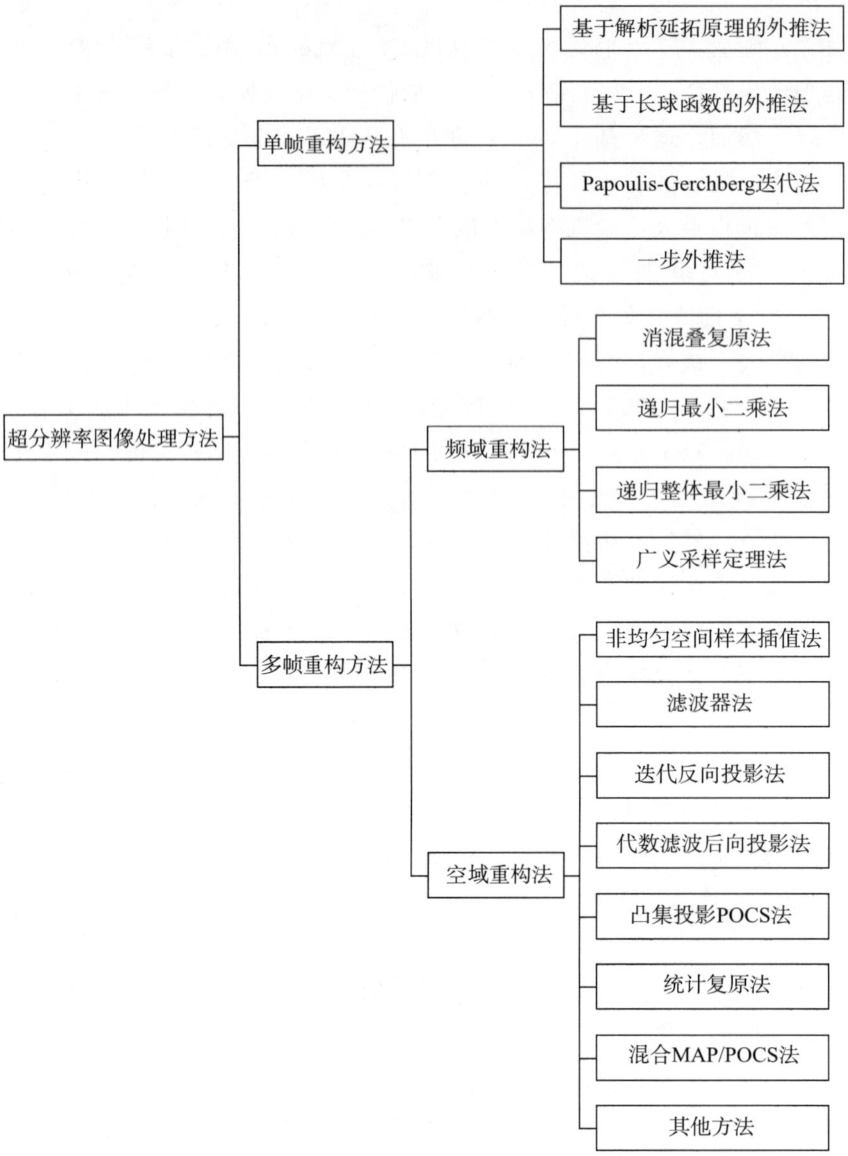

图 1　超分辨率复原方法体系

3.2　典型算法

（1）非均匀插值法

非均匀插值法是超分辨率复原中比较直观的一种方法。这种算法大致分为 3 个步骤：首先对图像进行相对运动估算，利用低分辨率图像之间的相对运动信息，将其配准到高分辨率网格上；然后进行非均匀插值，也就是图像的上采样过程，以便产生一幅分辨率较高的图像；最后去除图像的模糊和噪声。

双三次插值是目前应用比较广泛的算法，其计算简单，但是不能恢复出更多的频率成分，并且忽视了插值步骤中产生的误差，不能保证复原结果的准确性。

（2）凸集投影法

复原图像需要用到各种先验条件，如非负性、光滑性以及数据一致性等。凸集投影法就是基于集合的理论，用这些先验条件将待复原图像限制在希尔伯特空间的凸集内，这些凸约束集的交集就是超分辨率图像解空间，也就是说，该算法的解应当同时具备这些理想的性质。

POCS 算法的公式可以表示如下

$$f_{i+1}=P_M\cdots P_j\cdots P_2P_1\{f_i\}=Pf_i \tag{1}$$

式中 P_j ——对应于第 j 个凸集的投影算子；

f_i ——当前估计的高分辨率图像。

显然，这是一个反复迭代的过程，只要初始值选取得当，就可以做到解的唯一，从而获得满足要求的高分辨率图像。

POCS 算法的示意图如图 2 所示。

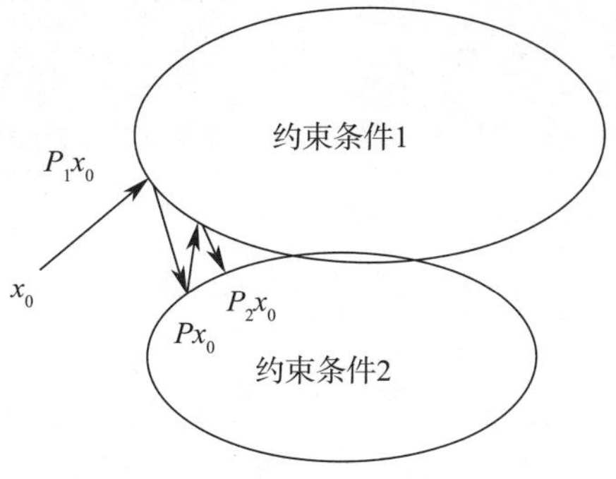

图 2　POCS 算法示意图

POCS 算法的具体实现过程可以描述为：首先，对高分辨率图像进行预估计，对序列中的一帧图像进行双线性插值，作为图像配准的参考项。然后，计算第一帧低分辨率图像与其他几帧低分辨率图像的相对运动参数，根据运动位移反复修正参考帧，直至满足迭代退出条件。

该算法的优点是比较直观，可以充分的利用各种先验知识。但是计算量大，收敛速度较慢。

（3）最大后验概率法

最大后验概率法是基于数学中的贝叶斯原理，即在先验知识已知的前提下，使事件出现的后验概率达到最大。在数字图像处理领域，图像的超分辨率复原问题也可以转化为数学中的统计估算问题。此时，贝叶斯理论可以表述为：假设低分辨率图像序列是已知的，在此基础上，使高分辨率图像出现的后验概率达到最大。

根据贝叶斯原理，如果退化图像 g 已知，那么原始图像 f 的概率可以表示为

$$p(f/g)=\frac{p(g/f)p(f)}{p(g)} \tag{2}$$

通过选择适当的 f 使 $p(f/g)$ 达到最大，那么此时的 f 就是高分辨率图像的最佳估计。此时有

$$\max(p(f/g))=\max\left(\frac{p(g/f)p(f)}{p(g)}\right) \tag{3}$$

对上式整理求导，并令

$$\frac{\partial\ln(p(g/f))}{\partial f}+\frac{\partial\ln(p(f))}{\partial f}\bigg|_{f=\hat{f}_{MAP}}=0 \tag{4}$$

由此获得的 $f=\hat{f}_{MAP}$ 为最大后验概率条件下的原始高分辨率图像的估计值。

3.3　效果对比

此处对于一幅遥感影像先进行降质处理，得到降质图像序列，然后分别采用非均匀插值法和最大后验概率估计法（MAP）对图像序列进行超分辨率恢复，得到的恢复图像如图 3 所示，图 3（a）为非均匀插值结果，图 3（b）为 MAP 法恢复结果，表 1 所示为两种方法所得结果与原始图像比对后的相关参数。

从图表可以看出，MAP 方法相对非均匀插值法恢复结果更接近原始图像，其恢复图像也包含更多的细节信息，比如建筑细节更明显，地物轮廓也较清晰。但缺点是在运行过程中其运算量相对较大，所需时间相对较长。

（a）非均匀插值法

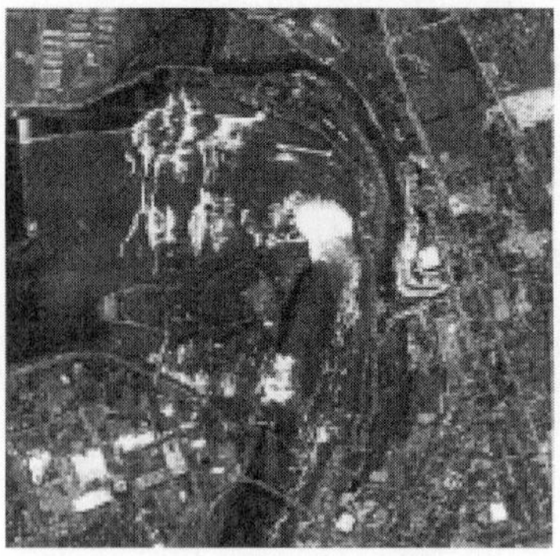

（b）MAP方法

图 3　超分辨率恢复方法对比

表 1　参数对比

方法	PSNR	MSE
非均匀插值	25.48	0.010 8
MAP	27.50	0.002 0

4　发展展望

针对超分辨率恢复算法发展现状，未来的发展方向可能会有以下几方面：

1）恢复算法效率的提高。现有的一些恢复算法恢复效果较传统方法有所提升，可以解决大部分问题，但计算量较大，难以实时使用，未来需要在算法计算量、收敛速度上有所提升，提高算法效率。

2）研究有效的超分辨率方法评价体系。针对实际应用中没有原始图像先验信息，超分辨率复原方法的效果好坏更多的是通过目视观察主观评价，缺少客观的评价标准。因此未来需要考虑研究相关指标对超分辨率方法效果进行有效评价。

3）航天遥感图像领域的更多应用。鉴于航天遥感领域，单从硬件方面来提高图像的分辨率将带来巨大的成本和技术压力，超分辨率恢复方法对于航天遥感具有重大的意义。未来超分辨率恢复技术必将在航天遥感领域有更多更广泛的应用，在促进该技术本身发展的同时，也促进航天事业的蓬勃发展。

5　结束语

高分辨率是遥感竞争力的关键。本文主要针对从图像处理角度来提高图像分辨率的超分辨率复原技术进行了论述。首先对超分辨率技术进行了概述，然后对该技术在国内外的研究现状进行了论述。之后，对一些典型算法进行了介绍，以及对其中一些算法的效果进行了比对。最后，针对该技术未来的发展方向进行了展望，该技术在航天遥感领域必将有更多更广泛的应用，对于航天遥感具有重大意义。

参 考 文 献

［1］ 唐佳林．基于小波变换的图像超分辨率复原算法研究［J］．计算机科学，2014.

［2］ 吴炜．基于改进的非下采样 Contourlet 变换的超分辨率复原算法［J］．光学学报，2009.

［3］ 陈健．基于 POCS 的红外弱小目标超分辨率复原算法研究［D］．长春：中国科学院长春光学精密机械与物理研究所，2014.

［4］ Huang T S. Multi－frame image restoration and registration［J］．Advances in Computer Vision and Image Processing，1984，1：101－106.

［5］ Schultz R R. Improved definition video frame enhancement［C］．Processings IEEE international Conference on Acoustics，Speech，and Signal Processing，Detroit，MI：IEEE，1995，4（5）：2169－2172.

[6] Stark H. High resolution image recovery from image - plane arrays using convex projection [J]. Journal of the Optical Society of America, 1989, 6 (11): 1715 - 1726.
[7] 贾苏娟. 光度非均匀彩色序列图像超分辨率重建 [J]. 液晶与显示, 2014, 29 (1): 106 - 113.
[8] 冉起. 基于学习的图像超分辨率复原算法研究 [D]. 哈尔滨: 哈尔滨理工大学, 2014.

Review of Research on Super - resolution Restoration Algorithm

LIU Jingyu[1] CUI Yufu[1] HE Hongyan[2]
1. DFH Satellite Co. Ltd., Beijing 100094
2. Beijing Institute of Space Mechanics and Electricity, Beijing 100190

Abstract High resolution is the key to the competitiveness of commercial remote sensing. It is a hot topic all the time that how to improve image resolution by image processing. In this paper, the research status of super - resolution restoration algorithm is discussed. Firstly, we introduce the concept of super - resolution restoration. Then, we discuss the current situation of domestic and international development. After that, the principle of some typical algorithms is briefly introduced and the restoration results are compared and analyzed, which include single frame image restoration algorithm and RLS in frequency domain, Non - uniform spatial sample interpolation and filter method in spatial domain and so on in multi - frame image restoration algorithm. Finally, the development trend of super - resolution restoration method is analyzed, and its application prospect and importance in remote sensing image are analyzed so that better algorithms can be put forward in the future.

Key words Super - resolution restoration; the Research status; Results comparison; Development trend prospect

作者简介

刘静宇，男，研究生，就职于航天东方红卫星有限公司，从事航天器总体设计，电子邮箱：liujingyubetter@163.com。

高轨敏捷小卫星技术发展研究

宫经刚　耿洁　王佐伟

北京控制工程研究所，北京　100094

摘　要　随着任务需求拓展和技术进步，高轨敏捷小卫星将在今后逐步得到应用，其应用领域包括：高轨目标侦查与监视、高轨空间攻防、GEO 在轨服务和 GEO 组网应用等。本文分析了高轨小卫星的应用领域和应用价值；系统调研了国外高轨小卫星技术发展状况，梳理了关键问题及技术路线；对比了高轨传统大卫星与高轨敏捷小卫星、低轨敏捷小卫星设计的异同；针对我国未来军事和民用需求，结合现代小卫星技术发展趋势，给出了我国发展高轨敏捷小卫星初步建议。

关键词　高轨道；敏捷；小卫星

1　引言

预计高轨小卫星将在今后逐步得到应用，其应用领域包括：GEO 航天器近距离监视，高轨卫星巡视侦查，为高轨道大卫星提供在轨维护，针对高轨道卫星的对抗等。从本质上看，高轨小卫星和低轨小卫星并无根本性的差异，但从任务需求看，高轨小卫星和低轨小卫星的适用场合有较多不同。这些任务需求的不同，决定了高轨小卫星和低轨小卫星的差异。从技术上看，高轨小卫星要想获得工程应用，除了借鉴低轨小卫星的技术路线外，还必须具备高轨大卫星所不具备的优势才行。从前面提到的任务需求方面看，高轨小卫星如要实用化，就必须具备较强的敏捷性。这种敏捷性体现在两个方面，一是研制开发流程方面的敏捷性，即快速、经济、高效的研制开发流程；二是控制性能的敏捷性，即较强的快速姿态机动能力和轨道机动能力。

2　高轨小卫星应用领域及应用价值分析

2.1　高轨小卫星民用价值分析[1-2]

根据“UCS 数据库”等数据统计，全球平均每年发射到 GEO 轨道的卫星约 28 颗，火箭体 3 颗，而每年成功离轨的卫星仅 6 颗左右。另外，平均每年有 2 颗左右的 GEO 卫星未能成功入轨（占发射数的 7%），而成功入轨的卫星中有 5%左右的卫星在寿命初期发生故障、10%左右的卫星在任务期内故障、28%左右的卫星在寿命末期故障，而有 50%左右的卫星可超期服役（如果燃料允许）。处于静止轨道上的多是长寿命（一般为 10～15 年）、高价值的（造价和发射成本是低轨卫星的数倍甚至十多倍）航天器。GEO 卫星的损坏和失效，将造成巨大的经济损失和极大的社会影响。例如 2006 年发射的鑫诺 2 号卫星，由于太阳帆板二次展开和天线展开未能完成，卫星无法正常工作，这颗耗资 20 亿人民币、设计寿命为 15 年的卫星成了一颗废星。还有 DSP－23 的失控，同样给美国带来了巨大的损失。因此，大力发展地球静止轨道卫星服务技术，不但可以大大减少经济损失，还能极大提高国际声誉。

高轨小卫星在轨服务的应用方式包括：

1）在轨监测，即利用可见光、红外、微波等敏感器或电子监听设备，对 GEO 卫星进行成像、位姿测量与无线电信号的接收，以了解卫星的健康状态，确定故障类型和位置，为下一步的处理提供依据。

2）在轨维修，包括对未成功入轨的卫星进行辅助入轨（即使其能够到达期望的轨道位置，正常工作）、对成功入轨但发生故障的卫星进行机构展开（如展开未能正常打开的帆板、天线等）、ORU 更换等操作，恢复卫星的正常功能。

3）寿命延长，指对那些燃料消耗完毕的卫星进行的服务，包括燃料补给、接管控制等。

2.2 高轨小卫星军用价值分析[3-5]

目前已上天飞行的高轨小卫星都是美国军方实施的。这清楚地表明了高轨小卫星的军用价值。小卫星具有研制周期短、功能密度比高、发射灵活和组网较快等优点，已在军事领域中得到了广泛的应用。从美国的 MiTEx 卫星、GSSAP 和 ANGELS 等军事技术试验卫星可以看出，高轨小卫星的军事应用范围广泛、应用价值巨大。

（1）空间监视

MiTEx 卫星能够移动到地球同步轨道上任何位置，并对在轨失灵的 DSP－23 导弹预警卫星进行了抵近检查，这表明其已具备非合作目标的跟踪、接近、绕飞和监测功能。如果由多颗微小卫星组成编队飞行，每颗小卫星都装有不同类型探测器，例如可见光、红外、微波等，组成一个网络观测器，同时观测和监视一个区域或者一个目标，就可达到全方位、高精度对高轨目标观测和监视的能力。

（2）天基干扰或降级

小卫星装载微波干扰器，就可以进行有效的空间信息对抗系统，通过跟飞或绕飞可选择最有利的位置和时间，截获敌方空间信息链路数据与测控信号，并对其进行欺骗干扰，削弱敌方军用信息网络对作战体系的支持能力。由于微波干扰器装载于微小卫星之上，距离可接近目标，为此微波发射功率需求不大，小卫星可以满足其要求。同时，还可设置多颗小卫星编队绕飞，对目标多个方位连续不断进行干扰。在小卫星上还可装载化学物质喷洒器，在必要时轨道机动和接近到目标附近，然后喷洒化学物质，从而污染星上仪器（例如光学敏感器）和太阳帆板光电池等设备，导致仪器失灵和太阳能电池破坏或性能恶化。

随着技术的进步和发展，激光发射器的效率和性能将会提高，弱激光发射器可以随小卫星机动到目标附近。因为发射激光功率与距离平方成反比，所以这种天基激光器只需要小的发射功率，就能够实现干扰或降级的目的。

（3）接近操作或寄生

通过轨道快车、MiTEx 卫星等试验可以看出，美国已经具备卫星的接近操作和捕获能力，而 MiTEx 这样的高轨小卫星很难被陆基可见光观测设备或雷达探测到，使得其具有隐身能力，很容易对其他卫星进行接近甚至实行更多的敌对行动，例如拒绝地面通信、放空所储存的推进剂或实施永久性损坏等。当小卫星进一步发展轨道机动和逼近停靠的能力，并且实现微质量与微功耗化时，就可以把小卫星变成寄生卫星，“神不知、鬼不觉”地寄生在敌星上面，也可以由一颗小卫星释放多颗寄生卫星，寄生卫星附着在敌星上，长期潜伏，随时都可进行对敌星攻击。

总之，高轨（地球同步轨道）由于其轨道的特殊性，通常运行着天基信息网的关键节点卫星，利用高轨小卫星对高轨大卫星抵近操作或攻防，对于掌握高轨空间态势、掌控高轨空间攻防能力等具有重要意义。

3 国外高轨小卫星概况

根据国际上的通行定义，小卫星是指 50～500 kg 的小型卫星。高轨则通常是指地球同步轨道，其中最常见的又是地球静止轨道。根据上述定义，目前只有美国发射了真正意义上的高轨小卫星。这些高轨小卫星都是带有军事用途的技术试验卫星。包括 2006 年以一箭双星形式发射的 MiTEx 卫星，2014 年以一箭三星形式发射的 GSSAP 和 ANGELS。

3.1 MiTEx 卫星[6-8]

MiTEx 全称 Micro - satellite Technology Experiment，是美国国防高级研究计划局（DARPA）、空军和海军联合实施的针对高轨目标抵近及监视操作的小卫星项目，是 DARPA 和空军的 MiDSTEP（Micro-satellite Demonstration Science and Technology Experiment Program）计划的一部分。MiTEx 项目包括上面级以及 MiTEx - A 和 MiTEx - B 两颗卫星。上面级由 Naval Research Laboratory（NRL）研制，MiTEx - A 由 Orbittal Sciences（OSC）公司研制，MiTEx - B 由 Lockheed Martin Corp（LMC）公司研制。图 1 为 MiTEx 系统组成。

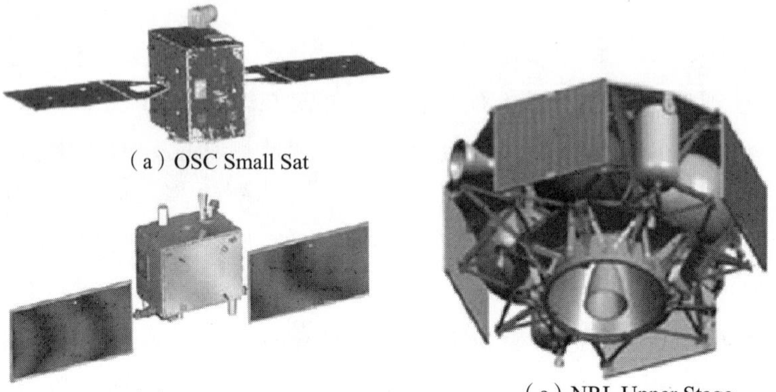

（a）OSC Small Sat
（b）LMC Small Sat
（c）NRL Upper Stage

图 1　MiTEx 系统组成

卫星于 2006 年 6 月 21 日，由波音公司的 Delta Ⅱ 火箭以一箭双星形式发射至地球同步转移轨道 GTO，然后由上面级将其送入准同步轨道。经过一段时间调整后，MiTEx - A 卫星飞行于比 GEO 低的准 GEO 轨道，而 MiTEx - B 卫星则飞行于比 GEO 高的准 GEO 轨道。

MiTEx - A 和 MiTEx - B 的质量都是 225kg。MiTEx 卫星上采用的新技术包括轻量化电源技术、轻量化推进技术、轻量化综合电子技术、轻量化结构设计、基于 COTS 器件元部件筛选，以及自主管理、自主导航、自主轨道机动技术等。对于整个项目而言，还演示了在新技术支持下的低成本快速开发、快速发射技术等。MiTEx 卫星是典型的具有较高敏捷性的高轨小卫星，标志着美国的高轨小卫星技术已经进入成熟和工程应用阶段。

根据 DARPA 的披露，MiTEx 在轨实施了一系列自主操作、自主机动和位置保持任务。由于 MiTEx 卫星质量轻、体积小，只有美国空间监视网能够对其进行有效探测，其他国家现有的地基光学或雷达设备则无法探测，因此难以跟踪 MiTEx 飞行轨迹，不能轻易判明其飞行任务。国内外学者根据公布的少量轨道数据，对 MiTEx 完成的在轨任务进行了分析。

MiTEx - A 与 MiTEx - B 卫星入轨后进行了轨道机动和相互观测试验，并抵近 DSP - 23 卫星进行了观测。根据项目规划，MiTEx 卫星可实施对他国高轨空间目标的观测任务，可对 GEO 带内卫星进行近距离观测，并可能通过轨道交会逼近 GEO 带内卫星至足够近的距离，为高轨空间对抗创造条件。到目前为止，MiTEx - A 卫星一直保持在比 GEO 低约 50km 的轨道上正常飞行，按照其观测能力分析，可能已经完成了对全 GEO 带内卫星的成像观测与信号侦听。

3.2 GSSAP 和 ANGELS 卫星[9-10]

2014 年 7 月 28 日，美国空军从卡纳维拉尔角发射场，用德尔它－4M^{+} 火箭以“一箭三星”方式成功将 3 颗高轨态势感知卫星送入近地球同步轨道，即 2 颗业务型高轨巡视卫星“地球同步轨道空间态势感知计划”（GSSAP）卫星和 1 颗技术试验卫星“评估局部空间自主守卫纳卫星”（ANGELS）。此次发射任务的成功标志着美国高轨空间监视技术走向成熟，高轨目标探测、跟踪和侦察能力快速提升，引起航天界高度关注。

此次任务采用“一箭三星”发射，2 颗 GSSAP 卫星为主载荷，ANGELS 卫星为次载荷，置于火箭次级载荷适配器（ESPA）上。火箭上面级多次点火，直接将 3 颗卫星送入地球同步轨道，到达预定轨道后，先行释放 2 颗 GSSAP 卫星，之后再释放 ANGELS 卫星。图 2 为 GSSAP & ANGELS 发射任务示意图，图 3 为 ANGELS 卫星在轨飞行状态。

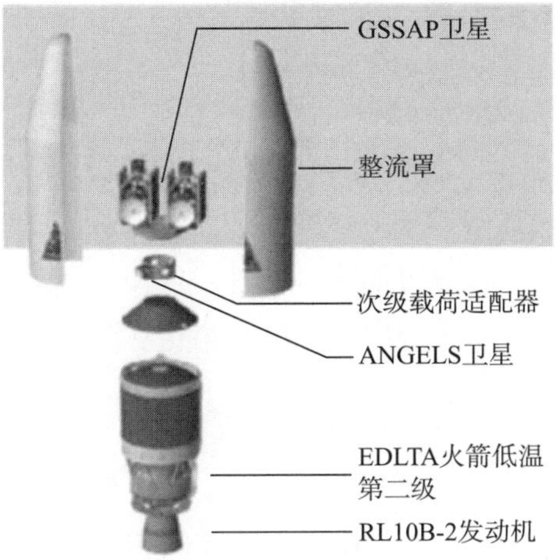

图 2　GSSAP & ANGELS 发射任务示意图

图 3　ANGELS 卫星在轨飞行状态

（1）GSSAP 卫星

GSSAP 是美国空军秘密发展的业务型高轨巡视卫星项目，又称为空军航天司令部任务-4（AFSPC-4）。GSSAP 项目一直被美军严格保密，直到 2014 年 2 月外界才知晓其存在。但美军并未公开卫星技术途径与载荷参数等核心信息，这些信息至今仍处于保密状态。

此次发射的 2 颗 GSSAP 卫星由轨道科学公司（OSC）担任总承包商，美国空军计划在 2016 年利用宇宙神 5 火箭再发射一对 GSSAP 卫星。GSSAP 卫星质量共 1 800～2 000 kg，即单星质量超过 900 kg，比 MiTEx 卫星（225 kg）大幅增加。但 GSSAP 卫星在设计上与轨道科学公司研制的 MiTEx 卫星具有延续性，广义上仍属于小卫星的范畴。GSSAP 卫星的主载荷是光电探测设备。侦察载荷选用可连续指向目标，更适合轨道巡视探测的万向架侦察相机设计，相机口径比 MiTEx 卫星的更大，具有更高的分辨率。另外，与 MiTEx 卫星相比，GSSAP 卫星可能还载有新增载荷以及更多的燃料。

GSSAP 卫星具有 GEO 巡视探测和抵近详查能力。日常运行准 GEO 轨道，利用与 GEO 的相对漂移进行轨道扫描，对目标进行探测、编目和精确侦察，还能通过转动的万向架对特定目标进行多角度立体观测；必要时还能通过轨道机动，抵近 GEO 目标进行详细侦察，获取目标高清视图。可见，GSSAP 卫星的空间态势感知能力已超越空间目标编目这一基础应用层级，向及时、精细感知发展，向支持空间作战的情报获取、技术能力分析、行动意图判断、威胁评估和应对决策支持发展。

（2）ANGELS 卫星

ANGELS 卫星是美国空军研究实验室（AFRL）发展的高轨抵近巡视技术试验卫星。轨道科学公司为 ANGELS 卫星主承包商。卫星质量约 100kg，设计寿命 1 年，实际工作寿命可延长至 3 年。ANGELS 旨在发展能对局部空间进行监视和感知的新型小卫星技术，相关技术具有广泛的军用和民用前景。

ANGELS 卫星上载有空间态势感知传感器有效载荷，用于空间物体探测、跟踪和表征以及空间行为监视。星上还载有有助于卫星运行的其他有效载荷，包括地球同步轨道 GPS 系统和高性能加速度计。地球同步轨道 GPS 系统利用 NASA 的高级算法来接收 GPS 旁瓣信号，并生成近乎连续的导航解决方案。高性能加速度计可精确测量卫星很小的加速度，从而增强制导和导航性能。星上的实验性星载飞行器安全系统用于研究如何在日益拥挤的空间环境下显著降低同其他空间物体相撞的概率。卫星建造合同是 2007 年 11 月签订的，价值 2 950 万美元。

ANGELS 卫星进入预定的地球同步轨道后，从德尔他－4 火箭上面级释放，并以上面级为目标进行逼近、绕飞、悬停等操作，测试星上导航系统和态势感知载荷性能，评估卫星自主探测、跟踪、监视空间目标，掌握目标特性和活动意图的能力。

在演示验证任务中，ANGELS 卫星将在轨试验自主任务规划与执行技术和 GEO 轨道 GPS 接收机结合高性能加速度计的测定轨技术。卫星采用了 NASA 新开发的先进算法，能够利用 GPS 旁瓣信号进行连续导航定位。在轨演示验证任务完成后，美军可能在其技术基础上进一步发展能够自主伴飞在己方高轨卫星周围的护卫小卫星，提供实时连续的威胁告警、攻击防御和受损评估等功能。

总之，GSSAP 和 ANGELS 项目的实施将使美军对高轨高价值空间目标监视的精细度和实时性得到进一步提升。美军不仅将实现对 GEO 上运行的各国高价值卫星的严密跟踪和监视，并通过技术侦察和分析，掌握每颗卫星的任务功能、构型配置、性能指标、活动规律等信息，还能用于监视各国的空间行动和技术试验，全面了解其意图、过程和效果，强化空间态势的单向透明优势。此外，GSSAP 卫星作为地球同步轨道机动平台，还可能具备空间进攻潜力。从卫星技术上看，GSSAP 和 ANGELS 项目的实施也标志着美国高轨敏捷小卫星技术的进一步成熟。

3.3 国外高轨小卫星关键技术

根据对国外高轨小卫星的分析，在高轨敏捷小卫星的研究开发方面，其关键技术包括：

（1）高轨卫星小型化、高集成度及快速开发技术

包括卫星轻量化电源技术、轻量化推进技术、轻量化综合电子技术、轻量化结构设计、基于 COTS 器件元部件筛选，以及自主管理、自主导航、自主轨道机动技术等。对于整个项目而言，还包括在新技术支持下的低成本快速开发、快速发射技术等。

（2）长期自主运行技术

抵近操作飞行器为了全面获取高轨空间态势，必然需要长时间运行于国土上空以外的高轨区域，处于本国地面测控站不可见范围内。突破的关键技术点包括高轨长期自主导航技术、长期自主任务管理技术（包括自主任务规划调度、载荷协调管理、星上数据处理以及故障诊断与恢复技术等）。

（3）自主交会、接近与停靠过程中的制导与控制技术

突破的关键技术包括对空间目标的主动绕飞控制技术、对姿态失控/机动目标的随动跟踪控制技术、对姿态失控/机动目标的停靠制导与控制技术。

（4）高效率快响应推进技术

在执行抵近操作任务过程中，卫星需要进行多次机动，对推进系统提出了很高的要求：卫星因操作任务多，工作周期长，需要携带较多推进剂以提供持续的变轨能力。

（5）快速姿态机动与跟踪技术

为了实现对非合作目标的监视与跟踪，卫星需要根据目标情况实时调整自己的姿态，要求具备快速姿态机动与跟踪能力。为了实现“动中成像”、“连续跟踪”，要求控制系统提供足够的控制带宽和姿态稳定度。

（6）空间目标成像识别与相对位姿测量技术

对目标卫星接近过程中，需要对目标卫星进行成像识别与相对位姿测量，通过获取目标卫星的可见光、激光雷达等图像，获得其三维模型，掌握精准的目标物理外形信息，可为后续可能的抓捕定位目标位置。突破的关键技术包括空间非合作目标位姿测量技术、空间目标在轨三维模型重建技术、空间目标特征提取与跟踪测量技术等。

4　高轨敏捷小卫星与传统大卫星及低轨小卫星异同

对比高轨敏捷小卫星与传统高轨大卫星及低轨小卫星，其主要异同如表 1 所示。

表 1　高轨敏捷小卫星与其他卫星异同

序号	高轨敏捷小卫星	高轨传统大卫星	低轨敏捷小卫星
1	体积小、质量轻、功耗低	体积大、质量重、功耗高、成本高	体积小、质量轻、功耗低
2	卫星研制周期短	卫星研制周期长	卫星研制周期短
3	功能模块化、接口标准化	模块化、标准化较差	功能模块化、接口标准化
4	智能、自主程度高	智能、自主程度较低	智能、自主程度高
5	主要是对同步轨道，目标巡视、在轨服务，空间攻防	主要对地目标，通信、遥感、导航	主要对地目标遥感、侦察、科学实验
6	姿态快速机动（仅相对传统高轨大卫星而言，相对低轨要慢很多）	无快速机动需求	姿态快速机动
7	轨道快速机动（全方位绕飞）	轨道位置保持	主要是轨道维持或同面内轨道高度机动
8	上面级入轨或搭载入轨	上面级入轨或自主入轨	直接入轨
9	长寿命，高可靠	长寿命，高可靠	短寿命，可靠性稍低
10	入轨成本高	入轨成本高	入轨成本低
11	空间环境恶劣	空间环境恶劣	空间环境相对较好
12	长寿命，高可靠必须使用高等级抗辐射器件，成本高	长寿命，高可靠必须使用高等级抗辐射器件，成本高	可使用低等级、商用器件、成本低

由表 1 可知，高轨敏捷小卫星有如下特点：

1）与传统大卫星相比，高轨小卫星的功能结构相对简单、成本低、研制周期短，效费比高。尤其是可以通过组网的方式，通过数量上的备份实现功能上的备份。在相同的成本和时间约束条件下，有可能获得比单一大卫星更好的性价比。

2）与低轨小卫星相比，高轨小卫星最大的特点是入轨成本高，面临的空间环境更为恶劣。这就决定了同类型的高轨卫星成本上要高于同类型的低轨卫星，为了弥补成本上的不足，就需要适当延长其工作寿命，提升其效费比

可见，高轨敏捷小卫星面临的突出矛盾是低成本与高性能之间的制约。这一矛盾比高轨大卫星和低轨小卫星都要突出。因此，在发展高轨小型敏捷卫星时，必须紧扣这一关键约束。

5　启示与建议

高轨敏捷小卫星的应用价值巨大，主要用途包括：

1）高轨目标侦察与监视，包括拍照、侦听、抵近侦察等；

2）GEO 在轨服务，包括燃料补给、在轨维修及模块更换、辅助入轨或离轨等；

3）高轨空间攻防，如干扰、碰撞、化学喷涂等；

4）GEO 组网应用，包括组成通信星座、合成孔径成像等。

针对我国未来的军事和民用需求，结合现代小卫星的技术发展趋势，给出我国发展高轨敏捷小卫星的初步建议。

1）以高轨态势感知和空间在轨服务为典型应用背景，加快高轨敏捷小卫星平台的背景论证和研发。尤其要以需求为牵引，加强与军方的沟通，力争在高轨态势感知领域（在轨巡视与抵近侦察等）率先取得应用。

2）开展新一代电子信息架构研究。提出分布式、模块化、可扩展电子信息架构体系的总体方案，并逐步统一相关的接口标准。

3）大力发展轻型化、小型化、模块化、标准化单机和部组件技术。这是降低高轨小卫星入轨成本、提高其效费比的基本要求，也是高轨敏捷小卫星需要重点解决的问题。

4）在姿态轨道控制方面，重点解决 3 项关键技术，即：大角度、高精度、快速姿态机动技术；大范围、高精度、快速轨道机动技术；长时间自主健康管理及自主生存技术。

5）借鉴国外小卫星研制中的先进理念和管理模式，研究适合我国国情的快速开发流程及管理技术。

参考文献

[1] 付坤，方秀花，庞训龙，等．小卫星高轨应用价值分析 [J]．装备制造技术，2010，(2).

[2] Kaiser C，Sjoberg F，Delcura J M，et al. SMABT OLEv——An orbital extension vehicle for servicing commercial spacecrafts in GEO. Acta Astronautica，2008，(63)：400 - 410.

[3] 张召才．美国深挖小卫星潜力，欲提升军事用天能力 [J]．卫星应用，2015，(2).

[4] Aaron Q Rogers. Small satellite initiatives：building on success. 30th Space Symposium，2014. 05. 21.

[5] Anthony Shao. Performance Based Cost Modeling：Quantifying the Cost Reduction Potential of Small Observation Satellites. AIAA - RS - 2013 - 1003，2013. 10. 14.

[6] Michael Osborn，Craig Clauss，Barney Gorin，et al. Micro - satellite Technology Experiment (MiTEx) Upper Stage Propulsion System Development. AIAA - 2007 - 5434.

[7] IHS Jane's. MiTEx (Microsatellite Technology Experiment)．Jane's Space Systems and Industry，01 - 02 - 2013.

[8] 蒙波，黄剑斌，李志，等．美国高轨抵近操作卫星 MiTEx 飞行任务及启示 [J]．航天器工程，2014，23 (3).

[9] 宋博．美国一箭三星发射同步轨道空间态势感知卫星 [J]．国际太空，2014，(11).

[10] New U. S. Air Force Space Surveillance Satellites Require Great Precision. Space News，2015 - 01 - 12.

Research on the Development of High - orbit Agile Small Satellite

GONG Jinggang　GENG Jie　WANG Zuowei

Beijing Institute of Control Engineering，Beijing　100094

Abstract　With the expansion of mission requirements and technological progress，high - orbit agile small satellites will be applied in the future，and their applications include：high - orbit target reconnaissance and surveillance，high - orbit space attack and defense，GEO in - orbit services，GEO networking applications. This paper analyzes the application field and application value of high - orbit small satellites. The systematically studies the development status of high - orbit small satellite technology abroad and combs the key problems and technical routes. It contrasts the high - orbit traditional large satellite，high - orbit agile small satellite and low - orbit agile small satellite design similarities and differences. For China's future military and civilian needs，combined with the development trend of modern small satellite technology，given the development of China's high - orbit agile small satellite preliminary proposal.

Key words　High - orbit；Agile；Small - satellite

作者简介

宫经刚，男，高级工程师，就职于北京控制工程研究所，研究方向为卫星控制系统设计，航天器综合电子技术等，电子邮箱：gongjinggang010@163. com。

国际空间法规框架下微小卫星的发展与建议

孙茜　王海啸

中国空间技术研究院通信卫星事业部，北京　100094

摘　要　微小卫星因其质量轻、成本低、体积小、发射灵活等特点，得到了国际航天界的广泛关注，美国、日本和欧洲等卫星强国和机构均制定了微小卫星的发展计划。我国自2007年以来，成功发射了多颗微小卫星，发展较为迅速，但并不是所有的微小卫星都能按照国际规则履行申报及相关程序。随着技术的发展及创新型应用模式的不断突破，我国微小卫星数量势必成几何级增长趋势，必须提前策划、及早应对由微小卫星快速发展而带来的国内政策法规管理方面的问题。因此，本文对国际组织及典型国家制定的与微小卫星任务特点相契合的组织管理和研制发展模式进行了研究，梳理、总结了为确保微小卫星安全、有序、健康、长远地发展所必须遵循的国际法律法规，并对我国微小卫星的发展进行了建议。

关键词　微小卫星；国际空间法规；国际电联；空间碎片

1　引言

自20世纪80年代中期开始，质量轻、成本低、性能好的微小卫星开始被国际航天界所广泛关注，世界航天界兴起了发展微小卫星的热潮，其发展历程可分为三个阶段。

第一阶段：20世纪80年代后期到90年代初期，微小卫星开始应用于任务单一、系统简单、运行寿命短的科学与技术试验、教育等任务。

第二阶段：20世纪90年代初期到90年代末期，微小卫星达到应用卫星水平，成为卫星体系的一个重要补充部分。

第三阶段：21世纪初至今，微小卫星大量引入微机电系统、微光机电系统、新材料和信息技术以及全新设计理念，在军、民、商领域同步发展，应用领域不断扩展，并推动了卫星应用和卫星技术的变革。

与美国在微小卫星领域全面发展、欧洲重点发展民用微小卫星领域和日本重点发展军事侦察、空间科学与探测微小卫星领域不同，我国微小卫星虽然自20世纪90年代后期开始取得了较快的发展，但是缺乏国家统筹规划与组织管理，各类新技术试验验证卫星往往由高校、科研院所自行组织实施，军用领域、商用领域的微小卫星发展目标及思路并不清晰。随着技术的发展及创新型应用模式的不断突破，我国微小卫星数量势必成几何级增长趋势，国家主管部门必须提前策划、及早应对由微小卫星快速发展而带来的国内政策管理方面的问题。所以，本文从国际政策法规、管理办法等方面开展调研，为后续我国制定微小卫星国内申报、协调、管理办法，确保我国微小卫星事业更加安全、有效的部署、运行和发展提供基础。

2　微小卫星基本概念及分类

2.1　国外微小卫星分类方式

目前，国际条约中对微小卫星的分类尚无明确定义，具体实践中主要根据其物理特性进行界定。世界各国由于各自航天技术发展水平不一，其对卫星的作用、功能、技术架构、技术特征理解也不一致，各国、各类组织机构对微小卫星划分的标准并不完全一致，如表1所示。

表 1　国际机构公布的关于微小卫星分类标准[1-4]

	美国国家航空航天局	美国航空航天公司	美国空间研发中心	美国约翰·霍普金斯大学应用物理实验室	德国航天局	英国萨里大学
小卫星	100～500 kg	450 kg 以上	150～250 kg	200～1 000 kg	100～1 000 kg	100～500 kg
微卫星	10～100 kg	40～450 kg	10～150 kg	50～200 kg	10～100 kg	10～100 kg
钠卫星	1～10 kg	10～40 kg	1～10 kg	5～50 kg	1～10 kg	1～10 kg
皮卫星	0.01～1 kg	5～10 kg	0.1～1 kg	小于 5 kg	小于 1 kg	0.1～1 kg

2014 年 10 月，国际电联相关研究组研究形成《关于皮纳卫星特性的报告草案》建议书，提出了对微小卫星分类、质量、功率、成本等主要参数的划分标准，详见表 2。

表 2　国际电联关于微小卫星的分类标准[5]

类别	质量/kg	最大平台功率/W	典型成本	最大尺寸/m	项目周期	轨道	在轨时间
小卫星	100～500	1 000	30～200 百万美元	3～10	3～10 年	GEO、MEO、LEO、HEO	5～10 年
微卫星	10～100	150	10～150 百万美元	1～5	2～5 年	LEO、HEO	2～6 年
纳卫星	1～10	20	0.1～10 百万美元	0.1～1	1～3 年		1～3 年
皮卫星	0.1～1	5	0.05～2 百万美元	0.05～0.1	1～3 年		1～3 年

其中，GEO 指地球静止轨道卫星，MEO 指中高轨道卫星，LEO 指低轨卫星，HEO 指高椭圆轨道卫星。

2.2　国内微小卫星分类方式

我国微小卫星划分以现有能力为基础，充分考虑了微小卫星在我国现有卫星体系中的定位和未来发展方向，目前较为通用的分类方式如表 3 所示。

表 3　我国微小卫星分类标准

类型	微小卫星				大卫星
	皮卫星	纳卫星	微卫星	小卫星	
质量/kg	＜5	5～50	50～300	300～1 200	＞1 200

从微小卫星的定义和分类方式不难看出，微小卫星不是一个通用概念，国际、国内对微小卫星的定义并没有统一的定义和说明，本文将调研范围定义为 500 kg 以下微小卫星范畴，以便真实、全面地反映国内外发展情况。

3　微小卫星国际空间法规

近年来，随着微小卫星发射数量的急剧增加，微小卫星可能产生的大量空间碎片和无线电频谱干扰，及其对其他运行航天器安全的影响等问题引起了国际社会的广泛关注。但从目前来说，国际上并没有统一而权威的微小卫星组织管理机构，也没有特别针对微小卫星制定的国际规则。

3.1　联合国外空委相关法律法规

2007 年，联合国外空委通过《联合国外空委空间碎片减缓指南》，对航天器的寿命末期处理进行了相应的规定，包括：限制航天器和运载火箭轨道级在任务结束后长期存在于低地轨道区域，在任务结束后应离轨（最好是直接再入大气层）或机动到处置轨道，靠大气阻力限制其在轨寿命，目前普遍认为 LEO 航天器任务结束后 25 年离轨是合理和合适的寿命限制，GEO 航天器在任务结束后应机动到离开 GEO 轨道足够远的 GEO 保护区，任务结束后，GEO 航天器的近地点高度应至少提升 300 km，并明确了寿命即将结束的 GEO 卫星离轨处理的轨道偏心率不得大于 0.003，以保证离轨处置后的废弃卫星日后不会由于摄动影响重新进入 GEO 受保护区域。

3.2 机构间空间碎片协调委员会《IADC 空间碎片减缓指南》

出于对遏制空间碎片环境日益恶化趋势的共同愿望，世界上主要航天发射国家于 1993 年成立了机构间空间碎片协调委员会（IADC）。IADC 于 2002 年推出了《IADC 空间碎片减缓指南》，2007 年又推出其第一次修订升级版，规定了在航天器和运载火箭上面级的飞行任务规划、设计制造和操作（发射、运行和处置）阶段应该遵循的七条准则。

1）准则 1：限制在正常运作期间分离碎片。

2）准则 2：最大限度地减少操作阶段可能发生的分裂解体。

3）准则 3：限制轨道中意外碰撞的可能性。

4）准则 4：避免故意自毁和其他有害活动。

5）准则 5：最大限度地降低剩存能源导致的任务后分裂解体的可能性。

6）准则 6：限制航天器和运载火箭轨道级在任务结束后长期存在于低地轨道区域。

7）准则 7：限制航天器和运载火箭轨道级在任务结束后对地球同步区域的长期干扰。

该文件所提出的空间碎片减控方案，得到了世界主要航天国家的高度认可，具有很强的技术权威性。

4 微小卫星用频管理规定

4.1 国际电信联盟发布的《无线电规则》[6]

为避免航天器之间的无线电磁波干扰，国际电信联盟（ITU）作为统一管理无线电频率和轨道这一国际资源的联合国专门机构，制定了卫星频率和轨道位置申请和协调的一系列国际规则：

第一，卫星频率和轨道资源的“先申报先抢占”原则。各国根据自身需要，向 ITU 申报所需要的卫星频率和轨道资源，先申报的国家具有优先使用权，其目的在于防止不同国家在同一轨道位置或相邻轨道同时放置卫星而造成的无线电频率干扰及碰撞危险。

第二，防止有害干扰的原则。按照申报顺序确立优先地位次序，相关国家之间要遵照国际规则开展国际频率协调谈判，后申报国家应采取措施，保障不对先申报国家的卫星产生有害干扰。该原则有利于空间交通的安全，有效防止无线电频率干扰。

第三，公平划分频率和轨道资源。为防止少数发达国家借助其技术和经济实力，抢占所有的卫星频率和轨道资源，《无线电规则》通过公平规划的手段，在某些频段上为世界各国相对公平地分配了一定数量的卫星频率和轨道资源。

值得注意的是，上述所有适用于大卫星的国际规则均适用于对微小卫星的管理和审批，大卫星所具有的国际权利和责任同样适用于利用微小卫星开展的空间活动。

但随着越来越多的微小卫星投入使用，国际电联开始注意到其独特的系统结构以及在轨运行特点，开始着手研究《无线电规则》中的相关规章是否能够满足皮纳卫星在申报协调过程中的特殊需求。2015 年 11 月召开的世界无线电通信大会（WRC－15）中的 9.1.8 议题就是专门就是否为皮纳卫星进行规则修改问题展开研究。

在研究初期，参与讨论的大多数国家从技术的角度出发，列举了各国在皮纳卫星研制发射周期中申报协调皮纳卫星网络过程中遇到的种种问题，希望能够对皮纳卫星的规则进行适应性修改。但由于皮纳卫星技术尚属于比较新的高科技领域，目前只有少数国家高校和科研机构进行研究和制造，因此当这些国家提出要对规则进行修改的时候，引起了更多国家对修改规则的担忧，认为修改规则的前提是不能对其他任何业务造成影响。因此，在 WRC－15 研究周期内只是对皮纳卫星的技术参数以及规则现状进行了研究，但是否修改规则、如何修改规则没有涉及。

4.2 国际业余无线电联盟（IARU）相关管理规定

国际业余无线电联盟（IARU）是一个国家（地区）业余无线电组织的国际联合会，其遵守国际电联相关法规并且相关活动受到国际电联的赞许和依法保护。

当微小卫星操作者按照《无线电规则》向国际电联提交包含卫星业余业务频段划分的卫星网络资料时，国际电联会建议该卫星操作者向 IARU 提交相关参数信息，并尊重 IARU 在卫星业余业务之间所作出的协调努力，认可 IARU 的协调结果。

IARU 鼓励拟采用卫星业余业务开展应用的卫星操作者尽早提交相关材料，IARU 的工作原则是鼓励卫星操作者所属主管部门负责解决国家内部卫星业余业务之间、卫星业余业务与业余业务之间的频率兼容问题，IARU 的工作重点则是协调不同国家之间的卫星业余业务能够兼容共用。IARU 鼓励卫星操作者积极按照《无线电规则》向国际电联履行申报、协调、通知程序，因为卫星业余业务往往还涉及与国际卫星操作者在其他业务上的协调和兼容分析。

5 典型国家微小卫星管理措施

由于国际并没有统一的微小卫星管理机构，所以国外微小卫星发展呈现“百花齐放”的态势，政府民用部门、军方机构以及商业公司均提出了大量微小卫星项目。各国在组织实施微小卫星任务时，立足微小卫星低成本、低技术复杂度、短研制周期等特点，摸索实践了与微小卫星任务特点相契合的组织管理和研制发展模式（见表 4）。

表 4 国外微小卫星组织管理对比分析[7]

	军用小卫星	民用小卫星	商业小卫星
研制	军方提出需求和作战概念，军方主管部门负责进度控制、项目评审与验收。其中，业务应用类项目一般由工业界研制；技术验证类项目由工业界或学术界研制	• 政府：提出需求，工业界或学术界研制，政府主管部门监管研制进度、项目评审与验收； • 研究机构：自主研制	• 商业公司自主研制； • 市场行为，整星采购
发射	• 业务类：军方采购专用火箭发射； • 验证类：军方大型航天器发射火箭搭载发射	• 政府向非盈利机构提供免费搭载机会； • 商业一箭多星搭载发射； • 国际空间站在轨释放	• 商业一箭多星共享发射； • 国际空间站在轨释放
运管	卫星工程运管沿用军方大型航天装备运管模式，任务运管由用户部门负责	• 政府部门利用 NASA 测控站运管； • 研究机构和高校构建地面站，以能力共享的方式发展联合运管能力	• 自主运管：自建地面站＋租用商业地面站； • 采购商业运管服务

5.1 政府主导的微小卫星组织管理

政府主导的微小卫星任务具有比较明确的任务属性。由政府空间科研或管理机构负责任务的具体组织、管理和运行；主管部门组织来自政府、军方、研究机构和工业企业的代表组成评审委员会，对申请项目进行审查确定入围项目并确定优先级清单；对项目申请部门则具有较大开放性和包容性，通常情况下允许军、民科研机构、大学、工业企业提交申请。

在任务实施过程中，主管部门具有决策权和监督权。政府主导的微小卫星研制任务需由政府承担卫星研制费用，政府主导的微小卫星搭载发射任务，主要提供免费或低价发射机会，并负责审查微小卫星与火箭接口兼容问题，不为微小卫星研制提供经费支持。

美国作为世界航天技术第一强国，在微小卫星领域具有绝对的技术领先优势，但目前美国尚未成立专门组织、管理微小卫星产业发展的机构，微小卫星在不同应用领域仍然遵守现有大卫星的管理政策，但随着微小卫星的快速发展，已经在很多方面暴露出现行法规政策的问题。目前，美国联邦通信委员会（FCC）和美国国家海洋和大气局（NOAA）纷纷表示，根据微小卫星运营商的反馈，目前的管理条例需要进行改进，但需要经过立法程序。

2013年3月5日，FCC颁布了《小卫星发射许可指南》，要求在申请发射许可时，微小卫星运营商需提供一份空间碎片评估报告，该评估报告需要满足NASA空间碎片减缓标准，同时还需要提供卫星的轨道机动高度，由于微小卫星大部分寿命结束后再入烧毁，因此在指南中特别呼吁卫星运营商对卫星材料的选择要保证部件在再入过程中完全燃尽，以确保不造成地球上人员伤亡。

5.2 多方合作的微小卫星组织管理

多方合作的微小卫星任务一般具有一个发起方，提出任务主题、设想、合作原则和条件等基本信息，面向国际上的科研和教育机构发出邀请。通常发起方在项目组织管理中发挥主要作用，对应也承担更多的责任与义务。此类微小卫星任务与政府主导的任务在组织管理方面有相似之处，但也有一些特有的组织管理要求，主要体现在：1）任务主题清晰明确，研究范围较窄，多集中在科学、教育领域；2）任务发起方制定任务目标并提供公用载荷，负责提供发射机会，卫星研制费用一般研制方负责。欧洲QB50项目是典型的多方合作项目。

5.3 商业微小卫星组织管理

商业公司主要关注对地观测和通信微小卫星，其核心目的是以低成本微小卫星发展天基能力，面向用户提供商业产品和服务，而非推动发展微小卫星技术。整体来看，商业公司主导的微小卫星任务是一种市场行为，将根据公司业务能力、业务重点和效费比等因素，采取不同的组织管理方式。一般讲，商业公司会与卫星制造商和发射服务提供商签订商业合同，待卫星入轨正常工作后，再接管卫星运营工作。但随着大量创新微小卫星公司涌现，这种模式正逐步改变。初创公司为最大化降低成本，从全寿命周期引入了创新技术和创新管理模式。

6 我国微小卫星管理政策建议

与国际情况类似，我国同样尚未成立专门组织、管理微小卫星产业发展的机构，也没有特别针对微小卫星制定国内管理法规，而是与传统卫星一样管理。因此，随着我国微小卫星发展规模的不断扩大，从安全、合法使用无线电频率轨道资源的角度来看，我国微小卫星产业会存在违规用频的情况，这一方面是由于微小卫星操作者往往并不了解相关政策法规导致的，另一方面，也是由于国家层面缺乏有效的监管渠道以及相应的政策、技术手段。因此，为确保我国微小卫星安全、有序、健康、长远地发展，建议从以下几方面规范国内微小卫星的组织与管理：

第一，建议国家层面成立统一组织、管理微小卫星产业发展的专门机构，全面负责规范国内微小卫星发射及用频管理，有效落实联合国外空委和ITU框架下关于发射到外空的空间物体注册、无线电频率协调注册以及空间碎片减缓指南等国际法规要求。同时，加强微小卫星操作者对现行国际、国内政策法规的理解和认识，加大研究机构、大学、商业企业及无线电爱好者等新兴卫星操作者对相关规章制度的遵守力度。

第二，国家主管部门应注意到微小卫星频率协调流程方面的特殊性，组织国内微小卫星管理、研制、生产、运营单位通过召开座谈会、研讨会等形式梳理、总结微小卫星区别于传统卫星的特性，以及需要在现行法律法规中进行哪些适应性的修改，有针对性地制定关于微小卫星国内管理办法的专门规章制度，以确保微小卫星项目长期、稳定的发展。

第三，引入国内微小卫星登记、备案和通报机制，建立包含微小卫星用频、轨道、发射、质量、应用等关键信息的国内统一数据平台，为微小卫星的协调管理提供依据。

第四，引入保险机制及赔偿机制，规范微小卫星操作者遵守国际和国家法律的义务，对未按照相关管理条例和流程进行申报、登记的、对其他卫星系统造成有害干扰和威胁的微小卫星操作者进行惩罚。

7 结束语

我国微小卫星产业正在经历前所未有的巨大发展，未来应用前景广阔，但从无线电频率合法、有序使用的角度来看，为避免违规用频，操作者在了解相关政策法规等方面尚有较大的提升空间，同时也需要国家主管部门对于微小卫星产业的快速发展给予充分重视，提前谋划，积极摸索、实践与微小卫星任务特点相契合的组织管理和研制发展模式，对其进行规范管理，避免微小卫星系统之间、微小卫星与其他卫星系统之间的有害干扰风险，营造和维护一个安全、有序、合理的无线电频率共用环境，对我国微小卫星产业健康、长远的发展是十分必要、也是十分有利的。

参考文献

[1] 佘文革．皮卫星发展展望．PIEZOELECTRICS&ACOUSTOOPTICS. 2004.

[2] 石卫平．微小卫星的发展 [J]．国际太空，2001.

[3] Major David J. Barnhart，USAF，PhD，PE Very Small Satellite Design for Space Sensor Networks，Brown University ChipSat Workshop Thursday，18 February 2010.

[4] 林来兴．现代小卫星与纳卫星技术发展 [J]．国际太空，2002.

[5] 国际电联．ITU－R SA. NANO/PICOSAT. Characteristics. Characteristics，definitions and spectrum requirements of nanosatellites and picosatellites，as well as systems composed of such satellites，2015.

[6] 国际电联．无线电规则，2016.

[7] 狄小鸣，朱鲁青．微小卫星的任务组织管理 [J]．国际太空，2013.

[8] 国际电联．IFIC 2835 期 SRS 数据库，2016.

[9] 国际电联无线电通信局空间业务网站信息，2017.

Suggestion of Micro－satellites Development Under International Space Laws Structure

SUN Qian

Institue of Telecommunication Satellite，CAST，Beijing 100094

Abstract These years，micro－satellites are developing fast according to its lighter weight. lower cost，smaller volume and flexibility of launch. The USA，Japan and many European countries have already made the development plan of the micro－satellites. China also has launched several micro－satellites since 2007，however，many of them did not comply to the international submission and coordination procedures. With the development of technology and the innovation of application，the development of micro－satellites is growing quickly。There is an urgent need for our country to study on the organization mode and other issues. This paper gives an introduction to the micro－satellites' procedures and laws of international organizations and specific countries，draws a conclusion of international space laws which help micro－satellites develop safely，sequentially，healthily and chronically，and finally makes suggestions about how to develop our county's micro－satellites.

Key words Micro - satellites; International space laws; International Telecommunications Union (ITU); Space fragment

作 者 简 介

孙茜，女，工程师，就职于中国空间技术研究院通信卫星事业部，从事无线电频谱技术研究工作，电子邮箱：sun _ qian _ cast@sina. com。

基于微小卫星的在轨组装技术研究分析

张国华　张世隆　李彪　田昀

北京卫星制造厂，北京　100094

摘　要　模块化在轨组装技术是航天器未来发展的重要方向。本文对国外基于微小卫星在轨组装技术的发展状况进行了调研和分析，总结了不同类型的在轨组装技术的应用状况及其搭载验证，提炼出了微小卫星在轨组装任务的几个关键技术，并给出了我国利用微小卫星开展在轨组装的发展建议，为后续研究提供了参考。

关键词　微小卫星；在轨组装；模块化；关键技术

1　引言

美国 SpaceWorks 咨询公司在 2013 年 2 月发布全球微纳卫星市场评估报告预测，未来 10 年微纳卫星仍将保持高速发展态势。

随着微纳技术、一体化多功能结构、空间即插即用、集成化综合电子等技术的发展和卫星设计思想的创新，微纳卫星发展活跃，卫星小型化趋势将愈发明显，小卫星能力不断提升。近年来，1～50 kg 微纳卫星发射数量呈逐年增长的趋势。在轨装配是指在太空中将不同的部件连接构建成一个结构、子系统、子系统单元体等空间设施，或把一个或多个结构分离后进行重新组合。微小卫星组装属于模块组装、功能扩展。

2　基于自主对接系统的在轨组装发展历程[1-3]

交会对接技术是自主装配尤其是航天器组合层级自主在轨装配必不可少的基础技术，通过小卫星演示交会对接发展历程如下。

2.1　NASA 的“小型航天器技术计划”

由 NASA“小型航天器技术计划”（Small Spacecraft Technology Program）资助的 OCSD 项目。试验系统由两颗 1.5U（体积 10 cm×10 cm×16 cm，质量约 3 kg）的立方体卫星构成，两星共同搭载发射，在轨周期 2 年。

该项目旨在演示验证 NASA 的几大关键技术：1）光学通信系统，该技术对于仅有有限的星上功率资源，而需要向地面传输大量数据的微纳卫星具有重要意义；2）用于微小航天器近距离交会机动和抵近操作用的低成本相对导航设备技术，可用于立方体卫星；3）立方体卫星抵近交会控制技术，实现对附近空间目标的位置和运动状态的跟踪。

2.2　NASA 的立方体卫星抵近操作演示验证

立方体卫星抵近操作演示验证（Cubesat Proximity Operations Demonstration，CPOD）项目始于 2012 年，由 NASA 资助，Tyvak 公司研制。2 颗 3U 型立方体卫星演示在轨抵近与交会对接操作技术 CPOD 对后续 NASA 小微卫星技术发展具有重要影响，如图 1 所示。

星上采用了全新的低功耗微型化部组件和软件系统，将在轨演示 5kg 级纳星的抵近交会与对接操作能力，这意味着实现交会对接的航天器系统规模和成本均下降至不到目前的 1/10。

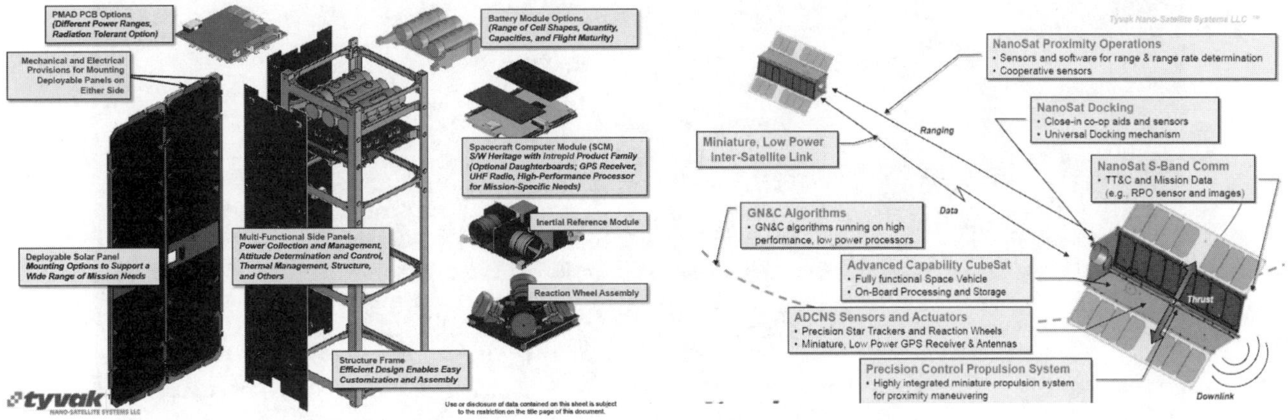

图 1　CPOD 立方体卫星平台及交会对接系统组成

从运载火箭分离后，两颗立方体卫星将同时被释放，进入同一轨道，将彼此互拍，并通过各自的星地通信系统将图像下传。两星之间还将通过星间链路，分享 GPS 和其他数据。上述动作完成后，两星将彼此接近，并通过一个独特的对接机构完成连接。

CPOD 两颗立方体卫星的对接机构将采用一种新型的通用对接机构。抵近操作对于在轨组装都具有重要的基础性意义，将使得很多复杂的空间任务变得更加可以接受。

2.3　在轨离体再交会对接重构

STRaND－2 是英国 SSTL 和美国 CalTech 合作开展的先导试验。STRaND－2 包括一对 3U 立方体卫星，一对 Kinect 镜头将被用于扫描局域网，并为卫星提供 3D 空间感知，助其准确完成对接。一旦试验成功，就有望像搭乐高积木一样，利用轨道积木模块，搭建更为大型的空间设施，甚至可以通过不同的组合方式来进行拼接出无穷无尽的组合，从而突破了体积、成本、组装难度的限制，并大幅降低太空建设所需的高昂费用，如图 2 所示。

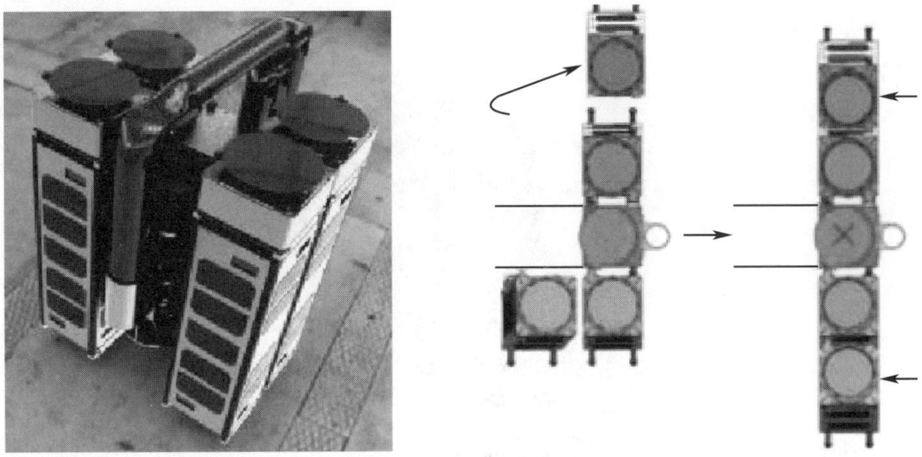

图 2　STRaND－2 及其在轨离体再交会对接重构操作

2.4　Prox－1 交会探测系统

Prox－1 是由 AFRL 和 AFOSR 下的大学纳星项目（UNP－7）资助、Georgia 理工大学领衔开发的小卫星项目，历时 2 年。Prox－1 是一个微小卫星，质量 50 kg，尺寸 50 cm×50 cm×60 cm。Prox－1 将在轨释放一个 3U 的立方星，并对其进行抵近观测，如图 3 所示。

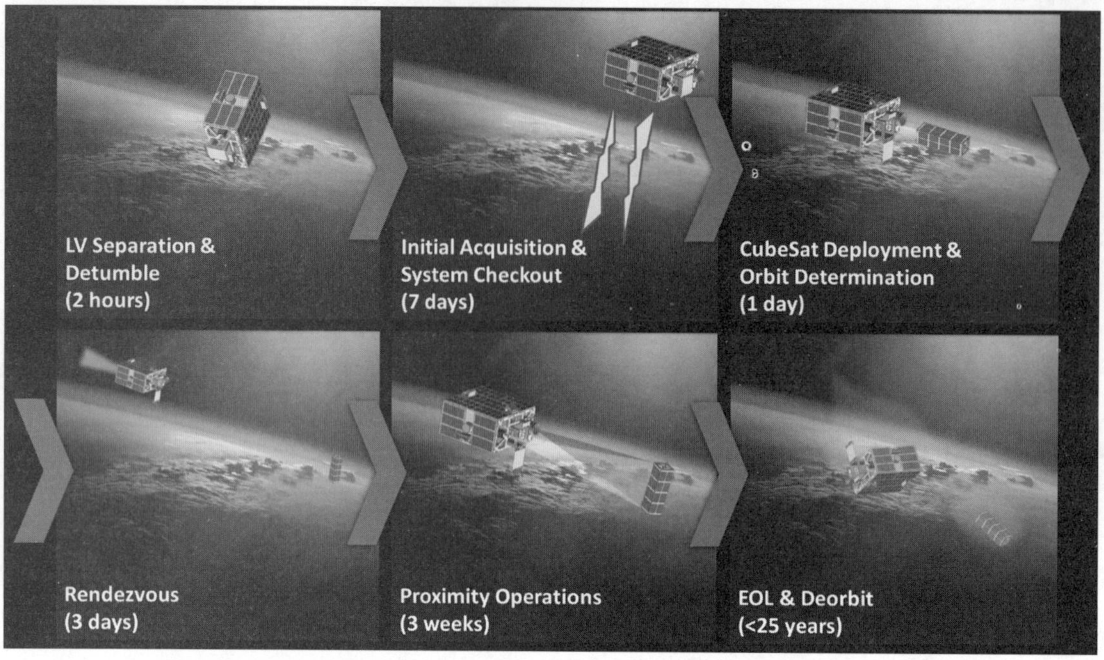

图 3　Prox－1 飞行任务流程

2.5　试验卫星系统计划（XSS）

美国空军研究实验室（AFRL）针对自主服务飞行器的特点，提出的模块在轨服务（MOS）的概念。试验卫星（XSS）计划是 MOS 微小卫星在轨服务技术研究及演示验证的核心部分。目前，已经公布的 XSS 系列卫星主要有 XSS－10 和 XSS－11。

XSS－10 任务的目标是演示验证自主导航、近距离接近，然后在保持指向目标的同时逼近和远离目标。如图 4 所示。XSS－10 总重 30.25 kg、长 81 cm、直径 38 cm，其上安装有可见光摄像机，成功验证了微小卫星自主交会逼近、监视空间目标的软硬件技术。

图 4　XSS－10 小卫星

XSS－11 小卫星计划除了继承并改进上一代卫星的图像处理技术之外，还对自主交会的硬件设备进行测试。XSS－11 验证目标是：研发并验证在轨制导、导航与控制能力，实现类似 XSS－11 这样的微小卫星与多种空间目标的安全自主交会。

3 基于机械臂系统的在轨组装发展历程[4-6]

3.1 日本的细胞卫星设想

2005年，日本东京大学提出了基于在轨服务机械人（Orbital Servicing Robot，OSR）在轨精密组装的积木式可重构空间系统体系架构，基此构建的卫星称“细胞星”（CellSat）。“细胞星”将传统的卫星平台功能分解为若干种“细胞”模块，所有模块均采用同样规格的标准化封装结构，模块间可彼此拼接，并可根据任务需求配置模块数量，以达到所需的整体能力。这些标准化模块将附着在载荷周围，形成整星，如图5所示。

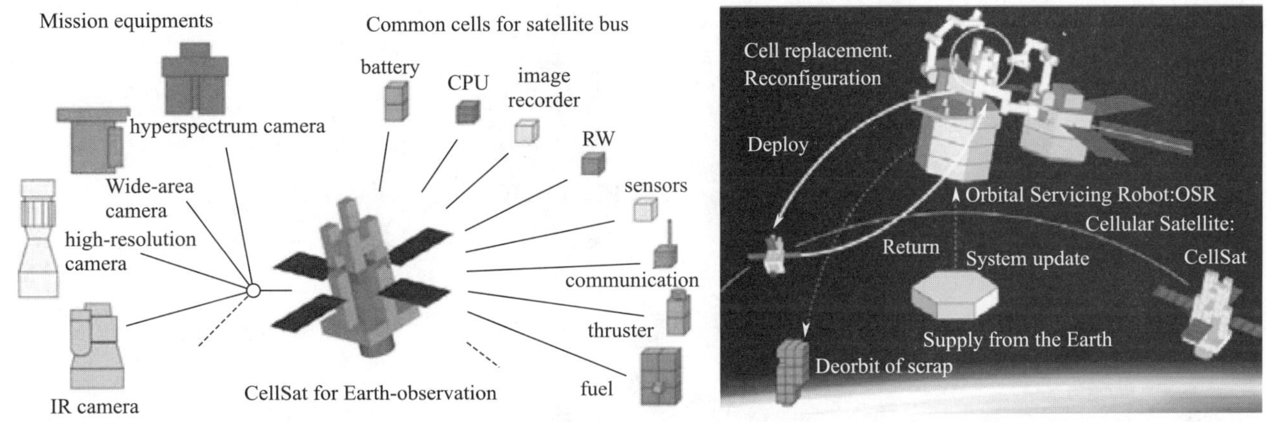

图5　细胞星组成原理（左）以及在轨组装重构（右）

日本的工程试验卫星-7是世界首个采用机械臂的在轨服务验证任务，验证了利用机械臂进行可替换模块更换技术，以及组装桁架结构、装配试验天线等装配技术。

3.2 德国 iBOSS 可在轨变构空间系统

在欧洲，除英国正在与美国联合开展的AAReST外，德国柏林工大等机构在DLR的支持下，也提出了iBOSS可在轨变构空间系统项目。该系统由一系列规格化的模块，采用空间机械臂完成在轨组装聚合而成，能够便利地支持在轨维护与系统升级。iBOSS模块具有基本相同的立方体外形结构，并提供机器人友好型操作接口，可支持在轨组装与重构，如图6所示。

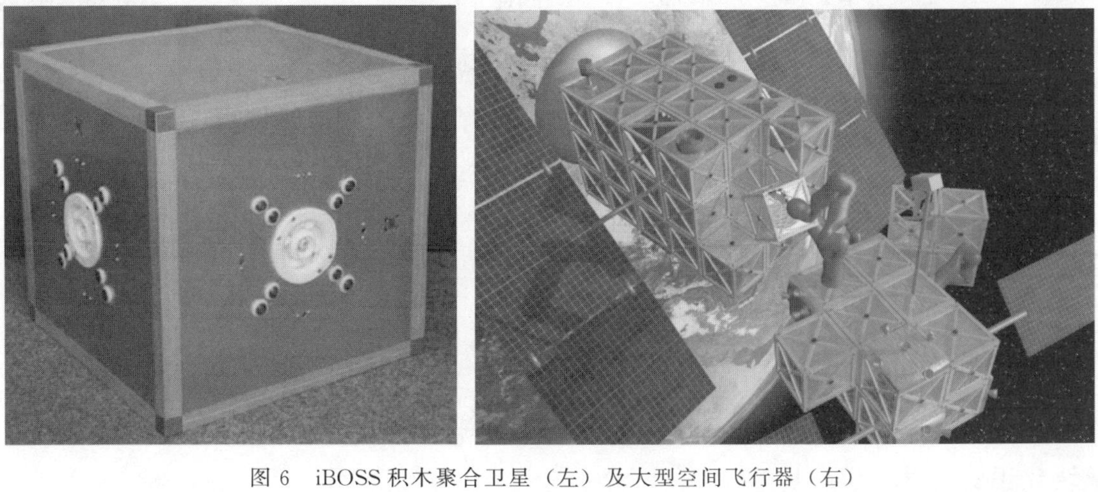

图6　iBOSS积木聚合卫星（左）及大型空间飞行器（右）

3.3 美国凤凰计划

2011 年 11 月，DARPA 战术技术处将卫星在轨拆解与重组概念遴选为正式的研发项目，命名为凤凰(Phoenix)，旨在开发、演示联合回收技术，重新利用已经退役或失效的卫星上的有价值部件（如大型天线）来组建新航天器，显著降低新型空间设备的开发成本。

凤凰演示验证系统主要由服务星、细胞星和高轨载荷输送系统三部分组成。1）服务星：是凤凰计划中执行机动交会和操控任务的平台，上面安装 3 台机械臂。2）细胞星：作为寄宿有效载荷发射。细胞星类似于模块化的皮卫星或者纳卫星，每颗细胞星都是一个独立的卫星子系统，分别具有电源、热控制、姿态控制、推进等功能。3）高轨载荷输送系统：可在轨快速投射，用来作为储藏容器存放细胞星，如图 7 所示。

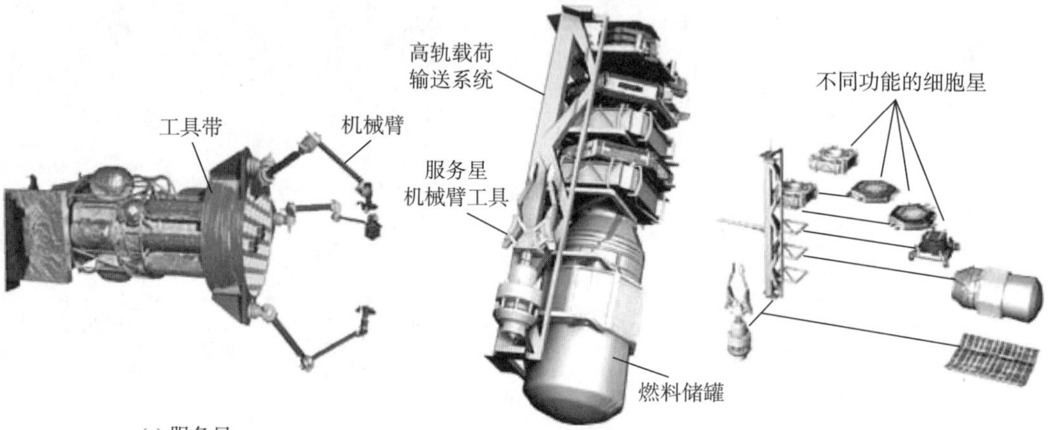

(a) 服务星　　(b) 高轨载荷输送系统及其装载的细胞星

图 7　凤凰计划组成

DARPA 的细胞星概念借鉴了日德的基本思想，而其另一个技术来源则是立方体卫星技术。目前，DARPA 的细胞星研究分为同构型和异构型两类，分别由 NovaWurks 公司和 Aurora 公司承研。Aurora 公司的方案，不但集成了立方体卫星的技术，而且遵循了立方体卫星的规格标准，如图 8 所示。

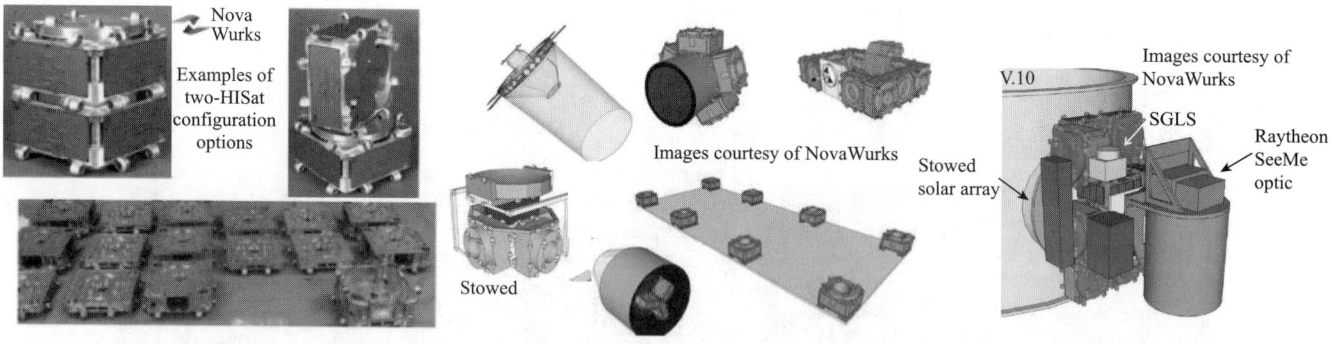

图 8　“HiSat”同构型细胞星聚合卫星及 eXCITe 低轨验证试验

4　在轨组装的关键技术分析[7]

空间在轨装配技术包含控制、机械和材料等多种学科，其包括以下关键技术。

4.1　模块化设计技术

作为航天器在轨组装操作的基础工作，航天器模块化设计是其首要条件。航天器模块化程度的大小决定了空间维护维修的深入程度。

模块化设计是未来可重构航天器的发展趋势，高度集成的模块化航天器较传统集成型航天器结构具有很多优点：1）不同的子系统不再高度互联，降低系统复杂度，提高系统重组能力；2）各模块可以分开发射，发射器带给航天器设计的限制更少；3）模块可以独立地被增加、移除或交换，具备更大的灵活性，快速响应性和生存能力；4）各模块可以以不同寿命进行开发，且具备在轨重构能力，能够显著改变航天器寿命。

当前，如何降低航天器的研发制造成本已成为各个航天国家的首要任务。模块化多任务航天器是未来降低成本的有效的方法，因此模块化将会在航天器结构设计中得到更为广泛的应用。

4.2 标准化接口技术

航天器模块化的研制必须以标准化原理为根本，这个标准化的系统要求所有接口的标准化。

模块间标准化的接口作为一个对接适配器能够接收一个由服务飞行器带来的附加服务模块或者更换模块标准化接口必须提供与平台能源、数据和热控服务的连接，需要专门设计机电热液一体化的标准化模块接口，所有电连接器及液路接口都通过自定位和盲插接头方式连接，因此标准化接口还需要保持良好的柔性，以适应多种任务模式和多种载荷类型。此外在轨组装时，标准化接口还要求以足够的刚度和位置精度锁住新增的模块的锁定能力，允许负载设备一定的动力学刚度和基准轴的调整。

此外，随着航天任务不断变化，飞行器会留下一些标准接口以备未来为其扩展功能的需要。

4.3 机械臂技术

未来可重构航天器发展趋势需要具有更高灵活性和可靠性的空间机器人和高精度机械臂，现高性能的空间驱动伺服控制，并要求具有一定的精度定位，可以依靠地面或航天员的控制完成定位抓取和跟随功能，实现复杂运动与天地协同控制。完善环境模拟测试系统和地面指挥控制能力，形成对故障的预测和仿真能力，最终实现空间自主或半自主运动、抓取和跟随等任务可以通过机械臂实现运行，完成高精度的复杂任务。

4.4 高性能控制技术

空间在轨装配控制技术是可重构航天器在轨组装、对接、操作的关键技术之一，控制技术涉及在轨服务的各个环节，包括对航天器的交会对接、轨道机动、姿态控制、组装操作以及组装后对航天器自主运行控制等。

可重构航天器属于典型的变构型、变参数、变质心系统，飞行器对接、组装，机械臂在轨操作等引起的构型改变、动力学参数不确定性、在轨操作的实时性、准确性等给航天器姿态控制带来巨大挑战。现代控制技术对非线性系统的姿态控制中的不确定因素有明显优势，但在空间在轨重构技术背景下仍然存在着许多有待于突破的难题。

4.5 空间目标识别与测量技术

在轨装配与在轨服务任务的有效执行前提之一是对空间目标对象的精确测量。复杂空间环境下，特别是光照条件的变化，使得目标的外形参数更难以识别与测量，为了能在各种环境下执行在轨任务，复杂空间环境下的目标精确测量技术是取得任务成功的关键技术能力。空间目标监视与测量是保障在轨服务顺利进行的关键技术。目前能够提供相对运动信息的敏感器包括微波雷达、激光雷达、星敏感器、红外敏感器和可见光相机等。

空间目标监视与测量技术还处于起步阶段，未来必将开发出许多监测技术，在此基础上也可将这种空间目标监视与测量技术广泛应用于其他领域。

5 启发与建议

5.1 未来发展趋势

（1）通过模块化结构发展航天器零部件的自主在轨装配

在轨装配标准模块化的航天器结构的技术复杂度更低、周期更短，更易实现航天器的零部件装配应用。凤凰计划中的细胞星采用标准模块化的设计理念，是模块化在轨装配的典型代表；工程试验卫星-7、试验卫星系统等多项在轨服务计划演示验证了自主装配可替换模块技术；存储与部署计划亦从具有模块化结构的立方体卫星为起点探索在轨装配卫星的可行性。

（2）在轨制造技术将推动在轨制造、组装与部署一体化

传统的在轨装配技术需要将在地面制造好的结构、舱段、航天器通过运载器发射到轨道再进行装配，近年来真空增材制造技术的发展将变革航天器的在轨制造能力，有助于实现在轨制造、组装与部署一体化，大幅降低研制发射成本和周期。NASA的立方体卫星项目均反映了在轨制造（尤其是增材制造）、组装与部署一体化的发展趋势。

5.2 对我国在轨装配技术发展的建议

国外在多年的空间技术发展中，在在轨装配方面积累了相当多的关键技术。与国外相比，我国目前空间在轨装配技术的研究还处于起步阶段，且尚未形成较完备的技术能力，技术积累在深度与广度方面均有相当差距。我国需要结合自身特点，寻找出符合国家发展现状的、可执行的关键技术进行攻关。对于我国在轨装配技术的研究，可以从以下几个方面进行：

1）提高航天器的可扩展性。随着科学技术的不断发展，在轨航天器的功能或技术可能变的落后导致性能下降等问题出现，可以通过在轨装配对在轨航天器进行组件的更换，及时进行更新升级，有效地提高其工作性能，从而保持航天器的技术先进性。这样不仅大大降低了重新研发航天器的研发周期，还节约了成本。可通过研究新型模块化航天器技术，降低在轨组装和维修的操作复杂度，提升空间在轨重构能力。

2）发展复杂空间机器人、机械臂系统技术，提高空间自主操作能力。

3）减少维持大系统的运行成本，缩短航天器的研发周期。如国际空间站在运行期间可能需要更换一些报废的部件，为了确保整体系统的可靠性，可在轨对零部件经行维修组装。

参考文献

[1] 崔乃刚，王平，郭继峰，程兴．空间在轨服务技术发展综述［J］．宇航学报．2007，28（4）．

[2] Donald M. Waltz. On－orbit Servicing of Space Systems［J］，Krieger Pub. Co，1993：1－283.

[3] Shane Stamm，Pejmun Motaghedi. Orbital Express Capture System：concept to reality［J］．SPIE，2004，5419：78－91.

[4] Ogilvie A，Allport J，Hannah M，et al. Autonomous robotic operations for on－orbit satellite servicing［C］//Howard R T，Motaghedi P. Sensors and systems for space application II. Orlando：SPIE，6958，2008：1－12.

[5] Mulder T A. Orbital Express autonomous rendezvous and capture flight operations，Part 2 of 2：AR&C Exercise 4，5，and End－Of－Life［C］//AIAA/AAS Astrodynamics Specialist Conference and Exhibit. Honolulu，Hawaii：AIAA，2008：1－22.

[6] Broad Agency Announcement，Phoenix Operations［EB/OL］．Tactical Technology Office（TTO）．DARPA－BAA－13－12. March 4，2013.

[7] Ground Segment Design for On－Orbit Servicing Missions at GSOC. AIAA，2014.

Research and Analysis of On - orbit Assembly Teachnology Based on Micro - Satellite

ZHANG Guohua ZHANG Shilong LI Biao TIAN Yun
Beijing Satellite Manufacturing Factory, Beijing 100094

Abstract Modular on - orbit assembly technology is an important direction of future spacecraft. In this paper, the development of modular on - orbit assembly technology is research and analyzed. The different types of on - orbit assembly technology that have been applied and validated are summarized. And extracting several key technologies that micro - satellite on - orbit assembly technology. Several suggestions that about the development of china's micro - satellite on - orbit assembly technology are listed, and which provide reference for further.

Key words Micro - satellite; On - orbit assembly; Modular; Key technologies

作 者 简 介

张国华，男，工程师，就职于北京卫星制造厂，从事结构机构的设计及制造，电子邮箱：zgh650@163.com。

微纳卫星寿命末期主动离轨的先进推进技术

耿金越　龙军　刘旭辉　陈君　沈岩
北京控制工程研究所，北京　100094

摘　要　本文首先提出了微纳卫星寿命末期主动离轨的任务需求，介绍了多种适用于微纳卫星主动离轨任务的脉冲式微型电推力器，并给出了国内外相关单位的研究历程和发展现状。微阴极电弧推进模块与现有的脉冲式微型电推进相比在质量、体积、比冲、效率等方面具有明显优势，是微纳卫星寿命末期主动离轨和姿轨控任务最优的选择之一。

关键词　微纳卫星；主动离轨；微型电推进；微阴极电弧推力器

1　引言

微纳卫星具有成本低、研制周期短、扩展能力强和发射方式灵活等优点，微纳卫星还能以多星组网或编队方式飞行，执行大卫星难于胜任的空间任务。微纳卫星由于具备的众多优点备受世界各国关注，近年来发射数量迅速增加。随着微纳卫星发射数量迅速增多，相应的轨道空间资源未来必将愈加紧张，微纳卫星完成任务后或寿命末期的主动离轨也将提上日程，而采用推进模块主动降轨进入大气层将是最好的选择之一。

脉冲式微型电推力器一般采用固体推进剂，易于长期储存，无需专门的推进剂贮供机构，结构简单紧凑；电推力器工作过程中由于电能的加入将具有更高比冲，相同质量推进剂条件下可提供更高总冲；且近年来，研究人员已经将脉冲式的微型电推力器改进为具备小体积、轻质量、小功率等特点来满足微纳卫星的应用需求。因此，脉冲式的微型电推力器将是微纳卫星寿命末期主动离轨的最优选择之一。

2　国内外发展现状

国内外多家科研机构、高校、政府部门均在开展比冲较高的脉冲式微型电推力器研究工作，主要包括微脉冲等离子体推力器（Micro Pulse Plasma Thruster，μPPT）、微激光等离子体推力器（Micro Laser Plasma Thruster，μLPT）、微真空电弧推力器（Micro Vacuum Arc Thruster，μVAT）、微阴极电弧推力器（Micro Cathode Arc Thruster，μCAT）等。

2.1　微脉冲等离子体推力器（μPPT）

PPT 的空间应用起始于苏联。最初 PPT 主要应用于轨道保持及旋转轴控制任务中。在 1984 年后应用逐渐减少。随着人们的深入研究以及硬件技术的发展，2000 年后 PPT 再次成为研究热点，并逐渐开始担任姿态控制任务。同时随着深空探测和微小卫星需求的牵引，PPT 凭借其质量、体积以及功率方面的优势，被考虑用于微小卫星的轨道转移任务。

美国作为 PPT 应用最多的国家也开展了诸多 PPT 研究工作。除对应用 PPT 试验研究外，NASA、俄亥俄州立大学、密歇根大学等科研机构也开展了 PPT 的诸多研究工作。其中俄亥俄州立大学建立的磁流体动力学模型被其他科研机构借鉴，作为 PPT 仿真的基础[1]。

日本的大阪工业大学开展了 PROITERES 卫星所用 PPT 的试验工作。东京大学研制多款样机，并在改进推进剂方面进行了诸多研究，包括掺杂金属颗粒及采用水推进剂。东海大学将 PPT 与激光推进结合研制了激光辅助 PPT。日本九州技术研究所提出了二次放电技术提高 PPT 性能。东京都立科学技术大学也为 μLabSat II 设计了 PPT，见图 1。

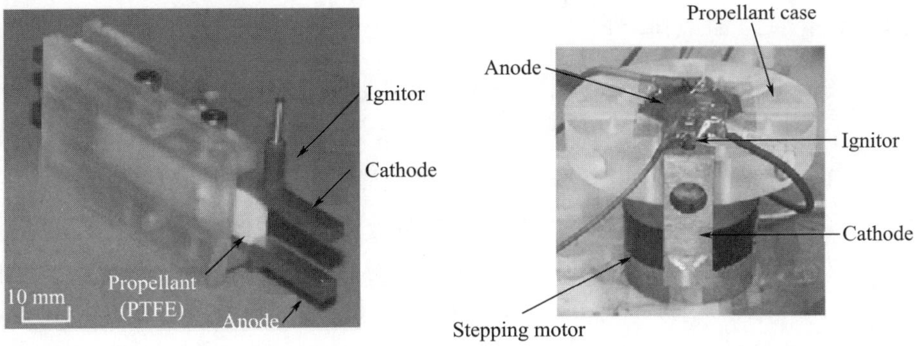

图 1　东京都立科学技术大学样机

英国的南安普顿大学及萨里大学、德国的斯图加特大学、汉堡大学、印度理工学院、韩国的科学与技术高级研究院分别研制了样机，并进行了 PPT 实验及仿真研究工作。此外法国、澳大利亚、奥地利、巴西及阿根廷等国家均展开了理论及实验研究工作。

中国的中科院电工所最早开展了样机飞行试验。此后中科院空间中心、国防科技大学、北京理工大学、北京航空航天大学、复旦大学及上海交大等科研院所均开展过 PPT 各方面研究，图 2 为北京理工大学研制的原理样机。

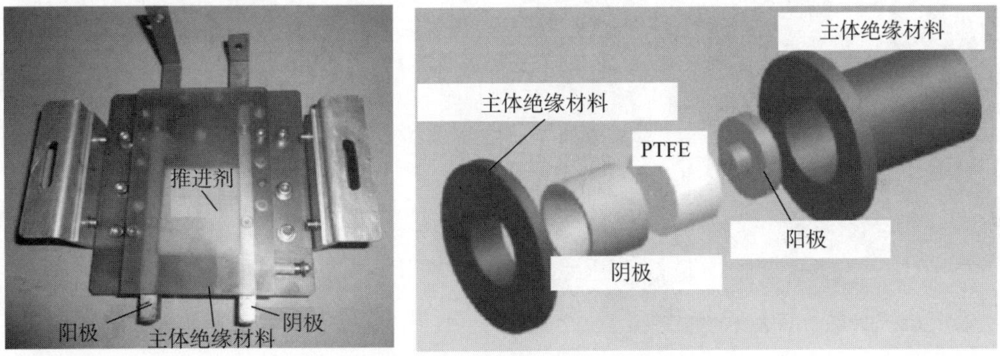

图 2　北京理工大学的样机

μPPT 工作原理如图 3 所示，当 μPPT 电极间处于高压状态时，通过触发放电，产生的高温电弧烧蚀推进剂（Teflon）获得等离子体，通过气动和电磁加速作用使等离子体高速喷出，从而产生推力。

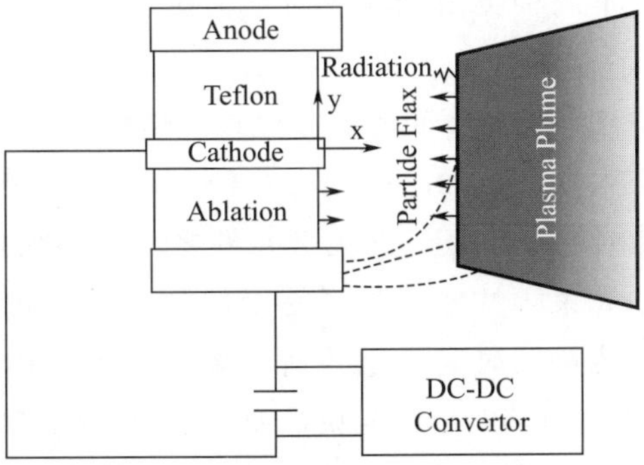

图 3　同轴式 μPPT 原理示意图

μPPT 一般由电极、推进剂、主体绝缘材料、充电电容及火花塞组成，其中充电电容是 μPPT 的关键部件，主要用于电极充电并对推力器的性能起主要影响，由于 μPPT 工作时一般需要充电电容提供 2 000 V 左右甚至更高的高电压，这种大电容的质量一般在 200～1 000 g 之间，这也对 μPPT 的最小质量和最小体积造成了一定的限制。μPPT 烧蚀的推进剂一般为 Teflon，比冲一般为 500～1 500 s。

2.2 微激光等离子体推力器（μLPT）

美国 Phipps C R 等人在 1993 年首次提出了激光功率密度小于 1 GW/cm² 的激光烧蚀推进设想，并致力于激光与固体相互作用模式的实验与数值仿真研究。1998 年，美国 Phipps 小组开展了关于激光等离子体微推力器的研制，μLPT 经历了预样机、桌面系统、原理样机、ms - μLPT（见图 4）、ns - LPT 及新一代 μLPT 的概念设计（见图 5）等。2002 年，Phipps 小组公开发表了第一个激光等离子体微推力器原理样机。Phipps 小组在 2008 年束能会议上发表文章，研究液体高分子聚合物激光微推进性能。文章报道了 GAP 黏性液体工质（70%GAP+IR）在 2.84×10^{11} W/cm² 的激光强度，5 ns 脉宽的激光辐照下，比冲可以达到 680 s，冲量耦合系数为 7.3×10^{-5} N/W，烧蚀效率为 24%。日本对激光等离子体微推力器的研究也表现出极大兴趣，在 2003 年召开的第二届国际定向能会议上，Takashi Yabe 等人提出了基于 MFWC 模式的推力单元，以液体作为激光等离子体微推力器的工质，并设计出了相应的推力单元。

图 4 ms - μLPT 产品内部实物图

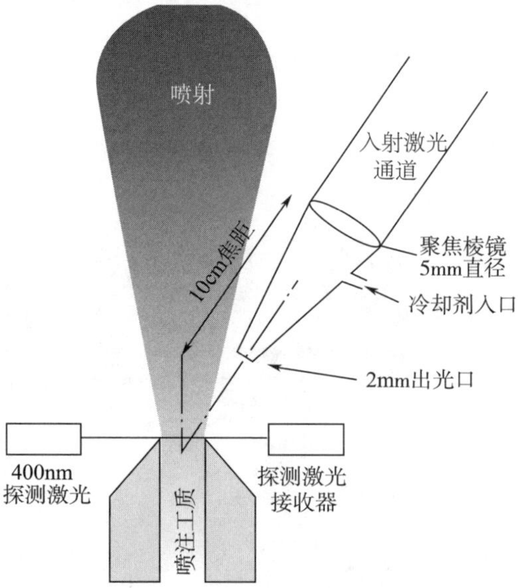

图 5 Phipps 小组的新一代 μLPT 概念设计图

国内西北工业大学、装备指挥技术学院、中国科技大学等单位[2-3]也对 μLPT 开展了相关技术研究，分别研究了相关工作机理，靶材的选择、靶的结构、靶材掺杂以及靶物相特性等对 μLPT 性能的影响，相关微推力特殊技术的发展情况，不同种类激光器等对性能影响。装备指挥技术学院等相关单位还研制出了不同的原理样机。

由于激光能量密度集中，且激光器具有不同的工作模式（连续式和脉冲式，ms 长脉宽和 ns 短脉宽），因此 μLPT 比冲高、冲量调节范围大（最小元冲量可达 nN · s 量级）、能量转换效率高、推进模式可以改变（持续式和脉冲式）等优点。激光器是 μLPT 的关键元件之一，必须具有体积小、质量轻、电效率高、能发出高亮度的具有近衍射极限的光束等性能。为了易于控制推力矢量，还要求激光器的功率可调。目前，并没有一种激光器的性能和功能可同时满足上述所有要求。半导体激光器以体积小、质量轻、电效率高等优势受到 Phipps 小组的关注，但其发出的光束需要经过复杂的光学系统调制；而 Yabe 小组的实验则以 YAG 激光器作为能源，但同时也带来了体积与质量难以满足要求的问题。因此合适的激光器是 μLPT 在微纳卫星应用的重大障碍。

2.3 微真空电弧推力器（μVAT）

Gilmour 和 Dethlefsen 早在 1970 年前后就开始致力于微真空电弧推力器的研制工作[4-5]。Gilmour 研制了采用电容储能的真空电弧推力器，并建立了使用平衡摆和热量计的实验系统，测试了铜、不锈钢、钛三种阴极材料在不同外加磁场下的烧蚀质量、比冲、效率以及推力器和电容的寿命。试验结果表明：推力及比冲与电压、阳极构型及磁场构型密切相关。同时，Gilmour 尝试利用激光、点火电极、高压击穿和氢化钛点火等多种方式激发电弧实现点火，并且发现点火电极方式存在点火不稳定的隐患。Dethlefsen 研制了微真空电弧推力器，并对阴极材料进行了实验研究。结果表明：低熔点、低热导率的材料在放电过程中会产生液滴并导致推力器性能降低；较少产生液滴的金属是比较理想的阴极材料；缩短脉冲时间也能减少液滴的形成。此外，Dethlefsen 还研制了阴阳极同时烧蚀的样机，但由于阳极产生的羽流未能充分加速而使样机性能没有达到预期效果。

阿拉米达应用科学公司（Alameda Applied Science Corporation，AASC）在 2000 年前后开展了针对微推进的微真空电弧推力器研究，主要包括：Anders 研制了电源系统，并研究了点火电极、激光点火以及无点火器点火等多种电弧激发方式。研究发现：点火电极会产生大粒子沉积和污染电极或者绝缘材料，不利于主电弧的产生；无点火器点火可通过调节电源来控制电弧产生，20 Hz 点火频率工况下可实现百万次脉冲电弧，具有很高的可靠性。Niansheng Qi 采用电感储能提高微真空电弧推力器的性能，并测试了微真空电弧推力器样机性能参数。Schein 给出了典型的微真空电弧推力器的构型，并采用了独特的石墨片触发点火方式。同时，Schein 还测试了使用不同阴极材料的样机性能参数，并根据不同的阴极几何构型对电流的影响优化了阴极构型。Polk 分析了微真空电弧推力器的工作过程，通过实验研究了影响微真空电弧推力器烧蚀率的因素，发现铬、钇、钽及钨是比较理想的阴极材料。图 6 为 AASC 研制的推力器 PPU 及其等效电路图。

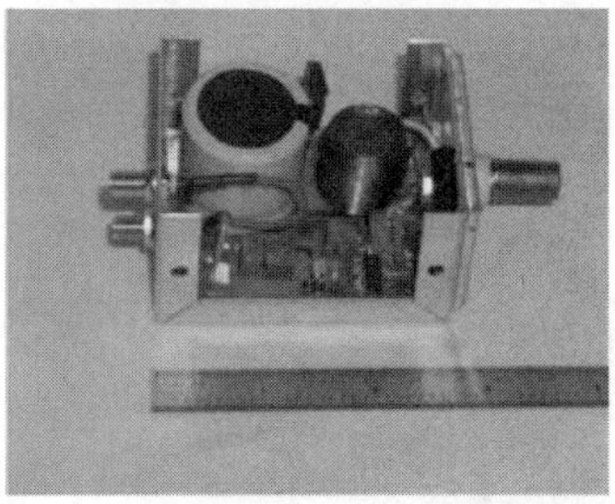

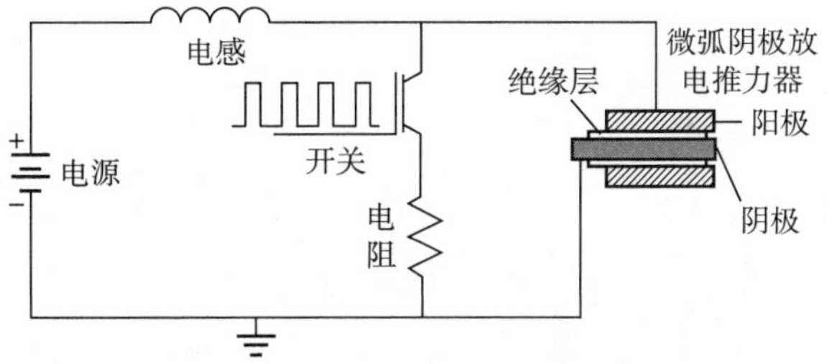

图 6　AASC 研制的推力器系统（含 PPU，推力器头部在右端）及等效电路图

与 μPPT 相比，μVAT 消耗的推进剂为金属，这就为推力器带来了以下优点：1）单位质量推进剂电离耗能更低（金属的电离能较低）；2）较高电离度；3）较高的脉冲频率；4）较高的脉冲稳定性。

2.4 微阴极电弧推力器（μCAT）

μCAT 是在 μVAT 基础上进行大量的改进设计，使其性能更优、更易工程化，其工作原理见图 7。在 PPU 方面采用电感储能电路，通过 IGBT 的快速开关在电极上施加较高的电压，使得电极间发生击穿放电；此外推力器方面，除了改进机械结构外，还通过施加专门设计的外加磁场提高推力器比冲，降低羽流发散角。

Michael Keidar 研究团队在 2010 年前后对微阴极电弧推力器进行了深入研究，大大推进了微阴极电弧推力器工程化的研究水平[6-9]。Michael Keidar 比较了多种电推进微推力器的性能，研制了环电极型和同轴电极型两种微阴极电弧推力器样机，并建立了微阴极电弧推力器测试系统。Michael Keidar、Taisen Zhuang 及其研究团队研制了适用于微阴极电弧推力器的推力测试台（如图 8 所示），并使用 8 个探针测试了不同磁场强度下的离子时空分布情况，使用 CCD 及同心圆形探针测试了微阴极电弧推力器的羽流（如

图 9 所示），并研究了外加磁场对推力器性能的影响（如图 10 所示）。Patrick Vail 测试了微阴极电弧推力器的元冲量，并计算了样机的效率。Dereck Chiu 研制了使用两种阴极材料的微阴极电弧推力器，并测试了各自的电流与速度。

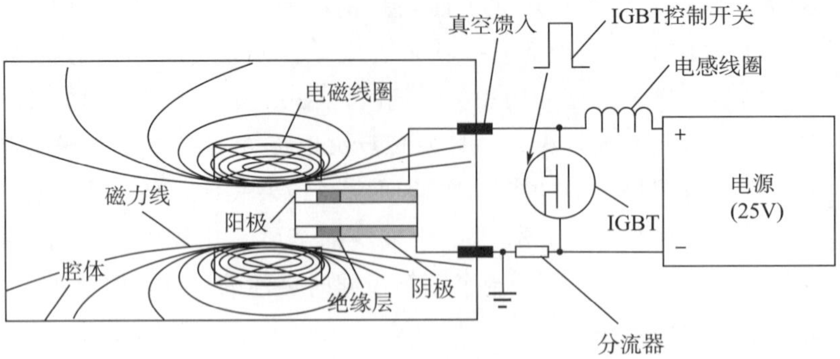

图 7　微阴极电弧推力器控制电路及储能机构

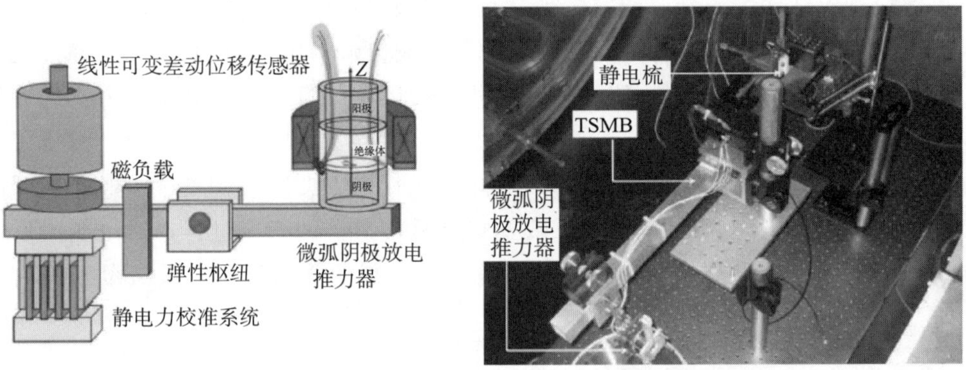

图 8　微推力测试台原理及实物图

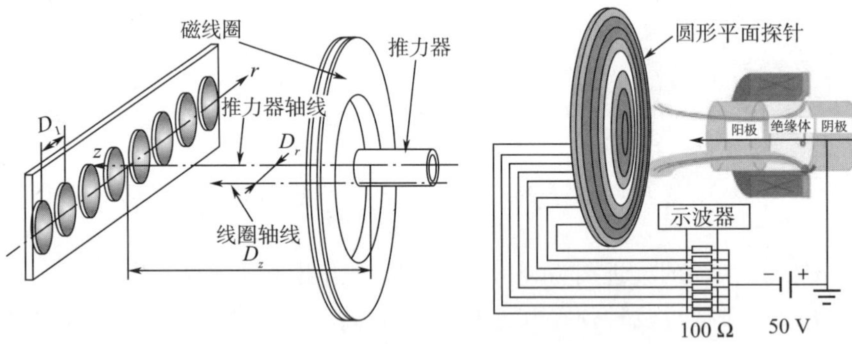

图 9　离子空间分布测量

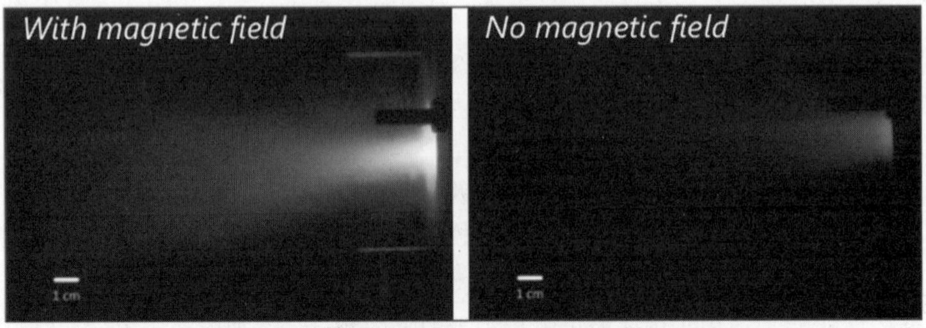

图 10　外加磁场对微阴极电弧推力器羽流的影响—有磁场（左）和无磁场（右）

Taisen Zhuang 还对微阴极电弧推力器作为矢量控制方式进行了设计，通过采用 3 个磁线圈，即在微阴极电弧推力器外增加 3 个不同轴的磁线圈（如图 11 所示）。采用这种设计，当只有一个励磁线圈工作时可以使得微阴极电弧推力器具有 3 个方向的矢量控制作用，但是当 3 个励磁线圈以一定的方式同时供电工作时微阴极电弧推力器则可以提供 360°的矢量控制，这对于微阴极电弧推力器如此小的推力器来说极具吸引力。此外，通过控制励磁线圈中励磁电流的大小，还可以调节微阴极电弧推力器矢量控制时推力偏转的角度。

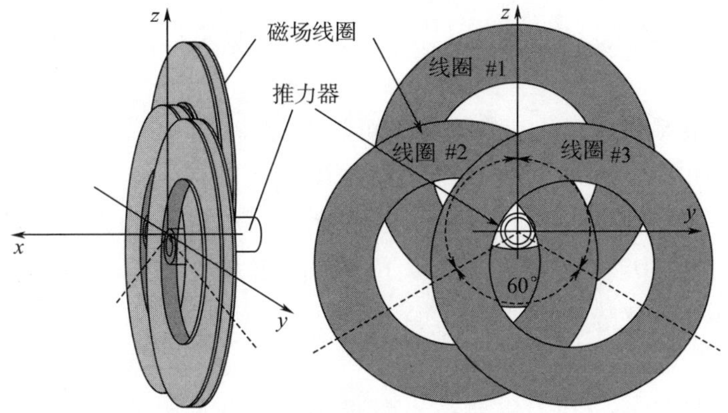

图 11　微阴极电弧推力器矢量控制设计

国内方面，北京控制工程研究所 2014 年开始关注 μCAT 的研究，并开展预先研究工作[10-12]，完成了方案设计，攻克了阴极工质均匀烧蚀、低电压放电击穿和磁场设计等关键技术，经过团队成员努力已完成环型和同轴型两种 μCAT。图 12 为北京控制工程研究所研制的 μCAT 样机（包括 PPU 模块和推力器头部）及点火后的阴极烧蚀斑点。

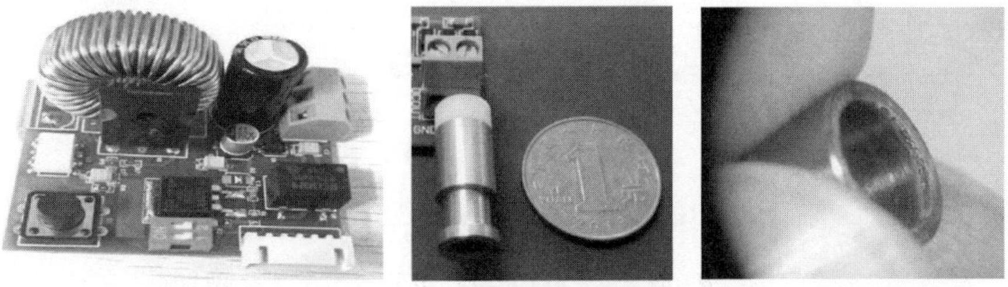

(a) PPU模块　(b) 同轴型推力器头部　(c) 阴极烧蚀斑点

图 12　μCAT 样机及阴极烧蚀情况

此外，采用 PIC/MCC 方法开展了 μCAT 推力器通道内及羽流区等离子体加速机制的初步仿真工作，并与文献［13］报道结果进行了对比（图 13），结果趋势、等离子体参数量级基本一致，验证了本项目拟采用的模型和方法的可行性。且由仿真结果可知：离子在阴极表面形成局部高电势的虚阳极；电子被磁化，被牢牢地束缚在磁感线的周围，形成局部低电势通道；使得离子沿此通道加速定向喷出，可以观察到明显的沿磁感线的离子主流区。

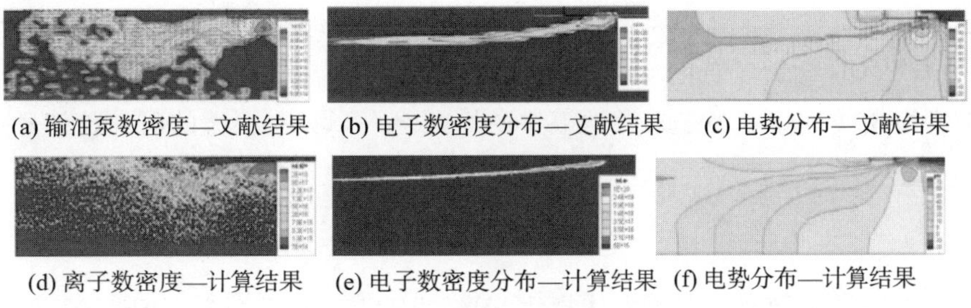

(a) 输油泵数密度—文献结果　(b) 电子数密度分布—文献结果　(c) 电势分布—文献结果

(d) 离子数密度—计算结果　(e) 电子数密度分布—计算结果　(f) 电势分布—计算结果

图 13　计算结果与文献结果对比

3 性能参数对比

μPPT、μLPT、μVAT 和 μCAT 是国内外研究较多的脉冲式微型电推力器。

μPPT 是其中研究最早、技术成熟度较高的推力器之一，主要采用特氟龙作为推进剂材料，比冲一般为 500～1 500 s 之间，放电工作所需电压为 2 000 V 左右或更高（一般需要较大的电容提供较高电压），曾经是研究最活跃的推进方式之一。

μLPT 在 4 种推力器中元冲量最小、比冲最高，但是由于激光器和电源等问题，会在其体积、质量或系统复杂性方面有一定的限制。

μVAT 和 μCAT 则一般采用金属作为推进剂，可以在保持和 μPPT 相同效率的前提下提高推力器其他方面的性能，主要优点如下：1）单位质量推进剂电离耗能更低（金属的电离能较低）；2）较高电离度；3）较高的脉冲频率；4）较高的脉冲稳定性。此外由于 μVAT 和 μCAT，特别是 μCAT 导电薄膜的特殊布置，使得工作电压仅需几百伏，并且采用 IGBT 快速开关结合电感储能机构的方式大大降低了 PPU 电路的质量和体积，使其优势更加明显。而特殊布置的外加磁场又可以进一步提高 μCAT 的比冲等性能参数。

表 1 给出了 μPPT、μVAT、μCAT 主要技术参数对比。由对比可知，μCAT 在体积、质量、比冲、效率和推重比等方面均优于 μPPT 和 μVAT。由于 μCAT 在各方面体现出的明显优势，被美国海军卫星实验室选中在其 1.5U 的微纳卫星 BRICsat－P 上执行姿态控制任务，并在 2015 年 5 月 20 日发射入轨。2017 年 2 月又被 NASA 选中成为微纳卫星推进方式最优选择之一。

表 1　主要脉冲式微型电推力器技术参数对比

	μCAT（GWU）	μPPT（Clyde Space）	μPPT（Busek）	μVAT（AASC）
系统质量/g	200	160	550	600
系统体积/cm^3	200	200	500	200
推进剂	金属	特氟龙	特氟龙	金属
比冲/s	3 000	590	700	1 500
推进剂质量/g	40	10	36	40
ΔV（对于 4 kg 质量卫星）/（m/s）	300	15	63	151
效率/%	15	4.7	16	9.4
推重比/（μN/g）	0.63	0.03	0.18	0.22
电离度	高	低	低	高

4 应用前景及展望

未来随着微纳卫星的快速发展，微纳卫星在轨数量迅速增多，轨道资源进一步紧张。完成任务或寿命末期的微纳卫星将占用有限的轨道资源，影响其他卫星的正常在轨运行及后续的正常发射任务。因此，微纳卫星寿命末期主动离轨技术研究必将成为未来重点关注的方向之一。而采用微阴极电弧推力器等先进推进技术来完成微纳卫星寿命末期主动离轨将是最优选择之一，体积小、质量轻、易长期储存、易实现模块化的先进推进模块或许将成为未来微纳卫星的标配之一，具有很大的研究价值和应用前景。

致　谢

本文中的研究工作获得了国家重点研发计划（2016YFB0501300，2016YFB0501301）的资助，在此表示感谢。

参考文献

[1] Polzin Kurt A. Comprehensive review of planar pulsed inductive plasma thruster research and technology. Journal of Propulsion and Power, 2011, 27 (3), 513 - 531.

[2] 崔村燕，洪延姬，等．激光等离子体微推力器的发展及热点问题 [J]．固体火箭技术，2006，29 (6)，427 - 431.

[3] 叶继飞，洪延姬，等．激光等离子体微推进技术的研究进展 [J]．中国光学，2011，4 (4)，319 - 326.

[4] A. S. Gilmour. Concerning the Feasibility of a Vacuum Arc Thrustor", AIAA Fifth Electric Propulsion Conference, San Diego, California, March 7 - 9, 1966, AIAA Paper No. 66 - 202.

[5] Rolf Dethlefsen. Performance Measurements on a Pulsed Vacuum Arc Thruster. AIAA Journal, Volume 6, Number 6, Technical Notes, June 1968.

[6] Taisen Zhuang, Alexey Shashurin, et al. Performance Characteristics of Micro - cathode Arc Thruster. Journal of Propulsion and Power, 2014, 30 (1), 29 - 34.

[7] Patrick Vail and Anthony Pancottiy. Performance Characterization of Micro - Cathode Arc Thruster (μCAT). 47th AIAA/ASME/SAE/ASEE Joint Propulsion Conference & Exhibit, 31 July - 03 August 2011, AIAA 2011 - 5883.

[8] Taisen Zhuang, Alexey Shashurin, et al. Micro - Cathode Arc Thruster (μCAT) with thrust vector control. 48th AIAA/ASME/SAE/ASEE Joint Propulsion Conference & Exhibit, 30 July - 01 August 2012, AIAA 2012 - 4013.

[9] Taisen Zhuang, Alexey Shashurin, et al. Ion velocities in a micro - cathode arc thruster. Physics of Plasmas. 2012, 19, 063501.

[10] 耿金越，等．一种适用于微纳卫星姿轨控的新型微推进模块——微弧阴极放电推力器 [C]．第十一届中国电推进技术学术研讨会，2015.

[11] 耿金越，等．微纳卫星用脉冲式微型电推进技术研究 [C]．空间安全与维护技术专业组 2016 年学术研讨会，2016.

[12] 耿金越，等．微阴极电弧推力器研究进展 [C]．第十二届中国电推进技术学术研讨会，2016.

[13] Brieda L., et al., Towards Near Plume Modeling of a Micro Cathode Arc Thruster [A]. 49th AIAA Joint Propulsion Conference and Exhibit, 2013, AIAA 2013 - 4120.

The Advanced Propulsions for Micro - and Nano - satellites Initiative Off - orbit at the End of Lifetime (EOL)

GENG Jinyue　LONG Jun　LIU Xuhui　CHEN Jun　SHEN Yan

Beijing Institute of Control Engineering, Beijing　100094

Abstract　The mission demands of micro - and nano - satellites initiative off - orbit at the end of lifetime are introduced. A variety of pulsed micro electric propulsions, which could meet the off - orbit mission demands, are recommended. The research history and develop status of these propulsion are presented. The micro cathode arc thrusters have obvious advantages in the weight, volume, specific impulse, efficiency, etc. And the micro cathode arc thruster is one of the best candidates for the micro - and nano - satellites off - orbit mission and attitude/orbit control missions.

Key words　Micro - and nano - satellite; Initiative off - orbit; Micro electric propulsion; Micro cathode arc thruster

作者简介

耿金越，男，工程师，就职于北京控制工程研究所，主要研究方向为空间电推进技术，电子邮件：jinyuegeng@163.com。

微纳卫星自主时空信息感知系统技术

王国栋　杨亮　曾宪超　李海兵　庄海涵　孙鹏
北京航天控制仪器研究所，北京　100094

摘　要　针对微纳卫星GNSS信号失效时时空信息无法获取的问题，提出了一种自主时空信息感知系统，能够为微纳卫星提供精确的位置、速度、姿态和时间信息。阐述了系统的内涵、工作原理和作用；介绍了自主时空信息感知系统技术的构成，实现的技术途径；分析了国内外微纳卫星自主时空信息感知技术的发展现状及趋势。研究表明，提出的微纳卫星自主时空信息感知系统具有较强的先进性和工程实用价值。

关键词　自主导航；时空确定；芯片级原子钟；微惯性仪表；一体化设计

1　引言

定位导航授时（Positioning，Navigation and Timing，PNT）技术，是提供时间和空间信息的关键技术。随着微纳卫星编队技术的发展，对PNT的依赖超过了以往任何时期，什么时间在哪儿，是人们最关心的问题之一[1]。PNT技术服务于国民经济、国家安全和军事领域，是综合国力和国际地位的显著标志。美国、欧洲以及中国等都先后制定了国家PNT发展规划，正在建立和完善本国或区域的PNT体系。

全球卫星导航系统（Global Navigation Satellite System，GNSS）是应用最广泛的PNT技术。GPS自1989年部署以来，卫星导航应用日益广泛。之后，相继出现了GLONASS、Galileo、Beidou三大全球卫星导航系统。目前，应用的GNSS接收机几亿部，几乎所有的军事系统和作战平台都依靠GNSS或基于GNSS的组合导航系统。卫星导航的出现已经成为现代战争必不可少的基石。2010年4月美国发生了因GPS地面控制系统升级导致至少86种使用GPS接收机的武器系统、超过10 000台设备近乎瘫痪的事件，从另一个侧面说明了美军对GPS系统的依赖程度。GNSS由于自身固有的局限性，限制了其在一些特定条件和环境下的应用[2-4]。归纳起来，主要包括：物理遮挡（自然峡谷、城市高楼、室内、地下、水下）；电磁干扰（无意干扰、敌意干扰）、高动态；轨道外用户无法使用（导航卫星轨道以外的空间）；GNSS自身的可用性和维持风险（空间卫星、地面主控站）。

目前，卫星定轨普遍采用GNSS接收机技术。但是，GNSS属于有源定位技术，存在诸多方面的弊端，容易发生信号中断等问题[5]。当前的惯性导航与高精度时钟技术，普遍存在体积质量大、功耗高等一系列使用限制问题。微型自主时空信息感知系统作为一种微型定位导航授时终端，具有以下优点：不依赖外界的信息源，具有自主性和高可靠性；它是GNSS的有益补充，降低用户对GNSS的依赖性；不存在物理遮挡和电磁干扰问题；支持高动态工作和GNSS轨道外用户；便携性（体积小、质量轻、功耗低）。因此，微型定位导航授时终端具有迫切的应用需求和广阔的应用领域，主要应用包括：1）解决微纳卫星、无人机飞行对GNSS制导的依赖性和可靠性问题，提供完全自主的低功耗、微型化、高动态、高精度导航手段；2）解决水下航行器、城市车辆及林业作业车辆等面临的GNSS长时间不能使用或受干扰的情况，以及对低成本、低功耗、微型化、长时间、高精度自主导航手段的需求问题。

2 自主时空信息感知系统构成

为了克服现有技术的不足，本文提出了一种微纳卫星自主时空信息感知系统，解决了对 GNSS 的依赖问题。在 GNSS 信号拒止的条件下，通过高精度时钟提供精确的时间信息，通过惯性导航提供短时高精度位置、速度、姿态信息，保证位置、速度、姿态、时间信息的连续和可获得。在星敏感器不可用时，提供高精度的姿态信息。在 GNSS 和星敏正常工作的条件下，利用接收机提供的高精度位置、速度信息、时间信息通过融合滤波，进行惯性导航误差修正和时钟误差修正，提高 GNSS 信号拒止条件下输出的位置、速度、时间信息的精度；利用星敏提供的姿态信息，进行惯性导航姿态误差的修正，提高星敏工作异常情况下的姿态信息精度。

根据系统应用需求设计了微纳卫星用自主时空信息感知系统，其构成包含三轴 MEMS 陀螺、三轴 MEMS 加速度计、微处理器、微型原子钟、通信接口芯片；三轴 MEMS 陀螺是分别独立的 3 个陀螺仪，每个陀螺仪均是表头、电路一体化芯片级的微陀螺，精度优于 1°/h；三轴的 MEMS 加速度计也是分别独立的 3 个加速度计，每个加速度计均是表头、电路一体化芯片级的微加速度计，精度优于 100 μg；对外通信接口，能够接收 GNSS 的时间、位置、速度信息以及星敏提供的卫星姿态信息等；微处理器完成惯性导航初始对准、惯性捷联解算、惯性/GNSS 组合导航、惯性/星敏组合导航计算，实现误差消除与数据融合。图 1 为自主时空感知单元。

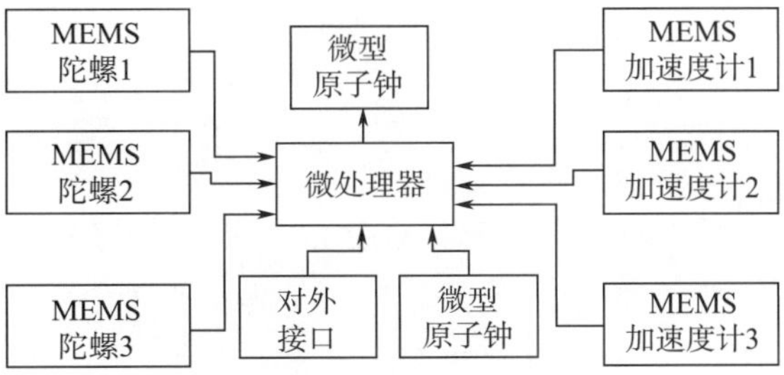

图 1 自主时空感知单元

3 系统集成设计

为了减小系统的体积和降低系统内部的连线复杂度，系统采用刚挠板一体化设计，集成到一块刚挠结构的电路板上，实现一体化制造。在制造完成之后，通过挠性弯曲安装于正交结构面上，实现 MEMS 惯性仪表的三轴正交。MEMS 陀螺和 MEMS 加速度计采用高精度仪表，三轴分别独立。

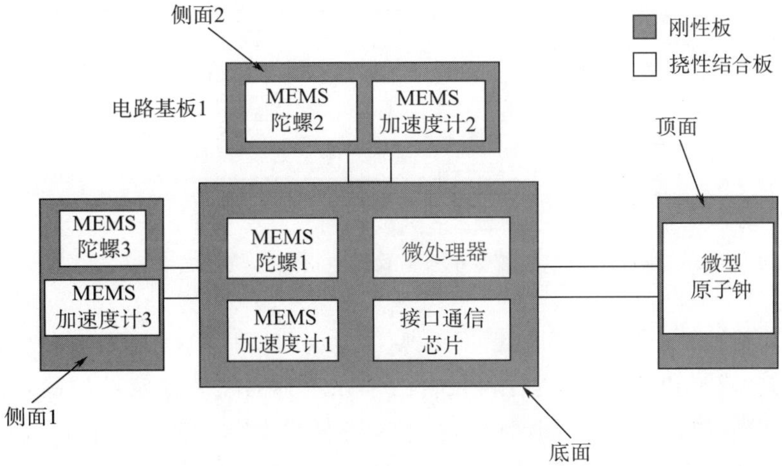

图 2 系统刚挠一体化结构布局

两个侧面通过相对底面 90°的弯曲固定在结构的两个侧面上。微型原子钟安装于顶面上，通过相对底面 180 度的弯曲固定在结构的顶板上，最大限度地利了结构空间。

图 3 是系统刚挠电路板弯曲折叠后的结构图，保证安装面的正交性和抗阵性，电路板的每个安装面均留有螺纹安装固定孔。为了防止变形，每个安装面的固定孔不少于 4 个，均匀分布在安装面的边缘处。折叠过的电路通过螺钉固定于结构外壳上，通过底部固定的方式安装于微纳卫星上。

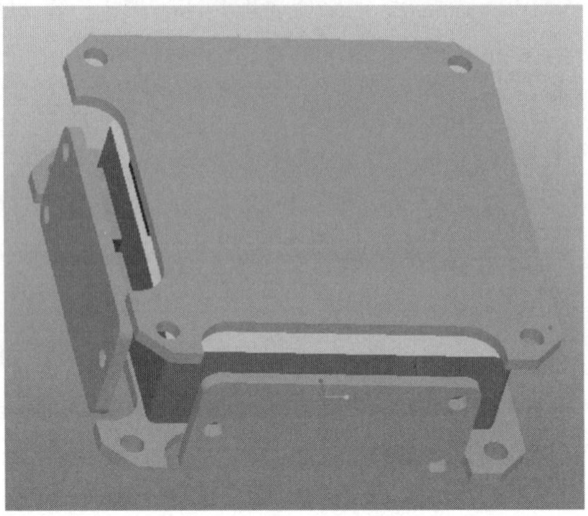

图 3　系统刚挠一体化结构布局

4　系统的工作原理

微型自主信息感知系统工作原理如图 4 所示。MEMS 陀螺仪测量得到载体正交三轴的角速度信息，MEMS 加速度计测量得到载体正交三轴的加速度信息，在微处理器中完成捷联解算，输出位置、速度、姿态信息给 Kalman 滤波处理模块。自主时空感知系统接收来自外部的星敏信号，与惯性导航输出的姿态信号进行 Kalman 滤波处理，消除惯性捷联解算的姿态累积误差；惯性/GNSS 组合 Kalman 滤波模块完成 MEMS 惯性仪表的误差估计和惯性导航误差的估计，实现导航误差的修正，完成系统输出，同时输出的惯性仪表误差给捷联解算模块，实现后续捷联解算的精度提升。惯性/GNSS、惯性/星敏两个滤波环路相互独立，可以保证 GNSS 或星敏异常时的连续可靠工作。

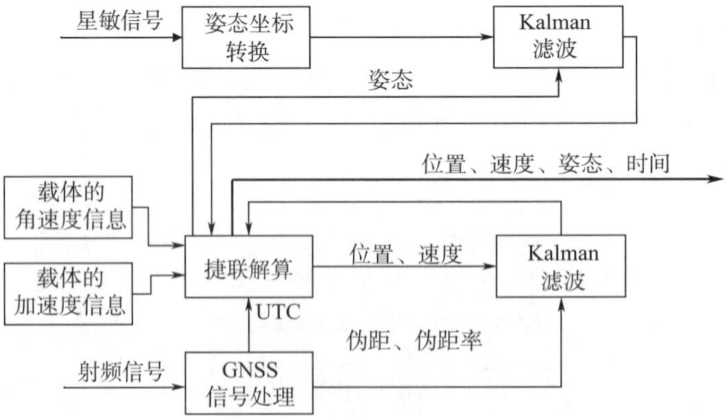

图 4　微纳卫星自主式时空信息感知系统

GNSS 接收机正常工作时，可以输出高精度的 UTC 整秒时间信息和 1PPS 秒脉冲信号，对基于原子钟的自主时空信息感知系统的时间信息进行校正。由于原子钟的频率稳定性较高，因此自主时空信息感知系统可以在较长时间内维持较高的时间精度。在 GNSS 两次 UTC 校正周期内，微型原子钟可以提供高精度的频率基准信息，用于维持自主时空感知系统时钟信息的高精度。基于接收机输出的 UTC 整秒时间和高精度的原子频率基准信息，通过时间传递和时间保持，可以输出高精度（优于1纳秒）的时间信息，保证卫星时间信息的精度和可靠性。自主时空信息感知系统也可以输出高精度的时间同步信号，给协同工作的卫星或其他飞行器进行授时，实现协同工作飞行器的时间一致性。图5为授时工作原理图。

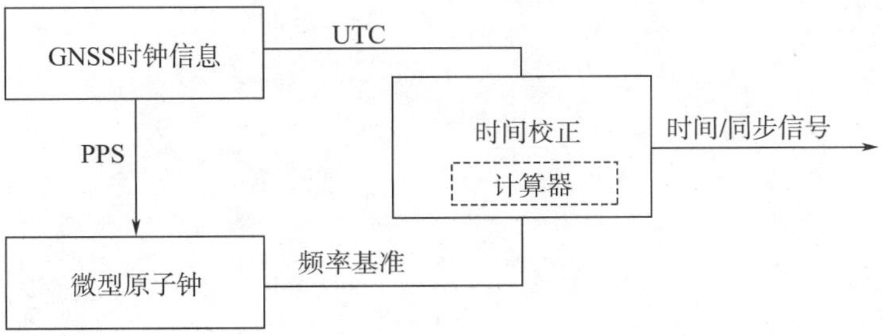

图5　授时工作原理图

5　技术发展分析

美国一直依赖于卫星的GPS来进行空中、陆上和海上导航，一个简单的接收器再加上处理器就是进行精确导航的全部所需条件。但是，如果GPS卫星一旦因故障、敌对打击或干扰等原因无法提供服务时，就是致命的灾难[6-8]。

为了应对上述问题，采用不依赖于任何外部信息的自主导航授时仪器是一个理想的解决方案。美国DARPA从2002年起陆续分别资助芯片级原子钟（CSAC）、集成化微型主原子钟技术（IMPACT）、导航级集成微陀螺（NGIMG）、信息控制的自主旋转平台（ITMARS）、微型惯性导航技术（MINT）共5项研究。2010年1月，启动“微型定位导航授时技术”（Micro－PNT）计划[9]，新增5个项目：微尺度速率积分陀螺（MRIG）、活动层的初级和次级校准（PASCAL）、单芯片时间和惯性测量单元（TIMU）、芯片级组合原子导航仪（C－SCAN）以及惯性导航和授时设备使用的记录分析平台（PALADIN&T）。到目前为止，DARPA已投入近5亿美元实施Micro－PNT计划，近三年的投入累积达1.12亿美元。参加上述项目的单位包括Northrop公司、Honeywell公司、Archangel公司、Boeing公司、Symmetricom公司、Rockwell公司、OE Waves公司、Draper实验室、Sandia国家实验室、JPL实验室、NIST、加州大学欧文分校和伯克利分校、密歇根大学等多家单位。

芯片级授时和惯性测量单元（TIMU）项目的目标是通过一体化制造一个完整的MEMS TIMU（包括3个陀螺仪、3个加速度计、时间振荡器）推动当前尺寸、质量、功耗达到更低的范围。TIMU的研发者通过各种不同的技术和材料系统实现这一目标，包括单片硅、折叠和层叠的硅或熔融石英进行实现，图6为一个单片硅TIMU。

图6　单片硅TIMU

另一种 TIMU 演示方案是金字塔构型的芯片级 TIMU，如图 7 所示。

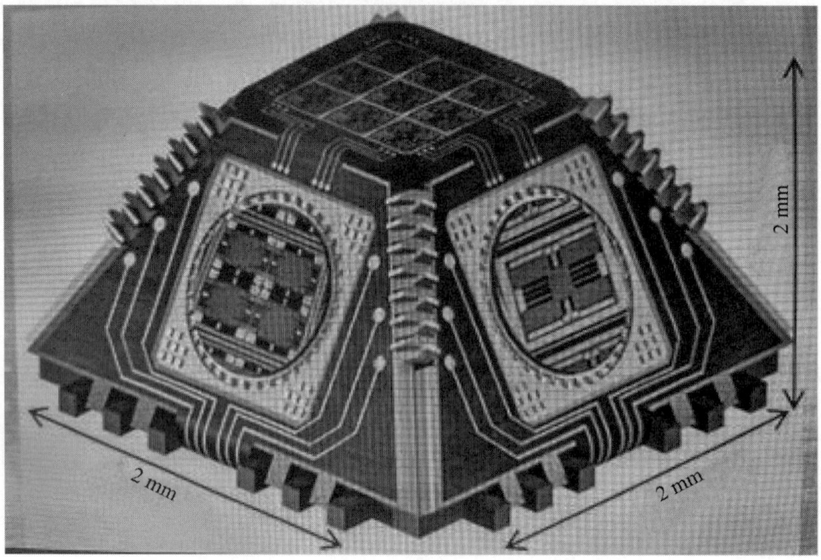

图 7　金字塔结构的 TIMU

国外 TIMU 还处于概念阶段，主要是由于高精度芯片级惯性仪表还不成熟，系统集成技术有待进一步突破。目前，高精度 MEMS 陀螺仪表的敏感轴垂直于仪表芯片表面，系统工作需要三轴惯性仪表正交安装，最小的原子钟体积约为 1 cm^3，单片硅 TIMU 短期内难以实现。金子塔结构的 TIMU 可以满足 MEMS 仪表三轴正交或斜交的要求。另外，金字塔结构的 4 个安装面之间的固定和连接工艺，需要进行专门的设计和工艺攻关。

相比国外，我国在微型陀螺、微型加速度计、芯片级原子钟、MEMS 系统集成工艺等主要方面的性能指标、体积、功耗等各个方面存在较大的差距[10]。国内的 MEMS 惯性仪表与国外精度相差一个数量级，芯片级原子钟体积在约为 18 cm^3，短期内难以实现芯片级集成。就目前的惯性仪表和芯片级原子钟的技术水平而言，不能采用国外的 TIMU 集成方案。根据国内的仪表水平和集成工艺水平，采用刚挠一体化的设计思路，是一种可行且具有较高集成度的实现途径。

6　结束语

基于国内的仪表技术水平和集成工艺水平，本文提出了一种微纳卫星自主时空信息感知系统技术解决方案，设计了系统的集成方式和三维构型，给出了系统的工作原理。当空间微纳卫星短期 GNSS 失效或星敏感器短时无法正常工作时，自主时空信息感知系统能够提供高精度的时间和空间信息，保障微纳卫星或星座的可靠长期在轨运行。

参考文献

[1] National PNT Advisory Board. Jamming the Global Positioning System - A national security threat: Recent events and potential cures, Nov. 2010.

[2] Scott, Logan. J911: The Case for Fast Jammer Detection and Location Using Crowdsourcing Approaches, Proceedings of the 24th International Technical Meeting of The Satellite Division of the Institute of Navigation (ION GNSS 2011), Portland, OR, September 2011, pp. 1931 - 1940.

[3] Stansell T, Scott, L., Interference and Jamming: Causes, Consequences, and Solutions Inside GNSS, August 2012.

[4] 冯建国，邓海峰，李泰清．浅谈卫星航系统 [J]．科学论坛，2014：305.

[5] 张红波，张风国，甄卫民．美国国家定位导航授时体系结构转型计划概况 [J]．全球定位系统，2013 (2)．

[6] Van Dyke K, Vicario J, Hothem L. National positioning, navigation, and timing architecture study [C]. American Geophysical Union, Fall Meeting, 2007.
[7] Van Dyke. National PNT architecture implementation [C]. FAA APNT Industry Day, 2012.
[8] Robert Lutwak. Micro - technology for positioning, navigation, and timing towards PNT everywhere and always. 2014 International Symposium on Inertial Sensors and Systems (ISISS), 2014.
[9] A. M. Shkel. Precision navigation and timing enabled by microtechnology: Are we there yet? In Proceedings of the ION 2013 Pacific PNT Meeting, Honolulu, Hawaii, 2013, pp. 1049 - 1053.
[10] 刘翔，谭天乐，龙华保. 基于微技术的精确导航和授时. 飞行控制与光电探测，2012，147：32 - 36.

System Technology of Autonomous Time - Spatial Information Sensing in Micro/Nano - satellite

WANG Guodong, YANG Liang, ZENG Xianchao, LI Haibing, ZHUANG Haihan, SUN Peng
Beijing Institute of Aerospace Control devices, Beijing 100094

Abstract For the failure of Time - Spatial information sensing during GNSS signal invalidation, a Autonomous Time - Spatial Information Sensing system was introduced, which can provide accurate position, velocity, attitude and time. Work principle and function of system was illustrated in detail. Systemic structure and main technology point was presented. Development and trend in this field was analyzed, it demonstrated that the proposed was new and vigorous in engineering.

Key words Autonomous navigation; Positioning and timing; Chip level atomic clock; Micro inertial instrument; Integrated design

作者简介

王国栋，男，高级工程师，就职于北京航天控制仪器研究所，研究方向是惯性导航、组合导航，电子邮箱：wgdexpress@163.com。

小卫星地面供配电测试系统发展研究

庄会慧　阎梅芝　张桂英　张涛
航天东方红卫星有限公司，北京　100094

摘　要　小卫星地面供配电测试系统是卫星综合测试系统的重要组成部分，它通过地面脱落电连接器与卫星星表插头相连，以有线方式对卫星重要参数进行测量、状态监视和供配电控制，能满足卫星在各阶段和各种试验场合的整星测试任务要求。随着小卫星高度集成化及自动化技术的快速发展，小卫星地面供配电测试系统在多个方面也实现了跨越式发展。本文介绍了供配电测试系统的功能，阐述了供配电测试系统发展历程及现状，分类说明了测试系统的原理及特点，展望供配电测试系统发展趋势，使其更好地适应未来小卫星产品的测试需求。

关键词　小卫星；供配电；测试系统；概述

1　引言

小卫星综合测试通常指的是卫星电气性能的测试，支持综合测试的设备是电气地面支持设备（Electrical Ground Support Equipment，EGSE）[1]，卫星电气地面支持设备分为很多种，而供配电测试系统是卫星电气地面支持设备重要组成之一，是卫星综合测试系统的重要组成部分，它通过星表脱落电连接器与卫星相连，以有线方式对卫星重要参数进行测量、状态监视和供配电控制，能满足卫星在各阶段和各种试验场合的整星测试任务的要求。同时，它通过局域网与总控设备相连，具备本地和远程控制功能。

供配电测试系统在整星综合测试过程中发挥着重要作用，具体功能如下：

1）实施卫星各种测试状态下的供配电控制以及脱落电连接器电脱控制；

2）对星上蓄电池组的接通和断开进行控制；

3）提供卫星姿控分系统的加、断电控制指令；

4）对卫星有线测量参数进行监测；

5）保证地面稳压源的供电通路，并对其供电电流进行测量；

6）自检和校准功能；

7）具有本地计算机控制和总控计算机远程控制的功能；

8）具有星上火工品电路检测功能；

9）具有模拟星上状态功能；

10）可使用万用表对星上模拟量直接进行测量。

2　供配电测试系统发展历程

随着小卫星高度集成化及测试自动化技术的快速发展，小卫星地面供配电测试系统在多个方面也实现了跨越式发展，为小卫星设计、研制及整星测试提供了有力保障。小卫星供配电测试系统主要历经了三次更新换代，逐渐向模块化、产品化、通用化、小型化等方向发展。第一代供配电测试系统主要基于模拟电路技术构建设计，第二代供配电测试系统主要基于PLC技术构建设计，第三代供配电测试系统主要基于PXI总线技术构建设计。

（1）第一代供配电测试系统：基于模拟电路技术构建

在小卫星发展的初期，第一代供配电测试系统主要基于模拟电路构建，功能相对简单，基本原则就是采用简单、可靠、有效的方法进行设计。模拟电路测试系统，系统体积庞大，构建较为复杂，通用性差，硬件冗余严重，集成化程度较低。该系统中单机设备并不是成熟的产品化模块，设备中的电路为设计师自主设计，通过分立元器件搭建而成。第一代供配电测试系统在型号中的成功应用，为后续测试设备的发展积累了丰富经验和改进措施。

（2）第二代供配电测试系统：基于 PLC 技术构建

鉴于第一代测试系统的局限性，随着测试技术和 PLC 工业控制技术的发展，供配电测试设计师研制了第二代供配电测试系统，该测试系统主要基于 PLC 技术构建设计，采用 PLC 和网络通信技术联合开发，是一种新型分布式控制系统。可编程逻辑控制器（Programmable Logic Controller，PLC）是集微处理技术、自动化技术和通信技术为一体的实施控制装置[2]。第一代卫星供配电测试系统电气电路复杂，可靠性不高，不便维护，采用 PLC 技术的供配电测试系统可实现多台供配电测试设备的自动控制和整套系统的优化控制。第二代供配电测试系统有两种设备：专用 PLC 供配电测试设备和通用 PLC 供配电测试设备。

①专用 PLC 供配电测试设备

专用 PLC 供配电测试设备，该设备充分继承了供配电测试设备安全隔离设计等原则，采用 PLC 模拟量采集、数字量采集与控制模块，选取标准封装的电磁与固态继电器（自带隔离功能）、集成度较高的双端隔离放大模块构建，取消了稳压源控制与采集功能，在体积、可维修性、研制与构建效率，软件控制智能化程度等方面比第一代测试设备有了大幅提高。

②通用 PLC 供配电测试设备

由于专用 PLC 测试设备与第一代供配电测试设备均不具备设备之间的互换性，不同型号设备的对外接口、内部资源均不尽相同，测试设备型号间不能通用。因此研制了通用 PLC 供配电测试设备，该设备统筹所有在研及后续小卫星对有线低频测控的需求，制定了统一的接口标准，增加了低频电缆防插错功能，实现了同一套地面设备可以应用在不同的卫星型号，且利用技术手段杜绝了电缆连接错误等低层次质量问题的发生。

（3）第三代供配电测试系统：基于 PXI 总线技术构建

随着小卫星功耗及母线电压的逐渐升高，且受系统功能及 PLC 本身模块限制，供配电测试设备体积进一步降低存在瓶颈，供配电测试设计师研制了第三代供配电测试系统，该测试系统主要基于 PXI 总线技术构建设计，面向仪器系统的 PCI 扩展（PCI extensions for Instrumentation，PXI）是一种由 NI 公司发布的坚固的基于 PC 的测量和自动化平台[3]。第三代供配电测试系统有两种设备：PXI 一体化供配电测试设备和 PXI 便携式供配电测试设备。

①PXI 一体化供配电测试设备

PXI 一体化供配电测试设备是一种基于 PXI 和 Macpanel 的一体化综合测试系统，该系统内包括供配电模拟、数字量采集、控制模块，测控高频解调模块以及星务数据通信模块，其中供配电部分取消了对稳压电源硬件供电控制通路与采集功能，而直接通过网络远程连接实施控制，选用的采集与控制模块输入范围、可靠性大幅度提高。

③PXI 便携式供配电测试设备

PXI 一体化供配电测试设备模拟量测量板卡及单独的隔离模块占用的资源和空间相对较大，为适应未来商业遥感、快速发射卫星对地面测试系统快速构建和快速转场的需求，研制开发了 PXI 便携式供配电测试设备，在最大程度考虑满足当前及未来测量功能需求、指标、通用性的前提下，实现了模拟量隔离、采集模块的国产化与小型化，同时进行控制器、板卡机箱与显示器等一体化设计，简化了接口适配器的实现方法，实现了脱插脱落电源与信号采集机箱分体设计模式，在电源模块拆下后（大部分测试阶段不需要进行脱插脱落电脱试验），设备高度仅为 2.7U，在设备指标、使用的灵活性、资源的丰富性及小型化、便携性等方面均创下历史新高。

3 供配电测试系统构建原理

3.1 基于模拟电路技术的供配电测试系统

模拟电路供配电测试系统主要由工控机、测量显示控制单元、地面配电器、通用地面配电器电源箱及通信电缆组成，内部电路主要包括模拟量隔离、放大、采集电路，数字量光耦隔离、延时显示，数字量输出驱动电路等，所有电路均为分立元器件搭建而成。模拟电路供配电测试系统对稳压电源及太阳电池方阵模拟器供电通路均进行了控制，并对输出电压、电流进行采集。

3.2 基于PLC技术的供配电测试系统

（1）专用PLC供配电测试系统

专用PLC供配电测试系统主要包括工控机、总线通信卡、PLC设备（中央控制单元CPU、电源模块PS、模拟量采集模块AI、状态量采集模块DI、开关量输出模块DO、隔离放大器、固态继电器、电磁继电器等）、通用卫星等效器和软件（软件代码及其客户端所需的运行环境，与总控远程通信软件）。系统中X5A和X8为PLC设备自检接口，连接自检电缆，可进行设备自检，专用PLC设备不单独控制稳压源输出的通断。

专用PLC供配电测试系统原理见图1。

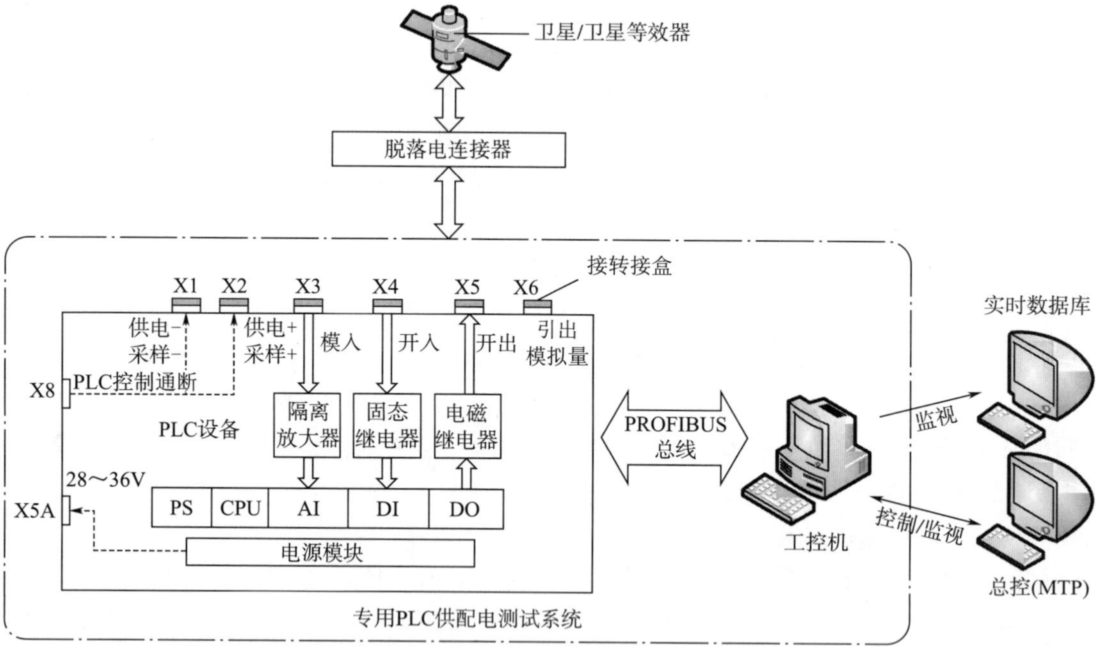

图1 专用PLC供配电测试系统原理框图

（2）通用PLC供配电测试系统

通用PLC供配电测试系统主要包括工控机、总线通信卡、PLC机箱（中央控制单元CPU、电源模块PS、模拟量采集模块AI、状态量采集模块DI、开关量输出模块DO、隔离放大器等）、测量显示机箱、通用卫星等效器和软件（软件代码及其客户端所需的运行环境，与总控远程通信软件）。系统中X5A和X8为PLC设备自检接口，通用PLC设备对稳压源输出进行控制，此时稳压源输出电缆需连接测量显示机箱的X8接口。

通用PLC供配电测试系统原理见图2。

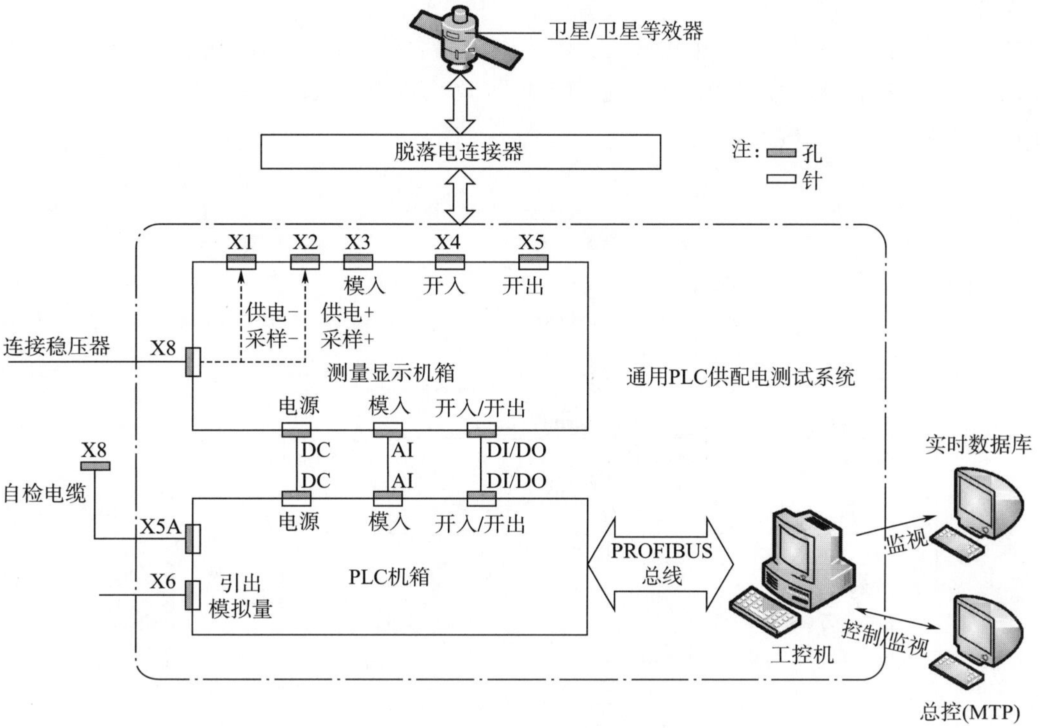

图 2 通用 PLC 供配电测试系统原理框图

3.3 基于 PXI 总线技术的供配电测试系统

（1）PXI 一体化供配电测试系统

PXI 一体化供配电测试系统主要由 PXI 设备（PXI－AI 板卡、PXI－DI 板卡、PXI－开关板卡、PXI 控制器）、工业控制计算机、地面电缆网、通信模块、外置电源模块、通用卫星等效器和测试软件及电缆组成。PXI 一体化供配电测试系统原理见图 3。

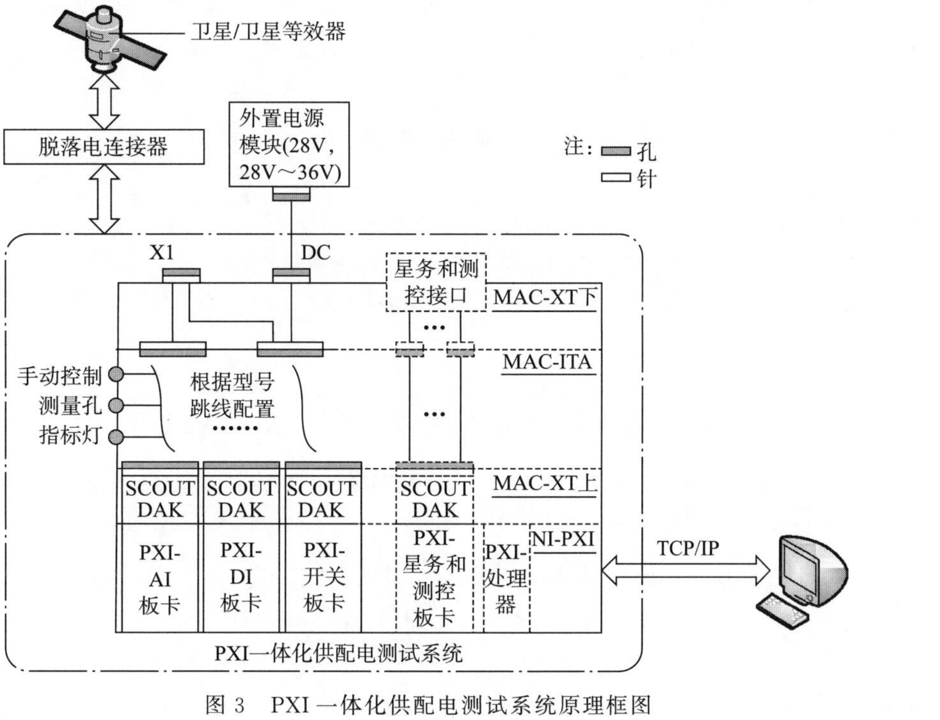

图 3 PXI 一体化供配电测试系统原理框图

（2）PXI 便携式供配电测试系统

PXI 便携式供配电测试系统主要由电源盒、PXI 一体化套件（PXI－AI 板卡、PXI－DI 板卡、PXI－DO 板卡和 PXI 控制器）、星地接口适配器、通用卫星等效器和测试软件及电缆组成。

PXI 便携式供配电测试系统原理见图 4。

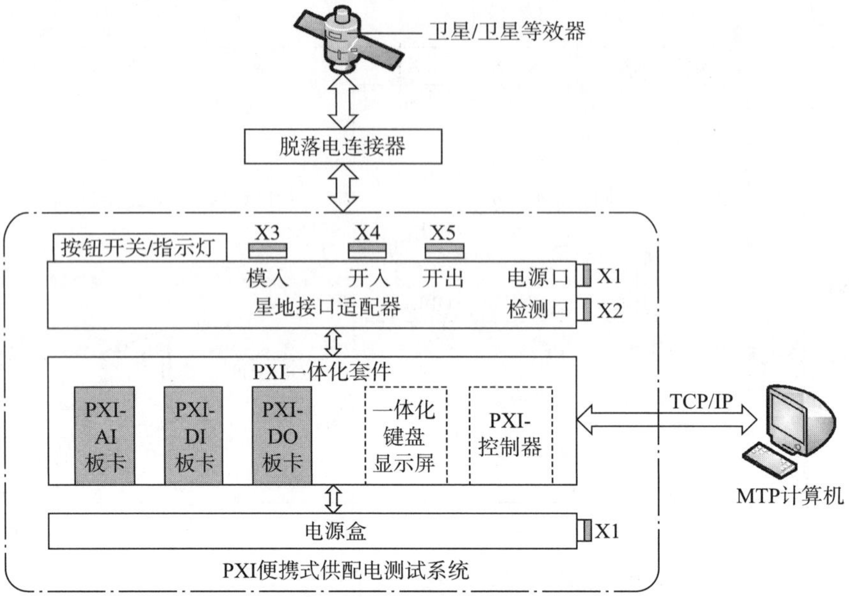

图 4　PXI 便携式供配电测试系统原理框图

4　未来展望

随着小卫星技术和测试技术的快速发展，卫星地面供配电测试系统主要发展趋势及特点包括：测试设备电路有模拟向数字化、软件代替硬件的方向发展，构建方式逐步由分立器件向模块化、由专用化向通用化、由大体积向小型化和便携式方向发展。未来供配电测试系统将会向高度集成化、自动化、智能化方向发展，测试设备自检流程将实现自动化，代替传统的人工参与自检。

参 考 文 献

［1］ 王庆成．航天器电测技术［M］．北京：中国科学技术出版社，2007.

［2］ 刘晓，管学兰．S7300 在卫星供配电测试设备中的应用［C］．小卫星技术交流会，2011.

［3］ 张黎明，孙宁，于慧亮，尹增山．基于 PXI 的卫星综合测试系统的设计与实现［J］．计算机测量与技术，2008，16（1）：27－29.

Development Overview of Test System for Micro－satellite Ground Power Supply

ZHUANG Huihui　YAN Meizhi　ZHANG Guiying　ZHANG Tao

DFH Satellite CO，Ltd.，Beijing　100094

Abstract　The test system of micro－satellite power supply is an important part of satellite comprehensive test system，and it connects the satellite catalog plug through the ground electric connector，measures the important parameters of the satellite，the status monitoring and power supply control in wired way, and to meet the requirements of satellite testing in various stages and various test cases. With the rapid development of high integration and automation of micro – satellites, the micro – satellite power supply test system has realized the leap development in many aspects. This paper introduces the function of power supply test system, expounds the development course and the present situation of power supply test system, shows the principle and characteristics , and looks forward to the development trend of power supply test system , to make it better adapt to the future test requirements of micro – satellite products.

Key words Micro – satellite; Power supply; Test system; Overview

作 者 简 介

庄会慧，男，工程师，就职于航天东方红卫星有限公司，主要从事小卫星供配电系统测试，电子邮箱：z19860111@163.com。

小卫星高分辨率相机轻小型光学系统的研究

陈丽　申舒　沈为民

苏州大学物理与光电·能源学部　教育部现代光学技术重点实验室，苏州　215006

摘　要　小卫星因其研制发射成本低、灵活性强、性能高、体积轻小等优势，在通信领域、空间遥感、军事侦察等方面具有十分广泛的应用前景。为适应小卫星平台和高的对地观测能力，高分辨率轻小型相机光学系统的设计与研制尤为关键。本文介绍了近年来小卫星高分辨率空间相机光学系统，研究了低地球轨道详查高分辨率相机的小型化、轻量化设计，给出基于同轴三反、离轴三反、离轴四反及环形孔径多种类型面视场成像紧凑光学系统设计思想与结果，比较分析了其成像性能、可实现性与特点。

关键词　小卫星相机；轻小型；高分辨率；面视场成像；光学系统设计

1　引言

随着卫星在通信领域、空间遥感、军事侦察等方面的需求日益旺盛及其搭载载荷能力的不断增强，高性能、低成本、轻小型小卫星已经成为未来航天领域发展的重要趋势之一。

1999 年成功发射的 Ikonos - 2 卫星是世界上第一颗成功发射并运营的高分辨率商业遥感卫星[1]，光学系统采用三反消像散结构，全视场角 1°左右，体积 Φ787 mm×1 524 mm，质量 171 kg。用于对地观测的 Quick Bird - 2 卫星于 2001 年成功发射[2]，所搭载的 BHRC60 相机光学系统采用无中心遮拦离轴三反结构，工作波段从可见光到近红外，体积 1 150 mm×1 410 mm×1 950 mm，质量 138 kg。2005 年由英国成功发射的 Topsat 卫星采用离轴三反光学系统[3]，体积 800 mm×610 mm×400 mm，质量 32 kg。2009 年发射的阿联酋首颗对地观测小卫星 DubaiSat - 1 卫星光学系统采用同轴两镜折反系统[4]，体积 Φ420 mm×755 mm，质量 38.7 kg，相比于三反系统，该两镜折反系统相对较长。2011 年成功发射的法国 Pléiades 卫星[5]全视场角 1.65°，体积 1 594 mm×980 mm×2 235 mm，质量 228 kg。2014 年我国发射的高分 2 号[6]地面分辨率 1 m，光学系统采用同轴三反结构，体积 1 500 mm×700 mm×1 000 mm，结构紧凑。以上光学系统载荷均存在尺寸、体积过大，研制成本高且利用率低等缺点。随着卫星遥感技术的发展，美国的天空盒子成像公司研制的“天空卫星” Skysat 系列小卫星[7]于 2013 年成功发射 Skysat - 1 卫星，将大数据、小卫星的概念引入当今航天领域研究的热潮中。目前，引人瞩目的美国 Planet Labs 公司的鸽子 DOVE 微小卫星体积不到 0.003 m^3，质量不超过 10kg[9]，具有体积轻小、结构简单、造价低廉等优势，将成为未来研究的热点。表 1 为各国主要轻小型卫星参数对比

表 1　各国主要轻小型卫星参数对比

卫星	Ikonos - 2	QuickBird - 2	Topsat	DubaiSat - 1	Pléiades	高分 2 号	Skysat - 1
轨道高度/km	681	450	600	720	694	600	600
刈幅宽度/km	13	16.5	15	20	20	45	8
地面分辨率/m	1	0.61	2.5	2.5	0.7	1	0.9
焦距	10 m	8.8 m	1 680 mm	1 400 mm	13 m	7.8 m	3.6 m
入瞳直径/mm	600	600	200	300	650	520	350
F 数	14.3	14.7	8.4	4.67	20	15	10.4
全视场角	1°	2.12°	1.4°	0.84°	1.65°	2.1°	—
相机质量/kg	171	138	32	38.7	228	—	—

近年逐步发展的小卫星遥感技术，通过缩短卫星寿命、减小卫星体积、减轻工作任务等手段降低其研制成本、增大卫星利用率，从而实现快速、准确、大范围内实时对地观测。因此，高分辨率轻小型光学相机的研制迫在眉睫。本文通过近年来小卫星光学系统的发展形势研究了低地球轨道详查高分辨率相机的小型化、轻量化设计，给出基于同轴三反、离轴三反、离轴四反及环形孔径多种类型面视场成像紧凑光学系统设计思想与结果，并比较分析了其成像性能、可实现性与特点。

2　小型化、轻量化设计思想

2.1　选用 CMOS 探测器

空间相机光学系统的基本指标参数由口径、视场、工作波段和焦距构成，其中口径的大小由地面分辨率和轨道高度决定，轨道高度和刈幅幅宽决定了系统的视场范围，焦距 f 由探测器像元尺寸 p 、轨道高度 H 、地面分辨率 GSD 四者之间的关系 $p/GSD=f/H$ 确定，因此分辨率要求越高，系统焦距越长，从而导致整个光学系统尺寸、质量也随之增大，不利于小型化、轻量化设计。在轨道高度和分辨率要求已知的情况下，合理选用 CMOS 小像元尺寸探测器可有效缩短焦距。CMOS 探测器具有低成本、低功耗、高整合度、像元尺寸小等特点，可以将接收的信号直接放大，无需外部电路控制，但相比 CCD 探测器，存在噪声较大、分辨率略低的不足，随着 CCD 与 CMOS 传感技术的进步，两者的差异在逐渐缩小。目前 CMOS 探测器已经越来越多的应用于光学系统中。

2.2　简化光学系统结构

系统结构的简化可通过以下两种方式：其一，合理分配各部分元件的光焦度，选取合适的摄远比，在有限范围内减小光学系统变倍组和补偿组的焦距缩短系统长度从而实现小型化、轻量化[9]；其二，通过多次反射折叠光路减小系统长度，例如环形孔径超薄系统，在固定长度内得到较长焦距，结构紧凑，但存在多次反射损失光能量，遮拦比大从而导致 MTF 值较低等不足。这种方式可通过光学系统设计与数字图像处理相结合改善不足之处，从而提高图像质量。

3　光学系统设计

3.1　三反射系统

根据应用要求，拟卫星轨道高度 $H=500$ km，探测器选用 LCIS64M 型 CMOS 器件，其焦平面像元尺寸为 5.67 μm×5.67 μm，设地面像元分辨率 2 m，相机工作于可见光 450～800 nm 波段，由此可得该相机有效焦距为 1 417.5 mm，相机对地面目标成像，在光照条件和焦平面探测器选定的情况下，其 SNR 由光学系统的相对孔径和透过率决定，根据经验，选择光学系统入瞳直径为 $D=200$ mm，此时相对孔径 F 数约为 7.09，选取地面 16.384 km×16.384 km 范围内成像，则全视场角为 1.88°×1.88°。

3.1.1　同轴三反系统

同轴三反系统具有结构紧凑、校正像差自由量多、易控制系统杂散光等优点，如图 1 所示，采用有中间实像同轴三反，为解决次镜通光孔径对入射光线的一次遮拦和转折平面反射镜对成像光束二次遮拦问题，让主、次镜形成的中间实像位置和三镜形成的系统出射光瞳位置同时在平面转折反射镜上或附近，通过缩小主、次镜焦距提高三镜放大倍率避免二次遮拦[10]，同时可让平面转折反射镜的中心孔和通光口径均尽可能小。该系统具有结构紧凑、易于装调等特点，其光学系统外部尺寸：236 mm×200 mm×254 mm。图 1 为同轴三反系统光路，图 2 为调制传递函数曲线，表 2 为系统结构参数。

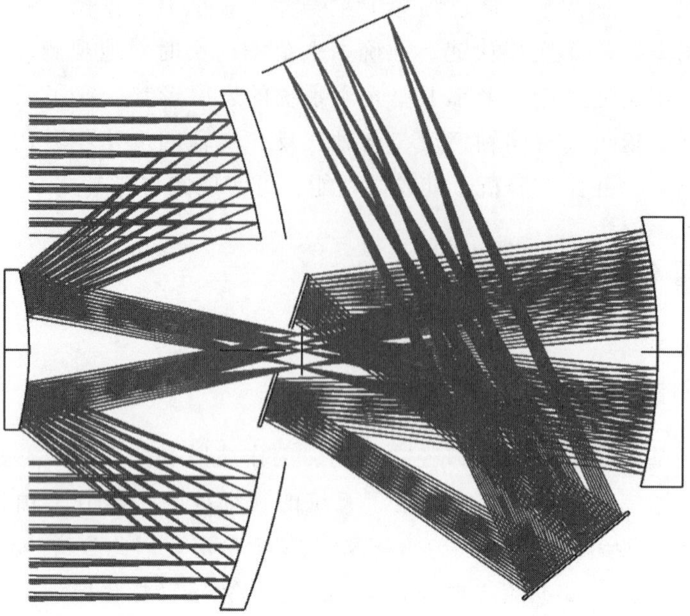

图 1　同轴三反系统光路

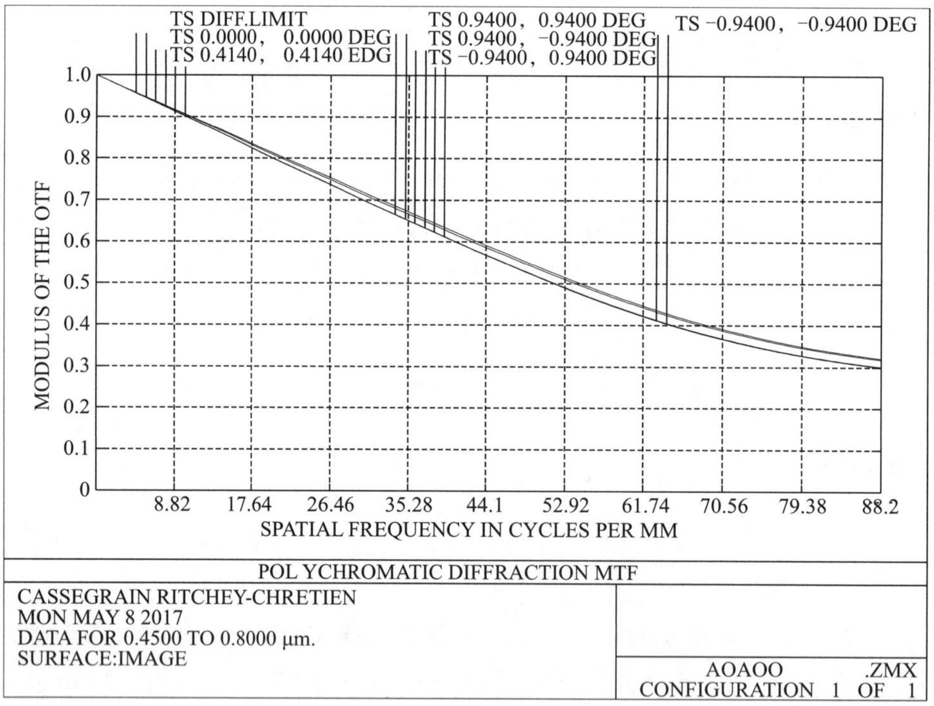

图 2　调制传递函数曲线

表 2　系统结构参数

元件名称	曲率半径/mm	间距/mm	非球面系数
主镜 M1（Stop）	−276.20	−98.81	−0.961
次镜 M2	−121.98	273.73	−3.034
三镜 M3	−264.98	−150.14	−0.512
平面镜 P1	infinity	143.24	—
平面镜 P2	infinity	−229.80	—
IMA	infinity	—	—

3.1.2 离轴三反系统

离轴三反利于设计较大视场，相比同轴三反而言，具有无遮拦、成像质量高等特点，光学系统设计如图 3 所示，整体结构紧凑，在中间像处放置视场光栏将有效抑制杂光，光学系统外部尺寸：337 mm×337 mm×372 mm。图 3 为离轴三反系统光路，图 4 为调制传递函数曲线，表 3 为系统结构参数。

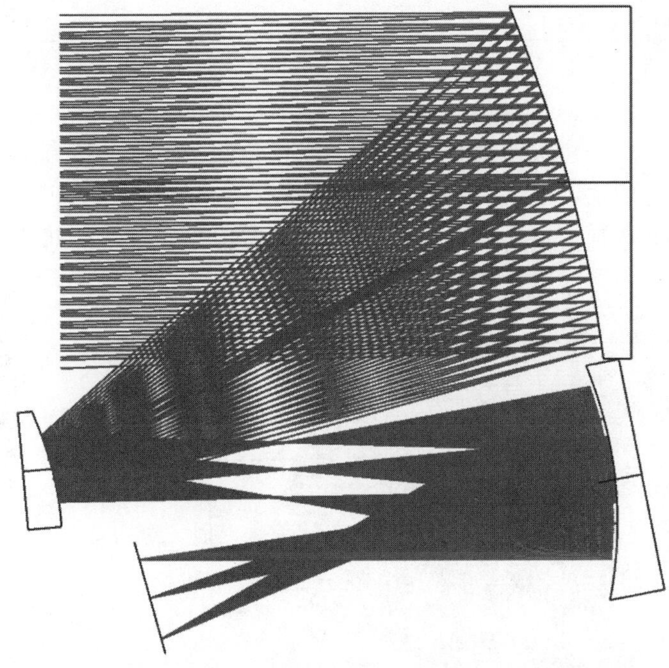

图 3　离轴三反系统光路

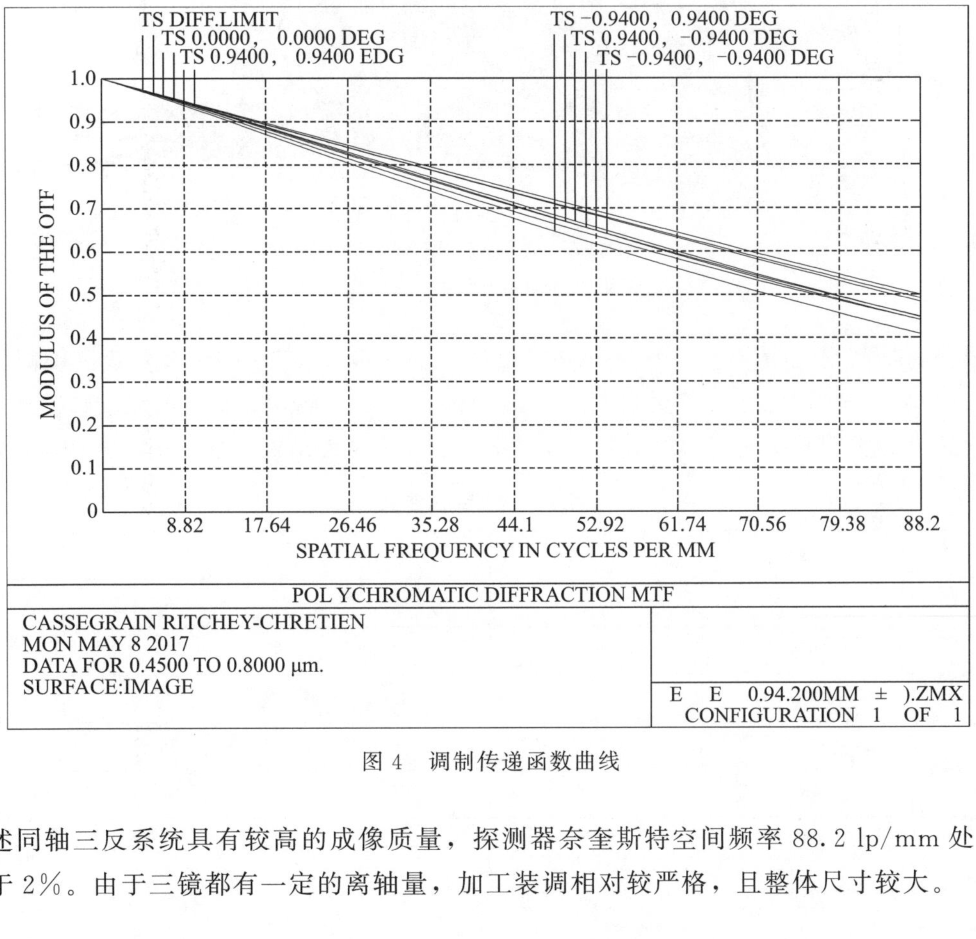

图 4　调制传递函数曲线

相比上述同轴三反系统具有较高的成像质量，探测器奈奎斯特空间频率 88.2 lp/mm 处 MTF≥0.4，最大畸变小于 2%。由于三镜都有一定的离轴量，加工装调相对较严格，且整体尺寸较大。

表 3　系统结构参数

元件名称	曲率半径/mm	间距/mm	非球面系数	Decenter *Y*	Tilt About *X*
主镜 M1（Stop）	−763.17	−330.23	−0.939	−200	1.11
次镜 M2	−167.04	331	−1.629	5.25	−4.94
三镜 M3	−232.74	−264.14	−0.326	−8.43	−1.13
IMA	infinity	—	—	−10.53	−3.34

3.1.3　离轴四反系统

离轴四反通常在离轴三反的一次像附近加入场镜或校正镜形成四反系统，兼具了三反消像散、无色差、结构紧凑等优点，同时增加了更多的自由度，具有较高的成像质量，所设计二次成像离轴四反系统是在上述离轴三反的基础上添加一块场镜所得 ，如图 5 所示，光学系统外部总尺寸：482 mm×612 mm。

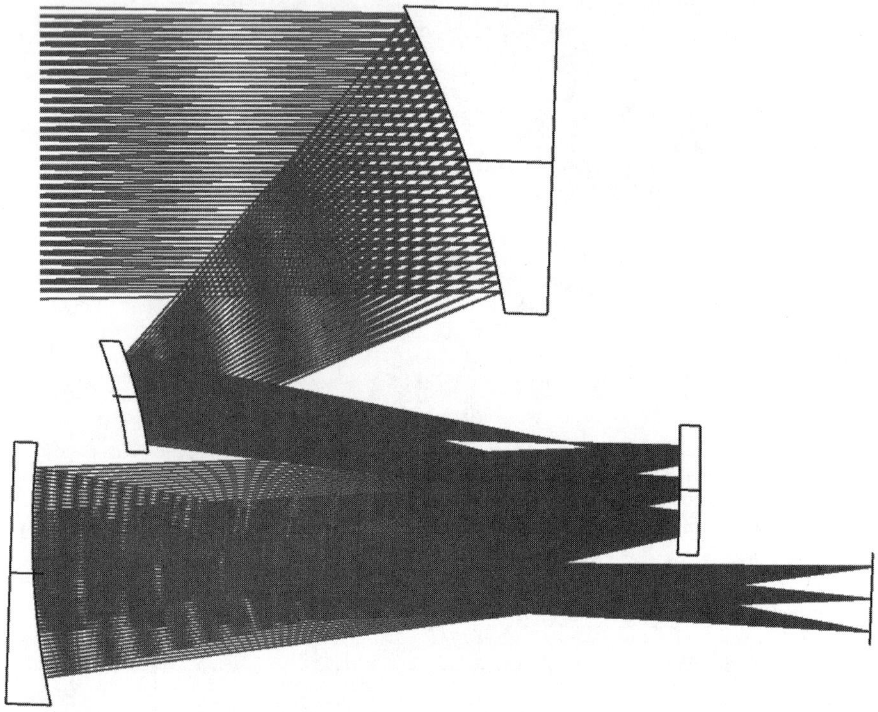

图 5　离轴四反系统光路图

在探测器奈奎斯特空间频率 88.2 lp/mm 处 MTF≥0.4，最大畸变小于 1%。该离轴四反整体在 y 方向离轴 240 mm，x 方向倾斜 1.8°，其中三镜存在离轴 1.8 mm，倾斜 0.06°，相比离轴三反具有相同的成像质量，整体尺寸较大，其中三镜的加工装调较严格。表 4 为系统结构参数，图 6 为调制传递函数曲线。

表 4　系统结构参数

元件名称	曲率半径/mm	间距/mm	非球面系数	6 次项系数	8 次项系数
主镜 M1（Stop）	−719.77	−269.57	−0.828	$3.02e^{-18}$	$-5.02e^{-25}$
次镜 M2	−260.01	384.57	−1.991	0	0
三镜 M3	−1655.35	−470.00	4.996	0	0
四镜 M4	589.67	611.55	−0.659	$-6.28e^{-16}$	0
IMA	infinity	—	—	—	—

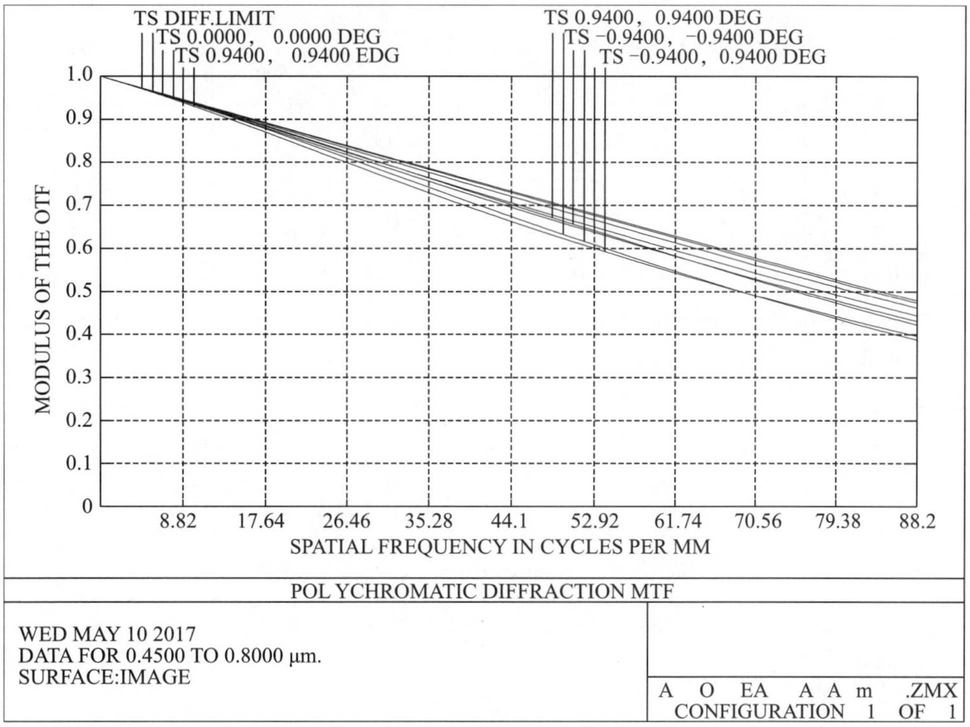

图 6　调制传递函数曲线

3.2　环形孔径系统

环形孔径光学系统最早由平板镜头成像演变而来，利用光线的多次反射缩短系统长度，实现超薄特性，同时具有结构紧凑、大型系统的成像性能优势[11]，如图 7 所示，该系统总长 150 mm，有效焦距 1 100 mm，入瞳直径为 400 mm，F 数为 2.75，全视场角 1.34°×1.34°，光学系统外部尺寸为 400 mm×150 mm。图 7 为光学系统结构图。

图 7　光学系统结构图

系统调制传递函数接近衍射极限，整体 MTF 值较低，但保留了大部分高频信息，通过计算成像技术结合图像处理，可获得更多的图像信息。最大畸变小于 0.5%。环形孔径系统遮拦比较大，导致光能量较低，相比三反射系统，在结构尺寸上具有优势，通过选定合理的光学材料，可以实现小型化和轻量化。图 8 为调制传递函数曲线，表 5 为系统结构参数。

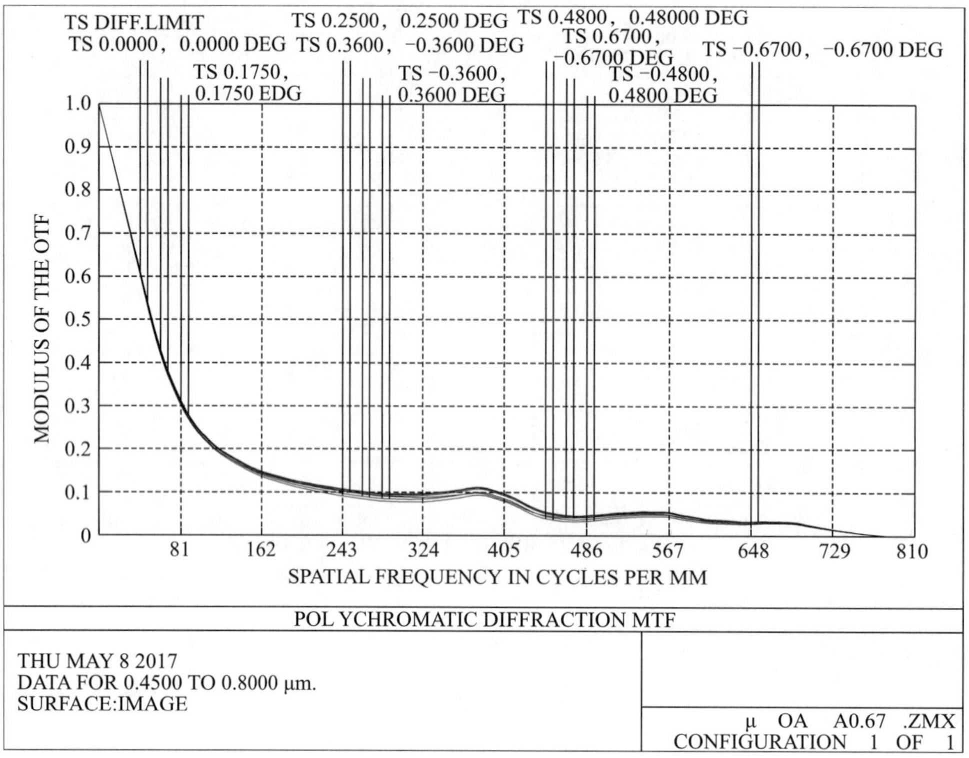

图 8 调制传递函数曲线

表 5 系统结构参数

元件名称	曲率半径/mm	间距/mm	非球面系数	6 次项系数
1（Stop）	−901.63	−130.00	−1.188	$1.12e^{-17}$
2	Infinity	130.00	0	0
3	558.15	−130.00	−3.817	0
4	1696.47	130.00	0	0
5	558.15	−130.00	−3.817	0
6	549.01	150.00	−7.002	0
IMA	Infinity	—	—	—

4 结束语

基于小卫星相机轻小型光学系统设计理念出发，设计给出了相同指标下针对面视场成像的同轴三反射系统、二次成像离轴三反射系统和二次成像离轴四反射系统，均具有良好的成像质量，设计结果表明，同轴三反系统具有更加紧凑的结构尺寸，易加工装调，由于存在中心遮拦，其成像质量略低于无遮拦的离轴反射系统。同时为了实现更加小型化，设计了总长 150 mm，有效焦距 1 100 mm，入瞳直径为 400 mm，F 数为 2.75，全视场角 1.34°×1.34°的环形孔径光学系统，该系统总体调制传递函数 MTF 值较低，但包含较多的高频信息，可使用小像元 CMOS 探测器，再结合数字图像处理技术可望实现轻小、超薄、高性能相机光学系统。

参 考 文 献

[1] 罗鹰．商业遥感小卫星发展的思考［C］．北京：航天东方红卫星有限公司，2013：48－54.

[2] Lurie J B. Ball global imaging system for Earth remote sensing [J]. Proceedings of SPIE - The International Society for Optical Engineering, 2001.
[3] Price M. TopSat——a small satellite approach to high resolution optical imaging [C] // International Symposium on Optical Science and Technology. International Society for Optics and Photonics, 2002: 162 - 172.
[4] Kim E E, Marri S A. Testing and characterization of the DubaiSat - 1 imaging system [C] // International Conference on Recent Advances in Space Technologies. IEEE, 2009: 349 - 351.
[5] Baudoin A, Boussarie E, Damilano P, et al. Pléiades: A multi mission and multi co - operative program [J]. Acta Astronautica, 2002, 51 (s 1 - 9): 317 - 327.
[6] 崔恩慧，吴佳栋，高剑．高分 2 号开启我国高分辨率遥感卫星应用时代 [J]．太空探索，2014 (10): 6 - 9.
[7] Murthy K, Shearn M, Smiley B D, et al. SkySat - 1: very high - resolution imagery from a small satellite [J]. 2014, 9241: 92411E - 92411E - 12.
[8] 廖永生．"鸽子"的启示——行星实验室公司微小遥感卫星计划分析 [J]．中国测绘，2015 (6): 42 - 44.
[9] 冯秀恒．长焦距大变倍比变焦距物镜的小型化 [J]．光学精密工程，1992 (5): 12 - 16.
[10] Lampton M, Sholl M. Comparison of on - axis three - mirror - anastigmat telescopes [J]. Proc Spie, 2007, 6687 (1): 1 - 5.
[11] 张蕊蕊，沈为民．环形孔径长焦距光学系统 [J]．光学学报，2010, 30 (4): 1140 - 1143.
[12] 韩昌元．高分辨力空间相机的光学系统研究 [J]．光学精密工程，2008, 16 (11): 2164 - 2172.

Study on Small and Compact Optical System of Small Satellite's Camera with High Resolution

CHEN Li　SHEN Shu　SHEN Weimin
Soochow University, Key Lab of Modern Optical Technologies of Education Ministry of China,
College of Physics, Optoelectronics and Energy, Suzhou　215006

Abstract　Because of superiorities of low - cost, high flexibility, high performance, small - size and light weight, small satellites have a wide range of applications in the field of communication, space remote sensing, military investigation and so on. In order to adapt to the small satellite platform and have a great ability of earth observation, it is particularly crucial to design and develop the camera optical systems with high - resolution and compactness. High - resolution spaceborne camera optical systems for small satellites near recent years are firstly introduced in this paper. And the methods to miniaturize and lightweight spaceborne detail survey camera with high - resolution in the low earth orbit are studied. Ideas and designed results of four types of compact optical system with two dimensional field of view, which are coaxial three mirror, off - axis three mirror, off - axis four mirror astigmat, and annular folded optics system, are provided. Then their imaging quality, manufacturability and characteristics are compared and analysed.

Key words　Small satellite's camera; Light weight; High - resolution; Imageable for two - dimensional field; Optical system design

作 者 简 介

陈丽，女，硕士研究生，就读于苏州大学，主要从事光学工程专业光学设计与仪器光学方面的研究，电子邮箱：20154208108@stu. suda. edu. cn。

基于北斗短报文及 APP 软件的星地一体化通信技术

李向宇　汤丁诚　单建丰　程长
航天恒星科技有限公司，北京　100086

摘　要　高动态短报文通信技术使航天器快速构建星地一体化传输通道成为可能，通过地面 APP 软件可以实现卫星下传数据的实时显示和处理，其减少了卫星对地面测控系统的依赖，从而提高航天器的灵活性、隐蔽性、应急性和生存能力，具有极其重要的工程实用价值和军事战略意义。目前低轨卫星与地面通信多通过地面测控站或中继卫星来实现，存在受可见区域限制的特点，由于 BD 系统的全球性、全天候特点，利用北斗卫星系统双向通信功能，可以实现低轨卫星数据的实时回传。

关键词　高动态；无线电测定；北斗系统；APP

1　引言

北斗卫星导航系统（BDS）是中国自主建设、独立运行，并与世界其他卫星导航系统兼容共用的全球卫星导航系统。该系统可在全球范围内全天候、全天时为各类用户提供高精度、高可靠的定位、导航、授时服务，并兼具短报文通信能力。北斗卫星短报文通信具有用户机与用户机、用户机与地面控制中心间双向数字报文通信功能，一般的用户机可一次可传输 36 个汉字，申请核准的可以传送 120 个汉字或 240 个代码。短报文不仅可点对点双向通信，而且其提供的指挥端机可进行一点对多点的广播传输，为各种平台应用提供了极大便利。

随着 2012 年 10 月 25 日最后 1 颗地球静止轨道（Geostationary Orbit，GEO）卫星发射升空，北斗区域卫星导航系统宣告建成[1]。北斗 2 号区域 5 颗 GEO 卫星具有北斗 RDSS 定位转发和通信转发能力，为双向授时、报文通信及地面运控系统各站间的时间同步与数据传输提供转发信道[2]。图 1 为 5 颗 GEO 分布示意图。

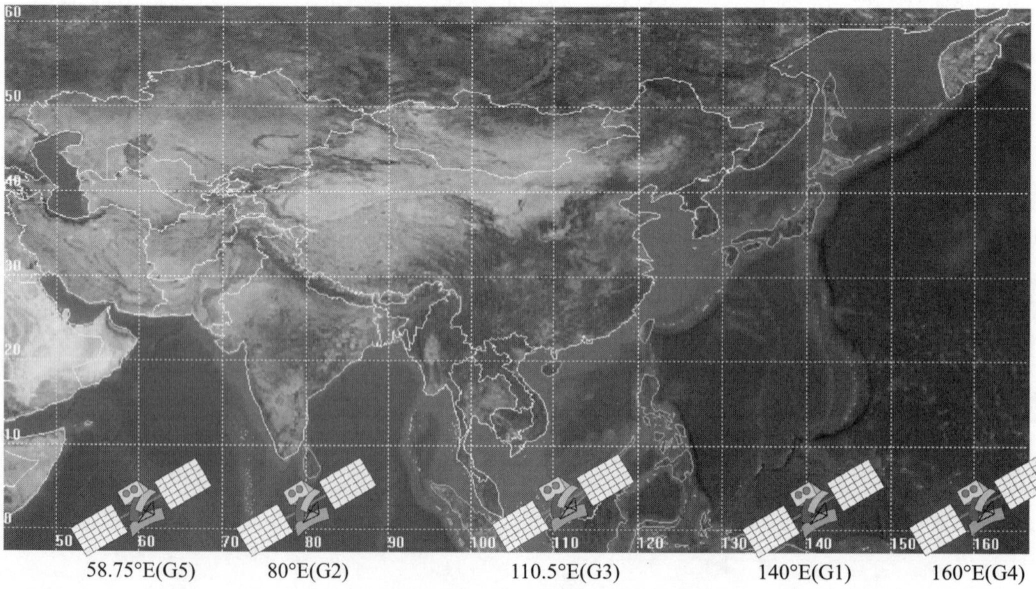

图 1　5 颗 GEO 分布示意图

RDSS的应用对象包括[2]：

1）陆地用户：满足陆地用户高精度导航、精密定位、位置报告、短电文通信、出行向导服务和高精度定时服务。

2）海上用户：满足海上用户精密导航、编队航行位置报告、生命救援（短电文及语音求救）、资源考察及环境监测数据搜集服务。

3）空中用户：满足航空用户陆地及海洋上空导航、精密进近、空中交通管制及生命救援服务。

4）近地卫星：满足近地卫星精密轨道确定、精密定时及遥测遥控数据中继服务。

本文扼要了北斗卫星导航系统（以下简称北斗系统）定位报告服务（RDSS）理论基础，并针对未来卫星星地一体化需求进行分析，提出基于北斗短报文及APP的星地一体化传输技术。

2 未来卫星星地一体化需求

目前，绝大多数卫星采用地面测控站或者中继卫星的方式实现，存在区域受限，无法实时获取卫星信息的弊端，随着航天领域快速发展，越来越多的卫星发射进入太空，对于卫星状态的检测采用常规的测控方式会越来越显得捉襟见肘，不受地域限制的北斗短报文通信功能可以很好地解决该问题，同时，北斗卫星导航系统2012年已经覆盖亚太区域，2020年将形成由30多颗卫星组网具有覆盖全球的能力。利用北斗卫星导航系统短报文通信功能构建星地一体化传输通道可以减少了卫星对地面测控系统的依赖，从而提高航天器的灵活性、隐蔽性、应急性和生存能力，具有极其重要的工程实用价值和军事战略意义。

短报文通信功能特点：北斗卫星导航系统是首个集定位、授时和报文通信为一体的卫星导航系统，比美国GPS和俄罗斯GLONASS系统多一项短报文功能，方便了位置报告及导航信息的交换。

该系统在短报文通信上有3个优点：

一是具有双向数字报文通信能力、大大简化了指挥和信息之间的互通；

二是可进行多点对多点、一点对多点的信息传输，便于调度与控制，为系统平台提供了极大的便利；

三是实现了实时传输，各项指令通过卫星转发传输，信号传输不受地域和空间限制，可以随时机动通信，这种通信的方式的优势点在于可以为处理突发事件赢得宝贵时间。

3 RDSS通信流程

基于北斗短报文通信回路由北斗卫星通信设备、北斗GEO卫星、北斗地面定位总站和地面指挥中心组成，如图2所示。

低轨卫星上装备北斗短报文通信设备，地面指挥中心上装备指挥型北斗用户机，可与所辖的所有北斗短报文通信设备进行通信。

系统工作流程如下：

1）地面指挥中心将控制信息等通过指挥型用户机发送，经北斗卫星转发至低轨卫星，实现对低轨卫星通信；

2）低轨卫星将自身遥测、状态等信息，经北斗卫星转发至地面指挥中心。

北斗短报文通信入站数据速率8 kbit/s，出站数据速率16 kbit/s，速率是固定的。北斗短报文通信的前向和返向链路，均需通过两跳实现。对于前向链路，地面指挥中心的导引信息首先经北斗卫星转发至北斗定位总站（完成第一跳），定位总站再将导引信息经北斗卫星转发到低轨卫星（完成第二跳）。同样，对于遥测等返向信息，同样也经过两跳转发至地面指挥中心。

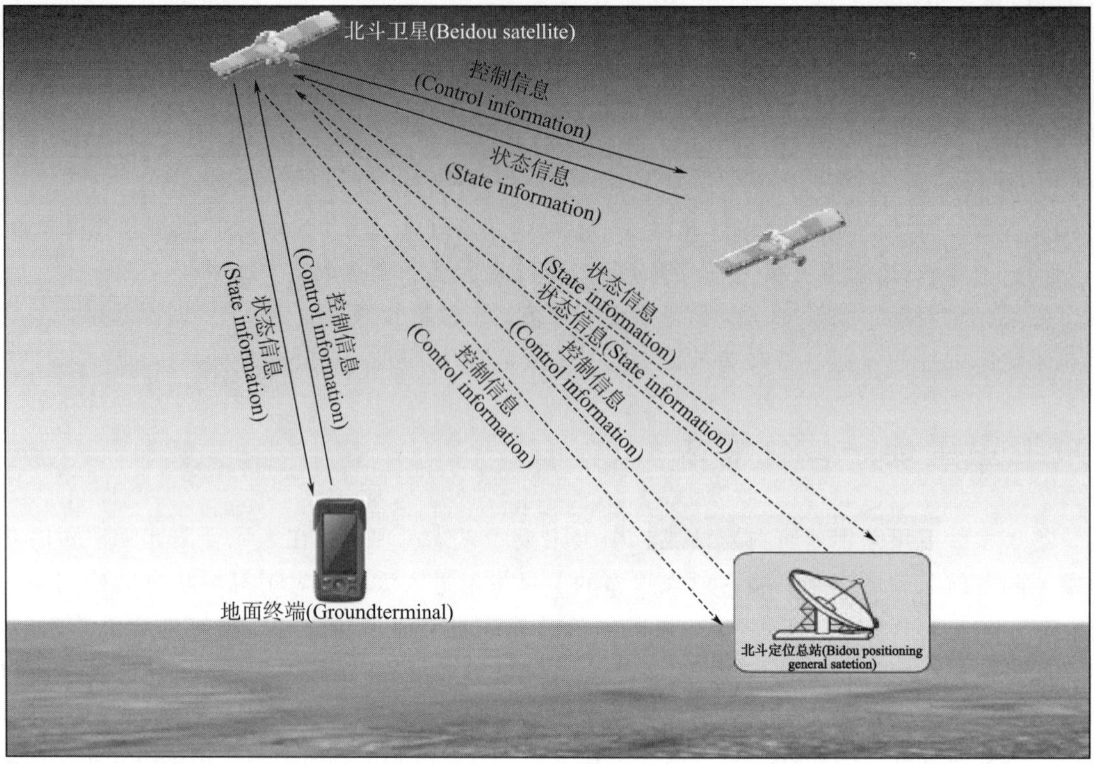

图 2　北斗短报文通信回路

4　基于北斗短报文和 APP 星地一体化通信设备关键问题

4.1　动态特性分析

假设用户星轨道高度为 600 km，按圆周运动线速度 8 km/s 估算，相对“北斗”系统卫星径向最大速度为 8 km/s，赤道上空的径向加速度为 0.85 g。

对于“北斗”系统有效覆盖区域，用户星的过境时间约 25 min，用户星过境将穿越“北斗”系统空间分集的 10 个出站波束，用户星接收机需要适应动态特性：

1）载波多普勒频率 f_d：－66～66 kHz；

2）载波多普勒频率变化率 Δf_d：－73～73 Hz/s；

3）伪码多普勒频率 f_p：－108～108 Hz；

4）伪码多普勒频率变化率 Δf_p：－0.12～0.12 Hz/s；

5）东星、西星动态特性相互独立。

因此，用户星单次过境的有效观测弧段持续时间约为 25 min，首先快速完成导航星出站伪码的高动态独立捕获，实现十波束高动态独立跟踪接收，通过实时监测出站波束信号功率，选取北斗导航星出站响应波束，根据多普勒跟踪测量，完成入站信号频率的实时反向补偿。

4.2　基于多普勒补偿的短报文环路控制技术

由于用户星和 GEO 卫星存在高速的相对运动，以及用户机本身的频率偏移，从而使得用户星上的信号接收和发射存在较大的频率偏移。这种频率偏移可导致入站信号捕获失败，引起通信失败。为了提高通信成功率，用户星接收机需要适应动态特性，必须对信号接收和发射进行多普勒补偿。

用户星接收机首先快速完成东星、西星出站伪码的高动态独立捕获，实现高动态独立跟踪接收，通过实时监测出站波束信号功率，选取双星出站响应波束，根据多普勒跟踪测量，完成入站信号频率的实时反向补偿。为减小参考频率偏移造成的多普勒补偿误差，在接收通道中采用采样频率高于信号频率的采样技术。另外，还要考虑接收通道跟踪出站信号的载波频率的精度和用户机动态的影响。

为减小参考频率偏移造成的多普勒补偿误差，在接收通道中采用采样频率高于信号频率的采样技术。假设用户机使用10 MHz温补晶振，基准频率的准确度为±1 ppm。

当采样频率为50 MHz，中频信号频率为12.42 MHz时，标准数字残余载波为50－12.42＝37.58 MHz，如果温补晶振正向漂移10 Hz，数字残余载波为

$$(50+0.000\,05)-(2\,491.75-2\,445-0.002\,445)=37.58+0.002\,505\ \text{MHz}$$

即由基准频率误差造成的多普勒测量误差为＋0.002 505 MHz，$f'_d=f_d+0.002\,505$ MHz。

对入站信号的补偿为 $f'_{dd}=-\dfrac{1\,615.68}{2\,491.75}f'_d$，即当温补晶振存在10 Hz频偏时带有多普勒频率补偿的入站信号的频率为

$$\begin{aligned}f&=(1\,615.68+0.001\,615\,68)-\frac{1\,615.68}{2\,491.75}f'_d\\&=1\,615.68+0.001\,615\,68-\frac{1\,615.68}{2\,491.75}f_d-\frac{1\,615.68}{2\,491.75}\times0.002\,505\\&=1\,615.68-\frac{1\,615.68}{2\,491.75}f_d+0.001\,615\,68-\frac{1\,615.68}{2\,491.75}\times0.002\,505\\&=\left(1\,615.68-\frac{1\,615.68}{2\,491.75}f_d\right)-0.000\,008\,591\ \text{MHz}\end{aligned}$$

可见，与理论的入站信号频率误差为－8.591 Hz（误差为－0.859 145 58倍的漂移频率），采用此种方案可以弥补参考频率误差的影响，满足入站信号多普勒频率补偿精度要求。

另外，还要考虑接收通道跟踪出站信号的载波频率的精度和用户机动态的影响。一般情况下频率跟踪误差小于1 Hz，可以忽略不计。考虑到入站信号持续时间不大于300 ms，由于加速度变化引入的频率误差小于73 Hz/s×300 ms＝22 Hz，能够满足补偿精度要求。

综合分析，认为多普勒完成频率镜像补偿后，可以满足入站信号的频率准确度优于1 kHz残差的指标要求。

4.3 APP软件数据实时处理技术

数据实时采集：负责从目标系统上实时地采集数据，选用Apache Flume来实现。Apache Flume提供了一个分布式、可靠和高可用的海量日志采集、聚合和传输的日志收集系统；支持在日志系统中定制各类数据发送方，用于收集数据Flume提供对数据进行高效处理，完全满足10kbit/s数据实时处理速率要求。擅长转移大数据量的日志和交易数据，通过通道（channel）无缝连接Kafka。

数据接入：由于采集数据的速度和数据处理的速度不一定同步，因此添加一个消息中间件来作为缓冲，选用Apache Kafka。Kafka是一种高吞吐量的分布式发布订阅消息系统，目标是提供一个发布订阅解决方案，它可以处理网站中的所有动作流数据，可以满足大于10 kbit/s数据延时处理速率要求[3]。

流式计算：对采集到的数据按业务规范进行实时处理和分析，选用Apache Storm。Storm能处理大批量的数据，在保证高可靠性的前提下，还可以让处理进行的更加实时，也就是说，所有的信息都会被处理。Storm同样还具备容错和分布计算这些特性，这就让Storm可以扩展到不同的机器上进行大批量的数据处理。

数据输出：把处理后的结果存放，实现持久化、稳定化和高效化，使用开源的MySQL数据库。

5 基于北斗短报文和 APP 星地一体化通信设备组成

5.1 星载短报文设备

星载短报文用户机通过北斗 GEO 卫星的短报文通信功能，形成信息传输的双向链路。

星载短报文用户机整机由功放模块、射频收发模块、中频数字处理模块、接口模块和电源模块等组成（见图 3）。星载短报文用户机可以作为上位机管理多至数百个普通用户终端。当发射采用通播 ID 发送短报文时，其下属的所有用户终端机都可以同时收到此报文信息，这种模式的信息传输相当于星载北斗短报文系统对短报文信息在一定范围内的广播[4]。

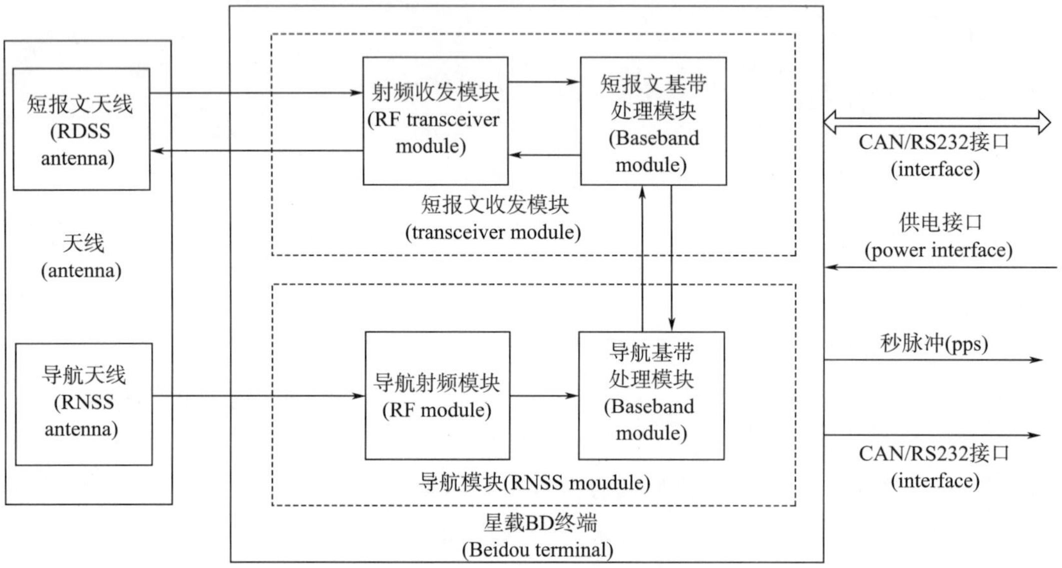

图 3　星载短报文用户机

5.2 卫星遥控地面设备

业务用户通过手机 APP 软件实现监控卫星下传数据同时具备将指令通过 APP 软件上传至卫星的通信监管功能。整个数据链路如图 4 所示，地面部分由位置服务平台软件、北斗指挥机、手机 APP 软件 3 个部分组成。

5.2.1 北斗指挥机

北斗 2 号指挥型用户机是为便于上级指挥机关通过北斗卫星定位导航系统，对其下属用户进行指挥、监控而研制的北斗用户机产品。它除了具有普通型用户机的所有功能外，还可以监收其下属用户机的定位、通信信息，并可向下属用户机通播指挥信息。

采用“一线通”专利技术，即通过一根射频同轴电缆实现北斗收发信号、电源信号等 3 种信号的双向传输。从而方便了天线和主机的连接，使得用户的使用更加方便、可靠。

增加网络接口功能，支持 TCP/IP 协议，可形成基于北斗 1 号指挥型用户机的网络系统。

5.2.2 APP 软件

APP 软件作为专用业务系统，直接面向指定业务用户，其功能往往与用户的业务领域密切相关。APP 软件包含通信模块、数据处理模块、配置管理模块、图形化显示模块及在线升级模块。安卓 APP 软件从位置服务平台实时接收卫星下传数据后在软件内部进行部分解析及组帧操作，由图形化显示模块将接收数据予以图形化直观显示。

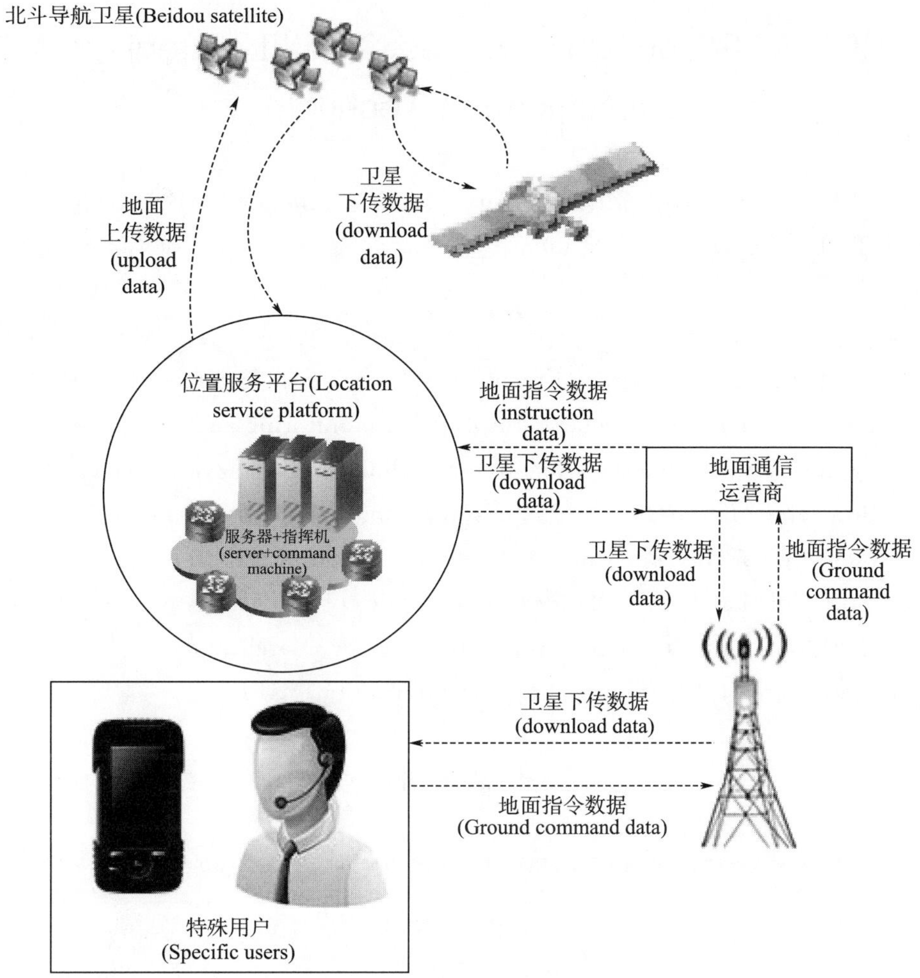

图 4　卫星通信控制数据流图

6　结束语

随着我国 BD 导航系统的不断完善和空间站计划的顺利进行，基于北斗短报文及 APP 软件构建星地一体化传输通道应用需求不断增长，应急、实时星地通信是短报文系统的核心功能。文中对北斗短报文及 APP 软件在低轨卫星中的应用进行了介绍和展望，旨在推动 BD 技术在低轨卫星中的应用。

参考文献

[1] 薛峰．北斗全球 RDSS 业务星座配置研究．第七届中国卫星导航学术年会，2016.

[2] 杨元喜，李金龙，王爱兵．北斗区域卫星导航系统基本导航定位性能初步评估［J］．中国科学：地球科学，2014，44.

[3] 谭述森．广义 RDSS 全球定位报告系统．国防工业出版社，2011.

[4] 杨光．BD－2 RDSS 导航业务处理设计与应用问题的相关研究．中国科学院空间科学与应用研究中心，2009.

[5] 万晓光，陶松波，田宇．基于北斗短报文的星载信息传输系统．第七届中国卫星导航学术年会，2016.

BD2 RDSS and APP Based Satellite Integrated Communication Technology

LI Xiangyu　TANG Dingcheng　SHAN Jianfeng　CHEN chang
Space Star Technology Co. Ltd. , China Academy of Space Technology, Beijing　100086

Abstract　High dynamic RDSS technology makes it possible to build a satellite integrated transmission channel quickly. Through the ground APP software can be achieved satellite download data real - time display and processing. It can reduce the dependent of groud monitoring and control system. Thereby it can impore the flexibility concealment emergency and survivability of spacecraft. It has extremely important engineering application value and military strategic significance. At preset low - orbit satellite communications are mostly achieved through ground monitoring stationgs or relay satellites. There are limitations of visible areas. Due to the global and all - weather characteristics of the BD system, the two - way communication function of RDSS can realize the real - time return of low - satellite data

Key words　High dynamic; RDSS; Satellite communication; APP

作 者 简 介

李向宇，男，工程师，就职于航天恒星科技有限公司，研究方向为卫星导航，电子邮箱：807009846@qq.com。

微小卫星电源系统研究进展及关键技术分析

刘世超　刘勇　靳洋　刘绘莹

上海空间电源研究所，上海　200245

摘　要　本文通过对微小卫星电源系统国内外技术现状的调研和分析，提出了微小卫星电源系统设计方案，并阐述了拟解决的几个关键技术及其解决途径，为微小卫星电源系统技术发展奠定基础。

关键词　MPPT；模块化；COTS器件；自主快速检测

1　引言

微小卫星具有研制周期短、成本低、反应快速、重建能力强以及生存能力强等突出优势，近年来，微小卫星被应用于战术成像侦察、电子对抗、目标监视、通信、导航和空间对抗等多个领域，微小卫星已经成为各国军事卫星的重点发展对象。

鉴于微小军事应用的特点，相对于传统大卫星，其对电源系统提出许多新的需求：

1）从电源系统设计角度看，结构简单、模块化强。

2）从电源系统研制成本角度看，基于货架产品，控制成本尤为关键。

3）从应用的角度看，微小卫星使用灵活、任务专一，其电源系统可采用标准化产品或半定制产品快速组装，通过即插即用的方式，不需要对整个系统进行大量的地面测试。

2　国内外微小卫星电源系统技术现状

2.1　国外微小卫星电源系统技术现状

2.1.1　TacSat系列卫星[1]

TacSat系列卫星是美国快速作战响应空间计划的重要组成部分，是最典型的快速响应战术小卫星。TacSat卫星电源系统为了简化电源系统架构，采用了基于直接能量传输（DET）的电源系统架构，向负载提供不调节母线，如图1（a）所示；TacSat-2卫星含有两个FITS太阳电池翼，采用1m的不锈钢衬底生长薄膜电池（USOC），每个电池翼利用约束体系都被固定在主刚性电池阵的末端，如图1（b）所示；采用通用接口标准化，可根据需要进行扩展，模块可重用；利用可编程部件，通过最小限度的更改，可适应所需的电压/功率水平；采用多重集成技术，不仅把电源系统集成起来，而且把机械部件像电子电路一样集成起来，集成于一个极小的几何空间内，形成机电一体化的具有特定功能的卫星部件或分系统。

2.1.2　CLARK卫星

美国洛克希德·马丁公司在NASA的“GLARK”号新技术试验小卫星上进行了电源技术试验。该电源技术的特点为：1）通过采用直接能量传递的调节方法和太阳电池与母线间的低损耗接口等对太阳电池阵进行非耗散型分流，分流开关取代了分流电阻，避免了耗散型元件需要辐射致冷的问题，取消了能量耗散带来的对热控系统的要求。2）通过控制分流逻辑插件，对太阳电池阵进行分流以调节电压，并与蓄电池的充电控制系统组合在一起，完成对卫星电源分系统的电压控制。由于流经蓄电池的电流可由遥测监视，中心计算机发送蓄电池充电率指令，调整太阳电池阵开关，达到期望的电流。在全部任务模式中，

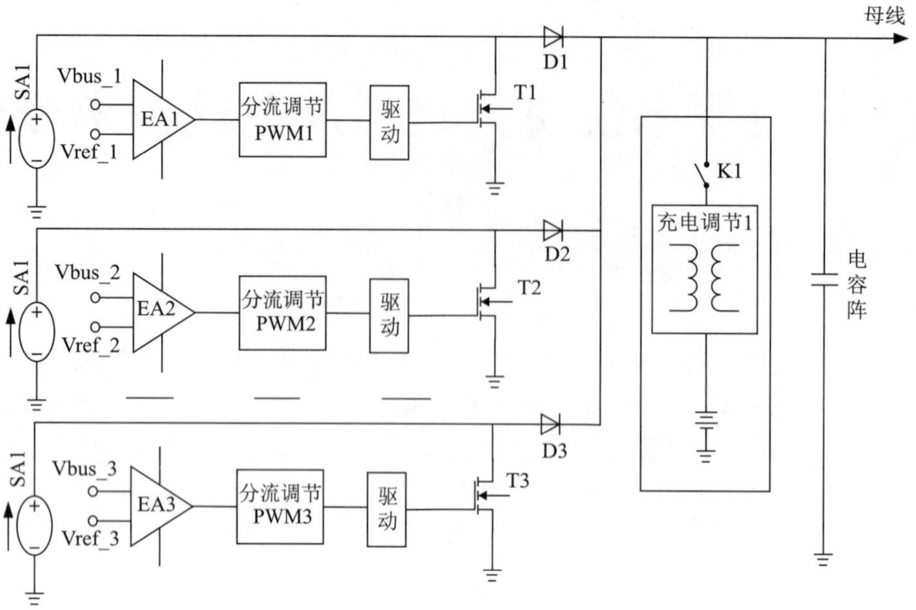

(a) 电源系统架构

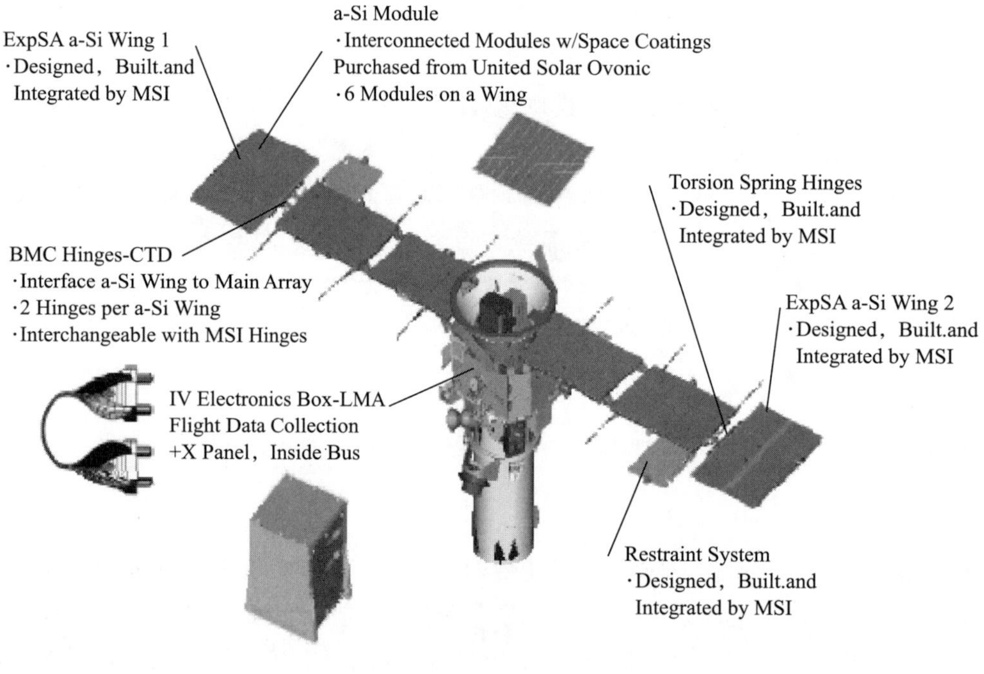

(b) 折叠薄膜太阳电池

图 1　TacSat 卫星电源系统特点

卫星电压维持在 24～36.25 V。这种技术用软件取代硬件来完成对蓄电池的充电控制和对太阳电池的分流控制。

2.1.3　Clyde Space 公司[2]

Clyde Space 公司是著名的微小卫星研制公司，其研制的微小卫星电源系统采用 MPPT 新型电源系统架构，使太阳能阵列输出最大功率；太阳电池阵由多个基本单元组成，每个基本单元输出一定功率，如图 2（a）所示；提供常用的 5V 和 3.3V 稳定电压；提供一个标准的数字接口，实现了真正即插即用；将蓄电池和电源控制模块集成在一起，蓄电池组采用聚合物锂电池，并用 PCB 板进行加固，实现恒温控制、保护、参数监测等，如图 2（b）所示；在设计中，采用了大量的商用器件，降低了成本。

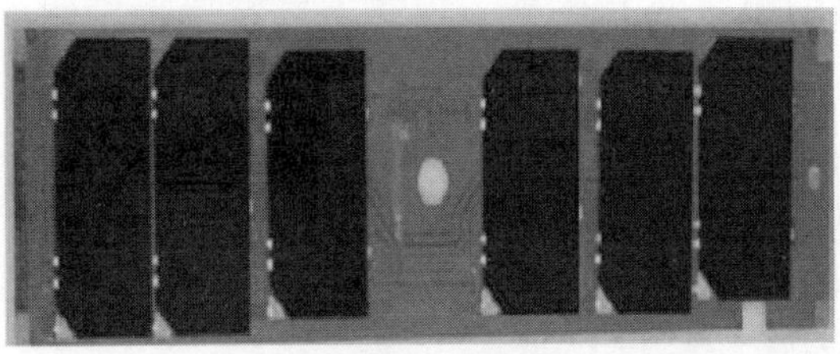

(a)太阳电池单元

(b)蓄电池和电源制模块集成

图 2　Clyde Space 公司电源系统

2.1.4　SSTL 公司

SSTL 公司是著名的微小卫星研制公司，其电源系统采用不调节母线拓扑，母线电压 20～34V，输出功率根据用户需求扩展，PCDU 是由 BCM 和 PDM 组成，BCM 包含若干个 BCR，每个 BCR 的输出功率 80W，并具有充电中止、过压保护等功能，PDM 提供多个配电通道，每个配电通道包含 LCL。图 3 为 SSTL 公司电源系统。

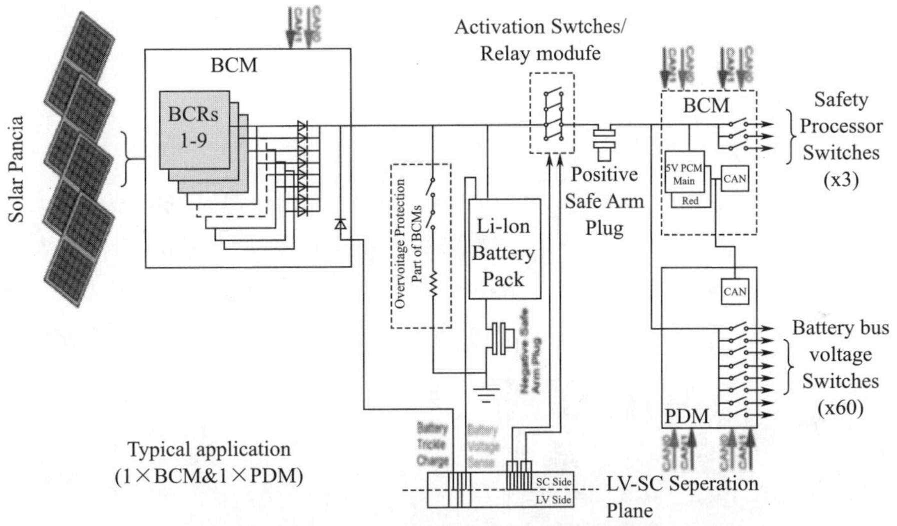

(a) 电源系统架构

(b) BCM产品

图 3　SSTL 公司电源系统

2.1.5　Comspace 公司[3]

Comspace 公司的 EPC 产品是立方体卫星电源系统最重要的部分，实现对电能的控制、分配，对系统的测控保护等功能，使用的器件为工业级器件，并通过了飞行验证，很多主要模块都已做成芯片，大大提高了系统的集成水平，如图 4 所示。

图 4　Comspace 公司 EPC 产品

2.2　国内微小卫星电源系统技术现状

2.2.1　浙大 1 号[4-5]

浙大 1 号微小卫星电源系统采用不调节母线方式，太阳电池阵输出直接给蓄电池充电，卫星 6 个表面均贴装高效太阳能电池，通过防反隔离后并联，太阳能电池单面最大可提供功率 5 W，输出电压4.2 V，如图 5（a）所示；通过升降压转换芯片，将母线电压分配为载荷供电电压的 5 V 和 3.3 V；为了减小功率损耗，采用 LDO 代替二极管；为了增加电源系统的可靠性，进行了冗余设计，如图 5（b）所示。

(a) 太阳电池单元　　(b) 电源控制电路板

图 5　浙江大学 1 号电源系统

2.2.2　天拓 1 号[6]

天拓 1 号卫星电源系统采用半调节母线拓扑，采用 18650 锂离子蓄电池组成电池组，2 串 3 并结构，总容量 3.75 Ah，工作电压 6.9～8.26 V，蓄电池组通过可恢复保险丝与电源控制器相连；电源控制器工作在最大功率点跟踪模式和恒压模式，输出的稳定 3.3 V 或 5 V 的稳定电压，或通过 MOSFET 开关控制后直接给设备提供母线电压（见图 6）。

图 6　天拓 1 号电源系统

2.2.3　翱翔 1 号[7]

翱翔 1 号卫星是作为 QB50 计划的一部分，其为 2U 立方体星，体积为 10 cm×10 cm×20 cm，整星功率为 3 W，采用砷化镓太阳电池片，星体部装，如图 7 所示。

图 7　翱翔 1 号应用的体装太阳电池片

3　微小卫星电源系统方案设计

微小卫星电源系统采用 MPPT 架构形式，由太阳电池单元、供配电控制单元以及储能单元组成，其中，供配电控制单元又由 BCR 模块、PCM 模块以及 TM/TC 模块三部分组成，BCR 模块采用了 MPPT 技术，不仅实现对太阳电池输出最大功率的跟踪，而且实现了对蓄电池组充、放电管理功能；PCM 模块可以根据用户的不同需要，输出 12 V、5 V、3.3 V 等不同种类的电压，此外，还具有负载管理功能，可以实现负载开启或关闭功能；总线接口模块实现了星上综合电子计算机利用 CAN 总线对整个电源系统的遥测数据的监测，如图 8 所示。

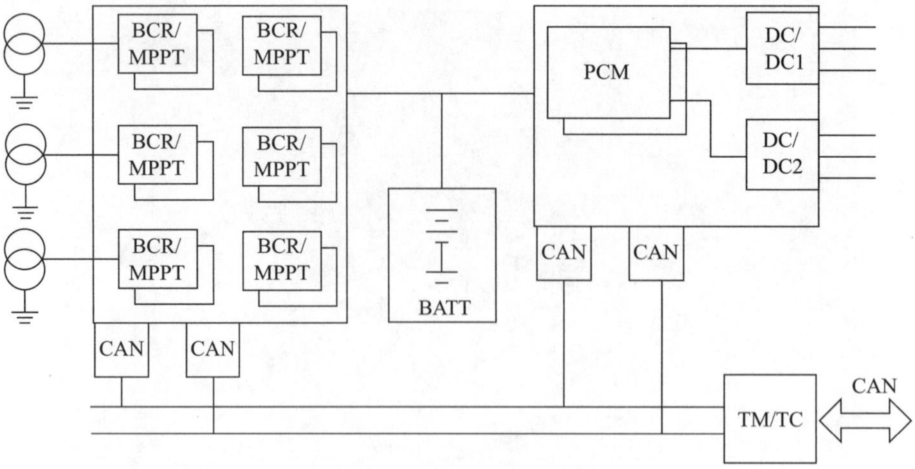

图 8　微小卫星电源系统方案

4　关键技术

4.1　功能模块化设计技术

为了实现微小卫星电源系统功能和结构的可扩展性，能够满足用户的各种功率需求，需要开展功能模块化设计技术研究。在太阳电池设计中，每个太阳电池阵的基本单元为 1U，输出功率 100W，单个太阳电池阵模块可以自行输出功率，也可以通过预留标准接口与多个模块组装，并联使用以提供更大的输出功率；每个 BCR 模块对应一个太阳电池阵，在环境温度、辐照等因素影响一定的情况下，太阳电池的 I－V 曲线可以认为是确定的，相应的 BCR 模块也是确定的；在储能电池设计中，以固定的串并联数的储能电池组成基本单元，同时，将电压、电流参数监测及保护功能集成在一起。

4.2　最大功率跟踪技术

由于微小卫星采用太阳电池贴装或是太阳电池阵展开面积较小，此外，微小卫星处于机动状态，无法对日定向，微小卫星太阳电池阵的输出功率难以满足负载功率需求，需要开展最大功率跟踪技术研究。在最大功率跟踪算法研究方面，通常有扰动观察法和增量电导法等，这些算法跟踪精度较低，需要对最大功率跟踪算法进行优化；在最大功率跟踪实现方面，通过数字控制方式实现，往往会受到空间粒子总剂量干扰而出现故障，需要采用硬件、软件等多种手段，使最大功率跟踪功能电路满足空间应用抗辐照要求。

4.3　COTS 器件应用技术

为了满足微小卫星电源系统的低成本化要求，需要开展 COTS 器件应用技术研究。在低成本太阳电池技术研究中，通过制造工艺优化，提高太阳电池晶元的利用率；此外，探索低成本太阳电池片的封装技术，研制异型太阳电池标准模块；在低成本储能电池研究中，通过商业储能电池的筛选、二次加固及空间适用性评价，研制低成本储能电池模块；在电源控制模块研究中，大量利用商业器件，并通过科学的筛选方法以及必要的冗余手段，保证其空间应用的可靠性。

4.4　自主快速检测技术

在传统的大卫星研制周期中，有 1/5 的时间为系统和整星测试，为了缩短微小卫星研制周期，需要开展电源系统自主快速检测技术研究。通过对太阳电池输出电流、太阳电池输出电压、蓄电池充电电流、蓄电池电压、母线电压、母线电流、蓄电池容量、蓄电池放电深度及充放电次数等相关指标监测，并与数据库里的标准数据进行比对，对电源系统可能存在的故障进行诊断，给出相应的诊断结果。

5 结束语

本文通过对微小卫星电源系统国内外技术现状的调研和分析，提出了微小卫星电源系统设计方案，并阐述了拟解决的几个关键技术及其解决途径，为微小卫星电源系统技术发展奠定基础。

参考文献

[1] 陈亮. 美国战术星发展研究 [J]. 通信技术，2014，47 (5)，469-473.

[2] 巩巍，李龙飞. 立方体卫星电源系统技术综述 [J]. 国际太空，2016，1，75-77.

[3] 丁立聪，金小军，王春晖，金仲和. ZDPS-1A 卫星电源系统设计与在轨验证 [J]. 浙江大学学报，2012，46 (11)，2073-2080.

[4] 辜渝嘉. 皮卫星电源系统的研制 [D]. 浙江大学，2010.

[5] 绳涛，白玉铸，赵勇，陈小前，陈利虎. 单板纳星电源系统能量平衡仿真 [J]. 国防科技大学学报，2015，37 (1)，101-106.

[6] R Sandau. Small satellites for global coverage：potential and limits ISPRS [J]. Journal of Photogm-Try and Remote Sensing，2010，65 (6)：492-504.

[7] 石海平，付林春，张晓峰. 立方体卫星电源系统及关键技术 [J]. 航天器工程，2016，25 (3)，115-122.

The Recent Research and Analysis of Key Techniques on Micro-satellite Power System

LIU Shichao　LIU Yong　JIN Yang　LIU Huiying

Shanghai Institute of Space Power Sources，ShangHai　200245

Abstract Based on the investigation and analysis of the micro-satellite power systems around the world，a design scheme of micro-satellite power system is put forward in this paper. Furthermore，several solutions of key techniques were illustrated for the development of the micro-satellite.

Key words MPPT；Modularized；COTS components；Fast self-detection

作者简介

刘世超，男，高级工程师，就职于上海空间电源研究所，研究方向为新型空间电源系统技术，电子邮箱：lscdamaoxinxiang@163.com。

微小卫星能源系统研究

王涛　王保平　徐瑞芬
中国电子科技集团公司第十八研究所，天津　300384

摘　要　微小卫星目前应用广泛，其体积小、质量轻、成本低、应用最新技术等特点使其具有广阔的发展空间。能源系统是卫星的几大核心系统之一，本文提出了微小卫星能源系统设计方案并进行比较，分析了能源系统设计的关键要素，并且对国内外能源系统组成单机的最新应用技术进行了阐述，为开展新一代微小卫星能源系统研究提供参考。

关键词　微小卫星；能源系统；直接能量传输；峰值功率跟踪；一体化

微小卫星以其体积小、质量轻、设计研制周期短、成本低、应急反应快等特点广泛受到人们关注。英国萨瑞公司研发的 MicroSat－70 卫星平台，卫星质量在 50～70 kg，已发射了十多颗卫星，其中包括我国的清华 1 号卫星，葡萄牙的 POSAT－1 卫星等。美国斯坦福大学和加州理工大学共同发起了立方星（Cube－Sat）研制计划，制定了 Cube－Sat 标准，掀起了世界范围内大学研究微小卫星的热潮。印度于 2017 年 2 月 15 日，成功将 104 颗卫星送入轨道，成为单次发射卫星数量最多的一次，这其中绝大部分是微小卫星。我国近年来先后发射了清华 1 号、创新 1 号、探索 1 号、希望 1 号、纳星 1 号等微小卫星。2015 年 9 月 20 日，由长征 6 号运载火箭成功将 20 颗微小卫星送入太空，创造我国“一箭多星”发射纪录。能源系统是微小卫星的关键系统之一，微小卫星基本由发电单元-太阳电池阵、储能单元-蓄电池组、能源控制传输单元组成。本文提出了微小卫星能源系统设计方案并进行比较，分析了能源系统设计的关键要素，并且对国内外能源系统组成单机的最新应用技术进行了阐述。

1　微小卫星能源系统单机组成

1.1　太阳电池阵

由于微小卫星受自身体积质量限制，大部分未设计整星三轴稳定系统，因此大部分微小卫星为体装式太阳电池阵，即整个卫星构型的外表面有效区域尽可能安装太阳电池阵，以保证在卫星不同姿态下尽可能获取足够多的太阳电池功率输出。为最大效率提高太阳电池阵输出效率，近年来部分微小卫星采用光电转换效率超过 30％的三结砷化镓（GaInP2/GaAs/Ge）单体太阳电池片。

1.2　锂离子蓄电池组

适合微小卫星的储能蓄电池组目前主要为锂离子蓄电池，其比传统的氢镍蓄电池和镉镍蓄电池具有更高的能量密度和更好的充放电性能。锂离子蓄电池放电截止电压为 2.7 V 左右，充电终止电压为 4.2 V 左右，平均放电电压 3.5 V，同氢镍蓄电池和镉镍蓄电池的平均放电电压 1.25 V 相比，当蓄电池组整组电压一定时，采用锂离子电池组成电池组的电池数量只是氢镍电池和镉镍电池数量的 1/3，大大降低了装配和测试成本。

1.3　能源控制传输单元

能源控制传输单元主要功能为在光照区完成对太阳电池阵输出功率进行调节；在地影区对蓄电池组

实施充放电控制以及保护等；提供电源系统与其他分系统及地面支持设备的接口，完成遥测信号的取样及预处理，接受并执行遥控指令及地面有线指令；对整星进行配电管理工作。能源传输单元同时也可设计有单片机控制电路及总线通信接口。能源控制传输单元主要为电子电路，应尽量采用模块化、一体化设计理念，以实现低成本、高可靠等目标。

2 微小卫星能源系统拓扑

目前微小卫星能源拓扑主要为直接供电方式（DET）和峰值功率跟踪方式（PPT）。直接供电方式（DET）的太阳电池阵的输出功率直接馈送给负载，是耗散型的调节方式。峰值功率跟踪方式（PPT）是非耗散性的，它通过调节太阳电池阵的工作点来满足负载的需要，并在负载需要的情况下，自动跟踪太阳电池阵的峰值功率点，把太阳电池阵能输出的全部功率都发挥出来。DET 和 PPT 结构性能比较如表 1。

表 1　DET 和 PPT 结构的性能比较

拓扑结构	优点	缺点
DET	能量传输效率高，电路结构简单	太阳电池工作点随负载变化，无法最大程度利用太阳电池功率
PPT	据负载需求提供功率，可输出太阳电池最大功率	电路结构复杂，电压变换和追踪算法实现电路都存在功耗

直接供电方式（DET）应用较多的为不调节母线拓扑，太阳电池阵输出能量直接供给负载和给储能蓄电池组充电，蓄电池组电压即为母线电压，母线电压处于一个范围。如希望 1 号卫星，其母线电压范围 24.5～29.0 V。直接供电型不调节母线拓扑示意图如图 1 所示。不调节母线拓扑其功率传输效率较高，太阳电池阵能量和蓄电池组能量直接供给卫星母线，只需考虑传输线路的损耗即可。

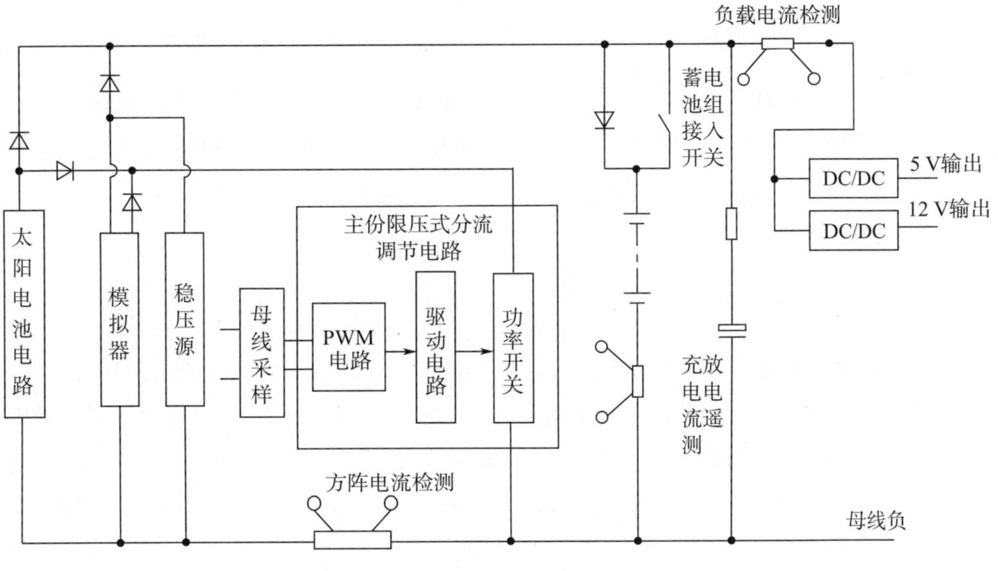

图 1　不调节母线能源系统拓扑图

峰值功率跟踪（PPT）拓扑是将太阳电池阵的输出电压始终保持在输出功率最大的电压值上。串接在太阳电池阵和负载间的功率变换器匹配太阳电池阵输出功率和负载功率需求。图 2 为采用峰值功率跟踪（PPT）的能源系统拓扑，该拓扑可应用在 100 W 左右的微小卫星系统中。

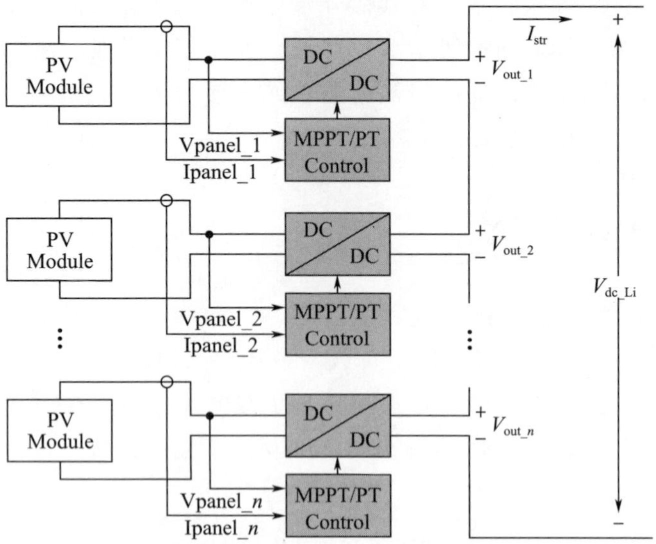

图 2　峰值功率跟踪（PPT）的能源系统拓扑

3　微小卫星能源系统设计关键要素

3.1　能量平衡分析计算

微小卫星大多处于低地球轨道，运行周期约为 1.5 h，当微小卫星载荷设备工作后，应能保证在本轨道周期或下几个轨道周期完成能源补充，实现自主能量平衡。即实现：$\int_{\text{光照期}}$（太阳电池阵发电功率）$\times dt=\int_{\text{光照期}}$（负载＋充电功率＋分流功率＋损耗）$\times dt+\int_{\text{地影期}}$（负载＋损耗）$\times dt$。能量平衡的分析计算与能源系统各组成单机的设计是相辅相成、互为依据的，如太阳电池阵输出功率预计、蓄电池组容量计算、蓄电池组充电/放电电流值设置、能源控制组件效率计算、整星在轨温度仿真等设计因素均可能对最终的能量平衡分析产生影响。此外，应考虑在整星最恶劣条件下进行能量平衡的分析计算，由此评估能源系统设计的可靠性、安全性、冗余性。

3.2　能源系统小型化、一体化设计

微小卫星整星体积质量较小，如 CubeSat 立方星的标准外形为 10cm×10cm×10cm 的立方体，我们称之为 1U，质量 1～2kg，CubeSat 的扩展型为双单元（2U）或者三单元（3U）。可见，适应用微小卫星的能源系统必须进行小型化、一体化设计，以适应苛刻的体积质量要求。太阳电池阵可采用 PCB 一体化技术，将 PCB 板作为基板，改变了传统以铝基板的为基体安装固定方式，相对传统的刚性铝基板太阳电池板，减少了 40%的质量，整个太阳板不需要一根导线。此外卷曲形太阳电池阵技术可使太阳电池阵质量大大减少，其通过在 1mil 或 2mil 厚的基板上粘贴几微米厚的非晶硅薄膜太阳电池实现，可被封装在很小的体积内从而大大减小卫星的体积。蓄电池组和能源控制组件应进行一体化设计，尽量选用小封装的电子元器件且将蓄电池组安装在控制电路 PCB 板上，可减少了两者之间的电缆连接及结构质量。

3.3　成本与可靠性之间的平衡

微小卫星预算经费较少，无法与大卫星相提并论。微小卫星能源系统的研制要兼顾成本和可靠性两方面需求，在两者之间达到一定的平衡。在能源系统设计时，应根据整星的在轨寿命、任务特点、经费预算等因素合理设置能源系统。如在轨寿命较短、工程任务单一型微小卫星，无需配置三结砷化镓太阳

电池以及空间专用锂离子电池，可考虑光电转换效率低一些的硅太阳电池、经过筛选的工业级或军工用锂离子电池，能源控制电路的电子元器件可选用工业级或军级元器件。但上述产品的选择必须在经过地面模拟空间环境试验的验证后方可使用，而不是简单的拿来即用。此外，如太阳电池片、能源控制电路的关键元器件（MOSFET 场效应管、CPU、ROM 等集成芯片）还需考虑在轨时的总剂量辐照累计和其他单粒子效应，如出于成本考虑无法使用抗辐照类型产品，则应采取一定的抗辐加固措施保证低等级产品能够在轨正常工作。

4　国内外微小卫星能源系统典型产品及技术

4.1　1865 型锂离子电池

采用 1865 型锂离子电池作为储能电源，将使蓄电池组的体积质量得到较大程度优化。法国 SAFT 公司生产的 MPS176065 型电池已广泛应用在多颗微小卫星上。国内中电科 18 所研制的单体 ICR1865 型锂离子电池，外形尺寸为 Φ18 mm×65 mm，质量小于 46 g，放电电压范围 3.0～4.2 V，额定容量 2.2 Ah，比能量为 150～180 Wh/kg。已经在轨应用于东方红卫星有限公司的皮纳卫星、长光卫星公司灵巧视频卫星等型号。图 3 和图 4 分别为法国 SAFT 公司生产的 MPS176065 型电池和中电科 18 所生产的 ICR1865 型锂离子电池。

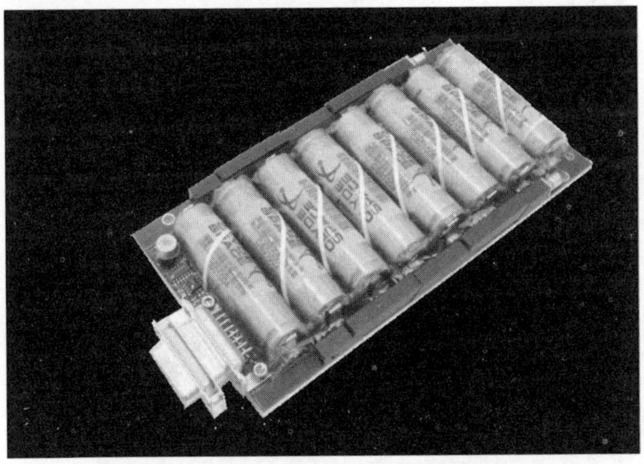

图 3　SAFT MPS176065 型锂离子电池

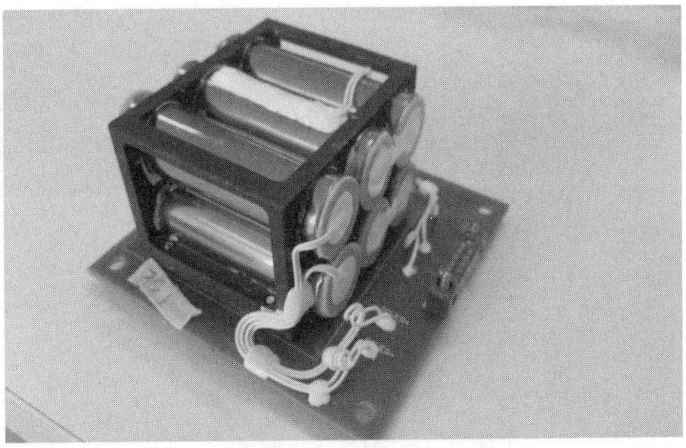

图 4　18 所 ICR1865 型锂离子电池

4.2　软包锂聚合物电池

锂聚合物电池（Li－polymer）是锂离子电池的一种，又称高分子电池，其电解液为胶态聚合物电解液，而常规锂离子电池（Li－ion）为液态电解液。锂聚合物电池大多采用铝塑膜做外壳，从而实现软包封装形式。相比锂离子电池，锂聚合物电池具有如下优点：

1）安全性能好-软包设计减小气体膨胀压力；

2）质量轻-比同容量钢壳锂离子电池轻 20%～40%；

3）容量大-比同等规格尺寸钢壳锂离子电池容量高 10%～15%，比铝壳锂离子电池高 5%～10%；

4）设计灵活-由于其超薄化的特点，原则上可设计成任意形状与容量的外形。

以上软包锂聚合物电池的优点非常适合微小卫星应用，尤其是 CubeSat 系列微小卫星。国外 CLYDE SPACE 公司生产的软包锂聚合物电池已应用在一些微小卫星上，其比能量高于 150 Wh/kg，且与控制电路实现一体化设计，电池组自带加热管理和过流保护功能，可直接在微小卫星能源系统中使用。图 5 为 CLYDE SPACE 公司软包锂聚合物电池产品照片。

图 5　CLYDE SPACE 公司软包锂聚合物电池产品照片

4.3　锂氟化碳电池

锂氟化碳电池是具有最高比能量的固体电极化学电源，理论比能量达 2 180 Wh/kg。锂氟化碳电池负极为锂金属，正极为固态氟化碳，电解液为有机电解质，隔膜为一种或多种烃类有机复合膜。锂氟化碳电池具有以下优点：

1）比能量高，工程应用软包装单体电池质量比能量超过 440 Wh/kg；

2）储存寿命长（大于 10 年），自放电小，年容量损失小于 1%；

3）安全性能好，正极材料化学稳定性和热稳定性好，400 ℃不会热分解；

4）便于模块化设计，可以方便地进行串并联设计满足不同功率负载的要求；

5）锂氟化碳电池可在微小卫星、深空探测器等空间飞行器上作为一次电池使用。

图 6 为中电科 18 所研制的锂氟化碳电池产品实物照片。

25 Ah 单体电池（25 Ah cell）　　50Ah 单体电池（50 Ah cell）

图 6　中电科 18 所研制的锂氟化碳电池

18 所研制的锂氟化碳电池已应用在清华大学研制的 MEMS 技术试验微小卫星、中科院创新研究院的力学卫星上。锂氟化碳电池组用于 2 颗子卫星紫荆 1 号和紫荆 2 号释放弹出机构用电源。电池组设计容量 0.6 Ah，电池组开路电压 22 V±0.5 V，1.5 A 放电 1 s 电压大于 15 V。质量 84 g，尺寸 35 mm×20 mm×70 mm。卫星已于 2015 年 9 月 20 日发射成功，锂氟化碳电池组在轨工作正常，圆满完成任务。

4.4 智能配电技术

微小卫星的配电管理是能源系统的重要任务之一，适用于微小卫星的智能配电技术是指由星务计算机进行统一配电管理，将配电开关制作成具有测量、保护功能的标准配电模块，从而适应微小卫星不同负载用电需求，同时还可以提高可靠性。目前国内的相关科研机构正在研制以直流固态功率控制器（Solid State Power Controller，SSPC）为核心的标准化、模块化配电单元，该模块可实现 多路配电功能，同时具有自诊断和隔离功能，从而有效保护卫星母线，提高能源系统地面及在轨的自我维护能力。

图 7 所示为典型固态功率控制器的功能组成框图。

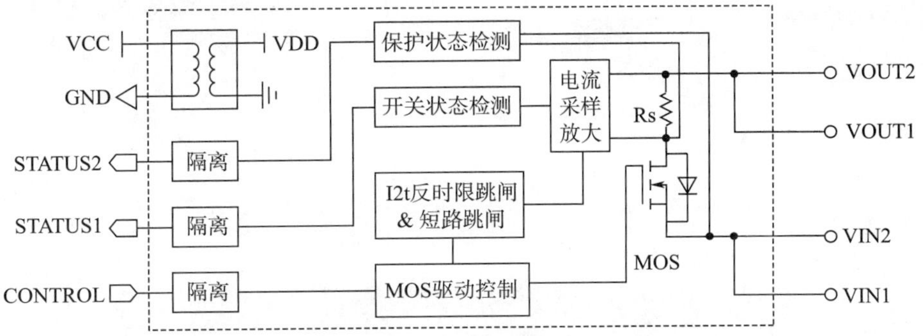

图 7　典型固态功率控制器功能框图

目前国内研制的空间用 SSPC 最小电流为 1 A，单模块质量 45 g，模块包络尺寸为 50 mm×40 mm×11 mm，可适用于单机功率为几瓦到几十瓦的微小卫星单机设备。

4.5 太阳电池阵 PCB 一体化技术

太阳电池阵 PCB 一体化设计是一项全新的技术，改变了传统体装式卫星以铝基板的为基体安装固定方式，质量轻，剩磁矩小，整个太阳板不需要一根导线，绝缘性能可靠，同时简化了工艺流程。表 2 为 PCB 太阳电池阵一体化设计与传统设计比对表。

表 2　PCB 一体化太阳电池板与铝基板太阳电池板优势比较

序号	项目	铝基板太阳电池板	PCB 一体化太阳电池板
1	剩磁矩	由于背面结构复杂很难通过背面电缆回折进行消磁，一般剩磁较大	在印制电路板加工时，可沿电池中心线部分提前精确铺设印刷电路，理论上剩磁矩可以完全抵消
2	质量	铝板的密度为 2.7 g/cm³	PCB 板的密度为 1.6 g/cm³，PCB 板比铝板轻近 40%
3	电缆	正面电缆一般需要点胶固定，背面电缆需要通过电缆固定桩绑扎固定	印制覆铜电路实现太阳电池电路的互联，不需要使用导线及电缆固定
4	绝缘性能	需要粘贴聚酰亚胺膜进行绝缘处理，铝蜂窝基板还要进行高阻接地，存在绝缘安全隐患	PCB 板为环氧玻璃钢材料，绝缘性能较好，不需要粘贴聚酰亚胺绝缘膜，也不需要进行高阻接地，绝缘性能更加可靠
5	元器件的集成	基板背面无法集成其他元器件	由于基板本身为 PCB 板，元器件可以集成到电路板背面

4.6 蓄电池组与能源管理电路一体化技术

目前国内外采用较多的方案为将蓄电池组与能源管理电路设计在同一块印制板，两者之间的电气连接通过 PCB 板上的敷铜电路或者印制板间互联接插件实现。蓄电池组与能源管理电路一体化设计大幅节省了能源系统所占整星内部的体积空间，减少了整星能源系统供配电连接的工艺复杂度，提升了微小卫星电源系统的轻巧、高集成度能力。图 8 为 Clyde Space 公司蓄电池组与能源管理电路一体化设计产品图，图 9 为中电科 18 所蓄电池组与能源管理电路一体化设计产品图。

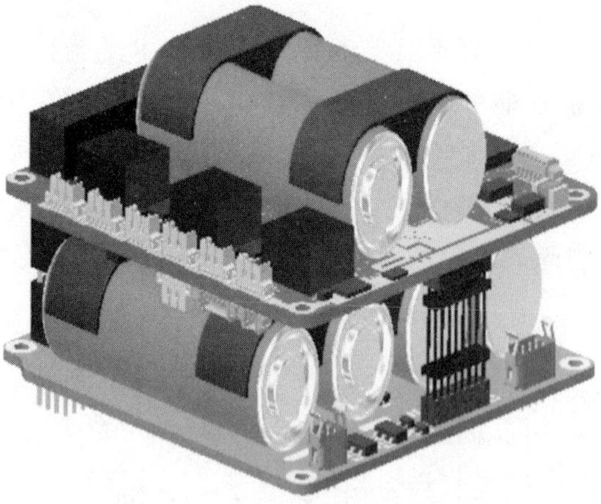

图 8　Clyde Space 蓄电池组与能源管理电路一体化设计产品图

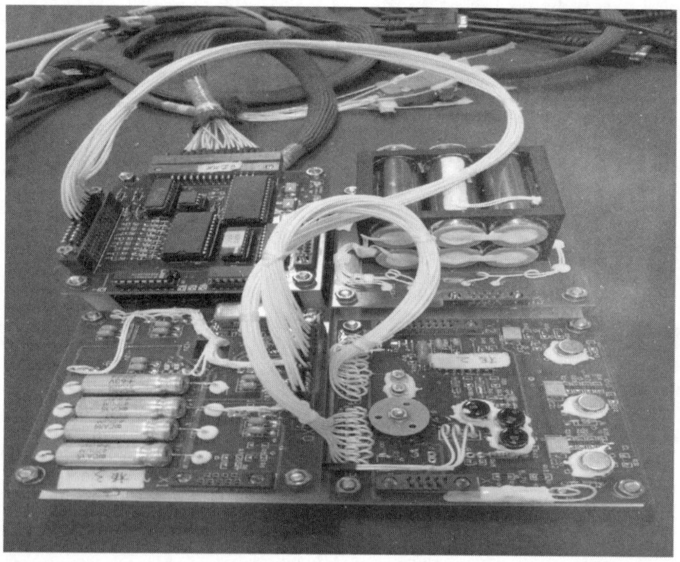

图 9　中电科 18 所蓄电池组与能源管理电路一体化设计产品图

5　结束语

目前我国正进入微小卫星高速发展的时期，设计合理、可靠且成本控制有效的能源系统将会提升我国微小卫星研制水平。在今后的研制过程中，应结合微小卫星的特点，从系统拓扑、一体化设计、成本控制等方面开展进一步的研究和设计，从而不断优化微小卫星能源系统方案，不断提高我国微小卫星发展水平。

参 考 文 献

［1］　穆肯德·R·帕特尔．航天器电源系统［M］．北京：中国宇航出版社，2010.

［2］　鄢婉娟，徐伟．卫星功率调节技术的分析及比较［C］．//2011 年小卫星技术交流会论文集．2011：1－5.

［3］　赵雷，赵红丽，刘鹏，夏琳琳．智能配电器的 BIT 设计与实现［C］//星载电源技术学术研讨会论文集．北京：中国电工技术学会电力电子学会，2016：365－366.

Research of Electrical Power Subsystem for minisatellite

WANG Tao WANG Baoping XU Ruifen

Tianjin Institute of Power Source, Tianjin 300384

Abstract The Minisatellite is now widely applied with the advantages of small size , low volume and costs, and with the new advanced technologies for greater potential of future development. The Electrical Power Subsystem (EPSS) is one of the key subsystem of satellite. This paper presents the EPSS system design and compare, summarize the key elements of EPSS and expounds the latest application technology at home and abroad, and provides reference for the new generation of EPSS.

Key words Minisatellite ; EPSS ; DET; PPT; Integrative

作 者 简 介

王涛，男，硕士研究生，就职于中国电子科技集团公司第十八研究所，主要研究方向为空间电源系统设计，电子邮箱：twowei666@163.com。

第四部分　测试与试验

基于 PXI 总线的小卫星通用测试平台设计

陆文高　阎梅芝　赵川

航天东方红卫星有限公司，北京　100094

摘　要　针对小卫星综合测试中不同测试场景对测试系统的不同需求，本文提出了一种基于 PXI 总线技术的小卫星通用测试平台设计思路。该平台基于一套公用的 PXI 硬件板卡和一套通用测试软件，面向工厂测试、外场试验、应急响应等不同测试场景，分别设计了机架式设备、便携式装备、手持式终端等三种实现方案。该平台具备系统集成度高、配置灵活、使用维护简便、效费比高等特点，适合于小卫星综合测试系统的构建。

关键词　PXI 总线；小卫星；综合测试；测试平台

1　引言

试验与测试是航天器研制过程中重要的组成部分，并与现代航天器系统的设计、制造和总装集成构成一个完整的整体[1]。在当前的小卫星综合测试中，测试设备存在诸多问题：1）体积庞大，机动性不高；2）功能复杂，成本高昂；3）模块化设计程度低，扩展性不强；4）型号规格繁多，系统集成难度大；5）所用测试总线种类多，不利于自动化测试的开展。此外，部分测试场景下仅使用到测试设备的部分功能，造成了测试设备资源的浪费，也不利于资源的灵活配置。

上述问题都要求测试设备必须做到体积更小、成本更低、配置更灵活、扩展性更强，原先的基于各种功能独立的单个仪器设备构建测试系统的模式无法实现该目标。针对上述问题，本文基于 PXI 总线技术，提出了一种小卫星通用测试平台设计思路。

2　测试总线介绍

2.1　总线分类

测试总线按照其结构功能和性质的不同，可以分为内部总线（如 VXI、PXI）和外部总线（如 GPIB、USB、1394、LXI）。外部总线一般传输延时大、带宽小，是串行总线，只适合数据传输和通信；内部总线一般传输延时小、带宽大，多数为计算机系统总线，是并行总线，不仅能实现数据传输，还能完成同步、触发、定时等功能。

2.2　发展简介

自从 20 世纪 70 年代首个总线标准出现以来，测试总线技术已经发展了四十余年，期间先后出现了 GPIB、VXI、PXI/PXIe、LXI、AXIe 等主流测试总线标准，其不断推陈出新的发展历程推动着整个测量与控制领域发生了巨大变化。

GPIB（General Purpose Interface Bus）：1965 年，HP 公司设计了 HP－IB，通过它来连接和控制惠普公司制造的可编程仪器。到 20 世纪 70 年代初，这种总线更名为 GPIB，并被 IEEE 接受作为 IEEE488 标准，于 1975 年发布，成为世界上第一个面向仪器和测试的开放性总线标准。作为测试总线领域的第一个开放的、统一的、独立于仪器厂商的国家标准，GPIB 总线所产生的影响是非常深远的，至今，各大厂商的新型仪器中，大部分仍然含有GPIB接口。

VXI（VME extensions for Instrumentation）：1981年，由Motorola公司牵头，在结合Versa总线的电气标准和Eurocard标准的机械形状的基础上，形成了一种开放式架构的通用计算机总线标准VME（Versa Module European）。为了满足军用测控系统的需求，1987年，HP等公司成立了VXI联盟，在VME总线的基础上，联合发布了专为美国军方开发的模块化仪器总线标准VXI，1992年，该标准被IEEE接受并作为IEEE1155发布。VXI的出现是测量领域的一场革命，对这一领域的发展产生了巨大影响。

PXI（PCI extensions for Instrumentation）：1992年，Intel公司发布了一种新的计算机总线标准PCI（Peripheral Component Interconnection）。1997年，NI等公司参照VXI的设计思路，在Compact－PCI总线上扩展了仪器测试测量行业所需要的触发、定时等功能，从而形成了一种新型测试总线标准PXI，而利用PCI Express技术的PXIe总线又极大地提升了带宽。PXI完美地结合了台式PC的性价比优势与PCI总线面向仪器领域的扩展优势，为开发高性能、低成本仪器设备提供了新的平台，特别是在国防和航空航天自动化测试领域，PXIe所拥有的更高的带宽为许多应用提供了新的解决方案。

LXI（LAN－based extensions for Instrumentation）：在解决了网络的同步性问题之后，2004年，Agilent、VXI科技等公司成立LXI联盟，并于2005年正式发布了基于以太网技术的新一代测试总线标准LXI。LXI基于著名的工业标准以太网技术，扩展了仪器需要的语言、命令、协议等内容，集台式仪器的内置测量原理、PC标准I/O连通能力和基于插卡框架系统的模块化和小尺寸于一身，构成了一种适用于自动测试系统的新一代模块化仪器平台标准[2]。

AXIe（AdvancedTCA extensions for instrumentation and test）：2009年，Agilent等公司联合成立AXle联盟，并于2010年正式发布AXIe标准。该标准参考了PXI、LXl和IVl等现有标准，是以AdvancedTCA为基础的新型开放式总线标准，继承了AdvancedTCA模块化标准架构的优点，比VXI或PXI具有更大的电路板面积、更高的传输速率、更大的功率和更好的散热性，提供了一种长寿命周期、模块化、高性能、强扩展性的柔性平台[3]。

2.3 总线选型

GPIB仪器体积和质量大，数据传输速度低，且要用GPIB卡和电缆来实现程控，成本较高，目前已经逐渐淡出市场成为非主流技术。VXI系统虽然有较小的体积和质量，通道数也多，但是VXI系统必须采用VXI机箱、零槽控制器以及1394火线接口卡才可实现程控，构建系统的成本比较高。LXI总线基于以太网技术，因此其扩展能力较强，但由于其采用仪器化设计，在成本上不具备优势，同时在软件开发和传输速率上有一定的局限性。AXIe是目前最新一代测试总线标准，与其他现有测试总线标准相比，其具有速度更快、模块化程度更高、灵活性更好等诸多优势，但由于其出现较晚，目前市场上基于AXIe总线的可用仪器设备还不多，可选择性余地少，不利于通用化测试系统的构建。PXI/PXIe总线拥有较高的总线带宽，同时拥有非常低的传输延迟，这一点是其他总线所无法比拟的，PXI仪器体积小，质量轻，成本也低，最关键的是目前市场上PXI产品非常多[3]，因此本测试平台选用了PXI总线。

3 平台设计

3.1 功能需求

测试平台需要完成的功能主要包括：1）卫星供电与配电控制；2）射频通信；3）姿控闭环测试；4）载荷数据传输及处理；5）遥测遥控处理；6）参数监视与判读；7）测试数据记录与归档；8）测试任务调度与过程管理。其中，1）～4）等几项功能需要有硬件支持，5）～8）等几项功能主要由软件来实现。

3.2 设计原则

在平台设计过程中主要遵循以下原则：1）基于一套公用的PXI硬件板卡；2）基于一套通用的综合测试软件；3）能够适应工厂测试、外场试验、应急响应等不同测试场景；4）系统配置灵活、使用维护简便、效费比高。

3.3 硬件设计

3.3.1 硬件架构

测试平台的硬件系统基于PXI总线搭建，基本架构是由PXI机箱、PXI控制器模块、PXI功能模块三部分组成，其中，PXI功能模块主要包括供配电、测控测试、星务测试、姿控测试、数传测试、载荷测试等。硬件组成原理框图如图1所示。

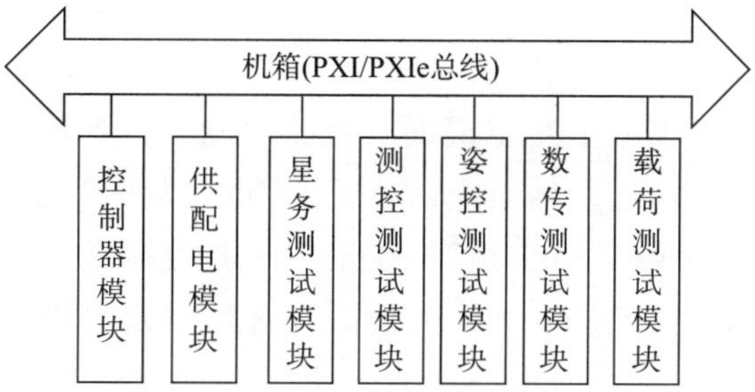

图1 硬件组成原理框图

3.3.2 模块设计

（1）PXI机箱

1）NIPXIe－1065机箱：3U高，标准机柜宽度（19英寸），内含18个插槽，其中9个PXI插槽，4个混合插槽，3个PXI Express插槽，1个PXI Express系统定时插槽，每插槽高达1 Gb/s的专用带宽和超过3 Gb/s的系统带宽。适合安装于机柜使用。

2）PS PXI－9106机箱：6槽栈式结构便携式PXI机箱，其中第1槽为系统控制器槽位，可配合最大三槽宽的嵌入式控制器使用。机箱采用一体化结构设计，集成了12.1″LCD液晶触摸屏及键盘、触控板、触控笔等输入方式。适合外场试验便携使用。

3）AMC58234机箱：4槽智能PXI平板，4个PXI/PXIe混合式插槽，内存4GB（DDR3），固态硬盘500G，兼容Win7/Win8操作系统，2个USB接口，2个千兆以太网口。适合随身携带、手持使用。

（2）控制器模块

PS PXI－3051，是一款高性能的PXI系统控制器，基于第三代Intel酷睿i5双核处理器3610ME，基础主频2.7 GHz，睿频3.3 GHz，使用QM77芯片组，集成500 GB机械硬盘或256 GB固态硬盘及其他外围I/O。

（3）供配电模块

供配电模块负责实现卫星供配电控制以及有线参数测量与显示功能，主要包括模拟量采集卡、数字量采集卡、数字量输出卡等。

（4）星务测试模块

星务测试模块负责实现卫星422总线或CAN总线监视与控制等功能，主要包括串口卡、CAN总线卡等。

（5）测控测试模块

测控测试模块负责实现星地射频通信功能，主要包括上/下变频卡、调制解调卡等。

（6）姿控测试模块

姿控测试模块负责实现姿控闭环测试功能，主要包括接口卡、信号模拟卡以及动力学仿真软件等。

（7）数传测试模块

数传测试模块负责实现数据传输及格式解析等功能，主要包括下变频卡、数据解调卡、数据处理卡、解密卡等。

（8）载荷测试模块

载荷测试模块负责实现载荷数据处理功能，主要包括数据处理卡及软件等。

（9）星地接口模块

星地接口模块负责实现卫星与地面测试设备之间电气接口连通与转换功能，主要包括通用接口适配器和星地测试电缆。

3.4 软件设计

3.4.1 软件架构

针对小卫星整星测试需要，将小卫星通用测试平台的功能划分为通信功能、调度管理功能、供电控制功能、信息交互功能、智能判读功能、界面应用以及 RTDB 操作等七大功能，软件功能框图如图 2 所示。其中，通信功能包含了处理 SCOE 测试数据、发送 SCOE 控制数据、接收 SCOE 测试数据三项子功能；调度管理功能负责维护控制数据发送队列、控制数据寻址以及管理其他各模块的运行，是整个平台的控制核心；供电控制功能负责控制供配电 SCOE 并采集供配电测试数据；信息交互功能负责与星上 CAN 总线进行数据交互；智能判读功能负责完成星上指令、关键参数以及状态的判读；界面应用包含平台设置、指令发送、参数监视、判读监视、序列编辑以及健康状态监视等功能；RTDB 操作功能负责与 RTDB 进行数据交互。

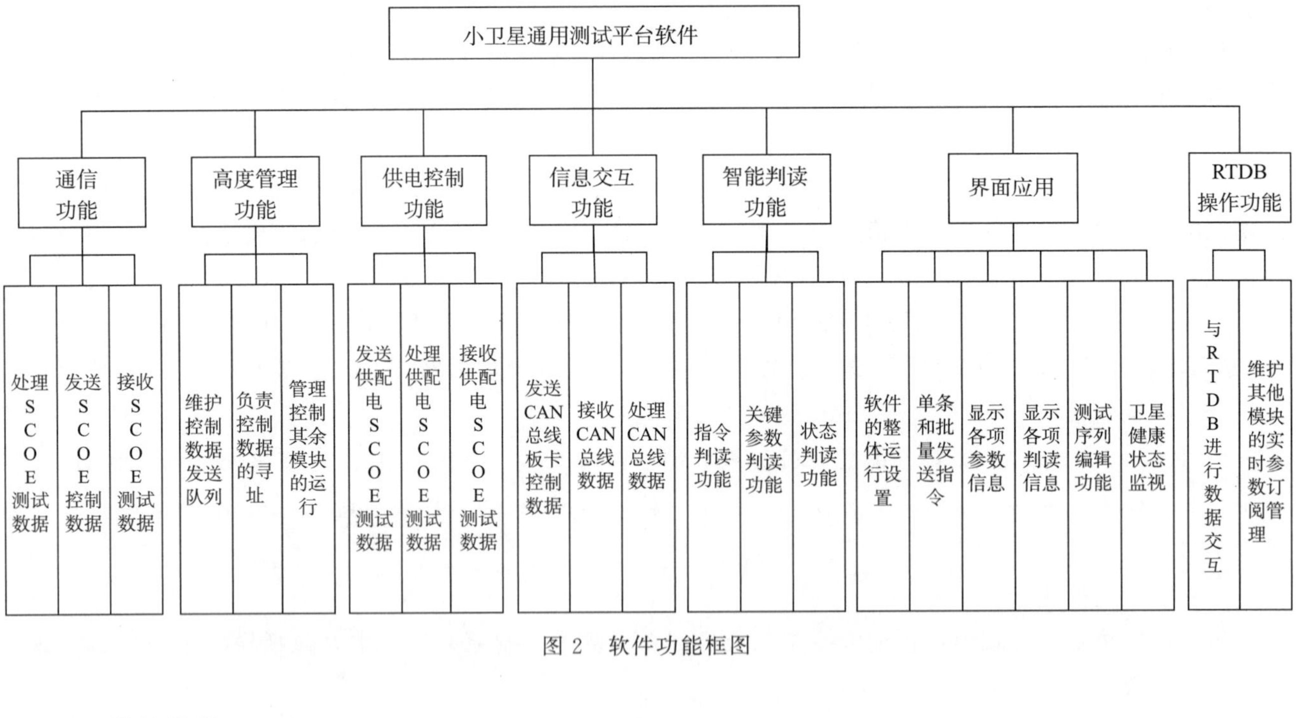

图 2 软件功能框图

3.4.2 模块设计

针对小卫星通用平台软件功能划分，整个软件分为界面应用模块、判读模块、调度管理模块、供电模块、通信模块、信息模块、RTDB 操作模块 7 个模块组成，软件的模块结构及信息交互图如图 3 所示。

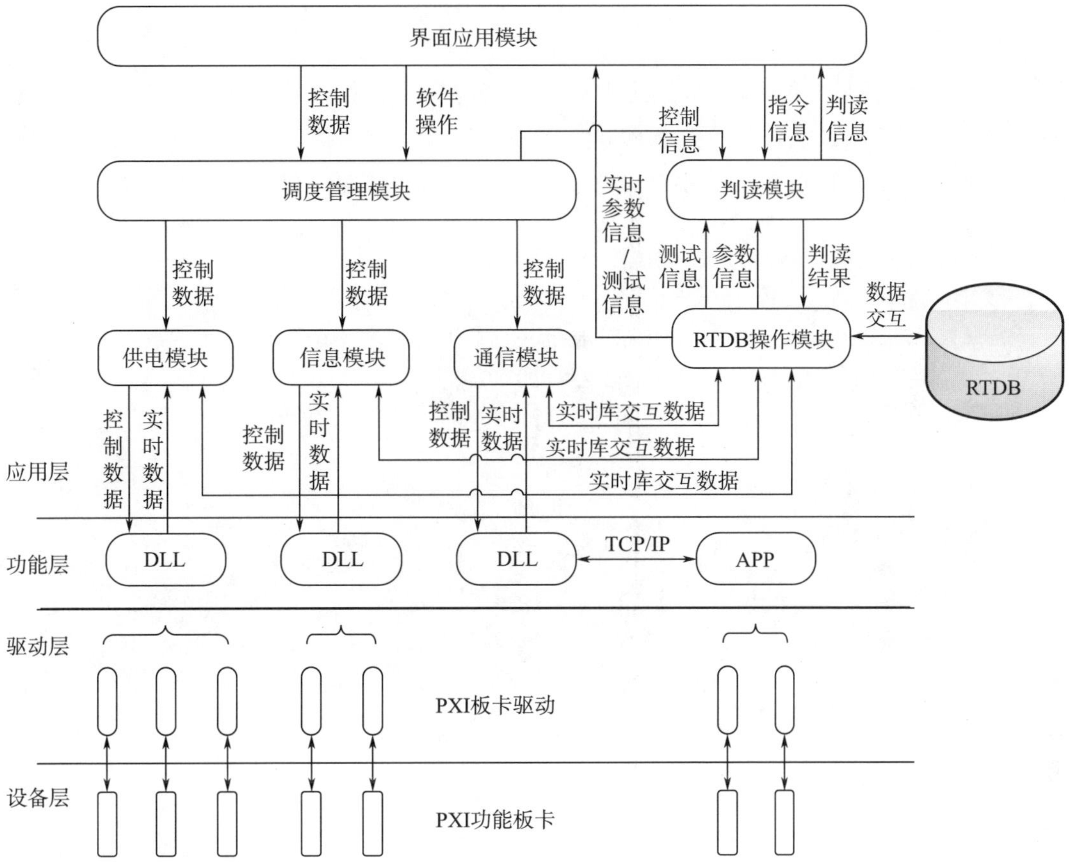

图 3　软件模块结构图

4　平台实现

4.1　机架式

机架式测试系统组成见图 4，是基于标准 19 槽 PXI 机箱、19 英寸机柜构建，主要包括 3 台 19 槽 3U 高 PXI 机箱（分别集成平台测试、姿控测试、载荷测试等模块）、星地接口适配模块、机架式服务器以及显示设备 KVM，装载全套测试软件。优点是功能全面，能够满足所有的测试需求，缺点是系统笨重，搬运不便，主要应用于工厂测试。

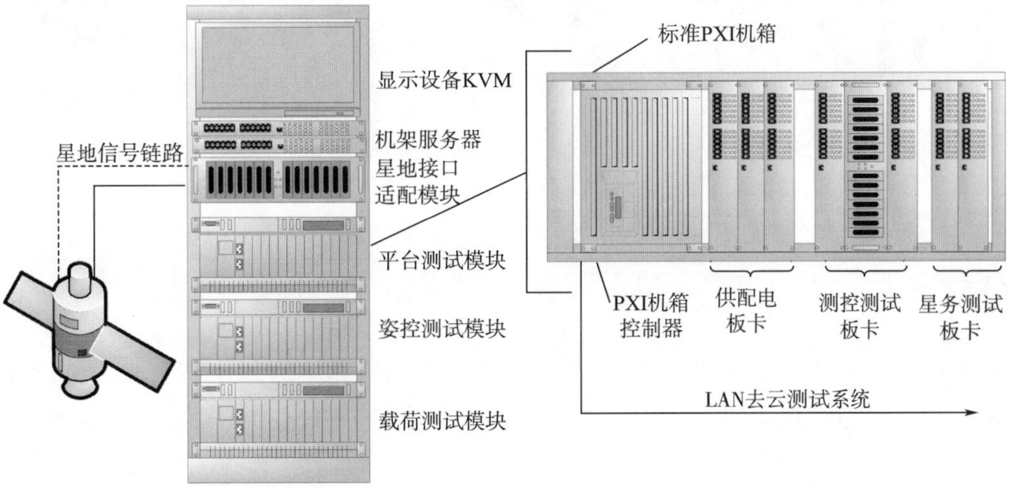

图 4　机架式测试系统组成

4.2 便携式

便携式测试系统组成见图 5，是基于便携式 PXI 机箱构建，主要包括 3 台便携式 4 槽 PXI 机箱（分别集成供配电和星务、测控测试、姿控测试等模块）和 1 台笔记本计算机，装载部分测试软件。优点是易于搬运，便于快速展开部署，缺点是功能不全，无法完成载荷设备的详细功能性能指标测试，主要应用于外场试验。

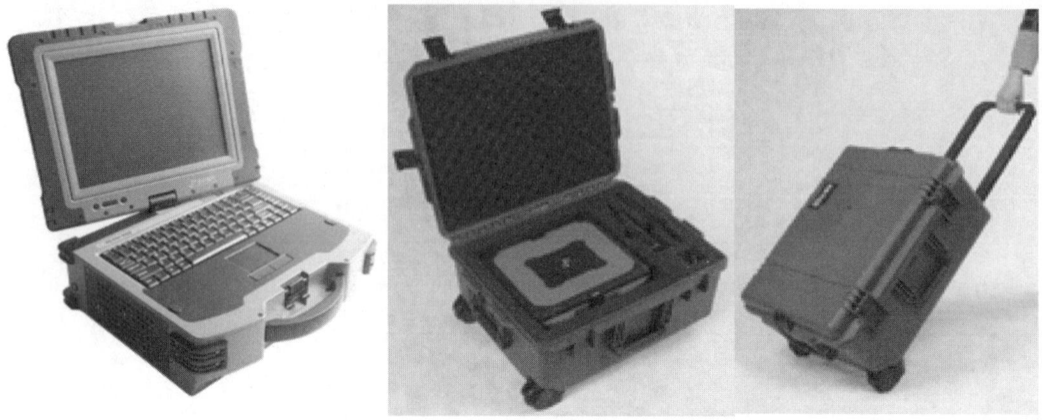

图 5　便携式测试系统组成

4.3 手持式

手持式测试系统组成见图 6，是基于手持式 PXI 平板构建，主要包括 3 台 4 槽 PXI 平板电脑（分别集成供配电和星务、测控测试、姿控测试等模块），装载部分测试软件。优点是系统极小，可随身携带，响应速度快，缺点是功能相对简单，无法完成姿控星地大闭环测试和载荷设备的详细功能性能指标测试，主要应用于应急响应或皮纳卫星测试。

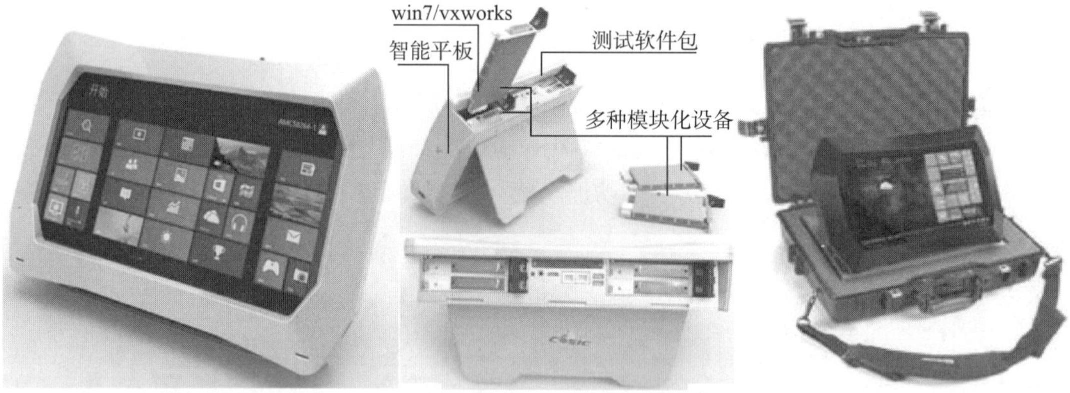

图 6　手持式测试系统组成

5　结束语

本文设计了一种基于 PXI 总线技术的小卫星通用测试平台，该平台基于一套公用的 PXI 硬件板卡和一套通用化测试软件，通过选配不同的板卡和装载相应的软件，分别构建了机架式设备、便携式装备、手持式终端等三种测试系统，满足了小卫星综合测试中工厂测试、外场试验、应急响应等测试场景下对测试系统的不同需求。该平台具备系统集成度高、配置灵活、使用维护简便、效费比高等特点，同时极大的方便了自动化测试的开展，适合于小卫星综合测试系统的构建。依据该测试平台构建的测试系统已经成功应用于多个型号测试中，取得了良好的效果。

参考文献

[1] 王庆成．航天器电测技术［M］．北京：中国科学技术出版社，2007.

[2] 郭恩全，苗胜．测试总线发展的回顾与展望［J］．电子测量与仪器学报，2009，23（8）：1-3.

[3] 彭刚锋，崔强，王国东．新一代测试总线标准——AXIe综述［J］．测控技术，2012，31（7）：2-3.

Design of Universal Test Platform for Small Satellite Based on PXI Bus

LU Wengao　YAN Meizhi　ZHAO Chuan
DFH Satellite Co.，Ltd.，Beijing　100094

Abstract　In view of the different requirements of different test scenarios in the integrated test of small satellite，this paper presents a design of a general test platform for small satellite based on PXI bus technology. This platform is based on a set of common PXI hardware boards and a set of common testing software，for factory testing，field testing，emergency response and other different test scenarios. The frame type equipment，portable equipment，handheld terminal and other three implementations are designed respectively. The platform is with high system integration degree，flexible configuration，convenient usage and maintenance，high cost-efficiency，could be used for construction small satellite Electrical Ground Support Equipment.

Key words　PXI bus；Small satellite；Integrated test；Test platform

作者简介

陆文高，男，高级工程师，就职于航天东方红卫星有限公司，研究方向为航天器电性能测试技术，电子邮箱：lwg_hit@sohu.com。

基于 Labview 状态机的小卫星控制测试平台设计

张少坡　苏振华　卢彦杰　孙宁博
航天东方红卫星有限公司，北京 100094

摘　要　随着工业自动化技术的快速发展，自动化测试平台技术在航空航天、舰船、电力等行业得到广泛应用。基于当前小卫星控制测试系统现状，为提高测试系统的集成度，设计具有模块化、通用化、自动化的便携式控制测试设备，利用虚拟仪器技术实现了卫星控制测试平台的设计，替代了传统仪表及上架式机箱，基于 PXI 总线的硬件平台上，提出了基于 Labview 状态机的小卫星控制系统自动化测试架构，设计的测试架构具备开放式配置、序列调试、数据判读、数据归档及查询等功能，经过工程试验验证了该系统的良好效果。

关键词　Labview；卫星测试；状态机；控制

1　引言

随着小卫星技术的不断发展，小卫星种类及系列也不断增多，由于老式测试设备通用性差、设备集成度低，卫星测试时需要较多的技术人员参与，占用较多的人时，测试周期较长，一定程度上制约着小卫星产业化的发展。随着测试技术的发展，模块化、通用化、自动化的测试设备在航空航天、舰船、武器等行业得到广泛应用，小卫星研制过程实现自动化测试尤为重要。卫星控制系统是保证卫星在轨正常运行的重要环节，也是卫星平台较为复杂的一个分系统，为确保卫星控制系统部件和系统性能正常，必须进行大量的地面验证和测试工作。

目前，虚拟仪器（Virtual Instrument）技术在测控领域得到了广泛应用，图形化编程语言 Labview 受到技术开发人员的欢迎，其开发快速方便、直观、功能强大，支持各种测控程序开发，应用 RT 实时系统可以确保系统的实时性及数据处理能力。

本文在 PXI 总线的硬件平台上，设计了一种基于 Labview 状态机的小卫星控制系统自动测试平台，研制的测试平台集成度高、实时性高，具有模块化、通用化、自动化的特点。

2　测试原理及架构

小卫星控制分系统测试通常采用半物理仿真测试方法完成，半物理仿真测试即控制系统的部件部分或全部参与运行，卫星姿态及轨道信息由卫星动力学数学模型代替，并激励相应的敏感器，动力学数学模型包含了卫星所承受的干扰力矩。

控制闭环测试系统原理示意图如图 1 所示，其中执行机构包括动量轮、磁力矩器和推进机构，传感器包括陀螺、太阳敏感器和磁强计，地面测试计算机包括卫星动力学仿真计算机和测控计算机两部分，其中动力学计算机主要完成卫星动力学数学模型实时计算及数据实时采集、发送，动力学计算机基于 PXI 总线完成了硬件系统集成，包括零槽控制器、多通道串口采集模块、CAN 通信模块、模拟量采集模块、数字量采集模块和 DA 输出模块，硬件系统集成度高，便于系统扩展，模块化设计有利于测试程序实现单一状态设置及自动化序列执行；测控计算机主要实现上位机测控软件，完成测试任务的自动执行、调度、人机交互、状态监测、数据处理及远程通信，构件完善的自动化测试模块及开放的配置功能。动力学仿真计算机与测控计算机之间通过以太网建立数据交互。

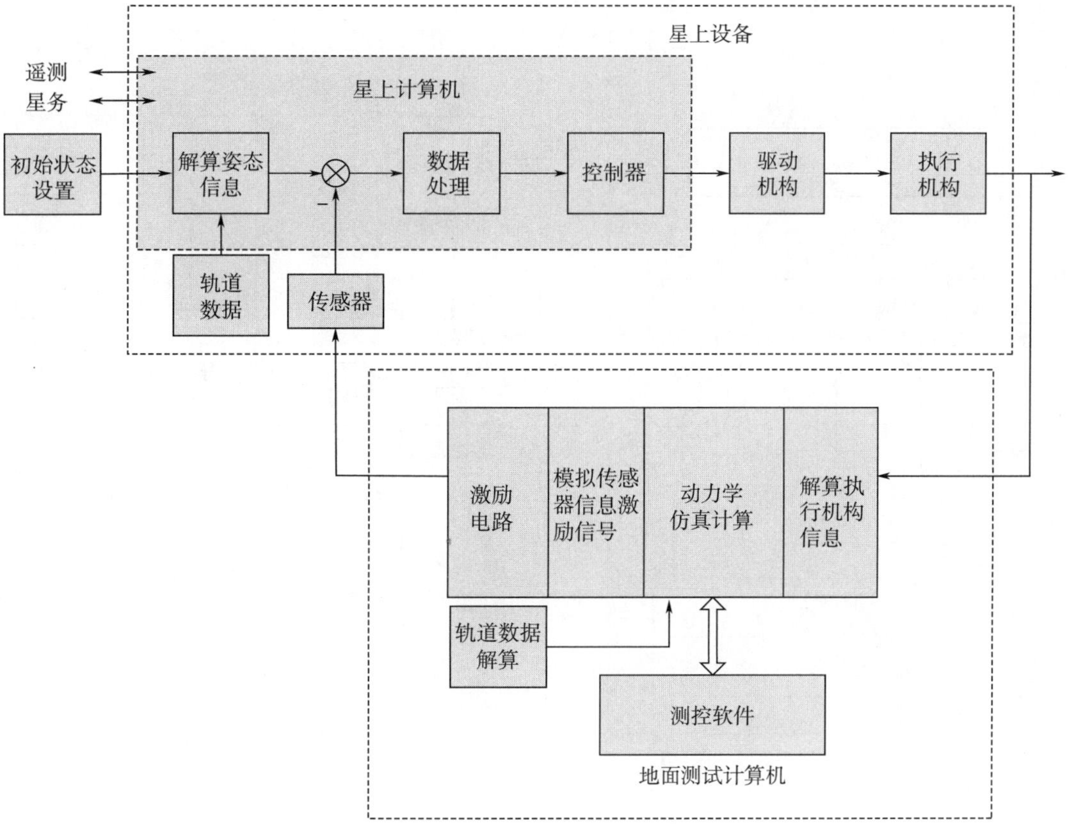

图 1　小卫星控制闭环测试原理示意图

3　测试软件设计

3.1　软件总体架构

小卫星控制测试主要完成控制系统各部件测试、接口测试、闭环姿轨控制测试。闭环控制测试中动力学仿真需要具备很高的实时性，本测试平台基于 Labview RT 实时系统实现动力学仿真，上位机实现测控软件，测控软件架构如图 2 所示。测控软件具备以下功能：

1）具备友好的人机交互界面，方便测试人员使用，关键操作项、测试数据、系统状态标示醒目，并且具备防止错误操作功能；

2）具备完善的测试指令库及在线配置功能，保证所有测试单项有对应的操作指令，测试结果有对应的采集接口；

3）具备测试数据自动判读功能，测试人员在编辑测试序列时可以对每一步的测试项按照需要设置数据判据，在自动测试时依据判据判断数据是否正常；

4）具备单步、跳转、中止测试等功能，便于测试人员在前期对编辑的测试序列的调试验证以及自动测试过程中因需要进行人为干预，如某一步测试数据异常，排故后重复进行此步测试，测试中需要跳过某几步测试等；

5）具备报表自动生成、错误报警、日志记录功能，测试完成后，可以完成测试数据的报表生成，便于查看测试结果，报表格式可以与测试细则对应，便于数据归档管理。

Labview 为图形化编程语言，可以实现测控软件的开发及 RT 实时系统软件的开发，Labview 具备完善的定时、条件、循环等编程结构，可以实现状态机设置。

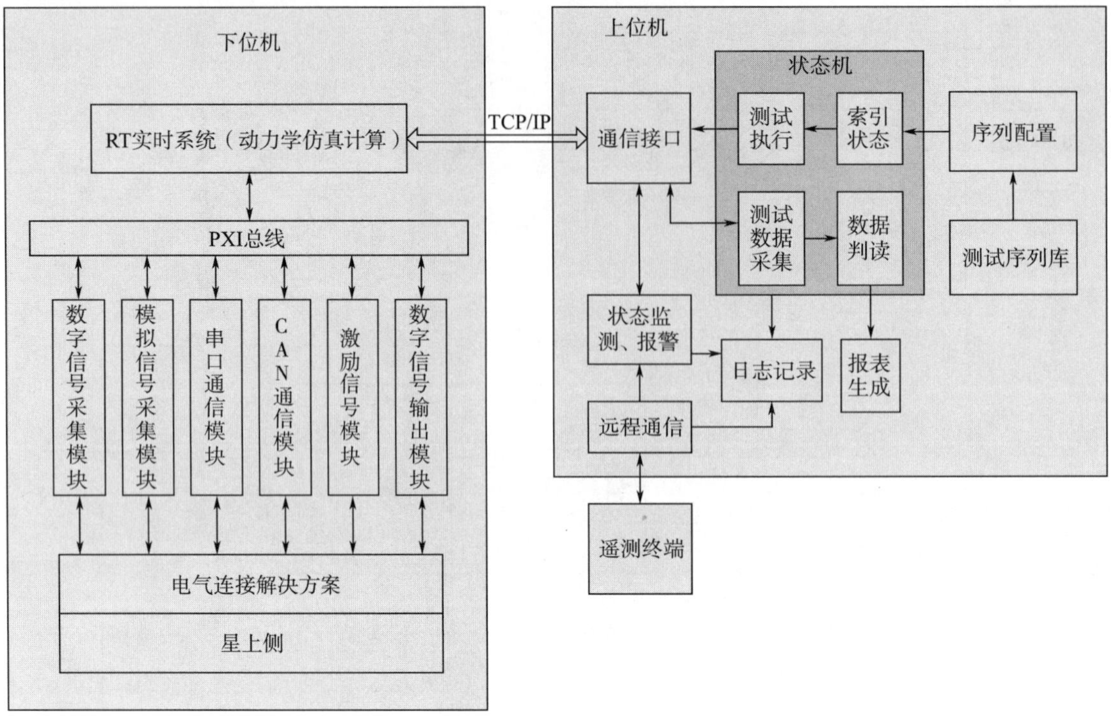

图 2　测控软件架构

3.2　Labview 状态机设计

小卫星控制测试系统软件涉及较多的测试事件，事件之间的逻辑关系必须明确，防止出现冲突、无法跳转等错误，尤其是在自动测试执行中，状态之间切换时，两个状态之间具备的逻辑关系需要着重考虑，因此，每执行一步，需要对测试结果、系统状态综合判断，确保测试正确执行，提高可靠性。

状态机可以以简单的方式描述复杂的数学模型，模型需要满足状态有限、状态不同时出现、状态具备入口和出口条件、状态切换延时小 4 个条件。小卫星控制测试就是对测试设备各个接口的操作，每一步操作设置为一个状态，测试流程明确，状态有限，每个状态都具备入口条件和出口数据且状态间切换无等待，通过状态机方式实现自动化测试便于测试执行及调试，并且由于状态可添加、可序列、可配置，可以很大程度提高测试软件的通用性。

Labview 实现状态机方式通常是由一个 while 循环和一个条件结构（case），利用移位寄存器实现的，while 循环确保状态之间快速切换，条件结构分支对应单个状态。为确保测试状态的可在线编辑性，引入一个状态机的状态序列，即将任意的测试流程在线设置为状态机的状态序列，调用执行。

测试软件流程如图 3 所示。状态机启动运行后，完成对系统各硬件模块的初始化，初始化正常后进入等待状态中，当接收到开始测试的指令后，软件读取测试状态序列，状态机开始按照序列执行，完成每一步的测试及数据处理工作，一个序列测试完成后，状态机跳转到等待状态中，等待下一个序列的测试。结合不同情况的测试，为满足通用性，状态设置延时等待、倒计时、提示信息，实现综合测试情况的配置。Labview 实现状态机的方式如图 4 所示。

3.3　用户层软件设计

如 3.1 所述，小卫星控制测试平台主要包括运行卫星动力学仿真的 RT 实时系统软件及上位机测控软件，本文主要介绍基于 Labview 状态机的上位机测控软件，实现 3.1 所述的 5 条主体模块，就能实现自动测试的功能，另外，为完善测试软件的功能，还具备历史数据查询、测试账号登陆等功能。

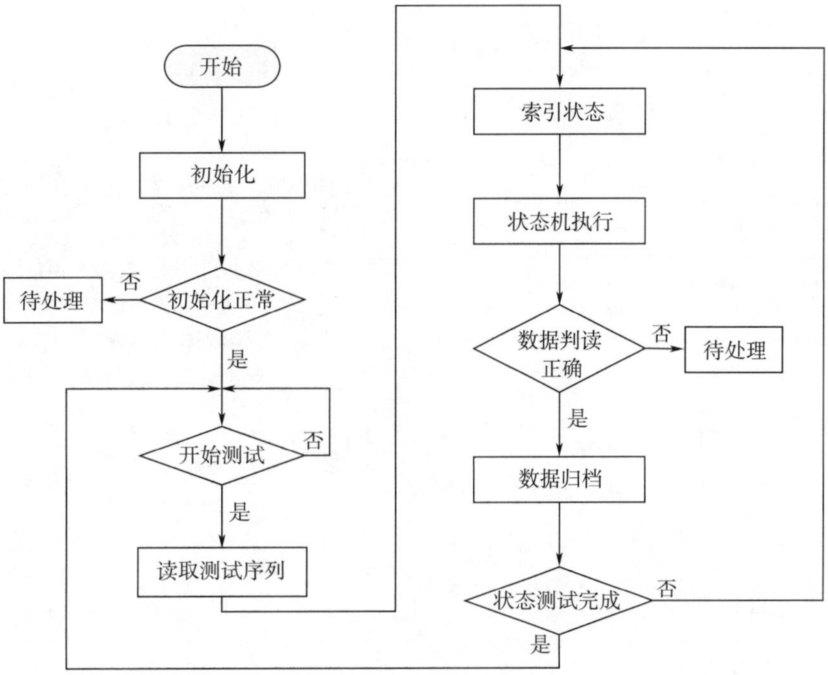

图 3　测试软件流程图

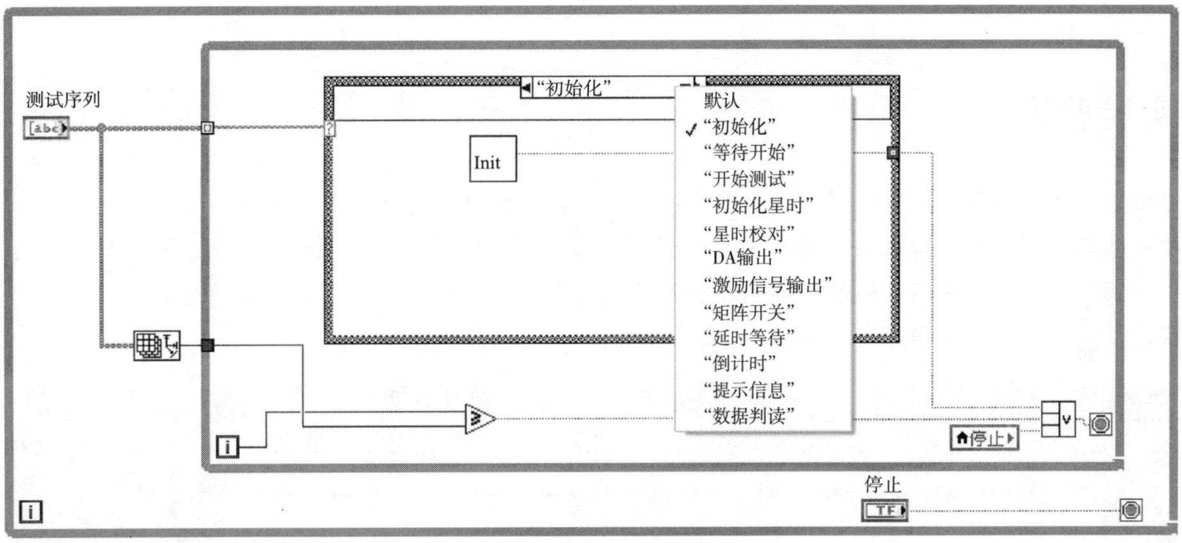

图 4　Labview 状态机程序

设计的用户层软件如图 5 所示。设置了操作区、数据区、系统状态区和帮助说明 4 个功能区，数据区又分为测控数据显示、数据分类波形、历史数据查询和错误数据。如 3.2 所述，设计的基于状态机的自动化测试功能具备了很好的兼容性，可以调用序列库的测试项根据实际需要编辑合理的自动测试序列，而且可以针对编辑的测试序列进行调试、保存、读取操作，使得测试平台可以应用于不同测试情况，满足不同卫星的测试需求。

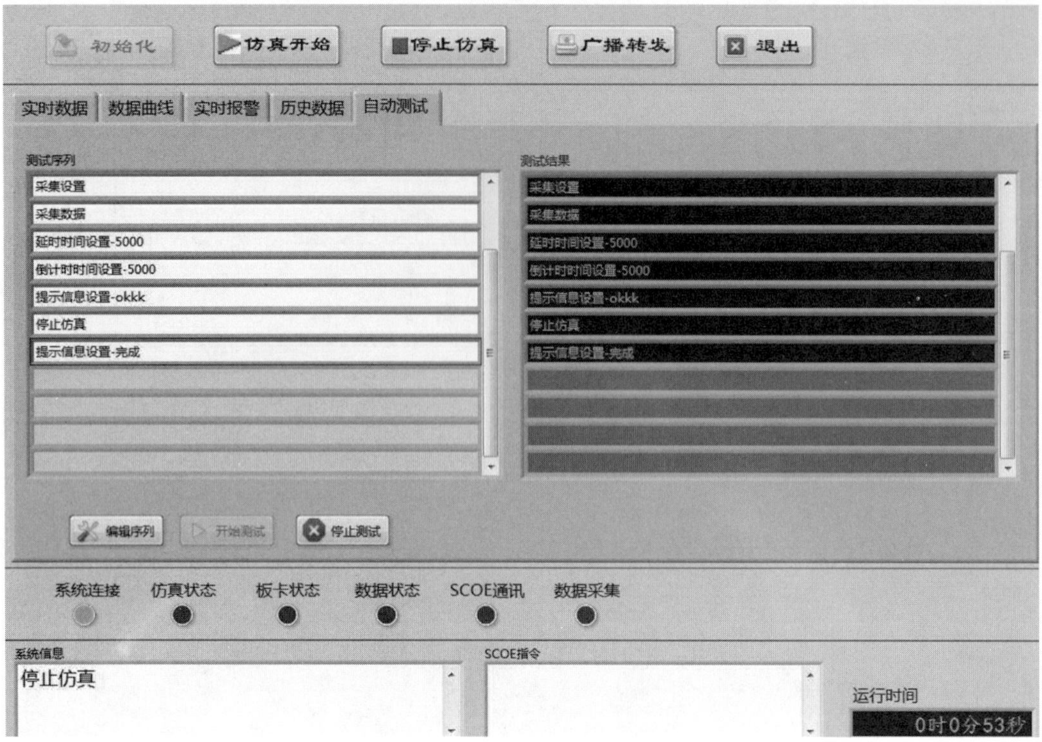

图 5　测试软件界面

4　实验验证

将研制设备在电性星上进行了系统功能及性能验证，测试结果表明测试系统能够完成 10ms 的动力学实时仿真计算周期，上下位机数据交互正常，通过配置合理的执行序列，能够自动完成小卫星控制系统的闭环控制测试，图 6 所示为电性星的闭环仿真测试中卫星角速度曲线，卫星可以实现滚动、偏航上角姿态保持，及俯仰方向恒定角速度，实现偏执动量稳定。

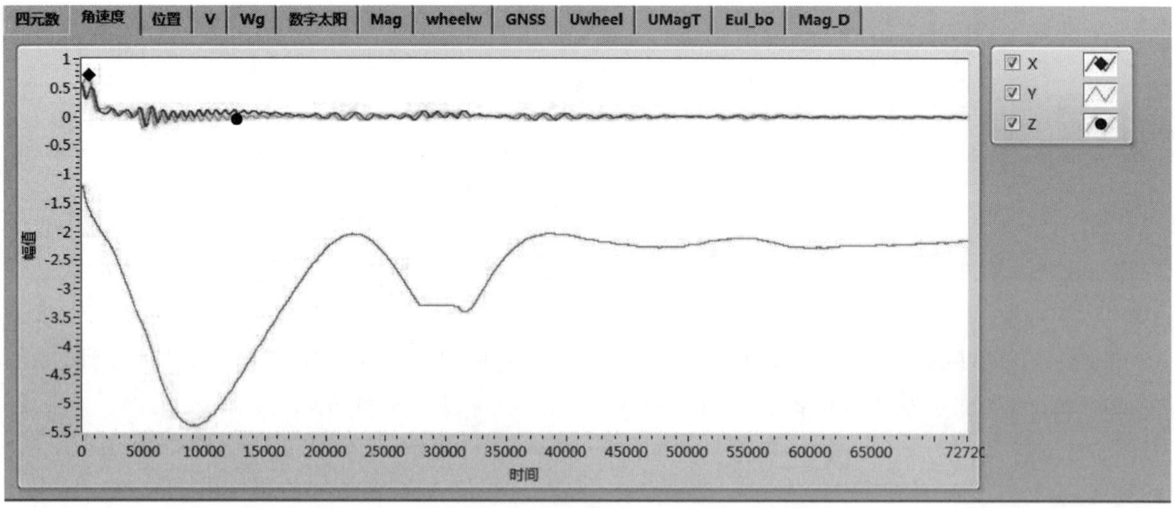

图 6　卫星控制闭环仿真测试角速度曲线

5 结束语

本文详细介绍了基于 Labview 状态机的小卫星控制测试平台的设计，在 PXI 总线的硬件平台上，基于 Labview 设计了测试软件，构建了自动测试序列，并依据状态机方法实现了自动化测试，实现了小卫星控制测试设备的模块化、自动化，提升了系统集成度，通过工程实验验证了系统的有效性，可以极大的提高工作效率。

参 考 文 献

[1] 龚潺，张丹，等．基于 PXI 的卫星地面测试信号采集控制系统 [J]．电子测量技术，2015，38 (3)：129-132.
[2] 黄皓，尹禄高，于航．基于 Labview 状态机的飞行器自动测试平台设计 [J]．自动化技术与应用，2015，34 (8)：95-99.
[3] 张勇，王强，等．基于实时数据库的卫星测试平台的设计与实现 [J]．计算机工程与设计，2009，30 (2)：335-337.
[4] 冯向军，廖瑛，杨雪榕，蒲宇全．卫星控制仿真数据管理系统软件自动化测试 [J]．航天控制，2006，24 (2)：38-42.
[5] 王有松．卫星姿态控制机地面仿真实现方法研究 [D]．哈尔滨工业大学，2014.
[6] 张森．基于 Labview 架构的分析仪器上位机软件设计与实现设计 [D]．西安电子科技大学，2013.
[7] 屠善澄．卫星姿态动力学与控制 [M]．北京：中国宇航出版社，1999.

Design of Small Satellite Control System Test Platform Based on Labview State Machine

ZHANG Shaopo SU Zhenhua LU Yanjie SUN Ningbo
DFH Satellite CO. LTD.，Beijing 100094

Abstract With the rapidly development of industry automation，automatic test platform is being used widely in aviation，aerospace，ship，electric power and so on. Based on the current status of test system used at small satellite，in order to improve the integration，design a test equipment with characters of blocking，currency and automation. we used the technology of virtual instrument to achieve the design of satellite control test platform，which is used to replace the traditional cabinet equipment. This paper presents a automatically test system，with functions of openly configuration，sequence debug，data estimation，data pigeonhole，based on Labview state machine and the hardwire of PXI bus，the system was validated through practical project experimentation.

Key words Labview；Satellite test；State machine；Control

作 者 简 介

张少坡，男，工程师，就职于航天东方红卫星有限公司，主要研究方向为卫星控制系统综合测试，电子邮箱：zhangsp _ control@163. com。

卫星通用供配电测试系统设计方法

李敬博　洪雷　马楠

航天东方红卫星有限公司，北京　100094

摘　要　供配电测试系统通常是一种针对某个卫星进行独立设计的专用地面测试设备，为了降低成本，提高设计、生产和使用效率，文章提出一种适用于各种卫星综合测试的通用供配电测试系统的设计方法。通过对系统功能、系统接口、内部电路、元器件选择、转接电缆等方面的设计，实现供配电测试系统的通用化；并首次将一种通用的电连接器检测电路引入卫星测试系统中，避免电连接器错插、漏插和插接不到位的问题，提高测试系统的可靠性。该系统已成功应用于多颗卫星综合测试和发射任务，实现了一套供配电测试系统满足不同卫星测试要求的目标。

关键词　通用；供配电测试系统；电连接器检测；设计方法

1　引言

供配电测试系统是卫星综合测试的重要组成部分，每颗卫星都有各自专用的供配电测试系统，卫星发射后，该测试系统也将停止使用，造成了极大的浪费。虽然系统经过改造可应用于后续卫星，但改造成本大、周期长，且改造后设备的可靠性大幅降低。此外，当专用测试设备出现故障时，将无法找到可以替代的设备，如果短期内无法排故，将严重影响卫星测试进度。因此，需要设计出一种能够在各卫星间通用的供配电测试系统，同时测试系统内部的各采集或控制通路也应具备通用性。该系统能够节约生产成本，提高生产效率，同时，系统引入一种通用的电连接器检测电路，也能够提高测试系统的可靠性。

2　设计程序

2.1　需求分析

需求分析即确定卫星总体及电源分系统对地面供配电测试系统的要求，主要包括：

1）卫星所需供电方式，即采用太阳电池阵模拟器供电还是稳压电源供电，或者联合供电；

2）卫星所需稳压电源、太阳电池阵模拟器数量及每个电池阵需要输出的电压、电流和功率；

3）卫星需要地面供配电测试设备输出的控制指令及控制指令的形式；

4）地面供配电测试设备需要采集的模拟量、状态量及其输入电压范围；

5）卫星脱落插头的类型，是否需要电脱以及接点定义。

2.2　方案设计

根据卫星总体及电源分系统的需求，需要对地面供配电测试系统进行以下方案设计，主要包括：

1）根据供电方式，确定稳压电源、太阳电池阵模拟器数量及功率等要求；

2）根据需求，确定所需配备的稳压电源、模拟器型号及数量，以及脱插电缆中用于稳压电源、模拟器供电的导线数量和规格；

3）根据卫星所需的控制指令要求，确定继电器类型和数量，并确定转接电缆中如何进行跳线设计；

4）根据所需采集的模拟量、状态量要求，确定相关采集模块的数量及对应采集模块的指标；

5）根据脱落插头的类型要求选择脱插，以及是否需要电脱确定是否需要设计电脱指令及对应的连线，同时根据脱落插头的接点定义，确定如何对脱插电缆的接插件及信号进行分配。

2.3 设计流程

供配电测试系统设计的程序流程如图 1 所示。

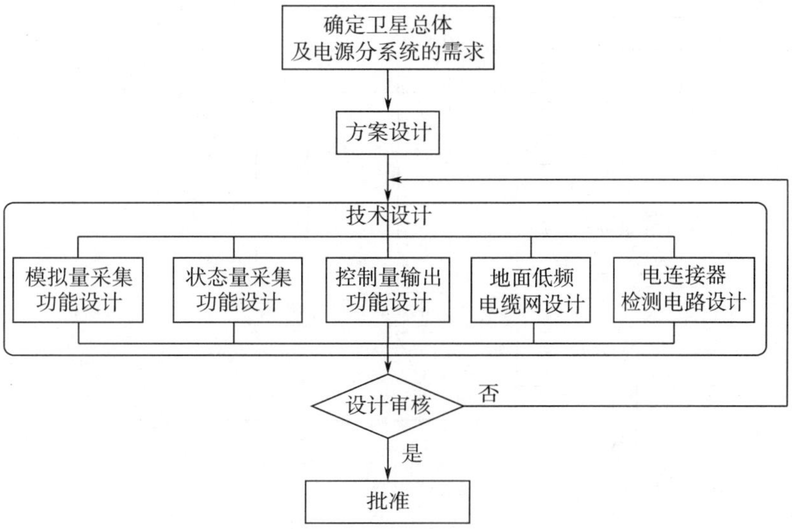

图 1　供配电测试设备设计程序流程图

3　系统功能设计

3.1 模拟量采集

模拟量采集主要是采集卫星电源分系统的相关参量，如蓄电池电压、母线电压等电压参量和负载电流等电流参量。其中，电压参量在星上串接 1K 电阻后引至供配电测试设备，电流参量在星上接保护电阻、跟随器后引至供配电测试设备。各参量在设备中经过隔离放大器[1]后进入模拟量输入模块（AI 模块），详见图 2。

模拟量采集电路的通用化设计主要表现在以下 3 个方面：

1）星上模拟量并不是通过星地接口直接连接至隔离放大器，而是先连接到跳线架，再通过跳线架连接至隔离放大器。如果某一路的隔离放大器出现问题，可迅速通过跳线架将该路模拟量信号通过跳线架连接至备份的隔离放大器。

2）该电路的隔离放大器包括两种类型：第一种输入范围±10 V，输出范围±10 V；第二种输入范围±50 V，输出范围±10 V。第一种通常用于星上负载电流的采集，第二种用于星上母线电压、电池电压的采集。每种隔离放大器可设计几路备份，第二种也可作为第一种的备份，必要时直接通过跳线更换隔放。

3）PLC 的模拟量采集模块的每一路通道输入要求均为±10 V，因此 AI 模块对于星上所有模拟量都是通用的，并无严格的对应关系，因此当某通道出现故障时可迅速更换通道。

3.2 状态量采集

状态量采集主要是对卫星测试时的遥控自检信号以及火工品起爆信号等状态量进行采集[2]。星上状态量信号经星地接口连接至测试设备内部的固态继电器，触发相应继电器触点后，PLC 的状态量采集模块

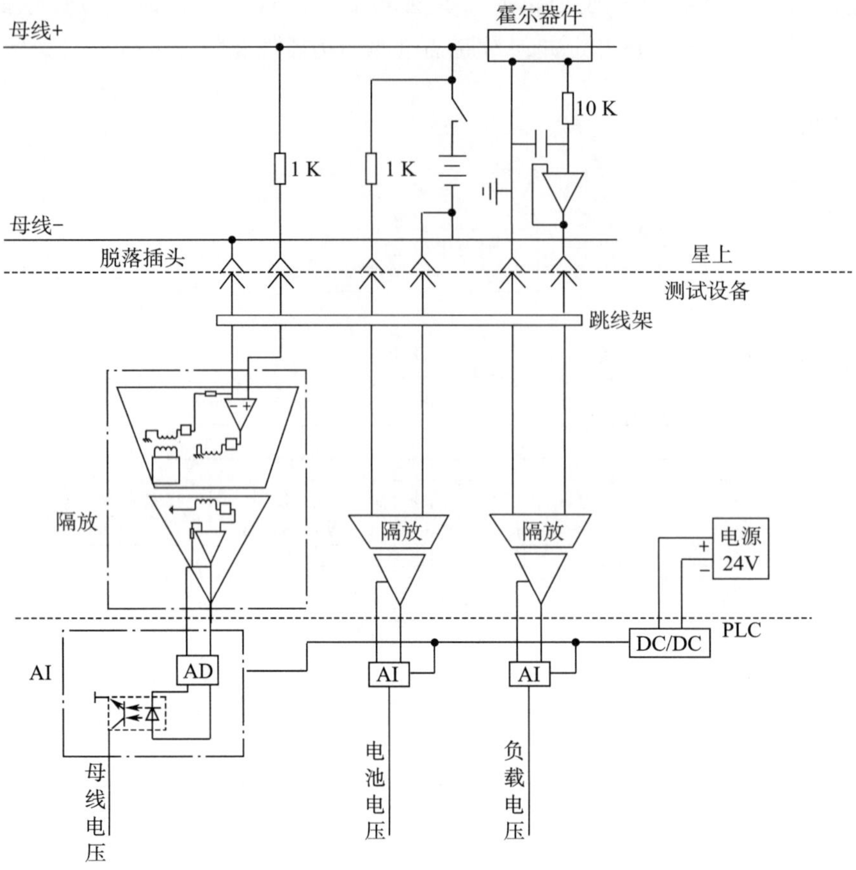

图 2　星上模拟量采集接口

（DI 模块）采集到星上状态量信号。星上状态量采集接口如图 3 所示，其通用性主要为以下两个方面：

1）星上状态量的电压值均为母线电压，可采用相同型号的固态继电器进行隔离，则各状态量检测通道为通用；

2）星上状态量触发供配电测试设备中的固态继电器后，相应的触点闭合，DI 模块采集到地面 24 V 电源。由于无论星上状态量的电压值（即母线电压）是多少，对于地面状态量采集模块来说，都是采到了 24V 电压，与卫星母线电压的大小无关，因此，该设计可满足不同卫星的要求。

3.3　控制量输出

控制量输出主要是对星上的蓄电池通断以及姿控分系统加断电进行控制，供配电测试设备中采用电磁继电器对其进行控制。电磁继电器所能承受电压需大于卫星母线电压，所能承受电流需大于母线电压与星上的电池通、断磁保持继电器等效电阻的比值。设备中提供 28 V 电源，根据卫星需要为星上继电器供电，为防止星上能量回流到地面，以及地面设备故障影响卫星，设置二极管实现星地隔离。控制量输出接口如图 4 所示。电磁继电器 K1、K2、K3 的第一组触点 K1－1、K2－1、K3－1 用作控制量的使能和通、断控制，第二组触点 K1－2、K2－2、K3－2 用作相应的状态检测。

控制量输出电路的通用性主要表现在以下两个方面：

1）设备中的控制使能、控制通和控制断继电器触点没有像以前的专用测试设备那样串联或并联起来，而是将 3 个继电器进行独立设计，直接将各自的触点分别连接到供配电测试设备的输出接口。由于不同卫星对通断控制的要求不同，第一类卫星要求地面提供 28V 电源控制星上的继电器；第二类卫星要求地面只提供一个继电器触点进行通断控制，而不要求地面提供电源。对此，可以通过在电缆中进行跳线设计来满足不同卫星对控制的要求，例如，图 4 中的点划线为电缆中的跳线，可以满足第一类卫星的要求。第二类卫星也可根据需要进行跳线。

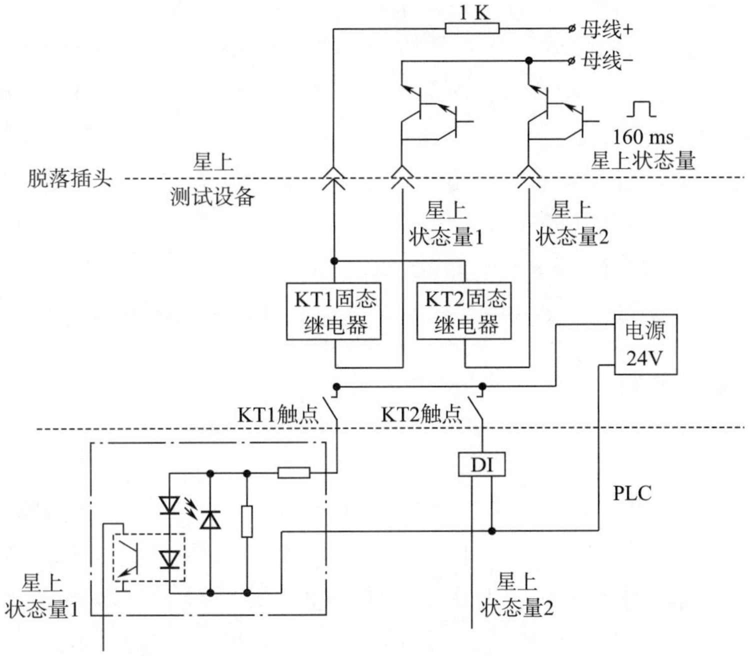

图 3　星上状态量采集接口

2）尽管图 4 中区分了控制使能、控制通和控制断，但是这些继电器是完全相同的，只是人为定义了它们的用途，实际使用时可根据需要自行定义这些继电器的用途。图 4 中的 S1、S2 和 S3 为手动控制开关，作为软件控制的备份，也具有通用性。

3.4　地面低频电缆网

卫星与供配电测试系统设备之间的连接电缆设计方法如下：

1）确认电缆功能，包括供配电测试设备与卫星的连接电缆、太阳方阵模拟器与卫星的连接电缆、稳压电源与卫星或供配电测试设备的连接电缆、星表静态阻值测量电缆；

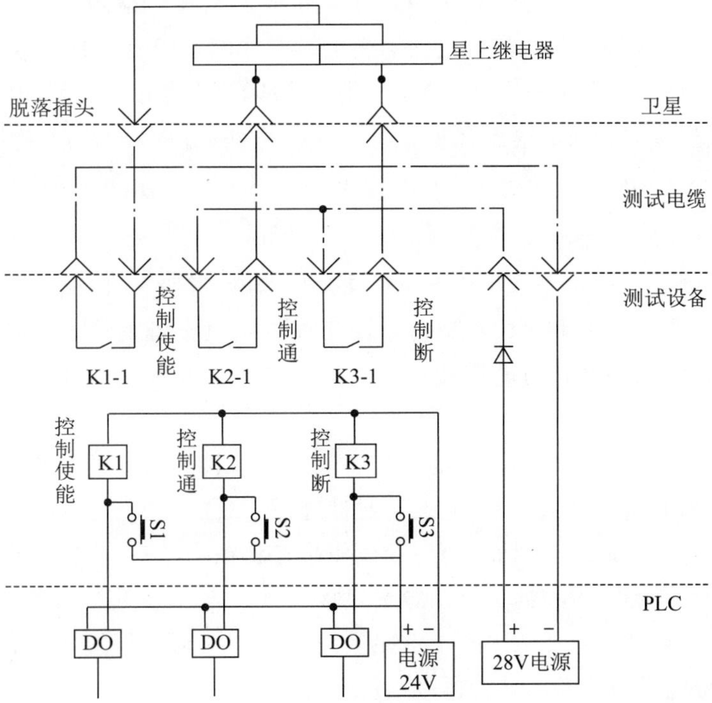

图 4　控制量输出接口

2）根据星上电缆网要求，绘制脱落插头接点分配；为了防止供电短路和信号干扰，将脱插接点分成供电正线、供电负线和信号线 3 个区域，对于需要双绞的导线须在生产技术要求中提出明确要求；

3）根据脱插接点定义、卫星的功率以及所需的太阳方阵数量，设计太阳方阵模拟器和稳压电源对卫星的输出接点数量，并进行接点分配；

4）根据脱插接点定义，设计控制指令输出、模拟量采集和状态量采集接点，特别需要根据卫星对电池通断指令要求的控制方法进行跳线设计；

5）由于脱落插头的星上插座端由星上电缆网设计，而“脱插接通”状态量和“脱插脱落”控制量需要在星上插座端进行跳线短接，因此这部分内容需要对星上电缆网设计提出明确要求。

3.5 通用电连接器检测电路

3.5.1 解决方案

卫星供配电测试设备许多电缆插头的类型是完全相同的，尽管在每个电缆插头上都做了标记，单靠肉眼识别仍然可能插错，而且做标记或外形上的不同只能避免插错[4-6]，对漏插和插接不到位均无法检测。为了保证插头连接正确，避免上电后无法正常工作甚至烧毁设备，需要建立一个这样的检测系统：当所有电缆插头都连接正确时，相应状态指示灯亮；当有插头插错、漏插或插接不到位时，指示灯状态不正确，提醒测试人员检查电缆连接。

本方法的解决方案是：利用电连接器上两个未使用到的空点，作为此电连接器的编码，每个电连接器用到的空点不允许完全相同，即至少有一个空点与其他电连接器用到的空点不同，最后将这些电连接器上用于编码的空点用导线串接起来。只有当所有电连接器都正确地插上时，才能形成闭合的回路。

假设电连接器Ⅰ、Ⅱ、Ⅲ……M 为相同类型的电连接器，分别由插头和插座两部分组成，它们的 1 点、2 点、3 点…… n 点都是未用到的空点。电连接器Ⅰ、Ⅱ、Ⅲ……M 若分别选取 2 个不完全相同的空点作为其编码，例如分别选取 1 点和 2 点、1 点和 3 点、2 点和 3 点…… $(m-1)$ 点和 m 点($m \leqslant n$) 作为回路中的连接点，则电连接器Ⅰ、Ⅱ、Ⅲ……M 的编码分别为 12、13、23…… $(m-1)m$ 。

为了使检测回路具有指示功能，回路中应包括指示灯、电源、开关和电阻等。电源为检测回路提供电能；指示灯起检测指示功能；电阻起限流作用；开关起接通和断开检测回路的作用。只有当电连接器Ⅰ、Ⅱ、Ⅲ……M 的插头均正确地插在其对应的插座上时，才能形成闭合的回路，此时指示灯亮。

这里每个电连接器选择的空点不一定是 2 个，为了能够区分更多相同类型的电连接器，空点数可以是偶数 $2k$ 个。假设所有电连接器相同的空点有 $n(n \geqslant 3)$ 个，取偶数 $2k(2k \leqslant n)$ 个空点作为编码，则按照排列组合，最多可以区分 $[n \times (n-1) \times \cdots \times (n-2k+1)/(2k)!]$ 个相同类型的接插件。

3.5.2 实施步骤

1）如图 5 所示，图中电连接器Ⅰ、Ⅱ和Ⅲ为相同型号的电连接器，由插头和插座组成；Ⅰ-ZJ、Ⅱ-ZJ 和Ⅲ-ZJ 分别是电连接器Ⅰ、Ⅱ和Ⅲ的插座端，固定在供配电设备上；Ⅰ-TK、Ⅱ-TK 和Ⅲ-TK 分别是电连接器Ⅰ、Ⅱ和Ⅲ的插头端，与电缆相连；电连接器Ⅰ、Ⅱ和Ⅲ的 1 点、2 点和 3 点为未使用的空点；

2）首先选择未使用的空点作为电连接器的编码，三个电连接器选择的空点不能完全相同。电连接器Ⅰ选择“1、2”，电连接器Ⅱ选择“1、3”，电连接器Ⅲ选择“2、3”；

3）将插头Ⅰ-TK 的 1 点和 2 点在插头内用导线短接；将插头Ⅱ-TK 的 1 点和 3 点在插头内用导线短接；将插头Ⅲ-TK 的 2 点和 3 点在插头内用导线短接；

4）将插座Ⅰ-ZJ 的 2 点和插座Ⅱ-ZJ 的 1 点在供配电设备内部用导线连接；将插座Ⅱ-ZJ 的 3 点和插座Ⅲ-ZJ 的 2 点在供配电设备内部用导线连接；

5）在供配电设备内部，将插座Ⅰ-ZJ 的 1 点、电源、指示灯、限流电阻、检测开关以及Ⅲ-ZJ 的 3 点用导线串接起来；电源可采用一节或多节干电池串联，以便与测试设备自身的电源隔离；指示灯可使用发光二极管；限流电阻需根据电路的电流值进行选取；开关选择便于操作的开关即可；以上元器件可根据设备的具体布局等实际情况，选择不同的类型和型号。

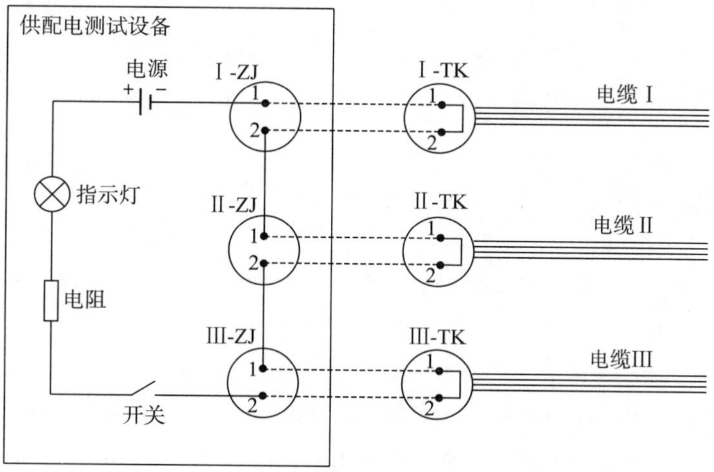

图 5　防电缆插错检测电路实施方案示意图

如果电连接器连接正确，即Ⅰ、Ⅱ和Ⅲ的插头和插座一一对应，则闭合检测开关后，将形成如图 5 所示的闭合的检测回路，电路中的指示灯亮；断开检测开关，检测完毕。如果电连接器插错、漏插或插接不到位，则不可能形成闭合的检测回路，指示灯不亮，此时应先断开检测开关，再找出插错、漏插或插接不到位的插头。

尽管电连接器检测电路目前只是应用在卫星供配电测试系统中，但是由于其设计思路既不依赖于设备本身，也不依赖于电连接器的类型和型号，因此具有极强的通用性，对星上设备乃至各个领域的电连接器防插错设计都有很好的参考价值。

4　结束语

通用供配电测试系统采用可编程逻辑控制器（PLC）实现基本功能，但是由于本系统强调的是通过对外围电路和接口的设计实现系统的通用性，对于如何实现模拟量采集、状态量采集和控制量输出这三大基本功能并无特别要求，也可采用其他类型的板卡或模块来实现基本功能。

通用供配电测试系统已成功应用于多颗卫星综合测试和发射任务，实现了一套供配电测试系统满足不同卫星测试要求的目标。该系统与传统的专用供配电测试系统相比具有明显优势，由于测试系统具有通用性，一套系统在寿命期内可以满足多颗卫星的综合测试要求，大幅降低了研制成本和系统组建时间；不同卫星的测试系统之间可以通用，一旦某套系统出现问题，可迅速更换成其他卫星的测试设备继续测试，不影响测试进度；由于引入了电连接器检测电路，系统的可靠性也得到了很大提升。

参 考 文 献

[1] 张国维．测控电路［M］．北京：机械工业出版社，2008.
[2] 阎梅芝，李立等．环境减灾-1A、1B 卫星供配电测试系统设计［J］．航天器工程，2010（2）：113-120.
[3] 李立．卫星供配电测试设备信号调理技术［C］．小卫星技术交流会，2011.9.
[4] 赵文生，董智鼎．插件多组合防误插技术研究［J］．电子机械工程，2012（6）：34-36.
[5] 张学成．推行防错术追求零缺陷［J］．世界标准化与质量管理．2003（10）：27-28.
[6] 李明诚．电控汽车容易接错的插头及预防措施［J］．汽车维修与保养．2010（2）：45-47.

Design Method of General Power Supply Test System for Satellite

LI Jingbo　HONG Lei　MA Nan
DFH Satellite Co. , Ltd. , Beijing　100094

Abstract　Power supply test system is a kind of specialized ground test equipment for certain satellite, and for improving efficiency of designing, producing and using, the paper shows a design method of general power supply test system for different satellites. A general power supply test system is achieved by designing system function and interface, circuit inside, components and transition cables; a detection method for electrical connectors that can avoid misinsertion, non－insertion and dislocation of electrical connectors is first introduced into test system, and security and reliability of satellite overall checkout improve. The system is applied successfully on satellite overall checkout and launch, and achieves that a power supply test system satisfies test requests of different satellites.

Key words　General; Power supply test system; Detection for electrical connector; Design method

作者简介

李敬博，男，工程师，就职于航天东方红卫星有限公司，从事卫星综合测试技术的研究与设计工作，电子邮箱：becket2001@163.com。

遥测异常信号检测及时、频域显示功能的设计与实现

吕德东[1,2]　朱晓辉[1,2]　夏珍珠[1,2]

1. 中国空间技术研究院通信卫星事业部，北京　100094

2. 北京市卫星移动宽带通信工程技术研究中心，北京　100094

摘　要　针对卫星在AIT测试、大型试验中偶然发生的遥测数据误码，信号失锁等异常现象，本文提出了一种基于中频测控一体机TBOX的遥测异常信号检测及时、频域显示方法，在不增加任何硬件设备的前提下，设计并实现了对下行遥测异常信号的捕捉及时、频域显示功能。具备该功能的地面遥测遥控测试系统能在不影响遥测接收、解调的同时，对70M中频遥测信号进行功率、频率、信噪比等关键参数的实时检测、异常捕捉、记录、传输、时频分析及显示，从而能在异常发生时获得原始数据，有利于测试人员对发生异常的原因进行准确定位，为指挥决策提供直接依据。

关键词　遥测异常；中频测控一体机；时、频域显示

1　引言

第三代遥测遥控测试系统采用自主研制的中频测控一体机TBOX作为核心设备，如图1所示。TBOX采用嵌入式系统和数字化处理技术，将原有的遥测遥控测试机柜集成为一台高度仅为1U的单机，取代以往测试使用的CORTEX CRT、遥测遥控通道设备、遥测遥控光端机等设备，使得整个测试系统大大简化。TBOX采取高度集成化设计，代码完全自主编写，具备完全的自主知识产权，同时TBOX的处理器电路采用FPGA＋ARM的架构，具有极强的可编程性、稳定性和拓展性，为遥测异常信号的检测、存储及时域、频域显示提供了有效的平台。

图1　中频测控一体机TBOX外观图

本文基于中频测控一体机TBOX提出了一种遥测异常信号的检测、存储及时域、频域显示设计和实现方法，能够在接收遥测信号的过程中对信号进行实时检测，一旦发现信号异常，可及时检测并存储异常信号，并通过上位机进行时域、频域的显示，为后续故障判定提供原始数据支撑，从而提高了测试保障的技术水平和能力，减轻测试人员工作量，提高测试效率，为发射场阶段提供决策依据。

2　总体设计方案

遥测异常信号的检测及时域、频域显示系统主要由中频测控一体机（TBOX）和遥测前端计算机组成，其中TBOX采用FPGA＋ARM的架构，FPGA主要负责信号处理工作，ARM主要负责流程管理和

接口控制。整个系统的总体设计方案如图 2 所示。

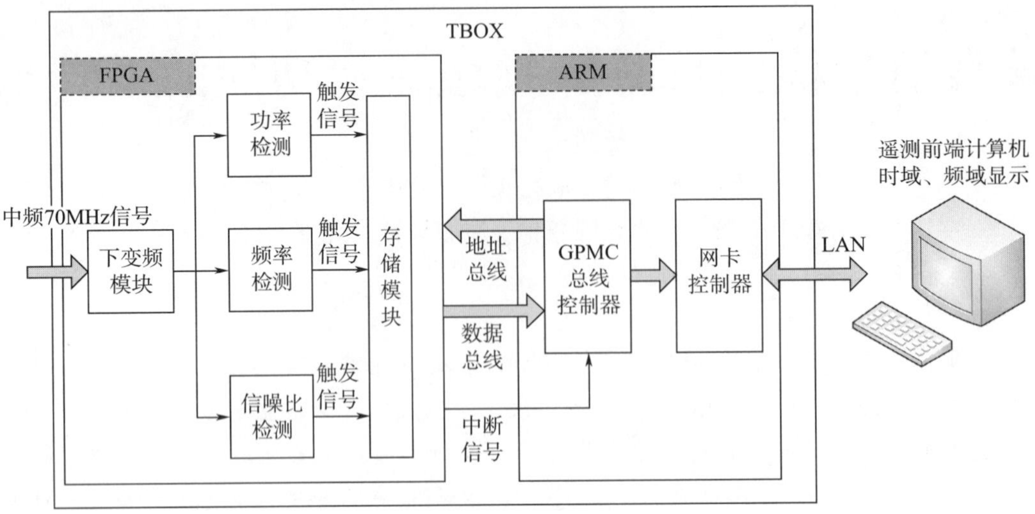

图 2　遥测异常信号检测及时、频域显示的总体设计方案

中频测控一体机（TBOX）的输入信号为中频 70MHz 的遥测信号，经过 A/D 采样后，变为 100MHz 的数字信号输入给 FPGA，在经过下变频模块后，变为 I、Q 两路采样率为 1MHz 的零中频信号，并分别输入给功率检测模块、频率检测模块和信噪比检测模块；一旦输入的遥测信号发生异常，相应的检测模块将给出“触发信号”，并控制存储模块对异常信号进行存储；异常信号存储完毕后，FPGA 向 ARM 发出中断信号，ARM 响应中断信号并通过 GPMC 总线控制器读取 FPGA 存储的数据，经过缓冲处理后，ARM 驱动网卡控制器通过网口将数据传输给遥测前端计算机；最后，遥测前端计算机通过 FFT 算法，分别将遥测异常信号的时域、频域显示出来，为测试人员分析、定位问题提供依据。

3　遥测异常信号的检测

3.1　遥测信号功率的异常检测

模拟信号在空间的传输，本质上是信号能量的传输，功率表征了单位时间内信号能量的大小，因此信号的功率最直接的影响了遥测信号的接收，太大或太小的功率，以及功率突然的剧烈变化都有可能导致遥测信号的误码、失锁、甚至无法解调。

输入的采样率为 100 MHz 的中频信号在经过下变频模块的处理后，变成了采样率为 1 MHz 的零中频 I、Q 两路信号，可以表示为

$$I(t)=a(t)\times\cos(\Delta\omega_c t+\theta(t)) \tag{1}$$

$$Q(t)=a(t)\times\sin(\Delta\omega_c t+\theta(t)) \tag{2}$$

其功率信号可以表示为

$$a(t)=\sqrt{I^2+Q^2} \tag{3}$$

功率检测模块的实现框图如图 3 所示。

正交的 I、Q 两路信号分别经过平方运算后经过加法器得到功率信号 $a^2(t)$ 。为了得到更为准确的结果，将功率信号进行 1 024 点的累加，并求其平均值，再将其平均值与设定的阈值进行比较。功率过大、功率过小，以及功率的剧烈变化都将判定为是异常信号，并由功率判定模块输出脉冲信号，输出给内部的存储模块，启动存储过程。

3.2　遥测信号频率的异常检测

频率偏差的存在使得下变频以后的信号频谱发生搬移，严重影响通信系统解调性能，导致误码率的

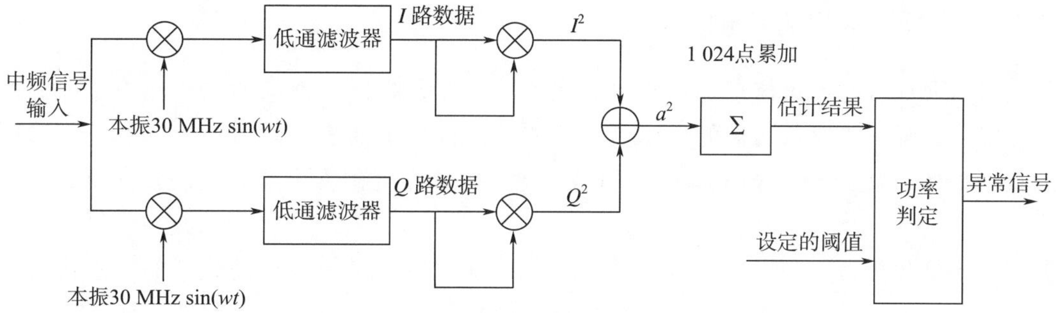

图 3　功率异常检测模块实现框图

增大，甚至无法正确完成信号解调。因此，在异常信号识别过程中，对载波频率的异常检测尤为重要。根据测试经验分析，造成频率变化的可能原因有发射晶振电路的变化，地面接收的下变频器频率漂移，卫星转移轨道时的多普勒效应均会使接收机接收信号的载波存在较大的频率变化。

经过数字下变频后的 I、Q 两路信号可以表示为

$$I(t)=a(t)\times\cos(\Delta\omega_c t+\theta(t)) \tag{4}$$

$$Q(t)=a(t)\times\sin(\Delta\omega_c t+\theta(t)) \tag{5}$$

式中　$\Delta\omega_c$ ——中频频率偏差。

根据基本的微积分公式

$$(\arctan(x))'=\frac{1}{1+x^2} \tag{6}$$

$$\left(\frac{u}{v}\right)'=\frac{u'v-v'u}{v^2} \tag{7}$$

利用正交鉴频法得到下变频后的信号频率为

$$\begin{aligned}\Delta\omega_c+\theta'(t)&=\left(\text{actan}\left[\frac{Q(t)}{I(t)}\right]\right)'=\frac{I(t)^2}{I(t)^2+Q(t)^2}\cdot\frac{Q'(t)I(t)-Q(t)I'(t)}{I(t)^2}\\&=\frac{Q'(t)I(t)-Q(t)I'(t)}{I(t)^2+Q(t)^2}=Q'(t)\cdot I(t)-Q(t)\cdot I'(t)\\&=I(t-t_0)\cdot Q(t)-Q(t-t_0)\cdot I(t)\end{aligned} \tag{8}$$

再经过滤波器滤掉 $\theta'(t)$ 后，可以得到中频频率偏差 $\Delta\omega_c$ 。

频率异常检测模块的实现框图如图 4 所示。

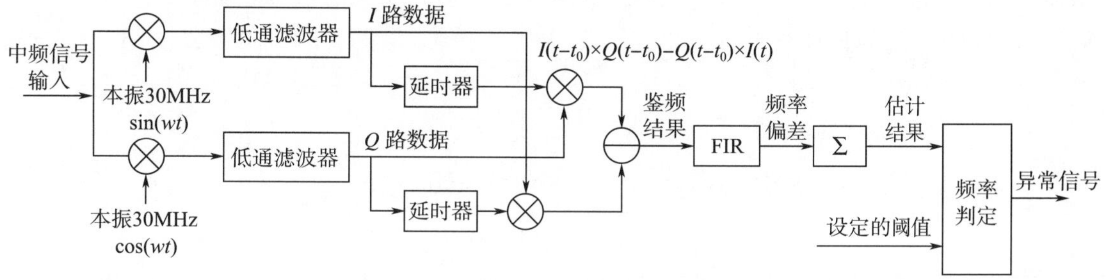

图 4　频率异常检测模块实现框图

正交的 I、Q 两路信号分别经过延时器后，得到两路延时信号 $I(t-t_0)$ 、$Q(t-t_0)$ 。根据公式（8）进行正交鉴频运算，得到鉴频结果 $\Delta\omega_c+\theta'(t)$ 。再经过 FIR 低通滤波器滤掉 $\theta'(t)$ 后，可以得到中频频率偏差 $\Delta\omega_c$ 。为了得到更为准确的结果，将频率偏差进行 1024 点的累加，并求其平均值作为频偏的估计结果，再与设定的阈值进行比较。频偏多大，以及频率的剧烈变化都将判定为是异常信号，并由频率判定模块输出脉冲信号，输出给内部的存储模块，启动存储过程。

3.3 遥测信号信噪比的异常检测

噪声是相对信号而言的无用信息，它使得有用信号退化，降低了通信质量。在卫星通信过程中不可避免的存在着噪声，噪声对通信质量的好坏，甚至能否进行正常的通信有着极大的影响，所以信噪比是个很重要的技术指标。鉴于 FFT 的算法已经相当成熟，在计算机仿真中易于实现，文章选用频域估计法进行仿真。

频域方法的主要思想为，利用白噪声频谱平坦的特点，将接收信号频谱最低的一段认为是噪声的频谱均值，即不包含信号成分。具体实现是，首先将时域的接收信号 $x(n)$ 变换到频域，然后计算其 DFT 的幅值 $|X(k)|$，利用白噪声频谱平坦的特点，将信号带宽内 $|X(k)|^2$ 的均值作为信号能量、整个信道带宽内 $|X(k)|^2$ 的均值作为接收信号能量，两者之差为噪声能量，进一步做 SNR 估计。

假设接收信号为 $x(n)=s(n)+v(n)$，式中 $s(n)$ 为发送信号，$v(n)$ 是均值为零、方差为 σ^2 的加性高斯白噪声。该方法估计步骤如下：

1）计算接收信号 $x(n)$ 的 DFT，并计算其幅值平方 $x(k)^2$ 作为输入信号的总能量 P_X；

2）将信道带宽平均分成若干段，如图 5 所示，计算每一段的平均幅值平方；

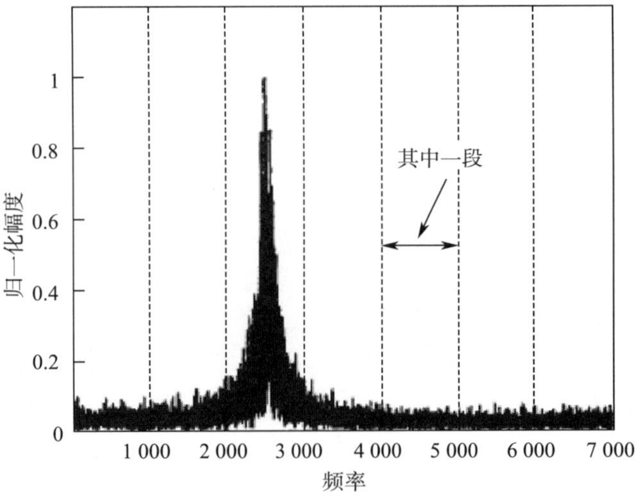

图 5　接收信号的数字傅里叶变换 DFT

3）选取其中能量最小的几个部分求和作为噪声的能量 P_N；

4）用输入信号的总能量 P_X 减去输入的噪声能量 P_N，估算输入的信号能量 P_S；

5）得到信噪比 SNR 的估计结果：

$$SNR=\frac{P_s}{P_n} \tag{9}$$

$$(SNR)_{dB}=10\log10(SNR)=10\log10\left(\frac{P_s}{P_n}\right) \tag{10}$$

4　遥测异常信号的传输和显示

4.1 遥测异常信号的传输

遥测异常信号的检测、采集是由 TBOX 中的 FPGA 完成的，然后以中断的形式通知 ARM，并由 ARM 通过网口传输给上位机，最后由上位机完成遥测异常信号的时、频域显示，整个信号的传输过程如图 6 所示。

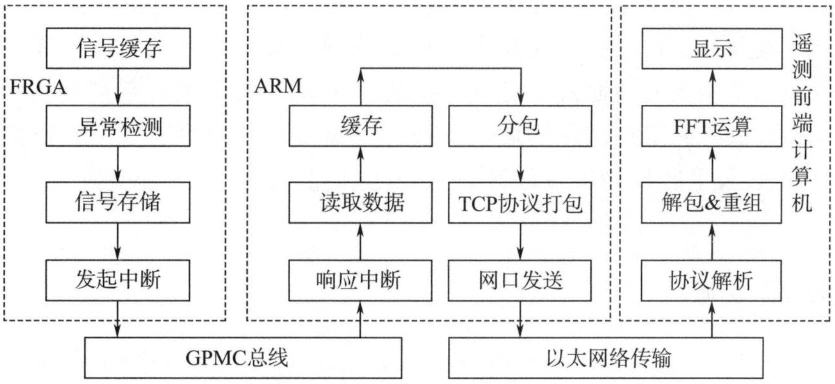

图 6　遥测异常信号的传输过程

第 3 节所述的功率异常检测、频率异常检测以及信噪比异常检测 FPGA 都需要一段时间的运算，才能确定遥测异常并给出相应的触发信号，这就要求 FPGA 必须提前缓存，才能确保异常信号存储的完整性。FPGA 内部的存储模块是通过采用 FPGA 自带的双口 RAM IP 核实现的。FPGA 完成信号存储后，发起中断，通知 ARM 读取数据。ARM 是遥测异常信号传输的关键环节，ARM 响应中断，并通过 GPMC 总线读取数据，依次经过缓存、分包、TCP 协议打包，最后驱动网卡控制器通过网口将数据传输给遥测前端计算机。最后由遥测前端计算机通过快速傅里叶运算（FFT）完成遥测异常信号的时、频域显示。

4.2　遥测异常信号的显示

遥测异常信号的时、频域显示界面在 VS2008 可视化集成开发环境下进行设计，显示软件基于虚拟仪器的理念，模仿数字式示波表的操作方式，利用 VS2008 可视化控件及工具设计虚拟面板来进行波形显示输出。该软件扩展了传统示波器、频谱仪分析和计算能力，实现了波形显示、频谱显示、参数测量分析、日志记录等功能，如图 7 所示。

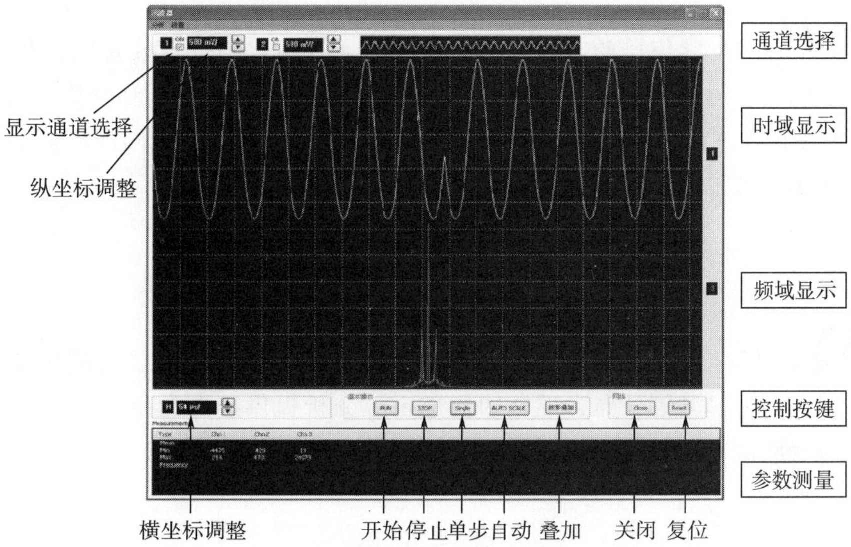

图 7　遥测异常信号的时、频域显示

5　效果评估

5.1　异常现象的捕捉

在现有的遥测遥控测试系统中，仅仅将经基带设备解调解码后的位流数据进行存储，损失了很多有用的卫星测试过程信息，这在卫星测试故障排查，特别是对偶发故障的排查中十分不利，往往为了复现故障发生时刻的测试环境和卫星运行状态需要进行反复的测试实验，大量增加了在卫星测试上人力、物力和时间成本，而且不利于问题的快速精确定位。而基于 TBOX 的遥测异常信号检测及时、频域显示功能的设计和实现，为后续故障判定提供原始数据支撑，为异常现象的快速定位分析提供必要的手段，从而提高了测试保障的技术水平和能力，减轻测试人员工作量，提高测试效率，为发射场阶段提供决策依据。

5.2 体积精简和经济效益

本文提出的遥测异常信号检测及时、频域显示功能是基于现有的 TBOX 设计与实现的，打破原有“工控机结构＋板卡”的传统设计，采用了基于嵌入式技术的单电路板结构，将原有的遥测遥控测试机柜集成为一台高度仅为 1U 的单机，大大减小了卫星遥测遥控地面测试系统的体积，如图 8 所示。系统体积的精简不仅给测试系统的拓展留有空间，也给测试系统的转场带来了便利。

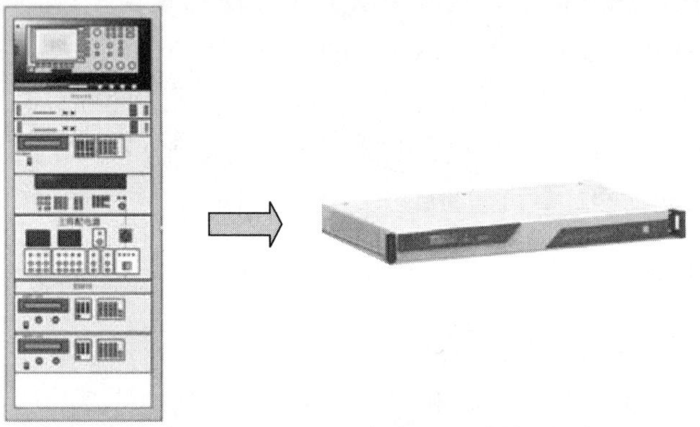

图 8　采用遥测异常检测技术的 TBOX 前、后测试系统体积对比图

同时，本文提出的遥测异常信号的时、频域显示技术，在不增加任何硬件的前提下，实现了示波器以及频谱仪的功能，因此节约了购买经费近 200 万元。同时，在设备的更新和维护上面，基于中频测控一体机（TBOX）的遥测遥控测试系统无需购买新的硬件，只需要更新软件代码即可，不但产生了较好的经济效益，也大大缩短了升级时间。

6　结束语

基于 TBOX 的遥测异常信号检测及时、频域显示功能，不仅大大精简了遥测遥控测试系统体积，具备较好的经济效益，同时为遥测信号异常现象的快速定位分析提供必要的手段，有利于提高测试保障的技术水平和能力，减轻测试人员工作量，提高测试效率，具有广阔的应用前景。

参 考 文 献

［1］ 樊昌信，曹丽娜．通信原理（第 6 版）．北京：国防工业出版社，2008.

［2］ 朱晓辉，吕德东，夏珍珠．高集成小型化遥测遥控一体机的实际与实现．中国航天科技集团公司科技委航天器总体技术专业组 2014 年学业研讨会．2014. 12.

［3］ 吕德东，朱晓辉，张阁，夏珍珠．基于 TBOX 遥测遥控一体机的虚拟示波器设计和实现．中国航天科技集团公司科技委航天器总体技术专业组 2015 年学业研讨会．2015. 12.

［4］ 彭刚．AWGN 信道中的信噪比估计算法．硕士学位论文．南京理工大学，2005.

Design and Realization of the Recognition Method of Abnormal Telemetry Signal and Display in both Time Domain and Frequency Domain

LV Dedong[1,2] ZHU Xiaohui[1,2] XIA Zhenzhu[1,2]

1. Institute of Telecommunication Satellite , China Academy of Space Technology, Beijing 100094

2 . Beijing Satellite Mobile Broadband Communication Engineering Technology Research Center, Beijing 100094

Abstract Considering the abnormal occurrence of the telemetry code error, signal loosing lock, etc, happened incidentally in the AIT test and other bit test, the paper presents a recognition method of abnormal telemetry signal and display in both time domain and frequency domain, based on IF signal integrated equipment (TBOX) . Without adding any hardware, the paper designs and realizes the recognition and display method of the downlink abnormal telemetry signal. The TCTM ground test system with this function can estimate the key parameters of the 70MHz IF telemetry signal in time, such as power, frequency, SNR, etc, as well as recognize the abnormal occurrence, record, transport, analysis and display, so that the method can achieve the initial data when abnormal occurrence happens. The method can help the testers to find the reasons of the abnormal occurrence correctly, provide the direct data support for the commands and determinations.

Key words Telemetry Abnormal; IF integrated equipment; Display in time domain and frequency domain

作 者 简 介

吕德东，男，工程师，主要从事地面设备研制工作，电子邮箱：lvdedong@163.com。

一种双星无线电干扰源定位系统时频差测试方案设计

张旭[1]　张勇[1]　王森[1]　李永波[2]　纪文章[1]

1. 航天东方红卫星有限公司，北京　100094

2. 中国西南电子技术研究所，成都　610036

摘　要　近年来，越来越多的无线电发射设备应用与军民用领域，各种突发性干扰给用户带来巨大的经济损失，甚至威胁国家安全，因此迫切需要对干扰源的监测和定位。双星定位体制具有定位精度高、瞬时覆盖面积广等特点，在干扰源定位系统中具有重要地位。该体制通过双星接收到的信号时差和频差构建方程实现无线电干扰信号的高精度结算。双星星间时差、频差测量不仅是系统设计的关键，也是地面测试验证的关键。本文结合双星干扰源定位系统验证，提出一种动态时频差测试方案。

关键词　无线电干扰；时频差定位；测试方案

1　引言

随着无线电通信业务的快速发展，为保障频谱资源的正常及有效使用，无线电监测技术得到越来越广泛的应用。其中，无线电测向定位作为关键技术，在干扰源和不明信号查处、目标辐射源地理位置的确定等方面起着重要的作用。双星时频差体制具有定位精度高，瞬时覆盖面积广等特点，在无线电监测定位系统中具有重要地位。该体制通过双星接收到的干扰源信号时频差构建方程实现辐射源位置的高精度结算。时频差测量既是系统设计的关键，也是地面测试验证的关键。传统静态测试方案难以适应积累时间内时频差时变本文结合无线电监测双星无源定位载荷系统级验证，提出一种新的时频差动态测试方案。

2　时频差定位原理分析

无线干扰源双星时频差定位系统侦察载荷分别接收目标辐射源的信号，根据信号到达两颗卫星的时间差（TDOA）和频率差（FDOA）。其中时差测量方程可形成等时差双曲面，等时差双曲面与地球表面的交线形成“地面等 TDOA 线”，如图 1 中开放曲线所示。利用频差测量方程可形成等频差曲面类轮胎面，等频差曲面与地球表面的交线形成“地面等 FDOA 线”，如图 1 中封闭曲线所示。等时差线和等频差线的交点为目标的位置，双星时差频差定位体制会得到一个目标点和一个关于星下轨迹的镜像点。采取比幅解模糊方法消除镜像点。

目标辐射源位于 E 处，其坐标矢量记为 $\boldsymbol{u}=[x, y, z]^T$；两颗卫星 S_1 和 S_2 的位置坐标分别记为 $\boldsymbol{s}_1=[x_1, y_1, z_1]^T$ 和 $\boldsymbol{s}_2=[x_2, y_2, z_2]^T$，速度分别记为 $\boldsymbol{v}_1=[v_{x1}, v_{y1}, v_{z1}]^T$ 和 $\boldsymbol{v}_2=[v_{x2}, v_{y2}, v_{z2}]^T$，由定位原理可得如下时差、频差定位方程组：

$$\begin{cases}\sqrt{(x-x_1)^2+(y-y_1)^2+(z-z_1)^2}-\sqrt{(x-x_2)^2+(y-y_2)^2+(z-z_2)^2}=c\times TDOA\\ \left(\dfrac{v_{x1}(x-x_1)+v_{y1}(y-y_1)+v_{z1}(z-z_1)}{\sqrt{(x-x_1)^2+(y-y_1)^2+(z-z_1)^2}}-\dfrac{v_{x2}(x-x_2)+v_{y2}(y-y_2)+v_{z2}(z-z_2)}{\sqrt{(x-x_2)^2+(y-y_2)^2+(z-z_2)^2}}\right)\dfrac{f}{c}=FDOA\\ x^2+y^2+z^2=R^2\end{cases} \tag{1}$$

对式（1）求解可得到辐射源位置。

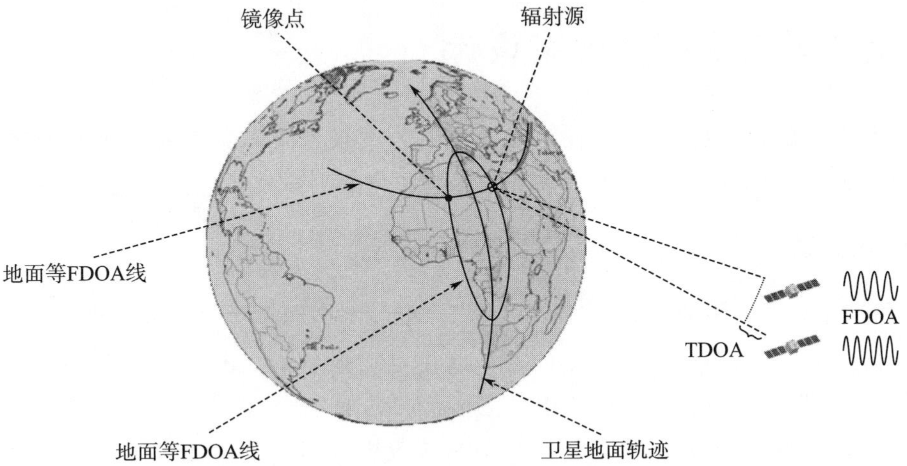

图 1　双星时差/频差定位原理

3　时频差定位误差影响因素分析

假设时差测量误差、频差测量误差、卫星位置测量误差和卫星速度测量误差各误差均值为零且各误差之间互不相关，并且卫星位置误差各元素之间互不相关，卫星速度误差各元素之间互不相关，对式（1）两边关于 Δt、Δf_d、(x, y, z)、(x_1, y_1, z_1)、(x_2, y_2, z_2)、(v_{x1}, v_{y1}, v_{z1})、(v_{x2}, v_{y2}, v_{z2}) 取微分整理可推导出定位误差，误差几何分布可近似表示为

$$GDOP=\sqrt{N_1\cdot\sigma_{\Delta t}^2+N_2\cdot\sigma_{\Delta fd}^2+N_3\cdot\sigma_{s1}^2+N_4\cdot\sigma_{s2}^2+N_5\cdot\sigma_{v1}^2+N_6\cdot\sigma_{v2}^2}$$

式中　$GDOP$——定位误差的几何分布；

$\sigma_{\Delta t}$——时差测量误差的标准差；

σ_{fd}——频差测量误差的标准差；

σ_{s1}——卫星 1 位置误差的标准差；

σ_{s2}——卫星 2 位置误差的标准差；

σ_{v1}——卫星 1 速度误差的标准差；

σ_{v2}——卫星 2 速度误差的标准差；

N_1、N_2、N_3、N_4、N_5、N_6——各误差项的系数。

因此决定双星时频差定位系统的观测量有且仅有两颗卫星位置、两颗卫星的速度、目标信号到两颗卫星的时差和频差 6 个误差项。图 2 给出了目标定位精度的影响因素。

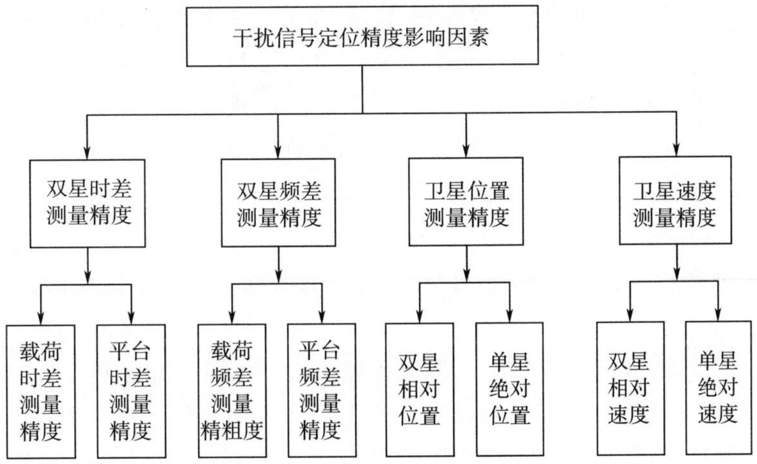

图 2　定位误差影响因素

4 时频差定位系统级测试方案设计

为全面验证时频差载荷的定位性能，在系统级测试方案设计时需重点考虑平台及载荷误差影响因素的地面模拟。同时为实现星地联动动态模拟，需对双星和地面测试设备一体化设计时间系统。

4.1 平台时频差测试

根据上述分析，平台误差主要有双星位置、双星速度、平台频差测量精度、平台时差测量精度 4 项。

卫星的位置和速度一般由 GNSS 接收机测得，既可直接输出双星的绝对位置和绝对速度，也可输出其中一颗卫星的绝对位置、绝对速度双星的相对位置和相对速度。

双星平台时差可以导航卫星为基准，双星 GNSS 接收机时间与其对比求出，也可由星间测量设备采用双向时间比对法测得；双星平台频差一般利用星间测量设备采用双向对比法测量双星原子钟的输出频差。

综上，与辐射源定位相关的平台测量设备主要是 GNSS 接收机和星间测量设备。可分别利用 GNSS 仿真仪模拟导航卫星星座信号，利用信道仿真仪模拟星间测量信号的传播特性，测量数据可与卫星轨道一一对应，实现平台误差的动态模拟，如图 3 所示。

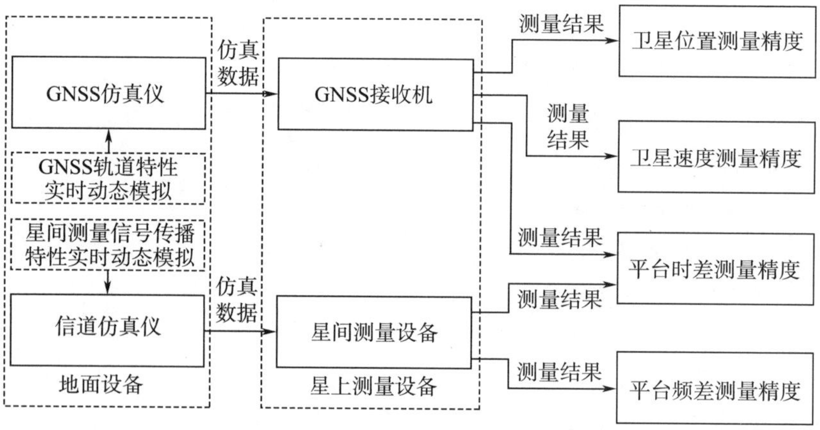

图 3 平台误差和测试系统

4.2 载荷时频差测试

载荷误差主要有载荷频差测量和载荷时差测量误差两项，主要来源于时频差计算的算法精度。在构建载荷时频差测试系统时，一方面需考虑双星在轨高速运动过程中，卫星与目标的几何关系时变引起信号在测量积累时间内的时差和频差时变。传统的静态测试系统模拟方式难以准确反映在轨状态；另一方面，时频差测量与双星目标间几何位置密切相关，需在地面模拟各种几何关系的测试场景，传统离散选取场景的方式场景模拟工作量大，且难以做到连续模拟，因此需针对时频差定位特性构建一种动态实时的测试系统。图 4 给出了时频差定位动态测试系统的基本原理。

如图 4 所示的载荷时频差动态测试系统，由综合控制计算机、GNSS 仿真仪、信号源、卫星信道仿真仪等设备组成：

1）GNSS 仿真仪产生轨道数据，提供综合控制计算机进行信道参数计算；

2）综合控制计算机根据轨道数据和执行任务模拟卫星在轨用场景，主要利用 STK 软件来实现，产生两颗卫星运行过程中信号随时间变化参数（时延、多普勒、电平）、卫星飞行轨迹（位置变化）、速度等参数，形成随时间变化的数组序列，设置无线信道仿真仪的参数；并根据星时数据控制信号源和信道仿真仪；

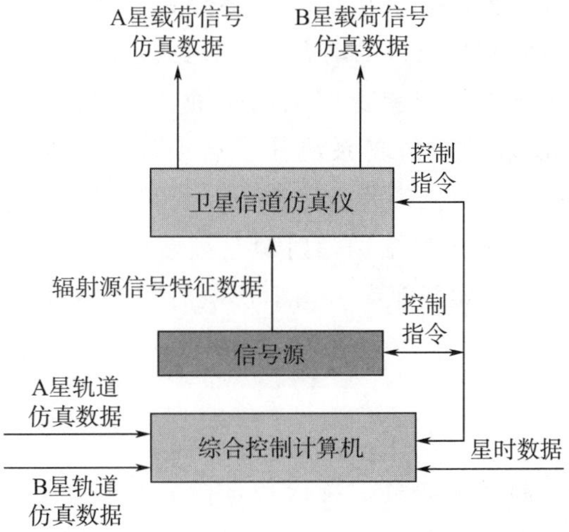

图 4　载荷时频差动态测试系统

3）信号源模拟辐射源的信号特性，根据综合控制计算机产生的指令控制信号源的频率、带宽、调制样式、码速率等；

4）卫星信道仿真仪可根据综合控制计算机设置的参数，将信号源输入的射频信号分为两路，再根据信道特性将两路信号分别卷积输出至星上载荷。

4.3　时频差定位动态测试系统方案设计

上文分别对平台、载荷时频差测试进行了分析，本节在此基础上设计了一种基于高精度时统的动态时频差测试方案。如图 5 所示，动态测试系统中包含两颗卫星和地面测试设备。

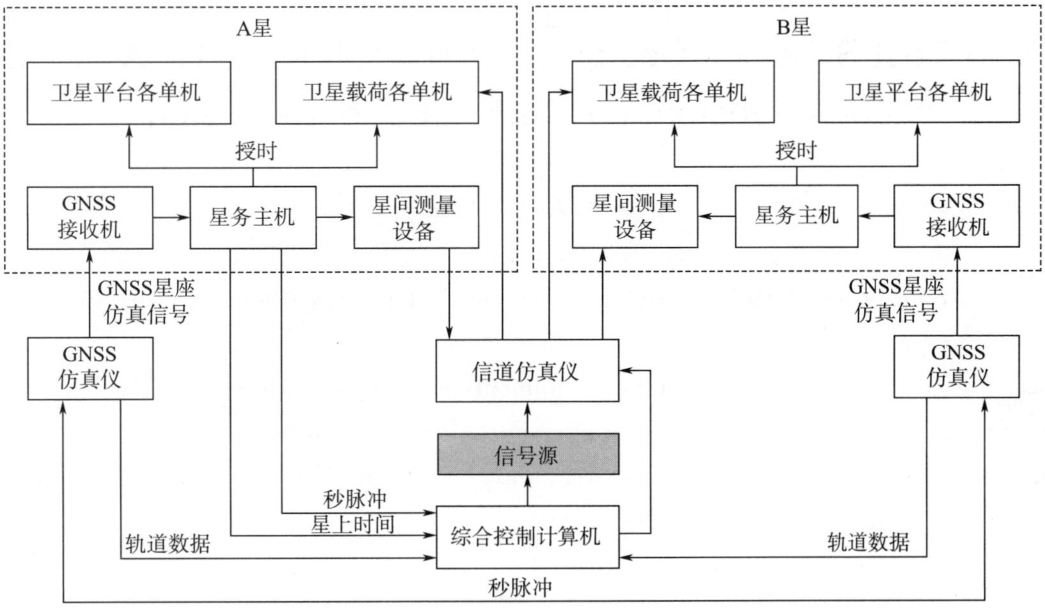

图 5　时频差定位动态测试系统方案

星地时统是实现系统级动态测试的基础，用以驱动星地系统联动。方案设计采用两台 GNSS 仿真仪作为 GNSS 信号源，星上接收机接收解调导航信号后进行定位，卫星系统时间与 GNSS 系统时间同步，星务主机调度卫星时间向平台和载荷各设备广播数据，同时将星上时间、秒脉冲信号引入地面系统。另外，两台 GNSS 仿真仪之间通过秒脉冲信号保持相互同步。由此，星地时统均统一至 GNSS 时统，为动态测试提供了时间基准。

地面测试系统以信道仿真仪为中心，地面确定用于测试的的卫星轨道后，生成轨道参数送至 GNSS

仿真仪和地面综合控制处理机。综合控制处理机以轨道参数为基础，一方面与信号源共同生成时频差载荷动态模拟数据，另一方面生成星间测量设备的动态仿真数据。

无线电干扰信号时频差定位测试系统以星上时间为基准，发起任务。即双星星上任务、地面载荷信号动态仿真系统任务、星间测量设备动态仿真系统任务启动均以星时驱动，星地时间同步后，统一至 GNSS 时间驱动，星地分别根据任务时间执行关联动作。

通过地面系统产生的 GNSS 星座模拟数据、辐射源时频差模拟数据和星间测量设备传输特性模拟数据，可动态构建时频差定位系统在轨英语场景，并可对影响时频差测量的 6 个误差项进行全面模拟。

5 结束语

本文分析了采用双星时频差体制对无线电干扰信号定位的原理和误差影响因素，并在此基础上提出了一种无线电干扰信号时频差定位系统级测试新方案，实现了星地统一时统驱动下的连续动态时频差测试。采用此方案，可对系统在轨运行状态影响时频差测量的各种因素进行准确模拟，并可有效提升测试效率。

参 考 文 献

[1] 郭福成，樊昀，周一宇，周彩跟，李强．空间电子侦察定位原理［M］．北京：国防工业出版社，2012.

[2] 瞿文中，叶尚福，孙正波．卫星干扰源定位中的误差分析与预测［J］．电波科学学报，2005，5：590－593。

[3] 曾巍，刘航，王森，韩冬．一种有效载荷地面测试系统星地时间的同步方法［J］．航天器工程，2016，6：131－137.

[4] 王建军，陈逢田，李培华．卫星星座综合测试系统研究［J］．计算机测量与控制，2011，1，7－13.

A New Test Schemes Design of Dual－satellite TDOA－FDOA Location Syestem for Radio Interference Signals

ZHANG Xu[1] ZHANG Yong[1] WANG Miao[1] LI Yongbo[2] JI Wenzhang[1]

1. DFH Satellite CO. LTD.，Beijing 100094

2. Southwest China Institute of Electronic Technology，Chengdu 610036

Abstract Recently，more and more radio equipments are used in military and civilian area. Burst interferences bring user large loss and threaten national security. So interference monitoring and location is in dire need. Dual－satellite passive location system plays more and more important role in interference location field because of its high location precision and large coverage. This type system use FDOA（Frequency Difference of Arrival）and TDOA（Time Difference of Arrival）of received signal to build equation set and solve the location. TDOA and FDOA measurement is the key to the design and verification. A new test scheme was proposed to verify and test TDOA and FDOA measurement.

Key words Radio Interference Signals；TDOA－FDOA Location；Test Schemes

作 者 简 介

张旭，男，工程师，就职于航天东方红卫星有限公司，主要从事为无线电频谱监测与信号定位研究工作，电子邮箱：776239051@qq.com。

卷筒式伸杆机构空间环境模拟系统的设计与实现

王亚龙[1]　黎彪[1]　孙腾飞[1]　张从发[1]　于春宇[1]　孟庆平[1]　边宇枢[2]
1. 北京空间飞行器总体设计部，北京　100094
2. 北京航空航天大学，北京　100191

摘　要　为满足我国首个卷筒式伸杆机构热真空试验需求，研制了一套真空高低温环境下水平展开的零重力补偿装置试验系统。本文介绍了该试验设备的技术指标和系统组成，分析了关键要素并进行了试验验证。结果表明，卷筒式伸杆机构空间环境模拟装置的工作原理可行、设计方案合理、各项技术指标均满足设计要求，已顺利完成了电磁监测卫星卷筒式伸杆机构热真空试验，满足了地面水平展开试验的测试需求。作为卷筒式伸杆机构测试的关键设备，使得我国首个卷筒式伸杆机构研制取得阶段性成功奠定了坚实的基础，使得产品研制能力迈上了一个新台阶。

关键词　卷筒式伸杆机构；空间环境模拟；零重力补偿；热真空试验

1　引言

电磁监测试验卫星是我国第一颗近地轨道电磁场科学探测试验卫星[1]，主要用于实时监测空间电磁环境状态变化，探测地震前后电离层响应变化的信息特征及其机理[1-3]。电磁监测试验卫星上配置有高精度电场探测仪，根据电场探测仪工作要求，星上的电场探测仪需要利用伸杆机构将探测载荷伸展至远离星体的位置进行监测[4]，伸杆机构的可靠、高效展开对电磁监测试验卫星能否顺利执行电磁监测任务至关重要。卷筒式伸杆机构因具有自驱动、质量轻，大幅减低机构复杂性，展开精度高等优势，成为近年来伸杆机构的发展趋势[3-5]。

电磁监测试验卫星采用的卷筒式伸杆机构是一种全新的伸展机构，要求展开机构和锁定机构具有很高的可靠性，必须进行多种关键技术的设计验证和环境考核试验。针对卷筒式伸杆机构需要进行一些在目前航天器上较少开展的试验项目，特别是真空高低温环境下的验证试验，为真正掌握其伸展规律和环境因素影响规律提供条件。国外同类产品也均开展了真空高低温环境的验证试验[6]，图 1 为国外同类产品真空热环境试验验证测试系统。卷筒式伸杆机构在太空中处于零重力环境下，但在地面测试时是处于地球重力环境中，因此需要一个零重力补偿装置来模拟实现空间的零重力环境，尽可能消除重力对运动测试的影响，以满足地面展开试验的测试需求。

图 1　国外某伸杆机构真空热试验测试系统照片

卷筒式伸杆机构的特征是一维尺寸较大，长度约 5.1 m，而另两维尺寸相对较小均小于 0.3 m，此特征导致其地面空间环境模拟设备较为特殊。由于卷筒式伸杆机构展开过程全尺寸范围内均是通过自伸展形成的，造成其零重力补偿试验方案设计复杂，如何实现低温真空环境下的零重力展开及功能验证是目前要克服的主要问题之一。基于此，研制了一套适应于真空高低温环境的零重力装置，满足卷筒式伸杆机构热真空高低温展开试验的需求。

2 主要设计指标

根据现有型号指标要求，并兼顾后续需求，经过论证，该设备主要设计指标如表 1 所示。

表 1 设备主要指术参数

真空设备尺寸	容器有效尺寸	Φ1 400 mm×L1 200 mm
	热沉有效尺寸	Φ1 000 mm×1 200 mm
	水平伸展部分有效容积	Φ500 mm×4 500 mm
真空室压力	工作压力	优于 6.65×10^{-3} Pa
	空载极限	优于 5×10^{-4} Pa
测控温系统		精度优于 0.5℃
热沉温度（液氮）		平均温度低于－173℃
导轨组件性能	（直线）滑轨的直线度	≤2.5 mm
	可适应的（卷筒）直径变化	15 mm～40 mm
	导轨组件（含滑车）的包络尺寸	≤∅400 mm
	导轨上滑车的有效滑动距离	不小于 4.15 m
	两（直线）滑轨间的平行度	≤2.5 mm
	摩擦力（负载质量为 1 300 g）	≤5.0 N
	减载效率	不小于 95%

3 试验系统方案

卷筒式伸杆机构空间环境模拟系统主要由空间环境模拟装置（包括真空容器、热沉、真空抽气系统、液氮系统等）和水平零重力模拟系统部分组成。

3.1 真空试验系统

真空环境模拟试验装置主要用于模拟高真空和高低温空间环境，用于航天器真空热试验。卷筒式伸杆机构空间环境模拟系统主要包括真空容器、热沉、真空抽气系统、液氮系统等，如图 2 所示。真空系统采用卧式容器结构，考虑了卷筒伸杆机构在真空高低温条件下的零重力展开及功能验证试验需求，水平伸展部分安装有不锈钢导轨，水平零重力补偿装置的导轨组件和真空环境模拟器内部导轨组件在同一水平面内，从而满足伸展机构零重力支持架的接口要求，其中试验台架及导轨水平可调。水平伸展系统整体试验平台如图 2 所示。

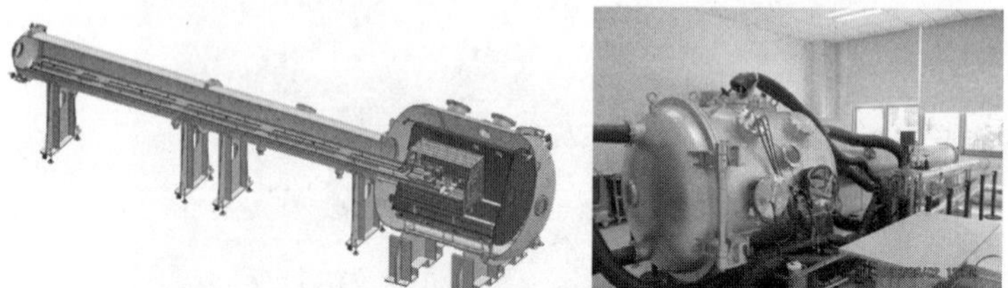

图 2 卷筒伸展机构试验平台示意图及照片

3.2 水平零重力补偿装置

零重力补偿装置与真空环境模拟系统的配合关系如图3所示，整个零重力补偿装置安装在真空环境模拟系统内，真空鼻内两侧有两条滑道用以将零重力装置推入真空环境模拟系统中。水平零重力补偿装置如图4所示，主要由导轨组件、伸杆支撑组件、搬运车组件、滑车组件和产品安装支座等组成。其中导轨组件用于支撑滑车组件、伸杆支撑组件和产品安装支座，导轨组件中的直线导轨长4 700 mm、间距181 mm，确保导轨上滑车的有效移动距离不小于4 150 mm。伸杆支撑组件在伸杆展开过程中为其提供重力补偿功能。滑车组件与顶杆组件相连，带动伸杆水平移动并为有效负载提供卸载力，搬运车组件上下部分别安装了高度可调的螺旋支撑和脚轮，用于零重力补偿装置的搬运和移动。

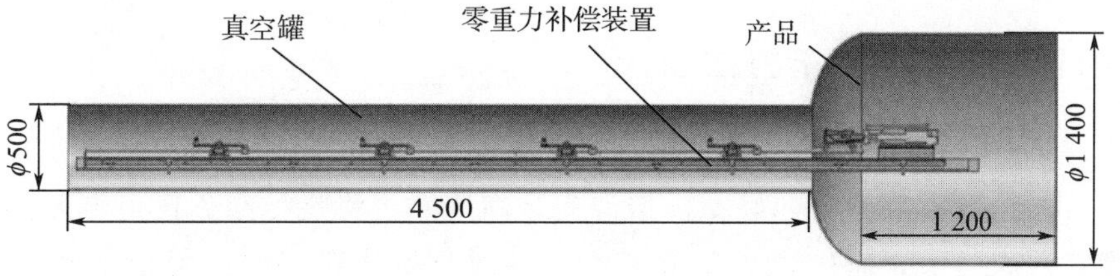

图3 零重力补偿装置在真空环境模拟系统示意图

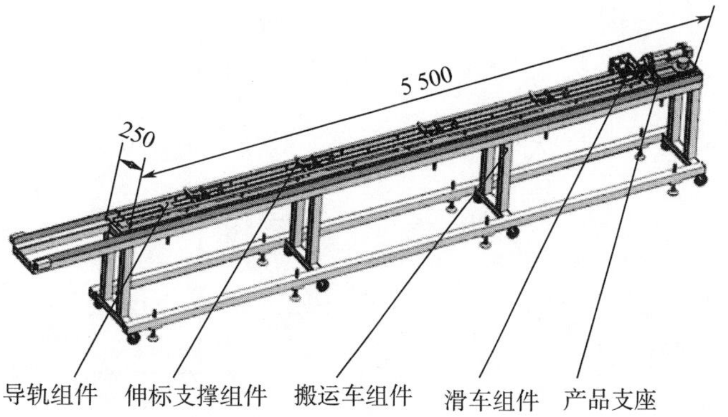

图4 水平零重力补偿装置的基本组成

4 系统关键要素分析及试验验证

伸杆机构的关键要素包括核心传热部件设计、伸杆组件力学特性、支撑力调节方法、伸杆伸展过程阻力特性和高低温适用性等，对这些因素进行分析，最终通过伸杆机构热真空试验验证。

4.1 产品安装核心传热部件设计

在试验过程中，为使伸杆组件以较快的温变速率降到−50℃以下，设计了试验专用液氮冷板，通过控制进入冷板液氮阀门开度，可以很好适应热真空试验需求。同时为了防止伸杆产品因热传导损失热量，对伸杆产品底座进行了隔热设计，与底板之间安装聚酰亚胺隔热板，罐内零重力装置底板、滑道采取包裹隔热材料（热控多层）减小热损失。

4.2 伸杆支撑组件力学特性分析

伸杆机构在展开过程中，会产生重力挠度。作为伸杆机构的零重力补偿装置，伸杆支撑组件的数目越多则伸杆机构的挠度会越小，但受到安装空间、成本等因素的限制，需进行优化设计。把伸杆假设成外径19.9 mm、壁厚0.35 mm、质量0.75 kg、材料为钢的圆筒，边界条件如图5所示，根据有限元分析，最终选定了伸杆支撑组件的数目4个（重力挠度值为0.03），可以满足试验需求。

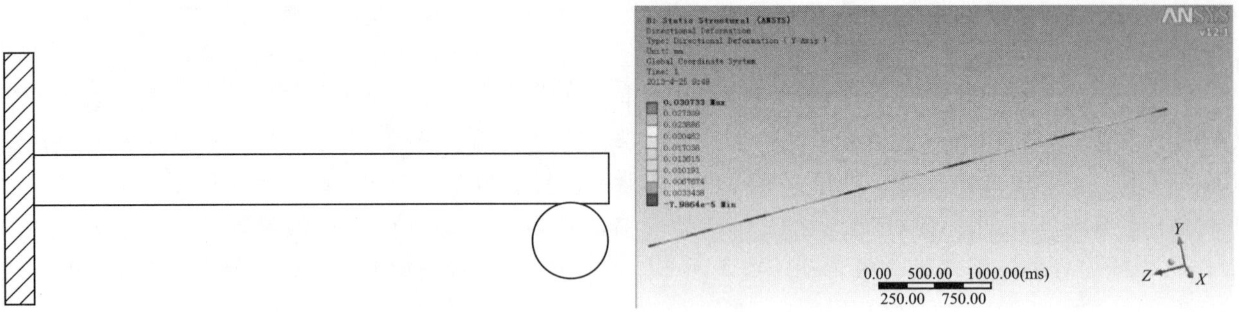

图 5　边界条件假设及重力挠度分析（4 个支撑的伸杆）

4.3　伸杆支撑组件的支撑力调节方法设计

为调节伸杆支撑组件的支撑力，设计了一套支撑力测量工装，主要由高度尺和压力传感器组成，如图 6 所示。具体调节方法为：首先将调好支撑组件安装高度，再将支撑组件高度调整到与需支撑的伸杆下表面距底板的高度相同，然后，通过调节配重块位置得到预先计算好的压力值，此压力值即为伸杆支撑组件需要提供的支撑力（补偿力）。

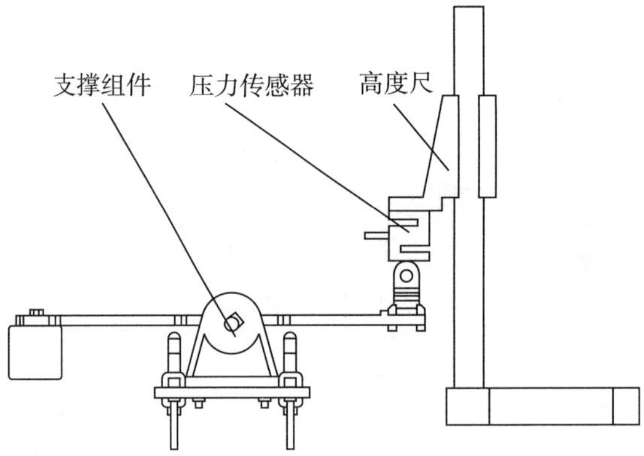

图 6　支撑力调节工装

4.4　伸展过程阻力特性分析

伸杆机构在展开阶段所受阻力主要来自：滑车车轮与导轨的摩擦阻力、伸杆支撑组件滚筒与卷筒的摩擦力、负载挡板产生的阻力、因导轨组件倾斜使滑车自重产生的阻力。滑车车轮材料选用具有自润滑功能的聚酰胺（PA66），通过分析，前 3 项固定不变阻力为，当导轨组件在真空鼻中最大允许倾角 θ 为 13.7°时（假设取安全系数 $\varepsilon=1.5$），因导轨组件倾斜使滑车自重产生的阻力 3.71 N。此时伸展过程最大摩擦阻力可控制在 5 N 以内，从而满足试验伸展过程要求。

4.5　高低温环境适用性分析

由于水平零重力补偿装置需要在常压高低温和真空高低温环境（−100～130 ℃）中工作，因此其滑车组件与支撑组件均需满足高低温工作要求。为此，两组件中的零件材料选用不锈钢和聚酰胺（PA66）材料，能够在规定的真空高低温环境中正常工作。考虑到部分零件之间具有相对滑动或相对转动的运动形式，其间隙受热胀冷缩的影响较大，在设计中保证滑车负载安装端、车轮、支撑组件各个滑动副间的最小间隙量大于其热变形量。设计转轴径向最小间隙量为 0.1 mm，同时各轴向定位均留有 0.5 mm 的余量，均远大于其热变形量，因此满足温度变化要求。

4.6 整套系统热真空试验验证

2016 年 11 月至 2017 年 1 月，电磁监测试验卫星 4 套伸杆机构顺利通过了验收级热真空试验，试验过程中真空度、温度控制均满足技术要求，其中卷筒伸展机构热真空试验真空度及温度曲线如图 7 所示，试验照片如图 8 所示。试验过程中超声电机和火工拔销器采取主动控温进行保护。每套伸杆机构在低温工况及高温工况进行了展开试验，超声电机特性、光电开关计数、卷筒直径等指标均满足要求。电磁监测试验卫星 4 套正样件采用如下条件进行。

1）环境压力：≤6.65×10^{-3} Pa（容差±80%）；

2）试验温度：试验件的温度范围-50^{0}_{-4}℃～$+50^{0}_{+4}$℃（试验件上四点平均值），对其中的关键部件（超声电机、电缆绕筒和光电开关、拔销器）控制在其正常工作范围之内；

3）停留时间：高温停留 1.5 h，低温停留 1 h。

4）变温速率：大于等于 1 ℃/min（若达不到应尽可能快）；

5）循环次数：16.5 次先进行 8.5 个热循环＋低温展开，再进行 8 个热循环＋高温展开。

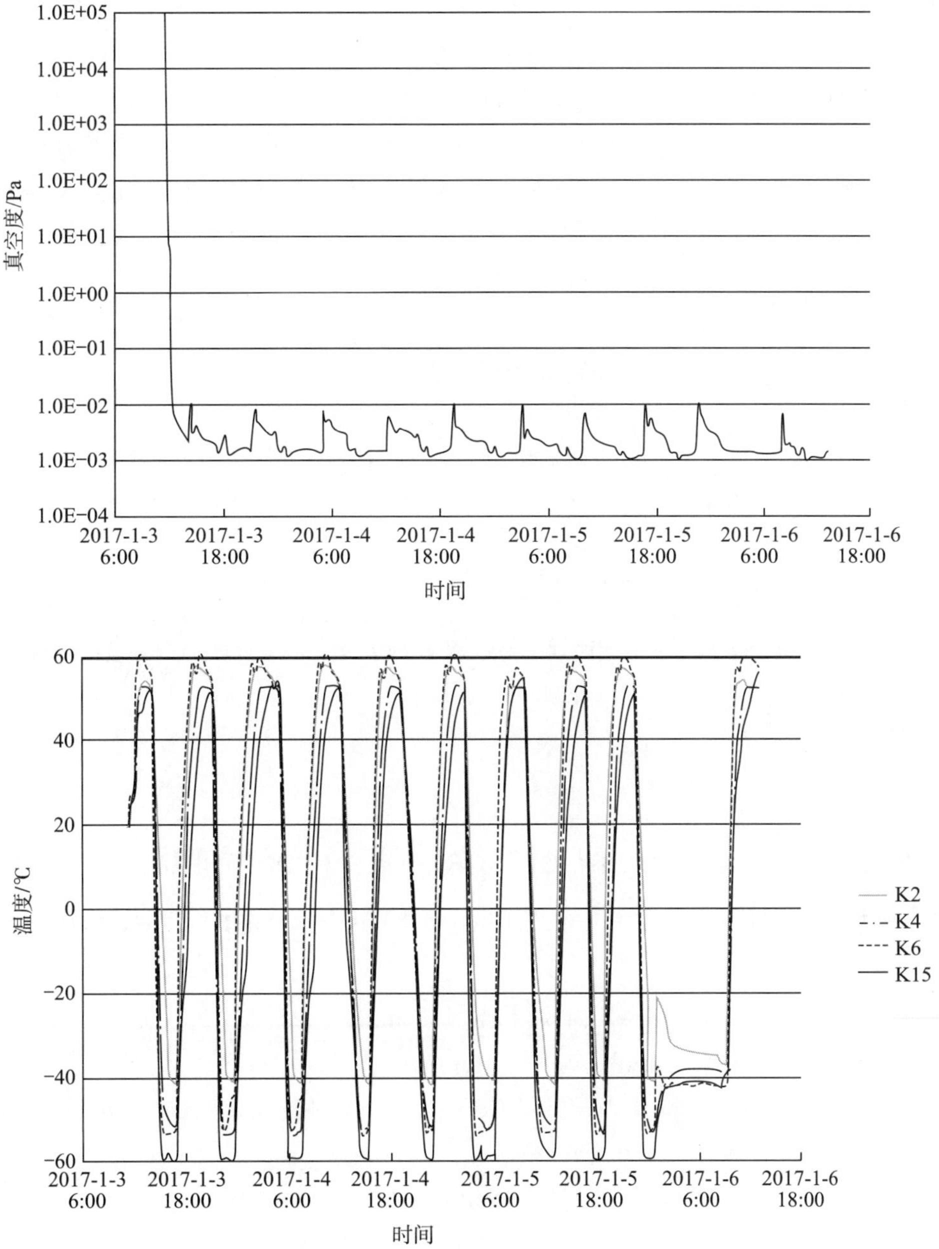

图 7　卷筒伸展机构热真空试验真空度及温度曲线（部分曲线）

图 8　卷筒伸展机构热真空试验照片

5　结束语

本文针对我国首个卷筒伸杆机构地面真空试验验证需求，研制了一套真空高低温环境下零重模拟地面测试设备，可用于各类卷筒伸杆机构地面可靠性验证试验。经试验验证，该试验系统能满足型号产品试验过程中的各项指标要求。本套测试系统研制为电磁监测试验卫星电场仪专用新型卷筒式伸杆机构研制任务的顺利完成提供重要保证，并在一定程度上提升我国在新型高收纳比卷筒式伸杆机构的设计及试验验证能力。

参 考 文 献

[1] 周斌，程炳钧，张艺腾，张镇祁，王劲东，李磊．电磁监测试验卫星矢量磁场探测方法［J］．空间科学学报，2014 34（6）：843－884.

[2] Parror M. Statistical study of ELF/VLF emissions recorded by a low－altitude satelate during seismic events［J］．Journal of Geophysical Research，1994，99（A12）：23339.

[3] 李占华，韩静涛．电磁监测卫星伸杆机构弹性卷筒成型工艺研究［C］．宝钢学术年会，2015.

[4] 颜蕊．中国电磁监测试验卫星地面应用系统关键技术研究［D］．中国地震局工程力学研究所，2010.

[5] 赵国伟，杜杉杉，卫巍．伸展机构技术的空间应用与发展趋势［C］．北京：第七届中日机械技术史及机械设计国际学术会议论文集. 2008，330－335.

[6] https：//www. nasa. gov.

Design and Experiment of Space Environmental Simulation Test Facility Used for Stacer Deployment Mechanism

WANG Yalong[1]　LI Biao[1]　SUN Tengfei[1]　ZHANG Congfa[1]
YU Chunyu[1]　MENG Qingping[1]　BIAN Yushu[2]

1. Beijing Key Laboratory of Space Thermal Control Technology，Beijing Institute of Spacecraft System Engineering，Beijing　100094

2. Beihang University，Beijing　100191

Abstract　To meet the requirements of the thermal vacuum test for testing the first stacer deployment mechanism in China, an innovative thermal vacuum environment simulation system of zero－g simulation compensation facilities is developed and investigated experimentally. This paper briefly introduces the technical specifications, the structure facilities of the system, the key elements were analyzed and tested. The results show that the working principle of the space environment simulation equipment is feasible and the design scheme is reasonable. All the indexes meet the design requirements, and thermal vacuum test for the stacer deployment mechanism Seismo－Electromagnetic Satellite completed successfully. As the key equipment for the test of stacer deployment mechanism, the successful application of the set has laid the foundation for the successful development of the stacer deployment mechanism, which will also make a new step to the ability of products developing.

Key words Stacer deployment mechanism; Space environment simulation test equipment; Zero－g simulation compensation; Thermal vacuum test

作 者 简 介

王亚龙，男，工程师，就职于北京空间飞行器总体设计部，主要从事航天器热控设计及试验技术研究，电子邮箱：wangyalong501@163.com。

扩频应答机自动化测试系统

程艳超

摘　要　为了实现扩频应答机的整机性能快速、精准的测试需求，实现对扩频应答机的整机性能的自动化测试，构建了一种基于 NI PXIe 的硬件平台，采用集成化的地检测试设备，针对应答机型号的不同参数配置生成自动测试序列；系统实现了捕获时间、抗干扰能力、灵敏度测试等多项应答机整机性能的测试，测试结果表明该自动化测试系统对于应答机整机性能的测试快速有效。

关键词　扩频应答机自动化测试；测试序列；并行测试；集成化设备

1　引言

随着我国科技事业的快速发展，航空、航天和国防系统的研制和发射任务越来越多，任务周期越来越紧，并且新的测控技术不断涌现，出现了多种测控信号体制共存的现状，导致遥测遥控和数传分系统在信号体制验证、设备研制、分系统测试、集成装配和外场检验等各个阶段的测试任务面临的挑战越来越大。

应答机作为卫星测控系统的一部分，需要完成遥测、遥控、测距、测速和业务数据通信等功能。为了保证任务顺利进行，在任务执行之前，需对应答机进行全面的测试，并且对应答机的测试覆盖性、测量准确性要求非常高。为满足日益增长的测试需求，建立一种精确、高效的自动仿真测试系统成为解决发射前应答机测试的重要内容。

2　自动化测试系统的总体设计

自动化测试系统是针对应答机研制的系统设备，其由应答机测试地检设备、PXI 集成化仪器设备、测试软件等组成。

应答机测试地检主要实现模拟遥测的发送、遥控数据的接收和模拟及数字遥测量接收；PXI 集成化仪器设备包括控制器和 PXI 调制解调板、频谱仪，上下变频器、衰减器等实现信号的调制与解调，根据各型号应答机配置参数的不同产生需要的射频信号，将射频信号传送给应答机；测试系统软件通过人机交互界面对应答机参数进行配置，通过 RS232 协议与测试盒进行通信，通过 TCP/IP 协议与 PX1 集成化仪器设备进行通信，完成应答机的性能指标测试。

3　硬件设计

为了实现应答机测试的精、小、便的测试需求，测试所需的仪器设备均采用 PXI 集成化的板卡。PXI 机箱采用 16 个槽位的 NI PXIE－1065 的结构，控制器采用 Intel 酷睿 i－7 八核处理器的 NI PXIE－8842 的高性能嵌入式控制器。射频信号的处理采用模块化的基带调制卡、解调卡、中频信号处理卡、上变频卡、下变频卡及安捷伦 MC9108C 衰减卡。

3.1　信号调制发射

1）支持的调制体制：BPSK、QPSK、SQPSK、UQPSK；

2）具有 DSSS 扩频调制功能，包括扩频多项式内容、伪码周期、伪码初相等；

3）能够产生 2 路上行遥控数据流、1～4 路上行测量信息组帧并完成载波及伪码调制；

4）具有多普勒模拟和距离模拟功能，多普勒变化可按直线、三角、正弦等模型来模拟；

5）具有调制信息加扰功能，可根据用户需求自定义扰码，生成扰码的多项式可由用户自行输入，扰码的初相可设置；

6）具有交织处理功能，可对帧数据进行交织处理，交织模式和交织深度满足 CCSDS 标准；

7）具有 RS 编码功能，编码形式为 RS（255，223）；

8）具有卷积编码功能，编码模式为（2，1，7）；

9）具有码型变换功能，对输入的数据进行 NRZ－L 至其他码型格式转换；

10）数据源为外部文件注入或 PCM 码流注入（DATA ＋ CLK）。

3.2 信号接收解调

1）支持的信号体制：BPSK、QPSK、SQPSK、UQPSK；

2）具有 DSSS 扩频信号捕获、跟踪功能，扩频多项式内容、伪码周期、伪码初相等可设置；

3）接收的遥测、业务数据信息帧头、帧长、字长、内容可配置；

4）具有解扰功能；

5）具有解交织功能，交织模式和交织深度与调制器一致；

6）具有 RS 译码功能，编码形式为 RS（255，223）；

7）具有 Viterbi 译码功能，译码模式（2，1，7）可选；

8）可扩展 LDPC 译码功能（选用 LDPC 译码时，Viterbi 译码和 RS 译码旁路）；

9）具有码型变换功能，对解调出的数据进行其他码型至 NRZ－L 格式转换；

10）能够完成 2 路下行遥测信号的接收处理，译码后输出遥测数据并显示；

11）能够完成 1 路下行测量信号的接收处理，提取下行测量帧同步脉冲，显示下行测量帧内容；

12）能够接收应答机数字量遥测信息，并显示；

13）能够结合上下行测量信息联合计算伪距及速度测量值，具备校零功能；

14）能够计算星地时差；

15）能够统计计算一段时间间隔内距离测量值、速度测量值及时差测量值的均值和方差，并显示；

16）输出数据可以通过 PXI/PXIe 总线输出，也可以以 PCM 码流形式输出；

17）采用模块化设计，便于软硬件升级扩展。

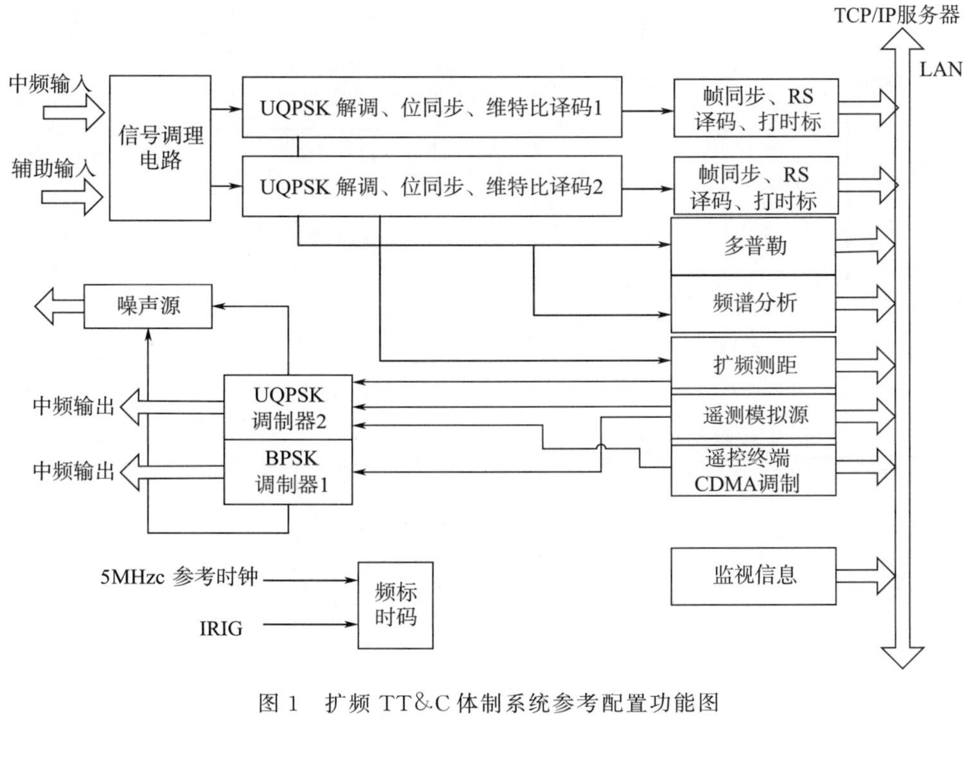

图 1　扩频 TT&C 体制系统参考配置功能图

4 软件设计

自动化系统软件主要包括两部分：自动测试软件和综合测试基带软件。

自动化测试软件基于 Windows 7 系统平台，使用 Labview 2013 图形化设计语言编写。软件通过 RS232 协议与应答机测试盒进行通信；通过 TCP/IP 与综合测试基带软件进行通信。

自动化测试软件主要完成综合基带的参数配置、扩频应答机测试用例的生成与执行。在自动化测试软件中，参数配置是最基础的操作，包括综合基带参数配置，各测试用例参数配置，RS232 串口配置，频谱分析仪配置，衰减器配置和程控开关的控制等。

自动化测试软件参数的配置通过导入配置文档实现，某型号应答机的参数只需配置一次，然后在运行自动化测试软件后，只需选择对应型号的配置文档即可。

在自动化测试软件参数的配置中，测试用例参数的配置是重点，它是自动化测试能否正常顺利进行的关键。其中包括应答机基带的一些参数（如频点、码字），测试项的起始电平、终止电平和步进率，遥控遥测通道数量，以及频偏和多普勒等。自动化测试软件基于每个测试项的配置参数不同，自动生成不同的测试用例，并按照所选择的测试用例自动按顺序执行。

自动化测试软件主要实现应答机的闪断捕获时间、抗干扰能力、信号功率比、灵敏度、灵敏度捕获时间、静态捕获范围、动态跟踪范围、AGC&SNR、F（s）、下行测量帧数据、遥控误码率、遥测误码率、带内能量、下行载波抑制度和杂波抑制度等测试项的测试。

基于此，设计了自动化测试软件的软件架构如图 2 所示。

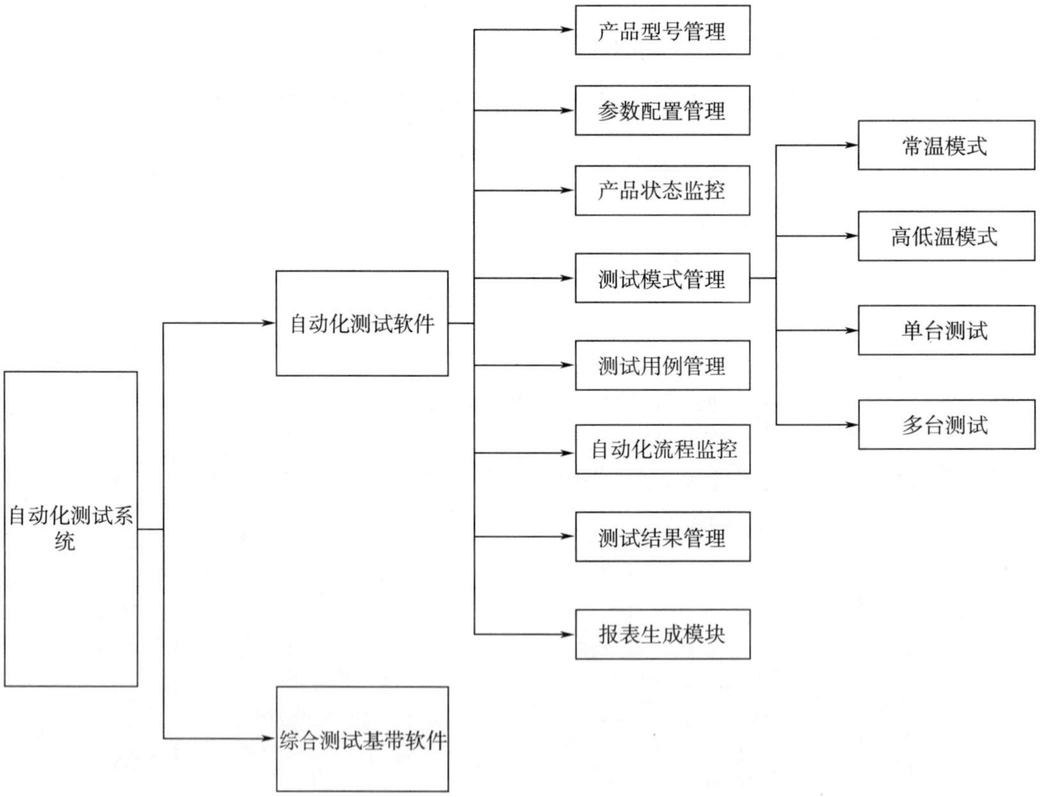

图 2　软件设计架构

5　实验结果与分析

5.1　自动化测试系统软件实现

自动化测试系统的验证需要应答机及自动化测试软件。参数配置文档中配置好某应答机的参数，同时配置好各测试项的测试用例，测试系统可以同时测试两台应答机并保存测试数据。应答机参数配置文档部分鉴于数据保密性要求，不再提供显示。

5.2　测试结果与分析

以我厂生产的北斗某型号应答机为测试对象，分别做了捕获时间测试、抗干扰能力测试、信号功率比测试、捕获灵敏度测试、静态捕获范围测试、动态跟踪范围测试、AGC&SNR 测试、下行测量帧数据测试、遥控误码率测试及遥测误码率测试。各个指标的测试基础条件设为某北斗型号应答机的频点为 P1，码字为 M1，信号起始电平为 D1、终止电平为 D2，步进率为 B1，分别对应答机的测试用例参数进行配置。

5.2.1　捕获时间测试

捕获时间测试的闪断捕获参数为：信号闪断时间 2 000 ms、闪断间隔时间 4 000 ms、闪断次数为 4 次、捕获超时时间为 30 s。自动化测试软件依据捕获时间的测试用例自动运行测试，并保存测试结果数据如图 3 所示。对多次测试结果进行统计分析，表明捕获时间 测试符合测试要求。

信号频偏	电平	常温			
		遥控锁定时间/s	测量1锁定时间/s	测量2锁定时间/s	测量3锁定时间/s
0 kHz	-42 dBm	1.68	2.49	1.68	1.89
		1.39	1.79	2	1.39
		1.4	1.79	2	1.4
		1.29	1.41	1.6	1.81
0 kHz	-82 dBm	1.39	1.91	2	1.3
		1.39	1.7	1.89	1.39
		1.25	1.7	2	1.25
		1.09	1.4	1.6	1.8
100 kHz	-42 dBm	1.43	1.73	2.13	2.32
		1.73	2.19	1.6	1.73
		1.48	1.98	2.18	2.37
		1.89	1.6	1.88	2.09
100 kHz	-82 dBm	2	1.6	2	2
		1.74	2.33	1.53	1.93
		1.39	1.71	2.19	2.19
		1.79	1.6	1.79	2

图 3　捕获时间测试数据统计

5.2.2　抗干扰能力测试

抗干扰测试的闪断捕获参数为：信号闪断时间 2 000 ms、闪断间隔时间 4 000 ms、闪断次数为 4 次、捕获超时时间为 30 s。自动化测试软件依据抗干扰能力的遥控、测量通道两两相互干扰生成测试用例自动运行测试，并保存测试结果数据如图 4 所示。分别进行了 10 dB 和 15 dB 两种干扰方式，动态模式下分别进行了三角波、正弦波和过行捷进行了测试。对多次测试结果进行统计分析，表明抗干扰能力测试符合测试要求。

5.2.3　信号功率比测试

信号功率比测试的闪断捕获参数为：信号闪断时间 2 000 ms、闪断间隔时间 4 000 ms、闪断次数为 4 次、捕获超时时间为 30 s。自动化测试软件依据信号功率比 1∶10 的比率生成测试用例自动运行测试，并保存测试结果数据如图 5 所示。对多次测试结果进行统计分析，表明信号功率比测试符合测试要求。

频率	电平	R1干扰TC12 (应答机1)	R1同频干扰TC1 (应答机1)	TC1干扰R1 (应答机1)	R2同频干扰R1 (应答机1)	R2同频干扰R1 (应答机1)
0 kHz_15 dB干扰	−62 dBm	1.71	1.39	2	1.79	1.49
0 kHz_15 dB干扰	−62 dBm	3.01	1.24	1.39	1.6	1.57
0 kHz_15 dB干扰	−62 dBm	1.53	1.6	3.1	1.54	1.79
0 kHz_15 dB干扰	−62 dBm	1.4	1.39	3.81	3.9	1.58
0 kHz_10 dB干扰	−62 dBm	1.44	1.47	2	2.11	1.39
0 kHz_10 dB干扰	−62 dBm	1.57	1.2	1.41	1.61	1.79
0 kHz_10 dB干扰	−62 dBm	1.19	1.2	1.92	1.2	1.89
0 kHz_10 dB干扰	−62 dBm	1.41	1.7	2.69	1.7	1.9
0 kHz_15 dB干扰	−82 dBm	1.6	1.39	1.53	1.95	1.56
0 kHz_15 dB干扰	−82 dBm	2	1.42	3	1.9	1.9
0 kHz_15 dB干扰	−82 dBm	1.91	1.46	1.58	2.1	1.91
0 kHz_15 dB干扰	−82 dBm	1.2	1.41	1.6	2.01	1.91
0 kHz_10 dB干扰	−82 dBm	1.6	1	1.7	1.6	1.39
0 kHz_10 dB干扰	−82 dBm	1.74	1.28	1.4	1.79	1.6

图 4　抗干扰能力测试数据统计

信号频偏	电平	常温			
		遥控锁定时间/s	测量1锁定时间/s	测量2锁定时间/s	测量3锁定时间/s
−62 dBm	0 kHz, 1:10:10:10	2.16	1.81	2	1.41
		1.6	2.11	1.41	1.6
		2.5	2.1	1.6	1.7
		2.51	1.41	1.6	1.81
−102 dBm	0 kHz, 1:10:10:10	1.6	2.12	1.41	1.6
		1.99	1.69	1.69	2
		1.39	1.8	2	1.39
		1.64	1.41	1.64	1.81
−62 dBm	0 kHz, 10:1:10:10	1.6	1.8	1.19	1.4
		1.6	2.1	1.6	1.79
		1.41	1.81	2.11	2.3
		1.91	2.3	1.6	1.91
−102 dBm	0 kHz, 10:1:10:10	1.39	1.74	2.09	1.39
		1.7	2.99	1.59	1.7
		1.8	2.19	1.68	1.99
		1.6	1.91	1.39	1.6

图 5　信号功率比测试数据统计

5.2.4　灵敏度测试

灵敏度测试设置电平起始值大于应答机门限值，使应答机处于失锁状态。自动测试软件以该起始值为起点，每次＋1 dB 向上拉电平，直至应答机状态锁定并稳定不再失锁，则该电平值即为灵敏度测试值。分别对每个遥控和测量通道单独进行了灵敏度测试，测试结果数据如图 6 所示，对多次测试结果进行统计分析并结合应答机自身的设计，表明灵敏度测试符合测试要求。

测试类型	灵敏度值/dB	
	应答机1	应答机2
仅遥控_L	−119	−118
仅测量1_L	−119	−119
仅测量2_L	−119	−119
仅测量3_L	−119	−119

图 6　灵敏度测试数据统计

5.2.5　静态捕获范围测试

静态捕获范围测试设置某一静态频偏，使应答机处于锁定状态。自动化测试软件以该频偏为起始值，每次＋5 K 频偏，直至应答机失锁；然后再以每次－1 K 频偏判断应答机状态，直至应答机状态锁定，则测试所得为频偏捕获范围。分别对每个遥控和测量通道单独进行了静态捕获范围测试，测试结果数据如图 7 所示，对多次测试结果进行统计分析，表明静态捕获范围测试符合测试要求。

测试类型	频偏/Hz	
	应答机1	应答机2
仅遥控_B	129 000	129 000
仅测量1_B	126 000	126 000
仅测量2_B	126 000	126 000
仅测量3_B	126 000	126 000

图 7　捕获范围测试数据统计

5.2.6　动态跟踪范围测试

动态跟踪范围测试设置某一动态多普勒频偏和多普勒频率，使应答机处于锁定状态。测试方法与静态捕获范围测试相同，测试结果如图 8 所示。对多次测试结果进行统计分析，表明动态跟踪范围测试符合测试要求。

测试类型	应答机1		应答机2	
	频偏/Hz	变化率/(Hz/s)	频偏/Hz	变化率/(Hz/s)
仅遥控	162 000	4 000	无	无
仅测量1	164 000	4 000	无	无
仅测量2	161 000	4 000	无	无
仅测量3	159 000	4 000	无	无

图 8　跟踪范围测试数据统计

5.2.7　AGC&SNR 测试

AGC&SNR 测试主要设置在各种电平下采集应答机 AGC 和 SNR 的值。测试结果鉴于数据保密性，在此不再出示测试结果，对多次测试结果进行统计分析，表明 AGC&SNR 测试符合测试要求。

5.2.8　下行测量帧数据测试

下行测量帧数据测试，主要获取基带控制软件返回的应答机下行测量帧数据并验证数据符合性，鉴于该数据保密性，在此不再出示测试结果。对多次测试结果进行统计分析，表明下行测量帧数据测试符合测试要求。

5.2.9　遥控误码率测试

遥控误码率测试时，通过向综合基带软件向应答机发送遥控指令数据，然后自动化测试软件通过串口从地面测试盒接收返回数据，与发送的数据进行对比。测试数据以统计 1 000 000 bit 为准，统计无码率测试结果。测试结果如图 9 所示，对多次测试结果进行统计分析，表明遥控误码率测试符合测试要求。

遥控误码率统计	常温
总帧数	7 814
总bit数	1 000 192
误bit数	297 061
误码率	0

图 9　遥控误码率测试数据统计

5.2.10　遥测误码率测试

统计遥测误码率测试时，自动化测试软件通过地面测试盒以不同码速率向应答机发送模拟遥测数据，然后测试软件通过 TCP/IP 从综合基带软件接收遥测数据，并与发送数据进行对比。遥测数据发送时码速率分别以 2 K、8 K、30 K 不同的速率进行测试。测试结果如图 10 所示，对多次测试结果进行统计分析，表明遥测误码率测试符合测试要求。

遥控误码率统计	应答机1(码速率:2 048)	应答机1(码速率:8 192)	应答机1(码速率:32 768)
总帧数	7815	7815	7 815
总bit数	1 000 320	1 000 320	1 000 320
误bit数	0	0	0
误码率	0	0	0

图 10　遥测误码率测试数据统计

6 结束语

通过对北斗某型号应答机的测试结果表明，自动化测试系统能够满足扩频应答机整机电性能的快速、可靠测试。自动化测试系统实现了目前扩频应答机整机大多性能指标的无人值守测试，节省了物力、人力，并对测试数据有了统一规范的保存，提高了应答机测试的效率。在测试流程优化和测试项目延伸上还有进一步提高的空间，接下来将进一步扩展其他测试项目。

参考文献

［1］ 何增来．扩频应答机自动化系统方案设计．539 厂，2015 - 3.

［2］ 薛霞，路辉，秦红磊．卫星导航接收机自动测试系统．北京航空航天大学，2015.

Spread Spectrum Transponder Automation Test Syetem

Abstract In order to achieve the automatic test of Spread spectrum transponder with the requirements of rapid and accurate testing , construct a hardware platform based on NI PXIe. An integrated ground insepection and testing equipment is dopted, testing sequences are generated for different types of spread spectrum transponder. The acquisition time, anti - interference, sensitivity , has realizationed. The test results of spreadspectrum transponder show the automation test system if fast and effective.

Key words Spread Spectrum Transponder Automation Test Syetem; Testing sequences; Paralles test; Integrated equipment.

作者简介

程艳超，男，本科，工程师，主要从事测控通信软件设计与研发。

第五部分　管理实践

卫星型号方案阶段的技术攻关管控工作思考

李响　杨栋　侯天宝
航天东方红卫星有限公司，北京　100094

摘　要　航天工程高可靠、高风险等的特点，使得一些卫星型号在研制过程中，除初样、正样阶段外，还设置了方案阶段，开展系统方案设计和技术攻关工作，尤其是对技术状态新、技术指标高、系统复杂、实现难度大的一些卫星型号任务。如何开展方案阶段的技术攻关工作以及如何进行相关工作的管控，不同型号根据自身特点，提出和采用了针对性的办法。本文从型号任务管理者的角度，针对如何做好做实方案阶段技术攻关的管控工作，进行了初步思考。分析了方案阶段在整个卫星研制过程中的作用、方案阶段技术攻关的主要目的，提出在方案阶段的技术攻关工作中设置“关键项目”和“关重件”，作为技术攻关管控工作的抓手。并对技术攻关中“关键项目”和“关重件”的设置、管控过程进行了探讨。

关键词　技术攻关管控；方案研制；卫星任务；关键项目；关重件

1　引言

以卫星/航天器为核心的航天工程系统（简称航天系统），是现代典型的复杂工程大系统，具有规模庞大、系统复杂、技术密集、综合性强以及投资大、周期长、风险大等特点，往往是国家级大型工程系统。卫星/航天器在运动方式、环境条件、高可靠性、自动化程度、系统密集、系统整体性等方面的工作和技术特点，使得卫星工程成为研制和管理人造卫星的综合型工程技术（或研制任务、建设项目）。卫星工程的特点，既体现在卫星设计、试验、制造方面，也体现在组织管理方面。

卫星工程在组织管理方面的主要特点是按照系统科学的理论和方法，组织管理航天系统的规划、研究、设计、制造、试验和应用。在航天系统工程的实践中，形成了一些特有的工作方法，如在系统研制全过程中强化计划协调、全过程质量控制、信息化系统管理等。组织和管理航天系统，是一个不断认识、积累、提高的过程。航天系统的组织管理能力，也是一个国家航天系统工程实力的重要标志之一。

本文根据作者近年来从事卫星型号技术、计划调度管理等的工作经历，从型号总体计划管理人员的角度，针对如何做好做实方案设计阶段技术攻关的管控工作，进行了一些初步思考。提出在方案设计阶段的技术攻关工作中设置“关键项目清单”和“关键件清单”，作为技术攻关管控工作的抓手，并进一步对技术攻关中“关键项目清单”和“关键件清单”的设置、管控过程进行了探讨。

2　方案设计阶段的主要任务

2.1　型号研制阶段划分

型号项目研制一般划分为立项论证与启动、方案设计、初样研制、正样研制、发射和飞控、在轨测试和交付使用、项目收尾共 7 个阶段。

根据是否科学研究型号、公用平台开发型号以及产品和技术的成熟度，不同特点型号的研制阶段划分也有所不同。

2.2 方案设计阶段的主要工作内容

方案设计阶段的主要任务是，根据《立项综合论证报告》《项目建议书》等，对航天器研制技术方案作任务分析，开展总体方案系统设计，提出分系统的规范和工作说明，确定各分系统技术指标，开展分系统方案设计，进行模型样机或原理样机研制与试验，完成关键技术攻关，进行系统及分系统地面测试方案、地面机械支持方案设计，开展卫星与各大系统技术协调。

主要开展以下工作内容：

1）方案设计及仿真分析验证；

2）关键技术攻关；

3）产品功能基线确认；

4）与工程研制有关的产品保证工作准备；

5）确定分工定点；

6）明确研制队伍和研制保障条件需求。

3 方案阶段技术攻关的主要目的

3.1 关键技术的定义与确定

在方案设计阶段，需要对卫星总体和分系统进行关键技术分析。从成熟程度看，卫星设计可能采用的技术，分为成熟技术、成熟技术基础上的延伸技术、不成熟技术和新技术 4 类。成熟技术是指已经过卫星在轨使用过的、原有的分系统方案、部件、线路和结构等。延伸技术是指在成熟技术基础上要进行少量修改设计的分系统方案、部件、线路、结构等。不成熟技术是指那些必须经过研究、生产和试验（即攻关）来确定它们适合在卫星上采用的技术。新技术是指过去还没有在卫星中采用过的新技术，并且必须经过研究、生产和试验的证实（即攻关），才能确定是否采用。

可能采用的不成熟技术和新技术都属于关键技术。

一项关键技术是否成为关键技术，因研制单位的不同而不同。一个卫星型号有多少项关键技术，也因研制单位实际情况而不同。一个有经验的研制单位及其研制队伍，掌握高、新、难的技术较多，研制水平也较高，在承担卫星型号研制中，提出的关键技术就少。反之，一个缺乏卫星研制经验的单位和队伍，就可能提出较多的关键技术。

3.2 关键技术攻关的意义

关键技术的多少会影响到卫星的总体方案。如果在设计的卫星总体方案中，关键技术太多，或难于攻关突破，就说明这个方案的可行性有问题或风险太大。

文献［1，2］中对“关键技术攻关”的描述如下：一项关键技术的攻关是一个从不掌握此项技术经掌握此项技术直到有把握在卫星上使用此项技术的过程。

可见，方案阶段进行关键技术攻关，就是要通过该攻关过程，进一步提高和证实卫星总体方案的可行性，减小后续型号研制过程中的技术风险。

3.3 关键技术攻关的主要内容

《航天产品项目阶段划分和策划》（QJ3133—2001）中，对关键技术攻关表述如下：对关键技术研究项目进行分析，提出新部件和分系统的试制与试验项目、引进的技术、设备和关键元器件等，根据装备的特点和需要进行模型样机或原理性样机的研制与试验。

《卫星研制程序》（Q/W497A—2009）中有如下表述：在任务分析的基础上，确定关键技术和关键项目，分析在系统层次上的作用，对技术性能、不确定性和风险程度进行预测，同时组织关键技术的攻关。

基于上述标准，并根据一般技术开发过程，作者认为，关键技术攻关（攻关项目）应至少完成以下内容：

1）关键技术（攻关项目）方案设计，对应应有《关键技术（攻关项目）方案设计报告》；

2）关键技术（攻关项目）测试及试验验证，对应应有《关键技术（攻关项目）测试及试验方案》；

3）关键技术（攻关项目）攻关总结，对应应有《关键技术（攻关项目）攻关总结报告》；

4）关键技术（攻关项目）攻关结果评估，对应应有《关键技术（攻关项目）攻关结果评估》。

4 对方案设计阶段关键技术攻关管控工作的思考

作者近年来主要从事卫星总体技术尤其是卫星总体计划管理工作，以下是从个人工作角度出发，对方案阶段技术攻关管控工作的粗浅思考。

4.1 如何确定关键技术攻关项目

作者查阅了相关文献、标准，虽有提到“确定关键技术及关键项目”，但未有进一步如何确定的表述。

作者提出，借用卫星初样研制阶段“关重项目、关重件”等的思想，在方案阶段的关键技术攻关中，通过设置“关键项目清单”“关键件清单”“过程评审要求”，在卫星总体和分系统层面上（或卫星与分系统之间），确立和明确在方案设计阶段的全部关键技术攻关项目（包括总体层面的、分系统层面的），并进一步明晰在攻关过程中，需要重点关注的、需要进行评审的里程碑节点。

4.2 确定关键技术攻关项目的主要途径

那么，如何确定关键技术的攻关项目，即“关键项目”和“关键件”?

作者认为，采用“先自下而上”与“再自上而下”的方法，即首先由分系统承研单位或团队、总体技术承研单位或团队提出本分系统或本专业的“关键项目”和“关键件”清单，再通过协商讨论或评审，最终由卫星总体形成正式的《关键技术攻关关键项目、关键件清单及里程碑节点要求》文件。

型号进展到方案设计阶段，意味着已经完成了可行性初步论证以及立项综合论证，卫星总体各专业、卫星有效载荷及卫星平台各分系统，对卫星任务和技术状态已经有了相对全面的了解，对本专业和本分系统的关键技术也有一定的思考，具备了提出和进一步明确关键技术项目的技术基础。

4.3 拟到达的意义和效果

前节说到，在方案设计阶段，卫星总体各专业、卫星有效载荷及卫星平台各分系统，对卫星任务和技术状态已经有了相对全面的了解。但毕竟型号任务处于起步伊始，研制队伍刚刚组建或正在组建（或尚未完全组建），一些研制单位或参研人员加入本型号队伍的时间还不长，可能对一些背景、进度、质量等形势和要求还不十分清楚，容易造成对同一问题认识、理解的不一致。这就给关键技术攻关的管控带来很多不易量化、不好按节点管控等风险。同时，关键技术攻关的周期一般又不长，如果不提高管控的效率，势必影响到关键技术攻关的效果，就可能给后续型号研制埋下技术风险的隐患。

通过“先自下而上”、“再自上而下”的方法，设置“关键项目清单”“关键件清单”“过程评审要求”，希望能够实现以下3个“理解一致”：

1）卫星总体和关键技术攻关承研单位，理解一致；

2）卫星型号两总和设计师，理解一致；

3）技术线和管理线，理解一致。

即通过上述方法，把方案阶段关键技术攻关的内容、要求、节点进一步明晰化，使卫星总体、承研单位以及各个团队对本专业、本单位承担关键技术攻关“理解一致”。

确定“清单和里程碑评审节点要求”后，就有助于技术线和管理线，按照“清单和要求”，在攻关过程中进行“精细化”管控，力争实现关键技术攻关如期完成，使型号研制顺利转入下一阶段。

5 结束语

方案设计是卫星研制过程中的重要阶段，也往往是卫星型号立项后的第一个阶段。方案设计阶段的关键技术攻关，不仅影响卫星总体方案的可行性，也决定着型号后续制过程中的风险。

现有文献、标准中，对方案设计阶段关键技术攻关的具体管控方法表述不多，本文在充分参阅相关文献、标准的基础上，结合自身在具体工作中的体会，提出了作者个人的一些思考，即通过“先自下而上”、“再自上而下”的方法，设置“关键项目清单”“关键件清单”“过程评审要求”，以期有助于关键技术攻关工作的管控。

参考文献

[1] 徐福祥．卫星工程（第1版）[M]．北京：中国宇航出版社，2002.

[2] 徐福祥．卫星工程概论（上）（第1版）[M]．北京：中国宇航出版社，2003.

[3] 《航天产品项目阶段划分和策划》（QJ3133—2001），中华人民共和国航天行业标准.

[4] 《卫星研制程序》（Q/W497A—2009），中国空间技术研究院院标准.

[5] 《五院型号项目管理规范》，2013年1月版.

[6] 《产品层次、产品互换性、样机及有关术语》（GJB431），中华人民共和国国家军用标准.

[7] 《空间项目管理——项目阶段划分与策划》（ECSS-M-30A-96）欧洲空间标准化合作组织（ECSS）标准.

[8] 《军工产品设计定型文件编制指南第10部分：重大技术问题攻关报告》（GJB/Z 170.10-2013），中华人民共和国国家军用标准.

Some Considerations of Technical Management and Control in Satellite Preliminary Phase

LI Xiang　YANG Dong　HOU Tianbao

DFH Satellite CO., LTD, No.104, Youyi Road, Haidian District, Beijing　100094

Abstract　Due to the high reliability and high risk characteristic, besides primary phase and final phase, the project design phase is set to resolve technology difficulty during the satellite project manufacture, especially in the satellite project of new technique state, high technique target, complex system and difficult realization. How to develop and manage the technology difficulty resolving work, some pertinency methods are advanced according to different project characters. Aim at how to accomplish the management work on the project design phase, primary thinking is advanced from a manager's view. The effect and intention of the project design phase in the entire satellite project manufacture is analyzed. The key in the management work is advanced. And the set and the management process on the “key item” and “significant equipment” in the technology difficulty resolving work are discussed.

Key words　Technical management and control; Project design; Satellite project; Key item; Significant equipment

作者简介

李响，男，工程师，就职于航天东方红卫星有限公司，研究方向为型号计划管理，电子邮箱：lixianglx1983@126.com。

项目管理探索实践中的组织作用和关键要素

吴亚光　汪春涛　王志勇

航天东方红卫星有限公司，北京　100094

摘　要　本文通过对现代先进航天组织项目管理典型模式对比，以项目管理经典要素为基础，结合小卫星多项目管理实践经验，论述分析了组织要素在项目管理中的重要作用及发挥作用的关键要素。

关键词　项目管理；组织作用；关键要素

1　引言

在我国航天事业蓬勃发展的带动下，小卫星走过了飞速发展的20年，技术水平不断提升，应用领域不断拓展，已成为我国航天领域的主力军。航天东方红卫星有限公司（以下简称“公司”）成立至今的16年里，先后研制并成功发射了66颗小卫星，将小卫星从单一科学试验领域拓展到海洋观测、环境与灾害监测、高分辨率对地遥感及空间立体测绘等多个领域，在各领域获得了多项第一。随着国防装备、民用航天、商业运作等不断细分的市场应用需求日益旺盛，小卫星研制进入了多型号研制并举、高密度发射的“快车道”。同时，小卫星的技术和产品愈加复杂，研制周期不断缩短，以“保质量、保节点、保进度”为目标导向的型号项目管理模式面临诸多挑战。

传统项目管理中涵盖的“九大要素”是经典管理理论，“高风险、高技术、高难度”的航天型号项目管理与一般项目有所区别，既要“横到边、纵到底”的全要素管理，但又切忌“胡子眉毛一把抓”，所谓“纲举而目张，卷解而篇明”，型号管理应该抓好计划进度、质量管控、风险识别和人员队伍等核心关键要素。多项目管理不是单项目的简单叠加，而是以组织整体发展为目标，通过组织在人、财、物、信息等资源的统一配置协调下，推动各项目顺利推进和圆满完成的管理过程与活动，涉及共性处理、资源统筹、范围管控、进度协调和评估分析等重点要素。

因此，在愈加成熟的航天制造“大体系”平台的基础上，充分依托“好、快、省”的“小实体”型号管理载体，公司经过不断实践与总结，着眼于型号目标点、聚焦于型号关键点、紧盯于型号薄弱点，深入探索和实践基于核心项目要素管控的小卫星型号研制模式，实现了年度在研20余颗星、出厂发射10余颗星的目标，达到了多型号均衡生产、多项目并行推进的目的。

2　国内外先进航天组织项目管理情况

小卫星经过10余年发展，不仅形成了一套具有特色的项目管理模式，同时积极注重兼容并蓄、取长补短，充分学习借鉴以CAST“SZ－PMMM”、NASA、ESA、Thales等为代表的传统航天组织项目要素管理模式，同时密切关注SpaceX、OneWeb、Terra Bella（原Skybox）等新兴航天公司的经验模式。

（1）CAST“SZ－PMMM”

神舟飞船项目结合其组织环境特点，建立了项目管理成熟度模型（SZ－PMMM）。该模型由面向企业级组织（SZ－PMMM－O）和面向项目级组织（SZ－PMMM－P）的两个项目管理成熟度模型组成。两个层次组织的项目管理能力的相互促进，尤其是在多项目的企业级组织中，强化了企业级组织项目管理能力的积累机制和持续改进的动力机制，加速了企业级项目管理能力的成熟进程。

学习应用：在多项目管理经验基础上，学习吸收其项目管理成熟度概念和模型，形成了小卫星“分层实施、梯次评级”的产品-系统-整星管理成熟度模型。

（2）NASA 项目管理模式

NASA 依据 NPR7120.5《NASA 空间飞行工程和项目管理需求》，项目管理包括两个重要的研究领域，即系统工程和项目控制。两个领域具有重叠的部分。系统工程为重叠的部分提供技术层面的输入，而项目控制主要提供规划、费用及进度方面的输入。

学习应用：以“小实体、大虚拟”科研生产体系为核心，面向组织和型号维度，构建了组织和型号分而治之又相辅相成的“指导-反馈-改进”正循环模式，极大的提高了研制生产效率，推动了型号管理。

（3）ESA 项目管理模式

ESA 下属航天企业的卫星研制大多采用项目管理模式，按项目设置 AIT 经理，岗位设置在项目管理部门（PMO），是所负责项目的 AIT 工作的直接责任人，负责组织 AIT 部门、产品保证部门、工程设计部门协同完成 AIT 阶段工作。其主要职责是对与 AIT 有关的人、财、物实行有效的组织管理，制定 AIT 工作管理计划，组织编写型号 AIT 阶段设计及实施方案、实施流程和总结报告等。

学习应用：按照“设计与生产分离”的目标，形成了作业级的 AIT 文件体系和流程规范。在成熟装备型号上，以 AIT 经理为核心，组织实施集技术与管理一体的现场指挥调度，释放了设计师精力和时间，更高效投入到研发、设计工作。

（4）SpaceX 项目管理模式

SpaceX 公司运用一体化生产的系统工程模式，优化统筹运载与飞船的生产流程，建立扁平化、简约化的管理架构，使设计和生产团队具有更加紧密和便捷的信息反馈机制，以此解决研制过程中各系统、单位之间涉及的技术、资源和接口协调问题。

学习应用：在领域项目办的基础上，进一步面向需求调研、方案论证、研制生产、在轨服务等关键产业链环节，统筹优化组织结构形成了系统工程部，提高了管理效率。

3　项目管理要素范围与应用

项目管理作为一门学科，具有自身的科学规律和理论体系。作为小卫星发展的推动和践行者，公司经过 66 颗星研制经历，在组织层面和型号层面探索、挖掘和发现制约型号研制进度、发射成败以及在轨寿命的核心要素，研究梳理了组织层面涉及的队伍组建、规则制度、资源保障等关键要素，在型号层面的范围、技术、产保等核心要素。以组织要素指导型号项目管理，经过其实践发现问题并反馈至组织层面修正，持续提升管理成熟度，形成相辅相成、迭代完善的要素管理体系。

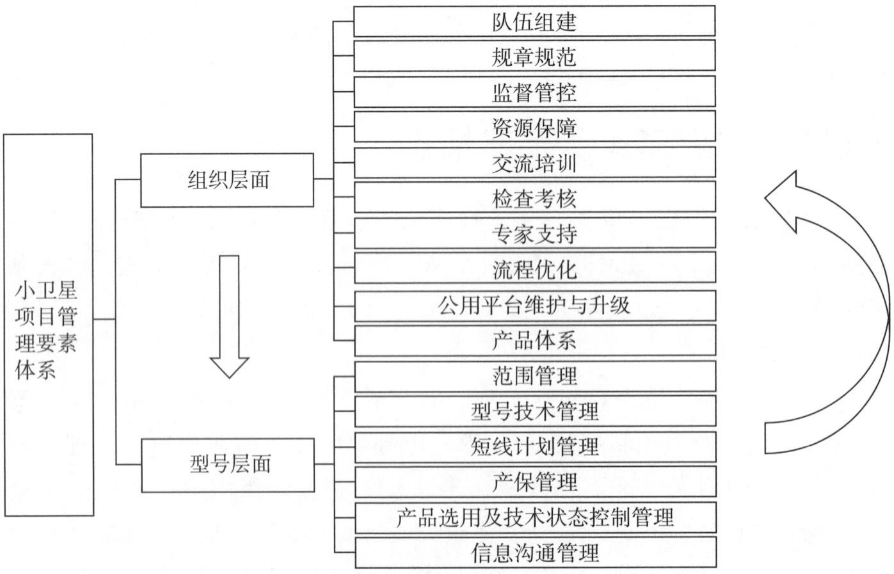

图 1　小卫星项目管理要素体系

3.1 组织层面的关键要素

单位架构中核心领导层和科研生产、产品保证、条件保障等综合管理部门构成了面向多项目统筹管理的组织层，管辖范围涉及队伍组建、规章规范、监督管控、资源保障等关键要素。

（1）队伍组建

型号管理核心是“人”的管理，精简、高效的型号队伍是第一生产力。公司创建伊始，即在传统单项目管理模式基础上，明确了按领域设置项目办的原则。为应对市场环境和研制模式新挑战，进一步在“竞标立项→设计研制→集成试验→发射在轨”产业全链条优化整合，按照“产品线”研制模式对项目办进行了调整，集中优势力量，组建了领域系统工程部，实践领域发展和研制任务的“统一规划研发、统一型号设计、统一过程管控”的新模式。通过技术和管理“双轮驱动”实现领域任务的“统一设计、分头实施”，确保在领域的竞争优势。

同时，针对“科研星和装备星”“长寿命高可靠与低成本短周期”“国家任务和商业采购”等不断细分的任务诉求，对队伍配置进行差异化管理，实现资源最优化利用。

（2）规章规范

项目管理规章体系是型号规范、科学、合理开展过程管理的行动指南，是“做事有依、按章办事”的航天文化的体现，是支撑型号实现“保质量、保进度、保成功”的基石。秉承“依规管理”的理念，通过《小卫星项目管理规范》《小卫星多项目管理手册》等“基本法”，结合集团和院相关要求，外延形成了涉及计划、考核、外协、产品、在轨等管理规范和三层次文件。

适时根据内、外部形势变化，重点制定专项管理指南。针对后续小卫星新研首发型号占比重，存在技术新、难度大、验证要求高等特点，在充分认识研制规律和吸取型号工程经验基础上，在技术状态、产品基线、系统可靠性、试验验证等方面全面总结与固化，形成了《科研首发型号管理指南》；针对科学合理运用“加减法”的要求，将带翼运输、裁剪精测、取消检漏、远程测试等系列流程优化成功经验，固化成为“放之四海皆准”的指南性文件，形成了《发射场流程优化指南》；针对公用平台的维护与升级，加强平台产品技术状态控制，严格杜绝个别型号小修小改带来的产品技术状态偏移，将控制原则、工具手段、管理流程、考核评价等要素统一，形成了具有约束能力的《平台技术状态控制规范》，实现了对产品状态变化带来的生产成本、研制周期、升级维护等方面的有效管控。

（3）监督管控

依托过程检查、评估整改、专项调度等工具手段，围绕进度、成本、质量、风险等要素，从组织监管层面对型号目标执行情况进行检查，实现“体系保成功”的目的。

狠抓源头把关。年初组织各型号围绕研制目标，对项目管理策划、研制计划、资源保障条件、风险短线进行审查，梳理项目级风险和公司级风险以及共性问题，拉条挂账，进行分层管理；对新研型号技术状态、投产矩阵、元器件选用组织专家审查把关。精细化管理通过周调度例会和月计划例会进行；以评估模型为核心，通过‘定性＋定量’方式，在年中（侧重规范性）/年底（侧重目标完成情况）评估整改。全面量化风险。要求型号重点针对技术、进度、条保等要素，依照风险量化模型进行分析和识别，编制风险管理专项策划，明确风险管理组织和职责，制定目标和关键路径，将型号重大风险纳入组织直接管控。按月对重大风险持续进行跟踪评级，动态调整，提前规避。经管控实践，85％风险项目得到提前规避和降级。

（4）检查考核

组织持续检查型号过程中的技术、进度、质量风险识别和应对的有效性；考核在时间维度定期对型号管理的水平进行量化评价。检查考核目的是指导型号按照目标完成任务，是型号管理的“方向盘”。

年度考核体系，建立了“年初策划-过程评估-年底总结考核”的年度考核体系，重点考核科研生产、产品保证、能力建设等。过程考核体系，重点考核科研生产计划节点完成率、质量管理情况等，加强过程管理，检查和促进各项工作任务的进展。工时考核体系，结合型号卫星数量及型号难度等要素，分解月计划，以工时量化型号科研生产实际工作量，数据化反映资源投入和人力产出比。图2为量化风险管控机制。

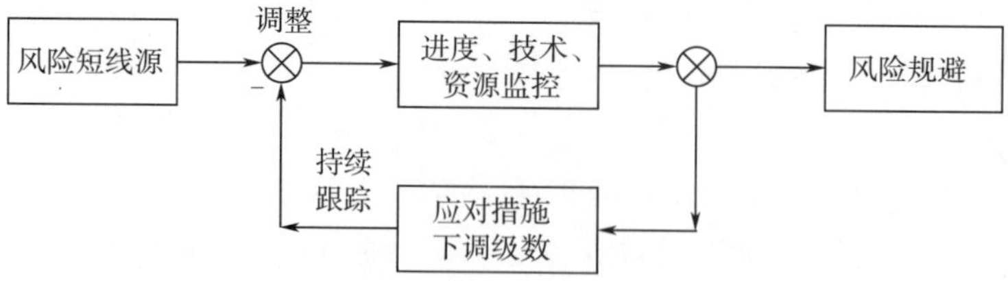

图2　量化风险管控机制

（5）资源保障

型号项目资源保障管理涉及人员、物资、设备、场地等诸多要素，兵马未动粮草先行，保障优劣直接事关研制进度和目标完成。多项目并举下的资源保障要求，对总体统筹提出更高要求。坚持“提前抓、科学干”的思想，在工具、手段、方法上“多管齐下、相互支撑”，提前制定应对AIT高峰策略。

建立协调机制，组建由科研生产为核心，产保、条保、AIT和技术实体部为主的工作组。AIT经理组织围绕场地、人员、设备进行周调度，下达AIT周计划。对内持续挖潜。根据后续任务排产和阶段研制要求，经精细化测算，对总装工位功能和面积重新优化实现扩容；电测间经优化布局、设备、岗位，测试能力提升；推广“设计与生产分离”和“2＋N”人员配置模式，引入“流水线”实现资源快速流转。多渠道支撑。借助中国卫星上市平台，通过募投、技改等手段，补充设备资源；依托“宇航智造工程”和“数字化工程”，利用信息化手段开展精细化管理。

（6）交流培训

近年型号高密度任务，积累了大量经验和教训。交流培训既可以提升型号团队的技术、管理的理论水平，又可以避免“经验主义”产生的“闭门造车”，它山之石可以攻玉，学习借鉴经验、教训和成果，能促进知识传承和管理成熟度提高。

以问题为导向，针对近年型号研制过程中暴露的问题和评估中的薄弱环节，组织业内专家和经验丰富的专家进行授课。设置岗位门槛，结合岗位任职资格要求，组织型号计划、产保、质量等管理从业人员培训学习，考核持证上岗。“请进来、走出去”，策划组织行业内项目管理专家对综合管理、型号人员进行授课培训；统一组织型号队伍赴兄弟单位、管理先进企业交流学习。经验传承和吸收，组织最佳实践和经验总结推广与应用，要求具备条件的需落实在型号全寿命周期策划中，并进行评估和考核；对内加强宣传和引导，让型号尝到甜头和切实的好处，成为自主行为。

（7）专家支持

型号研制过程中，借助航天行业内和跨领域专家，对涉及关键技术攻关、质量问题归零、转阶段和出厂评审等重大环节进行审查把关，集中优势力量最大程度发现和识别薄弱环节，提供解决措施和指导。

储备智力库，打造和磨砺多名在领域、专业上有话语权的领军人物，逐渐积累形成了分层次、有侧重的专家资源，坚持“人人为我、我为人人”的理念，为重大问题归零、关键技术攻关等问题解决提供有力支撑。借助外脑资源，注重与系统内兄弟单位、高校、研究所、企业建立“产、学、研”联盟，充分利用机、电、热、磁等“跨界”专家为型号把脉、保驾护航。

（8）流程优化

以“提高效率、降低成本”为指导原则，在充分论证、科学分析、试验验证的前提下，通过合理“做减法”，优化研制程序和环节，在确保可靠性前提下，实现型号研制“好、快、省”。

面向产品研制、AIT和发射场过程中认真梳理涉及的可“减时间、降人员、优工序”环节，制定工作策划和《流程优化指南》，成立专项论证组，重点在产品试验裁剪、技术状态交接、带翼运输等工作中采取有效措施。

产品试验优化，在经过充分理论计算、环境试验设计仿真、历史实测数据分析的基础上，组织牵头面向姿控系统、转动天线、软件固化产品等统一试验条件；组织牵头优化通用产品试验矩阵，如：针对小卫星某型天线组件级测试试验替代整机级可行性，经过评审把关后，优化了整机热真空试验。AIT 阶段优化，按照减少交叉环节、提高研制效率的目标，完成了取消装备和业务型号二次落焊和热平衡试验、减少 AIT 和环境试验交叉反复拆装、取消管路取样、远程测试等流程优化工作；在总装“流水线”和测试“2+N”基础上，开展了面向“百星量级”的 AIT 流程优化。发射场阶段优化，在前期状态前移、带翼运输、裁剪精测、取消检漏、远程测试等成果基础上，推广应用小卫星“30 天、50 人”发射场周期和人员配置模式，并实现了皮纳卫星“15 天、20 人”的目标。

（9）公用平台维护与升级

通过基于公用卫星平台的研制理念，在设计之初即充分考虑技术、接口、性能等柔性化需求，提高面向任务响应的适用性和及时性。同时，在组织层面，通过制度、流程、手段统一对平台技术状态进行管控、维护和升级。以组织控制状态，为避免多型号设计过程中出现非任务需要的小修小改，影响后续型号产品生产和研制成本。组建了由行政正职挂帅，以科技委两总为核心的技术状态控制委员会，制定了小卫星技术状态管理办法，严格审查现役平台及其产品的技术状态基线变化，确保公用平台产品的成熟度和继承性。以责任控制状态，构建了卫星平台虚拟项目办，负责平台开发和维护，肩负总体层面责任；建立了单机产品责任人制度，实现“包产到户”管理。

（10）产品体系

产品体系是制造业赖以生存和发展的命脉，是适应市场需求的核心竞争力。产品体系能否快速支撑型号研制，直接关系项目争取的成败。因而，组织要在产品体系构建方面起主导作用。

为应对市场需求，公司已形成高低两套通用产品，其中长寿命高可靠产品 38 类 108 种，低成本产品 21 类 45 种，公司现有平台产品化率达到 90%以上，支撑了产业化发展的需求。引导“去型号化”，按照最大包络原则，从技术状态、接口、试验条件、文件体系等方面开展去型号化工作，为产品批量生产奠定基础。完善产品选用机制，综合产品技术、经济性、可获得性等因素，明确选用要求。统筹初样产品利库需求，严控初样产品投产。

3.2 型号层面核心要素

在组织要素发挥重要指导、统筹作用的基础上，各型号在具体的管理实践中，要针对性开展范围管理、风险管理等核心要素的实践。

（1）范围管理

项目管理的首要工作就是项目范围管理。小卫星多项目范围管理是在小卫星公用平台的基础上进行各项统筹工作，包括统筹产品选用、统筹投产、统筹试验验证工作项目等，充分发挥小卫星项目在成本和进度等方面的比较优势，满足“好、快、省”的研制生产要求。

项目范围规划，在范围管理计划规定小卫星研制各相关单位职责分工，验收项目范围的方式和频率。此外，通过对项目范围变化的分析和预测（如，用户需求的变化、关键元器件采购情况），制定应对措施。标准 WBS 分解，以任务目标为顶层，依据小卫星标准 WBS 单元，将项目范围内的工作分解为具体、细致、明确的执行单元，并以此层层细化颗粒度。范围变更控制，对造成范围变更的因素进行识别和管理，确保变更可控；当项目的范围变更发生时，变更控制措施应当与进度、成本、质量等过程要素结合起来。

（2）技术风险管理

风险是影响型号项目进展的关键环节，尤其技术风险是制约型号成功的瓶颈和失败隐患。技术风险管理是对在项目实施过程中可能遇到的风险进行预测、识别、分析、评估，以及在此基础上采取有效的措施应对风险，以最低成本实现最大安全保障。识别和策划，针对难、新技术和 C、D 类产品，充分识别技术攻关难点和“不托底”的环节，通过 FMEA、FTA 等工具手段，详细梳理风险管理树，逐层分解，量化等级，动态管理。坚持“拿来主义”，尽量采用成熟的平台产品，突出平台优势。做好“有的放矢”。

集中精力攻关载荷产品，加强研制性试验强度和测试覆盖性试验，降低项目风险。善用技术支撑。借助技术专家团队对项目技术风险进行有效地识别、分析与评估。

（3）产保管理

产保管理是航天项目管理的生命线，产品质量事关整个项目进展。产保活动贯穿于型号研制全周期，是控制质量波动的有效手段。细化分解，将型号产品保证工作项目融入系统级、分系统级和AIT技术流程，并以此为核心形成型号产保计划，有效指导各级开展工作。融合计划，将产品保证活动纳入科研生产计划的工作程序，并以流程为驱动，确保产保计划的按时完成和可考核。实施“差异化”，针对传统型号与低成本、商业类型号在进度、成本、规则上的不同要求，在元器件选用、部组件筛选、试验验证、评审等环节实施差异化管理。产保要求传递，按照“通用＋专用”的传递原则，在通用产保要求的基础上，面向不同产品制定有针对性的专用要求。通过“组合拳”的方式加强对研制单位的产品保证管理。

（4）产品选用及技术状态控制管理

型号产品选用和技术状态控制好坏直接影响型号周期、成本、质量等因素，从设计、研制、试验等全过程进行管理，严格控制基线状态。流程固化，项目办根据任务需求，按照《产品选用控制管理办法》执行，优先从小卫星公用平台型谱中选用符合要求的平台产品，并报知公用平台项目办，由公司领导批准。过程受控，由总体下达分系统型号技术要求，分系统根据技术指标，优先选取集团/五院单机产品型谱产品，提出分系统产品选用报告，经内部评审后提交总体。专业把关，总体对分系统产品选用报告进行把关，并形成型号产品选用报告，组织开展公司级、院级审查后执行。

（5）风险短线管理

风险短线在型号研制过程中是影响进度的隐患和关键因子，提前识别型号研制过程中涉及的技术、质量、进度、保障等风险短线，对于按计划目标完成任务至关重要。提前预判识别，在型号全寿命周期中，重点对系统方案、新研产品、关键部件等要素开展技术风险识别；对物资配套、产品交付、资源保障等要素开展进度和保障风险识别；对举一反三、质量问题、生产工艺等要素开展质量产保风险识别。同时，对识别出的风险源进行量化评估和分级排序管理。多手段管控，针对型号项目研制进度风险，充分利用各级调度会、信息简报、深入现场等多种手段，及时了解外协单位的研制进展情况，采取技术协调、专人跟产等措施确保短线风险项目的顺利规避。

（6）信息沟通管理

信息沟通管理工作贯穿于项目管理的全过程，项目成员通过信息沟通实现项目信息交换、共享，有助于掌握项目的关键节点，促进项目顺利运行。在型号研制过程中充分利用院Avidm管理系统、公司科研生产信息系统等平台开展管理和技术沟通；采用集同工作会、年度计划会、专题协调会、周项目办例会等形式及时协调问题、推进工作进展；利用情况反映、研制情况简报、专题汇报等方式与上级机关、用户开展沟通。

4 结束语

通过对组织在项目管理中的重要作用以及发挥作用的关键要素进行研究和实践，并根据任务要求调整组织结构、改变管理模式、优化研制流程，系统性地对小卫星研制模式进行了改进和完善，取得了阶段性的成果。后续，众多的小卫星任务为项目管理的理论创新和模式实践提供了更好的环境和机会。为此，将进一步大胆创新，总结规律，不断探索和实践，持续发挥组织与项目良性互动的强大作用和不竭动力。

参考文献

［1］ 尚志，敬铮，杨晓宁，刘庆华．首次空间交会对接项目管理创新实践．项目管理技术．2012（6）.

[2] 尚志，于潇．神舟7号飞船技术状态控制管理探讨．航天器工程．2008（6）．
[3] 余后满，郝文宇，袁俊刚，林益明．航天器系统工程技术发展思路．航天器工程．2009（1）．
[4] 五院宇航科研生产管理若干规定（2014版），北京：航天五院，2014.
[5] 五院型号项目管理规范，北京：航天五院，2013.

The Function of the Organization and Key Elements in Project Management Practice

WU Yaguang　WANG Chuntao　WANG Zhiyong
DFH Satellite Co.，Ltd，Beijing　100094

Abstract　Through the typical project management mode compared to modern advanced aerospace organization，on the basis of classic elements，with the small satellite project management experience，analyzes the organizational elements in project management and the important role of key elements.

Key words　Project management；Organization function；Key elements

作者简介

吴亚光，男，就职于航天东方红卫星有限公司，研究方向为科研生产综合管理，电子邮箱：soartinwu@163.com。

小卫星多星 AIT 并行模块化管理方案探讨

程城　仇梦宇　郝佳宁

航天东方红卫星有限公司，北京　100094

摘　要　小卫星总体单位的 AIT 阶段工作是未来小卫星量产化的主要瓶颈，在国内没有成熟的经验，没有完整的理论体系，还需要更多更深入的研究和探索。若要满足小卫星快速量产化研制需求，只有对现有的小卫星 AIT 模式加以改造、扩展，依靠新方案、新技术。本文提出一种卫星 AIT 阶段工作模式并进行分析，能够缩短任务周期，满足多星任务进度需求。

关键词　小卫星；多星 AIT 阶段；并行工程；模块化管理

1　引言

随着小卫星技术及其应用的快速发展，由小卫星组成的大规模星座任务陆续实施，在研卫星数量快速增加，对小卫星总体单位的要求也发生了巨大的变化，包括卫星 AIT 阶段的产能提升、管理升级的要求日益迫切。

小卫星系统集成过程已从“研制”走向“生产”，但由于 AIT 阶段工作周期长、工作量大、操作工位多、通用性差，缺乏适应大规模生产的 AIT 模式和相关基础，成为小卫星总体单位产能发展的瓶颈。国内一流小卫星企业，AIT 阶段并行研制仅能保证 10～15 颗年产量。

只有对现有的小卫星 AIT 模式加以改造、扩展，依靠新方案、新技术，才能够缩短任务周期，满足批量化多星任务进度需求。

2　AIT 阶段工作模式现状

目前卫星以单件研制为主，其总装过程为集中装配模式，总装操作人员按照工艺规程、图纸、技术文件以及项目计划所规定的时间节点进行装配。但在总装的实际过程中，由于缺乏信息化手段和恰当的协同工作模式，造成技术状态的不稳定以及各类资源的不能按时齐套等问题，经常出现由于技术更改或配套物料短缺所导致的计划混乱和停工待料，计划的严肃性也得不到保证，严重影响卫星总装的工作进度。

在卫星综合测试方面与国外先进空间大国相比也有一定的差距。我国卫星综合测试是分散的手工操作模式，综合测试主要以单星为主，各分系统都要有大量的测试设备支持卫星的综合测试，每个型号的测试设备相对独立。这种模式的综合测试实现多星测试非常困难。由于型号卫星综合测试系统的独立，使得每个型号卫星的综合测试系统都要配置相同的测试设备和测试人员，造成了设备和人员的浪费，资源配备的限制造成无法进行多星测试，不能满足卫星批量化生产的需要。

加强生产资源和单机产品配套的通用化管理，有效改进 AIT 阶段工作模式，以期实现更高的工作效率和更少的资源浪费，对卫星生产能力的发展有着至关重要的意义。

3　系统方案

3.1　方案思路

（1）并行工程

多星并行展开 AIT 是依靠成熟的单星串行流程把整个小卫星集成过程细分成多个步骤，每个步骤由专门团队进行操作。每个步骤及团队相对独立进行，工作完成后把结果交给下一个团队。理论上分工越细，工作效率越高。

根据并行工程的四大组成结构，可以按照型号管理工作的实际应用情况，将多星并行 AIT 分为四大部分：型号的项目统一管理、总体设计、总装测试的集同工作、构建通用化的 AIT 平台。

本文将重点放在建立通用化的 AIT 平台和构建总装测试的集同工作上，将这两大结构放在一起考虑，组成一个支持多星并行 AIT 系统。

该系统将 AIT 过程按不同的阶段进行步骤分解，借鉴成熟的汽车行业生产线方式，采用“测试岛”的方式组织 AIT 工作，把相近的研制活动放在一起，每个岛只负责独立的一部分工作，实现多个型号卫星的 AIT 步骤按级整合，将 AIT 过程集中监控指挥管理，形成多星并行流程，节约设备和人员支持，减少过程时间。

（2）模块化

模块化分为两部分：一部分指小卫星配套单机产品模块化；另一部分指小卫星集成过程步骤模块化。

3.2　系统内容

多星并行模块化的工作流程，前置条件是要保证星上单机产品齐套。为了方便 AIT 工作的快速实施，必须对多星型号总体设计有更高的要求。近年来，经过航天能力建设，单机承制单位的生产和试验能力得到提升，通过生产线建设和多型号的组批生产，部分单机的生产数量比较大，可以满足多星小卫星的需求。小卫星总体单位也在原有基础上，利用小卫星通用平台，对部分单机产品进行模块化设计，电接口通用设计，优化卫星内部布局。

针对多星并行模块化工作流程，还需要规定每个单星串行流程中的每个步骤中的工作内容，优化工作流程，形成固化模块。根据小卫星 AIT 阶段工作内容，粗略分为如表 1 和图 1 所示的几个模块。

表 1　小卫星串行流程模块化流程步骤

序号	模块名称	工作内容	工作天数	前置条件
1	A1 测试模块	平台产品总装及测试（不含姿控）	10	结构交付，完成管路制作，平台单机产品齐套（不含控制）
2	A2 测试模块	姿控设备总装及测试	10	完成 A1 模块工作，姿控单机产品齐套
3	A3 测试模块	载荷产品总装及测试	10	完成 A2 模块工作，载荷单机产品齐套
4	B 测试模块	合板、合板后无线测试、模飞	10	完成 A3 模块工作
5	光照模块	安装太阳翼、太阳翼压紧及展开、SADA 压紧及展开、天线压紧及展开	10	完成 B 模块工作，机构等相关配置齐套
6	力学模块	力学试验、力学后总检察	10	完成光照模块工作
7	软件固化		30	可在产品交付前固化，此步骤可省略
8	回归测试模块	软件回归后总装及测试	10	完成软件固化
9	热模块	热试验准备、热试验	10	完成回归测试模块
10	老炼模块	开板、热试验后总检察、老炼试验	10	完成热模块

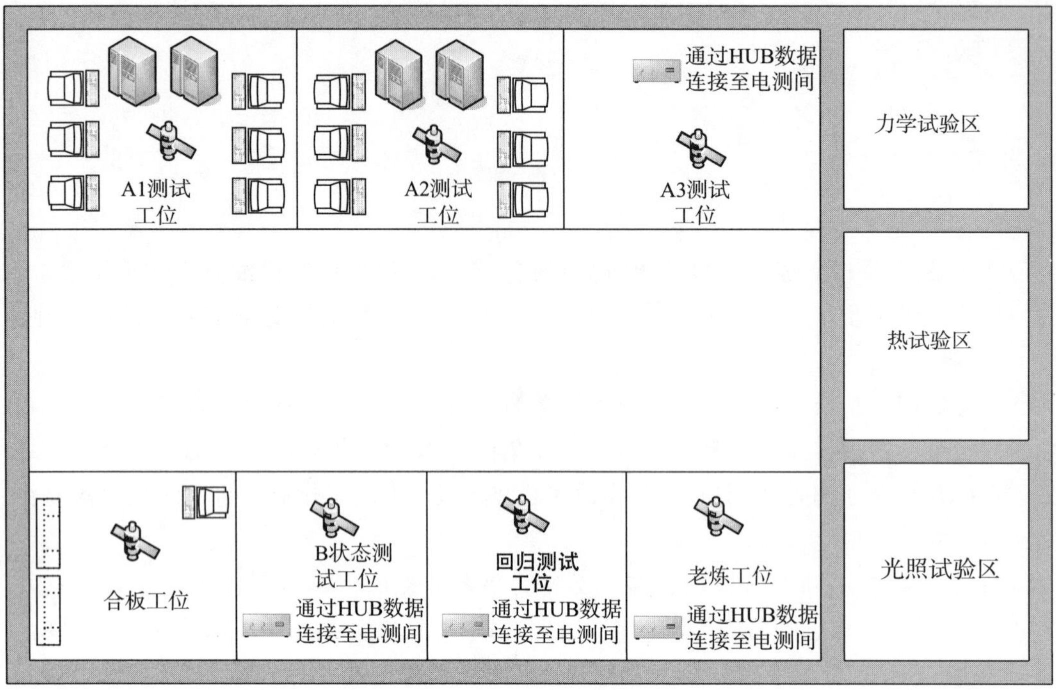

图 1　模块工位示意图

根据上述模块，将小卫星总体单位厂房划分为实施相应模块的工位。建立针对卫星每阶段工作内容，架构总装和测试环境。卫星摆放在支架车上在不同的工位进行不同模块的工作内容，使卫星在不同的工位间流动，形成多星并行模块化流程。表 2 为多星并行模块化流程工位示例。

表 2　多星并行模块化流程工位示例

型号＼时间	T0	T0＋10D	T0＋20D	T0＋30D	T0＋40D	…
F1 星	A1 测试工位	A2 测试工位	A3 测试工位	B 测试工位	光照工位	…
F2 星	单机齐套	A1 测试工位	A2 测试工位	A3 测试工位	B 测试工位	…
F3 星	—	单机齐套	A1 测试工位	A2 测试工位	A3 测试工位	…
…	…	…	…	…	…	…

3.3　方案优势

这种方案可使每阶段的工作都可以并行进行，同时又不会投入过多的人力资源和设备。所有地面支持设备和测试环境固化，不必花费过多人力资源调整其他资源。以人为主的 AIT 阶段工作形式使固定团队只进行针对性的总装及测试工作，可以熟练进行操作，增强数据判读、比对效果，减少质量问题发生。

同时，此方案可合理分配资源，容易识别资源冲突，有效规避型号间优先级判断。

理论上，利用此方案并行顺序开展工作，时间间隔 10 天，单个厂线可保证每年 30 颗以上小卫星的 AIT 阶段工作实施。

4　结束语

小卫星总体单位的 AIT 工作是未来小卫星量产化的主要瓶颈，在国内没有成熟的经验，没有完整的理论体系，还需要更多更深入的研究和探索。

卫星建造工程是很大的工程领域，它是管理和技术的集成。同样，多星开展 AIT 工作也是涉及卫星总体、总装、测试、项目管理等诸多层次和专业，本文提出的理念是稚嫩的，但相信它一定能对提高卫星型号效率的工作模式有所帮助。

若要满足小卫星快速量产化研制需求，必须提前探索有效的 AIT 模式，做好技术储备，为能快速研制出大规模小卫星奠定坚实的基础。

参考文献

[1] 肖川、李立．多星并行测试技术在环境减灾卫星测试中的应用研究［J］．航天器工程，2009，18（6）．

[2] 李培华．多星并行测试探讨［C］．中国宇航学会飞行器总体专业委员会2004年学术研讨会论文集（下册），2005，2．

[3] 张立华．未来大规模星座小卫星 AIT 面临的挑战与出路［C］．2011年小卫星技术交流会论文集，2011，9．

Discussion on Multi Small Satellite AIT Parallel Modular Management Scheme

CHENG Cheng　QIU Mengyu　HAO Jianing

DFH Satellite Co. Ltd，Beijing　100094

Abstract The AIT phase of the small satellite unit is the major problem for the production of small satellite in the future. There is no mature experience，no complete theoretical system in China. More and more in－depth research and exploration is necessary. In order to meet the demand of mass production of small satellites，the existing small satellite AIT model must be reformed，extended，rely on new solutions and technologies. In this paper，a satellite AIT phase working model is proposed and analysis the model. It can shorten the task cycle，meet the schedule requirements of multi satellite missions.

Key words Small satellite；on Multi AIT；Parallel modular；Management scheme

作者简介

程城，男，工程师，就职于航天东方红卫星有限公司，从事卫星型号研制管理，电子邮箱：dchengzi@hotmail.com。

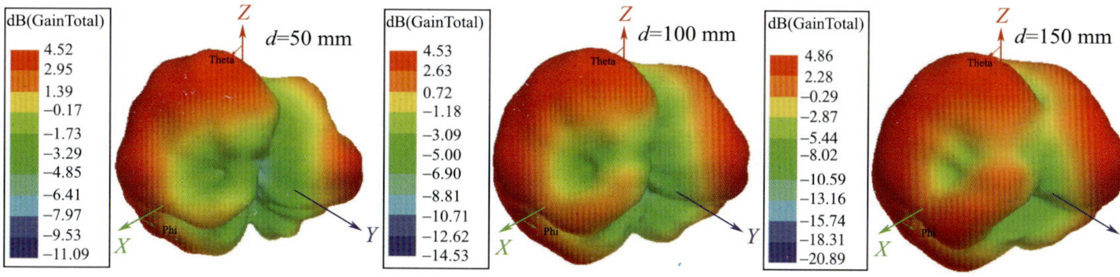

(a) UHF天线远场增益随参数*d*的变化

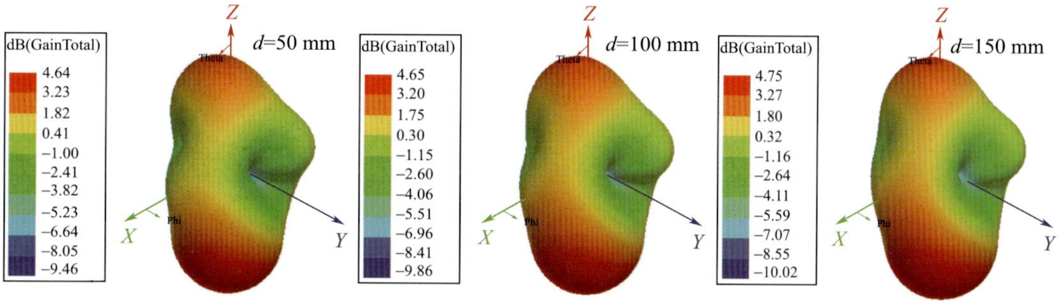

(b) VHF天线远场增益随参数*d*的变化

图 5　参数 *d* 对 UHF/VHF 天线远场增益的影响（P95）

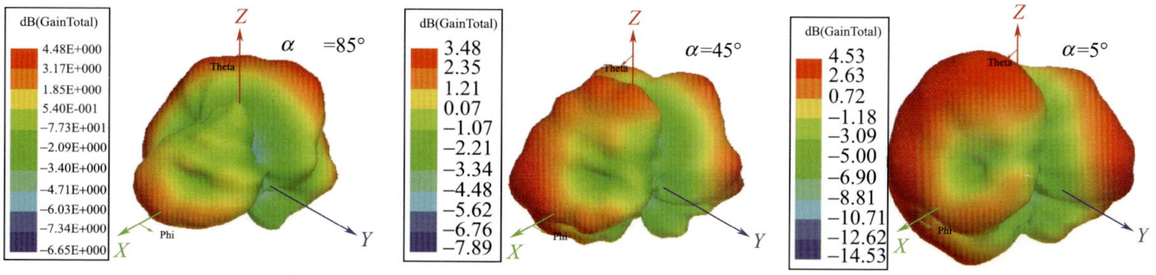

(a) UHF天线远场增益参数 *α* 的变化(此时 *β*=5°)

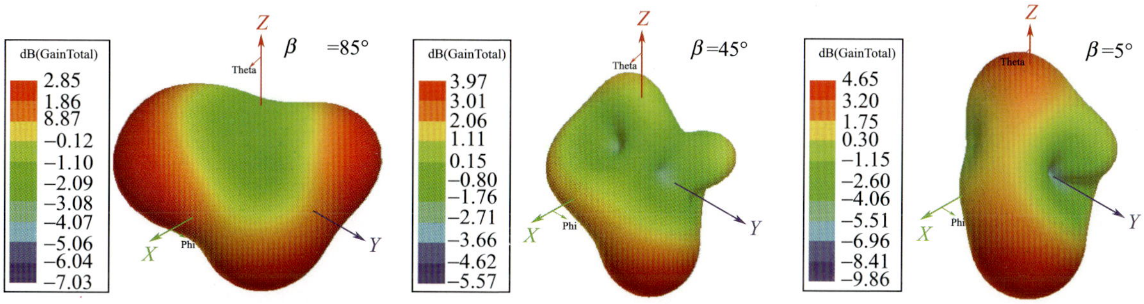

(b) VHF天线远场增益参数 *β* 的变化(此时 *α*=5°)

图 6　参数 *α* 、*β* 对 UHF/VHF 天线远场增益的影响（P95）

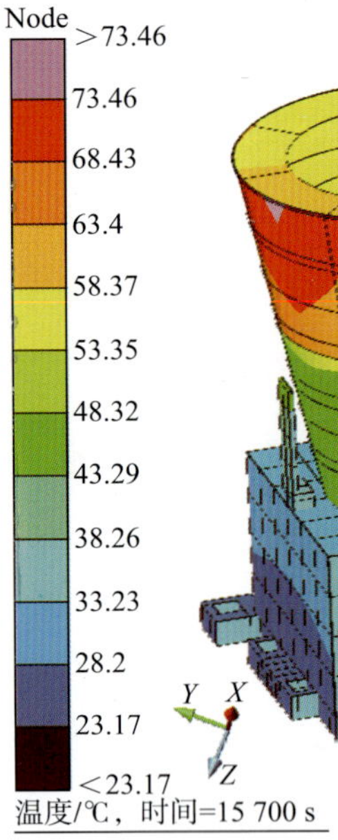

图 7　高温工况星敏感器组件温度（P113）

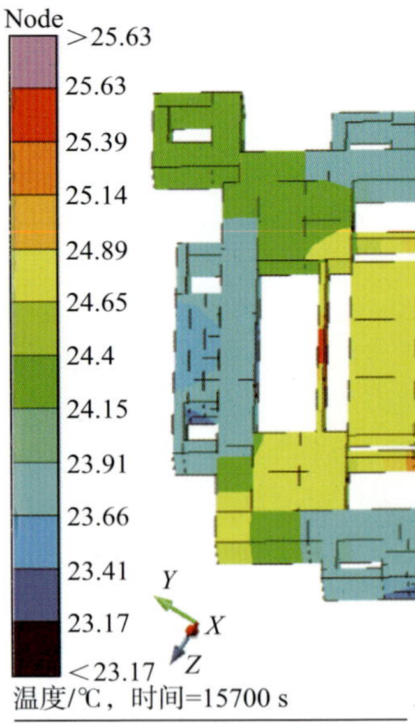

图 8　高温工况星敏感器法兰温度（P113）

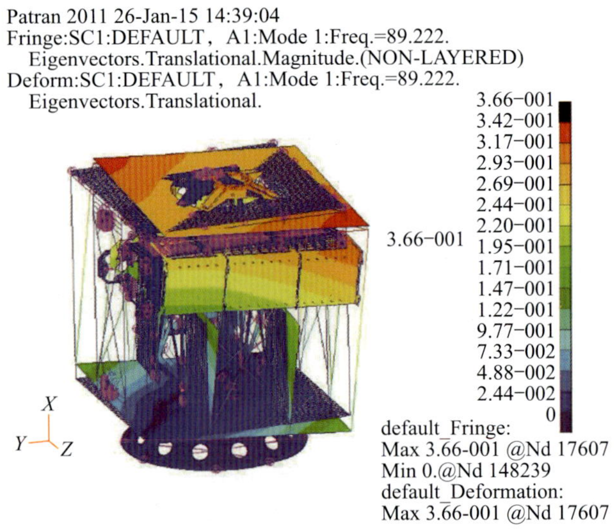

(a)整星弯曲模态(Y向)

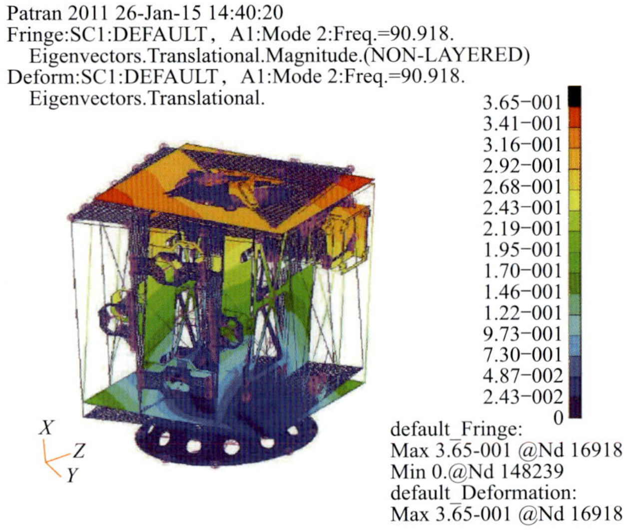

(b)整星弯曲模态(Z向)

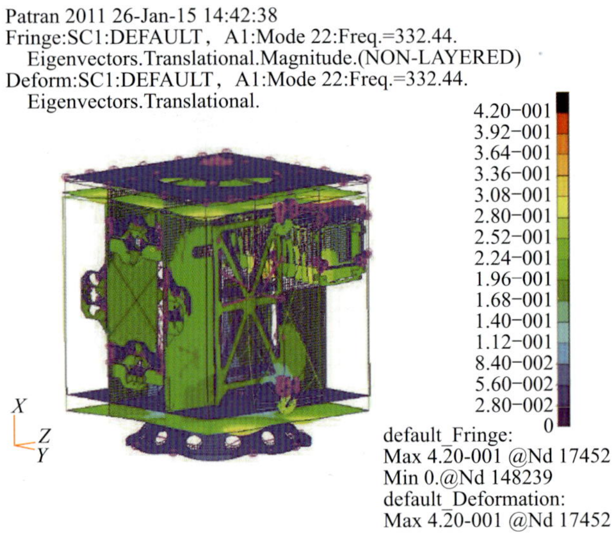

(c) 整星X向一阶模态

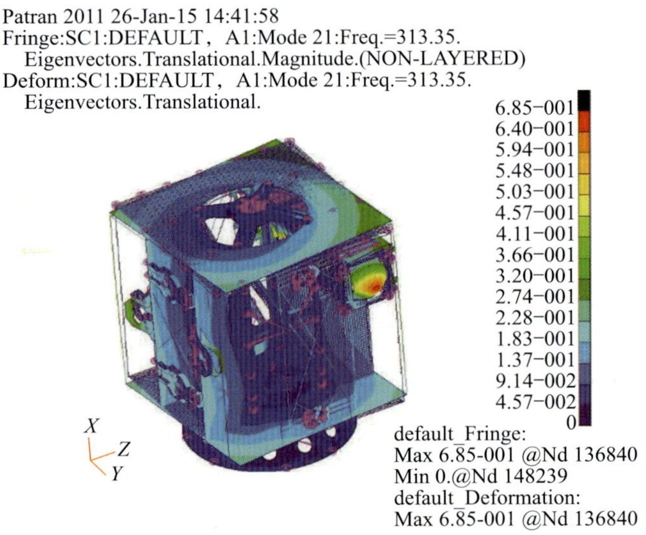

(d) 整星扭转模态(绕X轴)

图 4　卫星各阶主模态振型图（P184）